全国地层多重划分对比研究

(62)

甘肃省岩石地层

主　编：杨　雨
副主编：范国琳　姚国金
编　者：杨　雨　范国琳　姚国金
　　　　赵凤游　俞伯达　赵宗宣
　　　　宋杰己　孙继廉　王建中
　　　　蔡体梁　吴京城　刘述贤
　　　　范文光　王　峻
技术顾问：汤中立

中国地质大学出版社

内 容 简 介

本书根据地层多重划分概念和《国际地层指南》、《中国地层指南及中国地层指南说明书》关于岩石地层划分和专用地层名称命名的规定,重新明确了甘肃省中、晚元古代—第三纪的地层序列及其现有岩石地层单位的定义、层型、划分、对比(延伸)的物质标准,初步分析了这些地层单位的时空存在状态及其与其他地层的相互关系,并对生物组合特征及地质年代进行了研究。

本书是区域地质调查、地质勘查、科学研究工作者的必备工具书,也可供大专院校有关专业师生参考。

图书在版编目(CIP)数据

甘肃省岩石地层/杨雨主编. —武汉:中国地质大学出版社,1997.12(2013.1 重印)
(全国地层多重划分对比研究:62)
ISBN 978-7-5625-1271-4

Ⅰ. 甘…
Ⅱ. 杨…
Ⅲ. 地层学—甘肃省
Ⅳ. P535.242

中国版本图书馆 CIP 数据核字(2008)第 159673 号

甘肃省岩石地层		杨 雨 主编
责任编辑:刘粤湘	特邀编辑:宋长起 范国琳	责任校对:熊华珍
出版发行:中国地质大学出版社(武汉市洪山区鲁磨路388号)		邮编:430074
电话:(027)67883511	传真:67883580	E-mail:cbb @ cug.edu.cn
经　销:全国新华书店		http://www.cugp.cn
开本:787 毫米×1092 毫米　1/16	字数:522 千字　印张:20.25　插页1	
版次:1997 年12 月第1 版	印数:2013 年1 月第3 次印刷	
印刷:武汉教文印刷厂	印数:1101—1600 册	
ISBN 978-7-5625-1271-4		定价:61.00 元

如有印装质量问题请与印刷厂联系调换

序

　　100多年来，地层学始终是地质学的重要基础学科的支柱，甚至还可以说是基础中的基础，它为近代地质学的建立和发展发挥了十分重要的作用。随着板块构造学说的提出和发展，地质科学正经历着一场深刻的变革，古老的地层学和其他分支学科一样还面临着满足社会不断进步与发展的物质需要和解决人类的重大环境问题等双重任务的挑战。为了迎接这一挑战，依靠现代科技进步及各学科之间相互渗透，地层学的研究范围将不断扩大，研究途径更为宽广，研究方法日趋多样化，并萌发出许多新的思路和学术思想，产生出许多分支学科，如生态地层学、磁性地层学、地震地层学、化学地层学、定量地层学、事件地层学、气候地层学、构造地层学和月球地层学等等，它们的综合又导致了"综合地层学"和"全球地层学"概念的提出。所有这一切，标志着地层学研究向高度综合化方向发展。

　　我国的地层学和与其密切相关的古生物学早在本世纪前期的创立阶段，就涌现出一批杰出的地层古生物学家和先驱，他们的研究成果奠定了我国地层学的基础。但是大规模的进展，还是从1949年以后，尤其是随着全国中小比例尺区域地质调查的有计划开展，以及若干重大科学计划的执行而发展起来的。正像我国著名的地质学家尹赞勋先生在第一届全国地层会议上所讲："区域地质调查成果的最大受益者就是地层古生物学。"1959年召开的中国第一届全国地层会议，总结了建国十年来所获的新资料，制定了中国第一份地层规范（草案），标志着我国地层学和地层工作进入了一个新的阶段。过了20年，地层学在国内的发展经历了几乎十年停滞以后，于1979年召开了中国第二届全国地层会议，会议在某种程度上吸收学习了国际地层学研究的新成果，还讨论制定了《中国地层指南及中国地层指南说明书》，为推动地层学在中国的发展，缩小同国际地层学研究水平的差距奠定了良好基础。这次会议以后所进行的一系列工作，包括应用地层单位的多重性概念所进行的地层划分对比研究、区域地层格架及地层模型的研究，现代地层学与沉积学相结合所进行的盆地分析以及1∶5万区域地质填图方法的改进与完善等，都成为我国地层学进一步发展的强大推动力。为此，地质矿产部组织了一项"全国地层多重划分对比研究（清理）"的系统工程，在30个省、直辖市、自治区（含台湾省，不含上海市）范围内，自下而上由省（市、区）、大区和全国设立三个层次的课题，在现代地层学和沉积学理论指导下，对以往所建立的地层单位进行研究（清理），追溯地层单位创名的沿革，重新厘定单位含义、层型类型与特征、区域延伸与对比，消除同物异名，查清同名异物，在大范围内建立若干断代岩石地层单位的时空格架、编制符合现代地层学含义的新一代区域地层序列表，并与地层多重划分对比研究工作同步开展了省（市、区）和全国

I

两级地层数据库的研建,对巩固地层多重划分对比研究(清理)成果,为地层学的科学化、系统化和现代化发展打下了良好基础。这项研究工作在部、省(市、区)各级领导的支持关怀下,全体研究人员经过5年的艰苦努力已圆满地完成了任务,高兴地看到许多成果已陆续要出版了。这项工作涉及的范围之广、参加的单位及人员之多、文件的时间跨度之长,以及现代科学理论与计算机技术的应用等各方面,都可以说是在我国地层学工作不断发展中具有里程碑意义的。这项研究中不同层次成果的出版问世,不仅对区域地质调查、地质图件的编测、区域矿产普查与勘查、地质科研和教学等方面都具有现实的指导作用和实用价值,而且对我国地层学的发展和科学化、系统化将起到积极的促进作用。

    首次组织实施这样一项规模空前的全国性的研究工作,尽管全体参与人员付出了极大的辛勤劳动,全国项目办和各大区办进行了大量卓有成效和细致的组织协调工作,取得了巨大的成绩,但由于种种原因,难免会有疏漏甚至失误之处。即使这样,该系列研究是认识地层学真理长河中的一个相对真理的阶段,其成果仍不失其宝贵的科学意义和巨大的实用价值。我相信经过广大地质工作者的使用与检验,在修订再版时,其内容将会更加完美。在此祝贺这一系列地层研究成果的公开出版,它必将发挥出巨大社会经济效益,为地质科学的发展做出新的贡献。

前　言

地层学在地质科学中是一门奠基性的基础学科,是基础地质的基础。自从19世纪初由W史密斯奠定的基本原理和方法以来的一个半世纪中,地层学是地质科学中最活跃的一个分支学科,对现代地质学的建立和发展产生了深刻的影响,作出了不可磨灭的贡献,特别是在20世纪60年代由于板块构造学说兴起引发的一场"地学革命",其表现更为显著。随着板块构造学的确立,沉积学和古生态学的发展,地球历史和生物演化中的灾变论思想的复兴和地质事件概念的建立,使地层学的分支学科,如时间地层学、生态地层学、地震地层学、同位素地层学、气候地层学、磁性地层学、定量地层学和构造地层学等像雨后春笋般地蓬勃发展,这种情况必然对地层学、生物地层和沉积地层等的传统理论认识和方法提出了严峻的挑战。经过20年的论战,充分体现当代国际地质科学先进思想的《国际地层指南》(英文版)于1976年见诸于世,之后在不到20年的时间里又于1979、1987、1993年连续三次进行了修改补充,陆续补充了《磁性地层极性单位》、《不整合界限地层单位》,以及把岩浆岩与变质岩等作为广义地层学范畴纳入地层指南而又补充编写了《火成岩和变质岩岩体的地层划分与命名》等内容。

国际地层学上述重大变革,对我国地学界产生了强烈冲击,十年动乱形成的政治禁锢被打开,迎来了科学的春天,先进的科学思潮像潮水般涌来,于是在1979年第二届全国地层会议上通过并于1981年公开出版了《中国地层指南及中国地层指南说明书》,其中阐述了地层多重划分概念。于1983年按地层多重划分概念和岩石地层单位填图在安徽区调队进行了首次试点。1985年《贵州省区域地质志》中地层部分吸取了地层多重划分概念进行撰写。1986年地质矿产部设立了"七五"重点科技攻关项目——"1∶5万区调中填图方法研究项目",把以岩石地层单位填图,多重地层划分对比,识别基本地层层序等现代地层学和现代沉积学相结合的内容列为沉积岩区区调填图方法研究课题,从此拉开了新一轮1∶5万区调填图的序幕,由试点的贵州、安徽和陕西三省逐步推向全国。

1∶5万区调填图方法研究试点中遇到的最大问题是如何按照现代地层学的理论和方法来对待与处理按传统理论和方法所建立的地层单位?如果维持长期沿用的按传统理论建立的地层单位,虽然很省事,但是又如何体现现代地层学和现代沉积学相结合的理论与方法呢?这样就谈不上紧跟世界潮流,迎接这一场由板块构造学说兴起所带来的"地学革命"。如果要坚持这一技术领域的革命性变革,就要下决心花费很大力气克服人力、财力和技术性等方面的重重困难,对长期沿用的不规范化的地层单位进行彻底的清理。经过反复研究比较,我们认识到科学技术的变革也和社会经济改革的潮流一样是不可逆转的,只有坚持改革才能前进,不进则退,否则就将被历史所淘汰,别无选择。在这一关键时刻,地质矿产部和原地矿部直管局领导作出了正确决策,从1991年开始,从地勘经费中设立一项重大基础地质研究项目——全国地层多重划分对比研究项目,简称全国地层清理项目,开始了一场地层学改革的系统工程,在全国范围内由下而上地按照现代地层学的理论和方法对原有的地层单位重新明确其定义、划分对比标准、延伸范围及各类地层单位的相互关系,与此同时研建全国地层数据库,巩固地层清理成果,推动我国地层学研究和地层单位管理的规范化和现代化,指导当前和今后一个时期1∶5万、1∶25万等区调填图等,提高我国地层学研究水平。1991年地质矿产部原直管局将地层清理作为部指令性任务以地直发(1991)005号文和1992年以地直发(1992)014号文下发了《地矿部全国地层多重划分对比(清理)研究项目第一次工作会议纪要》,明确了各省(市、自治区)地质矿产局(厅)清理研究任务,并于1993年2月补办了专项地勘科技项目合同(编号直科专92-1),并明确这一任务分别设立部、大区和省(市、自治区)三级领导小组,实行三级管理。

部级成立全国项目领导小组

  组长 李廷栋 地质矿产部副总工程师
  副组长 叶天竺 地质矿产部原直管局副局长
      赵逊 中国地质科学院副院长

成立全国地层清理项目办公室,受领导小组委托对全国地层清理工作进行技术业务指导和协调以及经常性业务组织管理工作,并设立在中国地质科学院区域地质调查处(简称区调处)。

  项目办公室主任 陈克强 区调处处长,教授级高级工程师
  副主任 高振家 区调处总工,教授级高级工程师
      简人初 区调处高级工程师
  专家 张守信 中国科学院地质研究所研究员
      魏家庸 贵州省地质矿产局区调院教授级高级工程师
  成员 姜义 区调处工程师
      李忠 会计师
      周统顺 中国地质科学院地质研究所研究员

大区一级成立大区领导小组,由大区内各省(市、自治区)局级领导成员和地科院沈阳、天津、西安、宜昌、成都、南京六个地质矿产研究所各推荐一名专家组成。领导小组对本大区地层清理工作进行组织、指导、协调、仲裁并承担研究的职责。下设大区办公室,负责大区地层清理的技术业务指导和经常性业务技术管理工作。在全国项目办直接领导下,成立全国地层数据库研建小组,由福建区调队和部区调处承担,负责全国和省(市、自治区)二级地层数据库软件开发研制。

各省(市、自治区)成立省级领导小组,以省(市、自治区)局总工或副总工为组长,有区调主管及有关处室负责人组成,在专业区调队(所、院)等单位成立地层清理小组,具体负责地层清理工作,同时成立省级地层数据库录入小组,按照全国地层数据库研建小组研制的软件及时将本省清理的成果进行数据录入,并检验软件运行情况,及时反馈意见,不断改进和优化软件。在全国地层清理的三个级次的项目中,省级项目是基础,因此要求各省(市、自治区)地层清理工作必须实行室内清理与野外核查相结合,清理工作与区调填图相结合,清理与研究相结合,地层清理与地层数据库建立相结合,"生产"单位与科研教学单位相结合,并强调地层清理人员要用现代地层学和现代沉积学的理论武装起来,彻底打破传统观点,统

一标准内容，严格要求，高标准地完成这一历史使命。实践的结果，凡是按上述五个相结合去做的效果都比较好，不仅出了好成果，而且通过地层清理培养锻炼了一支科学技术队伍，从总体上把我国区调水平提高到一个新台阶。

三年多以来，参加全国地层清理工作的人员总数达400多人，总计查阅文献约24 000份，野外核查剖面约16 472.6 km，新测剖面70余条约300 km，清理原有地层单位有12 880个，通过清查保留的地层单位约4721个（还有省与省之间重复的），占总数36.6%，建议停止使用或废弃的单位有8159个（为同物异名或非岩石地层单位等），占总数63.4%，清查中通过实测剖面新建地层单位134个。与此同时研制了地层单位的查询、检索、命名和研究对比功能的数据库，通过各省（市、自治区）数据录入小组将12 880个地层单位（每个单位5张数据卡片）和10 000多条各类层型剖面全部录入，首次建立起全国30个（不含上海市）省（市、自治区）基础地层数据库，为全国地层数据库全面建成奠定了坚实的基础。从1994年7月—11月，分七个片对30个省（市、自治区）地层清理成果报告及数据库的数据录入进行了评审验收，到1994年底可以说基本上完成了省一级地层清理任务。1995—1996年将全面完成大区和总项目的清理研究任务。由此可见，这次全国地层清理工作无论是参加人数之多，涉及面之广，新方法新技术的应用以及理论指导的高度和研究的深度都可以堪称中国地层学研究的第三个里程碑。这一系统工程所完成的成果，不仅是这次直接参加清理的400多人的成果，而且亦应该归功于全国地层工作者、区域地质调查者、地层学科研与教学人员以及为地层工作做过贡献的普查勘探人员。全国地层清理成果的公开出版，必将对提高我国地层学研究水平，统一岩石地层划分和命名指导区调填图，加强地层单位的管理以及地质勘察和科研教学等方面发挥重要的作用。

鉴于本次地层清理工作和地层数据库的研建是过去从未进行过的一项研究性很强的系统工程，涉及的范围很广，时间跨度长达100多年，参加该项工作的人员多达300~400人，由于时间短，经费有限，人员水平不一，文献资料掌握程度等种种主客观原因，尽管所有人员都尽了最大努力，但是在本书中少数地层单位的名称、出处、命名人和命名时间等不可避免地存在一些问题。本书中地层单位名称出现的"岩群"、"岩组"等名词，是根据1990年公开出版的程裕淇主编的《中国地质图（1：500万）及说明书》所阐述的定义。为了考虑不同观点的读者使用，本书对有"岩群"、"岩组"的地层单位，均暂以（岩）群、（岩）组处理。如鞍山（岩）群、迁西（岩）群。总之，本书中存在的错漏及不足之处，衷心地欢迎广大读者提出宝贵意见，以便今后不断改正和补充。

在30个省（市、自治区）地层清理系统成果即将公开出版之际，我代表全国地层清理项目办公室向参加30个省（市、自治区）地层清理、数据库研建和数据录入的同志所付出的辛勤劳动表示衷心的感谢和亲切的慰问。在全国地层清理项目立项过程中，原直管局王新华、黄崇轲副局长给予了大力支持，原直管局局长兼财务司司长现地矿部副部长陈洲其在项目论证会上作了立项论证报告，在人、财、物方面给予过很大支持；全国地层委员会副主任程裕淇院士一直对地层清理工作给予极大的关心和支持，并在立项论证会上作了重要讲话；中国地质大学教授、全国地层委员会地层分类命名小组组长王鸿祯院士是本项目的顾问，在地层清理的指导思想、方法步骤及许多重大技术问题上给予了具体的指导和帮助；中国地质大学教授杨遵仪院士对这项工作热情关心并给以指导；中国地质科学院院长、部总工程师陈毓川研究员参加了第三次全国地层清理工作会议并作了重要指示与鼓励性讲话；部科技司姜作勤高工，计算中心邬宽廉、陈传霖，信息院赵精满，地科院刘心铸等专家对地层数据库设计进行评审，为研建地层数据库提出许多有意义的建议。中国科学院地质研究所，南京古生物研究所，中国地质科学院地质研究所，天津、沈阳、南京、宜昌、成都和西安地质矿产研究所，南京大学，西北大学，中国地质大学，长春地质学院，西安地质学院等单位的知名专家、教授和学者，各省（市、自治区）地矿局领导、总工程师、区调主管、质量检查员和区调队、地研所、综合大队等单位的区域地质学家共600余人次参加了各省（市、自治区）地层清理研究成果和六个大区区域地层成果报告的评审和鉴定验收，给予了友善的帮助；各省（市、自治区）地矿局（厅）、区调队（所、院）等各级领导给予地层清理工作在人、财、物方面的大力支持。可以肯定，没有以上各有关单位和部门的领导和众多的专家教授对地层清理工作多方面的关心和支持，这项工作是难以完成的。在30个省（市、自治区）地层清理成果评审过程中一直到成果出版之前，中国地质大学出版社，特别是以诸松和副社长和刘粤湘编辑为组长的全国地层多重划分对比研究报告编辑出版组为本套书编辑出版付出了极大的辛苦劳动，使这一套系统成果能够如此快地、规范化地出版了！在全国项目办设在区调处的几年中，除了参加项目办的成员外，区调处的陈兆棉、其和日格、田玉莹、魏书章、刘凤仁多次承担地层清理会议的会务工作，赵洪伟和于庆文同志除了承担会议事务还为会议打印文稿，于庆文同志还协助绘制地层区划图及文稿复印等工作。

在此，向上面提到的单位和所有同志一并表示我们最诚挚的谢意，并希望继续得到他们的关心和支持。

全国地层清理项目办公室（陈克强执笔）

目 录

第一章 绪 论 ··· (1)

第一篇 塔里木-南疆地层大区

第二章 太古宙—早元古代 ··· (11)
第三章 中—晚元古代 ··· (13)
 第一节 岩石地层单位 ··· (14)
 第二节 生物地层与地质年代概况 ··· (20)
 第三节 地层横剖面 ··· (22)
第四章 寒武纪—志留纪 ·· (24)
 第一节 岩石地层单位 ··· (25)
 第二节 生物地层与地质年代概况 ··· (31)
第五章 泥盆纪—二叠纪 ·· (34)
 第一节 岩石地层单位 ··· (35)
 第二节 生物地层与地质年代概况 ··· (45)
第六章 三叠纪—白垩纪 ·· (49)
 第一节 岩石地层单位 ··· (50)
 第二节 生物地层与地质年代概况 ··· (59)
第七章 第三纪—第四纪 ·· (60)

第二篇 华北地层大区

第八章 太古宙—早元古代 ··· (63)
第九章 中—晚元古代 ··· (65)
 第一节 岩石地层单位 ··· (65)
 第二节 生物地层与地质年代概况 ··· (85)
 第三节 地层横剖面 ··· (87)
第十章 寒武纪—志留纪 ·· (90)
 第一节 岩石地层单位 ··· (90)
 第二节 生物地层与地质年代概况 ··· (114)
 第三节 奥陶纪火山岩 ··· (120)
 第四节 奥陶纪祁连海与华北海关系的讨论 ··························· (125)
第十一章 泥盆纪—三叠纪 ··· (128)
 第一节 岩石地层单位 ··· (128)

VII

| 第二节 | 生物地层与地质年代概况 | (166) |
| 第三节 | 问题讨论 | (176) |

第十二章　侏罗纪—白垩纪 ……………………………………………………… (178)
　　第一节　岩石地层单位 ………………………………………………………… (178)
　　第二节　生物地层与地质年代概况 …………………………………………… (212)
第十三章　第三纪—第四纪 ………………………………………………………… (215)

第三篇　华南地层大区

第十四章　太古宙—早元古代 ……………………………………………………… (227)
第十五章　中元古代—寒武纪 ……………………………………………………… (228)
　　第一节　岩石地层单位 ………………………………………………………… (228)
　　第二节　生物地层与地质年代概况 …………………………………………… (233)
第十六章　奥陶纪—三叠纪 ………………………………………………………… (235)
　　第一节　岩石地层单位 ………………………………………………………… (235)
　　第二节　生物地层与地质年代概况 …………………………………………… (257)
　　第三节　有关问题的讨论 ……………………………………………………… (270)
第十七章　侏罗纪—白垩纪 ………………………………………………………… (272)
　　第一节　岩石地层单位 ………………………………………………………… (272)
　　第二节　生物地层与地质年代概况 …………………………………………… (280)
第十八章　第三纪—第四纪 ………………………………………………………… (281)
第十九章　结　语 …………………………………………………………………… (283)
参考文献 ……………………………………………………………………………… (289)
附录Ⅰ　甘肃省地层数据库的建立及其功能简介 ………………………………… (295)
附录Ⅱ　甘肃省采用的岩石地层单位 ……………………………………………… (296)
附录Ⅲ　甘肃省不采用的地层名称 ………………………………………………… (304)

第一章
绪 论

　　地层学是地质学领域中的基础学科,在一定时期及时地按新理论、新观点和新方法清理研究已有的地层资料,建立符合当前科学水平和发展需要的共同的划分标准,对于地层知识和资料的积累、交流,促进区域地质调查、地质找矿、地质科学研究、教学等的进一步发展,都具有重要的意义。

　　长期以来,甘肃省和全国一样,地层划分一直以统一地层划分概念为基础,研究重点偏重于地层的年代归属、顺序和化石内容,在此基础上选择与年代界面偏离不大的岩性标志,甚至生物化石界面来划分地层,而对地层各种各样的特征、属性及其复杂的相互关系,特别是地层学研究的重要基础——物质组成、物理特征、岩石地层单位的科学划分与准确的时-空存在状态等,则往往研究甚少。因此,随着工作的深入,新资料不断地发现,地层单位划分不断地变化,新名称不断地出现,以及不同解释者观点的差异,而导致目前地层划分的混乱。以此为基础填制或编制的地质图,也因时、因人而异,给区域地质填图、综合性编图以及勘查、科研、教学等带来很大困难,甚至提供错误的信息。

　　随着现代地层学和现代沉积学的发展,认识到地层的沉积以侧向堆积为主,沉积地层的叠覆是在复杂的侧向堆积过程中形成,以及岩石地层单位的普遍穿时性特点之后,提出了地层多重划分理论。根据岩层具有的不同特征或属性,将岩层组织为不同特点或属性相应的单位,而且一种特征或属性的变化不一定和另一种特征或属性的变化相一致。这从而根本上动摇了统一地层划分的基础。1976年国际地层委员会出版的《国际地层指南》,1983年北美地层委员会出版的《北美地层规范》,澳大利亚、印度等国多次修订本国的地层规范,以及1981年《中国地层指南及中国地层指南说明书》的颁布,都是这一理论指导下的产物。

　　当前,我国正在大规模地开展1:5万区域地质调查,一个迫切需要解决的重大问题,应是避免地层划分的混乱局面继续蔓延。为此,1991年在地质矿产部(简称地矿部)直属管理局领导的支持和鼓励下,地矿部设立了"全国地层多重划分对比研究"项目,列入地矿部"八五"重大基础地质研究第1项(编号:直科92-01专项)。在全国范围内,以省、直辖市、自治区为单位开展工作,并成立了全国性专门机构负责实施。

一、目的与任务

　　根据地层多重划分概念,重新明确现有岩石地层单位的层型、定义、划分、对比标准、延伸范围和时-空分布状态及与各类地层单位的相互关系。为提高地层研究的科学性,消除混乱,使地层单位的划分、命名、理解和应用上具有共同的语言,并通过地层数据库的建立,实现地层学研究和地层单位划分与管理的规范化、科学化、现代化,利于及时指导大规模的1:5万区域地质调查填图、中小比例尺地质编图,提高我国区域地层研究程度和水平,使我国区域地质填图和地层学研究跻于国际先进行列。

地层多重划分对比研究的主要任务是：明确各岩石地层单位定义、划分、对比(延伸)的物质标准,即层型和参考剖面；实地核查层型和重要参考剖面,进行省范围内岩石地层单位时空分布规律及各类地层单位相互关系的研究；出版《全国地层多重划分对比研究·甘肃省岩石地层》专著以及建立甘肃省地层数据库。

二、岩石地层综合区划及区域地层概况

甘肃省幅员辽阔,地质构造复杂,海相与陆相沉积均有存在,各种不同环境的岩石地层分布广泛,发育齐全,是研究稳定区及活动区岩石地层单位及其时、空相互关系的理想区域。

甘肃省地层研究工作始于1893年,至今已有百余年历史,各时代地层均较发育,地层序列较为完整,具有不同时代的海相火山岩系、多种类型的沉积建造、复杂的沉积型相和丰富的古生物群化石,并赋存各类沉积矿产,是我国西北地区开展地层研究工作较早,地层发育比较完整的省份之一。

(一)地层综合分区

地层分区具有长期综合的性质,大的地层分区必须与构造相结合。从这个观点出发,"全国地层多重划分对比研究"项目地层区划工作会议(1994)提出以下分区原则：

1. Ⅰ级(地层大区)

为受同一板块构造控制的几个有机联系的紧邻地层区的结合体。其边界是板块缝合线或地壳拼接线。

2. Ⅱ级(地层区)

(1)受同一大地构造控制(如稳定区、活动区或过渡区等不同区域各分属于一个Ⅱ级区)。

(2)地层序列总体特征相近,在区内部分或多数"群"级地层单位可以延伸。

(3)范围一般较大。

(4)其边界为地壳拼接线、大断裂带或不同类型的区域构造边界,也可以是板块缝合线。

3. Ⅲ级(地层分区)

在同一Ⅲ级地层分区内,区域地质构造特征基本相同,岩石地层基本特征相同,区内多数组级地层单位可以延伸(不稳定区可适当放宽要求)。Ⅲ级地层分区的边界一般是综合地层相变线,也可以是较大的断裂。

4. Ⅳ级(地层小区)

在同一Ⅳ级地层小区内,区域地质构造特征相同,地层基本特征相同,区内组级地层单位一致,用一个综合柱状剖面图就可以反映出本区地层特征。范围一般较小。

根据上述原则,甘肃省的岩石地层综合区划,包括3个地层大区、7个地层区、10个地层分区(图1-1)。

(二)区域地层发育概况

甘肃省地处华北板块、塔里木陆块和华南板块接合部,地层特征极为复杂,具有不同时代的海相火山岩、多种类型的沉积建造和复杂的沉积型相,各地层大区、地层区的地层独具

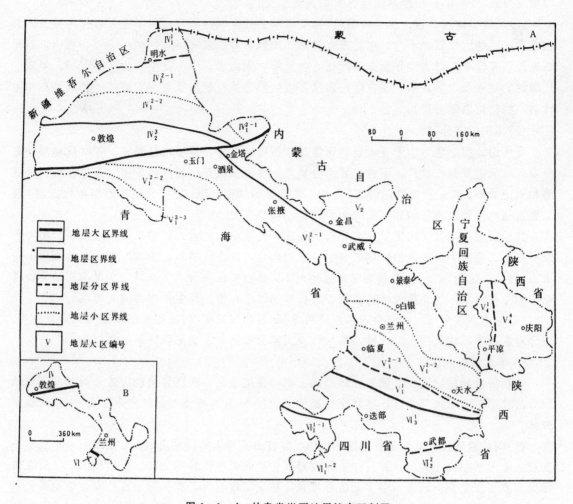

图 1-1 A. 甘肃省岩石地层综合区划图
B. 甘肃省中、新生代岩石地层综合区划略图

Ⅳ 塔里木-南疆地层大区
  Ⅳ$_1$ 中、南天山-北天山地层区
    Ⅳ$_1^1$ 觉罗塔格-黑鹰山地层分区
    Ⅳ$_1^2$ 中天山-北山地层分区
      Ⅳ$_1^{2-1}$ 中天山-马鬃山地层小区
      Ⅳ$_1^{2-2}$ 红柳园地层小区
  Ⅳ$_2$ 塔里木地层区
    Ⅳ$_2^3$ 塔南地层分区

Ⅴ 华北地层大区
  Ⅴ$_1$ 秦祁昆地层区
    Ⅴ$_1^1$ 东昆仑-中秦岭地层分区
    Ⅴ$_1^2$ 祁连-北秦岭地层分区
      Ⅴ$_1^{2-1}$ 北祁连地层小区
      Ⅴ$_1^{2-2}$ 中祁连地层小区
      Ⅴ$_1^{2-3}$ 南祁连地层小区
  Ⅴ$_2$ 阿拉善地层区
  Ⅴ$_4$ 晋冀鲁豫地层区
    Ⅴ$_4^1$ 华北西缘地层分区
    Ⅴ$_4^2$ 鄂尔多斯地层分区

Ⅵ 华南地层大区
  Ⅵ$_1$ 巴颜喀拉地层区
    Ⅵ$_1^1$ 玛多-马尔康地层分区
      Ⅵ$_1^{1-1}$ 积石山地层小区
      Ⅵ$_1^{1-2}$ 马尔康地层小区
  Ⅵ$_3$ 南秦岭-大别山地层区
    Ⅵ$_3^1$ 迭部-旬阳地层分区
    Ⅵ$_3^2$ 摩天岭地层分区

特色，自成序列（表 1-1）。

1. 塔里木-南疆地层大区

包括中、南天山-北天山地层区、塔里木地层区。在甘肃境内中、南天山-北天山地层区，分为觉罗塔格-黑鹰山地层分区（简称黑鹰山地层分区，下同）和中天山-北山地层分区（简称北

山地层分区，下同）；塔里木地层区有塔南地层分区。

(1)黑鹰山地层分区 属觉罗塔格-黑鹰山地层分区东延部分。由于侵入岩体穿插及断裂构造破坏，地层体残缺不全。在甘肃省和东邻内蒙古自治区（简称内蒙古，下同）境内，除元古界外均有分布，以古生界分布最广泛，均见海相火山岩，中、新生界为陆相沉积。早古生代属西伯利亚型生物区系，晚古生代属北方型生物区系，晚二叠世为安格拉植物区系，中生代动、植物均属北方型。

(2)北山地层分区

马鬃山地层小区 由于侵入岩体穿插和断裂构造破坏，地层略显破碎。各时代地层均有分布，以元古界分布最广，下古生界十分重要。除前长城系、长城系及中、上志留统，见有海相火山岩外，其余皆属稳定型沉积。中、新生界为陆相沉积。古生代属东南型生物区系，晚二叠世植物群属安格拉植物区系，中生代植物属北方型。

红柳园地层小区 由前中元古界构成基底，缺失中、上元古界及寒武、志留系。奥陶系及石炭—二叠系为裂陷海槽碎屑岩与中、基性熔岩、火山碎屑岩；泥盆系及上二叠统为山间火山-磨拉石建造；中、新生界为陆相盆地沉积。早古生代与石炭纪—早二叠世海相动物群属东南型生物区系，晚二叠世植物群属安格拉植物区系，中、新生代植物属北方型。

(3)塔南地层分区 由于第四系广泛覆盖，地层体残缺破碎。出露地层以前中元古界变质、变形岩系为主，缺失中上元古界、古生界及大部分中生界，偶见侏罗系陆相沉积。

2. 华北地层大区

包括阿拉善地层区、晋冀鲁豫地层区、秦祁昆地层区。晋冀鲁豫地层区分为华北西缘地层分区和鄂尔多斯地层分区；秦祁昆地层区分为祁连-北秦岭地层分区和东昆仑-中秦岭地层分区。

(1)阿拉善地层区未细分，包括北大山、龙首山及其间的潮水盆地。北大山由前中元古界变质、变形岩系构成基底，缺失中上元古界及古生界，中生界不发育，为陆相沉积，所含植物属北方型。龙首山地区，中上元古界发育，缺失下古生界，有少量上古生界，中生界分布广泛。后者属河湖相沉积。侏罗系具陆相火山碎屑岩。晚古生代植物群属华北型，中生代植物群属北方型。

(2)华北西缘地层分区 由元古界构成基底，古生界及中生界与华北腹地基本一致。早古生代生物与祁连海区关系密切，属华北型与东南型区系过渡类型。晚古生代植物群属华北植物区系，中生代植物群属北方型。

(3)鄂尔多斯地层分区 第四系广泛覆盖，仅河谷中有白垩系零星分布。据钻探揭露，前中元古界构成基底，中上元古界、下古生界及上古生界和中生界均有分布，并与华北腹地基本相同。古生代动、植物群属华北生物区系，中生代植物群属北方型。

(4)祁连-北秦岭地层分区 前寒武系构成基底，缺失下寒武统。下古生界属典型活动型沉积。北祁连晚石炭世后全部为陆相地层；南祁连至晚三叠世结束海相沉积。早古生代基本属东南型生物区系，晚古生代属华北型，安格拉植物群在北祁连西部也有发现，中生代植物群属北方型。

(5)东昆仑-中秦岭地层分区 下古生界研究程度较低，局部中泥盆统可以细分，至晚三叠世后结束海相沉积，侏罗系、白垩系分布零星，为陆相沉积。生物区系具扬子型与北方型过渡性质，以北方型植物群为主，混有南方型植物群成分。

3. 华南地层大区

包括南秦岭-大别山地层区、巴颜喀拉地层区。在省内南秦岭-大别山地层区分为迭部-旬阳地层分区、摩天岭地层分区；巴颜喀拉地层区仅有玛多-马尔康地层分区。

(1)迭部-旬阳地层分区　缺失元古界及寒武系，已发现早奥陶世笔石。古生界及三叠系为介于稳定型与活动型之间的过渡性沉积，生物区系与扬子区关系密切。侏罗系、白垩系及第三系为陆相沉积，郎木寺附近分布有侏罗纪陆相火山岩沉积。植物群具北方型与南方型过渡性质。

(2)摩天岭地层分区　前中元古界变质、变形岩系构成基底，长城系火山岩及浅变质岩和震旦系冰成岩发育，缺失其它地层。

(3)玛多-马尔康地层分区　以活动型三叠系及下古生界—三叠系为主体，侏罗系为陆相沉积，分布零星。三叠系生物群属扬子型区系。

三、地层清理工作遵循的原则及有关规定

甘肃省地域辽阔，地质构造复杂，研究工作程度差别很大，岩石地层单位的创建千差万别，很不规范。而岩石地层单位是多种地层单位中最重要和最基本的一类，是进行其他类别地层研究的基础。因此，欲完成地层多重划分对比研究的重任，在技术要求上，必须严格执行《国际地层指南》、《中国地层指南及中国地层指南说明书》、《沉积岩区1∶5万区域地质填图方法指南》和全国项目办公室下发的关于全国地层多重划分对比研究的有关技术要求、细则等规定。

(一)工作原则

(1)因地制宜　甘肃地处我国西部边缘地区，跨越我国几个重要造山带和变质变形强烈地区，地质构造十分复杂，加之以往地层研究差别很大，因此，地层清理研究工作，要从实际出发，在符合《国际地层指南》和《中国地层指南及中国地层指南说明书》精神的前提下，因地制宜，不同断代地层的工作程度有粗有细，研究程度有深有浅，各有侧重。

元古代及更老的地层只要求进行岩石地层的清理。古生代(包括三叠纪)要求在对比研究的基础上做适当的多重划分对比研究，争取有一定的深度。中、新生代陆相地层除坚持两个《指南》的原则要求外，允许适度地放宽，以便适应陆相地貌分异的客观因素。根据甘肃造山带发育的特色，在清理过程中要给予海相火山岩必要的重视。

(2)保证重点　全国地层多重划分对比研究的重点是岩石地层对比研究。因此，工作中要自始至终的牢牢抓住以岩石地层对比研究为基础这个根本。对于研究的范围、分区、层型或参考剖面的野外核查、应解决的问题等，也要分清主次，保证重点，兼顾一般。

(3)坚持地层清理工作与1∶5万区调、科研相结合　重要剖面的野外核查，尽可能结合区调进行，在可能的情况下，主动和专题研究合作。

(4)与生产、科研和教学单位三结合　以省地矿局为主，主动组织生产、科研、教学或其他单位的有关专家，开展针对性的会议和咨询，以提高地层对比研究工作水平和资料的权威性。

(5)为确保岩石地层单位各类要素齐全、准确、可靠，要最大限度地占有资料，不放过难点、疑点。

(二)造山带岩石地层划分的一般原则

甘肃是跨越造山带较多的省份之一，在地层多重划分对比研究中，除遵循上述工作原则和《中国地层指南及中国地层指南说明书》的一般性规定外，还提出如下技术要求：

1. 正式岩石地层单位

岩石地层单位是客观的物质单位。一个岩石地层单位是由岩性、岩相、或变质程度均一的岩石构成的三度空间岩层体。正式岩石地层单位的术语分为群、组、段、层四级。工作中，凡下了定义，并已命名的岩石地层单位，都必须符合相应级别术语的含义。

2. 非正式岩石地层单位

舌状体、扁豆体和生物礁，有时有人给予专名。即便有了专名，这类地层体亦不视为正式岩石地层单位。岩床、岩流和其他近于顺层分布的喷出岩或侵入岩也视为非正式岩石地层单位。在一个纵向的层序内，几个小的岩石地层单位使用同一地理专名应视为非正式岩石地层单位。

本次研究工作，曾遇到有些群级单位所隶属的"组"，虽然符合组级单位的含义，但因地处边远地区缺少地名，而至今不能给予地理专名，一般称作上组、下组。凡此亦为非正式岩石地层单位。

3. 岩石地层单位的界线

确定一个岩石地层单位的界线，应能充分反映这个岩石地层单位发育的一般规律。岩石地层单位的界线应该尽量置于岩性突变处。不得已时，也可以酌情置于岩性过渡带内。

区域性不整合是划分岩石地层单位的重要依据之一。在群、特别是组和段内，不应当有区域不整合。嵌入不连续不应当见于组内，群内也少见。群内可以有平行不整合，组内也可以有规模不大的平行不整合。

4. 岩石地层单位的延展和对比

岩石地层单位及其界线从层型所在地向外延展是靠岩石地层对比实现的，只要建立这个单位的特定岩性特征确实存在，或者借助间接方法确定它继续存在时，这些地层单位及其界线就可以向外推广使用，即岩石地层的对比主要在于求得岩性和岩石地层位置相当。仅仅根据含有相同的化石内容或属于同一地质年代不能延展或改变岩石地层单位及其界线。

5. 层型

层型是指地层的模式。岩石地层单位的层型是指一个已经下了定义、并已命名的地层单位的原始（或后来指定的）典型剖面。有正层型、副层型、选层型、新层型和次层型。必须指出：只有创名人在创名当时指定的典型剖面，或标准剖面，或代表性剖面才有资格称为正层型及副层型。当没有正层型时，后人方可代为指定选层型。当原有的正层型被毁坏或无效时，后人方可代为重新指定新层型。故而，在同一个岩石地层单位中，正层型和选层型，或正层型和新层型都不能同时出现。同时，也不允许将原有的正层型舍弃或降格为副层型，而把任何后来者所测的剖面列为正层型。总之，凡不是创名人创名时指定的层型都不能称作正层型。

6. 关于同物异名

在以往地层单位划分中，一物多名现象普遍存在，是导致地层划分混乱的原因之一。本研究项目的任务之一，就是要查明同物异名、异物同名，并按创名优先权法则，提出停止使用地层名称的建议。需要指出的是，所谓同物异名的"同物"，指的是属于空间上符合岩石地层划分概念的某个同一岩石地层单位（地层实体）。因此，同物强调岩石地层单位全等；部分相等，大致相等，合成相等都不符合同物概念。"异名"，指的是具有同物概念的岩石地层单位具有一个以上地理专名的单位名称。同一地理专名的岩石地层单位，仅因为单位的等级术语不同，不是同物异名。

7. 关于群的划分

(1) 无组的群

过去在造山带建立了大量无组的群，或仅划分了非正式组段的群。本次研究中，不要在未做新的调研、资料不能满足修订、建立次级地层单位程序要求的情况下，勉强在其内分组，或一律将其降群为组。

对有一定区域展布范围和某种同性特征的无组群，有可能进一步分组，但目前条件尚不成熟时，可保留原名，待将来条件成熟再修订、分组。

(2) 关于并组为群

并组为群一般要求相邻组具有某种共同的岩性特征，在群的分布范围内，其中的组经常发生程度不同的变化，有的组尖灭、消失，或插入了新组，有的组横向变为别的组或插入了相邻群等。这种变化无论如何复杂，只要群仍保持它所具有的某种共同的岩性特征即可。

在造山带还有不少的群是由岩石大类不同的组归并而成的，这时群内相邻组的岩性和岩石组合方式均可以有明显差异，但这些组总是按一定规律（如排列顺序）共生在一起，因此也具备了并组为群的条件。此种并组为群强调的是各组的自然联系。

8. 杂岩的划分

杂岩可以作正式单位，亦可以作非正式单位术语使用。为避免混淆，正式杂岩单位以"地理名称＋岩石名称＋杂岩"或"地理名称＋杂岩"的方式命名；非正式杂岩单位以"岩石名称＋杂岩"或"有关形容词＋杂岩"的方式命名。正式杂岩单位的级别不固定，可能与群、超群、或组相当。

9. 特殊单位的划分

(1) 蛇绿岩的划分　根据蛇绿岩在实地出露的岩石组合特征分别称××蛇绿岩、××蛇绿杂岩、××（蛇绿）混杂岩。

(2) 混杂岩和构造岩带的划分　混杂岩—沉积混杂岩可根据其规模大小和形态，划分为正式或非正式岩石地层单位，它们占据一定的地层位置，如为非正式单位，要明确它依附于那个正式单位。构造混杂岩则划分为非正式岩石单位。

构造岩带——划分为非正式岩石地层单位，如××糜棱岩带。

(3) 大套复理石沉积的划分　本次主要是对已有的地层名称做对比研究，选定层型和参考剖面（次层型），研究其岩石组成与组合方式的变化规律，对单位的特征做进一步描述等。在无充分资料的情况下不要在其内部进行划分。

10. 生物和年代地层资料的清理要求

一般应按生物地层单位与年代地层单位叙述，在生物地层资料与测年资料不足的情况下，不要求按生物地层单位要求描述，但须概述岩石地层单位的生物组合特征与地质年代。

四、地层清理的范围和内容

根据甘肃省地层研究程度的实际，岩石地层对比研究的重点是中元古代至第三纪地层。还有以岩石地层单位划分、对比研究为基础，查明与其他地层单位的对应关系。造山带地层清理是重中之重。对研究程度高、资料丰富的稳定地层，选择部分地层间隔研究其地层沉积规律，进行区域地层综合分析；对有详细生物研究资料的地区，可进行生物带的研究，对研究程度较低的边远地区和造山带，一般只进行岩石地层单位对比研究，其划分宜粗不宜细。对于中元古代以前，高度变质变形岩层和第四纪地层等原则上不予清理。地下地层要尽可能搜集深部和地球物理、地球化学资料进行综合研究，能搜集多少资料，就研究多少。具体内容一般包括：

(1)对比研究各类地层单位名称，包括：名称出处、原始定义、划分标准及其演化历史；单位的地质特征、分布范围及变化情况，各类地层单位间的相互关系；经过多重划分对比研究，应提出同物异名、异物同名，并对应停止使用的地层单位名称提出建议。

(2)在研究已有资料(包括公开发表的文献和正式印刷的区调、勘查报告，一般截止在1992年底，重要成果可延至提交前)的基础上，尽可能通过各种途径实地核查省内的各类原始命名剖面(正、副层型)，标准地点、地区的其他代表性剖面，以及各地层单位的重要参考剖面(次层型)，并阐明这些剖面所在地的地质、地理概况；重新明确岩石地层单位的定义、划分及延伸标准、层型及主要参考剖面，以及这些剖面上的生物、年代及其他地层特征等。

(3)如层型及主要参考剖面的原始描述已陈旧或不准确时，应尽量补充野外描述，以满足现代地层学、沉积学的要求。

(4)研究省内断代地层分区、综合地层分区，编制地层多重划分对比表。

(5)编写《全国地层多重划分对比研究·甘肃省岩石地层》专著。

(6)建立甘肃省的地层数据库。

五、基本工作方法和步骤

地层多重划分对比研究是一项科学性强、涉及面广、工作繁重的基础地质研究的系统工程，它的成果在一定程度上反映我国基础地质研究的整体水平。研究工作应严格按照第次关系、分阶段和交叉进行的途径进行。其方法和步骤为：

(1)认真学习《国际地层指南》、《中国地层指南及中国地层指南说明书》及《沉积岩区1：5万区域地质填图方法指南》的原则，掌握地层多重划分概念、原则、方法和要求，严格按照地层工作程序办事，转变观念，随时克服统一地层划分概念的影响。

(2)搜集本省与涉及本省的地层资料，结合本地区的实际情况，找出存在的主要问题，编写设计。

(3)填制地层剖面、文献资料索引、地层划分沿革和岩石地层名称卡片，作为原始资料输入省地层数据库。

(4)优先对比研究在本省创建并延入邻省(区)岩石地层单位的正、副层型和参考剖面(次层型)，并将研究成果及时提供大区项目办和有关省(区)讨论交流，有关省(区)应尽快反馈意见，以及早议定。

(5)重新明确层型和主要参考剖面(次层型)时，要遵循优先法则和讲究科学性及职业道德。对涉及大区域的剖面，由大区研究领导小组协调定案，对争议较大的可组织专家仲裁；对延伸范围仅限于省内的地层单位，在广泛征求意见后，由省研究抉择。

(6)以层型和参考剖面(次层型)为骨架，编制省内的地层横(剖)断面图、阐明各岩石地层单位的时、空存在状态(形态、相互关系)，排列顺序，有条件时研究区域地层格架和试编1：50万或适合比例尺的以岩石地层单位为基本单位的地质草图供综合研究时参考；同时为今后编制省的新一代地质图奠定基础。

(7)建立省地层数据库。

(8)分断代编写报告，其内容要满足《国际地层指南》第三章和《中国地层指南及中国地层指南说明书》第六章"专用地层名称暂行规定"的要求。在广泛征求意见后修改、打印、送审。

(9)研究成果,经省(区)主管部门评审、修改后公开出版发行。
(10)提出对《中国地层指南及中国地层指南说明书》的修改意见。

六、参加工作的人员、分工及完成工作的起讫时间

甘肃省地层多重划分、对比研究工作,1991年3月由甘肃省地矿局下达任务书,同年6月调集人员,筹组地层清理研究组。1992年人员基本齐备,开展工作。至1994年8月底基本结束工作,10月由"全国地层多重划分对比研究"项目西北大区领导小组主持评审通过验收。

甘肃省的地层清理研究工作,由甘肃省地矿局区域地质调查队[①](简称甘肃区调队,下同)和甘肃省地矿局酒泉地质矿产调查队(简称酒泉地调队,下同)共同完成。甘肃区调队负责清理研究奥陶、志留、泥盆、石炭、二叠、第三纪和初步清理第四纪;酒泉地调队负责清理研究长城、蓟县、青白口、震旦、寒武、三叠、侏罗、白垩纪及前长城纪的初步清理工作。项目负责人分别由甘肃区调队赵凤游及酒泉地调队杨雨担任。

参加工作的人员,酒泉地调队高级工程师有杨雨、俞伯达、赵宗宣、宋杰己、范国琳,工程师有吴京城、范文光、余以生、刘在元、仇安中;甘肃区调队高级工程师有赵凤游、姚国金、蔡体梁、孙继廉、魏鼎新、赵敬平,工程师有刘述贤、王建中、刘素钊,助理工程师周玲琪。于1992年,魏鼎新、赵敬平、余以生、刘在元、仇安中调出或退休,其工作由留任人员接替。

甘肃省地层多重划分对比研究工作的阶段性成果——《甘肃省地层多重划分对比研究报告》的执笔人为绪论杨雨,前长城纪、长城纪俞伯达,蓟县纪吴京城,青白口纪、震旦纪范国琳,寒武纪俞伯达,奥陶纪赵凤游,志留纪刘述贤,泥盆纪王建中,石炭纪姚国金,二叠纪孙继廉,三叠纪杨雨,侏罗纪赵宗宣,白垩纪宋杰己,第三纪、第四纪蔡体梁,主要成果、结语赵凤游,图、表编绘范文光,数据库建库(附录Ⅰ)王俊工程师,微机录入王俊、周玲琪。《甘肃省地层多重划分对比研究报告》的元古宙、寒武纪及中生代由杨雨统编,其余断代由赵凤游统编。

本书是在《甘肃省地层多重划分对比研究报告》阶段性成果的基础上,由杨雨、范国琳重新改写编辑完成的。全书共分三篇十九章:第一章绪论、第一篇(第二章至第七章)、第二篇(第八章至第十三章)、第三篇(第十四章至第十九章),分别介绍了塔里木-南疆地层大区、华北地层大区和华南地层大区的岩石地层单位,及生物地层与地质年代概况。结语概括地叙述了甘肃省岩石地层对比研究工作的主要成果、进展、对某些重大问题的认识及主要存在的问题。

《全国地层多重划分对比研究·甘肃省岩石地层》是在汤中立院士指导下完成的。工作自始至终得到"全国地层多重划分对比研究"项目办公室专家张守信研究员、魏家庸高级工程师、全国项目办公室主任陈克强高级工程师、副主任高振家高级工程师、西北大区项目办公室主任郑文林高级工程师的热情关怀、指导,西北大区项目办公室主要成员裴梅芳高级工程师等和甘肃省地矿局区调队、酒泉地调队领导及有关同志的支持与帮助,还有部分同志参与短期工作。书中插图、附表承酒泉地调队复制出版科清绘,书稿打印由甘肃区调队打字室担任,在此一并致谢。

[①] 该队原称甘肃综合地质大队区域地质测量队,后改为甘肃综合地质大队第一区域地质测量队,现称甘肃省地矿局区域地质调查队。

第一篇

塔里木-南疆地层大区

本地层大区位于甘肃省西北部。南以阿尔金山-鹰嘴山断裂带与华北地层大区分界,北至中蒙边界。东、西两侧分别延入内蒙古和新疆维吾尔自治区(简称新疆,下同)。

第二章
太古宙—早元古代

区内太古宙—早元古代地层广泛分布于北山地区南部、三危山及其以西地区(图2-1)。太古宙—早元古代地层不属于本次岩石地层对比研究范围,但为保持本书地层完整、系统,现将区内太古宙—早元古代地层概略介绍如下。

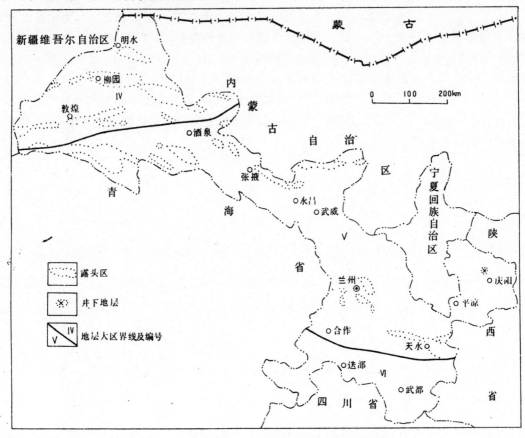

图2-1 甘肃省太古宙—早元古代地层分布略图

区内太古宙—早元古代岩石地层只有敦煌岩群一个构造岩石地层单位。

敦煌岩群　ArPtD

敦煌岩群,源于孙健初(1936)于甘肃敦煌市三危山创名的敦煌系。1964年地质部地质研究所将其改称敦煌杂岩并首次用于北山地区。

敦煌岩群由变质较深、变形强烈的岩石组成有层无序岩群。区域上自上而下可划分为四个组:

D组:流纹岩、中性火山岩、石英岩及云母石英片岩等,厚257～500 m。

C组:角闪斜长片岩、条带状或均质混合岩(糜棱岩)夹石英片岩及少许石英岩等,在红柳园地区与下伏B组不整合接触,厚1 112～5 391 m。

B组:片麻岩、花岗片麻岩夹大理岩、二云石英片岩及少量石英岩凸镜体,在红柳园地区普遍糜棱岩化,厚1 055～2 783 m。

A组:斜长片麻岩、眼球状混合岩(糜棱岩类)、黑云石英片岩夹条带状混合岩,偶夹大理岩,厚458～2 780 m。

C、D组岩性属高绿片岩相为主,A、B组属高绿片岩—低角闪岩相为主。与上覆古硐井群推测为不整合接触。敦煌岩群以中深变质碎屑岩夹大理岩为主,靠上部夹多层变质中基性火山岩。在北山地区D组所夹斜长角闪岩中测得的全岩Sm-Nd等时线年龄值,在古堡泉北为2 203 Ma,小西弓为1 990 Ma,黄岗为2 060 Ma;大口子A组黑云石英片岩的全岩Rb-Sr等时线年龄值为2 949 Ma,侵入上述的花岗闪长岩的锆石U-Pb年龄值为1 311.86 Ma、1 229.69 Ma,辉长岩全岩Sm-Nd模式年龄值1 027 Ma、1 207 Ma等。在三危山地区,敦煌岩群中层控型铅锌矿床方铅矿与黄铁矿的U-Pb模式年龄值为1 689.74 Ma,1 735.26 Ma,1 701.71 Ma及1 848.30 Ma。上述同位素测年资料说明敦煌岩群的地质年代应早于中元古代。由于测年样品多采自上部C、D组,其下巨厚岩层的变质程度明显高于C、D组的部分很有可能包括早元古代以前的地层。

第三章
中—晚元古代

区内中—晚元古代地层主要分布于北山地区中部(图3-1),计有4个群3个组,自下而上长城纪有古硐井群、铅炉子沟群,蓟县纪—青白口纪有圆藻山群的平头山组、野马街组、大豁落山组和震旦纪洗肠井群。

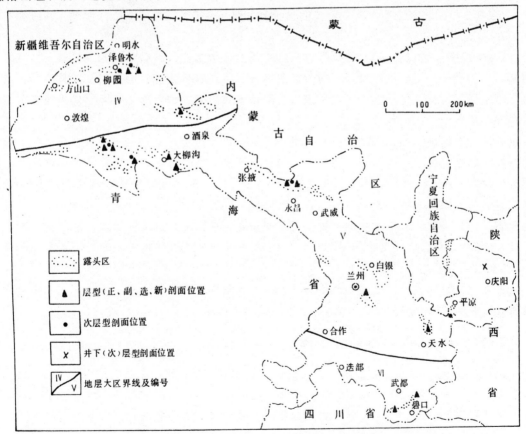

图3-1 甘肃省中—晚元古代剖面位置及地层分布略图

第一节　岩石地层单位

古硐井群　ChG　（04-62-0001）

【创名及原始定义】　地质部地质研究所修泽雷等①（1964）创名。命名地点在内蒙古额济纳旗南部的古硐井。原始定义指分布于马鬃山、大红山、豹皮山及古硐井等地的一套紫红色、灰绿色砂岩、千枚岩、板岩、石英岩等，厚3510 m，未见下界，其上与圆藻山群整合接触，局部为假整合接触，可与长城群进行对比。

【沿革】　1966年新疆地质局高振家等与甘肃省地质局第二区域地质测量队②（简称甘肃区测二队，下同）选择肃北蒙古族自治县（简称肃北县，下同）白湖南剖面，另建白湖群，沿用至今。但白湖群的含义除包括古硐井群岩石组合之外，还包括有中深变质的敦煌岩群。本次对比研究根据古硐井群原始定义，明确上、下地层单位特征，恢复古硐井群一名。

【现在定义】　指分布于额济纳旗南部月牙山至古硐井一带，位于下、中元古界间断面之上的一套浅海相的陆源碎屑岩，局部夹灰岩凸镜体。陆源碎屑以石英质含量大、粒度细、层理薄、轻微变质及褐红色的风化面等宏观特征为识别标志；区域上以不整合覆于下元古界北山群之上；上界与圆藻山群的碳酸盐岩连续沉积。

【层型】　正层型位于内蒙古额济纳旗西南古硐井。甘肃境内的次层型为肃北县白湖南剖面第20—30层（96°28′，41°33′），由赵祥生等（1984）测制。

【地质特征及区域变化】　古硐井群在甘肃境内是指圆藻山群碳酸盐岩或铅炉子沟群之下的紫红、灰绿色浅变质细碎屑岩、石英岩及绢云石英片岩夹大理岩的序列。以具雨痕、波痕及交错层理为特征。包括上、下两个组，上组以变砂岩夹大理岩为主，下组以千枚岩、石英片岩夹石英岩为主。上与铅炉子沟群下组整合或与圆藻山群平头山组平行不整合接触（以平头山组碳酸盐岩底面分界），下界不明。呈近东西向展布于星星峡、白湖及金塔县鸡心山、铅炉子沟，肃北县金庙沟—咸水井东南，玉门镇北旱峡山等地。各地岩性变化不大，总体厚度向西有变薄之势，白湖—草呼勒哈德一带厚度最大达2031 m。下组由灰绿、浅灰、灰色石英岩、千枚岩夹绢云绿泥石英片岩及少量绢云片岩组成，厚度1154~1921 m；上组由深灰、灰绿色变质长石石英砂岩、千枚状泥质粉砂岩、变细砂岩夹石英片岩、绿泥片岩及少量大理岩所组成，局部（肃北县草呼勒哈德一带）夹少许变质斜长流纹岩及中性凝灰熔岩，厚223~1939 m。本群岩石属低绿片岩相。

古硐井群的地质年代根据上覆铅炉子沟群下组基性火山岩同位素年龄值1624 Ma，和下伏敦煌岩群同位素年龄值2203 Ma，定为长城纪早期。

铅炉子沟群　ChQ　（04-62-0002）

【创名及原始定义】　甘肃酒泉地调队（1991）创名。创名地点在金塔县铅炉子沟东侧。原始定义较长，现综合如下：指分布于穿山驯以北的广大地区的碎屑岩夹火山岩地层。依据岩性差异划分为五个组。第一组砂板岩夹粗玄岩、凝灰岩，底含叠层石；第二组千枚岩夹杂砂

---

① 编写人：修泽雷、赵祥生、王建中、唐海清。
② 该队1971年改为甘肃省地质局地质力学区域测量队。1986年与原甘肃省地质局第四地质队合并，改为甘肃省地矿局酒泉地质矿产调查队，简称酒泉地调队。

岩，第三至第五组以长石石英砂岩和粉砂质板岩呈复理石韵律构造，并呈角岩化。下与穿山驯群第三组条痕状混合岩整合接触分界。

【沿革】 在铅炉子沟群创名之前酒泉地调队(1991)① 曾将肃北县咸水井东南至金庙沟一带该群下部以中-基性火山岩夹火山碎屑岩为主的地层命名为咸水井群。同年在铅炉子沟一带相同的中-基性火山熔岩为主的地层及其以上的一套连续沉积的变质砂岩、板岩，另命名为铅炉子沟群。本次对比研究认为铅炉子沟群建群地地层发育较全，顶、底界线较清楚，能够代表北山南部的长城纪地层全貌，并将命名剖面底部的黑云石英片岩和石英片岩归入古硐井群上组。铅炉子沟群被选为正式岩石地层单位。

【现在定义】 指古硐井群变质碎屑岩夹大理岩与平头山组碳酸盐岩之间的一套地层，可分为上、下两个组。下组以变质火山碎屑岩、中-基性火山岩夹变质碎屑岩及泥质岩为主的地层序列；上组以浅变质的细碎屑岩和泥质岩为主，具韵律构造。下以灰绿色火山碎屑岩底面与古硐井群整合接触，上以碎屑岩顶面与平头山组碳酸盐岩平行不整合或整合接触。

【层型】 正层型为金塔县铅炉子沟东剖面第23—57层(98°22′，40°28′)，由酒泉地调队(1991)测制；载于甘肃酒泉地调队，1993，K-47-125-D(铅炉子沟)幅、K-47-126-C(俞井子)幅区域地质调查报告。

铅炉子沟群　　　　　　　　　　　　　　　　　　　　　　　总厚度>6 337 m
上组　　　　　　　　　　　　　　　　　　　　　　　　　　厚度>4 665 m
57. 深灰色薄层粉砂质板岩，顶被花岗闪长岩吞蚀。（未见顶）　　>94 m
56. 灰、深灰色中层状角岩夹深灰色粉砂质板岩，上部含粗砂质扁豆体具复理石韵律层　147 m
55. 深灰色粉砂质板岩　　　　　　　　　　　　　　　　　　338 m
54. 灰绿色厚层状粉砂质板岩　　　　　　　　　　　　　　　588 m
53. 浅灰绿色角岩化粉砂质板岩，具复理石韵律层　　　　　　　279 m
52. 灰绿色厚层状粉砂质板岩　　　　　　　　　　　　　　　516 m
51. 灰绿色厚层状粉砂质板岩夹千枚状板岩，上部夹变质细砂岩　351 m
50. 浅灰绿色中层状粉砂岩夹褐灰色中—薄层状长石石英细砂岩　113 m
49. 浅灰绿色片理化粉砂质板岩　　　　　　　　　　　　　　 63 m
48. 浅灰绿色斑点状粉砂质板岩夹粉砂质板岩　　　　　　　　182 m
47. 深灰—褐灰色云母角岩　　　　　　　　　　　　　　　　126 m
46. 浅灰绿色斑点状粉砂质板岩夹粉砂质板岩　　　　　　　　148 m
45. 浅灰绿色中—薄层状粉砂质板岩夹少量长石石英细砂岩，下部发育小型波痕；上部
　　具小型交错层理　　　　　　　　　　　　　　　　　　　241 m
44. 深灰色厚层状粉砂质板岩　　　　　　　　　　　　　　　314 m
43. 深灰色千枚状板岩　　　　　　　　　　　　　　　　　　251 m
42. 灰色叶片状千枚状板岩　　　　　　　　　　　　　　　　188 m
41. 褐灰色厚层状—块状变质长石石英杂砂岩夹变质粉砂岩　　　 78 m
40. 浅灰色厚层状变质长石石英细砂岩与变质粉砂岩互层　　　　233 m
39. 深灰色千枚状板岩　　　　　　　　　　　　　　　　　　 67 m
38. 深灰色中层状变质细砂岩　　　　　　　　　　　　　　　　5 m
37. 深灰色千枚状板岩　　　　　　　　　　　　　　　　　　176 m

---

① 甘肃省酒泉地调队，1991，1:5万K-47-111-A(架子井)幅、1:5万K-47-111-B(新场)幅区调报告。

36. 深灰色千枚状板岩与粉砂质板岩互层	76 m
35. 灰—深灰色变质中细粒长石石英杂砂岩	77 m
34. 灰色变质中粒长石石英杂砂岩	14 m

——————整 合——————

下组　　　　　　　　　　　　　　　　　　　　　　　　　　　厚度 1 672 m

33. 深灰色粉砂质板岩夹少量千枚状板岩	140 m
32. 深灰色千枚状板岩夹大量粉砂质板岩	191 m
31. 浅灰色中—薄层状粉砂—泥质板岩夹少量凝灰质板岩	338 m
30. 深灰—灰绿色中层状粉砂质页岩夹灰绿色变玄武质凝灰岩	244 m
29. 灰绿色块状变玄武质凝灰岩夹粉砂质板岩	266 m
28. 浅灰色竹叶状、千枚状板岩夹少量厚层状蚀变玄武岩	201 m
27. 灰绿色凝灰质板岩夹深灰色块状蚀变粗玄岩	61 m
26. 浅灰绿色块状蚀变粗玄岩	108 m
25. 灰绿色堇青石板岩	49 m
24. 深灰色斑点状粉砂质板岩	59 m
23. 深灰绿色细粒斜长角闪岩	15 m

——————整 合——————

下伏地层：**古硐井群**　灰色黑云石英片岩和石英片岩

【地质特征及区域变化】　铅炉子沟群呈近东西向展布于黑大山一带。火山岩由东向西、由东南往西北，显示逐渐变少、变薄趋势。该群下组在命名地带下部为灰绿色蚀变粗玄岩和接触变质的粉砂质板岩、堇青石板岩；上部为深灰色千枚状板岩夹玄武质凝灰岩、粉砂质板岩和少量凝灰质板岩，厚 1 672 m。往西北至金庙沟、咸水井东南一带及甘肃、内蒙古交界附近的黑大山一带为中基性火山熔岩及碎屑岩，具气孔和杏仁构造，厚度大于 1 427～1 730 m。上组以灰绿色夹深灰色千枚状粉砂岩、细砂岩、板岩为主，韵律构造清楚，厚 4 665 m，往西北方向常被断失，仅在甘肃、内蒙古交界之黑大山一带出现，以绢云方解千枚岩夹千枚状板岩为主，厚 672 m。本群变质岩属低绿片岩相。下与古硐井群整合接触，上与平头山组碳酸盐岩接触，东部呈连续沉积，西部则呈明显的平行不整合接触（黑大山一带）。咸水井东南下组变质玄武岩全岩 Sm－Nd 同位素等时线年龄值为 1 622～1 624 Ma，锆石 U－Pb 同位素年龄值为 1 229 Ma，推定为长城纪（图 3－2）。

圆藻山群　Jx$Qn Y$　（04－62－0026）

【创名及原始定义】　地质部地质研究所修泽雷等于 1964 年创名。命名地点在内蒙古额济纳旗圆藻山。原始定义是指"分布在圆藻山一带以碳酸盐岩为主的一套地层，因其位于古硐井群碎屑岩之上，对比为震旦系中统"。

【沿革】　创名后，1968 年甘肃区测二队在牛圈子地区开展 1∶20 万区调时，发现平头山一带该套地层发育全、层序清、化石多，详测了剖面另创新名平头山群，现据优先原则恢复圆藻山群。

【现在定义】　指发育在古硐井群或铅炉子沟群和洗肠井群之间由碳酸盐岩与碎屑岩组成的一套海相地层序列，自下而上包括平头山组、野马街组与大豁落山组。

平头山组　Jxp　（04－62－0021）

【创名及原始定义】　甘肃区测二队（1968）创名的平头山群演变而来。创名地点在肃北县

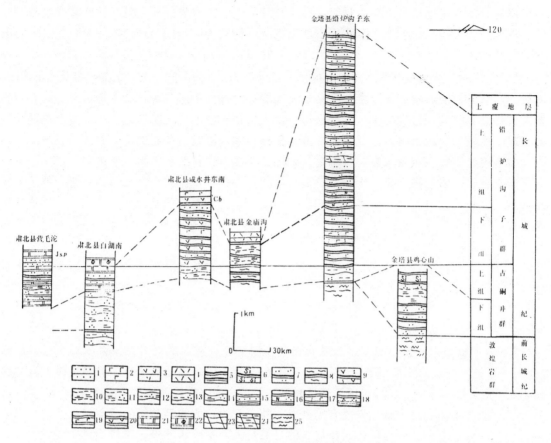

图 3-2 北山地区长城纪岩石地层柱状对比图

1. 砂岩；2. 玄武岩；3. 安山岩；4. 流纹岩；5. 板岩；6. 硅质板岩；7. 粉砂质板岩；8. 绿泥板岩；9. 凝灰质板岩；10. 绢云千枚岩；11. 绢云质石英千枚岩；12. 二云石英片岩；13. 黑云石英片岩；14. 绢云石英片岩；15. 变质砂岩；16. 变质长石石英砂岩；17. 变玄武质凝灰岩；18. 石英岩；19. 变玄武岩；20. 变安山岩；21. 大理岩；22. 白云石大理岩；23. 角岩；24. 云母角岩；25. 条痕状混合岩；Cb. 石炭纪白山组；Jxp. 蓟县纪平头山组

马鬃山乡平头山。"本统主要由含镁碳酸盐岩、变质碎屑岩及少量泥岩组成。根据沉积建造特点、接触性质、古藻化石的研究，可以划分为三个岩组，此套地层以平头山地区出露全，研究比较好，故命名为平头山群。"

【沿革】 甘肃区测二队(1968)与高振家、缪长泉等在平头山剖面采得叠层石，划归"震旦系中统"，命名为平头山群，并据岩性组合划分为上、中、下三个岩组。甘肃省地质局地质力学区域测量队(简称甘肃地质力学队，下同)(1980)的《甘肃的中—上元古代》(未刊)、高振家等(1977—1984)分别于上组发现 Aldania sp. 和 Linella, Gymnosolen, Inzeria 等，将上组划归青白口系大豁落山群。赵祥生、张录易等(1984)重新测制平头山剖面，采得叠层石和微古植物，将平头山群的顶界下移至原中岩组内的白云岩和结晶灰岩之间，认为两者呈平行不整合接触，不整合面以上为大豁落山群下岩组，不整合面以下为平头山群上岩组。本次对比研究认为，平头山群属圆藻山群的下部地层。因此，改平头山群为平头山组。

【现在定义】 指古硐井群和野马街组碎屑岩之间以灰、灰白、深灰、灰黑色薄—中厚层白云岩、灰岩及大理岩为主，中部夹泥质板岩、细砂岩、粉砂岩、石英岩等序列。下以碳酸盐岩层底面与古硐井群碎屑岩分界，为平行不整合接触，局部与古硐井群之上的铅炉子沟群上组碎屑岩整合接触；上以碳酸盐岩层顶面与野马街组碎屑岩分界，呈平行不整合接触。

【层型】 正层型为肃北县平头山剖面第1—31层（96°22′，41°32′），由甘肃区测二队（1968）测制。

【地质特征及区域变化】 平头山组是一套下部为中、厚层白云岩；中部细砂岩、粉砂岩、石英岩与灰岩、白云岩、大理岩互为夹层或互层；上部为中薄层灰岩，大理岩夹白云岩和少量泥质板岩，以碳酸盐岩为主。含叠层石和微古植物。经区域低温动力变质作用形成低绿片岩相的变质地层。由东向西主要分布在肃北县梧桐井、白湖、平头山、大山头、破城山，向西延入新疆境内，向东延入内蒙古境内。金塔县大红山、安西县桥湾等地也有分布。平头山组下部白云岩分布局限，仅见于白湖、平头山和大山头一带。在南部安西县桥湾一带，上部地层超覆在敦煌岩群之上，厚度在1 334～1 446 m以上；至金塔县大红山一带，与铅炉子沟群千枚岩呈整合接触，厚度在1 143 m以上。该组的厚度向东或东南方向变厚，向西及西北变薄。

平头山组的叠层石，多为曹瑞骥、梁玉左等（1979）在蓟县剖面划分的叠层石Ⅲ、Ⅳ组合常见分子，地质时代应归属蓟县纪。

野马街组 Qnym （04－62－0028）

【创名及原始定义】 范国琳（1994）创名。创名地点在肃北县马鬃山乡平头山地区。指"平行不整合于平头山组碳酸盐岩之上、整合于大豁落山组碳酸盐岩之下的一套轻微变质的碎屑岩。主要岩性有紫灰、浅灰色薄层变质粉砂岩、千枚岩、千枚状粉砂质页岩，夹泥灰岩、含钙砂岩及硅质岩，底部为紫色铁质含砾砂岩。外延变为白云质硅质砾岩或砂、板岩。底以碎屑岩的出现与平头山组分界，顶以碎屑岩的消失与大豁落山组分界。隶属圆藻山群。"

【沿革】 该组为新创建的岩石地层单位。1968年甘肃区测二队划归蓟县系平头山群上岩组。后经缪长泉、高振家及甘肃地矿局等研究，划为青白口系大豁落山群下岩组，但未正式命名。本书采用野马街组。

【现在定义】 同原始定义。

【层型】 正层型为肃北县马鬃山乡平头山北坡剖面第32—34层（96°22′，41°32′），由甘肃区测二队（1968）测制。

【地质特征及区域变化】 该组以粉砂岩与页岩为主夹细砂岩，厚度355 m，依据单层特征及其组合规律划分为三个基本层序。其中Ⅰ、Ⅲ由三个单层组成旋回性基本层序，Ⅱ是粒度由粗—细组成基本层序。横向变化较明显，向东至大豁落山地区相变为灰色白云质硅质砾岩，厚度46～100余米，西延断续与新疆相接，厚度变薄，东延入内蒙古望旭山以东相变为以变粉砂岩、细砂岩与板岩，呈互层产出，厚度增至3 000 m。近顶部泥灰岩夹层中产有叠层石与微古植物。

依据化石组合及上、下接触关系等，归属青白口纪早期。

大豁落山组 Qnd （04－62－0029）

【创名及原始定义】 甘肃区测二队（1968）创名。创名地点在肃北县马鬃山乡大豁落山北坡。原定义较长，现综合如下：指一套镁质碳酸盐岩，主要岩性由灰白色白云岩及灰—深灰色白云质大理岩组成，含燧石条带与古藻化石。主要分布于大豁落山北部（未见顶底）。

【沿革】 1964年地质部地质研究所将其划归圆藻山群上岩组。1968年甘肃区测二队创名大豁落山群。1984年余以生、汤光中及赵文杰将大豁落山群上部层位另创新名通畅口群。经本次区域对比研究认为上述二群岩性类同，合并统称大豁落山组。建议停用通畅口群。

【现在定义】 指整合于野马街组碎屑岩之上，平行不整合于洗肠井群冰碛砾岩之下的一套碳酸盐岩。主要岩性为灰白色含燧石条带白云岩、白云质大理岩、白云质灰岩、结晶灰岩及泥质灰岩。外延局部相变为碎屑灰岩与角砾状灰岩。底以碳酸盐岩的出现与野马街组分界，顶以碳酸盐岩的消失与洗肠井群分界。

【层型】 正层型为肃北县大豁落山北坡剖面第1—12层(96°53′，41°31′)，由甘肃区测二队(1967)测制。

【地质特征及区域变化】 大豁落山组岩石类型简单，主要为白云岩与灰岩夹大理岩，厚度1 748~3 420 m。按单层特征及叠覆韵律分为三个基本层序，呈现硅镁质与钙质成分、条带与层纹构造、具鸟眼与角砾构造的暴露层与叠层礁相间产出的韵律性特点。大豁落山组在大豁落山地区按岩性可分上、中、下三部分，上、下部主要为含叠层石礁的硅质条带白云岩，中部以灰岩为主。向西延至泽鲁木、大红山及方山口一带渐变过渡为灰岩、白云质灰岩与镁质大理岩，叠层石大量减少，出露厚度亦变薄；向东延至梧桐井与内蒙古月牙山及望旭山一带，相变为碎屑灰岩、白云质灰岩夹白云岩与角砾状灰岩，叠层石亦大量减少，但厚度猛增至4 000余米。大豁落山组所含叠层石组合与冀西下花园一带下马岭组及景儿峪组叠层石组合可以对比，同位素年龄值相近，地质年代归属青白口纪晚期为宜。

【其他】 大豁落山地区该组的上部与下部均产有规模较大的优质白云岩矿床。

洗肠井群　ZX　（04－62－0037）

【创名及原始定义】 余以生、汤光中、赵文杰(1984)创名于内蒙古额济纳旗洗肠井。"指在北山地区不整合于青白口系通畅口群之上的冰碛砾岩、含砾砂质白云岩、含砾砂质板岩、含砾砂质灰岩及白云质灰岩等冰川沉积岩系，厚度大于378 m。"

【沿革】 1980年赵祥生等在北山地区地质调查时，称该地层为北山组。1984年，余以生、汤光中、赵文杰在洗肠井地区测制了标准剖面，按沉积旋回与岩性划分三个岩组，创名洗肠井群。同年，赵祥生等在红山口地区调查时，又另创名红山口群，并按岩性划分为二个组。《甘肃省区域地质志》(1989)将该群地层改划上、下两个组。本次对比研究，沿用洗肠井群一名，并按岩石地层单位划分原则，厘定了层型剖面组的划分界线。建议停用红山口群一名。

【现在定义】 指分布于中天山-马鬃山地层小区不整合于圆藻山群之上的一套冰碛砾岩、泥砾岩、板岩及白云质灰岩的地层序列。其上被西双鹰山组平行不整合所覆。

【层型】 正层型为内蒙古额济纳旗洗肠井南剖面。甘肃境内的次层型为肃北县马鬃山乡泽鲁木剖面(96°08′，41°22′)，由甘肃区测二队(1968)测制。

【地质特征及区域变化】 在甘肃该群为平行不整合于大豁落山组碳酸盐岩之上和平行不整合于双鹰山组或西双鹰山组之下的一套冰碛岩与非冰碛岩。按岩性分为上、下两个组，下组以杂色冰成岩类为主，上组以杂色页岩、板岩及碳酸盐岩为主。底以冰碛岩的出现与大豁落山组分界，顶以大理岩或白云质灰岩消失与双鹰山组或西双鹰山组分界。下组横向变化明显，相序亦随地而异。西沙婆泉为冰河砂砾岩组合；双鹰山地区为冰碛含砂砾白云岩、冰碛白云质砾岩与含砾页岩组合；泽鲁木主要为冰碛砾岩与含坠石或锰质页岩；方山口则以冰碛砾岩为主。其厚度以泽鲁木最大，达800余米，向两侧变薄。总体由底碛与冰河(湖)沉积构成反复交替的复杂相序。在冰湖沉积的碳质页岩中,产有两层薄锰矿层(图3-3)。上组含少量微古植物及海绵骨针化石。

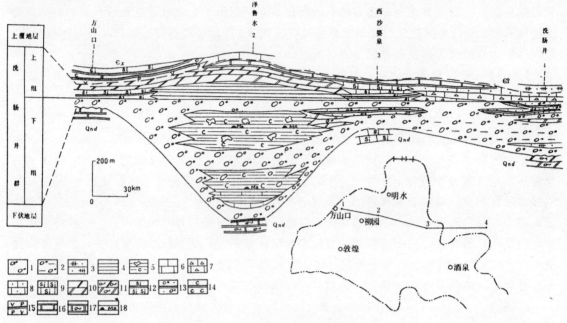

图3-3 北山地区洗肠井群横剖面图

1.冰碛砾岩;2.冰碛泥砾岩;3.杂砂质砂岩;4.页岩;5.含漂砾碳质页岩;6.灰岩;7.碎裂灰岩;8.砂质灰岩;9.硅质灰岩;10.白云岩;11.条带状白云岩;12.硅质板岩;13.含冰碛砾砂质板岩;14.碳质板岩;15.含磷钒板岩;16.大理岩;17.条带状大理岩;18.含锰层;∈s.双鹰山组;∈x.西双鹰山组;Qnd.大豁落山组

第二节 生物地层与地质年代概况

(一)生物地层

区内中—晚元古代产有少量叠层石和微古植物。张录易等(1984)曾进行过叠层石分布特征方面的初步研究,自下而上划分如下组合:

Kussiella - Conophyton Ⅰ组合及 *Conophyton - Pseudocryptozoon - Baicalia* Ⅱ组合均产于平头山组下部厚层白云岩及白云石大理岩中。主要分子除上述外还有 *Scopulimorpha*, *Conophyton baihuense* 等。

Cryptozoon - Jacutophyton - Baicalia - Petaliforma Ⅲ组合产于平头山组中部灰岩,主要分子除命名分子外,还有 *Tungussia confusa*, *Conophyton lituum* 等。

Omachtenia - Tielingella - Conophyton Ⅳ组合产于平头山组上部白云岩及微晶灰岩。主要分子除命名者外还有 *Conicodomenia ischnosa*, *Dahuoluoxishanella ischnosa* 等。

以上组合以礁体串珠状分布于地层中,叠层石一般具强烈分叉及锥状轮生的特点。多分布在平头山、大豁落山及双鹰山一带。地质时代为蓟县纪。

*Jurusania - Boxonia - Gymnosolen - Xinjiangella florifera*组合,相当张录易等所划的Ⅴ、Ⅵ组合,除此还有伴生的 *Dahuoluoxishanella* 等。大豁落山地区最为发育,产于大豁落山组下

部白云岩中。叠层体呈层状产出,柱体一般细小,多数具有很好的壁为特点。

Inzeria - Linella 组合据赵祥生等(1984)资料,张录易等所划的Ⅶ组合,产于大豁落山组中部。除命名分子外还有 *Kotuikania* f.,*Scopulimorpha* 等。本次对比研究发现,该组合在野马街组上部已开始发育。叠层体全为瘤状、疙瘩状或块茎状呈礁体产出为特征。

在野马街组中除发育有叠层石组合外,还产有较多的微古植物,主要有 *Trachyoligotriletum* 及 *Leioligotriletum* 等。

Giganstraticonus - Conophyton - Coronaconophyton - Spicaphyton 组合,即张录易等所划的Ⅷ组合,多产于大豁落山至锡林柯博一带大豁落山组上部硅化白云岩中。主要代表分子还有 *Dahuoluoxishanella conica* 等,叠层体呈巨厚的层状礁体产出。以上组合地质时代为青白口纪。

洗肠井群下组中未发现生物化石;上组在双鹰山地区发现有少量微古植物,主要有 *Protoleiosphaeridium* sp.,*Leiosphaeridia* sp.,*Laminarites* sp.,*Micrhystridium* sp. 等及海绵骨针。地质时代对比为震旦纪。

(二)地质年代

长城系:包括古硐井群和铅炉子沟群,目前未采得叠层石等化石。古硐井群不整合于太古宙—早元古代敦煌岩群之上。后者上部C组基性火山岩 Sm - Nd 全岩等时线年龄值为 1 990 Ma、2 060 Ma、2 203 Ma 等;铅炉子沟群中基性火山岩的 Sm - Nd 全岩等时线年龄值为 1 622~1 624 Ma。上覆平头山组产较丰富的蓟县纪叠层石和微古植物化石。据此,古硐井群及铅炉子沟群的地质年代应属长城纪。

蓟县系:仅包括一个岩石地层单位,即平头山组。该组地层在内蒙古额济纳旗大黑山一带与下伏铅炉子沟群下组的中基性火山岩为平行不整合;在肃北县白湖一带平行不整合于下伏古硐井群钙质粉砂岩之上;在平头山、大豁落山地区被野马街组平行不整合覆盖。平头山组所含叠层石组合可与蓟县剖面对比,相当于曹瑞骥、梁玉左等(1979)蓟县剖面叠层石Ⅲ、Ⅳ组合。因此,平头山组时代应属蓟县纪。

青白口系:野马街组与大豁落山组所含叠层石组合与冀西下花园一带下马岭组及景儿峪组叠层石组合基本相同,与新疆天山帕尔岗塔格群亦较类同(表3-1),其上被震旦纪的冰碛岩平行不整合覆盖。其地质年代应属青白口纪。

表3-1 北山地区青白口系多重划分对比简表

地区 层序	新疆天山 高振家(1989)			甘肃北山 张录易等(1984)			河北燕山 曹瑞骥等(1979)		
震旦系			Ma	洗肠井群		Ma			Ma
青白口系	帕尔岗塔格群	叠层石组合 C *Gymnosolen - Inzeria Katavia Boxonia Tungussia Jurusania Scopulimorpha*	850 1 000	大豁落山组	叠层石组合Ⅷ *Giganstraticonus- Conophyton- Coronaconophyton- Spicaphyton* *Inzeria-Linella*	850	景儿峪组		850 890
				野马街组	叠层石组合Ⅵ、Ⅴ *Jurusania-Boxonia- Gymnosolen Florifera-Xinjiangella*		下马岭组	叠层石组合 Ⅴ *Gymnosolen Katavia Jurusania Linella Inzeria*	1 000
蓟县系		叠层石组合 B *Conophyton - Baicalia*			叠层石组合 Ⅳ *Omachtenia-Tielingella - Conophyton*				

震旦系：洗肠井群不整合于青白口系大豁落山组之上，被早寒武世双鹰山组或中—晚寒武世西双鹰山组平行不整合覆盖，上组产微古植物 *Laminarites*，*Micrhystridium* 等和海绵骨针化石。微古植物 *Laminarites*，*Micrhystridium* 是震旦纪晚期常见分子，可与峡东地区陡山沱组及灯影组对比。该群下组的 Rb-Sr 全岩等时线年龄值为 535.7 Ma，可与我国西北及峡东地区震旦纪的岩性及层位对比。下组置于下统上部，上组即归上统。

第三节 地层横剖面

圆藻山群中上部（野马街组及大豁落山组）广泛分布于马鬃山地层小区。地层剖面多数比较完整，顶底齐全。根据这些剖面编制的横剖面图（图 3-4），清楚地再现了野马街组沉积从东（内蒙古额济纳旗望旭山）向西（甘肃肃北平头山、大豁落山）沉积环境由大陆斜坡相过渡为滨海相和大豁落山组由浅海高能带过渡为滨海潮坪带过程，也显现了沉积物组合、沉积构造及厚度变化的特征。

前图 3-3 展现了早震旦世晚期北山大陆冰湖（河）沉积及其延伸变化，叠覆沉积结构显示出底碛与冰水沉积交互的复杂相序；也展现了震旦纪末期大陆气候变暖，发生了大规模由东向西的海侵，沉积相由浅海高能环境向滨海过渡的过程。

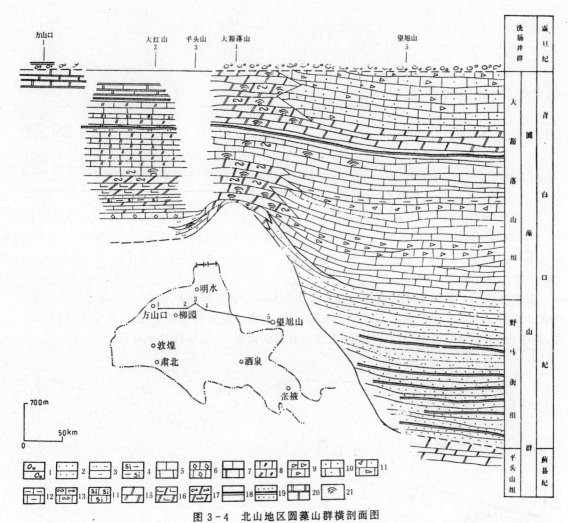

图 3-4 北山地区圆藻山群横剖面图

1. 冰碛砾岩；2. 砂岩；3. 粉砂岩；4. 硅质泥岩；5. 灰岩；6. 结晶灰岩；7. 大理岩化灰岩；8. 白云质灰岩；9. 碎屑灰岩；10. 砂质灰岩；11. 砂质碎屑灰岩；12. 泥质灰岩；13. 条带状灰岩；14. 硅质灰岩；15. 白云岩；16. 含钙质白云岩；17. 条带状白云岩；18. 板岩；19. 砂质板岩；20. 大理岩；21. 叠层石

第四章
寒武纪—志留纪

区内寒武纪—志留纪地层主要分布在马鬃山地层小区。露头不连续,各纪地层出露不全。计有2个群8个组。自下而上寒武纪有破城山组、双鹰山组及西双鹰山组,奥陶纪有罗雅楚山组、花牛山群、锡林柯博组及白云山组,志留纪有黑尖山组、公婆泉群及碎石山组(图4-1)。

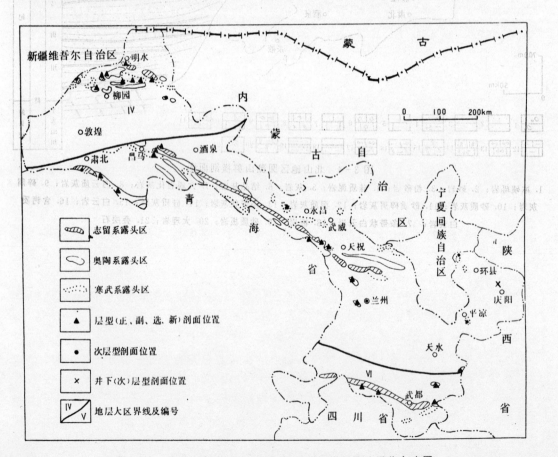

图 4-1 甘肃省寒武纪—志留纪层型剖面位置及地层分布略图

第一节 岩石地层单位

破城山组 ∈p （04-62-0047）

【创名及原始定义】 范国琳(1989)创名。创名地点在肃北县明水乡破城山北侧。原定义较长，现综述如下：指肃北县破城山北侧明显区别于双鹰山组的一套浅灰绿、褐黄色碎屑岩夹硅质岩及灰岩等所组成的地层。含三叶虫和少量小型腕足类化石，代表北山寒武系最低层位。

【沿革】 破城山组在创名前，甘肃区测二队(1968)划为中上寒武统西双鹰山群。创名后沿用至今。

【现在定义】 指破城山北侧剖面1—21层之浅灰绿、褐黄色碎屑岩夹硅质岩及碳酸盐岩等所组成的地层。顶、底界均与平头山组为断层接触。

【层型】 正层型为肃北县明水乡破城山剖面(96°07′,40°55′)，由酒泉地调队(1987)测制，范国琳(1989)介绍。

【地质特征及区域变化】 破城山组延伸范围不大，向东被第四系松散层掩盖，向西延入新疆。岩性以中薄层状粉砂岩、长石石英砂岩为主，夹灰黑色硅质岩及灰岩扁豆体，厚度1 394 m。层型剖面中—上部石灰岩内含三叶虫 *Eoredlichia*[①] sp. 及腕足类 *Acrothele* sp.，*Obolus* sp.。这类化石是云南 *Eoredlichia-Wutingaspis* 带所特有，地质时代属早寒武世筇竹寺中期。

双鹰山组 ∈s （04-62-0048）

【创名及原始定义】 地质部地质研究所修泽雷等(1964)创名。创名地点在肃北县马鬃山乡双鹰山一带。该组系指"分布于马鬃山区西部，向西延入哈密幅内。该群直接不整合地覆于震旦系圆藻山群含藻类化石的白云岩之上，或呈假整合关系超覆于北山杂岩不同层位之上，其底部砾岩内并含有藻类之白云岩砾岩，其上与寒武系中统—奥陶系月牙山群的绿色砂岩为整合关系，二者为连续沉积，局部有沉积间断，岩性可分为三大层……"

【沿革】 双鹰山组在创名前均归为前寒武系。甘肃区测二队(1969)将双鹰山组的含义修订为仅指原始定义的中、下部分，时代为早寒武世沧浪铺期，原双鹰山组上部的碳质板岩和硅质岩夹少量灰岩组成的地层部分，另创名西双鹰山群，两者呈连续沉积关系，时代归属中—晚寒武世。《甘肃省区域地质志》(1989)将层型剖面第1层角砾状白云岩划归震旦系洗肠井群，并认为双鹰山组与洗肠井群之间为平行不整合接触，这一意见基本符合岩石地层划分概念，为其后的专题研究及本次对比研究所沿用。

【现在定义】 指西双鹰山组硅质岩夹碳酸盐岩与洗肠井群上组白云岩、大理岩之间的一套黑色泥硅质板岩、千枚岩、含磷结核硅质岩及生物灰岩等组成的地层部分。下以灰紫色含砂砾铁质灰岩或重晶石扁豆体硅质岩为底界与洗肠井群碳酸盐岩平行不整合接触；上常以粗晶生物灰岩或碳质板岩夹硅质板岩为顶界与西双鹰山组硅质岩整合接触。

【层型】 正层型为肃北县马鬃山乡双鹰山剖面第1—3层(96°35′,41°28′)，由地质部地质研究所(1964)测制。

[①] 三叶虫 *Eoredlichia* 系林焕令鉴定。据周志强(1994)面告，*Eoredlichia* 鉴定有误，应为 *Protoleniden*。

【地质特征及区域变化】 该组是一套碎屑岩为主的灰、灰黑色碳质板岩、千枚岩、黄褐色粉砂质板岩夹灰白色含三叶虫、小型腕足类及单板类化石的粗晶灰岩和灰紫色含铁质灰岩凸镜体。在千枚岩和板岩内常夹磷块岩或磷结核，局部夹少量重晶石扁豆体，厚11～108 m不等。双鹰山组分布范围极小，仅在肃北县大豁落井东至双鹰山南侧出露，向东西两侧急剧尖灭。向西在西双鹰山及其以西地带因本组尖灭和缺失破城山组，而导致西双鹰山组直接超覆于下伏洗肠井群灰白色白云质大理岩之上；向东出露零星，呈断块出现。时代相当于早寒武世沧浪铺早期—龙王庙期。

西双鹰山组 ∈x （04-62-0049）

【创名及原始定义】 甘肃区测二队(1968)创名西双鹰山群。创名地点在肃北县马鬃山乡西双鹰山南侧。系指"各地沉积岩性和生物组合大体相同，为一套化学沉积岩。由于岩性较单纯，无明显变化，厚度小，故将中统与上统并在一起。在西双鹰山测得较全的剖面，采得了丰富的化石，建议此统命名为西双鹰山群"。

【沿革】 甘肃省地层表编写组(1980)沿用的西双鹰山群与原始含义完全一致。俞伯达(1994)《甘肃的寒武系》将西双鹰山群下部以硅质岩为主夹粗晶生物灰岩含中寒武世三叶虫化石的地层部分命名为大豁落井组，其上部含晚寒武世球接子类和其它三叶虫动物群的黑色硅质岩与薄层结晶灰岩互层状地层仍称西双鹰山组，并认为西双鹰山及其以西地区超覆于震旦系洗肠井群之上，被下奥陶统砂井群砂岩夹板岩以平行不整合覆盖。本次对比研究按岩石地层单位含义，停用大豁落井组，恢复原始的西双鹰山组。

【现在定义】 指马鬃山西段整合于双鹰山组之上与罗雅楚山组之间的一套黑色硅质岩和薄层臭灰岩组成的地层，下部常含磷、钒、铀矿产。下以砂质灰岩或硅质岩与双鹰山组粗晶生物灰岩或含铁锰质碳酸盐岩分界，双鹰山以西超覆于洗肠井群大理岩之上；上与罗雅楚山组黄绿色碎屑岩平行不整合接触。

【层型】 正层型为肃北县马鬃山乡西双鹰山南侧剖面第6—8层(96°25′，41°28′)，由甘肃区测二队(1968)测制。

【地质特征及区域变化】 西双鹰山组为化学岩单位。在其分布范围内，岩性特征基本一致，岩石组合在东部双鹰山一带以黑色硅质岩夹薄层结晶灰岩为主，灰岩内产三叶虫，属 *Corynexochus* 带，分布于本组中部，硅质岩内含胶磷矿结核，厚108 m。在大豁落井东为硅质岩与薄层灰岩互层，下与双鹰山组整合接触，内含两个三叶虫化石组合带。在西部西双鹰山一带下部由黑色含磷硅质岩与薄层灰岩互层或夹层，含三叶虫和腕足类等，在硅质岩内产磷块岩或磷结核矿，厚17～68 m；上部由灰色灰岩夹含磷硅质岩，含三叶虫。分布在本组之顶部，厚126 m。向西至肃北县红山—安西县方山口一带，岩性以黑色硅质板岩为主，夹钙质板岩、结晶灰岩或含磷大理岩，局部底部为磷块岩层，灰岩内产三叶虫，厚101～134 m。上与罗雅楚山组灰绿色石英砂岩夹硅质岩以平行不整合接触。西双鹰山组在其分布范围内，从所含三叶虫化石时代反映，不同地段的地质年代有所不同，由东而西层位有变高的趋势。底界在大豁落井东一带与双鹰山组为连续沉积关系，向西在西双鹰山一带出现超覆于洗肠井群之上，到红山—方山口一带，含三叶虫 *Hedinaspis* 的硅质板岩超覆于洗肠井群之上，时代从中寒武世早期过渡至晚寒武世中期，显示微弱的穿时现象(图4-2)。

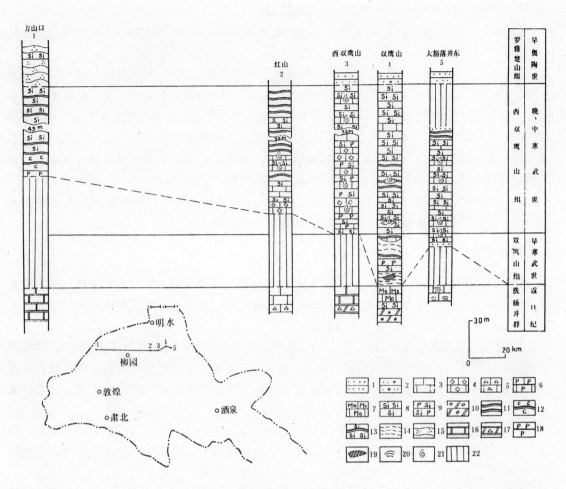

图4-2 北山地区寒武纪岩石地层柱状对比图

1. 砂岩；2. 含砾砂岩；3. 灰岩；4. 结晶灰岩；5. 角砾状灰岩；6. 磷灰岩；7. 含锰灰岩；8. 硅质岩；9. 含磷硅质岩；10. 含砾白云岩；11. 板岩；12. 碳质板岩；13. 硅质板岩；14. 千枚岩；15. 石英片岩；16. 大理岩；17. 角砾状白云质大理岩；18. 磷块岩；19. 重晶石矿；20. 叠层石；21. 动物化石；22. 沉积缺失

罗雅楚山组 Ol （04-62-0282）

【创名及原始定义】 甘肃省地质局第一区域地质测量队（简称甘肃区测一队，下同）（1966）创名罗雅楚山群。创名地点在肃北县罗雅楚山七角井。"在罗雅楚山西段七角井东南的具韵律沉积的碎屑岩中采到早奥陶世的笔石动物群，因而命名为罗雅楚山群。"

【沿革】 1968年甘肃区测二队将营毛沱、砂井一带的含笔石碎屑岩命名为砂井群。1976年甘肃省地质局《1∶50万地质矿产图说明书》中就已提及两群属同物异名。此后，《西北地区区域地层表·甘肃省分册》(1980)、《甘肃省区域地质志》(1989)均沿用砂井群一名。此次对比研究遵循优先命名原则，建议恢复罗雅楚山组一名，停止使用砂井群。

【现在定义】 主要由长石石英砂岩、石英岩、硅质板岩的间互层构成，夹有少量灰岩及砂砾岩。自下而上粒级渐细，沉积韵律明显。单韵律由数米至数十米，上部见有黄铁矿散晶。富含笔石及少量腕足类。与下伏西双鹰山组以大套碎屑岩的始现为底界，呈连续沉积，局部为平行不整合；与上覆锡林柯博组未见直接接触。

【层型】 正层型为肃北县罗雅楚山西段七角井剖面(95°45′, 41°29′)，由甘肃区测一队(1966)测制。

【地质特征及区域变化】 该组集中展布于马鬃山南侧，北部(罗雅楚山、营毛沱、砂井一带)主要由长石石英砂岩、石英岩、硅质板岩构成互层，各地岩性差异不大，硅质多集中于上部。出露厚度罗雅楚山1 920 m、砂井东883 m、砂井西北741 m、七角井东864 m；南部(泽鲁本、锡林柯博至大豁落井)以硅质板岩、硅质岩及砂砾岩夹泥质岩为主，底部砂岩含胶磷矿粒以平行不整合与下伏西双鹰山组接触，与上覆锡林柯博组未见直接接触，厚度较北部略薄，在西双鹰山厚216 m。属陆架半深水浊流相沉积。

据所采笔石，该组沉积时代相当英国Llanvirnian至Llandeilian期即我国的牯牛潭期至胡乐期，但因与西双鹰山组呈连续沉积，故暂定为奥陶纪。

锡林柯博组 Oxl （04－62－0281）

【创名及原始定义】 高振家、张太荣(1966)创名，甘肃区测二队(1968)介绍。创名地点在肃北县锡林柯博。系指发育在锡林柯博一带的硅质岩、灰岩、页岩、砂砾岩的组合，其中含有丰富的晚奥陶世的三叶虫及头足类。

【沿革】 高振家、张太荣等(1966年)根据新疆维吾尔自治区地质局综合研究队(简称新疆研究队，下同)与甘肃区测二队联合调查，编写了《甘肃、新疆交界北山地区震旦系和下古生界地层及古生物的初步认识》(未刊稿)，首次提出锡林柯博组的命名。1968年，甘肃区测二队在区调报告中做了正式公开的介绍。其后，《西北地区区域地层表·甘肃省分册》(1980)、《甘肃省区域地质志》(1989)均沿用此名，但因层型剖面的上部原始资料中曾有一块令人置疑的早奥陶世笔石而认为层序有倒转。此次对比研究，将锡林柯博组限定于命名剖面的下部化学岩(硅质岩、灰岩为主)层位，而其上的碎屑岩归入白云山组。

【现在定义】 指马鬃山以南整合于白云山组碎屑岩之下由黑色薄层硅质岩、灰岩及少量砂岩构成的岩石组合。富含头足类、三叶虫化石。与下伏罗雅楚山组未直接接触。

【层型】 正层型为肃北县马鬃山乡锡林柯博剖面第1—3层(96°15′, 41°25′)，由甘肃区测二队(1966)测制。

上覆地层：白云山组 灰绿色厚层状中至粗粒含砾复矿砂岩
——————整 合——————

锡林柯博组　　　　　　　　　　　　　　　　　　　　　　　　　总厚度>20.00 m

　3. 黑色硅质岩夹灰绿色砂岩凸镜体　　　　　　　　　　　　　　　　11.00 m

　2. 浅灰黄色泥灰岩，上部有薄层硅质岩，产三叶虫：*Birmanites* sp., *Cheirurus* sp., *Cyclopyge* sp., *Hammatocnemis* sp., *Nankinolithus* sp., *Pliomerops* sp., 头足类：*Michelinoceras* sp.　　　　　　　　　　　　　　　　　　　　　　　　　4.00 m

　1. 黑色硅质岩。（未见底）　　　　　　　　　　　　　　　　　　　>5.00 m

【地质特征及区域变化】 该组以黑色硅质岩为主，夹泥灰岩及砂岩凸镜体。分布范围局限于泽鲁木至大豁落井一带，岩性稳定，易于辨识。厚度由西向东逐渐增大，锡林柯博21 m、大豁落井近200 m，大豁落山为260 m，罗雅楚山西部缺失。含头足类及三叶虫，层位大致相当我国华南的宝塔组及临湘组的沉积。时代归中—晚奥陶世。

花牛山群　OH　（04-62-0283）

【创名及原始定义】　甘肃区测一队（1966）创名。创名地点在安西县花牛山。系指"在花牛山附近发现奥陶纪化石，故命名为花牛山群，据岩性特征划分上、下两组，下组由各种复杂的混合岩组成；上组主要为碎屑岩、灰岩、火山岩组成。由于受构造运动与岩浆活动的影响，部分地层已变质和混合岩化。"

【沿革】　自1966年甘肃区测一队创名以来，沿用至今。本次对比研究所称花牛山群仅指原定义的花牛山群的上组。

【现在定义】　由浅变质的碎屑岩（砂岩、凝灰质砂岩、板岩）、结晶灰岩（局部为大理岩）及基性、酸性熔岩等组成。近花岗岩部位有角岩化等接触变质岩石。灰岩中含腕足类、珊瑚、腹足类及三叶虫等化石。地层的上、下界线不清，与白云山组未见直接接触，与混合岩化地层均为断层接触。

【层型】　正层型为安西县花牛山剖面（95°36′，41°13′），由甘肃区测一队（1966）测制。

【地质特征及区域变化】　该群由浅变质碎屑岩、碳酸盐岩及基性—酸性火山岩组成。花牛山主峰及长流水以东、以南地区的安山玄武岩，据左国朝、何国琦等（1990）研究认为玄武岩属钙碱质系列，具明显的轻稀土富集及较高的稀土总量，有微弱的Eu负异常。全不同于大洋玄武岩。花牛山群分布于花牛山及其以东，延展范围80 km左右。各地出露厚度不一，花牛山地区3 100 m、花牛山以西643 m、长流水以南1 668 m。

据所含生物化石，沉积时代应属晚奥陶世，但生物层多偏上部，研究程度又偏低，故暂置早—中奥陶世。

白云山组　Ob　（04-62-0280）

【创名及原始定义】　甘肃省第二区测队1972年创名白云山群。创名于内蒙古额济纳旗白云山东。原始定义：主要是细碎屑岩和灰岩互层，含珊瑚化石。

【沿革】　甘肃区测二队（1976）在编制《西北地区区域地层表·甘肃省分册》时改为白云山组，地质年代改为晚奥陶世。其后《甘肃省区域地质志》（1989）等均沿用此名，本书承用。

【现在定义】　指北山地区咸水湖组火山岩或锡林柯博组硅质岩、碳酸盐岩之上的一套滨海相紫红及深灰色粉砂岩夹灰岩、竹叶状灰岩及少量安山岩、英安岩及碧玉岩，含大量珊瑚化石。在珠斯楞海尔罕西与上覆班定陶勒盖组呈整合接触，大部分剖面未见顶底。

【层型】　正层型为内蒙古额济纳旗白云山东剖面。延入甘肃境内的次层型为肃北县马鬃山乡珊瑚井剖面（97°25′，41°03′），由甘肃区测二队（1972）测制。

【地质特征及区域变化】　在甘肃指北山地区整合覆于锡林柯博组之上以粗碎屑岩（含砾砂岩及砾岩）及碳酸盐岩为主的岩石组合，局部有少量火山岩及碧玉岩。以含砾碎屑岩的出现作为与锡林柯博组的分界。与上覆黑尖山组、公婆泉群、下伏花牛山群呈断层接触。灰岩中富含珊瑚、三叶虫、腕足类及腹足类化石。该组碳酸盐岩多为砾状灰岩、竹叶状灰岩、碎屑灰岩及硅质灰岩，其层理多呈厚层及中薄层，色调鲜艳，具灰绿、紫红、灰、暗紫等杂色。出露范围局限，锡林柯博一带厚度大于280 m，珊瑚井超过425 m。命名地达1 200 m以上。据所产珊瑚及腕足类，时代属晚奥陶世五峰期。

黑尖山组 Shj (04-62-0146)

【创名及原始定义】 甘肃区测一队(1966)创名。创名地点在肃北县罗雅楚山以西黑尖山。系指"主要为黑色、深灰色、灰色薄至中厚层硅质板岩、硅质岩、石英岩、碳质板岩、粉砂岩、角岩化灰岩、碳质硅质灰岩、含碳页岩组成。为浅海相沉积,上部含笔石。与上覆中志留统呈整合接触,与下伏奥陶纪石英砂岩呈断层接触。因在黑尖山首次采得笔石,定其时代为早志留世,命名为黑尖山组。"

【沿革】 自1966年创名黑尖山组,沿用至今。

【现在定义】 主要为黑色、深灰色薄至中厚层板岩、硅质岩、石英岩、粉砂岩,含碳硅质灰岩、角岩化砂岩、含碳页岩等。上部含笔石。与下伏罗雅楚山组呈断层接触;在公婆泉、黑鹰山(内蒙古)地区与上覆公婆泉群呈整合关系。

【层型】 正层型为肃北县罗雅楚山西黑尖山剖面第1—6层(95°43′,41°30′),由甘肃区测一队(1966)测制。

【地质特征及区域变化】 黑尖山组在甘肃境内仅见于黑尖山一处,为一套含碳质、硅质、钙质泥灰质岩石,属浅海相沉积。内含笔石:$Monograptus$ sp.,$Pristiograptus$ sp.。地质时代为早志留世晚期。

在内蒙古额济纳旗黑鹰山地区也有零星出露,与上覆中志留统公婆泉群呈整合接触。

公婆泉群 SG (04-62-0145)

【创名及原始定义】 甘肃区测一队(1965)创名。创名地点在肃北县公婆泉铜矿区。无原始定义,因在公婆泉铜矿及邻近发现中志留世珊瑚化石而创名公婆泉群。

【沿革】 公婆泉群命名以来,沿用至今。

【现在定义】 为中基性、中酸性火山岩、火山碎屑岩、紫红色钙质砂砾岩(相变为灰岩或粉红色条带状大理岩)及数层生物碎屑灰岩,盛产珊瑚、腕足类、海百合茎、苔藓虫化石。顶、底界线不清。

【层型】 正层型为肃北县公婆泉铜矿二矿区剖面第1—5层(97°09′,41°43′),由地质部地质研究所(1964)测制。

【地质特征及区域变化】 公婆泉群主要为中基性、中酸性火山岩夹大理岩,向东延入内蒙古黑鹰山地区,向西仅玉石山北坡、野马大泉、窑硐努如等地有零星出露(图4-3)。岩相变化较大,侧向延伸很不稳定,因第四系掩盖或断裂,顶或底出露不全,厚度一般为760~2 075 m。公婆泉群含珊瑚化石,主要为$Favosites$ sp.,$Halysites$ sp.。时代为中志留世。火山岩中产铜矿床。

碎石山组 Ss (04-62-0144)

【创名及原始定义】 甘肃地质力学队(1977)创名碎石山群。创名地点在内蒙古额济纳旗清河沟北碎石山。系指"上部为碎屑岩,下部为酸性火山岩,厚度巨大。被下泥盆统所不整合覆盖,下部未见底。碎屑岩中产晚志留世化石,为北山黑鹰山地区首次发现,因碎石山地区出露较全,故将此套地层命名为碎石山群。"

【沿革】 王瑞龄(1986)在《甘肃的志留系》(未刊)所称碎石山群仅指上部含化石的碎屑岩,代表晚志留世沉积。《内蒙古自治区区域地质志》(1991)将上部碎屑岩称碎石山组,下部

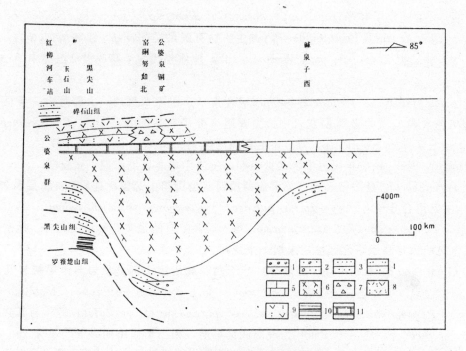

图 4-3 北山地区志留系横剖面图

1. 砾岩；2. 含砾砂岩；3. 砂岩；4. 粉砂岩；5. 灰岩；6. 辉绿玢岩；7. 火山角砾岩；8. 英安质凝灰岩；9. 安山质凝灰岩；10. 板岩；11. 大理岩

称火山岩组。1994 年内蒙古地层清理研究组将火山岩称作公婆泉群。本书予以沿用。

【现在定义】 指分布于内蒙古额济纳旗西北黑鹰山一带，整合于公婆泉群之上，被晚古生代不同层位所覆盖的一套杂色粉砂泥质板岩、变质砂岩、细砂岩、夹灰岩凸镜体及少量硅质岩等浅海相碎屑岩组合。富含珊瑚、三叶虫化石。

【层型】 正层型为内蒙古额济纳旗清河沟北碎石山剖面第 3—6 层。甘肃境内的次层型为安西县红柳河车站东北剖面（94°27′，41°33′），由新疆维吾尔自治区地质局区域地质测量大队（简称新疆区测大队，下同）（1966）测制。

【地质特征及区域变化】 在甘肃省碎石山组分布极为零星，岩性简单，主要为粉砂质板岩、粉砂岩、长石石英砂岩及灰岩团块。砂岩、粉砂岩局部含钙质。从岩性组合、生物群落分析属较稳定的海相沉积，时代为晚志留世。

第二节 生物地层与地质年代概况

(一)寒武系

该区生物群以三叶虫为主，共生有腕足类等。可划分为 6 个三叶虫带（组合），自下而上简述如下：

① *Eoredlichia* 组合 共生腕足类化石 *Acrothele* sp.，*Obolus* sp. 产于破城山北坡破城山组中—上部粉砂—细砂岩所夹的灰岩夹层或小扁豆体中。该化石组合是云南 *Eoredlichia - Wutingaspis* 带所特有。地质年代属早寒武世筇竹寺中期。

② *Serrodiscus - Subeia* 组合带 产于双鹰山一带，双鹰山组中上部粗屑灰岩夹层及块状

灰岩凸镜体,主要分子有 Serrodiscus areolosus, Calodiscus sp., Bonnia sp., Subeia beishanensis, Bergeroniellus sp. 及 Protolenidae 等;共生生物有腹足类 Scenella cf. reticulata, Helcionella sp. 等。腕足类 Lingulella sp., Wustonia sp.,地质年代为早寒武世沧浪铺中期—龙王庙期。

③ Erbia spinellosa - Galahetes opimus 组合带 产于西双鹰山—大豁落山一带西双鹰山组底部黑色含磷硅质岩及薄层灰岩中,主要组合分子有 Kootenia sp., Edelsteinaspis sp., Pagetia sp., Ptychagnostus sp. 等;共生有腕足类 Homatreta cf. sagittalis, Acrothele sp., Lingulella sp. 等。地质年代为中寒武世早期,相当于华北区毛庄期—张夏期。

④ Corynexochus 延限带 产于马鬃山西段西双鹰山组中部黑色硅质岩夹薄层灰岩中,层位稳定。主要组合分子有 Corynexochus pulcher, Ptychagnostus sp., Centropleura loveni, Irvingella sp., Leiopyge sp. 及 Solenoparia sp. 等,还共生有腕足类 Obolus sp. 等。地质年代为中寒武世晚期,相当于华北区徐庄末期—张夏期。

⑤ Glyptagnostus reticulatus 延限带 产于西双鹰山组上部硅质岩与薄层灰岩互层的地层中,层位稳定。主要组合分子有 Procelatopyge sp., Pseudagnostus sp., Homagnostus aff. hoiformis, Phalacroma sp., Agnostus sp., Glyptagnostus cf. reticulatus 等;与其共生的有腕足类 Acrothele sp. 等。地质年代为晚寒武世早期,相当于崮山期或华严寺期。

⑥ Lotagnostus - Hedinaspis 组合带 产于马鬃山西段西双鹰山组顶部黑色灰岩、硅质板岩夹含磷硅质岩中。主要组合分子有 Lotagnostus aff. hedini, Hedinaspis regalis, Proceratopyge cf. rectispinatus, P. conifrons, Charchaqia cf. norini, Pseudagnostus sp., Jegorovaia sp. 等。地质年代为晚寒武世中晚期,相当于长山期—凤山期或西阳山期。

(二)奥陶系

1. 下—中奥陶统

本区奥陶纪生物地层以笔石为主,由于研究程度较低,未建笔石带。笔石化石主要产于罗雅楚山组,在罗雅楚山一带有 Tetragraptus cf. quadribrachiatus, Pseudoclimacograptus sp., Amplexograptus sp., Glyptograptus sp., Climacograptus sp., Retiograptus sp. 等;营毛沱有 Didymograptus sp., Climacograptus sp., Tetragraptus sp. 等;西双鹰山地区有 Loganograptus logani var. sinica, Phyllograptus anna, Amplexograptus sp. 等;马鬃山南部梧桐井一带除笔石 Climacograptus forticaudatus 外,还有腕足类 Plectambonites sp. 等。

Tetragraptus cf. quadribrachiatus 见于北祁连山区的阴沟群的上组(上火山岩系)中,柴达木盆地北缘石灰沟组从下至上均见到。在我国西南地区该种赋存于湄潭组顶部的 Glyptograptus sinodentatus 带内,在英国的层位偏低,一般出现在第3—5带内。Loganograptus logani var. sinica, Phyllograptus anna 不仅产于阴沟群的上部和宁夏的米钵山组,祁连山东部的车轮沟群中也有出现,在皖南、浙西产于 Amplexograptus confertus 带内。Climacograptus forticaudatus 是皖南宁国组上部和胡乐组底部的常见分子。很明显,罗雅楚山组的笔石群与祁连山区密切相关,就笔石群而言应属东南型(太平洋区系)。时代相当牯牛潭期至胡乐期。

腕足类有 Plectambonites 和 Semielliptotheca 属欧、美中奥陶世的常见分子。前者是波罗的海沿岸仅限于中统的一个属,国内很少见有报道,但在北祁连山区的天祝一带曾采获前者。

2. 中—上奥陶统

以产有头足类、三叶虫为特征,主要产于锡林柯博组。头足类有二个属种,即 Sinoceras chinense 和 Michelinoceras elongatum。与其共生的还有 Ancistroceras shuangyingshanense,赖

才根在扬子区曾专门命名为 Sinoceras chinense, Michelinoceras elongatum 组合并确切地指明是宝塔组的属群。

该组中的三叶虫有 Hammatocnemis, Birmanites, Geragnostus, Metopolichas, Cyclopyge, Xenocyclopyge, Asaphus, Oedicybella, Holdenia, Cheirurus cf. bimucronatus 等和我国华南临湘期独有的属 Nankinolithus cf. bimucronatus 为世界性的上奥陶统分子，具有临湘期的成分。Holdenia 是北美阿巴拉契亚山 Champlainian 下部分子，Oedicybella 属波罗的海沿岸上奥陶统中的主要成分。其余各属均为我国晚奥陶世中的常见分子，由此锡林柯博组应是我国溯江期至石口期的沉积。

在花牛山以西有三叶虫 Pliomerina, Encrinurella(cf.)；腕足类 Rhynchonellibae, ? Rostricellula 珊瑚 Heliolites, Lichenaria, Cryptolichenaria；腹足类 Maclurites, Lophospira, Helicotoma, Trochonema 及苔藓虫 Fenestella, Lyrochadia 等。在长流水采有腕足类 Zygospira, Tritoechia；头足类 Discoceras；腹足类 Maclurites, Tropidodiscus, Donaldiella 及苔藓虫 Propora 等。长流水南尚采得珊瑚 Plasmoporella, Heliolites cf. waicunensis, Catenipora, ? Agetolites；层孔虫 Labechia 及腹足类等。

就腕足类而言，含化石层位应不低于庙坡组（不会早于胡乐期）。珊瑚多为床板珊瑚，显示出浓郁的中晚奥陶世色彩，其组合面貌与浙西黄泥岗组相似。头足类 Discoceras 是我国南方及波罗的海地区分布较为局限的中晚奥陶世分子。

综上所述，花牛山群为一跨时的地层单位，其时代为中奥陶世—晚奥陶世早期，可能下延至早奥陶世晚期。

白云山组中的生物以珊瑚为主，命名地甚丰富。省内锡林柯博及四道井北山（珊瑚井）一带产 Catenipora pallelus, C. menyuanensis, C. gubachevi, Favistella, Amsassia, Plasmoporella 等。此珊瑚群可与北祁连山的扣门子组对比，基本应属北方型的珊瑚动物群。时代为晚奥陶世。

(三) 志留系

1. 下统

以产笔石为主，常见有 Rastrites sp., Demirastrites sp., Streptograptus sp., Monograptus sp., Pristiograptus sp. 产于黑尖山组上部板岩中，这些分子可与北祁连山肮脏沟组上部的笔石带对比，具早志留世晚期色彩，相当于龙马溪阶—白沙阶。

2. 中统

珊瑚化石主要属种有 Favosites sp., Acanthohalysites cf. mirandus, Palaeofavosites sp., Mesofavosites sp., Multisolenia tortuosa, Stelliporella abnormis, Halysites sp. 等，产于公婆泉群中。具南方中志留世及北祁连泉脑沟山组常见分子。

3. 上统

含珊瑚 Favosites cf. subgothlandicus, Catenipora sp., Heliolites uksunayensis 产于碎石山组。Favosites cf. subgothlandicus 是上志留统的重要分子，可与内蒙古额济纳旗清河沟剖面对比。

第五章
泥盆纪—二叠纪

区内泥盆纪—二叠纪地层分布广泛(图5-1),计有2个群12个组。在北山北部(觉罗

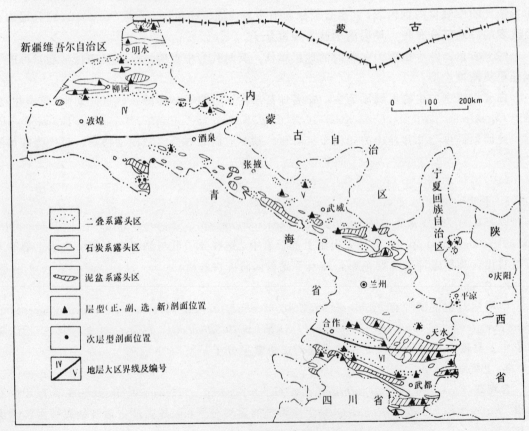

图 5-1 甘肃省泥盆纪—二叠纪层型剖面位置及地层分布略图

塔格-黑鹰山地层分区)自下而上,泥盆纪有雀儿山群,石炭纪有绿条山组、白山组和扫子山组;在北山南部(中天山—北山地层分区)自下而上,泥盆纪有三个井组、墩墩山群,石炭纪有红

柳园组、石板山组、芨芨台子组和干泉组，二叠纪有双堡塘组、金塔组、红岩井组和方山口组。

第一节 岩石地层单位

雀儿山群　DQ　（04-62-0111）

【创名及原始定义】　地质部地质研究所修泽雷等(1964)创名雀儿山群。创名地点在肃北县红石山西北约12公里之雀儿山。系指"岩性主要为砂岩、页岩、硅质岩和中基性火山岩。在碧玉山北见其不整合覆于流砂井群之上，其它地区与上下地层多系断层接触。产珊瑚、层孔虫、苔藓虫、腕足类、三叶虫等，其中尤以腕足类最为丰富，属种较多，且多系华南区跳马涧阶和东岗岭阶常见化石或重要种属。暂笼统置于中统，命名为雀儿山群。"

【沿革】　甘肃区测二队(1971)据古生物组合特征，将其划分为下部红尖山组和上部圆锥山组，分别与华南的郁江组及东岗岭组对比。《西北地区区域地层表·甘肃省分册》编写组(1980)认为红石山地区存在早泥盆世沉积，新建清河沟组，认为雀儿山群下岩组与清河沟组相当。甘肃地质力学队(1978)在区调报告中，沿用清河沟组，并将内蒙古哈珠东含*Thamnopora*生物群一套海底喷发的基性—酸性火山岩夹碎屑岩命名为哈珠组，以上二组统归雀儿山群。本次对比研究认为这套地层在省内出露范围不大，各地的岩石组合特征基本一致，按照命名优先权的原则，继续沿用雀儿山群，停用清河沟组与哈珠组。

【现在定义】　为一套富产腕足类、珊瑚等化石的碎屑岩及中—中酸性火山岩夹碳酸盐岩沉积。下部以中—中酸性火山熔岩及火山碎屑岩为主，夹钙质砂岩及少许灰岩；上部以砂岩、板岩为主，夹中酸性火山熔岩及砂质大理岩、泥灰岩。未见顶、底。层型以东(省外)见其底部砾岩与碎石山组为平行不整合接触，上与绿条山组砾岩为不整合接触。

【层型】　正层型为肃北县红石山雀儿山剖面第1—12层(97°04′，42°32′)，由地质部地质研究所(1964)测制。

【地质特征及区域变化】　雀儿山群岩性下部以灰绿、黄绿色安山质凝灰熔岩、安山质熔岩角砾岩、英安岩、英安质晶屑凝灰岩、砂质凝灰岩为主，夹钙质砂岩、砂质灰岩(局部含砾)、介壳灰岩、灰岩及泥灰岩。富产腕足类，并产腹足类等，厚度大于1 032 m；上部以灰黄、黄绿色长石质杂砂岩(局部含砾)、杂砂质长石砂岩、钙质砂岩、凝灰质粉砂岩、砂质条带板岩、粉砂泥质板岩、凝灰质板岩为主，夹英安岩、英安质凝灰熔岩、砂质大理岩、泥灰岩。富产腕足类、珊瑚、三叶虫等，并产腹足类、苔藓虫及海百合茎，厚度大于435 m。总厚度大于1 467 m。雀儿山群主要分布于圆锥山、雀儿山一带，向东延伸不远即进入内蒙古境内，向西经碧云泉、双沟山、小草湖延入新疆境内，向北至中蒙边界。该群相变剧烈，在正层型以西，碧云泉西北一双沟山一带，几乎全变为酸—中基性火山熔岩及火山碎屑岩，仅上部见有少量砂质凝灰岩与粉砂板岩组成的韵律互层。碧云泉西北部可划分为两个喷发旋回。雀儿山以西火山喷发型式早期为溢出相，之后逐渐变为混合式喷发相或爆发相。岩浆成分的变化，多为酸性→中酸性→酸性(间有中基性)→中及中酸性→酸及中酸性，或由酸及中酸性开始，之后变为中及中酸性，最后以酸性结束。地层可见厚度由西向东有逐渐变薄之势，碧云泉西厚度大于2 770 m，碧云泉西北大于2 128 m，雀儿山大于1 283～1 467 m。

三个井组 Dsg：（04-62-0113）

【创名及原始定义】 甘肃区测一队（1967）创名三个井群。创名地点在肃北县三个井。系指"在老圈井、三个井西等地见与下伏下寒武统、奥陶系上组为不整合接触，在石板墩西等地见与上覆上泥盆统不整合接触。由于在石板墩、三个井、镜铁滩一带首次发现中泥盆世动植物化石和上、下不整合接触关系，故命名为三个井群。"

【沿革】 甘肃区测二队（1968）对甘肃省区测一队的含义做了修订，将原三个井群作为该群的下岩组，将其上的一套不整合于墩墩山群之下，侵入三个井群上部或顶部的脉状、似层状次玄武玢岩和次安山玢岩超浅侵入体，误为整合于三个井群碎屑岩之上的正常喷发火山岩，置于三个井群上岩组。甘肃区测二队（1973）将敦煌芦草滩一带的一套厚达5 731余米含 $Favosites(?)$，$Squameofavosites(?)$ 的浅海相碎屑岩，定为中泥盆世，并划分为上、下两个岩组。《西北地区区域地层表·甘肃省分册》（1980）曾考虑芦草滩一带所含的上述化石，一般均不延至中泥盆世晚期，，故将三个井一带的三个井群改称为组，与芦草滩剖面上的上岩组对比，并将芦草滩剖面上的下岩组命名为芦草滩组。甘肃区调队（1980）及《甘肃省区域地质志》（1989）仍沿用三个井群，但均作跨统处理为下—中泥盆统。作者同意上述处理意见，但将三个井群改称为组。

【现在定义】 为一套不整合于双鹰山组或花牛山群之上，墩墩山群之下的碎屑岩夹中性、中酸性及酸性火山熔岩和火山碎屑岩，局部偶夹碳酸盐岩沉积。上部产腕足类及植物，中部产珊瑚化石。

【层型】 正层型为肃北县三个井剖面第1—10层（96°17′，40°41′）；副层型为肃北县老圈井剖面第1—10层（96°13′，41°17′）。正、副层型均由甘肃区测一队（1967）测制。

【地质特征及区域变化】 三个井组岩性下部为绿色及红色砾岩、砂砾岩夹砂岩，厚410 m；中部为红、灰色细—粗粒砂岩夹粉砂岩，厚大于1 133 m；上部为灰、灰绿、紫色粉、细砂岩夹中粗粒砂岩、含砾粗砂岩、砾岩、灰岩、大理岩及安山玢岩质凝灰熔岩、钠长斑岩质火山角砾岩、英安岩、石英角斑岩，在三个井剖面的粉砂岩中产植物化石，在石板墩剖面的灰岩凸镜体中产不完整的腕足类，厚度大于754～1 741 m。总厚度大于2 297～3 284 m。

三个井组中的碎屑岩自下而上粒度由粗到细非常明显，即由砾岩、砂砾岩→粗、中、细粒砂岩→粉、细砂岩。火山喷发活动强度不大，仅在该组上部层位中有所显示。在三个井一带火山角砾岩，为酸性岩浆，成分单一。在锡林柯博南，总体上也构成一较大的喷发旋回，喷发型式以溢出式为主，晚期变为爆发式，并包括若干个喷发间歇期。喷发规模先期普遍较大，往后则逐渐变小，喷发间歇期沉积作用发育。岩浆成分为酸性→中酸性→中性。综上所述，该组是一套厚达数千米的海陆交互相—滨海相碎屑岩夹火山岩及少量碳酸盐岩沉积。

该组在省内出露范围不大，仅见于肃北县三个井和敦煌芦草滩两个彼此独立的沉降盆地。而出露于芦草滩附近的该组未见底，其上被干泉组不整合覆盖。层位大致相当于三个井一带该组的中、上部岩石组合，火山喷发活动及变质程度与三个井一带相近，下部的大理岩凸镜体产珊瑚，厚度大于5 731 m。地层厚度由东向西有明显变厚的趋势，三个井一带厚度大于2 297～3 284 m。芦草滩厚度大于5 731 m。地质时代归属早—中泥盆世。

墩墩山群 DD （04-62-0112）

【创名及原始定义】 甘肃区测一队（1967）创名。创名地点在肃北县墩墩山一带。系指

"主要分布于墩墩山一带,首次发现其下与中泥盆统三个井群呈不整合关系。在底部发现裸蕨植物碎片。故命名为墩墩山群。"

【沿革】 自创建以来,沿用至今。

【现在定义】 除底部为巨砾岩或凝灰质巨砾岩外,主要为褐红、紫红、浅肉红色斜长流纹岩、流纹英安岩、英安岩、石英安山岩及其相应的火山碎屑岩(凝灰岩、角砾凝灰岩、凝灰角砾岩和火山角砾岩)。凝灰岩中产植物化石碎片。与下伏三个井组不整合接触,未见顶。

【层型】 正层型为肃北县墩墩山剖面第1—7层(96°18′,41°18′),由甘肃区测一队(1967)测制。

【地质特征及区域变化】 该群由火山岩组成,在正层型剖面上,下部为英安质火山角砾岩和流纹英安岩;中部为安山质及英安质火山角砾岩、角砾凝灰岩、凝灰岩组成的韵律互层;上部为流纹英安斑岩(局部尚含少量火山角砾);顶部为流纹英安斑岩质角砾熔岩,未见顶底。总厚度大于1 496 m。在正层型以西不远处底部有一层巨砾岩,不整合于三个井组之上。在五峰山北,该群所夹的凝灰岩中产植物化石碎片。火山喷发的旋回和韵律都比较明显,大致由三个喷发旋回组成。该群出露范围极小,仅见于肃北县墩墩山、镜铁滩西北及五峰山西北。其岩石组合特征完全一致,其中所含的火山角砾仅有多少和大小的变化,熔岩与凝灰成分所占比例在数量上也有不同。地层可见厚度以黑山井和墩墩山为最厚,分别大于1 590 m和大于1 496 m,而向西北延至锡林柯博南则明显减薄,约大于801 m。地质时代归属晚泥盆世。

绿条山组 Cl （04-62-0078）

【创名及原始定义】 甘肃区测二队1971年创名于内蒙古额济纳旗绿条山。原始定义指分布于绿条山、甜水井北等地,不整合于圆包山组之上,并与上覆白山群连续沉积的一套杂砂岩和硅质岩岩系。主要有砾岩、长石砂岩、千枚状板岩、硅质板岩及千枚岩等,夹火山岩及碳酸盐岩等,代表Tournaisian期沉积。

【沿革】 本名称自创建以来沿用至今。

【现在定义】 为灰黄色长石砂岩、杂砂岩和灰黑色千枚岩、硅质板岩,偶夹灰岩和火山岩。与下伏雀儿山群呈不整合接触,在空间上同白山组火山岩犬牙交错或被其叠覆。

【层型】 正层型为内蒙古额济纳旗甜水井西北约8 km的剖面(97°47′,42°29′),由甘肃区测二队(1971)测制。在甘肃境内无次层型剖面。

【地质特征及区域变化】 依据岩石组合类型具有较明显的差异,可划分为砂砾岩段和板岩段。前者以粗碎屑岩为主,偶夹酸性火山岩层;后者以细碎屑岩为主夹中基性火山岩。总体特征为砾岩、杂砂岩、长石砂岩、千枚状板岩、硅质板岩及千枚岩等,其间夹火山岩及碳酸盐岩层。本组主要分布在内蒙古境内。延至甘肃仅见于肃北县马鬃山地区北部甘肃、内蒙古两省(区)交界处,总面积约20~30 km²,无实测剖面。未见与上覆白山组的直接接触关系,与下伏地层为断层接触。地质时代为早石炭世早期。

白山组 Cbs （04-62-0079）

【创名及原始定义】 甘肃区测二队(1969)创名白山群。创名地点在肃北县明水乡白山。"该地层与下志留统呈不整合接触。推测和中石炭统亦呈不整合接触。依据岩相建造的差异,可分南北两带:北带下石炭统沉积巨厚,4 408~5 746 m,火山岩系发育,褶皱剧烈,应属地槽中央坳陷之沉积。在白山采得丰富的动物化石:*Thysanophyllum* cf. *grabaui*,*Siphonophyllia* cf. *cylindrica*。我们建议用该统出露较好的白山命名为白山群。"

【沿革】 白山组创名前,该地层区内地质部地质研究所修泽雷等(1964)曾使用南坡子泉群一名代表石炭纪早期地层。正层型在新疆哈密,该剖面所在区域变质程度较深。随1:5万区域地质调查的进行,当时认为的下石炭统大多解体为长城系、蓟县系和奥陶系,故南坡子泉群一名已无使用价值。甘肃区测二队(1969)创建白山群,金松桥(1974)称白山组,本书沿用白山组。与中科院兰州地质研究所(1967)① 所创白山组为同名异物,后者不再使用。

【现在定义】 由巨厚的火山岩、千枚岩、砂岩和灰岩组成,下段以酸、中性火山岩为主,上段以千枚岩为主夹含铁石英岩,时有砂岩。下段灰岩中含珊瑚和腕足类化石,千枚岩段中夹铁矿层。与下伏绿条山组呈连续沉积,以大套火山岩的出现为两组分界;与上覆扫子山组为断层接触。

【层型】 正层型为肃北县明水乡白山剖面第1—10层(96°07′,42°13′),代表下部岩性段;副层型为肃北县马鬃山地区霍勒扎德盖剖面第1—7层(96°11′,42°23′),代表上部岩性段。正、副层型均由甘肃区测二队(1969)测制。

【地质特征及区域变化】 本组岩性特征为含巨厚的酸性、中性火山岩和千枚岩、砂岩等。早期为间歇性火山活动期,形成巨厚的酸、中性火山岩;后期为宁静期,沉积了厚层的泥质岩—碎屑岩及灰岩。经轻微变质已成千枚岩和大理岩等。本组大致分布在红石山(北纬42°25′左右)以南40 km宽的范围内,呈东西向展布,省内延伸近百余公里,东西两侧延入邻省(区)。

化石均产于大理岩中,主要门类有珊瑚和腕足类,偶见三叶虫。具代表性的珊瑚有 *Thysanophllum* cf. *grabaui* 等地质时代为早石炭世 Visean(维宪)期。白山组和下伏绿条山组在内蒙古为整合接触,省内未见直接接触;与上覆扫子山组均为断层接触。时代为早石炭世。白山组是甘肃北山地区的重要含矿岩系,主要矿种有铁和金。

扫子山组　Cs　(04-62-0080)

【创名及原始定义】 甘肃区测二队(1969)创名扫子山群。创名地点在肃北县野马泉南。"我队所划的中石炭统是从前人笼统划的上石炭统中划分出来的,该地层和邻区标准中石炭统芨芨台子组对比又感困难,我队用测区内该地层出露较好的扫子山地区予以命名,将这套地层称之为扫子山群。"

【沿革】 扫子山群创名前,甘肃综合地质大队第一区域地质测量队(简称甘肃综合地质大队区测一队,下同)(1965)在《地层命名资料》(未刊)中曾创名北坡子泉群。创名人虽列举了命名剖面,但具体位置交待不详,尚且未被正式引用,故不应认为其据优先权。扫子山群创名后,《西北地区区域地层表·甘肃省分册》(1980)将黑鹰山地区的扫子山群称为石板山组,以肃北县破城山井剖面为其代表剖面,并认为该组仅见于破城山一带。尔后,《甘肃省区域地质志》(1989)将石板山组广泛用于黑鹰山地区。扫子山群一名在相当时间内并未被引用。鉴于本次对比研究对红柳园地区的石板山组予以重新定义,两地区的石板山组岩石特征不尽一致,故恢复使用原名,并称为扫子山组。

【现在定义】 一套以浅变质岩系为主的岩石,仅局部见少量火山岩夹层。顶、底界面几乎全为断层和侵入体所破坏。

---

① 中科院兰州地质研究所,1967,甘肃北山(马鬃山地区)古生代地层(未刊)。

【层型】　正层型为肃北县马鬃山地区野马泉南剖面第1—13层(96°34′,42°29′),由甘肃区测二队(1969)测制。

【地质特征及区域变化】　分布于红石山断裂带以北,呈似马蹄形近东西向展布,省内延伸约70 km,东经95°50′以东未见出露,向西延入新疆境内。由一套浅变质岩系所组成,主要为板岩和石英长石砂岩,其间夹泥灰岩或泥灰岩凸镜体,偶夹中酸性火山岩。通常据岩性可划分两个段,下部为砂砾岩段、上部为板岩段。砂砾岩段由砾岩和长石石英砂岩组成,夹板岩和泥灰岩,底部大理岩砾石中产珊瑚 Lithostrotionella sp. 及海百合茎,厚度大于1 400 m;板岩段以粉砂质板岩和泥质板岩为主夹砂岩及泥质灰岩凸镜体,厚度大于1 500 m;为砂页岩建造。华力西中晚期细粒二长花岗岩的大量侵入,造成局部接触变质。

本组地层岩相变化不大,仅粒度大小上存在差异,在纵剖面上表现为下粗上细,横剖面上西粗东细。据化石资料,地质时代应为早石炭世晚期—晚石炭世早期。

红柳园组　Ch　(04-62-0081)

【创名及原始定义】　甘肃区测一队(1966)创名。创名地点在安西县柳园镇西红柳园。"由于在红柳园西地区发现了早石炭世维宪期之化石,故命名'红柳园组'"。

【沿革】　中科院兰州地质研究所(1967)在《甘肃北山(马鬃山地区)古生代地层》(未刊)中将北山南带(相当红柳园—天仓一带)下石炭统(相当红柳园组)划分为两部分,上部为白山组、下部为柳园组。甘肃区测二队(1973)曾使用柳园组一名代替红柳园组。金松桥(1974)使用红柳园组并见诸于公开刊物。此名一直沿用至今。

【现在定义】　为一套正常碎屑岩夹碳酸盐岩和火山岩的岩石组合,有时碳酸盐岩发育,顶部常发育中酸性火山岩,并以此为本组的顶界。含丰富的珊瑚等化石。底界与墩墩山群不整合接触,上与石板山组不整合接触。

【层型】　正层型为安西县柳园镇西红柳园剖面第1—16层(95°21′,41°03′),由甘肃区测一队(1966)测制。

【地质特征及区域变化】　红柳园组为一套以碎屑岩为主夹灰岩和火山岩的岩石组合。碎屑岩主要为砾岩、石英砂岩、长石石英砂岩等,灰岩局部变质为大理岩,火山岩则以中酸性为主,常见有流纹岩、流纹斑岩、酸性凝灰熔岩、流纹英安岩、英安斑岩、安山质英安岩等。据岩石特征,本组可划分两个岩性段,下段以粗碎屑岩为主,夹灰岩,偶含火山岩;上段以细碎屑岩为主,灰岩含量较多,中酸性火山岩亦较发育。

区内红柳园组断续出露,省内延伸约500 km,向东至金塔县弱水,向西延入新疆。在红柳园一带以碎屑岩为主,向东、西两侧火山岩增多,向东灰岩的比例增高,厚度变化大。无火山岩区厚度一般千米左右,火山岩发育区厚度在3 000 m以上,但由于断裂发育,未见完整连续剖面,实际厚度可能更大。地质时代为早石炭世。

石板山组　Csb　(04-62-0082)

【创名及原始定义】　甘肃区测二队(1973)创名石板山群。创名地点在敦煌市青墩峡。系指"由碎屑岩和碳酸盐岩等组成,采到中石炭世的蜒科、珊瑚等标准化石分子,根据其岩性、接触关系、化石自上而下由三个岩组组成。……该套地层在石板山出露较全,层序清楚,又富含化石,故建议命名为石板山群。"

【沿革】　在创石板山组一名之前,甘肃综合地质大队区测一队(1965)曾在《地层命名资料》(未刊)中将该区中上石炭统命名为"花牛山群"。中科院兰州地质研究所(1967)在《甘肃北山(马鬃山地区)古生代地层》(未刊)中曾将该区中石炭统命名为"芨芨台子群"。同年,甘肃区测一队将该区中石炭统称为"音凹峡组"。花牛山群仅依据化石,又无层型,且未正式发表,它和音凹峡组一样,创名后很少被使用。1973年甘肃区测二队创建石板山群。《西北地区区域地层表·甘肃省分册》(1980)称石板山组,沿用至今。本次对比研究认为芨芨台子群据其层型,应代表一套碳酸盐岩沉积为宜(见芨芨台子组)。石板山组则代表了该区和芨芨台子组时代相当的一套以碎屑岩为主的岩石组合,故而继续沿用。音凹峡组建议停用。

【现在定义】 主要由砂岩、灰岩及泥岩组成。西部灰岩偏多,东部泥岩成分增高,且轻微变质,偶夹少量火山岩。和下伏红柳园组大多为不整合接触;与上覆干泉组整合接触,以不含厚层火山岩为特征和上下两个地层单位相区别。沿走向和芨芨台子组呈相变关系。

【层型】 正层型为敦煌市石板山剖面第2—16层(94°42′,40°44′),由甘肃区测二队(1973)测制。

【地质特征及区域变化】 本组为一套碎屑岩和碳酸盐岩的岩石组合。依据岩性分为三个段:下段以碎屑岩为主夹少量板岩,颜色以灰、暗灰色为主,局部为黑色,碎屑岩颗粒较粗,底部见砾岩和含砾粗砂岩,砂岩多为长石石英质;中段主要为碳酸盐岩类岩石,包括灰色、白色大理岩、石灰岩、生物碎屑灰岩,多呈厚层状;上段以砂板岩为主夹砾岩,砂板岩主要为灰绿色粉砂质钙质板岩及粉砂岩,砾岩为灰色,砾石成分为大理岩、灰岩及少量石英岩。局部地区的上段岩性以泥质岩为主,常变质为灰黑色绢云千枚岩或碳质千枚岩。

该组化石丰富,多产于碳酸盐岩岩性段中,以珊瑚和腕足类为主,还有䗴、腹足类、双壳类、头足类和植物等。珊瑚约有30个种属,重要分子为 *Chaetetes flexilis*,*C. lungtanensis*,*Lithostrotion kueichowense*,*Caninia lipoensis* 等。时代为早石炭世晚期—晚石炭世早期。

本组主要发育在安西县柳园以西地区,省内延伸300 km以上,向西延入新疆。地层断续出露,少见完整连续剖面。岩性变化不大,出露厚度不等,一般在1 000～2 000 m之间。

【其他】 关于石板山组和芨芨台子组的关系:甘肃区测二队在创名石板山群时原意是取代芨芨台子组,1975年又以石板山组置于芨芨台子组之下,代表中石炭世早期的沉积。本次对比研究将北山南部红柳园组之上的岩石地层单位划分为两个,在该区西部是由碎屑岩和碳酸盐岩组合的石板山组,东部是以大套碳酸盐岩组合为特征的芨芨台子组。在延伸方向上两者呈相变关系,这种关系在音凹峡一带十分清楚(图5-2)。

芨芨台子组 Cj (04-62-0083)

【创名及原始定义】 中科院兰州地质研究所(1967)创名芨芨台子群,甘肃区测二队(1971)介绍。创名地点在金塔县芨芨台子。其原意为代表马鬃山区中石炭世地层。

【沿革】 参见石板山组沿革,除此,《西北地区区域地层表·甘肃省分册》(1980)将芨芨台子群改为芨芨台子组。现继续沿用。

【现在定义】 为一大套碳酸盐岩构成的岩石组合,和石板山组的层位大体相当,两者呈相变关系。由于区内未见完整的连续剖面,故顶、底界线不清,本组以其数百米至千余米厚的碳酸盐岩为特征和区内其它地层单位相区别。

【层型】 正层型为金塔县北山芨芨台子剖面第1—16层(98°52′,40°43′)。由中科院兰州地质研究所(1967)测制。甘肃区测二队(1971)介绍。

【地质特征及区域变化】 本组岩性较单一,为一套灰岩。在金塔一带下部为灰色、灰白

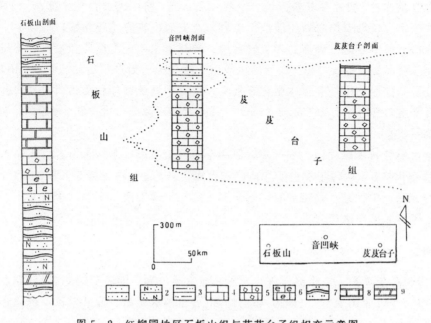

图 5-2 红柳园地区石板山组与芨芨台子组相变示意图
1. 砂岩；2. 长石石英砂岩；3. 粉砂质页岩；4. 灰岩；5. 结晶灰岩；6. 生物碎屑灰岩；7. 粉砂质板岩；
8. 大理岩；9. 白云质大理岩

色厚层状结晶灰岩，含黑色、灰黑色燧石结核，上部为灰白色、灰黑色厚层块状大理岩化结晶灰岩。金塔小红山剖面中含较多的砾状灰岩，它和不含砾灰岩在横向上为相变关系。灰岩内含丰富的生物化石。本组为跨统的岩石地层单位，时代为早石炭世晚期—晚石炭世早期。

本组分布在肃北县音凹峡以东至金塔县弱水之间，省内延伸近 200 km，向西与石板山组呈相变关系。向东延入内蒙古境内。

干泉组 Cg (04-62-0084)

【创名及原始定义】 甘肃区测二队(1973)创名干泉群。创名地点在敦煌市青墩峡西。"主要由碎屑岩、灰岩和酸性火山岩组成，厚达 6 113 m 以上。内含较丰富的腕足类、头足类、珊瑚等化石。这套地层在干泉出露好，又富含化石，建议命名为干泉群。"

【沿革】 由干泉群演变而来。新疆地质局、地质部地质研究所(1965)曾把和干泉组相当的地层称为哈拉诺尔组，但因命名地距哈拉诺尔甚远，并未指定层型，故未被后人引用。甘肃综合地质大队区测一队(1965)在《地层命名资料》（未刊）中，上石炭统称为小泉组，因无代表性剖面，仅据 *Schwagerina* sp. 化石而创名，此名无人使用。干泉群创名后一直被沿用。王增吉等(1990)改称干泉组。

【现在定义】 以各类火山岩为主，有时夹部分正常沉积物，如陆源碎屑物、碳酸盐岩等。该组与下伏石板山组整合接触，底界以火山岩的出现分界；与上覆地层双堡塘组为不整合接触，该不整合面为本组的顶界。

【层型】 正层型为敦煌市青墩峡西干泉剖面第 8—15 层(94°17′,40°43′)，由甘肃区测二队(1973)测制。

【地质特征及区域变化】 本组以火山岩为主夹碎屑岩和灰岩。火山岩的岩性差异较大，酸性火山岩有流纹岩、酸性凝灰角砾熔岩及酸性凝灰岩；基性火山岩有细碧岩、细碧玢岩、玄武岩；中性火山岩仅见安山岩；中酸性火山岩有英安岩、英安质凝灰熔岩，以中、基性岩分布广泛。火山岩层中普遍有碎屑岩和灰岩夹层。碎屑岩主要为石英质和长石石英质砂岩和粉砂岩，砂岩呈层状及凸镜状产出。在局部地段由于后期构造和岩浆活动的影响，出现大理岩、板岩、千枚岩和蚀变火山岩等。本组化石极少，仅见于泥质砂岩和凸镜状灰岩的夹层中，有植物和海百合茎，植物化石为 *Paracalamites* ? sp., *Neuropteris* sp. 和 *Linopteris* sp. 等。地质时代为晚石炭世。

干泉组主要分布于黑尖山、三个井以西和金塔县玉石山以东。火山岩由西向东大致有酸→基→酸的变化特征。西部正层型所在地以酸性火山岩为主，厚度近5 000 m。敦煌一带火山岩岩性较杂，酸、中、基性均有分布，剖面厚度一千至两千余米不等。金塔北山一带为中酸性火山岩，厚度近两千米。

双堡塘组 Psp （04-62-0061）

【创名及原始定义】 地质部地质研究所修泽雷等(1964)创名双铺堂群[①]。创名地点在金塔县北约70公里，北山煤窑(梧桐沟)东南约20公里的双堡塘。原义较长，现综述如下：石炭系上统双铺堂群，上部是辉绿岩、凝灰岩互层，中部砂岩夹粗砂岩、砾岩、砂质灰岩扁豆体(其中产大量腕足类、双壳类、珊瑚等化石)，底部是花岗质砾岩。不整合在华力西期花岗岩之上。

【沿革】 地质部地质研究所修泽雷等(1964)将命名地双堡塘剖面下部基性火山岩及其以下不整合在花岗岩之上的砂岩、砾岩夹砂质灰岩扁豆体一小段岩石地层体命名为双铺堂群；其上大套砂、页岩夹灰岩扁豆体和上部大套基性火山岩合称哲斯组。1962—1964年，中科院兰州地质研究所郭敬信等[②]重测双堡塘剖面。并于1967年改称为双堡塘组。时代为早二叠世与茅口组下部对比。1975年，甘肃区测二队、兰州大学地质地理系在《甘肃省西部北山地区早二叠世地层及古生物群特征》(未刊)中，将郭敬信等重测的双堡塘剖面第17—19层的含菊石地层命名为北山组。1980年《西北地区区域地层表·甘肃省分册》，将北山组改称菊石滩组。

本书作者考虑菊石滩组和双堡塘组的岩石特征一致，将两组合并使用双堡塘组一名。

【现在定义】 以海相碎屑岩为主，夹灰岩或砂质灰岩扁豆体的岩石组合。在层型地夹有基性火山岩，区域延伸逐渐消失。灰岩中常含腕足类、头足类、腹足类、珊瑚等化石。与下伏干泉组、石板山组以及华力西中期花岗岩等为不整合接触；与上覆金塔组以厚层大套火山岩出现为标志，呈整合接触。

【层型】 正层型为金塔县双堡塘剖面第1—19层(98°48′, 40°36′)，由地质部地质研究所修泽雷等(1964)重测。

【地质特征及区域变化】 本组分布广，呈条带状分布于双堡塘、煤窑西山、后红泉南山、菊石滩、红柳园西、黑石山南一带、双井、牛圈子、马鬃山一带及碧云泉等地。是一套由灰黑色、黄绿色中细粒砂岩、页岩及少量砾岩的不等厚互层，夹灰岩或砂质灰岩扁豆体组成的沉积组合。产菊石、腕足类及珊瑚等化石。在区域上除层型剖面下部夹基性火山岩外，其余均为正常沉积碎屑岩组合。各地厚度变化不大，双堡塘地区为1 557 m，煤窑西山为1 347.9 m，后红泉南山为771 m(未见底)，红柳园西1 008.8 m。黑石山南3 125.7 m，双井1 272 m，

[①] 创名人将金塔县双堡塘误写为双铺堂。
[②] 中科院兰州地质研究所郭敬信等，1967，甘肃北山(马鬃山地区)古生代地层(未刊)。

碧云泉 1 318 m。

本组化石丰富，腕足类在数量上占优势，还有头足类等，时代为早二叠世。

金塔组　Pj　（04－62－0062）

【创名及原始定义】　甘肃省地层表编写组（1980）创名。创名地点在内蒙古额济纳旗梧桐沟①。金塔组原指早二叠世晚期的绿色玄武岩、火山角砾岩、英安岩、凝灰质角砾岩、晶屑岩屑凝灰岩、凝灰质砂岩及砾岩，夹长石石英砂岩、硅质岩、硅质页岩及少量灰岩透镜体组合。含菊石、腕足类、双壳类化石。厚度 1 176～1 873 m。

【沿革】　原称梧桐沟组，时代定为早二叠世晚期。1976 年 5 月在西北区晚古生代会议上，考虑梧桐沟组一名与新疆晚二叠世下苍房沟群上部梧桐沟组重名，决定停用。《西北地区区域地层表·甘肃省分册》正式以金塔组一名代之，沿用至今。

【现在定义】　指分布在北山地区的一套海相基性火山岩夹正常碎屑岩组合。岩性为灰绿色玄武岩、凝灰岩、火山角砾岩、凝灰质砂岩、砾岩夹黑色、黄绿色页岩、硅质岩、砂岩及灰岩。含腕足类化石。下界与双堡塘组整合接触，上界被侏罗系不整合所覆。

【层型】　正层型在内蒙古。甘肃境内的次层型为肃北县后红泉南山剖面第 14—19 层（97°33′，41°02′），由甘肃区测二队（1969）测制。

【地质特征及区域变化】　该组分布于北山南部双堡塘、俞井子、煤窑西山，后红泉南山、红柳园、大沙沟等地。在双堡塘、北山煤窑、后红泉南山、红柳园一带，主要为灰黑色—灰绿色具枕状构造的玄武岩组成，常见鲜绿色绿帘石细脉、白色方解石细脉和暗灰色碧玉条带或扁豆体，其中常夹有海相正常沉积岩和火山碎屑岩，含有腕足类、双壳类化石。在敦煌西北大沙沟、芦草井一带相变为以中酸性火山岩为主，夹玄武岩、凝灰质砾岩、凝灰质细砂岩等。在大沙沟剖面之西 1.5 km 处，该剖面中部的凝灰质细砂岩中产腕足类及双壳类化石。

在双堡塘西南俞井子附近亦为中酸性火山岩夹灰绿色变质细砂岩、板岩、白色结晶灰岩凸镜体。在俞井子附近采到双壳类化石：*Astartella* sp.，*Mytilomorpha* ex gr. *translata*，*Edmondia* ? sp.。时代为早二叠世中、晚期。

金塔组各地出露厚度不一，煤窑西山剖面 2 261.1 m，后红泉南山 722.0 m，柳东车站 1 583 m，大沙沟 2 842.9 m。

红岩井组　Ph　（04－62－0064）

【创名及原始定义】　甘肃区测二队（1968）创名红岩井群。创名地点在肃北县明水乡红岩井。"指在红岩井及双井至马鬃山煤窑一带，由一套碎屑岩、含碳泥质岩组成，并有少量的生物碎屑灰岩、硅质泥灰岩夹层。含有动、植物化石。以红岩井出露比较完整，故命名为红岩井群。"

【沿革】　1961—1964 年，甘肃区测队在马莲井西北发现少量晚二叠世植物化石，指出本区有陆相上二叠统分布，并命名为马莲井组②。1966 年，甘肃区测一队的星星峡幅（马莲井所在图幅）停用马莲井组，将其划归下二叠统下部。1965—1967 年，甘肃区测二队在红岩井发现相当马莲井组的地层，并采得较丰富的植物化石，考虑马莲井组已经停用，故于 1968 年另建红岩井群一名。朱伟元、沈光隆（1977）将星星峡一带晚二叠世陆相正常沉积岩组合称红岩井

---

① 梧桐沟原属甘肃省金塔县所辖。
② 张明书，1964，北山西部二叠纪地层。西北地质科技情报。

群。《西北地区区域地层表·甘肃省分册》(1980)、史美良(1980)《甘肃的二叠系》,则以同期异相地层用方山口组代替红岩井群。本次对比研究,认为红岩井群和方山口组是两套截然不同的岩石组合,故应保留红岩井群,并降群为组。

【现在定义】 指一套灰—灰绿色、黄色的碳质页岩、含碳粉砂岩、钙质长石砂岩、杂砂岩为主,夹少量猪肝色杂砂岩、砾岩和硅质泥灰岩凸镜体组成的岩石组合,产丰富的植物和腹足类化石。底与下伏双堡塘组或公婆泉群呈不整合接触,未见顶。

【层型】 正层型为肃北县明水乡红岩井剖面第1—32层(96°11′,44°48′),由甘肃区测二队(1968)测制。

【地质特征及区域变化】 红岩井组分布于红柳河北、马莲井、苦泉、红岩井一带。据红岩井剖面又细分为上段为灰绿、黑绿色碳质页岩、杂砂岩、长石质杂砂岩、含砾粗粒杂砂岩,厚1 216 m;中段长石质杂砂岩、石英长石砂岩、长石砂岩、含砾粗粒长石质杂砂岩夹粉砂质页岩、泥质页岩及泥灰岩凸镜体,厚2 001 m;下段灰绿色碳质页岩、粉砂质岩、杂砂质石英砂岩、杂砂质长石石英砂岩夹含碳粉砂质板岩、泥质页岩,粉砂质页岩,富含植物化石 *Callipteris* cf. *zeilleri*, *C.* cf. *ivanoevi*, *Glottophyllum cuneatum*;腹足类 *Omphalonema* sp., *Paromphalus* cf. *kweitingensis*,厚1 110 m。总厚为4 327 m。

在马莲井一带不整合在双堡塘组之上,红岩井地区则不整合在公婆泉群之上,未见顶界。植物化石属安格拉植物群晚期组合,时代为晚二叠世。

方山口组 Pf (04-62-0063)

【创名及原始定义】 由朱伟元、沈光隆(1977)创名方山口群。创名地点在敦煌市北80 km白尖山南坡。"指北山地区的上二叠统,分南北两带。南带为火山岩及火山碎屑沉积岩,新命名为方山口群。"

【沿革】 1966年,中科院兰州地质研究所冯学才等在安西县雷洞子红柳峡发现晚二叠世安格拉植物群化石,建立红柳峡群[①]一名。1977年,朱伟元、沈光隆对北山南带含安格拉植物群的火山岩另命名为方山口群。《西北地区区域地层表·甘肃省分册》(1980)等决定以方山口群一名代替红柳峡群,本书沿用方山口群,并降群为组。建议停用红柳峡群。

【现在定义】 主要由一套巨厚的以中酸性为主的火山熔岩和火山碎屑岩组成,局部可见少量的基性火山岩,下部火山碎屑岩中常夹有正常沉积碎屑岩和粉砂质灰岩,底部有一层砾石成分复杂的砾岩。在下部凝灰细砂岩中产丰富的植物化石。与下伏石板山组不整合接触,未见顶。

【层型】 正层型为敦煌市方山口白尖山南坡剖面第1—13层(94°42′,40°54′),由甘肃区测二队(1973)测制。

【地质特征及区域变化】 方山口组分布于红柳园地层小区敦煌市北白尖山南坡、安西县雷洞子红柳峡(大奇山附近)、野马井南、民勤黑山等地。由一套中酸性火山熔岩及火山碎屑沉积岩组成。岩性有深灰、灰绿色流纹岩、灰绿、紫红色英安岩、浅黄色石英斑岩、熔凝灰岩、晶屑凝灰岩、凝灰岩、凝灰角砾岩、火山角砾岩等。部分地段有少量的安山玄武凝灰岩,夹灰绿色长石石英砂岩、碳质页岩、黑色硅质岩。

在凝灰质细砂岩及碳质页岩中产植物化石,主要有 *Callipteris altaica*, *C. zeilleri*, *C.* cf.

[①] 冯学才,张淑节,1966,甘肃北山马鬃山区晚二叠世陆相地层,中国地质学会甘肃省分会第二届学术年会论文选编(内刊)。

changii，*Prynadaeopteris anthriscifolia*，*Sphenophyllum* cf. *thonii* 等。

本组地层厚度变化较大，白尖山为 2 347.8 m，红柳峡为 3 869.0 m。所含植物化石与红岩井组相似，属安格拉植物群晚期组合，时代属晚二叠世。

第二节 生物地层与地质年代概况

(一)泥盆系

生物群以底栖固着的腕足类及珊瑚为主，其中尤以腕足类最为丰富，属种较多，并产少量三叶虫、苔藓虫、腹足类及海百合茎，产于雀儿山群。腕足类计有：*Paraspirifer gurjevskiensis*，*Acrospirifer* cf. *pinyingensis*，*Megastrophia simplex*，*M.* cf. *manchurica*，*Tridensilis elegans*，*Rhytistrophia beckii*，*Atrypa desquamata*，*A. desquamata* var. *hunanensis*，*A.* cf. *desquamata* mut. *alpha*，*A.* cf. *desquamata* mut. *kansuensis*，*A. desquamata* var. *kansuensis*，*A.* ex gr. *reticularis*，*A. bodini*，*Leptaena rhomboidalis*，*L. rhomboidalis* var. *kwangsiensis*，*Schizophoria* cf. *macfarlanii* var. *kansuensis*，*Schuchertella* cf. *altaica*，*Strophonella*?，*Howellella*，*Eatonia* 等。其中 *Paraspirifer gurjevskiensis*，*Acrospirifer* cf. *pinyingensis*，*Megastrophia* 等普遍存在，*Atrypa* 一属尤为繁盛，种也较多。*Paraspirifer gurjevskiensis* 分布很广，是俄罗斯下 Eifelian(艾菲尔)阶常见分子，也见于内蒙古泥鳅河组。*Tridensilis elegans*，*Megastrophia simplex*，*M.* cf. *manchurica*，*Rhytistrophia beckii* 等在新疆、内蒙古及东北各地下泥盆统上部层位有所发现。*Atrypa desquamata*，*A. desquamata* var. *hunanensus*，*A.* cf. *desquamata* mut. *alpha*，*A. desquamata* var. *kansuensis*，*A.* ex gr. *reticularis*，*A. bodini* 等均大量赋存于我国西秦岭和南方各省中泥盆统中上部层位，*A. desquamata* var. *hunanensis* 还是华南东岗岭组下部组合的分子。*Acrospirifer*，*Schizophoria*，*Leptaena* 各属则多见于中泥盆统或中上泥盆统，但也曾出现于下泥盆统上部层位中。如 *Acrospirifer* 一属是西秦岭当多组上部Ⅵ组合带的带化石之一，并见于阿尔泰地区的阿尔泰组下亚组和陕西秦岭凤县—旬阳地区的石家沟组及龙家河组。*Schizophoria* cf. *macfarlanii* var. *kansuensis* 曾见于下吾那组蒲莱段，是我国南方东岗岭阶的常见分子，也是准噶尔—兴安岭下泥盆统上部的常见分子。*Leptaena rhomboidalis* 曾见于东北爱辉(黑河)地区的霍龙门组。*Howellella* 及 *Eatonia* 虽然多见于下泥盆统，但也可延至中泥盆统。

珊瑚仅有 *Keriophyllum* 和 *Breviphyllum* 二属，在内蒙古西部特别繁盛，前者是世界性中泥盆世的属，后者则繁盛于早—中泥盆世。

三叶虫贫乏，仅有 *Proetus* 和 *Phillipsia* 二属，其中 *Proetus* 的地质历程较长，为泥盆纪的常见分子。

综上所述，雀儿山群下部的腕足类具有早泥盆世晚期的强烈色彩，上部的腕足类大都是西秦岭和我国南方各省中泥盆世中晚期的常见分子。考虑该群上部与下部为连续沉积，其时代应属早泥盆世晚期至中泥盆世晚期，即 Emsian(埃姆斯)期至 Givetian(吉维特)期。其层位大致可与我国南方的四排阶、应堂阶和东岗岭阶相对比。

腕足类 *Stringocephalus* 产于三个井组。该属见于南天山托格卖提组上部和萨阿尔明组，也是西秦岭、我国南方各省及世界 Givetian 阶的重要带化石之一。共生的植物计有 *Lepidodendropsis arborescens*，*Protopteridium*，*Taeniocrada*，其标准性均较差，大多是中晚泥盆世的分子。珊瑚有 *Favosites* 及 *Squameofavosites* 这两个属最早均出现于中志留世，一直可延至中泥盆世，但它们一般均不延到中泥盆世晚期。

据所含腕足类和植物分析，三个井组上部属 Givetian 期无疑，中部因含床板珊瑚 *Favosites* 及 *Squameofavosites*，上限最高只达 Eifelian 晚期。据此，该组时代属中泥盆世无疑，但考虑含上述珊瑚化石的层位之下尚有很厚的一段地层至今尚未发现任何化石。因此，也不能完全排除三个井组下部包含有早泥盆世的沉积。鉴于上述理由，我们暂将三个井组笼统地置于早泥盆世（或早泥盆世晚期）—中泥盆世晚期。

另有植物化石 *Psilophyton* 见于墩墩山群，在国内见于早—中泥盆世，在国外可延至晚泥盆世。因不整合于三个井组之上，暂将墩墩山群置于晚泥盆世。

（二）石炭系

1. 下统

生物群以腕足类与珊瑚为主，共生有双壳类及少量苔藓虫等。腕足类以 *Syringothyris* cf. *texta*，*S. altaica* 等为代表，产在绿条山组。相当于我国南方早石炭世早期岩关阶上部，可与新疆的波罗霍洛山地区对比，相当西欧的 Tournaisian（杜内）期。

《甘肃省区域地质志》(1989) 综合前人资料，确定了3个珊瑚组合（带），自上而下为：

③ *Palaeosmilia fraterna - Aulina rotiformis* 组合　主要代表分子有 *Palaeosmilia murchisoni*，*Aulina rotiformis*，*A. carinata*，*Amplexus mirabilis*，以及菊石 *Eumorphoceras* sp.。

② *Kueichouphyllum heishihkuanense - Neoclisiophyllum yangtzeense* 组合　主要代表分子有 *Kueichouphyllum heishihkuanense*，*Neoclisiophyllum yangtzeense*，*Lithostrotion irregulare*，*L. portlocki*，*L. rossicum*，*Yuanophyllum kansuense*，*Gangamophyllum retiformis*，*Syringopora* aff. *weiningensis* 等。

① *Thysanophyllum* 带。

腕足类主要代表分子有 *Gigantoproductus giganteus*，*G. latissimus*，*G. edelburgensis*，*Kansuella kansuensis* 等。

上述化石产于白山组与红柳园组，在黑鹰山地层分区，马鬃山地层小区及红柳园地层小区均有分布，时代属早石炭世晚期，相当我国南方大塘阶上部，西欧的 Visean 期至 Namurian 期。

2. 上统

生物群以䗴、珊瑚及腕足类为主，次为少量腹足类与双壳类等，产于石板山组与芨芨台子组。分布于红柳园地层小区。主要代表分子䗴有 *Psuedostaffella paracompressa*，*P. antiqua*，*Pseudowedekindellina prolixa*，*Profusulinella rhomboides*，*P. longissima*，*P. ovata*，*Fusiella typica* 等；珊瑚有 *Caninia lingwuensis*，*C. lipoensis*，*Lophophyllum* cf. *subtilisum*，*Lithostrotionella* sp.，*Comophyllum lipoense* 等。《甘肃省区域地质志》(1989) 大体划分了3个䗴带，自下而上为：

Pseudostaffella 带。

Profusulinella 带。

Fusulina - Fusulinella 带。

从上述化石总体面貌分析，时代应归属晚石炭世早期，大致相当我国南方区的威宁中早期。

此外还有珊瑚：*Amandophyllum* sp.，*Amplexocarinia* sp.，*Calophyllum* sp.，*Lophophylidium* sp.，*Tachylasma* sp. 等；腕足类：*Dielasma* cf. *timanicum*，*Choristites pavlovi*，*Phri*-

codothyris asiatica, *Linoproductus simenensis*, *Marginifera orientalis* 等；苔藓虫：*Stenopora* sp.，*Septopora* sp.；菊石：*Eoasianites* sp.；植物：*Paracalamites*? sp.，*Neuropteris* sp.及 *Linopteris* sp.等化石均产于干泉组。其中珊瑚在大兴安岭南部的晚石炭世多有出现。另外在红柳园南与俞井子地区，干泉组与上覆双堡塘组呈不整合接触。结合上述生物群总体面貌，时代可归属晚石炭世晚期。相当我国晚石炭世威宁晚期。

(三) 二叠系

1. 下统

包括二个菊石组合带和二个腕足类组合带，均产于双堡塘组。

菊石自下而上为：

① *Artinskia - Neocrimites* 组合带　主要属种有 *Artinskia* sp.，*Medlicottia* sp.，*Neocrimites* sp.，*Demarezites* sp.，*Shalakoceras* cf. *bisulcatum* 等。产于双堡塘组下部（正层型第1—16层）。可与乌拉尔地区早二叠世早期的菊石群对比。

② *Paragastrioceras - Altudoceras* 组合带　主要属种由 *Paragastrioceras* sp.，*Uraloceras* sp.，*U.* aff. *belgushkense*，*Altudoceras* sp.，*A. roadense*，*Demarezites* sp.，*Waagenoceras* sp.等，产于双堡塘组上部（层型第17—19层）和红柳园—黑山剖面第8层。除 *Uraloceras*，*Demarezites* 外，大部分分子多出现在我国南方早二叠世晚期地层。*Altudoceras*，*Waagenoceras* 在乌拉尔地区也同时存在，而 *Uraloceras* 见于乌拉尔地区早二叠世。

腕足类自下而上为：

① *Stenoscisma purdoni - Yakovlevia mammatiformis* 组合带　主要分子有 *Yakovlevia mammatiformis*，*Y. mammatus*，*Y.* spp.，*Spiriferella saranae*，*S. keilhavii*，*S. keilhaviiformis*，*S. salteri*，*S. cristata*，*S. persaranae*，*S.* sp.，*Kochiproductus porrectus*，*K. longus*，*K.* sp.，*Neospirifer fasciger*，*Anidanthus* sp.，*Aulosteges gigantiformis*，*Licharewia grewingki* 等，产于双堡塘组下部（层型第1—16层）及煤窑西山剖面（第4—6层）、红柳园西剖面（第6层）、双井剖面（第1—5层）。该组合带特点是以大个体冷水型占优势，常混生一定数量的特提斯型或世界性分子，如 *Leptodus nobilis*，*Buxtonia* sp.，*Oldhamina* sp.，*Dictyoclostus yangtzeensis*，*Plicatifera* sp. 等，同时伴生珊瑚 *Lophophyllidium* sp.，*Plerophyllum* sp.，*Tachylasma* sp. 以及双壳类、腹足类和苔藓虫。地质时代属早二叠世早期。

② *Cryptospirifer omeishanensis - Uncinunellina mongolicus* 组合带　产于双堡塘组上部（层型第17—19层），红柳园—黑山剖面（第5—8层）。主要分子有 *Cryptospirifer* sp.，*Waagenoconcha* cf. *cylindricus*，*Schellwienella crenistria*，*Marginifera typica*，*Streptorhynchus kayseri*，*Chonetes* aff. *tenuilirata*，*Squamularia* sp.，*Punctospirifer* sp.，*Urushtenia* 等。该组合带的特点是古北极海型分子大量减少，广泛分布于特提斯海和世界各地的腕足动物大量繁盛。而 *Unciunellina mongolicus*，*Marginifera morrisi*，*M.* cf. *jisuensis* 等若干种广布于中蒙海域。伴生大量的珊瑚：*Allotropiophyllum* sp.；双壳类：*Wilkingia* sp.，*Guizhoupecten regularis*；腹足类：*Strobeus* sp. 等。出现大量的特提斯动物群，表明该组合带有南北方动物混生特点。地质时代属早二叠世中期。

2. 上统

海相生物群主要有腕足类、双壳类与头足类等，陆相生物主要为植物群。菊石有 *Pseudogastrioceras* sp.，*Stacheoceras* sp.，*Strigogoniatites* sp.。朱伟元（1983）建 *Pseudogastrioceras* 组合带，分布于内蒙古额济纳旗梧桐沟地区金塔组下部层位。置于晚二叠世早期。

腕足类在双堡塘一带只有 *Orbiculoidea* sp., 煤窑西山剖面中出现 *Phricodothyris asiatica*, *Spiriferella rajah*, 敦煌大沙沟剖面有 *Dictyoclostus gratiosus*, *Hustedia* cf. *superstes*, *Stenoscisma* cf. *superstes*, *Uncinunellina mongolicus*, *Spinomarginifera* aff. *jisuensis*, *Marginifera typica* var. *septentriomalis*, *Spiriferella* cf. *persaranae*, *Neospirifer* sp., *Chonetes* sp., *Cancrinella* sp., *C.* cf. *truncata*, *Chonetinella* sp. 等组合。与前述之腕足类 *Cryptospirifer omeishanensis*-*Uncinunellina mongolicus* 组合带相近。与该化石组合伴生的双壳类有：*Aviculopecten*? *hiemalis*, *Streblochondria tenuilineata*, 均产在金塔组中。上述生物群总体面貌表明时代为早二叠世中、晚期—晚二叠世早期。

植物化石产于方山口组与红岩井组底部，属 *Callipteris* 组合。主要分子有：*Callipteris altaica*, *C. changii*, *C. ivanoevi*, *C. zielleri*, *Iniopteris sibirica*, *Zamiopteris glossopteroides*, *Prynadaeopteris anthriscifolia*, *Compsopteris wongii*, *Rhipidopsis* sp., *Noeggerathiopsis angustifolia*, *Phyllotheca* sp., *Tingia* sp.。该组合与俄罗斯库兹涅茨克盆地的安格拉植物群晚期组合一致，其中 *Iniopteris sibirica*, *Zamiopteris glossopteroides*, *Callipteris* sp. 是安格拉植物群晚期组合的重要属种，安格拉区较为常见的属如 *Noeggerathiopsis*, *Paracalamites* 等，多处发现该组合以美羊齿占优势，分布广泛，属种较多，此外还混杂有华夏植物群的分子，如 *Tingia*。据此，方山口组、红岩井组的时代为晚二叠世。

第六章
三叠纪—白垩纪

区内三叠纪—白垩纪为陆相地层，主要分布于中、南天山-北天山地层区，塔里木地层区也有零星出露(图6-1)。计有2个群8个组，自下而上为二断井组、珊瑚井组、芨芨沟组、

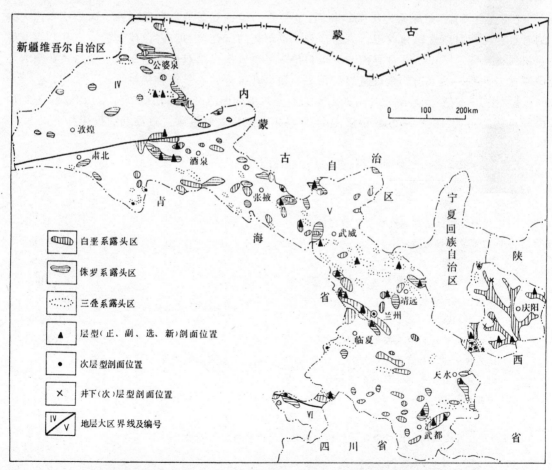

图6-1 甘肃省三叠纪—白垩纪层型剖面位置及地层分布略图

水西沟群、头屯河组、沙枣河组、赤金堡组、新民堡群下沟组和中沟组。沙枣河组、赤金堡组、新民堡群及隶属的下沟组和中沟组，均由华北地层大区延伸而来。

第一节 岩石地层单位

二断井组 Ted （04-62-0162）

【创名及原始定义】 甘肃区测二队(1965)创名二断井群。创名地点在肃北县马鬃山乡二断井东南1.3 km。本群西自珊瑚井，东至二断井呈东西条带状分布，在俞井子东南尚有零星出露。为一套山麓相粗碎屑岩沉积。下部主要为紫红色砾岩，上部主要为紫红色、灰色含砾砂岩及粉砂岩、含砾砂岩、砾岩之互层。厚度1 600 m。

【沿革】 二断井群原指现称二断井组之上的灰绿色碎屑岩。最初由甘肃区测二队命名，后由甘肃省地层表编写组(1980)以原"二断井群"层型剖面远离二断井为由，将原命名的"二断井群"据层型剖面附近的珊瑚井，更名为珊瑚井群。同时，又将二断井群一词用于其下未曾命名的现称二断井组。这一重大变动，一直为区域地质填图及专题研究工作认可。本书承用二断井组。

【现在定义】 与原始定义基本相同，指方山口组或双堡塘组和珊瑚井组两地层实体之间的紫红色与灰白色含砾粗砂岩、砾岩序列。以单调的紫红色与灰白色色调的岩石和不含灰绿色岩层为特征。下以不整合界面与方山口组灰绿色火山岩或双堡塘组绿灰、黄绿色碎屑岩与碳酸盐岩分界；上以顶部紫红色岩层消失与珊瑚井组分界，呈整合接触。

【层型】 正层型为肃北县马鬃山乡二断井东南剖面第2—11层(97°30′，40°00′)。原剖面由甘肃区测二队(1969)测制。后于1992年杨雨、赵宗宣等重测。重测剖面列述如下：

上覆地层：**珊瑚井组** 灰绿色含砾粗砂岩、细砂岩
———————— 整 合 ————————

二断井组	总厚度 1 032.80 m
11. 黄褐色粗砂岩夹褐红色页片状细砂岩	116.40 m
10. 红褐色含砾粗砂岩	71.70 m
9. 灰色含砾粗砂岩	140.70 m
8. 灰色含砾粗砂岩与紫红色细砂岩互层	67.90 m
7. 灰色、灰白色含砾粗砂岩	180.70 m
6. 紫红色细砂岩	3.40 m
5. 灰色中—粗粒砂岩夹紫红色粉砂岩	135.30 m
4. 红褐色中厚层状含砾粗砂岩与紫红色细砂岩、灰白色砂砾岩不等厚互层	102.20 m
3. 紫红色含砾粗砂岩、砂砾岩夹砾岩	40.60 m
2. 紫红色砾岩	173.90 m

～～～～～～～ 不整合 ～～～～～～～

下伏地层：**方山口组** 流纹斑岩质熔岩角砾岩、岩屑晶屑凝灰熔岩

【地质特征及区域变化】 二断井组尚未采得生物化石，是一套由紫红与灰白色含砾粗砂岩、粗砂岩为主的山麓相及山麓—浅湖相的碎屑岩单位。一般具下粗上细的特点，下部为砾

岩、砂砾岩、含砾粗砂岩夹细砂岩，上部以含砾粗砂岩为主。由西向东，分布于肃北县二断井，内蒙古额济纳旗卡路山、白帽子和金塔县俞井子等规模大小不等的山麓盆地。各盆地岩石粒度差异较大，但岩石色调保持一致。二断井盆地，发育齐全，顶底完整，下部为紫红色砾岩、砂砾岩、含砾粗砂岩夹细砂岩，上部以紫红色夹灰白色含砾粗砂岩为主夹细砂岩。与下伏方山口组不整合接触。向东至内蒙古卡路山一带下部为紫红色砾岩，沿走向相变为泥质岩；上部为紫红色钙质细砂岩与中砾岩、细砾岩等不等厚互层，出露不全，未见顶，与下伏方山口组呈不整合接触。东部金塔县俞井子一带为紫红色砂砾岩、砾岩，未见顶，与下伏双堡塘组呈不整合接触。各盆地厚度变化较大，以内蒙古卡路山盆地最厚，大于 1 677 m；二断井一带次之，1 233.3 m；金塔俞井子盆地未见顶，仅 264 m。

二断井组未采得生物化石，据下伏地层方山口组与上覆地层珊瑚井组所含化石与接触关系，本组地质时代归为早—中三叠世。

珊瑚井组　Ts　（04-62-0161）

【创名及原始定义】　甘肃省地层表编写组（1980）创名珊瑚井群。创名地点在肃北县马鬃山乡珊瑚井南。"指该地层西自格鲁玛井，向东经珊瑚井至二断井，沿北山东西断裂带方向展布，为一套河湖相碎屑岩沉积。岩性主要为灰色、灰绿色含砾砂岩、杂砂岩、长石砂岩、粉砂岩及钙质页岩。可见厚度 752 m。产植物化石。"

【沿革】　同二断井组。本书将珊瑚井群改称珊瑚井组。

【现在定义】　指整合于二断井组红色碎屑岩之上的灰绿色、灰色含砾粗砂岩、长石砂岩、细砾岩、砾岩及粉砂岩与碳质页岩互层序列。以具有黑色碳质页岩和无红色岩层为特征。以下部灰绿色碎屑岩始现与下伏二断井组红色碎屑岩分界，上未见顶。区域上，局部直接不整合于古老岩体及元古宙变质岩之上。

【层型】　正层型为肃北县马鬃山乡珊瑚井南剖面第 1—7 层（97°22′，41°01′），由甘肃区测二队（1969）测制。

【地质特征及区域变化】　珊瑚井组是一套含陆生植物化石的河床相—河漫滩相—沼泽相沉积碎屑岩单位。分布零星，断续出露于珊瑚井、破城山等地。该组厚度随地而异，变化较大。在东部珊瑚井一带为灰、灰绿色含砾粗砂岩，长石砂岩、细砾岩、砾岩及粉砂岩，顶部夹黑色页岩及泥灰岩，未见顶，厚度大于 752 m。珊瑚井西 20 km 四道井北山本组顶部黑色页岩增多，粉砂质页岩含植物化石 *Bernoullia* ? *zeilleri*，*Cladophlebis kaoiana*，*C. raciborskii*，*Danaeopsis fecunda*，*Sphenopteris* sp. 等。西北部破城山南下部为灰绿、浅棕、灰白色巨厚层巨砾岩和砾岩，上部为棕灰、灰褐及灰绿色薄—中厚层长石石英砂岩夹薄层细砾岩、含砾粗砂岩及黑色碳质页岩。砾岩—砂岩—页岩构成不等厚韵律，灰绿色含砾粗砂岩中含植物化石 *Thinnfeldia* ? sp.，*Cladophlebis* sp.，cf. *Protoblechnum* sp.，*Bernoullia zeilleri* 等，未见顶，厚度大于 229.55 m。在珊瑚井、内蒙古额济纳旗白帽子山以东，岩性为灰、灰绿、黄绿色含砾长石砂岩、岩屑砂岩、粉砂岩及钙质砂岩、黑色页岩，未见顶，厚 694～2 050 m。据珊瑚井组所含植物化石，地质年代为晚三叠世。

芨芨沟组　Jj　（04-62-0197）

本地层大区的"芨芨沟组"系华北地层大区祁连-北秦岭地层分区"芨芨沟组"延伸部分，为叙述不重复而将本区的有关内容列入第二篇相应条目的芨芨沟组叙述。

水西沟群　JŜ　（04-62-0192）

【创名及原始定义】　袁复礼(1932)创名。创名地点在新疆乌鲁木齐以西水西沟。指一套含煤岩系，厚千米以上。

【沿革】　本区的水西沟群1964年地质部地质研究所修泽雷等称龙凤山群，并划分为上、下两部分，上部命名双照子上含煤组，下部命名沙婆泉下含煤组。甘肃区测二队(1969、1971)亦称龙凤山群，上部不含煤部分称上亚群，下部含煤部分称下亚群。王思恩(1985)将其称为"大山口群"。《甘肃的侏罗系》(供审稿)(1988)将下部含煤岩系命名为金庙沟组，上部不含煤部分与青土井组对比。《甘肃省区域地质志》(1989)将上部不含煤部分称新河组，下部含煤部分对比为青土井组。本书据岩石组合特征与新疆的水西沟群对比。但该群在新疆境内包括八道湾组、三工河组和西山窑组，延至甘肃，划分标志消失不能划分。

【现在定义】　由一套含煤碎屑岩组成，自下而上分为八道湾组、三工河组、西山窑组。该群除了在各盆地四周的隆起地带如准噶尔盆地北部的塔城以北吉木乃一带，南部的温泉、博罗科努山，以东的卡拉麦里山、吐鲁番—哈密盆地以南的星星峡一带没有发现本组沉积外，各盆地内都有千米以上的沉积。岩性稳定，各盆地皆可对比，但厚度变化较大。如玛纳斯河、乌鲁木齐以北的八道湾沉积厚度可达数千米，而东部的石树沟，西北部的克拉玛依一带沉积厚度仅百米以上。水西沟群，由砾岩、砂岩、页岩组成，夹煤层。岩石色调具下灰，中杂（绿、紫、褐），上绿（黄绿、灰绿）特点。以色暗夹煤和红色层为特征。下以底部硅质砾岩始现与下伏芨芨沟组杂砾岩分界，两者为平行不整合局部不整合接触。上以顶部黄绿、浅灰绿色砂岩消失与上覆头屯河组砾岩或钙质砂岩分界，为整合接触。延至甘肃北山被沙枣河组不整合覆盖。

【层型】　正层型在新疆。甘肃境内次层型为肃北县金庙沟剖面第8—32层(97°41′，40°51′)，由甘肃省煤田地质勘探公司145队测制。载于《甘肃西部北山地区(芨芨台子—金庙沟)地质测量(煤田)总结》(1982)(未刊)。本剖面原测制人共分为43层(8—50层)现合并为25层(层号8—32)，列述如下：

上覆地层：**沙枣河组**　砂岩及砾岩
～～～～～～不整合～～～～～～

水西沟群　　　　　　　　　　　　　　　　　　　　　　　　总厚度 619.10 m

32. 上部为浅灰绿色粉砂岩；下部为浅黄绿色中粗砂岩，成分为石英，泥质胶结，含煤屑　　　　　　　　　　　　　　　　　　　　　　　　　　　　　　　　　　3.00 m

31. 上部为浅灰绿色砾岩，夹浅灰色粉砂岩，粉砂岩夹煤层及扁豆体煤屑。砾石成分：石英为主，砾径0.2～6 cm，分选差；半圆状—半棱角状，砾岩与上覆岩层呈冲刷接触；中部为浅灰色、黄褐色细砾岩、浅灰色中粒砂岩；下部为黄褐色砾岩夹黄褐色、浅灰色粗砂岩、砂质泥岩　　　　　　　　　　　　　　　　　　　　　　　　　　　　16.30 m

30. 上部为黄褐色、浅灰色粉砂岩、细砂岩、中粒砂岩及含砾粗砂岩夹灰色细砾岩、砂质泥岩；下部为浅灰黄色砾岩夹灰色薄层砂质泥岩；砂质泥岩含植物化石碎片，砾石成分以石英为主，砾径1～16 cm，半圆—半棱角状，分选差，泥质胶结　　　　64.30 m

29. 上部为黄褐色、黄绿色粉砂岩；中下部为浅灰色、褐黄色含砾粗砂岩，成分以石英为主，含少量长石、云母及暗色矿物，砾石为半圆—半棱角状，分选差，砂泥质胶结　　　　　　　　　　　　　　　　　　　　　　　　　　　　　　　　　　31.40 m

28. 浅黄色砾岩，砾石为石英，含少量变质砂岩。砾径 1~8 cm，半圆一次棱角状，分选差，泥质胶结，局部夹薄层粗砂岩 30.90 m
27. 浅灰黄色砾岩，砾石主要为石英，含少量变质砂岩，半圆一半棱角状，分选差，砾径 1~10 cm，最大 40 cm，泥质胶结；中部夹薄层浅灰黄色粗砂岩，上部为浅灰色、褐黄色中粒砂岩。成分主要为石英，含少量长石、云母，泥质胶结 35.40 m
26. 浅灰一黄褐色细砂岩、粗砂岩、细砾岩与粉砂岩，夹 0.08 m 煤线，粉砂岩顶部含植物根化石 5.60 m
25. 浅灰略带褐色砂砾岩。砾石为灰白色石英岩，少量火成岩及暗色变质岩。砾径 0.2~4 cm，圆一次圆状，砂泥质胶结。顶部为灰白色细砾岩，灰色砂质泥岩，夹 0.09 m 煤线及黄绿色薄层状粉砂岩、浅灰色粗砂岩。粉砂岩具缓波状层理，砂质泥岩水平层理发育，产植物化石碎片 29.80 m
24. 上部为灰带绿色粉砂岩，产植物化石碎片；中部为灰带褐黄色含砾粗砂岩夹灰带绿色细砂岩；下部为浅灰色细砾岩。砾石成分主要为石英，砾径最大 2 cm，次圆一次棱角状 22.40 m
23. 上部为土黄带绿色细砂岩，含较多云母片，薄层理发育；顶部为浅灰绿色砂质泥岩、灰色泥岩；中部为褐黄色细砾岩、灰黄色含砾粗砂岩夹灰色粘土岩。粘土岩中夹 0.17 m 煤线；下部为浅灰绿色、浅黄色粉砂岩与淡灰绿色砂质泥岩互层。粉砂岩含较多云母片及炭屑；砂质泥岩中夹碳质泥岩及厚 0.02~0.23 m 煤线（煤 1），并有丰富植物化石：*Cladophlebis* sp., cf. *Todites williamsoni* 42.40 m
22. 上部为浅黄绿色细砂岩，棕黄色粗砂岩。细砂岩含较多云母片，薄层理发育。产植物化石碎片；中部为棕黄色细砂岩；下部为浅灰绿色粉砂岩夹灰绿色砂质泥岩及灰黑色薄层泥岩 33.60 m
21. 上部为褐灰色中粒砂岩、灰色细砾岩夹紫灰含砾粗砂岩。细砾岩成分：石英、片岩；砾径 0.21~1 cm，分选差；中部为灰绿色细砂岩、灰黄色细砾岩，砾石成分：石英、石英岩，砾径 0.3~1 cm，半圆一半棱角状；下部为灰带褐色粗砂岩及灰色含砾粗砂岩 31.60 m
20. 上部为浅黄绿色砂质泥岩、粉砂岩，含植物根化石，砂质泥岩中夹 0.01 m 煤线，下部为灰黄色粗砂岩，褐黄色细砾岩。砾石为石英、长石、变质岩，分选中等，砂质胶结 17.90 m
19. 淡灰绿、黄绿色砂质泥岩与灰绿色、黄绿色粉砂岩互层，含植物化石和碎片。粉砂岩具水平波状层理；中部夹粗砂岩，砂质泥页岩夹 0.01 m 煤和 0.81 m(0.09 m)煤层，产 *Eboracia* sp., *Cladophlebis* sp., *Clathropteris* cf. *meniscioides* 12.00 m
18. 上部为浅灰绿色粗砂岩，浅黄绿、浅灰紫色含砾粗砂岩，含岩屑；中部为灰绿色砂质泥岩及粗砂岩、薄层细砂岩，砂质泥岩具水平层理，含植物化石碎片；下部为灰绿色粉砂岩，具缓波状层理，产植物化石，夹 1~2 cm 菱铁矿条带及细砂岩、中粒砂岩凸镜体，上部夹厚 0.02 m 煤线，底部为浅灰色粗砂岩 19.70 m
17. 上部为灰色砂质泥岩、浅灰色粗砂岩。砂质泥岩具水平微波状层理，夹铁质条带，产植物化石碎片；中部为浅灰绿色粉砂岩、细砂岩，具波状层理；下部为紫灰色含砾粗砂岩，及浅灰色中粗砂岩 14.30 m
16. 上部为具水平层理之浅灰绿色砂质泥岩、褐黄色泥岩夹 0.1 m 菱铁矿层，泥岩含植物化石；下部为浅黄绿色砂质泥岩和浅灰绿色泥岩及浅灰褐色粉砂岩互层，夹浅黄褐色细砂岩，含植物化石碎片：*Todites* cf. *denticulatus*, *Cladophlebis* cf. *kamenkensis*, *Pityophyllum longifolium* 33.00 m
15. 上部为浅黄绿、浅灰色砂岩与浅灰色泥岩，夹煤（煤 2），厚 0.03~0.33 m，产植物

化石碎片,粉砂岩具缓波状层理;下部为浅灰色砂质泥岩,夹浅灰色含砾粗砂岩、粉
红色粗砂岩 10.40 m

14. 上部为灰绿色砂质泥岩,夹浅灰色中粒砂岩、灰色细砂岩,局部具水平层理、微波状层理,产植物化石碎片;中部为黄绿色中粒砂岩和浅灰褐色细砾岩,其成分为石英、石英岩及变质岩;下部为浅灰绿色粉砂岩和浅黄色粗砂岩 12.90 m

13. 上部为灰绿色砂质泥岩、粉砂岩与砂砾岩,粗砂岩夹浅黄绿色细砂岩、粉砂岩,水平层理发育,夹数层厚2 cm菱铁矿。细砂岩具缓波状层理,含炭屑及菱铁矿结核;下部为浅灰色砾岩,砾石以石英、石英岩为主,砾径1~4 cm,个别达15 cm,圆一次圆状 14.10 m

12. 上部为灰绿色砂质泥岩夹灰褐色细砂岩、粗砂岩。中部为浅灰色粉砂岩与浅灰褐色粗砂岩互层;下部为浅灰色砂质泥岩夹细砂岩、粉砂岩 12.10 m

11. 浅灰色粉砂岩夹粗砂岩、砂质泥岩、细砂岩,产 *Baiera* sp.、*Czekanowskia rigida*、*Pityophyllum longifolium*、*Todites williamsoni*、*Cladophlebis* sp. 34.80 m

10. 浅灰色粉砂岩夹砂质泥岩、泥岩、细砂岩、粗砂岩 22.20 m

9. 上部为浅灰色粉砂岩、粗砂岩,夹细砂岩、砂质泥岩;下部为浅灰色粗砂岩,夹砂质泥岩、泥岩、细砂岩,产 *Cladophlebis* sp. 36.20 m

8. 上部为浅灰、灰白色粉砂岩、泥岩及浅灰色砂质泥岩夹棕灰色劣质油页岩及煤(煤3),产植物化石碎片。煤为黑棕红、厚0.1~1.8 m,砂质泥岩含一层2 cm、两层1 cm厚之煤线;下部为灰白色粉砂岩,砂质泥岩夹煤(煤4),黑棕色极复杂沫状结构,为2~30 mm之泥岩夹矸,分为2~40 mm的20多分层。底为浅灰、灰白色砾岩,砾石成分:片岩、千枚岩、片麻岩,砾径3~5 cm,少量7~9 cm,次圆状(煤4),厚0.06~0.55 m,产 *Czekanowskia rigida* 32.80 m

------ 平行不整合 ------

下伏地层:芨芨沟组　黄褐、浅灰色砾岩

【地质特征及区域变化】　在甘肃本组主要分布于红柳大泉盆地,通畅口盆地及公婆泉盆地。为河流—沼泽相、河流相砾岩、砂岩、页岩组成的碎屑岩单位。在金庙沟一带下部为浅灰色,中部灰绿色、黄绿色夹紫灰、灰褐黄色,上部草绿、灰绿色,厚620 m。向东至红柳大泉盆地,主体由灰绿色砂岩和砾岩组成,夹煤层及凝灰质灰岩,出露不全,厚度达1 150 m,向北至通畅口盆地,不整合于古生界及变质岩地层之上,主要由灰色、棕黑色、黑色、灰白色砂岩、砾岩、页岩及煤层组成,上部以灰绿色砂岩、砾岩为主夹煤线,厚800 m以上。北部公婆泉盆地沉积物粒度变粗,以粗砂岩、砾岩为主夹砂岩,煤层减少,上部夹紫红色碎屑岩和灰黄、黄绿、黄色泥岩和粉砂岩。不整合于变质岩地层之上。金庙沟一带,上被沙枣河组不整合覆盖,下与芨芨沟组平行不整合接触。厚度大,最大达2 868 m。区内水西沟群在总体上,北粗南细,北厚南薄,含煤层数北少南多(图6-2)。

据该群所含植物化石,时代为早侏罗世晚期至中侏罗世中期。

头屯河组　J*t*　(04-62-0193)

【创名及原始定义】　范成龙(1956)创名。创名地点在新疆乌鲁木齐西头屯河。指一套河湖相、红绿相杂的杂色泥岩夹灰绿色砂岩、碳质泥岩、煤线。含植物、瓣鳃及鱼化石。

【沿革】　本区的头屯河组,地质部地质研究所修泽雷等(1964)与赤金堡群对比,时代定为中侏罗世。甘肃区测二队(1971)称其为龙凤山群上亚群。赵宗宣(1988)、王思恩等(1985)

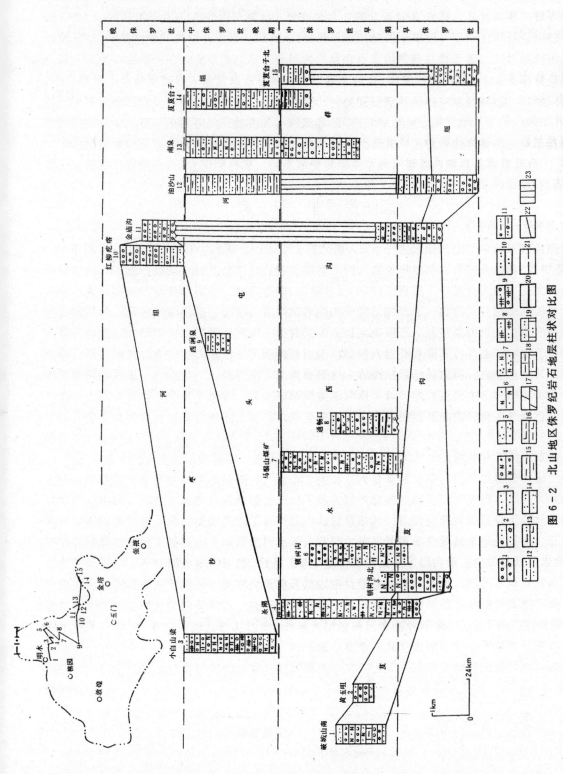

图 6-2 北山地区侏罗纪岩石地层柱状对比图

1. 砾岩；2. 含砾砂岩；3. 砂岩；4. 含砾长石粗砂岩；5. 石英砂岩；6. 长石石英砂岩；7. 长石砂岩；8. 复成分砂岩；9. 复成分含砾粗砂岩；10. 粉砂岩；11. 含砾泥质粉砂岩；12. 泥质粉砂岩；13. 钙质粉砂岩；14. 凝灰质粉砂岩；15. 泥岩；16. 泥质灰岩；17. 钙质泥岩；18. 泥灰岩；19. 粉砂质灰岩；20. 煤层；21. 等时面线；22. 组的界线；23. 沉积缺失

将其与下伏含煤地层合称"大山口群"。《甘肃的侏罗系》（供审稿）(1988)称青土井组。《甘肃省区域地质志》(1989)则与新河组对比。甘肃省煤田地质勘探公司145队(1982)在《甘肃西部北山地区(芨芨台子—金庙沟)地质测量(煤田)总结》(未刊)中，将其与下伏含煤地层合并，创名沙婆泉群。本次研究依地层分布的大地构造部位及其岩石组合特征及层位，改称头屯河组。

【现在定义】 指整合于齐古组之下，西山窑组之上的一套杂色碎屑岩。主要岩性为黄绿色、灰绿色、紫色、杂色泥岩、砂质泥岩、灰绿色砂岩夹凝灰岩、碳质泥岩、煤线。含双壳类、介形类、鱼类、植物化石。

【层型】 正层型在新疆。甘肃境内次层型为金塔县芨芨台子剖面第71—126层(91°58′，40°50′)，由甘肃省煤田地质勘探公司145队(1982)测制。载于《甘肃西部北山地区(芨芨台子—金庙沟)地质测量(煤田)总结》(手稿)。剖面列述如下[①]

上覆地层：新民堡群　紫红色粉砂岩、细砂岩、含钙质结核

~~~~~~~~ 不 整 合 ~~~~~~~~

头屯河组　　　　　　　　　　　　　　　　　　　　　　　总厚度 2 969.90 m

126. 浅灰绿色中粒砂岩，上部夹灰绿色(间夹红色)粉砂岩及细砂岩。局部粉砂岩层面具波痕。局部含钙质结核　　　　　　　　　　　　　　118.30 m

125. 上部灰绿色细砂岩，局部可见波痕，呈薄片状层；中部紫红色及灰绿色粉砂岩，钙泥质胶结；底部为灰绿色薄层状细砂岩　　　　　　　　151.40 m

124. 浅灰色粗砂岩，具斜层理，局部含细砾，顶部为中粒砂岩；下部夹灰绿色薄层状粉砂岩及灰紫色薄层钙质细砂岩数层(单层厚0.3~0.5 m)　　123.20 m

123. 上部：灰绿色页片状砂质泥岩；下部：灰绿色细砂岩，夹灰紫色薄层状钙质细砂岩；底部浅灰绿色粗砂岩，局部含细砾　　　　　　　　48.90 m

122. 灰绿色粉砂岩，层理发育，上部具波痕状构造，并含植物化石碎片　　126.80 m

121. 灰绿色薄层状细砂岩与浅灰绿色中厚层状粗砂岩五次互层，细砂岩层理发育，粗砂岩含少量砾岩；底部一层粗砂岩较厚　　　　　　　　57.90 m

120. 灰绿色粉砂岩，层理发育，呈薄片状，中—上部夹细—粗砂岩数层　　119.50 m

119. 上部灰绿色薄层状细砂岩；下部灰绿色中粒砂岩夹灰紫色薄层钙质细砂岩　37.20 m

118. 暗绿色薄—中厚层状细砂岩，夹浅灰绿色中粒砂岩及黄绿色砂质泥岩　100.50 m

117. 掩盖　　　　　　　　　　　　　　　　　　　　　　　　　　　　34.40 m

116. 灰色厚层状砾岩，砾石为暗绿、深灰色石英岩，少量石英，偶见火成岩，砾径0.5~5 cm，次圆—圆状，砂泥质胶结，顶部夹薄层草绿色片状砂质泥岩。中部夹灰绿色薄层状细砂岩，泥钙质胶结　　　　　　　　174.80 m

115. 灰绿色砾岩与细砂岩互层，细砂岩呈薄层状，层理发育，钙泥质胶结　　31.00 m

114. 灰绿色薄—中厚层状细砂岩，层理发育，钙泥质胶结，夹数十层0.3~0.4 m厚灰紫色钙质细砂岩，局部夹薄层细砾岩及含砾粗砂岩　　　　368.30 m

113. 灰绿色薄—中厚层状细砂岩与黄绿色薄层状粉砂岩互层，层理发育，夹多层薄层灰紫色细砂岩　　　　　　　　　　　　　　　　　　　　190.70 m

112. 浅灰绿色中粒砂岩、泥质胶结，夹灰绿、灰紫色细砂岩，层理发育　　29.70 m

111. 灰绿色、草绿色砂质泥岩，薄片状及页片状，中部夹灰绿色薄层状细砂岩　165.30 m

110. 灰绿色碎片状泥岩，夹多层钙质胶结薄层细砂岩　　　　　　　　　　62.40 m

[①] 本剖面测制人共分为134层，层号为第71—204层，本次综合为55层，层号第71—126层。

109. 暗绿色中厚层状细砂岩,泥质胶结,下部夹厚 0.3 m 砾岩　　　　　　　　　　45.30 m
108. 灰绿色含细砾粗砂岩(中上部),下部灰绿色砾岩,砾石为灰—灰绿色石英岩(主要),白色石英及灰色、肉红色火成岩,砾径 0.5～5 cm,次圆状,砂泥质胶结　39.70 m
107. 上部为暗紫色团块状粉砂岩;下部为暗绿色薄片状细砂岩,钙质胶结,性脆　　11.80 m
106. 黄绿色页片状砂质泥岩,夹数层厚 0.3～0.5 m 钙质胶结细砂岩　　　　　　65.10 m
105. 灰绿、黄绿色薄片状粉砂岩,钙泥质胶结,上部灰紫色薄层钙质细砂岩,下部夹薄层灰黑色钙质泥岩　　　　　　　　　　　　　　　　　　　　　　　　　79.60 m
104. 以灰绿色薄片状砂质泥岩为主,含钙质性脆。顶部有灰黑色薄层页片状钙质泥岩,含植物化石碎片;底部为灰绿色细砂岩,钙质胶结　　　　　　　　　　49.20 m
103. 上部为灰绿色薄片状泥岩;中部黄绿色页片状砂质泥岩;下部为暗绿色薄层状粉砂岩　　　　　　　　　　　　　　　　　　　　　　　　　　　　　　25.60 m
102. 黄绿色粗砂岩夹紫灰色薄层细砾岩　　　　　　　　　　　　　　　　　　 7.70 m
101. 灰绿色细砂岩,泥质胶结,层理发育　　　　　　　　　　　　　　　　　　17.40 m
100. 紫灰色薄层状粉砂岩　　　　　　　　　　　　　　　　　　　　　　　　 5.80 m
99. 上部黄绿色中粒砂岩;下部为灰绿色砾岩　　　　　　　　　　　　　　　　17.80 m
98. 灰绿色中粒砂岩;局部侧变为粗砂岩或细砂岩　　　　　　　　　　　　　　41.70 m
97. 浅灰绿色薄层状细砂岩,泥质胶结。夹数层暗紫色钙质细砂岩　　　　　　　27.50 m
96. 灰绿色砾岩,砾石为杂色石英岩,石英、花岗岩次之,及少量结晶灰岩,砾径 1～9 cm,圆状—次圆状,砂泥质胶结　　　　　　　　　　　　　　　　　　16.20 m
95. 灰紫色薄层状细砂岩与灰绿色中粒砂岩不等厚互层,以细砂岩为主,细砂岩中含钙质结核　　　　　　　　　　　　　　　　　　　　　　　　　　　63.00 m
94. 紫红色薄层状粉砂岩,含钙质结核　　　　　　　　　　　　　　　　　　　45.00 m
93. 猪肝色、灰紫色薄层状细砂岩与黄绿色薄片状砂质泥岩互层　　　　　　　　27.90 m
92. 猪肝色粉砂岩。页理发育　　　　　　　　　　　　　　　　　　　　　　　20.60 m
91. 黄绿色薄片状粉砂岩,上部夹暗绿色薄层状细砂岩。最顶部为浅灰绿色薄层状粗砂岩　　　　　　　　　　　　　　　　　　　　　　　　　　　　　　14.30 m
90. 浅灰绿色砾岩、含砾粗砂岩与紫红色薄层状细砂岩互层。细砂岩中含钙质结核。砾岩之砾石为变质岩,次为石英岩、花岗岩,砂泥质胶结,最顶部为紫红色团块状泥岩　　　　　　　　　　　　　　　　　　　　　　　　　　　　　30.20 m
89. 猪肝色团块状粉砂岩　　　　　　　　　　　　　　　　　　　　　　　　　 4.90 m
88. 灰绿色夹暗紫色中粒砂岩,主要成分为石英,次为长石及绿、黑、红色矿物,泥质胶结　　　　　　　　　　　　　　　　　　　　　　　　　　　　　　29.60 m
87. 暗紫红色中厚层状钙质细砂岩　　　　　　　　　　　　　　　　　　　　　 7.30 m
86. 黄绿色薄层状砂质泥岩,页理发育　　　　　　　　　　　　　　　　　　　17.30 m
85. 上部为暗绿色薄层状细砂岩;下部为浅绿灰色中粒砂岩,泥质胶结　　　　　13.80 m
84. 暗紫色钙质粉砂岩,含丰富的饼状钙质结核　　　　　　　　　　　　　　　12.30 m
83. 灰褐色中厚层状钙质细砂岩,含饼状及球状钙质结核,顶部为暗绿色薄层状细砂岩　27.70 m
82. 黄绿色薄层状粉砂岩,层理极发育,顶部夹灰绿色薄层状中粒砂岩　　　　　37.00 m
81. 黄绿色薄层状细砂岩含饼状及球状钙质结核　　　　　　　　　　　　　　　38.00 m
80. 紫灰色钙质粗砂岩,含少量石英及变质岩细砾岩　　　　　　　　　　　　　 7.70 m
79. 灰绿色粗砂岩,主要由石英组成,次为长石,少量绿色、黑色矿物,泥质胶结,顶部有薄层细砾岩　　　　　　　　　　　　　　　　　　　　　　　　　14.40 m
78. 黄绿色页片状砂质泥岩　　　　　　　　　　　　　　　　　　　　　　　　20.40 m
77. 中上部为灰褐色中厚层状钙质细砂岩,下部为浅灰绿色厚层状粗砂岩　　　　 5.10 m

76. 灰绿色团块粉砂岩，泥质胶结，中下部浅灰绿色中厚层状中粒砂岩　　　　　46.10 m
75. 上部为灰绿色中厚层状钙质细砂岩，风化后为灰紫色；中部及下部为草绿色中厚层
　　状细砂岩　　　　　　　　　　　　　　　　　　　　　　　　　　　　　7.00 m
74. 上部及下部为黄绿色团块状粉砂岩，含钙质结核；中部为暗绿色中粒砂岩，钙泥质
　　胶结　　　　　　　　　　　　　　　　　　　　　　　　　　　　　　43.20 m
73. 草绿色薄层状细砂岩，顶部及底部为薄层灰褐色薄—中厚层状细砂岩　　　19.10 m
72. 黄绿色薄层状粉砂岩，弱钙质胶结　　　　　　　　　　　　　　　　　　6.20 m
71. 灰、灰黄色薄层状细砂岩，硅钙质胶结。下部夹黄绿色砂质泥岩，含凸镜状钙质结
　　核层　　　　　　　　　　　　　　　　　　　　　　　　　　　　　　21.10 m

———————— 整　合 ————————

下伏地层：水西沟群　黄绿色薄层状粉砂岩，风化后疏松夹 0.01～0.6 m 薄煤层

【地质特征及区域变化】　头屯河组延入甘肃在较大盆地内由湖相细碎屑岩组成，芨芨台子西 50 km 南泉一带，主要为灰色、灰绿色夹褐红色粉砂岩、细砂岩，偶夹粗砂岩，厚度大于 1 500 m；南泉西 20 km 油砂山一带，以灰色及灰绿色、紫红色泥质页岩为主，夹粉砂岩，偶夹粗砂岩，厚度大于 626 m。芨芨台子东北 20 km 五道明一带为黄绿、灰、灰绿色粉砂岩、钙质粉砂岩、钙质细砂岩，下部为砾岩、粗砂岩夹细砂岩，上部细砾岩增多，渐呈不等厚互层状，厚 22 228 m。北部通畅口盆地为浅灰黑、灰褐色页岩、砂质泥岩，夹泥灰岩，上部岩层中含沥青和黄铁矿，未见底。但在芨芨台子与下伏水西沟群呈整合接触；上为新民堡群紫红色粉砂岩、细砂岩不整合覆盖。在零星分布的小盆地内，以粗碎屑岩为主，厚度亦小，如西涧泉盆地，为灰黄、黄褐、桔红、紫红等色的碎屑岩，厚 61 m。据所含植物化石，时代为中侏罗世晚期。

沙枣河组　$J\hat{s}z$　(04-62-0191)

见本书第二篇相应条目。

赤金堡组　$K\hat{c}$　(04-62-0221)

见本书第二篇相应条目。

新民堡群　KX　(04-62-0224)

见本书第二篇相应条目。

下沟组　Kx　(04-62-0222)

见本书第二篇相应条目。

中沟组　$K\hat{z}$　(04-62-0223)

见本书第二篇相应条目。

第二节 生物地层与地质年代概况

（一）三叠系

仅在珊瑚井组产少量植物化石。含化石层位为中至上部灰绿色含砾粗砂岩、粗砂岩、砂岩、粉砂岩及黑色页岩。化石属 *Thinnfeldia - Danaeopsis fecunda* 组合，常见重要分子主要有 *Danaeopsis fecunda*，*Neocalamites carrerei*，*Sphenopteris* sp.，*Bernoullia zeilleri*，*Cladophlebis* sp.，*Cl. kaoiana*，*Cl. raciborskii*，*Thinnfeldia* sp.，*T. shensiensis* 等，地质年代属晚三叠世。而整合于珊瑚井组之下的二断井组未获化石，推断为早-中三叠世。

（二）侏罗系

1. 下—中统

所产化石属 *Coniopteris spectabilis - Phoenicopsis* 组合，产在头屯河组、水西沟群及芨芨沟组中，分布在北山地区，唯在西北部破城山至条湖一带，出现 *Ginkgoites lepidus*，*Neocalamites* sp.，除上述各分子外并混生有 *Dictyophyllum - Clathropteris* 植物群的部分化石如 *Hausmannia ussuriensis*，*Dictyophyllum*，*Clathropteris* cf. *meniscioides*，*Marattiopsis* 等。其中 *Hausmannia* 从底到顶均有分布。另外还伴生有 *Pagiophyllum* sp.，*Brachyphyllum* sp.，*Elatocladus* sp.，*Podozamites lanceolatus*，*Czekanowskia* 及叶肢介 *Eosestheria*，*Metacypria* 等，从上述植物群的面貌分析，其时代应在早侏罗世至中侏罗世晚期。

2. 上统

所产化石极为稀少，仅个别地区曾采得植物 *Nilssonia pecten* 和蜥蜴 *Mimobecklesisaurus gansuensis*，推测其地质年代为晚侏罗世。

（三）白垩系

均产较为丰富的陆生动、植物化石，主要门类有双壳类、腹足类、叶肢介、介形类、昆虫、鱼类、爬行类、植物及孢粉等，产于赤金堡组及新民堡群所属各组中。双壳类有 *Sphaerium jeholense*，*S.* aff. *anderssoni*，*S.* cf. *altiformis*，*S. pujiangense*，*S.* cf. *subcentralis*，*Ferganoconcha* cf. *subcentralis*，*Corbicula*（*Tetoria*）*yokoyamai*；腹足类有 *Bellamya tani*，*Bithynia* sp.，*Lioplacodes* sp.，*Probaicalia* sp.；叶肢介有 *Dictyestheria beishanensis*，*D. gianlouziensis*，*Eosestheira* cf. *kansuensis*，*E. middendorfii*，*Liograpta gansuensis*，*Neodiestheria* sp.，*Orthestheria* sp.，*O. hongliugedaensis*，*O. tongfasiensis*，*Palaeoleptestheria* sp.，*Yanjiestheria kansuensis*；介形类有 *Cypridea* cf. *laevis*，*C. sinensis*，*C.* cf. *tugulensis*，*Darwinula contracta*，*Lycopterocypris* sp.，*Mongolianella prona*，*Timiriasevia* sp.；昆虫有 *Ephemeropsis trisetalis*；鱼类有 *Sinamia* sp.，爬行类有 Cryptodira（曲颈龟亚目），植物有 *Brachyphyllum* sp.，*Carpolithus* sp.，*Onychiopsis psilotoides*，*Baiera* cf. *furcata*，*Elatocladus manchurica*，*Czekanowskia* sp.，*Otozamites* cf. *tangyangensis*，*Podozamites lanceolatus*，*Ruffordia goepperti*，*Coniopteris* sp.，*Sphenopteris* sp. 等。植物属 *Ruffordia - Onychiopsis* 植物群，动物属 *Lycopterocypris - Ephemeropsis - Eosestheria* 动物群，地质年代为早白垩世。按其相对层位，赤金堡组置早白垩世早期、下沟组为早白垩世中期、中沟组为早白垩世晚期。

第七章
第三纪—第四纪

区内第三纪—第四纪地层,广泛分布于山间盆地和山间谷地。除第三纪地层创建苦泉组外,第四纪地层研究程度低,未创建岩石地层单位(图7-1)。

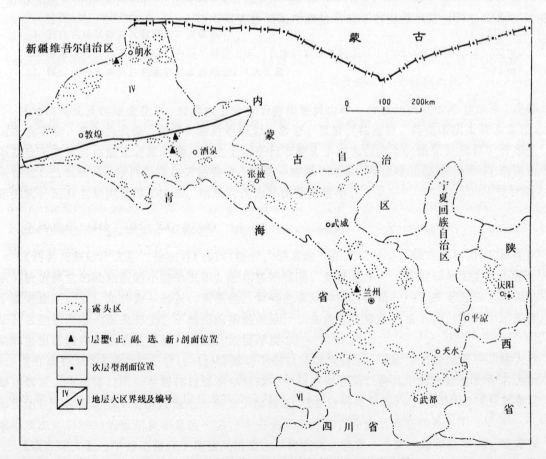

图7-1 甘肃省第三纪层型剖面位置及地层分布略图

苦泉组 Nk （04-62-0261）

【创名及原始定义】 张明书(1964)创名。创名地点在肃北县马莲井东侧苦泉。指"星星峡以南的搞油桩、苦泉、铅炉子等地的一套以橙红色钙质粉砂质泥岩为主的红色岩系，命名为苦泉组。它被下更新统灰色钙质胶结砾岩不整合所覆，又不整合在老地层和花岗岩之上。"

【沿革】 苦泉组自创名以来，沿用至今。

【现在定义】 为一套桔（橙）红色粉砂质泥岩夹杂色泥岩及砂砾岩沉积，局部夹淡水灰岩扁豆体和盐类矿产。产腹足类化石。不整合于前第三纪各岩石地层单位及侵入岩之上，其上被下更新世砾岩不整合所覆。

【层型】 正层型为肃北县苦泉东北剖面(97°42′, 41°50′)，由张明书(1964)测制。

【地质特征及区域变化】 在苦泉西南约 20 km 的安西县小红泉附近水文钻孔中获得的剖面层序最完整，厚度最大，可作为北山地层分区各凹地的代表，其岩性为桔红色粉砂质泥岩夹杂色泥岩及砂砾岩，厚 246 m，不整合于双堡塘组砂岩之上。

在马莲井凹地的西部方山口以北为桔黄、桔红色粉砂质泥岩、钙泥质砂岩，夹砂砾岩、岩盐及少量石膏，地表所见的岩盐夹层可达 30 cm。总厚度仅 10 余米，钻孔内所控制的最大厚度也仅为 90 m 左右。

苦泉组在北山各凹地中均有分布，岩性无大变化，厚度一般不大于百米。曾在该组地层多处发现哺乳类、鸟类的骨骼化石，但均无法鉴定。能提供时代依据的古生物化石，仅发现于苦泉东北的搞油桩附近的腹足类化石 *Pseudophysa* cf. *grabaui* 和 *Planorbis* sp.，前者曾见于云南曲靖上新统茨营组，后者则是白垩纪至现在都有的属，但常见于第三纪和早更新世。结合苦泉组常与更新世早期玉门组相伴生，所以其时代应为上新世。

区内第四系按年代顺序列表如下：

全新统(Qh)风积砂、冲积砂砾、碎石
更新统(Qp)
  上更新统(Qp^3)洪积砂砾、碎石
  中更新统(Qp^2)洪积砂砾、碎石
  下更新统(Qp^1)洪积角砾岩、砾岩

～～～～～ 不 整 合 ～～～～～

下伏地层：**苦泉组** 橙红色钙质粉砂质泥岩

第二篇

华北地层大区

本地层大区,位于甘肃省中部。北以阿尔金山-鹰嘴山断裂带与塔里木-南疆地层大区分界,南以夏河南-岷县-礼县-凤县断裂带与华南地层大区分界。侏罗纪—白垩纪时期,与华南地层大区的分界,向南移至修沟—玛沁—玛曲一线。

第八章
太古宙—早元古代

区内太古宙—早元古代地层,主要分布于阿拉善地层区、秦祁昆地层区,在晋冀鲁豫地层区只零星见于井下(见图2-1)。计有2个岩群,2个杂岩。一般变质较深,变形强烈,多属有层无序的构造岩石地层单位。阿拉善地层区有龙首山岩群,秦祁昆地层区有北大河岩群(野马南山岩群)及秦岭杂岩,在晋冀鲁豫地层区有桑干杂岩。

龙首山岩群   ArPtL

由甘肃区测队(1960)创名龙首山群。创名地点甘肃省金昌市龙首山。自上而下简述如下:

D组 变质中酸性火山岩、火山碎屑岩、浅粒岩、石英岩,夹石英片岩及片麻岩。厚2 110～2 419 m。

C组 黑云片岩、石英片岩、斜长角闪岩、变粒岩夹片麻岩。厚1 179～3 237 m。

B组 大理岩夹片麻岩、石英片岩及斜长角闪岩。厚928～3 745 m。云英片岩全岩Rb-Sr等时线同位素年龄值1 944 Ma。

A组 条纹状混合岩、眼球状混合岩(糜棱岩)、混合质片麻岩夹少量大理岩及云母片岩等。厚1 627～2 100 m。其中混合岩的全岩Rb-Sr等时线同位素年龄值2 065 Ma。

上述A、B组属低角闪岩相,C、D组属高绿片岩相。其中黑云母K-Ar法同位素年龄值为1 600 Ma,锆石Sm-Nd法同位素年龄值1 508 Ma,地质时代较A、B组晚。龙首山岩群与上覆墩子沟群呈不整合接触。推断时代为早元古代。

北大河岩群(野马南山岩群)   ArPtB(ArPtY)

由甘肃省地层表编写组(1980)创名北大河群。创名地点在甘肃省肃南裕固族自治县(简称肃南县,下同)祁青乡镜铁山东,北大河两岸。

分布于北祁连及中祁连西段。分为四个组,自上而下简述如下:

D组 云英片岩、绿泥石英片岩,夹阳起片岩、大理岩、石英岩,偶见基性变质火山岩。厚648～2 958 m。

C组 粗晶大理岩夹白云母片岩、石英片岩及黑云斜长片麻岩。厚1 050～2 159 m。

B组 云英片岩、角闪斜长片岩夹大理岩、斜长片麻岩及少量石英岩。厚1 370～3 523 m。

A组 黑云斜长片麻岩、斜长角闪片麻岩,夹石英片岩、云母片岩、透辉石岩及少量大理岩等。各地段岩性变化大，且有混合岩化片麻岩。厚549～3 115 m。

该群属高绿片岩相—低角闪岩相，北大河中游D组基性火山岩的全岩Rb-Sr等时线年龄值为1 336～1 166 Ma。与上覆朱龙关群呈断层接触。推测时代为早元古代。

秦岭杂岩　ArPtQ

赵亚曾、黄汲清等(1931)创名秦岭群。创名地点在秦岭北坡。该杂岩分布于北秦岭等地区。本书改称秦岭杂岩。分为四个组，自上而下为：

D组　角闪片岩、黑云石英片岩、片麻岩夹大理岩、白云岩等。厚1 144 m。

C组　混合质片麻岩、二长混合岩、石英片岩夹角闪片岩、黑云角闪片岩及少量大理岩。厚488～3 241 m。

B组　眼球状条纹状钾长混合岩(糜棱岩)夹片岩、片麻岩、大理岩及角闪片岩等。厚1 388～3 162 m。

A组　混合花岗岩、混合质斜长片麻岩、斜长角闪岩。厚565～1 862 m。

该岩群岩石混合岩化强烈。C、D组仅见于兰州地区。本杂岩岩石属高绿片岩相—低角闪岩相，与上覆葫芦河组多为断层接触。

桑干杂岩　ArPtS

袁复礼(1931)创名桑干群。创名地点在山西省北部桑干河。本书改称桑干杂岩。

省内仅见于华池县南庆深1井钻孔内。主要为暗绿色黑云斜长片麻岩。厚度不明。该杂岩向北在宁夏所见为黑云斜长片麻岩及片岩，下部以混合岩为主，厚度大于9 098 m。岩石属角闪岩相-麻粒岩相。本杂岩与上覆贺兰山群黄旗口组呈不整合接触。

甘肃的太古宙—早元古代地层分布虽较广泛，但出露较零星。岩石组合[龙首山岩群、北大河岩群(野马南山岩群)、秦岭杂岩及桑干杂岩]基本一致，可以对比。以中深变质碎屑岩为主，靠上部有变质火山岩夹层，靠下部多大理岩夹层。因普遍遭受多期韧性剪切作用，而多具混合岩化和糜棱岩化。上以变质中酸性或中基性火山岩的消失与长城、蓟县系分界。其上界界线年龄据龙首山岩群C、D两组锆石Sm-Nd法同位素年龄值1 508 Ma和黑云母K-Ar法同位素年龄值1 600 Ma、秦岭杂岩A组斜长片麻岩锆石U-Pb法同位素年龄值2 226 Ma(陕西蛇尾)分析，大体与早、中元古代的界线年龄数据一致，据此将其置于太古宙—早元古代。

第九章
中—晚元古代

区内中—晚元古代地层,主要分布于阿拉善地层区、秦祁昆地层区、晋冀鲁豫地层区(见图3-1)。有8个群14个组。在阿拉善地层区,仅有蓟县系墩子沟群和震旦系韩母山群及其所属烧火筒沟组、草大坂组。秦祁昆地层区西段长城系有朱龙关群及所属熬油沟组、桦树沟组;长城—蓟县系有托来南山群及其所属南白水河组、花儿地组;青白口系有龚岔群及其所属其它大坂组、五个山组、哈什哈尔组、窑洞沟组;震旦系有白杨沟群。东段长城系有葫芦河组和兴隆山群,蓟县系有高家湾组。在晋冀鲁豫地层区长城—蓟县系有贺兰山群及其所属黄旗口组、王全口组。

第一节 岩石地层单位

一、秦祁昆地层区

本区中—晚元古代地层,主要分布于祁连-北秦岭地层分区

朱龙关群 Chz (05-62-0003)

【创名及原始定义】 甘肃区测二队(1970)创名。创名地点在肃南县祁青乡朱龙关河。原定义较长,现综合如下:据出露于青海黑河上游和肃南县朱龙关河流域的一套含丰富的叠层石和微古植物化石的中基性火山岩、变质火山碎屑岩、变质碎屑岩、变泥硅质岩夹碳酸盐岩及赤铁矿层的地层,创建朱龙关群,其时代定为长城纪。

【沿革】 创名后沿用至今,本书承用。

【现在定义】 指五个山组碳酸盐岩之下,北大河岩群片岩、片麻岩之上。下部为火山碎屑岩、中基性火山熔岩夹碳酸盐岩的地层组合,上部为浅变质砂泥质碎屑岩夹铁矿层。包括熬油沟组和桦树沟组。下界关系不明,上界与五个山组碳酸盐岩呈超覆不整合接触。

熬油沟组 Cha (05-62-0005)

【创名及原始定义】 甘肃区测二队(1974)创名。创名地点在肃南县祁青乡熬油沟一带。

该组火山岩极为发育,可称为熬油沟火山岩组。由灰绿色细碧岩、辉石玄武岩、安山玄武岩、玄武角砾熔岩凝灰岩与粉砂泥质板岩、硅质岩、碧玉岩、硅质板岩、角砾状灰岩及豆状灰岩互层所组成。产叠层石及微古植物。厚2160 m以上。……置于朱龙关群之上部层位。

【沿革】 熬油沟组创名时与朱龙关群上岩组层位和岩性一致的地层称熬油沟组,置于九个青羊组(朱龙关群下岩组)之上。由于创名者将正层型剖面视为倒转而将地层层序倒置,致使这一错误层序延续近20年之久,并导致同一单位在历次不同著作——如《西北地区区域地层表·甘肃省分册》(1980)、汤光中(1983)①、《甘肃省区域地质志》(1989)出现很多的同物异名或区域对比上的混乱。究其原因除正层型层序倒置外,还由于镜铁山地区岩层褶皱、断裂构造发育,不同地段地层层序不清,给予岩层对比带来诸多困难。本书作者经野外检查,观察叠层石生长纹与地层层面倾向一致,证实正层型地层属正常层序,从而理顺了熬油沟组层位属朱龙关群下部,桦树沟组层位属朱龙关群上部的原始序列关系。

【现在定义】 属朱龙关群下部地层。指北祁连西段桦树沟组含铁复理石碎屑岩之下的一套暗绿色强蚀变的基性火山熔岩、变质火山碎屑岩夹凝灰质板岩及碳酸盐岩等组成的序列。在其下部局部为浅变质细碎屑岩。下未见底;上以中基性火山熔岩顶面与上覆桦树沟组浅变质的碎屑岩、泥质岩整合接触。

【层型】 正层型为肃南县祁青乡朱龙关河南侧熬油沟剖面第11—28层(98°14′,39°06′),由甘肃区测二队(1967)测制。

【地质特征及区域变化】 熬油沟组呈近NW向展布于走廊南山、托来山、托来南山北侧及大雪山等地,各地段表现不甚相同(图9-1)。在区域上岩性主要为玄武岩、中基性熔岩角砾岩、基性火山角砾岩夹凝灰岩、凝灰质板岩、粉泥质板岩、凝灰质砂岩、石英砂岩及少量硅质岩和灰岩。局部地段(肃北县查干布尔嘎斯及香毛山南坡)在火山岩之下见有变质细砂岩、粉砂质板岩及板岩。总厚度1458~2809 m。由东向西,中基性火山熔岩减少,常以夹层状出现,砂岩、板岩、凝灰岩和火山质碎屑岩逐渐增多。厚度变化不大,略有增大趋势。属浅变质低绿片岩相的地层。上与桦树沟组含铁碎屑岩层呈连续关系,下未见底界,常与北大河岩群以断层接触。本组在肃北县大泉一带玄武岩测得Sm-Nd全岩等时线同位素年龄值为1529 Ma,地质时代属长城纪。

【其他】 熬油沟组的上部与下部岩石组合特征迥然不同,应进一步研究划分。

桦树沟组 Chhs （05-62-0004）

【创名及原始定义】 修泽雷等(1956)创名桦树沟系。创名地点在肃南县东水峡至三岔口。原定义较长,现综合如下:据1956年地质部祁连山地质队修泽雷等在镜铁山一带发现藻类,将托来山与走廊南山之间的含铁碎屑岩地层与燕山地区的震旦系或滹沱系对比,并命名桦树沟系。

【沿革】 桦树沟组在1956年前统称南山系。1974年甘肃区测二队在镜铁山、朱龙关河一带开展1:20万区调时,据叠层石及微古植物化石,将这套地层归为蓟县纪,并命名为镜铁山群,划入该群之下组,改称桦树沟组,本次对比研究将此含铁地层沿用桦树沟组一名,置于朱龙关群上部,地质时代归属长城纪。建议停用镜铁山群与九个青羊组。

【现在定义】 指在五个山组高镁碳酸盐岩和熬油沟组基性火山熔岩之间以灰黑色、灰绿

---

① 汤光中,1983,北祁连山西段的元古界,祁连地质(2)39—47。

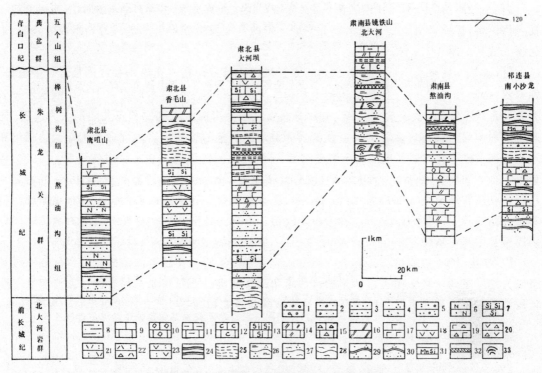

图 9-1 北祁连山长城纪地层柱状对比图

1.砾岩；2.含砾砂岩；3.砂岩；4.石英砂岩；5.含砾凝灰质砂岩；6.长石砂岩；7.硅质岩；8.砂质页岩；9.灰岩；10.结晶灰岩；11.泥质灰岩；12.碳质灰岩；13.硅质灰岩；14.白云质灰岩；15.角砾状灰岩；16.白云岩；17.玄武岩；18.安山岩；19.玄武质火山角砾岩；20.安山质火山角砾岩；21.凝灰岩；22.流纹质角砾凝灰岩；23.安山质凝灰岩；24.板岩；25.千枚岩；26.绢云石英片岩；27.绿泥石英片岩；28.绿泥片岩；29.变质石英砂岩；30.石英岩；31.含锰硅质岩；32.赤铁矿；33.叠层石

色千枚岩与灰—灰黄色变质粉—细砂岩复理石互层为主，上部夹碳酸盐岩、变质石英砂岩、火山碎屑岩及铁矿层的序列。以夹沉积变质铁矿为特征。顶、底常被断失。与下伏熬油沟组基性火山岩整合接触，与上覆五个山组碳酸盐岩呈不整合或断层接触。

【层型】 正层型为肃南县镜铁山矿区北大河西剖面第1—8层。剖面位于肃南县祁青乡东水峡至三岔口之间(97°58′，39°23′)，由甘肃区测二队(1969)重测。

【地质特征及区域变化】 桦树沟组呈NWW分布于走廊南山南坡及托来山等地，向西延入阿尔金山东段。由灰、深灰色绢云石英千枚岩、变质石英砂岩、硅质板岩、粉泥质板岩、凝灰质砂岩、凝灰质板岩、凝灰岩，夹少量石英岩、结晶灰岩凸镜体及普遍含铁矿层等组成。厚度变化较大，镜铁山一带最厚达3 515 m，朱龙关河南侧最薄约为959 m，一般为1 641—2 301m。岩石组合各地段表现不甚一致，由东向西，火山质碎屑岩、凝灰岩逐渐增多，硅泥质及碳酸盐岩成分增高(见图9-1)。

本组上部结晶灰岩含叠层石，粉泥质板岩含微古植物。地质时代归长城纪中晚期。

托来南山群 ChJxT （05-62-0006）

【创名及原始定义】 甘肃区测二队（1974）创名。创名地点在青海省托来南山五个山河—瓦户寺一带。指托来南山五个山河—瓦户寺一带的浅变质细碎屑岩和碳酸盐岩组成的地层。未见顶、底界。厚4 731 m。

【沿革】 托来南山群一名首次由甘肃区测二队（1974）在《祁连山幅区调报告》中提出。钱家骐（1975）、（1986）将托来南山群下部杂色碎屑岩命名为南白水河组，上部碳酸盐岩命名为花儿地组，地质时代定为蓟县纪，并以青海省天峻县南白水河剖面和花儿地剖面为代表。同时将南白水河组碎屑岩之下的一套浅变质碎屑岩夹少量的碳酸盐岩地层命名为乌兰达乌组和小别盖组，统称党河群。托来南山群创名后，《西北地区区域地层表·甘肃省分册》（1980）将该群下部的碎屑岩又归入党河群，《甘肃省区域地质志》（1989）将这套碎屑岩细分，并命名为乌兰达乌组和苏里组，归属党河群。本书作者重新研究了托来南山群的区域分布规律后，将其分为两部分，下部为碎屑岩，称南白水河组；上部为碳酸盐岩，称花儿地组，地质时代分别属蓟县纪和长城纪。

【现在定义】 指龚岔群其它大坂组变质碎屑岩以下的一套巨厚的碳酸盐岩和杂色碎屑岩组成的地层序列。自下而上包括南白水河组和花儿地组。下界与北大河岩群、熬油沟组、桦树沟组等超覆不整合接触，上界为花儿地组碳酸盐岩之顶面，与其它大坂组平行不整合接触。

南白水河组 Chn （05-62-0007）

【创名及原始定义】 钱家骐等（1986）创名。创名地点在青海省天峻县苏里乡南白水河。岩性由紫色、紫红色粗砂岩、中细粒砂岩夹紫红色、灰色、灰绿色粉砂质板岩、泥质板岩及灰岩组成，厚699 m。向西沉积物变细，厚度变大，岩石变质程度加深，并有接触变质岩分布。

【沿革】 创名以来，归属不甚一致，甘肃区测二队（1974—1980）将托来南山群下部的浅变质细碎屑岩及其以下地层统归下震旦统。《西北地区区域地层表·甘肃省分册》（1980）和《甘肃省区域地质志》（1989）将托来南山群上部的碳酸盐岩称托来南山群。碳酸盐岩地层以下的变质碎屑岩夹少量灰岩统称为党河群，并细分为乌兰达乌组和苏里组。钱家骐等（1986）将托来南山群碳酸盐岩以下的浅变质碎屑岩夹硅质板岩及少量灰岩地层由上而下分为南白水河组、乌兰达乌组和小别盖组，下界不明。本次对比研究确认乌兰达乌组和苏里组属同物异名。据小别盖组定义分析，应属前中元古代北大河岩群。钱家骐等将南白水河剖面下部的浅变质细碎屑岩归为小别盖组纯属误归。综上所述，本书将托来南山群上部的碳酸盐岩归为花儿地组，其下部的浅变质细碎屑岩统称为南白水河组。并建议停用乌兰达乌组、苏里组。

【现在定义】 属托来南山群下部地层。指整合于花儿地组碳酸盐岩以下的一套浅变质的杂色碎屑岩为主，夹少量碳酸盐岩所组成的韵律地层序列。未见下界，上以大套厚层灰岩的始现或杂色细碎屑岩的消失与花儿地组分界。

【层型】 正层型为青海省天峻县苏里乡南白水河剖面第1—24层（97°49′, 38°49′），由甘肃区测二队（1972）测制。甘肃省内次层型为肃南县祁青乡乌兰达乌剖面第1—21层。（98°04′, 38°54′），由钱家骐等（1986）测制。

【地质特征及区域变化】 南白水河组由青海省延入本省后主要出露于托来山、托来山西段查干布尔嘎斯至大雪山一带，阿克塞县安南坝一带有少量分布。主要由紫、紫红夹灰黑、灰绿色砂质板岩、粉砂质板岩、石英砂岩夹粉砂岩、细砂岩及灰白色灰岩凸镜体，有时夹硅质岩等组成。一般在板岩或粉砂岩内含有微古植物化石,在灰岩内产有叠层石。厚度33～4 203 m不等。由东南向西北(乌兰达乌—尕河—查干布尔嘎斯—黄山口等),由厚变薄,最厚处在南白水河—乌兰达乌一带达4 203 m,最薄处在肃北查干布尔嘎斯一带为33 m,岩性由细变粗。在纵向上,自下而上变化是砂质—泥质—钙质泥质—夹碳酸盐岩增多。岩石属低级区域变质的低绿片岩相。在局部地段(肃北县大道尔基东北的夏吾特一带),上部为黑灰色变砂岩夹石英岩及绢云千枚岩,厚1 756 m;中下部以黑灰色黑云石英片岩为主,夹石英岩及少量糖粒状大理岩,内产 Conophyton f. 和 Colonnella f. 等叠层石,厚2 658 m。这套地层的中下部虽含叠层石化石,但变质相系属高绿片岩相带,有可能属北大河岩群。

南白水河组在区域上,由东南向西北超覆于熬油沟组下部、上部及桦树沟组等不同层位之上,在肃北县城一带及其以南可能缺失。西部安南坝地区有出露,反映海盆地地势低洼所致(图9-2)。

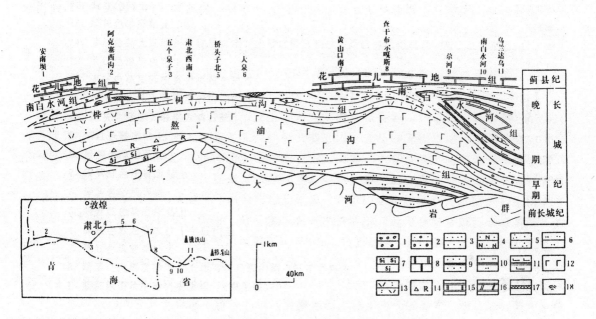

图9-2 中祁连山西段长城纪岩石地层横剖面示意图
1. 砾岩;2. 砂砾岩;3. 砂岩;4. 长石砂岩;5. 石英砂岩;6. 粉砂岩;7. 硅质岩;8. 白云岩;9. 砂质岩;
10. 粉砂质板岩;11. 钙质板岩;12. 玄武岩;13. 凝灰岩;14. 熔角砾岩;15. 大理岩;16. 白云质大理岩;
17. 铁矿层;18. 叠层石

【其他】(1)祁连山西段的朱龙关群桦树沟组是重要的含铁矿层和含铜地层,具有上铁下铜之特点。铁矿层产于绢云石英千枚岩和石英岩之中。

(2)祁连山西段的熬油沟组分布广泛。但在以往的地质资料中,由于构造叠覆等原因,而被解释、推断为不同的地质年代。如在朱龙关河流域、肃北县刘口峡—大河坝一带被划归奥陶纪,在香毛山被视为中寒武世香毛山群,在多若诺尔一带定为震旦纪,命名多若诺尔群等等。

(3)熬油沟组上部以基性火山岩为主,下部为一套浅变质砂岩、板岩。二者岩性差异较大,进一步划分的宏观标志清楚。本书作者未创新的岩石地层单位名称,暂称为熬油沟组下部。

花儿地组 Jxh （05－62－0022）

【创名及原始定义】 钱家骐等（1986）创名。创名地点在青海省天峻县花儿地北侧一带。原始定义："为灰色、深灰色、灰褐色中厚层状、厚层状微晶灰岩、砂质结晶白云岩夹灰黑色泥质板岩，与下伏南白水河组呈整合接触，出露厚度367 m"。

【沿革】 中国科学院祁连山队（1956—1960）首次发现叠层石，将其称"震旦系"。甘肃区测二队（1974）划归"震旦亚界"蓟县系，称托来南山群下岩组。钱家骐（1975）将其划归"中震旦统"称托来南山群下岩组。钱家骐（1986）对中祁连山西段中、上元古界进行专题研究，将该地层称托来南山群花儿地组，下伏碎屑岩称南白水河组。并认为属同一构造旋回的产物。该划分方案沿用至今。本书继续沿用。

【现在定义】 指整合于南白水河组之上，平行不整合于其它大坂组之下一套以灰岩、白云岩为主，局部夹板岩组成的地层序列。底以大套厚层灰岩的始现或碎屑岩的消失与南白水河组分界；顶以平行不整合面或灰岩、白云岩的消失与其它大坂组分界。

【层型】 正层型位于青海省天峻县苏里乡花儿地剖面。甘肃省内的次层型为肃北县盐池湾乡夏吾特沟南侧剖面第36—54层（95°56′，39°17′），由甘肃省地质局（1975）测制。

【地质特征及区域变化】 在甘肃花儿地组是一套以薄—中厚层浅海环境的碳酸盐岩为主夹碎屑岩的岩石地层单位，含叠层石和微古植物化石。经区域低温动力变质作用形成低绿片岩相的变质地层。由青海天峻县五个山、花儿地向西北方向延入本省，主要分布在肃北县查干布尔嘎斯、黑子沟、夏吾特沟、深沟及阿克塞哈萨克族自治县（简称阿克塞县，下同）库尔勒克沟及安南坝一带。再向西北延入新疆若羌县境内。在夏吾特沟一带，岩性为灰黑—灰白色中薄层—厚层状大理岩夹多层石英岩、泥质板岩、绢云千枚岩等，厚度大于2 168 m以上，与下伏南白水河组呈整合接触，上覆被岩体侵入未见顶。深沟一带岩性为灰、灰黑色厚层—中薄层灰岩，局部为鲕状灰岩，厚度大于2 983 m，顶部出露不全。在库尔勒克沟，岩性为灰、浅灰、灰黑等色中厚—薄层状硅质灰岩，夹少量的中厚层结晶灰岩，厚度在1 170 m以上，顶底出露不全。在安南坝北侧一带，岩性为中—厚层状白云岩，顶部为少量白云质玉髓硅质岩，厚度大于1 578 m。该组与下伏南白水河组整合接触，平行不整合于其它大坂组之下。

花儿地组所含叠层石，与曹瑞骥、梁玉左等（1979）研究的蓟县标准剖面叠层石Ⅲ、Ⅳ组合可以对比，其地质时代为蓟县纪。

龚岔群 QnG （05－62－0034）

【创名及原始定义】 叶永正等（1976）创名，钱家骐等（1986）介绍。指"大龚岔一带的含叠层石的碎屑岩与碳酸盐岩建造。"

【沿革】 创名后沿用至今。

【现在定义】 由碎屑岩与碳酸盐岩组成二个旋回的轻微变质岩。富含叠层石与微古植物。与上覆白杨沟群不整合接触；与下伏花儿地组为平行不整合接触。自下而上包括其它大坂组、五个山组、哈什哈尔组及窑洞沟组。

其它大坂组 Qnq （05－62－0032）

【创名及原始定义】 钱家骐等（1986）创名。创名地点在青海省天峻县苏里乡花儿地。原始定义："下部岩性为紫、灰紫色薄—中厚层泥质粉砂岩与含砾石英岩状细粒长石石英砂岩、含砾中粗粒长石石英砂岩互层，夹少量灰绿色含凝灰质石英粉砂岩；上部为灰色薄—中厚层细粒石英砂岩夹黑、灰绿色碳质板岩、泥质板岩。厚度为1 055～1 310 m。分布于其它大坂分水岭南侧，向东西两侧相变为砂质与碳质板岩。"

【沿革】 创名后沿用至今。

【现在定义】 指平行不整合于花儿地组碳酸盐岩之上，整合于五个山组碳酸盐岩之下的一套轻微变质的碎屑岩。下部以灰紫、灰绿色变质含砾中—细粒长石石英砂岩为主，上部以灰色石英细砂岩为主夹黑、灰绿色板岩。底以碎屑岩的出现与花儿地组分界，顶以碎屑岩的消失与五个山组分界。

【层型】 正层型在青海省。甘肃省内的次层型为肃北县石包城乡虎洞沟剖面第6—9层。(96°11′，39°38′)，由甘肃区测二队(1965)测制。

【地质特征及区域变化】 其它大坂组在层型剖面垂向上大致可划分Ⅰ—Ⅴ个基本层序，粒度下粗上细，呈层对韵律出现。砂岩成分下部多为石英、长石与灰岩岩屑，上部则以石英为主，成熟度逐渐增高，磨圆度由下部棱角状为主向上变为以次棱角状为主，分选性上优下劣，色调由下部紫红色向上部黑及灰绿色递变，支撑类型多为基底式。碳泥质板岩多含微古植物。

其它大坂组主要分布在中祁连山西段，北祁连山地区缺失。自层型向东延至五个山一带相变为以粉砂质板岩与岩屑砂岩为主的岩石组合，厚度增至1 310 m。向西经肃北县查干布尔嘎斯至窑洞沟一带相变为粉砂质碳质板岩，厚度1 355 m。顶底界多呈断层接触，色调东西两侧均呈紫红色及黑与灰绿色交替变化。

五个山组 Qnw （05－62－0033）

【创名及原始定义】 钱家骐等(1986)创名。创名地点在青海省祁连县托来牧场西南五个山地区。系指下部岩性为浅灰色厚层—块状砂质白云质灰岩与钙质板岩互层，底部夹薄层灰岩；上部为灰色厚层微晶灰岩、含碳结晶灰岩夹硬绿泥粉砂质板岩，厚度473 m。与下伏其它大坂组整合关系。西延至花儿地增加了鲕状灰岩，厚度增至963 m。富含叠层石与微古植物。

【沿革】 创名后沿用至今。

【现在定义】 指整合于其它大坂组砂板岩之上和哈什哈尔组板岩与粉砂岩之下的一套碳酸盐岩。主要岩性为浅灰色砂质白云质灰岩、灰色微晶灰岩、含碳结晶灰岩，夹灰绿等色钙质与粉砂质板岩。顶以灰岩的消失与哈什哈尔组分界，底以灰岩的出现与其它大坂组分界。

【层型】 正层型在青海省。甘肃省内次层型为肃北县盐池湾乡查干布尔嘎斯剖面第3—11层(96°54′，39°15′)，由甘肃区测二队(1973)测制。

【地质特征及区域变化】 层型剖面下部以厚层—块状砂质白云质灰岩为主夹钙质板岩，上部为薄层碳质结晶灰岩及粉砂质钙质板岩，组合为以板岩与灰岩呈层对韵律产出，形成Ⅰ—Ⅵ个基本层序，厚473 m。碎屑物多以次滚圆—次棱角状石英为主，次为灰岩及硅质岩屑。在灰岩中富产叠层石及微古植物。自层型向东岩性较稳定，向西延至花儿地与其它大坂地区过渡为结晶灰岩、砂质鲕状与角砾状灰岩，夹少许板岩与细粒石英砂岩，厚度增至2 999 m；查干布尔嘎斯地区则以白云质灰岩、硅质灰岩为主夹数层石膏层与板岩；虎洞沟地区岩性是灰岩、板岩与细砂岩呈互层产出，夹石膏层，形成五个基本层序，厚度约1 100 m左右，灰岩中含叠层石 *Gymnosolen*；窑洞沟地区以中厚—厚层灰岩为主夹板岩，厚度减为646 m。上述地区生物组合基本一致。再往西延被北东向阿尔金山断裂所截。向北延至北祁连山大柳沟一带，厚度增至 1 200～2 214 m，岩性下部以含砾砂质灰岩、白云岩为主，夹砾岩凸镜体，中上部以碎屑泥灰岩为主，产钾矿层。所含叠层石为 *Jurusania* 及 *Tungussia*。

【其他】 在中祁连山西段产白色块状质纯的石膏矿床。在北祁连山西段该组中上部碎屑泥质岩具有一定规模的钾矿化。

哈什哈尔组 Qnh （05-62-0031）

【创名及原始定义】 钱家骐等（1986）创名。创名地点在甘肃省肃北县石包城乡窑洞沟。原定义较长现综合如下：指由灰、深灰色砂质板岩、钙质粉砂岩、富菱铁矿岩屑粉砂岩夹钙质石英细砂岩及凝块灰岩组成。韵律清楚，厚度各地不等，与下伏五个山组及上覆窑洞沟组为整合接触。

【沿革】 1974 年甘肃区测二队划归上震旦统多若诺尔群下岩组[①]。1976 年叶永正据叠层石化石将其厘定为青白口系并命名为龚岔群上岩组，1986 年钱家骐等除沿用龚岔群外并将该组下部碎屑岩命为哈什哈尔组，本书建议沿用此名，并给予新的定义。

【现在定义】 指五个山组灰岩之上和窑洞沟组灰岩之下的一套轻微变质碎屑岩。主要岩性为灰、灰紫、灰绿色及灰黑色砂质板岩、钙质板岩与粉砂岩，夹砂质灰岩、石英细砂岩及砾岩凸镜体。顶底以灰岩的出现与消失为界，上下关系均为整合。

【层型】 正层型为肃北县石包城乡窑洞沟剖面第 11—19 层（95°51′，39°35′），由甘肃地研所钱家骐等（1981）测制。

【地质特征及区域变化】 该组是一套轻微变质的以杂色板岩与粉砂岩为主的细碎屑岩，与其上下相邻岩组均为整合接触。厚度在北祁连最薄约 306 m，中祁连五个山地区最厚约 937 m，西延逐渐变薄。岩性基本稳定，唯五个山地区出现火山凝灰质成分，上部沉积了成熟度较高的石英细砂岩。本组仅含微古植物。

窑洞沟组 Qny （05-62-0030）

【创名及原始定义】 钱家骐等（1986）创名。创名地点在肃北县石包城乡窑洞沟。原定义较长，现综合如下：系指岩性为灰、深灰色中厚—厚层状隐晶质灰岩、凝块灰岩、角砾状灰岩、白云岩，夹紫红、深灰色钙质板岩，厚度 462～863 m，西厚东薄。岩性横向延伸稳定。与上覆多若诺尔群石板墩组呈假整合接触。

【沿革】 1956 年中国科学院祁连山地质队将其划归震旦系，1974 年甘肃区测二队改为上震旦统多若诺尔群下岩组。1976 年叶永正据叠层石化石厘定为青白口系并命名为龚岔群上岩组。钱家骐等（1986）除沿用龚岔群一名外又将其上部的碳酸盐岩命为窑洞沟组。本书建议继续沿用。

【现在定义】 指整合于哈什哈尔组碎屑岩之上的一套碳酸盐岩。主要岩性有灰、深灰色隐晶质灰岩、角砾状灰岩、竹叶状状岩、玫瑰色泥质灰岩，夹紫红、深灰色板岩。底界以灰岩的出现与哈什哈尔组砂岩分界，顶界多呈断层接触，在北祁连山则被白杨沟群不整合覆盖。

【层型】 正层型为肃北县石包城乡窑洞沟剖面第 20—28 层（95°51′，39°35′），由甘肃地研所钱家骐等（1981）测制。

【地质特征及区域变化】 窑洞沟组主要出露于窑洞沟、大柳沟及青海省五个山等地。由

[①] 甘肃地质力学队，1982，甘肃的中—上元古界（内部资料）。

薄一厚层灰岩夹钙质板岩组成。以灰岩沉积构造为主要标志，可划分5个韵律性基本层序，反映出由陆架浅水向潮间带变化的趋势。横向延伸变化不大，在青海省五个山地区是浅海沉积的灰岩相，北祁连区相变为以灰岩、条带状白云质灰岩及条纹状泥灰岩为主，夹板岩、角砾状与竹叶状灰岩的岩石组合。厚度除窑洞沟为800 m外，其他地区均在400 m左右。本组产丰富叠层石与微古植物。时代为青白口纪。

白杨沟群　ZB　（05-62-0039）

【创名及原始定义】　甘肃区测二队（1977）创名。创名地点在肃南县祁青乡白杨沟口。指"分布在北大河两岸白杨沟口、二道沟口的灰绿色钙质粉砂质板岩与灰色泥灰岩、泥质灰岩互层，夹粉砂细砂岩、角砾状灰岩、页岩及菱铁矿透镜体，下部为冰碛砾岩。底界不整合于大柳沟群上岩组灰岩之上，与镜铁山群下岩组呈断层接触，我们暂称'白杨沟群'。"

【沿革】　1956年地质部祁连山地质队将其划归震旦纪桦树沟系。1972—1979年间甘肃区测二队（汤光中）在1：20万区调中将桦树沟系划分为长城系、蓟县系、青白口系与震旦系，并确定震旦系不整合于青白口系大柳沟群之上创名白杨沟群，底部第1—3层砾岩、角砾岩定为冰碛岩。1980年赵祥生等实地考察，将其上的杂色角砾岩（第5—6层）也归属冰碛岩，又将永登县杏儿沟地区下部片状冰碛砾岩与上部灰岩命名为杏儿沟群，但未作划分。《甘肃省区域地质志》（1989）中将第1—3层称为下岩组，其上称为上岩组。本书作者将同类角砾岩统归下组，界线划在第5与第6层之间，并给予新的定义。建议停用杏儿沟群。

【现在定义】　指不整合于窑洞沟组碳酸盐岩之上的轻微变质的冰碛岩、碎屑岩与灰岩。按岩性分为两个组，下组为灰紫色冰碛砾岩与杂色角砾岩夹灰岩；上组为浅黄、紫灰色泥质灰岩与钙砂质板岩互层夹细砂岩与薄层铁矿。顶界以断层与不同时代地层接触。上组在永登杏儿沟一带相变为碳酸盐岩。

【层型】　正层型为肃南县祁青乡白杨沟口路线剖面第1—20层（98°00′，39°14′），由甘肃区测二队（1974）测制。

【地质特征及区域变化】　白杨沟群按岩性及成因分为上下两个组，下组为冰成岩类，包括杂色粗—巨砾岩与角砾岩，夹灰绿色板岩、灰岩、硅质灰岩。砾石成分复杂，底部以杂色灰岩、白云岩为主，向上过渡为石英砂岩、灰岩及板岩、千枚岩，砾径大小混杂，1～20 cm居多，次为30～50 cm，含巨大漂砾，形态多样，底部以次圆—扁圆为主，向上过渡为棱角与次棱角状，分选极差，不显层理，钙泥质胶结，属冰川底碛与冰水堆积岩，角砾岩则是滑塌而成，厚度330～440 m不等。上组以杂色钙质粉砂质板岩、泥质灰岩、硅质灰岩为主，夹细砂岩与铁矿层，岩石组合由粗到细，呈二元或三元韵律出现，为海相类复理石建造，厚度360～630 m不等。底界不整合覆于青白口系龚岔群之上。断续东延至永登杏儿沟地区，下组为片状冰碛砾岩，厚度400余米，上组相变为灰岩，厚度约250 m（图9-3）。

该群未采得化石。在白杨沟一带底界以不整合覆于青白口纪龚岔群顶部灰岩之上，在杏儿沟地区，顶界被下寒武统（?）磷矿层以平行不整合所覆，与我国震旦纪冰碛岩层位和沉积时期可以对比，因此其地质时代应属震旦纪。

葫芦河组　Chh　（05-62-0009）

【创名及原始定义】　甘肃综合地质大队西秦岭队（简称甘肃西秦岭队，下同）张庆昌、苗

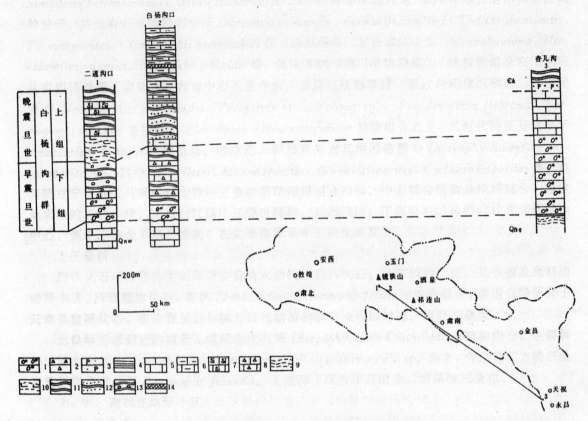

图9-3 北祁连山震旦纪岩石地层柱状对比图

1. 冰碛砾岩；2. 角砾岩；3. 含磷砂岩；4. 页岩；5. 灰岩；6. 泥质灰岩；7. 硅质灰岩；8. 角砾状灰岩；9. 千枚岩；10. 钙质千枚岩；11. 板岩；12. 砂质板岩；13. 变质砾岩；14. 铁矿层；∈h. 黑茨沟组；Qnw. 五个山组；Qnq. 其它大坂组

禧等(1963)[①]创名。创名地点在秦安县葫芦河下游地段。系指"葫芦河南段的一套以紫灰色、灰黑色石英片岩夹泥质板岩、局部有注入片麻岩为主的地层部分。下与牛头河群余家峡组整合，上与文家堡组整合接触。"

【沿革】 张庆昌等(1963)将天水葫芦河南段与天水社棠—关子镇一带的中深变质片麻岩、黑云石英片岩、混合岩等地层对比，统归为牛头河群。同时将葫芦河南段黑云石英片岩夹泥质板岩、变砂岩命名为葫芦河组，置于牛头河群顶部，时代归早元古代。甘肃区测二队(1971)将该地的中深变质夹浅变质碎屑岩及变质火山岩按正常层序划为下震旦统。张明书等(1974)因在庄浪县王家高原地带变质砂岩夹灰岩小扁豆体中采到早—中志留世珊瑚化石，而将庄浪县的杨家湾—红土坡和秦安县安伏镇—杨家寺—李家河一带的浅变质砂岩、千枚岩夹赤铁矿层、变质火山岩、变质火山碎屑岩夹灰岩统称为葫芦河群，时代归为志留纪。张维吉等(1994)重新详测了葫芦河剖面，认为葫芦河南段岩层倒转，河口地带的中深变质碎屑岩层为牛头河群，其上(杨家寺—李家河)的浅变质石英片岩夹变砂岩及绢云千枚岩为葫芦河群第一岩组，第二岩组为变质中基性火山熔岩夹变质火山碎屑岩及变砂岩，时代为早古生代。本

---

① 张庆昌、苗禧等，1963，天水—武都一带地质特征初步总结(手稿)。

书可以确认张、孟二人的剖面层序正确,并将张、孟的葫芦河群第一岩组称葫芦河组,第二岩组归兴隆山群下组,地质时代均归属长城纪。

【现在定义】 指兴隆山群中基性火山岩之下的一套石英片岩、变质石英砂岩夹千枚岩为主的浅变质碎屑岩地层。以普遍含钙质为特征。在区域上,下以变质中—粗粒碎屑岩与下伏秦岭杂岩不整合或断层接触,上以变质碎屑岩与兴隆山群整合接触。

【层型】 选层型为秦安县后川—杨家寺剖面第1—8层。剖面位于天水市北道区渭河北侧葫芦河下游地带(105°40′,34°44′),由张维吉等(1994)测制。

【地质特征及区域变化】 葫芦河组呈北西向分布于白银—靖远、兴隆山一带及葫芦河下游河谷地带。主要岩性为黑云石英片岩、变质石英砂岩,夹绢云千枚岩,厚6 969 m,与下伏秦岭杂岩为断层接触。从层型剖面向西岩石变质程度降低,地层原生沉积结构构造明显。在兴隆山地区出露较少,主要为绢云石英片岩,厚度大于530 m,与上覆兴隆山群整合接触。白银—靖远一带,主要为绢云方解片岩、方解石英片岩、变砂岩,夹云母石英片岩,下部多以黑云石英片岩、绢云石英片岩及石英岩为主,夹方解片岩和变砂岩或变砂砾岩,厚4 357 m,与下伏秦岭杂岩呈不整合接触(图9-4)。在清水县申家大庄南5 km,含碳质板岩夹层中采得微古植物 *Lophosphaeridium* sp.,*Leiomaromassuliana* sp.,*Navifusa* sp.,*Taeniatum* sp.,*Polyporata* sp. 等,据岩性及化石层位对比,其地质时代应归长城纪。

兴隆山群 ChX (05-62-0008)

【创名及原始定义】 屈占儒(1962)创名。创名地点在榆中县兴隆山。原定义较长,现综合如下:自下而上分为火山岩(片岩夹火山岩)组、碎屑岩(石英岩、千枚岩)组、上火山岩组及泥质碎屑岩组,统称兴隆山群。

【沿革】 兴隆山群创名前统归为下古生界。屈占儒(1962)命名为兴隆山群并划分为四个岩组。地质部地质科学院地质所(1962)将高家湾硅质灰岩以下的地层称为兴隆山群火山岩组、时代为前寒武纪。甘肃区测一队(1965)沿用兴隆山群一名,自下而上分为下火山岩组、碎屑岩组和上火山岩组,顶部的泥质碎屑岩组并入上火山岩组。《西北地区区域地层表·甘肃省分册》(1980)仍沿用兴隆山群,由下而上分为下火山岩组、碎屑岩组、上火山岩组和碳酸盐岩组,并将屈占儒的高家湾碳酸盐岩组归入兴隆山群,时代属长城纪。《甘肃省区域地质志》(1989)的兴隆山群划分与甘肃区测一队划分基本一致。但认为与高家湾组为不整合接触,并将后者从兴隆山群中划出。下与马衔山群片麻岩关系不明。时代亦归长城纪。本次对比研究发现兴隆山群在正层型剖面及其附近,岩层并非简单的单斜岩层,以往划分的四个岩组是岩层同斜褶皱构造重复的结果。据此,将兴隆山群修改为由两个组(即原下火山岩组和原碎屑岩组)组成,承用兴隆山群。

【现在定义】 系指下火山岩组的浅变质中基性火山岩、火山碎屑岩、碎屑岩夹少许灰岩和碎屑岩组的千枚岩夹变碎屑岩、火山碎屑岩及少量铁矿层凸镜体组成的下、上两个组。区域上,下与葫芦河组变质碎屑岩整合接触,上与高家湾组碳酸盐岩不整合接触。

【层型】 正层型为榆中县水岔沟—太平沟剖面第2—17层,由屈占儒等(1962)测制并介绍。

【地质特征及区域变化】 兴隆山群主要分布在兴隆山和葫芦河下游地区。横相变化较大,在兴隆山一带下组为灰绿色流纹英安凝灰岩、安山岩夹绿泥石英片岩及少量绢云斜长片岩,厚1 097 m,下与葫芦河组石英片岩整合接触。上组为灰、灰黑色绢云千枚岩、硅质千枚岩夹薄层石英岩及少量片理化凝灰岩,未见顶,厚742 m。秦安葫芦河下游仅出露下组,岩性以变质玄武岩为主,夹基性火山集块岩及少量硅质岩和变质安山岩,厚2 831 m。下与葫芦河组断层接触,上被奥陶纪红花铺组砾岩不整合覆盖。在榆中县兴隆峡一带下组可进一步分为三部分,上部变质安山岩与变质流纹英安凝灰岩互层,中部绿泥千枚岩夹少量变质玄武岩及变砂岩,下部变质玄武岩夹安山凝灰岩及少量安山岩和变质凝灰砂岩,厚1 908 m。兰州以北至白银一带,下组基性火山岩多呈夹层状出现,岩性以绢云千枚岩、绢云方解片岩(实为片理化绢云大理岩)为主,夹变砂岩及少量石英岩,厚2 804 m,与下伏葫芦河组整合接触。在区域上基性火山岩增多时,变质碎屑岩和变质火山岩碎屑岩则减少,反之亦然。一般千枚岩类多见于中部,厚度由东向西有变薄和由南向北变厚之势。上组以千枚岩、石英千枚岩为主,夹绢云方解片岩(片理化绢云大理岩)、变砂岩、黑云石英片岩和少量石英岩,兴隆山一带见有铁锰矿层凸镜体夹层(屈占儒,1962)。各地厚度变化大、兴隆山地区621～742 m,白银地区2 192 m,葫芦河一带常缺失上组(见图9-4)。

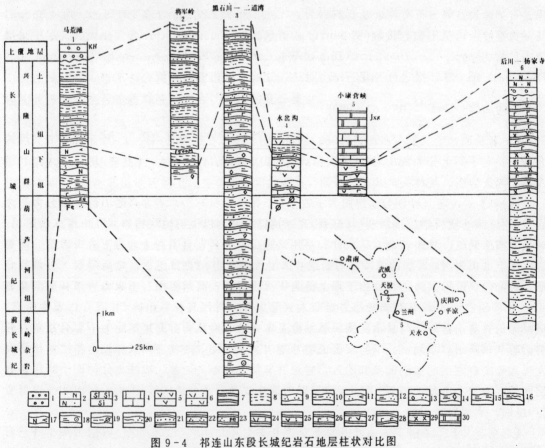

图9-4 祁连山东段长城纪岩石地层柱状对比图

1.砾岩;2.长石砂岩;3.硅质岩;4.灰岩;5.安山岩;6.凝灰岩;7.板岩;8.千枚岩;9.石英岩;10.黑云石英片岩;11.角闪石英片岩;12.绢云石英片岩;13.方解石英片岩;14.绢云方解片岩;15.绢云片岩;16.绿泥绢云片岩;17.斜长角闪片岩;18.榴云片岩;19.绿帘黑云片岩;20.绿泥石英片岩;21.变质砂岩;22.石英岩;23.含铁石英岩;24.变凝灰岩;25.变安山质凝灰岩;26.变玄武质凝灰岩;27.变安山玄武岩;28.变玄武岩;29.变辉绿岩;30.大理岩;KH.河口群;Jxg.高家湾组

【其他】 兴隆山群与北祁连西段朱龙关群类似。兴隆山群上、下组可分别与朱龙关群桦树沟组和熬油沟组对比。熬油沟组下部变质细碎屑岩层有可能相当于兰州—天水地区之葫芦河组。

高家湾组　Jxg　（05‑62‑0024）

【创名及原始定义】　屈占儒(1962)创名高家湾硅质灰岩组。创名地点在榆中县高家湾一带。原定义较长，现综合如下：指发育于高家湾一带兴隆山群泥质碎屑岩之上的岩性单一、富含硅质，以含燧石条带、结核的硅质灰岩为主，底部间夹薄层绢云千枚岩，偶具角砾状或燧石结核并夹石英岩扁豆体。与下统之间具清楚的不整合现象，此外并常见到它超覆于前震旦系马衔山群之上，白垩系下统常不整合覆于其上。

【沿革】　1941—1959年间的多数研究者将其划归南山系。甘肃区测队(1959)划归"震旦系上统"称高家湾碳酸盐建造。屈占儒(1962)创名高家湾硅质灰岩组，划归"震旦系上统"。甘肃区测队(1965)将该地层划归"下震旦统"兴隆山群碳酸盐岩组。《甘肃省区域地质志》(1989)将此套地层与青海省蓟县系花石山群① 对比，称花石山群，本书认为，高家湾组代表着祁连‑北秦岭地层分区的一套碳酸盐岩地层，在空间上有一定的厚度和延展，符合岩石地层单位，因此建议恢复高家湾组一词，停用花石山群。

【现在定义】　指兴隆山群碎屑岩之上，以灰、灰白、深灰、灰黑色中薄—中厚层灰岩、硅质灰岩、白云岩为主，夹少量钙质千枚岩和板岩的地层序列。下以碳酸盐岩层底面与兴隆山群碎屑岩分界，不整合接触，局部超覆于秦岭杂岩深变质岩系之上，西至永登县天王沟—金子沟一带，与下伏兴隆山群为不整合接触；其上多未见顶。

【层型】　正层型为榆中县高家湾剖面第1—7层(103°52′，35°50′)，由屈占儒(1962)测制并报道。

【地质特征及区域变化】　高家湾组是一套以浅海环境的碳酸盐岩相为主夹少量碎屑岩的岩石地层单位。含叠层石及微古植物化石。岩性稳定，变化甚微。从东向西分布于小康营、高家湾、天王沟—金子沟、铁城沟一带，向西延入青海省境内。在小康营出露厚度为1 465 m以上，向东在高崖水库、小泉湾等地有零星出露，多被新地层掩盖，厚度不详。在高家湾一带，厚度为440～1 427 m以上，在天王沟—金子沟厚度为713 m以上，西至铁城沟厚度至少在1 220 m以上，进入青海省境内厚度也在1 613 m以上。

高家湾组含少量叠层石和微古植物，与曹瑞骥、梁玉左等(1979)蓟县剖面所划的Ⅲ、Ⅳ组合相当，时代为蓟县纪。

二、晋冀鲁豫地层区

本区中—晚元古代岩石地层仅出露于华亭县马峡口

贺兰山群　ChJxH　（05‑62‑0010）

【创名及原始定义】　宁夏回族自治区地质局区域地质测量队(简称宁夏区测队，下同)(1978)创名。创名地点在贺兰山区。由一套浅变质的碎屑岩和碳酸岩组成。上与雨台山组碎屑岩呈平行不整合接触。下与桑干群不整合接触。

【沿革】　宁夏区测队(1978)创名后，甘肃省地层表编写组(1980)将其正式用于甘肃。1982

---

① 青海综合地质大队区测队，1964，J‑46‑ⅩⅩⅠ(乐都)幅最终地质报告书(未出版发行)。

年郑昭昌在《宁夏的上前寒武系》一文中将贺兰山群王全口组划归蓟县系，黄旗口组归长城系。本书均予沿用。

【现在定义】 由一套浅变质的碎屑岩与碳酸盐岩组成，包括二个组，自下而上为黄旗口组与王全口组。

黄旗口组　Ch*hq*　（05－62－0011）

【创名及原始定义】 宁夏区测队（1978）创名。创名地点在宁夏回族自治区（以下简称宁夏）银川市黄旗口一带。系指"不整合于早元古代吕梁期黑云斜长花岗岩之上，与上覆蓟县系王全口群间的沉积间断在贺兰山普遍存在。下部为石英岩、杂色粉砂质板岩，上部为厚层块状硅质白云岩。"

【沿革】 黄旗口组在甘肃省内以华亭县马峡镇一带出露最佳。田在艺等（1947）①将相当于贺兰山群的一套浅变质碎屑岩和碳酸盐岩地层视为正常层序，命名为马峡口系。其中上部的变质石英粗砂岩、含砾砂岩夹少量泥岩，时代归震旦纪。陕西地质局（1962）将这套地层归为前寒武系下部。经甘肃省综合地质大队陇东地质队（简称甘肃陇东地质队，下同）。赵临安等（1963）确认田在艺等的马峡口剖面层序为倒转。《西北地区区域地层表·甘肃省分册》（1980）将其对比为贺兰山群黄旗口组，时代归入蓟县纪。《甘肃省区域地质志》（1989）将马峡口一带的黄旗口组划归蓟县纪下岩组，下与前长城系牛头河群片岩、片麻岩不整合，上与蓟县系上岩组以断层相接触。马峡口系虽创名早于黄旗口组，但知名度低，层序不清且未进一步划分命名，因此本书以黄旗口组一词取代马峡口系上部的非正式名称。

【现在定义】 平行不整合伏于王全口组之下，不整合于中元古代黑云斜长花岗岩之上（或太古宇片麻岩）。岩性为灰白、紫红色石英岩、石英岩状砂岩，夹少量紫红、灰绿色板岩、砂质硅质板岩。贺兰山中段其上部有一套灰—灰白色石英岩及灰绿色、灰白色板岩。

【层型】 正层型在宁夏。甘肃省内次层型为华亭县马峡镇北马峡口剖面第1—19层（106°31′，35°16′），由甘肃陇东地质队（1963）测制，载于赵临安等，1963，《甘肃平凉南部地层专题报告》（手稿）。

上覆地层：王全口组　灰白色厚层粗晶白云质灰岩，富含泥质及厚层石英砂砾岩

================ 断　　层 ================

黄旗口组　　　　　　　　　　　　　　　　　　　　　　　　　总厚度　428.14 m

19. 暗紫色厚层状粗粒石英砂岩，富含泥质及厚层石英砂砾岩　　　　　52.90 m
18. 红褐色局部为灰黄色泥岩，含少量砂质　　　　　　　　　　　　　 6.98 m
17. 暗紫色厚层状中粒石英砂岩，绿色泥质胶结　　　　　　　　　　　10.21 m
16. 下为覆盖；上为暗紫色泥岩，夹中粒石英砂岩　　　　　　　　　　 7.30 m
15. 暗紫色、淡绿色厚层细至粗粒石英砂岩，局部夹灰红色泥岩　　　　30.85 m
14. 暗紫色厚层石英粗砂岩，富含暗绿色泥质物，夹厚层中粒石英砂岩　27.97 m
13. 灰紫色、浅褐色厚至薄层粗粒石英砂岩与紫红色泥岩互层　　　　　30.55 m
12. 紫灰色厚层状粗砂岩，富含1～3 cm白色滚圆状或少许棱角状的石英砾石　28.31 m
11. 肉红色、紫红色厚至中厚层状粗粒石英砂岩，普遍具波痕　　　　　11.69 m
10. 浅紫色、灰色厚层至中厚层状粗粒石英砂岩　　　　　　　　　　　30.90 m

---

① 田在艺等，1947，甘肃东部及陕西陇县地质志（一）。

9. 浅紫红色厚层中—细粒石英砂岩　　　　　　　　　　　　　　　　0.69 m
8. 暗紫灰色厚至中层状石英粗砂岩　　　　　　　　　　　　　　　 45.73 m
7. 暗紫灰色石英粗砂岩，上部覆盖　　　　　　　　　　　　　　　 10.04 m
6. 暗紫、灰绿色含砾泥质石英砂岩，砾石为暗紫色泥岩、粉砂岩碎块　7.39 m
5. 浅紫灰色厚层石英粗砂岩，中部覆盖　　　　　　　　　　　　　 27.04 m
4. 覆盖　　　　　　　　　　　　　　　　　　　　　　　　　　　 35.36 m
3. 浅紫灰色厚层含砾石石英粗砂岩，砾石以石英为主，砾径 0.3～0.6 cm　4.15 m
2. 覆盖，中上部出露厚 1 m 的浅紫灰色厚层石英粗砂岩　　　　　　30.33 m
1. 浅紫灰色厚层状粗中粒石英砂岩，局部含厚 0.4 cm 的泥质及石英的小砾石。未见底 29.75 m

【地质特征及区域变化】　黄旗口组延入甘肃后，以南北向零星出露于陕甘宁盆地之西缘沟谷中，盆地中央见于华池县悦乐乡庆深 1 井内。为桑干杂岩与王全口组之间的一套浅变质的紫灰、浅紫红色含砾石英粗砂岩、石英砂岩和少许暗紫色泥岩所组成的序列。岩层内常具波痕、交错层理和斜层理构造，岩石成熟度较高。下与桑干杂岩呈不整合，上与王全口组平行不整合接触。在区域上有由西向东，由粗变细、由厚变薄和自下而上由粗变细的总体趋势。

王全口组　Jxw　（05－62－0025）

【创名及原始定义】　宁夏区测队(1978)创名。创名地点在宁夏惠农县王全口沟上游。指"平行不整合于中寒武统毛庄组底砾岩之下，平行不整合于黄旗口群之上，为单一碳酸盐岩建造，以灰质白云岩为主，产叠层石，唯下部夹少量石英岩、粉砂岩、钙质板岩，局部地段底部含砾。"

【沿革】　田在艺等(1947)《甘肃东部及陕西陇县地质志》，将该套地层划归"震旦系"称马峡口系。但创名后无人引用，至 1980 年前，诸多研究者均未予命名，或划归"震旦系"，或称"震旦系"上统，或称蓟县组、蓟县群。《西北地区区域地层表·甘肃省分册》(1980)，将此地层与宁夏贺兰山群王全口组对比，划归"震旦亚界"蓟县系，沿用至今。本书认为，《西北地区区域地层表·甘肃省分册》的对比意见符合岩石地层划分概念与甘肃的实际。建议王全口组一词取代田在艺等"马峡口系上部"的非正式单位名称。

【现在定义】　本组以平行不整合伏于陶思沟组（或正目观组）之下，以含硅质条带和结核的白云岩为主，产叠层石。下部有少量石英砂岩、粉砂岩、钙质板岩及砾岩等，在区域上与下伏黄旗口组呈平行不整合接触。

【层型】　正层型在宁夏。甘肃省内次层型为华亭县马峡口剖面第 20—66 层(106°33′,35°15′)，由甘肃陇东地质队(1963)测制，载于赵临安等，1963，《甘肃平凉南部地层专题报告》（手稿）。

上覆地层：延长组
━━━━━━━━ 不整合 ━━━━━━━━

王全口组　　　　　　　　　　　　　　　　　　　　　总厚度　2 344.45 m
　66. 浅灰色厚层燧石条带白云岩，上部破碎，节理发育　　　　　 20.70 m
　65. 浅灰色厚层状燧石条带白云岩，硅质与白云岩常呈同心圆状交替组成旋涡状构造　87.45 m
　64. 浅灰色厚层状燧石条带白云岩，燧石条带形成波浪弯曲　　　653.89 m
　63. 浅灰色厚层状白云岩，质地均一　　　　　　　　　　　　　 24.66 m

62. 浅灰色厚层状燧石条带白云岩及浅灰色至黄灰色薄至厚层状白云岩　　27.07 m
61. 浅灰色厚层状硅质白云岩，含稀疏条带状及絮状燧石　　25.29 m
60. 下部为灰色、淡灰色及灰白色厚层，间有中厚层状细晶白云岩，上部淡灰色、灰白色厚层状细晶白云岩，局部含燧石　　31.59 m
59. 灰白色、白色及灰色厚层至中厚层状白云质灰岩与泥质、白云质灰岩、页岩互层　　30.20 m
58. 淡灰褐色厚层状中细粒石英砂岩，底部为淡灰色薄层状白云质灰岩，夹页岩及灰色燧石白云岩　　18.17 m
57. 灰色厚层状细晶白云岩，含不规则的燧石条带　　7.52 m
56. 灰色薄层硅质、泥质白云岩及细中砾石砾岩，砾石多白云岩，砾径 3～10 cm 之间，磨石尚好　　2.00 m
55. 下部淡灰色带黄色薄至叶片状泥质白云岩，夹白云质泥岩；中上部为淡灰色厚层状、块状含较少燧石条带细晶白云岩　　48.52 m
54. 淡灰色、淡黄色间有浅褐色厚层状含燧石白云岩，夹白云质页岩、泥质白云岩和灰白色薄层石英砂岩及条带　　100.09 m
53. 淡灰色厚层至块状含燧石白云岩　　56.67 m
52. 淡灰色带黄褐色及红色薄至中厚层状白云岩、泥质白云岩、夹褐黄色、灰紫色薄至中层状白云质、泥质砂岩、硅质白云岩及白云质泥岩、页岩　　19.65 m
51. 灰白色、浅褐色厚层中细粒间粗粒石英砂岩，夹泥质石英砂岩、泥质白云岩、白云质砂岩，顶部富含泥质　　37.94 m
50. 灰色块状砾岩，砾石为燧石及白云岩，砾径 0.5～20 cm，磨蚀度不一，白云质胶结　　6.95 m
49. 灰白色、淡灰色厚层至块状间有中层状细晶白云岩，局部夹有白云质页岩、薄层泥质岩白云岩，顶部含灰白色燧石条带　　47.29 m
48. 灰白色厚层至薄层状细晶白云质灰岩及白云岩，夹灰白色稍带绿色页岩、薄层泥质灰岩互层　　81.16 m
47. 浅灰色厚层状含燧石条带白云岩　　31.16 m
46. 灰白色钙质页岩与中厚层状深灰色—浅灰色白云岩互层　　4.18 m
45. 浅灰色厚层状白云岩，微结晶　　17.69 m
44. 灰白色薄至中层状灰岩　　12.35 m
43. 覆盖　　52.13 m
42. 浅灰色厚层状白云岩　　12.51 m
41. 深灰色燧石层及叶状、中厚层状石英细砂岩、粉砂岩　　3.90 m
40. 浅灰色厚层状白云岩，微结晶　　47.50 m
39. 覆盖　　201.24 m
38. 覆盖，于顶部出露 0.9 m 深灰色灰岩　　14.89 m
37. 灰色、灰白色、褐灰色薄层状钙质泥岩、泥质岩、页岩，夹深灰色或黑灰色厚层状细晶灰岩　　28.29 m
36. 紫灰色薄层状细晶灰岩，具红紫色泥质条纹　　17.04 m
35. 覆盖　　45.81 m
34. 红灰色薄层状灰岩，夹 0.9 m 中厚层状灰岩　　43.69 m
33. 浅红色中厚层状灰层　　12.57 m
32. 下为浅灰色厚层白云岩；上为紫红色、灰紫色片状—薄层状泥岩　　5.64 m
31. 下为红灰色中厚层状白云质灰岩，上为黑色锰质页岩，夹浅灰色中粒石英砂岩　　7.70 m
30. 灰绿色、褐灰色页岩，与浅灰色厚—薄层状粗至细粒石英砂岩互层，局部夹泥岩、砂质泥岩　　21.54 m

29. 浅灰色厚层状石英粗砂岩，局部含石英砾石	4.86 m
28. 暗绿色厚层状石英粗砂岩，硅质胶结	24.54 m
27. 淡灰色厚层细晶白云岩，上部含较多燧石条带，下部为团块	72.30 m
26. 覆盖	130.96 m
25. 浅灰色薄至中厚层状白云岩、钙质页岩互层	3.72 m
24. 浅灰色厚层状白云岩，微结晶	32.99 m
23. 紫红色、浅紫红色薄层间有中厚层状灰岩，具淡灰色纹理	98.58 m
22. 灰色、蓝灰色，具黑色纹理的泥质白云岩，上为灰紫色具灰白色和淡绿色条纹的薄层至页片状白云岩和泥质白云岩互层	32.88 m
21. 灰色、深灰色薄层至叶片状含白云岩的泥质灰岩，与硅质泥质灰岩互成条带，夹中厚白云质灰岩，顶部灰色泥质灰岩与灰白色白云质灰岩互层	19.30 m
20. 灰白色厚层状粗晶白云质灰岩，具灰色纹理	17.68 m

========断 层========

下伏地层　黄旗口组　暗紫色厚层状粗粒夹中粒石英砂岩，富含泥质及厚层石英砂砾岩

【地质特征及区域变化】　王全口组延入甘肃省内以浅海相碳酸盐岩为主夹较多的碎屑岩，含叠层石化石。向南延入陕西省陇县景福山一带，向北延入宁夏固原县境内。在省内主要分布于华亭县马峡镇，岩性为白云岩、泥质白云岩、白云质灰岩等，夹石英砂岩、砾岩、页岩、泥灰岩等，出露厚度为 2 344 m 以上，未见顶底。平凉大台子附近，以厚层状白云岩、白云质灰岩为主，夹页岩和泥灰岩，下未见底，上与雨台山组为平行不整合接触。出露厚度大于 1 351 m。平凉大台子向北至环县稍沟湾间的沟谷中有零星出露，为硅质灰岩、白云质灰岩及白云岩，因第四系覆盖，厚度不详。甘肃境内的王全口组，据叠层石及层位、岩性对比地质时代暂定为蓟县纪。

三、阿拉善地层区

本地层区的中—晚元古代地层，分布于龙首山地区。

墩子沟群　JxD　（05 - 62 - 0023）

【创名及原始定义】　甘肃区测一队(1968)创名。创名地点在永昌县韩母山北侧墩子沟一带。原定义较长，现综合如下：因在墩子沟采得蓝绿藻化石，故命名墩子沟组。创名人将该组地层分为下、中、上岩组，下岩组为变质中粒长石石英砂岩、砾岩；中岩组硅质灰岩、硅质条带灰岩偶夹千枚岩；上岩组粉砂质千枚岩夹石英岩凸镜体。与下伏龙首山群片岩、片麻岩为交角不整合接触，与上覆韩母山组含砾千枚岩为平行不整合接触。

【沿革】　甘肃区测一队(1968)在 J - 48 - 13(河西堡)幅中，发现蓝绿藻(Conophyton 型叠层石)划归"震旦系下统"，创建墩子沟组，按岩性分出上、中、下三个岩组。《西北地区区域地层表·甘肃省分册》(1980)改为墩子沟群，并划分出三个亚群。本书认为，《西北地区区域地层表·甘肃省分册》的意见符合实际，所划分的三个亚群之岩性组合截然不同，空间上有一定展布，可进一步划分的宏观标志清楚，应分别创名建组。但苦于缺乏地理名称，不能如愿，暂分下、中、上三个组。

【现在定义】　指龙首山岩群片岩、片麻岩和烧火筒沟组含砾千枚岩之间的一套由下组紫红、灰白色长石石英砂岩、含砾粗砂岩、砾岩，中组青灰色硅质灰岩，上组灰绿色千枚岩夹

石英岩组成的地层序列。下以砾岩的底面与龙首山岩群片岩、片麻岩分界，上以粉砂质千枚岩顶面与烧火筒沟组含砾千枚岩分界，上下皆为不整合接触。

【层型】 正层型为永昌县韩母山—墩子沟剖面第1—10层（102°03′，38°33′），由甘肃区测一队（1968）测制。

【地质特征及区域变化】 墩子沟群是一套由滨海相碎屑岩和浅海相碳酸盐岩—碎屑岩组成的岩石地层单位。经区域低温动力变质作用形成低绿片岩相的变质地层。由东向西分布于红崖山、墩子沟、三岔沟、银洞沟、大沟井、石井口及独峰顶西南等地。按岩性组合划分为下、中、上三个组。在区域上，各组岩性变化不明显，划分标志清楚。下组以碎屑岩为主，东部三岔沟附近为灰白色石英巨砾岩、砂砾岩、石英粗砂岩等，未见顶，与下伏龙首山岩群为不整合接触；银洞沟一带下部为青灰色中厚层变长石石英细砂岩，上部为灰黑色薄层状含碳质板岩，未见底；石井口为青灰色中厚层细粒变石英砂岩、灰色薄层石英黑云千枚岩、片岩，与下伏龙首山岩群或断层或平行不整合接触；在独峰顶西南一带，为变质长石砂岩及石英砾岩，与下伏龙首山岩群为不整合接触。该组厚度变化较大，东部三岔沟一带最厚为494 m以上，向西至银洞沟大于265 m，石井口为40 m，最西部独峰顶西南一带最薄，仅1 m左右，向西尖灭。中组在红崖山一带，下部为灰白、浅褐色中厚层硅质灰岩，上部为灰、灰黑色薄层灰岩，未见底；墩子沟为灰、灰白色中厚层状硅质灰岩，未见底；银洞沟为青灰色、灰色结晶白云岩，下部为砂质白云岩，未见顶；西至石井口为灰白色中厚层白云岩。该组仍具东厚西薄的特点，东部红崖山厚度大于917 m，墩子沟大于1 301 m，银洞沟大于550 m，西至石井口为88 m，在独峰顶西南一带有少量出露，向西变薄尖灭。上组岩性主要为暗绿—灰绿色薄层状粉砂质绿泥绢云千枚岩，在红崖山一带厚度为649 m以上，在墩子沟一带为38 m，在韩母山为150 m，西至石井口一带为468 m以上。墩子沟群含有叠层石和微古植物化石。

据岩相变化分析，该群地层是一个由东向西海侵，由西向东海退过程形成的岩石地层序列。银洞沟所含叠层石组合特征可与曹瑞骥、梁玉左等（1979）在蓟县标准剖面所划Ⅳ组合对比，相当蓟县纪。

韩母山群 *ZH* （05-62-0043）

【创名及原始定义】 甘肃区测一队（1968）创名。创名地点在永昌县韩母山—墩子沟地区。原定义较长，现综合如下：韩母山组分上下两组，上组为碳酸盐岩沉积，主要岩性为结晶灰岩，条带状灰岩夹假鲕状灰岩，角砾状灰岩。下组底部为碎屑岩，下部为碳酸盐岩沉积。主要岩性底部为砾岩（或含砾千枚岩）、变质粉砂岩；上部为泥质灰岩、条带状灰岩，偶夹薄层钙质千枚岩及大理岩。

【沿革】 1968年甘肃区测一队将中深变质岩顶部不整合面以上的浅变质岩系划归震旦系，分为上、下两统，下统称墩子沟组，上统称韩母山组。赵祥生等（1980）将下部碎屑岩确定为冰碛岩，命名为烧火筒沟群，将上部以灰岩为主的地层划归下寒武统称为韩母山群。同年，《西北地区区域地层表·甘肃省分册》（1980）将上、下部地层统归震旦系，称韩母山群，按岩性与沉积旋回分为上、下亚群。甘肃地质力学队（1981）将上部碳酸盐岩为主的地层命名为草大坂组，下部冰成岩类改称烧火筒沟组。本书予以沿用。韩母山群包括上部草大坂组和下部烧火筒沟组两个岩石地层单位。

【现在定义】 指下部冰成岩类、上部以碳酸盐岩为主的、具轻微变质的地层序列。与下伏墩子沟群呈平行不整合接触，上未见顶。自下而上包括烧火筒沟组与草大坂组。

烧火筒沟组　Zs　(05-62-0038)

【创名及原始定义】　赵祥生等(1980)创名于内蒙古阿拉善右旗烧火筒沟。原始定义指不整合于墩子沟群之上，平行不整合于下寒武统韩母山群含磷砾岩、板岩之下的一套变质的复合冰碛层，上部为灰绿色含砾千枚岩与粉砂质千枚岩；下部为灰色冰碛砾岩与灰绿色灰黑色粉砂质碳质千枚岩。

【沿革】　创名时按岩性分为上下两个组。同年，经甘肃省地层表编写组修订，将烧火筒沟群及其以上少部分灰岩、千枚岩一并划归韩母山群下亚群。甘肃地质力学队(1981)将烧火筒沟群降为组，归属韩母山群下部，此后沿用至今，本书稍做修订仍沿用烧火筒沟组。

【现在定义】　指分布于龙首山地区平行不整合于墩子沟群之上的一套冰碛岩类。主要岩性为灰绿色、紫红色冰碛砾岩、冰碛含砾千枚岩、含砾粉砂质板岩等。与上覆草大坂组整合接触，局部为平行不整合接触。

【层型】　正层型在内蒙古。甘肃省内次层型为永昌县马房子沟剖面第1—10层，剖面位于永昌县马房子沟磷矿区(101°56′,38°32′)，由甘肃省地质局第六地质队(简称甘肃地质六队，下同)(1976)测制，见《永昌县马房子沟磷矿区东段地质勘探中间报告》(手稿)。

上覆地层　草大坂组　砾状磷质岩
——————平行不整合——————

烧火筒沟组	总厚度　472.3～511.4 m
10. 砾岩	0.3～5.4 m
9. 含碳石英千枚岩	3.0～5.0 m
8. 石英千枚岩	10.0～20.0 m
7. 绢云石英千枚岩	120.0 m
6. 含碳绢云千枚岩	5.0 m
5. 白云岩	1.0 m
3—4. 冰碛含砾绢云千枚岩	56.0～78.0 m
2. 绿泥绢云千枚岩(延至大黑沟相变为冰碛含绢云千枚岩)	203.0 m
1. 冰碛砾岩	74.0 m

——————平行不整合——————
下伏地层　墩子沟群　灰绿色薄层粉砂质千枚岩

【地质特征及区域变化】　该组在甘肃不整合于墩子沟群之上，平行不整合或整合于草大坂组之下。是一套轻微变质的冰成岩类，包括块状底碛岩和层状冰水沉积岩，前者主要岩性有冰碛砾岩，特点是砾石成分较杂，大小悬殊，砾径一般1～4 cm，常见10～30 cm，大者大于1 m，形态多样，棱角与次棱角状，混杂无序，不显层理，钙质胶结杂基支撑类型，有漂砾或岩块，具刨蚀痕迹。后者显层理或层纹，主要岩性为含砾千枚岩、变质粉砂岩夹白云岩。颜色较杂，主要为灰、灰绿、紫红及淡黄色等。岩性与相序随着沉积环境而变化，龙首山烧火筒沟及以东地区，下为冰碛砾岩，上为含砾千枚岩或粉砂质千枚岩。形成底碛与滨海冰筏海洋及海洋相交替的相序(图9-5)。

草大坂组　Zc　(05-62-0040)

【创名及原始定义】　甘肃地质力学队(1981)创名，甘肃省地矿局(1989)介绍。创名地点

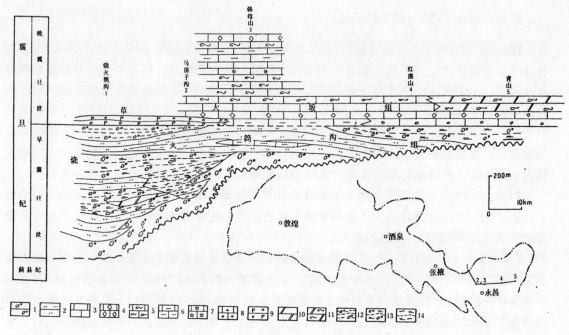

图 9-5 龙首山地区震旦纪横剖面图

1. 冰碛砾岩；2. 粉砂岩；3. 灰岩；4. 结晶灰岩；5. 条带状灰岩；6. 泥质灰岩；7. 鲕状灰岩；8. 含砾灰岩；9. 砾状磷质岩；10. 白云岩；11. 条带状白云岩；12. 含冰碛砾千枚岩；13. 含冰碛砾绢云千枚岩；14. 绿泥绢云千枚岩

在永昌县韩母山与草大坂一带。本组原始定义较长，现综述为：整合于烧火筒沟组之上的一套碳酸盐岩。按岩性分二个岩段，上段为灰白色块状灰岩夹泥质条带灰岩、鲕状或角砾状灰岩(第6—12层)，下段为条带状灰岩、泥灰岩夹钙质千枚岩、碳质灰岩，底部有似层状磷质岩(第2—5层)。

【沿革】 创名前，甘肃区测一队(1968)将冰碛岩之上的一套碳酸盐岩上部岩层划归上震旦统韩母山组上岩组，《西北地区区域地层表·甘肃省分册》(1980)将上岩组升级为上亚群。同年，赵祥生将其划归下寒武统，沿用韩母山群，但含义扩大为含磷岩层以上的全部碳酸盐岩。《甘肃省区域地质志》(1989)做了修订，将烧火筒沟组以上包括含磷岩层的全部碳酸盐岩划归震旦系韩母山群上部，称为草大坂组，本书沿用。

【现在定义】 指整合或平行不整合于烧火筒沟组冰成岩之上的碳酸盐岩。主要岩性以灰、灰白色的各种灰岩为主夹钙质千枚岩。底以冰碛岩或砾岩的消失与烧火筒沟组分界，顶部常被断层破坏或被第四系覆盖。

【层型】 正层型为永昌县韩母山—墩子沟剖面第2—12层(102°00′，38°29′)，由甘肃区测一队(1968)测制。

【地质特征及区域变化】 草大坂组区域变化不大，在龙首山一带主要为灰—暗灰及黄灰色灰岩，下部夹钙质千枚岩，上部夹鲕状与角砾状灰岩。薄—中厚层及块状，多具泥质条带构造，反映出以潮下带为主的潮下与潮上互为交替的相序。与下伏烧火筒沟组为整合关系，局部地段显示平行不整合，底部局部地段产出磷矿层。厚度400～1 640 m。在层型剖面之西青石窑一带，底部含磷层上部绢云千枚岩含微古植物。与我国西北地区上冰成岩之层位基本一致，表明该组地质年代应属震旦纪末期。

第二节 生物地层与地质年代概况

区内中—晚元古代地层研究仅限于岩石地层，未进行生物地层与年代地层系统研究。

（一）长城系

叠层石 *Kussiella* f.，*Colonnella* f. 等，产于朱龙关群熬油沟组上部中基性火山岩、火山碎屑所夹的结晶灰岩（大理岩）中。为长城纪早期的主要分子。

Baicalia f.，*Conophyton* f. 等，产于朱龙关群桦树沟组千枚岩所夹的泥质白云岩或结晶灰岩中。为祁连山西段长城纪中晚期出现的分子。

Conophyton f.，*Colonnella* f.，*Kussiella* f.，*Collenia* f.，*Wulandawuella sphairien* 等，产于南白水河组中部变质碎屑岩所夹大理岩或结晶灰岩与白云岩内，为长城纪晚期常见分子组合。钱家骐等将上述诸分子划为该区的第Ⅰ组合。

微古植物 *Asperatopsophosphaera umishanensis*，*Paleamorpha figurata*，*Polyporata obsoleta*，*Dictyosphaera macroreticulata*，*Pseudozonosphaera verrucosa*，*Trachysphaeridium simplex*，*T. hyalinum* 等，产于朱龙关群桦树沟组与南白水河组中的石英粉砂岩与粉砂质板岩内。

除上述生物组合外，在熬油沟组的玄武岩中测得全岩 Sm-Nd 等时线年龄值为 1 529 Ma，为长城纪的中期。据肃北县查干布尔嘎斯和青海天峻县南白水河二剖面分析，长城系的顶界与蓟县系为整合关系，蓟县系的岩石标志是碳酸盐岩的大量出现。其底界在省内无直接接触关系，但下伏的北大河岩群（野马南山岩群）可与敦煌岩群及龙首山岩群对比，后二者的全岩 Rb-Sr 等时线年龄值分别为 1 990 Ma 与 2 065 Ma，据此可将长城系下界置于北大河岩群之顶面，时限定为 1 800 Ma 较为合适。

（二）蓟县系

钱家骐等（1986）在祁连山西段专题研究时，对叠层石进行了划分。*Paracolonnella laohudingensis*，*Gornostachia* cf. *longa*，*Conophyton* f.，*Colonnella* f. 等，属第Ⅱ组合的下亚组合，产于南白水河组上部至花儿地组下部层位，属长城纪晚期—蓟县纪，显示出跨时特征；*Anabaria acuta*，*A. radialis*，*Litia robusta*，*Baicalia baicalica*，*B.* cf. *baicalica* 及 *Huardiella geppii* 等为第Ⅱ组合的上亚组合，产于花儿地组上部层位，属蓟县纪。据西安地矿所王树洗等（1988）研究，花儿地组向西延至阿克塞安南坝一带，产 *Conophyton quanjishanense*，*Cryptozoon* f.，*Jacutophyton levis*，*Tungussia* f.，及 *Colonnella* f. 等叠层石分子。

微古植物主要分子有 *Leiofusa bicornuta*，*Asperatopsophosphaera umishanensis*，*Quadratimorpha* sp.，*Trematosphaeridium holtedahlii* 及 *Microconcentrica induplicata* 等，产于花儿地组中。

据张录易与钱家骐等（1982）在榆中县小康营一带的高家湾组中见有叠层石 *Conophyton xinglongshanense*，*Tungussia* sp. 等。

微古植物有 *Leiopsophosphaera pelucida*，*Trachysphaeridium incrassatum*，*Asperatopsophosphaera incrassa*，*A. umishanensis* 等。向西延至青海马老得山地区，产有丰富的叠层石化石，主要有 *Colonnella* f.，*Conophyton* cf. *lituum*，*Tielingella* f.，*Baicalia* f.，*Kussiella* f. 及 *Anabaria* f. 等。

在龙首山一带，甘肃地质六队在银洞沟地区墩子沟群中组采获叠层石主要有 *Paracolonnella laohudingeneis*，*Colonnella* cf. *undosa*，*Tungussia* f. 及 *Conophyton* f. 等。

微古植物有 *Leiopsophosphaera* sp., *L. solida*, *L. minor*, *Lignum striatum* 等。

上述各地叠层石分子可与曹瑞骥、梁玉左(1979)蓟县剖面叠层石Ⅲ、Ⅳ组合对比。

从接触关系分析，花儿地组与下伏南白水河组为整合，与上覆其它大坂组为平行不整合接触。高家湾组与下伏兴隆山群为不整合接触。墩子沟群与下伏龙首山岩群呈不整合接触。

测年资料，龙首山银洞沟墩子沟群下组底部板岩的全岩 Rb-Sr 等时线年龄值为 1 261±21 Ma。

上述表明，该套以碳酸盐岩为主的地层划归蓟县系，时代归属蓟县纪是适宜的。

(三)青白口系

叠层石主要代表分子有 *Linella*, *Gymnosolen*, *Minjaria*, *Inzeria*, *Jurusania*, *Katavia* cf. *dalijiaensis*, *Scopulimorpha*, *Beishanella* 及 *Yaodonggouella* 等，产于龚岔群五个山组、哈什哈尔组与窑洞沟组。钱家骐称为第Ⅲ组合，相当全国的第Ⅴ组合(表9-1)。

表9-1 祁连山西段青白口系多重划分对比简表

地区层序	河北燕山 曹瑞骥等(1979)		Ma	甘肃北山 张录易等(1984)		Ma	祁连山西段 钱家骐等(1986)		Ma
震旦系				洗肠井群	冰碛岩		白杨沟群	冰碛岩	
青白口系	景儿峪组	叠层石组合Ⅴ *Gymnosolen-Katavia-Jurusania-Linella-Inzeria*	853	大豁落山组	叠层石组合Ⅶ *Gigantraticonus-Conophyton-Coronaconophyton-Spicaphyton* 叠层石组合Ⅵ *Inzeria-Linella* 叠层石组合Ⅵ—Ⅴ(修订) *Jurusania-Boxonia-Gymnosolen-Xinjiangella florifera*	850	窑洞沟组 哈什哈尔组 五个山组 其它大坂组	叠层石组合Ⅲ *Minjaria-Jurusania-Gymnosolen-Tungussia-Katavia-Inzeria-Linella-Yaodonggouella* 等 微古植物 *Asperatopsophaera*, *Pseudozonosphaera*, *Trematosphaeridium*, *Protosphaeridium*, *Trachysphaeridium* 等	
	下马岭组		890	野马街组		1050			
蓟县系	铁岭组	*Tielingella*, *Conophyton*, *Trematosphaeridium*		平头山组	*Conophyton*, *Tielingella*, *Trachysphaeridium*		花儿地组	*Conophyton*, *Baicalia* 等	

据表9-1所列叠层石及微古植物组合特征，及其与上覆与下伏地层的接触关系、和测年资料等综合分析，该套地层时限置于青白口纪较为适当。

(四)震旦系

生物多属中元古代微古植物的延续分子，龙首山一带草大坂组主要有：*Leiopsophosphaera*

solida, *L. minor*, *Laminarites antiquissimus*, *Taeniatum simplex*, *Polyporata microporata*, *Synsphaeridium conglutinatum*, *Leiofusa bicornuta* 等，其中 *Polyporata*, *Laminarites*, *Leiopsophosphaera* 及 *Leiofusa* 在北山及湖北省峡东地区的震旦系均有分布。草大坂组下部千枚岩全岩 Rb-Sr 等时线年龄值为 593 ± 39 Ma，接近于震旦纪的上限值，下限为蓟县系顶部不整合面，以冰川底碛岩的出现作为岩石区分标志，层位与北山洗肠井群下组、北祁连白杨沟群下组、陕西小秦岭罗圈组下段及峡东区的南沱组基本相当，时限对比为 800 Ma 属早震旦纪晚期。统界无确切依据，据岩石标志、沉积环境、气候变迁等可与峡东地区对比，以冰川沉积物的结束或大规模海侵沉积的开始为界，时限参照 700 Ma 为宜。

北祁连地区目前未获生物与测年资料。其地质年代据其与下伏青白口系龚岔群不整合接触，上覆有下寒武统(?)含磷层所限，以及冰碛岩层位对比，暂划归震旦系为宜。

第三节 地层横剖面

前图 9-2 表明，中元古代海水由东南向西北侵入。由于古地形起伏差异和地壳裂陷分异强弱差别，不同地点的岩相及岩石组合特征明显不同。在海侵初期，伴随裂陷槽（或裂谷）的发生，火山喷发活动异常强烈，在裂陷槽（或裂谷）及其附近堆积了中基性火山岩及火山碎屑岩、碎屑岩，形成熬油沟组。此后，在裂陷作用未受波及的地带，堆积了以陆源碎屑岩为主的桦树沟组。在桦树沟组沉积过程中，还接受了在海水作用下，从熬油沟组火山岩中溶滤出来铁、铜矿物质，在桦树沟组形成了距熬油沟组与桦树沟组分界面不远的赤(磁)铁矿凸镜体和靠近两组界面、分布很广的铜矿化。随着海侵扩大和裂陷活动的减弱，在深水地区的桦树沟组，火山碎屑岩成分有所增加，其它地区则以细碎屑岩和泥质岩石为主。在桦树沟组沉积之后，曾一度发生过短暂的海退。其后的海侵导致了南白水河组与桦树沟组间的平行不整合接触。

图 9-6 表明，青白口纪初期，遭受风化剥蚀但起伏不大的平坦大陆再次下沉，海水沿着北西向的槽型海盆由东向西缓慢侵入。由于发生过二次显著的升降，使沉积物反映出二个明显的较大旋回。其它大坂期祁连海槽处于半干燥大陆气候的浅海与滨海环境，其它大坂以东海水较深陆源物质丰富，快速沉积了石英砂岩与岩屑砂岩；西部虎洞沟地区处于潮坪区静水环境，陆源物不足主要沉积了碳质泥质物质；北部大柳沟地区地势较高未接受沉积。五个山期海侵范围扩大至北部大柳沟地区，气候温暖，整个海槽接受了以内源为主的碳酸盐岩沉积。初期查干布尔嘎斯地区抬升，其它大坂地区及以东处于浅海高能环境，沉积了鲕状灰岩与砂质灰岩并伴生多样分叉的叠层石；查干布尔嘎斯地区则处于半封闭状态的潮坪泻湖环境，沉积了较厚石膏层、膏盐灰岩及砂泥物质；北部大柳沟地区为潮坪环境，沉积了杂色白云岩、白云质灰岩、碎屑灰岩及两层含钾泥灰岩。哈什哈尔前期，其它大坂以东地壳再次下沉，海水加深，沉积了成熟度较高的石英砂岩与凝灰物质，其它大坂—虎洞沟地区出现同期异相的数层含膏盐灰岩的泻湖沉积，其它大坂的局部地段形成了盆缘斜坡特有的角砾状灰岩大凸镜体。后期海水继续向西淹没了膏盐泻湖，沉积了杂色粉砂质、碳质泥岩及少量灰岩。随着盆地的沉降，海槽很快转化为陆架浅海碳酸盐岩沉积相，从角砾状灰岩等暴露标志的多次出现，反映海平面频繁升降；西部处于潮下—潮间相互交替环境，东部五个山地区仍处于浅海环境。末期受晋宁运动影响，使祁连海槽大规模隆起成山，结束了青白口纪的沉积历史。

龙首山地区的震旦系（见图 9-5），烧火筒沟组底部为块状大陆底碛岩，其上连续沉积了

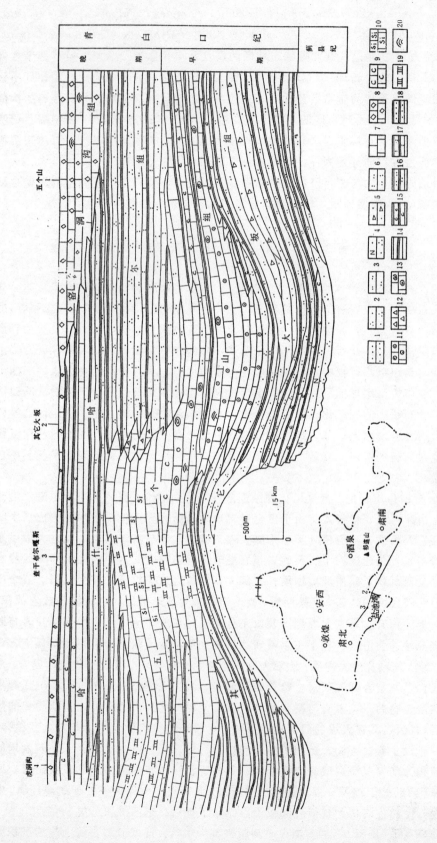

图 9-6 祁连山西段橐岔群横剖面图

1. 砂岩; 2. 石英砂岩; 3. 粉砂岩; 4. 长石石英砂岩; 5. 砂屑砂岩; 6. 凝灰质砂岩; 7. 灰岩; 8. 结晶灰岩; 9. 碳质灰岩; 10. 硅质灰岩; 11. 藻状灰岩; 12. 角砾状灰岩; 13. 含藻灰岩; 14. 板岩; 15. 碳质板岩; 16. 粉砂质板岩; 17. 凝灰质板岩; 18. 砂质板岩; 19. 石膏层; 20. 叠层石

潮坪区的粉砂质千枚岩，其中夹有不连续的含冰碛砾的千枚岩与白云岩等。草大板组底部沉积物各地差异较大，马房子沟—烧火筒沟一带为砾状磷质岩；红崖山及青山地区则为砾状灰岩与白云岩，均呈大凸镜体产出，其上又沉积了较稳定的条带状灰岩、白云岩及泥灰岩，其中夹有少量的鲕状灰岩、角砾状灰岩及千枚岩。据图9-5分析，早震旦世晚期，该区发生了大规模的冰川运动，产生了大量大陆底碛岩，随着气候渐暖，海水局部侵泛该区，接受了砂、泥质为主的冰前滨海沉积，与此同时，高原区的冰碛物或冰筏因受季节影响，间断性的注入滨海，造成冰筏海洋与海洋相交互沉积相序。早震旦世末期，冰期结束，开始了由东向西大规模的海侵，在本区沉积了浅海—滨海相碳酸盐岩，马房子沟—烧火筒沟一带形成了磷矿层或砾状磷质岩。

　　北祁连地区，晋宁运动之后呈现东高西低地势，随着早震旦世晚期冰川事件的发生，冰川底碛岩覆盖了大地，其后当杏儿沟地区仍为大陆冰川时，二道沟地区却处于水面以下，发育着冰前滨海沉积相，白杨沟地区则为盆缘区，既有底碛又产出滑塌角砾岩。早震旦世末期气候转暖，冰雪消融，发生了由西向东规模较大的海侵，二道沟与白杨沟地区沉积了陆源与内源交互的含铁泥钙质复理石建造，而杏儿沟地区却沉积了陆架浅海的内源碳酸盐岩。末期地壳抬升为陆，结束了震旦纪的沉积历史（见图9-3）。

第十章
寒武纪—志留纪

区内寒武纪—志留纪地层，主要分布于秦祁昆地层区及晋冀鲁豫地层区（见图4-1）。前者为活动区地层，由于造山带沉积环境的多样性，岩石类型极为复杂，形成大量海相火山-沉积岩组合；后者以稳定区沉积为主，与华北地层大区十分接近，计有6个群27个组。在秦祁昆地层区，寒武纪有黑茨沟组、大黄山组、香毛山组，奥陶纪有车轮沟群、天祝组、斯家沟组、斜壕组、阴沟群、中堡群、妖魔山组、南石门子组、扣门子组、草滩沟群、红花铺组、张家庄组、吾力沟群、盐池湾组、多索曲组、雾宿山群，志留纪有肮脏沟组、泉脑沟山组、旱峡组、吴家山组、巴龙贡噶尔组；在晋冀鲁豫地层区，寒武纪有雨台山组、朱砂洞组、馒头组、张夏组、三山子组，奥陶纪有马家沟组、平凉组、车道组和姜家湾组。

第一节 岩石地层单位

一、秦祁昆地层区

区内寒武纪—志留纪岩石地层分布广泛，但各地岩石组合特征不尽相同。

黑茨沟组 $\in h$ （05-62-0054）

【创名及原始定义】 甘肃区测一队(1965)创名。创名地点在天祝藏族自治县（简称天祝县，下同）西下黑茨沟。据甘肃区测一队(1965)的《地层名称资料》（手稿）"分布在天祝西南的黑茨沟、马营沟、响泉山一带，由于首次在黑茨沟发现中寒武统标准化石，因此命名为黑茨沟组"。

【沿革】 命名之前，宋叔和(1958)曾将白银厂一带的黑茨沟组地层，称为白银厂火山岩组，并提出天祝黑茨沟一带的火山岩地层与白银厂火山岩为同一套地层。自1965年正式命名以来，甘肃地质局(1976)《甘肃省地质图矿产图说明书》将黑茨沟组分为上部火山碎屑岩夹生物灰岩和下部中基性火山熔岩夹火山碎屑岩。甘肃地质力学队(1978)在《J-48-98-甲（红疙瘩）幅区域地质调查报告》中将黑茨沟组解体，上部命名为向前山组，下部命名为小黑茨沟组。《甘肃省区域地质志》(1989)将黑茨沟组改为黑茨沟群分为上亚群和下亚群。本书恢复黑茨沟组一名，但其定义范围只限于层型剖面第1—7层，将第8层从原黑茨沟组中划出归上覆阴沟群，两者为平行不整合接触。

【现在定义】 指阴沟群暗紫色砾岩或砂岩之下的一套火山碎屑岩、中基性火山熔岩，夹细碎屑岩及少许含海生动物化石的碳酸盐岩凸镜体地层序列。顶界在区域上常以火山碎屑岩与阴沟群呈断层或平行不整合或与香毛山组整合接触，未见底。

【层型】 原未定层型，现指定选层型为天祝县下黑茨沟剖面第1—7层。剖面位于天祝县安远镇西南下黑茨沟(102°38′,37°12′)，由甘肃区测一队(1972)测制。

【地质特征及区域变化】 黑茨沟组由东而西断续分布于白银市灰土涝池—胜家梁、永登石青硐、天祝黑茨沟、肃南大野河口、肃北鹰嘴山及其以西地带。在东部白银地区为深灰、褐灰色凝灰质千枚岩、石英角斑岩类、细碧角斑岩夹硅质岩、大理岩凸镜体，产三叶虫化石及微古植物，厚1810 m。永登石青硐一带为灰绿色凝灰质千枚岩、绢云千枚岩、中酸性凝灰岩夹变质砂岩及少许大理岩和硅质岩，产三叶虫等，厚1734 m，未见上覆地层，下界不明。天祝黑茨沟一带以安山玄武岩、中酸性火山碎屑岩为主夹硅质岩及少量含三叶虫化石的生物灰岩和砂岩等，厚1367 m。肃北县石包城乡东鹰嘴山南坡一带，以灰绿色夹紫红色中酸性凝灰岩为主，夹凝灰质板岩及少量结晶灰岩，下部为凝灰质砂岩，灰岩产三叶虫化石，未见顶、底界，厚2233 m。黑茨沟组为海底斜坡带火山熔岩、火山碎屑岩夹碎屑岩单位，所含动物群属东南型和华北型混生动物群。黑茨沟组分布范围内，所含三叶虫化石在不同地点的地质年代明显不同，东部白银一带属中寒武世早期，永登石青硐为中寒武世中期，天祝黑茨沟为中寒武世中晚期，到西部鹰嘴山—西大泉一带为中寒武世晚期，镜铁山格尔莫沟为中寒武世末期（图10-1），自东而西层位逐渐变高。

大黄山组 ∈d （05-62-0051）

【创名及原始定义】 甘肃区测一队(1967)创名大黄山群。创名地点在山丹县大黄山大口子沟。原始定义较长，现综合如下：指山丹县大黄山大口子沟剖面第1—12层的灰绿色具明显韵律性细碎屑岩夹紫红色板岩组成的地层部分，顶、底界线不明。依据岩石组合特征及内含海绵骨针化石由上、中、下三个岩组组成大黄山群，厚度为2 302~4 146 m，时代最早归为早寒武世。

【沿革】 在创名前称南山系。甘肃省地质局(1976)《甘肃省地质图矿产图说明书》以大黄山群岩性与河西走廊、景泰峰台山及宁夏香山地区的香山群类似而称香山群。《西北地区区域地层表·甘肃省分册》(1980)，将大黄山群与香山群第四亚群对比，时代归中寒武世。《甘肃省区域地质志》(1989)笼统称香山群，时代归中寒武世。本次对比研究认为大黄山群不能与香山群的全部对比，仅与香山群上部吕家新庄组接近。为突出其特征，恢复大黄山群一名，并改为大黄山组。

【现在定义】 指山丹县大黄山一带一套灰绿色夹紫红色浅变质的韵律性细碎屑岩夹泥质岩和少许灰岩凸镜体所组成的地层部分。未见顶、底。

【层型】 正层型为山丹县大黄山大口子沟剖面第1—12层。剖面位于山丹县大马营乡东大口子沟(105°15′,38°21′)，由甘肃区测一队(1967)测制。

【地质特征及区域变化】 大黄山组为浅海陆架相碎屑岩单位。在大黄山大口子沟一带为灰绿色变质细砂岩夹粉砂质板岩，内见波状冲刷面及印模，岩层具复理石沉积特征，靠底部紫红色板岩夹层中含 *Protospongia* 化石，底界被断失，厚度大于2 303 m。向东至永昌毛家庄

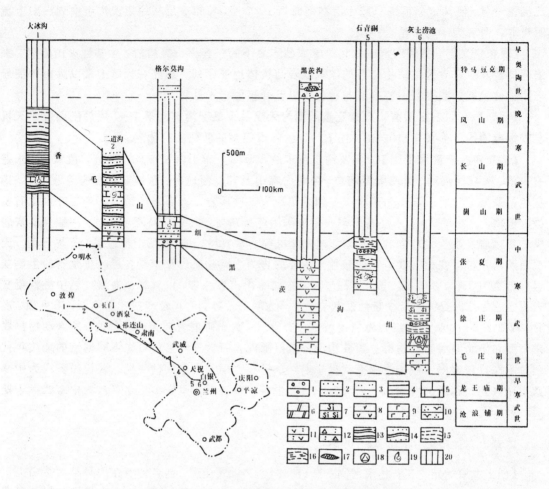

图 10-1 北祁连寒武纪岩石地层穿时现象示意图

1. 砾岩；2. 砂岩；3. 粉砂岩；4. 页岩；5. 灰岩；6. 白云岩；7. 硅质岩；8. 安山岩；9. 玄武岩；10. 石英角斑岩；11. 安山质凝灰岩；12. 角砾状凝灰岩；13. 板岩；14. 砂质板岩；15. 千枚岩；16. 绢云千枚岩；17. 赤铁矿；18. 孢粉；19. 动物化石；20. 沉积缺失

南为灰绿色夹多层红色或杂色变质砂岩与板岩互层，其中见硅质岩夹层，未见顶、底界，厚大于 2 021 m。金昌市河西堡南一带为灰绿色长石石英砂岩夹板岩，反映成熟度较高，无上覆地层，下伏地层被掩盖，厚度大于 1 598 m。武威市莲花山为墨绿色夹黄绿色变质千枚状细砂岩夹千枚岩，未见顶、底界，厚大于 1 565 m。在景泰峰台山及以东一带为浅灰绿色夹红褐色及灰色千枚状长石石英砂岩与砂质千枚岩不等厚互层，局部夹少量砾岩凸镜体，上被臭牛沟组不整合覆盖，未见底界，厚大于 5 566 m。向东与宁夏香山吕家新庄一带香山群上部地层相接。大黄山组化石稀少，自西而东厚度变大，层位逐渐变高。本组地层在甘肃均未见顶、底，延至宁夏香山地区，与香山群上部地层吕家新庄组连为一体，其上与含奥陶纪笔石化石的米钵山组整合接触。据此，大黄山组的地质时代暂定为中寒武—晚寒武世。

香毛山组 $\in xm$ （05-62-0050）

【创名及原始定义】 由甘肃省地层表编写组（1980）创名香毛山群。创名地点在肃北县石包城乡香毛山东二道沟—三道沟一带。原义较长,现综合如下:主要为浅海相沉积。岩性以板岩、砂岩、凝灰质砂岩、灰岩、硅质灰岩为主,有少量砾岩、凝灰岩。厚度大于 1 111 m。含三叶虫及腕足类化石。

【沿革】 甘肃区测二队(1970)命名为二道沟组。《西北地区区域地层表·甘肃省分册》(1980)以二道沟组与吉林省的二道沟组重名为由,改名为香毛山群。项礼文等(1981)将格尔莫沟一带岩性相似、含早寒武世晚期三叶虫化石的地层,命名为格尔莫组。本书据岩石组合特征,将香毛山群及格尔莫组合并为一个单位,称香毛山组。

【现在定义】 指阴沟群与黑茨沟组之间的一套浅变质碎屑岩、变质泥质岩夹结晶灰岩,局部夹火山碎屑岩组成的地层部分。上、下界线不明。区域上,与下伏黑茨沟组火山碎屑岩多为断层分界,局部地段,下以粗碎屑岩为底界超覆不整合于北大河岩群深变质岩层之上;上以板岩、千枚岩的消失与上覆阴沟群火山岩夹碎屑岩分界,接触关系不清。

【层型】 正层型为肃北县育儿红乡疏勒河东岸的二道沟—三道沟剖面第 1—6 层(96°58′,39°41′),由甘肃区测二队(1966)测制。

【地质特征及区域变化】 香毛山组为滨海—浅海相碎屑岩。分布于北祁连山西段肃南县祁青乡格尔莫沟、肃北县育儿红乡大河坝北侧、二道沟—香毛山北侧东贼沟口、石包城乡以西的鹰嘴山、大冰沟及以西等地。自东而西岩性由粗变细,厚度由薄变厚。在格尔莫沟一带,下部自下而上为砾岩、中粗粒长石砂岩、石英砂岩夹粉砂质板岩、粉细砂岩及少许中酸性凝灰岩,上部以结晶灰岩夹硅化灰岩为主,产较丰富的三叶虫和腕足类化石,厚 228 m。与下伏北大河岩群深变质岩系不整合接触,与上覆阴沟群为断层接触。在二道沟—香毛山北侧一带,以千枚岩和板岩为主,夹长石砂岩和少量结晶灰岩,含丰富的三叶虫,厚 1 111 m,与下伏黑茨沟组火山碎屑岩呈断层接触。肃北大冰沟及以西,以黑色硅质板岩和千枚岩为主,夹少量黑色薄层灰岩,含极少量的 *Hedinaspis* 三叶虫属及较丰富的蠕虫类化石,厚度大于 1 127 m,与下伏地层关系不明。据化石与区域对比,时代归属晚寒武世—早奥陶世。

车轮沟群 OĈL (05-62-0274)

【创名及原始定义】 甘肃区测一队(1965)创名。创名地点在天祝县茂藏车轮沟。据天祝茂藏车轮沟一带测制剖面时所采的早奥陶世标准化石,将一套浅变质的中酸性火山岩、灰岩及碎屑岩命名为车轮沟群。

【沿革】 1979 年赵凤游[①] 将其归为中奥陶统。其后在《甘肃省区域地质志》(1989)沿用了这一划分意见。本书将原"车轮沟群"命名剖面上部(第 11—17 层)的灰岩、火山碎屑岩、砾状砂岩及正常碎屑岩划归中堡群,下部(第 1—10 层)以中酸性火山岩为主夹硅质岩、灰岩及少量砂岩的岩石组合沿用车轮沟群一名。

【现在定义】 重新厘定的车轮沟群指祁连山东部天祝茂藏一带整合伏于中堡群碎屑岩、灰岩之下的中酸性火山岩系,下界不清。富含笔石及腕足类。分布局限,向西延入青海门源老虎沟大坂地区。层型以东因岩体侵入有热液变质作用。

【层型】 正层型为天祝县车轮沟—大牛头沟剖面第 1—10 层(102°11′,37°38′),由甘肃区测一队(1965)测制。

---

① 赵凤游,1979,甘肃的奥陶系(内部资料)。

上覆地层：中堡群　粉红色厚层灰岩
──────── 整　合 ────────

车轮沟群　　　　　　　　　　　　　　　　　　　　　　　　总厚度＞3 349.00 m

10. 晶屑凝灰岩夹少量硅质岩及长石石英砂岩　　　　　　　　　　　　29.00 m
9. 灰黑、灰色厚层灰岩夹薄层灰岩。中部夹厚约0.5 m的安山凝灰质砾状砂岩。灰岩中产腕足类：*Opikina* sp.，*Orthambonites* sp.，*Contreta* sp.，*Sowerbyella* sp.，*Cyphyomena* sp.，*Plaesiomys* sp. 等　　　　　　　　　　　　　　　　　　180.00 m
8. 灰绿色片状晶屑凝灰岩　　　　　　　　　　　　　　　　　　160.00 m
7. 淡红色石英奥长斑岩　　　　　　　　　　　　　　　　　　　200.00 m
6. 绿色石英斑岩夹安山玢岩　　　　　　　　　　　　　　　　　201.00 m
5. 灰绿色石英斑岩、晶屑凝灰岩。常相变为硅质岩，在薄层富碳硅质岩中产笔石：*Paraglossograptus* cf. *typicalis*，*Isograptus divergens*，*I. nanus*，*I. caduceus*，*Didymograptus* cf. *asperus*，*D.* cf. *hemicyclus*，*Cardiograptus* sp.，*Tetragraptus pendens*，*T.* cf. *quadribrachiatus*，*Glossograptus* cf. *acanthus*，*G.* cf. *hincksii*；腕足类：*Obolus* sp.，*Orbiculoidea* sp. 等　　　　　　　　　　　　　　　　　　　35.00 m
4. 暗绿色安山玢岩　　　　　　　　　　　　　　　　　　　　　26.00 m
3. 灰绿色石英斑岩，底部有厚约6 m的安山玢岩　　　　　　　　　407.00 m
2. 淡红、灰绿色流纹英安斑岩，底部有厚21 m的灰绿色安山玢岩　　1 674.00 m
1. 灰色石英奥长斑岩(背斜轴部，下部地层未出露)　　　　　　　＞437.00 m

【地质特征及区域变化】　层型剖面下部以中酸性熔岩为主，上部以火山碎屑岩为主夹灰岩等，厚度超过3 349 m。至老虎沟脑岩性变为以安山岩为主。因受断层影响减至1 020 m。依据所采大量的笔石可以确定该群的沉积时代是牯牛潭期，相当我国东南地区的晚宁国期。与英国的Llanvirnian期同期。属浅海—次深海斜坡沉积。

天祝组　Ot　(05-62-0299)

【创名及原始定义】　穆恩之、张有魁1964年创名。创名地点在天祝县祁连乡斯家沟。原义综合如下：穆恩之根据张有魁、张研、周良仁、赵凤游等测制的天祝县祁连乡斯家沟剖面，将剖面下部的棕灰色砂岩、细砾岩及砂质页岩组成的含*Amplexograptus*及*Pseudoclimacograptus*笔石的碎屑岩组合命名为天祝组。

【沿革】　1965年，甘肃区测一队在《武威幅区调报告》中引用此名，并补充了在导沟发现的底部尚有110 m厚的紫红色砾岩不整合于原定车轮沟群之上的资料。其后这一意见得到了共识，沿用至今。

【现在定义】　以不同粒级的碎屑岩构成。所产笔石均集中于上部。底界不详，顶部以砾岩的消失与上覆斯家沟组呈整合接触。在层型剖面之西见有厚达百米的底砾岩不整合覆于中堡群之上。

【层型】　正层型为天祝县祁连乡东斜壕斯家沟剖面第1—5层(102°30′，37°14′)，由张有魁、张研、周良仁、赵凤游等(1964)测制。

【地质特征及区域变化】　其主要岩石类型有紫红色、黄绿色砂砾岩，棕色、黄绿色中厚层砂岩，灰色细砂岩，棕灰、灰色粉砂岩及页岩，以砂砾岩、细砂岩分布较广，上部见多层石英砂岩，下部砂岩中见有虫迹及水波纹构造，局部细砂岩中含铁质。就其岩性分析应属滨—浅海闭塞的海湾相沉积。

该组分布较为局限，只见于河西走廊东部地段。层型地厚度为 229 m，稍西的直沟约 121 m，下部因断层而缺失，含有块状重晶石矿层。东延至古浪县大靖乡石城子一带其厚度达 177.5 m，下部亦受断层影响出露不全。

仅在层型剖面上采得两层笔石，据穆恩之分析，天祝组的时代与我国南方的滞江期沉积对比，相当英国的 Caradocian 早期。石城子一带层位偏高。

斯家沟组 Os （05-62-0298）

【创名及原始定义】 该组与天祝组同时由穆恩之、张有魁(1964)于祁连乡斯家沟创名。原义综合如下：穆恩之将斯家沟剖面的黄绿色及灰色钙质页岩、薄层石灰岩为主，并富含笔石及三叶虫，以含 *Climacograptus*, *Orthograptus* 为特征的一段岩层命名为斯家沟组。

【沿革】 创名后除时代有分歧之外，已被广泛引用，本书继续沿用。

【现在定义】 以杂色钙质页岩及瘤状石灰岩的交替出现为特征。下部富含三叶虫，上部富含笔石。下以天祝组顶部的细砾岩顶面作为与天祝组的分界；上以瘤状灰岩的消失与斜壕组为界。均呈连续沉积。

【层型】 正层型为天祝县斜壕斯家沟剖面第 1—8 层。剖面位置、测制人、测制时间及出处均同天祝组。

【地质特征及区域变化】 以页岩与灰岩交替出现为特征（见图 10-2）。命名地厚度 397 m、直沟剖面厚度 492 m、七巧沟西厚度 180.5 m、至古浪县大靖一带则仅厚 31.8 m。具自西向东有迅速减薄的趋势。根据丰富的笔石，穆恩之在命名时曾将该组的时代归为宝塔期。1979 年，甘肃区调队赵凤游依据 *Orthograptus quadrimucronatus* 的出现而定为石口期。

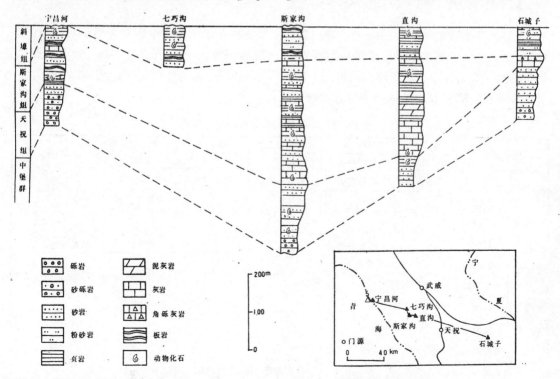

图 10-2 武威一带天祝组、斯家沟组、斜壕组柱状对比图

斜壕组　OSx　（05-62-0297）

【创名及原始定义】　由穆恩之、张有魁(1964)命名，称斜壕页岩组。创名地在天祝县斜壕七巧沟西。将一套含有 *Dicellograptus*，*Climacograptus*，*Orthograptus*，*Retiograptus* 等笔石群的黑色页岩及黄绿色细砂岩组成的岩石系列称斜壕页岩组。

【沿革】　1965年甘肃区测一队改称为斜壕组。1982年赖才根等所著《中国的奥陶系》称斜壕群。在其后仍称斜壕组。

【现在定义】　指北祁连山武威地区与下伏斯家沟组、妖魔山组，上覆肮脏沟组，均呈整合接触，以黑色页岩与灰黄色细砂岩互层为主的岩石组合，含泥质结核，下部具波纹。富含笔石及三叶虫。以下伏斯家沟组的瘤状灰岩的消失作为底界，顶部以团块状泥灰岩（小达尔曼虫层）与肮脏沟组分界。在主槽区内以妖魔山组厚层灰岩的结束分界。

【层型】　正层型为天祝县斜壕七巧沟西剖面第1—13层（102°29′，37°41′），由张有魁、张研、周良仁、赵凤游(1964)测制。载于《西北地区区域地层表·甘肃省分册》。

【地质特征及区域变化】　该组岩性不稳定，下部常见多量的细粒石英砂岩，向上逐渐形成砂岩与页岩互层，含黄铁矿散晶。向东延至古浪县大靖一带顶部出现团块灰岩、角砾状碎屑灰岩及凸镜状泥灰岩。在南部主槽区内钙质组分明显增高，灰岩层次较多，略显结晶。

斜壕组沿东西向厚度变化不大，武威一带125～139 m，古浪县大靖为101 m，在南部323 m。据笔石及三叶虫，斜壕组沉积时代为晚奥陶世晚期至早志留世早期。相当我国五峰期至龙马溪期早时。

阴沟群　OY　（05-62-0296）

【创名及原始定义】　1959年，解广轰、汪缉安在介绍中国科学院祁连山地质队(1956—1958)在祁连山野外工作所取得的地层成果时，根据尹赞勋的建议创名阴沟统。创名地点在玉门市阴沟。原义综述为：妖魔山灰岩之下的巨厚火山岩系。据所采化石定为下奥陶统，由上、下火山岩系夹薄层灰岩及碎屑岩的互层组成。

表 10-1　北祁连奥陶纪地层沿革简表

年代地层			解广轰 1959	张文堂 1964	甘肃区测二队 1969	赖才根 1982	甘肃省地矿局 1989	本书
下志留统			肮脏沟组	肮脏沟组	肮脏沟组	肮脏沟组	小石户沟组	肮脏沟组
奥陶系	上统	五峰阶	南石门子统	南石门子组	南石门子组	南石门子组	南石门子组	扣门子组 / 南石门子组
		石门阶					妖魔山组	
	中统	滞江阶	妖魔山统	妖魔山石灰岩组	妖魔山组	妖魔山组		妖魔山组
		胡乐阶					中堡群	中堡群
	下统	牯牛潭阶	阴沟统	阴沟组	阴沟群	阴沟群	阴沟群	阴沟群
		大湾阶						
		红花园阶						
		两河口阶						
上寒武统			寒武系	寒武系	二道沟组	寒武系	香毛山群	香毛山组

【沿革】　1963年，《祁连山地质志》将阴沟统分上、下火山岩系，其中夹薄层灰岩及碎

屑岩互层。1964年张文堂改为阴沟组。1969年甘肃区测二队改称阴沟群，并将下火山岩系下部发现的厚近2 000 m，含有 *Onychopyge*，*Parabolinella* 三叶虫动物群的硅质岩夹砂板岩地层，一并归属为阴沟群。其后，《西北地区区域地层表·甘肃省分册》、《中国的奥陶系》、《甘肃省区域地质志》(1989)等均沿用了此意见。本书认为原阴沟统的含义是一个符合岩石地层定义的单位，该地层具有明显的再分性而仍称阴沟群。甘肃区测二队所称阴沟群下部的硅质岩夹砂板岩现已并入香毛山组(表10-1)。

【现在定义】 以中基性火山熔岩及火山碎屑岩为主，局部地段为蛇绿杂岩。可分下火山岩(偏基性、超基性)、上火山岩(枕状熔岩居多)，中夹薄层灰岩与板岩、页岩互层。富含笔石、三叶虫及头足类等。以基性火山岩的出现与香毛山组碎屑岩分界，呈连续沉积。以中基性火山岩的顶界与中堡群呈整合接触。沿走向相变较大。

【层型】 正层型为玉门市东大窑以南的阴沟剖面第1—13层(97°03′,39°47′)，由中国科学院祁连山地质队(1963)测制，载于《祁连山地质志》(1963)第二卷一分册93—95页。剖面岩层层序列下：

上覆地层：中堡群　灰岩
——————— 整　合 ———————

阴沟群　　　　　　　　　　　　　　　　　　　　　　　总厚度＞790.80 m

13. 火山角砾岩及黑色硅质岩互层。火山角砾岩的砾石成分甚为复杂，有石灰岩及闪长岩等。其形状一般都具棱角　　　　　　　　　　　　　　200.00 m
12. 灰黄色薄层状页岩。常夹薄层状灰岩，灰岩一般都较致密。产三叶虫化石(Ny14)：*Triarthrus sinensis*，*Bathyuriscops kantsingensis*　　38.70 m
11. 黑色页岩与黑色致密细砂岩　　　　　　　　　　　　　12.90 m
10. 灰绿色页岩。风化后皆呈棕黄色。上部夹含6层棕褐色杂砂岩，其厚度7～15 cm不等。页岩内富含笔石(Ny13)：*Didymograptus* sp.，*Isograptus* sp.　　8.20 m
9. 掩盖　　　　　　　　　　　　　　　　　　　　　　　10.00 m
8. 深灰色厚层状细晶质灰岩，富含腕足类化石　　　　　　9.00 m
7. 深灰色厚层状细粒结晶灰岩及粗晶灰岩。粗晶灰岩内常有很多绿色矿物及黑色矿物。灰岩内皆含三叶虫、腕足类及海百合茎等化石(Ny11)。三叶虫：*Trinodus* sp.，*Lonchodomas* sp.　　　　　　　　　　　　　　　　　　　16.80 m
6. 灰黑色薄层页岩夹薄层状灰岩。页岩风化后常呈碎片。薄层状灰岩内富含三叶虫及腕足类化石(Ny9—10)。三叶虫：*Apatokephalus yini*，*A. kansuensis*，*Parabolinella* sp.，*Harpides troedssoni*，*Ceratopyge transversa*，*C. elongata*，*Szechuanella rectangula*，*Shumardia* sp.，*Geragnostus* sp.，*Symphysurus nanshanensis*，*S. quadratus*，*S. expansus*，*Nileus* sp.，*Inkouia inkouensis*　　　　　　　　　　　　　35.50 m
5. 顶、底部为角砾岩。其砾石大小极不均匀，形状各异，且均具棱角，其中有灰岩的砾石。夹于中部者皆为灰岩页岩；而近于底部者常见到硅质页岩。　　　7.50 m
4. 上部为深灰色灰岩(表面风化呈黄色)而中、上部为黄绿色页岩。灰岩中含腕足类化石　　　　　　　　　　　　　　　　　　　　　　　　　17.80 m
3. 深灰色薄层状结晶质灰岩，常夹灰黄色或灰绿色页岩，有时夹黑色燧石条带。灰岩内采得三叶虫化石：*Ceratopyge transversa*，*Symphysurus subrectangulatus*，*Harpides troedssoni*，*H.* sp.，*Yinaspis granulatus* 等　　　　　24.50 m
2. 红褐色凝灰质细砂岩夹薄层状灰岩，至下部渐变为砾岩　　9.90 m

1. 火山角砾岩、霏细岩及绿色基性火山岩等。(未见底)   >400.00 m

【地质特征及区域变化】 阴沟群主要由玄武岩、安山玄武岩、安山岩、英安岩、各类集块—角砾岩、角砾凝灰岩、凝灰岩、各类岩屑砂岩、层状硅质岩及板岩、灰岩等组成。碎屑岩层常迅速递变为火山岩后再断续出现。火山岩以喷溢相为主，而多呈间歇喷溢相，局部地段有爆发相喷出。常见块状与枕状构造的熔岩。自西向东延长达 800 km。在一些地段厚可逾 5 000 m，而在另一些地段也可不及 1 000 m(如阴沟)。即使如此，在北祁连山区尚未测过该群具有上、下界的完整剖面，几乎所有剖面都被巨大走向逆冲断裂所截失。

根据丰富的笔石、三叶虫及头足类，阴沟群的沉积时代应在滞江晚期至晚宁国期。但自西向东层位升高，至天祝、青海互助一带底部只出现 Arenigian 早期沉积而缺失 Tremadocian 期沉积。

中堡群   O$\hat{2}$ (05－62－0295)

【创名及原始定义】 屈占儒、叶永正等(1963)创名，未见创名文献，甘肃区测一队(1969)介绍。创名地点在永登县中堡石灰沟。指"分布于永登中堡，天祝马牙雪山、宋家梁山及白银厂等地，由于首次在中堡石灰沟发现中奥陶统笔石化石因之命名为中堡群。"

【沿革】 从 1963—1969 年，中堡群的含义均包括笔石层之下具有枕状构造及杏仁构造的安山玄武岩类岩层。赵凤游(1979)《甘肃的奥陶系》认为层型下部的火山岩系是天祝西部玉龙滩沟群(即阴沟群)上部的东延层位，认定原中堡群不仅仅是胡乐期的沉积也包括晚宁国期沉积，因而中堡群与阴沟群有大套地层的重叠，故将阴沟群只限于含 *Amplexograptus confertus* 带及其以下的层位。1989 年《甘肃省区域地质志》沿用这一划分方案。作者重新厘定的中堡群仅指上部碎屑岩。

【现在定义】 该群连续沉积于阴沟群、车轮沟群之上，不整合伏于妖魔山组、天祝组之下，以碎屑岩、薄—厚层灰岩为主的岩石组合，偶见中基性火山岩凸镜体。在层型地点见有碱性火山岩，但向两侧则消失。板岩、粉砂岩中常含笔石，灰岩中盛产三叶虫、牙形石及腕足类等化石。以下伏阴沟群厚层基性(或酸性)火山岩系的消失作为该群底界。

【层型】 正层型为永登县中堡石灰沟剖面第 15—29 层(103°13′, 36°51′)，由甘肃区调队(1985)重测，载于《J－48－98－D(打柴沟)幅区域地质调查报告》19—23 页。其层序如下：

上覆地层：肮脏沟组   灰绿色砂岩与板岩互层

—————— 平行不整合 ——————

中堡群   总厚度 1 058.20 m

29. 灰色薄—中层硅质岩夹少量砂质板岩。底部有一层结晶灰岩，顶部为厚约 0.3 m 的不纯结晶灰岩。板岩中产笔石：*Nemagraptus gracilis*, *Climacograptus* cf. *latus*, *Hallograptus* sp., *Glossograptus* sp., *Pseudoclimacograptus* sp., *Amplexograptus* sp., *Orthograptus* sp.   52.50 m

28. 灰紫色沉凝灰岩夹变凝灰质砾岩、砂砾岩及板岩   16.90 m

27. 上部为浅灰紫色碱性粗面质火山角砾岩；下部为褐黄色假白榴石响岩和碱性粗面质角砾凝灰岩   33.10 m

26. 暗绿、紫灰色假白榴石响岩质角砾熔岩、碱性粗面岩和同质集块角砾岩。上部为安山质集块砾岩   56.60 m

25. 暗绿、紫红色碱玄武质熔角砾岩、碱性粗面岩和粗面玄武质集块岩　　　97.70 m
24. 灰绿色安山岩，顶部为少量同质火山角砾岩及凝灰岩，底部为同质集块熔岩　　21.70 m
23. 中、上部为灰绿色条带状凝灰质板岩夹安山质晶屑岩屑凝灰岩和同质角砾凝灰岩；
    下部为灰绿色安山质晶屑凝灰岩与条带状钙质板岩互层　　　56.80 m
22. 上部为灰绿色安山质火山角砾岩；中部为同质含角砾晶屑岩屑凝灰岩；下部为同质
    角砾凝灰岩　　　30.80 m
21. 灰绿色安山质含角砾晶屑、岩屑凝灰岩夹凝灰质板岩，上部偶夹薄层结晶灰岩　　109.50 m
20. 灰绿色薄一中层含绢云硅质板岩，偶夹薄层板岩及砂质结晶灰岩凸镜体　　　54.30 m
19. 上部为灰绿色安山质晶屑凝灰岩、凝灰质板岩、厚层结晶灰岩、砾状结晶灰岩夹硅
    质岩条带；下部为灰色薄层硅质岩与块状中层结晶灰岩互层，夹少量凝灰质板岩，在
    底部的凝灰质板岩中产笔石　　　110.30 m
18. 灰色块状结晶灰岩，底部为同色薄一中层白云质灰岩，向东相变为钙质板岩。灰岩
    中产牙形石：*Belodina* sp.，*Acontiodus robustus*，*Acodus* sp.，*Scolopodus varicostatus*；
    底部白云质灰岩中产三叶虫：*Ampyx* sp.，*Atractopyge* sp.，*Illaenus* cf. *sinensis*；钙
    质板岩中产笔石：*Pseudoclimacograptus* sp.，*Dicranograptus* sp.，*Isograptus* sp.
    　　　218.30 m
17. 灰绿色薄层状沉凝灰岩夹板岩，底部为同色块状凝灰质砾岩　　　27.10 m
16. 上部为灰色板岩夹钙质板岩，偶夹沉凝灰岩；中部为灰色板岩夹少量薄层结晶灰岩；
    下部为浅灰色中层沉凝灰岩夹灰色板岩，偶夹灰色薄层灰岩。下部板岩中产笔石：
    Glyptograptus teretiusculus，*G. englyphus*，*Orthograptus* sp.，*Climacograptus forticau-
    datus*，*Cryptograptus* cf. *tricornis*　　　80.30 m
15. 灰色中层硅质岩偶夹灰绿色安山质凝灰岩　　　92.30 m

—————— 整　合 ——————

下伏地层：阴沟群　褐黄色蚀变玄武岩

【地质特征及区域变化】　中堡群广泛分布于北祁连山地区，东西延伸千余公里。由火山碎屑岩及碎屑岩组成。碎屑岩以砂岩、板岩为主，砂岩多为变质的长石石英砂岩，偶见有砾岩及砂砾岩，板岩与砂岩常呈互层，夹有厚层灰岩与火山岩凸镜体及少量硅质岩。火山岩类型复杂，有熔岩及火山碎屑岩夹碱性火山岩层。该群地层厚度较大，中堡石灰沟厚1 058 m，玉门南部厚100 m，肃南一带厚352 m，古浪厚1 380余米，靖远厚3 300余米，自西向东逐渐增厚。这套碎屑岩、灰岩层位具有较为明显的穿时性，自北祁连山西部至东部层位愈渐增高。据笔石带的研究自 *Amplexograptus confertus* 带至 *Nemagraptus gracilis* 带，代表着从晚宁国期至胡乐期的沉积时代。接触关系西部为不整合，东延至中堡地段变为平行不整合于肮脏沟组之下。

妖魔山组　Oy　(05-62-0294)

【创名及原始定义】　王尚文(1945)创名妖魔山系，中国科学院地质研究所等(1963)介绍，称妖魔山统。创名地点在玉门市妖魔山。王尚文将祁连山西段含志留纪笔石之下的火山岩系笼统命名为妖魔山系，并归为寒武纪—奥统纪。

【沿革】　1959年解广轰将妖魔山统限定在南石门子统之下，阴沟统之上的薄—厚层灰岩。1962年张文堂称妖魔山石灰岩组。1963年《祁连山地质志》将白杨河一带的同层位的灰岩称作"一碗泉灰岩"。1969年，甘肃区测二队改称妖魔山组，其后沿用至今。古浪组、古浪

灰岩、乱石堆灰岩及一碗泉灰岩均为同物异名，建议停用。

【现在定义】 以厚层灰岩为主，下部常见有薄层致密灰岩、板岩或页岩；底部断续见有砂砾岩层。下部富含三叶虫、笔石、腕足类、珊瑚、头足类等化石。与下伏中堡群呈不整合，局部为平行不整合。在区域上与上覆南石门子组、斜壕组均为连续沉积。在主槽区内有碎屑岩增多之势。

【层型】 创名人未指定层型，本书指定选层型为玉门市南石门子剖面第6—8层。剖面位于玉门市阴沟附近(97°02′,39°48′)，由中国科学院地质研究所等(1960)测制，载于《祁连山地质志》(1963)第二卷一分册。层型层序如下：

妖魔山组	总厚度>179.6 m
8. 厚层状灰岩。（未见顶）	>100.0 m
7. 下部为灰色致密石灰岩。往上则渐变为棕红色不纯灰岩及深灰色致密结晶灰岩，有时则为黑色薄层状质地较纯、易于裂开的灰岩。产笔石 Glyptograptus sp. 及三叶虫 Shumardia transversa, Yumenaspis sp., Nanshihmenia rectangula, Nanshanaspis levis (NY5A)	47.7 m
6. 深灰色或灰色致密灰岩	31.9 m

—————— 平行不整合 ——————

下伏地层：中堡群　黑色硅质岩

【地质特征及区域变化】 主要分布于祁连山北麓，在主槽区内也见零星分布。

妖魔山组主要由厚层石灰岩组成，在祁连山东部为"古浪灰岩"及"乱石堆灰岩"，属于浅海陆架上的碳酸盐岩沉积。根据生物分析，自西向东由胡乐晚期渐变至滩江期、石口期，具穿时特征。

南石门子组　On　(05-62-0293)

【创名及原始定义】 解广轰、汪缉安(1959)创名。创名地点在玉门市南石门子沟。综合原定义如下：位于妖魔山统之上的薄层灰岩、页岩及火山岩系，因采获晚奥陶世笔石而命名的南石门子统。

【沿革】 张文堂1962年改称南石门子组，沿用至今。本书厘定为仅指命名剖面第4—6层正常沉积岩，其上第7—13层火山岩层归入扣门子组。

【现在定义】 指覆于妖魔山组之上、整合伏于扣门子组之下的灰黑色薄层页岩与砂质灰岩互层。下部页岩中产笔石。分别以下伏厚层灰岩的顶界及上覆火山岩的出现作为分组标志。该组分布范围局限，仅见于走廊南山的西部地区。

【层型】 正层型为玉门市南石门子沟剖面第4—16层(97°03′,39°48′)，由中国科学院地质研究所等(1960)测制，载于《祁连山地质志》(1963)第二卷一分册。

上覆地层：扣门子组　绿色基性火山岩

—————— 整　合 ——————

南石门子组	总厚度 69.60 m
6. 灰黑色页岩夹灰黄色砂岩	13.30 m
5. 深灰色或灰黑色细粒结晶石灰岩与灰黑色页岩互层	23.30 m

4. 灰黑色薄层页岩，风化后表面呈灰绿色或灰黄色，含笔石：*Climacograptus putillus*, *C. yumenensis*, *Pseudoclimacograptus scharenbergi*, *Glyptograptus* sp., *Dendrograptus* sp.   33.00 m

——————— 整 合 ———————

下伏地层：妖魔山组　深灰色厚层状石灰岩

【地质特征及区域变化】　分布于走廊南山西部玉门南石门子至肃南县大海子一带，由硅泥质、泥质板岩、变质粉砂岩、砂岩夹厚层灰岩、泥灰岩的凸镜体组成，厚近千米。盛产珊瑚。厚度变化大，西部玉门一带厚70 m，东部大海子厚达969 m。根据所产笔石及珊瑚，南石门子组的沉积时代在西部为石口期向东过渡为五峰早期。

扣门子组　Ok　（05-62-0292）

【创名及原始定义】　穆恩之（1962）创名扣门子统，中国科学院地质研究所等（1963）介绍。创名地点在青海省门源县大梁。原义为："扣门子统为石灰岩、板岩及页岩，含化石较多。下部与中—下奥陶纪大梁统呈断层接触，顶部被覆盖"。

【沿革】　俞昌民（1962）称扣门子群。张文堂（1964）改称扣门子组。张明书（1974）称李家河组，赖才根（1982）再次称扣门子群。本书仍改称扣门子组。建议停用李家河组。

【现在定义】　指分布于北祁连山区，整合于大梁组之上，推测平行不整合于肮脏沟组之下，以中基性至中酸性火山岩为主夹有厚层至薄层灰岩、砾状灰岩、硅质岩及各类碎屑岩的岩石组合。灰岩层位多集中于下部。沉积岩夹层中产珊瑚、三叶虫、腕足类及头足类化石。以火山岩的出现与消失作为该组的顶、底界线。

【层型】　正层型剖面位于青海省门源县大梁地区。甘肃省内的次层型为玉门市南石门子沟东剖面（97°03′，39°48′），由中国科学院地质研究所（1960）测制，载于《祁连山地质志》（1963）第二卷一分册。

【地质特征及区域变化】　甘肃省扣门子组分布广泛，为整合于南石门子组、妖魔山组之上，肮脏沟组之下以安山质及英安质熔岩、凝灰岩、集块岩为主，夹少量玄武岩、安山玄武岩、碳酸盐岩及碎屑岩，区域变化较大。厚度由西向东逐渐变厚，南石门子厚501 m、大海子厚770 m、西武当厚达2 373 m、古浪一带总厚2 170余米、秦安一带厚1 463 m。属陆表浅海沉积。根据该组中所含珊瑚、笔石的研究，其沉积时代可能自石口期至早志留世早期（龙马溪期早时）。

肮脏沟组　Sa　（05-62-0143）

【创名及原始定义】　中国科学院祁连山地质队（1958）创名肮脏沟统，中国科学院地质研究所等（1963）介绍。创名地点在玉门市积阴功台南2 km。"下部由绿色、灰绿色页岩、砂岩、中厚层砾岩组成；上部由蓝灰色、灰绿色中粒砂岩、黑色板岩、灰绿色页岩互层组成。除砂岩外几乎都含笔石。与下伏奥陶系呈不整合，与上覆老沟山统为整合关系。"

【沿革】　1969年甘肃区测二队改称肮脏沟组，沿用至今。

【现在定义】　下部为绿色、灰绿色页岩、砂岩、中厚层砂砾岩；上部为灰绿色、蓝灰色厚层状砂岩、粉砂岩、板岩、页岩互层。富含笔石。整合于泉脑沟山组之下、扣门子组之上。

【层型】　正层型为玉门市石门子—泉脑沟山—旱峡剖面第1—64层。剖面位于玉门市西积阴功台南 2 km(97°08′,39°49′)，由中国科学院祁连山地质队(1958)测制，载于《祁连山地质志》(1963)第二卷一分册。

【地质特征及区域变化】 肮脏沟组断续分布于玉门昌马、酒泉半截沟、肃南水关河、鹿角沟至永登县石灰沟等地。由于断裂影响及第四系覆盖，所测剖面顶、底不全。玉门市肮脏沟剖面未见底，与上覆泉脑沟山组整合接触，厚度大于 2 315 m。东部永登石灰沟剖面有底无顶，下部岩性主要为灰绿色粉砂质板岩、粉砂岩、长石石英砂岩、偶夹结晶灰岩、钙质板岩、硅质岩等，粉砂质板岩中含笔石。上部为长石石英砂岩、千枚岩、硅质岩偶夹安山质凝灰岩、石膏层。与下伏中堡群呈平行不整合接触。在区域上，本组以页岩、板岩及粉砂岩为主，底部常见砾岩。据笔石化石地质时代为早志留世。

泉脑沟山组　S_q　(05－62－0142)

【创名及原始定义】 王尚文(1945)创名泉脑沟系，中国科学院地质研究所等(1963)介绍。创名地点在玉门市西积阴功台南 2 km。"岩性主要为砂岩、页岩、粉砂岩等。呈灰绿色、绿色、紫色，下部含丰富的珊瑚、腕足、三叶虫化石。与上部"旱峡系"呈整合关系。"

【沿革】 王尚文创名之泉脑沟系包括肮脏沟统和老沟山统。1962 年俞昌民将老沟山统改称泉脑沟山统。1976 年甘肃省地质局编图组①，改为泉脑沟山群，本书改为泉脑沟山组。

【现在定义】 主要为绿、灰绿、褐黄、紫红色砂岩、粉砂岩、板岩、页岩互层，并夹有泥灰岩、灰岩扁豆体，局部地段夹有火山岩，常称为"杂色层"。含丰富的腕足类、珊瑚、苔藓虫、海百合茎、头足类等化石。杂色层的出现与消失为泉脑沟山组与下伏肮脏沟组和上覆旱峡组的分界标志，与下伏、上覆地层均为整合接触。

【层型】 正层型为甘肃省玉门市北石门子—泉脑沟山—旱峡剖面第 65—107 层。剖面位置、测制单位、测制时间等与肮脏沟组同。

【地质特征及区域变化】 泉脑沟山组分布与肮脏沟组一致，西起安西县红口子东北、向东经玉门市泉脑沟山、肃南县水关河至民乐县老君山，东西展布 400 余公里，厚度 305～2 109 m。从玉门市向西岩石粒度变粗，色调变为暗绿、灰绿色，中下部时夹火山碎屑岩、火山角砾岩、中酸性熔岩等，砂板岩中也含有凝灰质成分。在玉门市以东肃南县水关河、庄浪县玉家高原亦夹有火山岩、火山碎屑岩。粉砂岩、页岩、板岩、灰岩中含丰富的壳相化石，地质时代为中志留世。

旱峡组　S_h　(05－62－0141)

【创名及原始定义】 王尚文(1945)创名旱峡系，中国科学院地质研究所等(1963)介绍。创名地点在玉门市积阴功台南 2 km。"指旱峡出露的紫红色石英砂岩，称旱峡系"。

【沿革】 1963 年祁连山地质队将"旱峡系"更名为旱峡统。1976 年甘肃省地质局编图组将旱峡统改为旱峡群。本书改为旱峡组。

【现在定义】 主要为紫红色砂岩、粉砂岩、粗粉砂岩，中夹紫红色页岩、板岩等。层面发育有波痕、交错层等。紫红色调为其主要特征。与下伏泉脑沟山组为连续沉积，下伏"杂色层"色调的消失、紫红色调的出现为二者的分界标志。

【层型】 正层型为玉门市北石门子—泉脑沟山—旱峡剖面第 108—111 层。剖面位置、测

---

① 甘肃省地质局，1976，甘肃省地质矿产图说明书(内部资料)。

制单位、测制时间等与肮脏沟组、泉脑沟山组同。

【地质特征及区域变化】 旱峡组从安西县红口子东北向东至民乐县冷龙岭断续分布达三百多公里。出露厚度 163～1 930 m，侧向延伸稳定。主要由紫红色粉砂岩、砂岩组成，偶见砂砾岩。层面有雨痕、波痕，微型交错层发育，板岩、页岩具微薄层理，局部（旱峡煤矿）含海百合茎、腕足类、珊瑚化石。砂岩偶夹含铜砂岩凸镜体或薄层。时代属晚志留世。旱峡组层型剖面处，上未见顶，多为断层接触；但在区域上，下一中泥盆统老君山组红色砾岩、砂砾岩常以不整合覆盖在旱峡组之上。

草滩沟群 OCT （05-62-0291）

【创名及原始定义】 陕西省区域地层表编写组（1977）于陕西省凤县唐藏乡北部的草滩沟将草凉驿组之下的浅变质碎屑岩、火山岩地层创名为草滩沟群，1983年公开发表。原始定义：下部为变质粉砂岩、粉砂质板岩夹安山岩、凝灰岩。上部以中酸性火山岩为主，夹中基性火山岩、火山碎屑岩和灰岩。

【沿革】 创名后引入甘肃省未变动。

【现在定义】 该群下部为红花铺组，上部为张家庄组。

红花铺组 Oh （05-62-0290）

【创名及原始定义】 陕西省地质局第三地质队（1978）创名于陕西省凤县红花铺西杨家岭，杨志超、刘剑、金勤海（1984）[①] 介绍。原始定义：为一套富含少量海相生物化石的含钙砂岩、粉砂岩夹和少量火山岩的浅变质地层。

【沿革】 本书首次引用于甘肃省境内。

【现在定义】 由灰一灰绿色变质粉砂岩、钙质砂岩与粉砂质板岩组成韵律层，夹砂质灰岩、灰岩凸镜体和少量的细碧岩、石英角斑岩层。与下伏秦岭杂岩为断层接触，与上覆张家庄组火山岩在区域上为整合接触，具体界线划在本组变质粉砂岩或粉砂质板岩的结束或张家庄组安山凝灰熔岩的出现处。

【层型】 正层型为陕西省凤县红花铺车站西杨家岭剖面。甘肃省内的次层型为两当县小沟—李家沟剖面（106°30′，34°10′），由陕西地质局第三地质队（1978）测制，载于《西北地区区域地层表·陕西省分册》（1983）。

【地质特征及区域变化】 红花铺组在甘肃境内分布于两当县张家庄，松树梁一带，由变质砂岩、板岩组成的韵律层，厚度大于 50 m。

据杨志超等人的意见，红花铺组的沉积时代属早奥陶世。马润华（1990）[②] 则认为可能属早奥陶世的中、晚期，迄今在我国的奥陶纪地层中尚无资料与红花铺组中所产腕足类及三叶虫动物群对比。

张家庄组 $O\hat{z}$ （05-62-0289）

【创名及原始定义】 陕西省地质局第三地质大队（1978）创名，杨志超、刘剑、金勤海（1984）[①]介绍。创名地点在甘肃省两当县张家庄。原始定义：以火山熔岩为主夹正常沉积岩。

---

① 杨志超、刘剑、金勤海，1984，陕西凤县红花铺杨家岭火山岩系中腕足类等动物化石的发现及其意义。陕西地质 2(2)，21。
② 马润华，1990，陕西的奥陶系，67—70 页（内部资料）。

下部以中基性熔岩为主；上部以酸性熔岩为主。可见厚度391～2 500 m。与下伏红花铺组和上覆草凉驿煤系均为断层关系。

【沿革】 本书首次引用于甘肃境内。

【现在定义】 以紫灰、灰色中酸与酸性火山岩为主，夹中基性火山岩、火山碎屑岩和少量粉砂质板岩、结晶灰岩。含腕足类、三叶虫、珊瑚化石。与下伏红花铺组粉砂岩或粉砂质板岩在区域上为整合接触，与上覆草凉驿组为不整合接触。

【层型】 正层型为陕西省凤县红花铺西杨家岭剖面。甘肃省内次层型为两当县小沟—李家沟剖面(106°30′,34°10′)，由陕西地质局第三地质队(1978)测制，载于《西北地区区域地层表·陕西省分册》(1983)。

【地质特征及区域变化】 在甘肃主要岩性为安山质熔岩、凝灰岩及火山砾岩、少量流纹斑岩、英安斑岩夹多层厚度不等的结晶灰岩(或大理岩)。产以 $Agetolites$ 为代表的我国南方型的五峰期的床板珊瑚群。在陕西凤县红花铺西杨家岭厚度为205 m，甘肃两当县李家沟的厚度为1 070 m。

雾宿山群　OW　（05－62－0287）

【创名及原始定义】 甘肃区测一队(1965)创名。创名地点在永靖县雾宿山。系指属浅海相碎屑岩及火山岩沉积，以安山质、玄武质熔岩、凝灰岩及火山角砾岩(至少四层)为主夹少量硅质千枚岩、绢云千枚岩、变粉砂岩及薄层结晶灰岩。因采得大量三叶虫、笔石、腕足、腹足类等中—晚奥陶世化石而命名。

【沿革】 自创名后沿用至今。

【现在定义】 为一套巨厚的中性、中基性火山岩系，中夹有正常沉积岩(粉砂岩、千枚岩、灰岩)，属低绿片岩相。偏下部含笔石、三叶虫、腕足类等化石。分布局限于兰州西南地区，其上、下界均不清。

【层型】 正层型为永靖县后雾宿山剖面(103°28′,36°04′)，甘肃区测一队(1963)测制。

【地质特征及区域变化】 以安山质熔岩、凝灰岩为主，中、下部夹有少量玄武岩，上部出现英安质凝灰岩。属浅海陆架下的裂陷槽环境。该群出露面积不及150 km²，呈断块体，厚度大于750～7 200m。据所含头足类、笔石、三叶虫等，沉积时代应属中、晚奥陶世，大致应属滞江期至五峰期的沉积。

吾力沟群　OWL　（05－62－0286）

【创名及原始定义】 甘肃区测二队(1974)[①]创名吾力沟组。创名地点在党河南山吾力沟至扎子沟。甘肃地矿局(1989)介绍。无原始定义。

【沿革】 1979年赵凤游编写的《甘肃的奥陶系》(未刊)，改为吾力沟群并指定了单位层型。1989年《甘肃省区域地质志》沿用吾力沟群。

【现在定义】 指分布在党河南山北坡的一套火山岩系，由基性向中酸性分异的近火山口相沉积，中部夹碎屑岩，顶部有厚层灰岩。产腕足类、腹足类及头足类化石。其下界不明；其上以出现巨厚的陆源碎屑岩作为与上覆盐池湾组的分界，呈连续沉积。

【层型】 正层型为肃北县盐池湾乡扎子沟剖面第1—54层(95°24′,39°12′)，由甘肃区测

---

① 甘肃省地质图矿产图说明书(1∶50万)中称"1974年甘肃区测二队在党河南山吾力沟至扎子沟以及黑子沟、查干布尔嘎斯等地，相继采到了早奥陶世化石，建立了吾力沟组和扎子沟组"。

二队(1974)测制。

【地质特征及区域变化】 该群地层在层型剖面上可以划分四个岩性段，下部为中基性火山岩段，由玄武质熔岩向安山玄武质的熔岩角砾岩演化；中部属正常沉积岩，以灰岩、含砾砂岩、杂砂岩、钙质砂岩为主夹少量千枚岩及条带状硅质岩；上部为中酸性火山岩段，以英安质角砾熔岩、含砾凝灰岩、凝灰岩为主夹多层灰岩、板岩及砂岩，为主要含生物的岩段。顶部为灰岩岩段，由厚层向条带状过渡，厚达300 m，总厚大于4 869.9 m。北部小红沟仅见中基性火山岩段，厚度大于3 400m。

该群的研究程度较低，其化石层位局限，就生物面貌分析似属晚宁国期，由于沉积厚度较大，其沉积时代可能包括整个早奥陶世及中奥陶世早期。

盐池湾组 Oyc （05-62-0285）

【创名及原始定义】 甘肃区测二队(1974)创名盐池湾群。创名地点在肃北县盐池湾乡。"是一套陆源碎屑沉积岩层呈复理石式，岩层稳定，由砾岩、砂岩、板岩组成，产中奥陶世早期较标准化石。生物群属南方型。整合于吾力沟结晶灰岩之上。"

【沿革】 1979年赵凤游编写的《甘肃的奥陶系》及1989年《甘肃省区域地质志》沿用。本书改为盐池湾组。

【现在定义】 为陆源碎屑沉积，以砾岩、复矿砂岩、板岩为主夹厚层灰岩或扁豆体，构成复理石式韵律。上部在局部地段有中酸性火山岩。板岩及灰岩中产三叶虫、头足类、腕足类等化石。层型向西延砾岩锐减。其下与吾力沟群以巨厚碎屑岩的起始为界，呈整合接触，上与多索曲组整合接触。

【层型】 正层型为肃北县吾力沟—黑刺沟剖面第1—27层(95°56′,38°49′)，由甘肃区测二队(1974)测制。

【地质特征及区域变化】 剖面大致显示了两个主沉积旋回，垂向大致均是由粗至细。下部沉积层中常见有波痕、斜层理等，其韵律结构较上部清晰。上部沉积层中含砾较多，单独构成砾岩层。吾力沟厚度近4 000 m，扎子沟由于断失仅余950 m，白石头沟属上部沉积层厚620 m。据区调报告，层型以东的大沙沟为巨厚的含砾砂岩、砂岩、板岩及灰岩、砾岩，含腕足类及三叶虫，厚达5 100 m以上。应属滨-浅海陆架相沉积。根据生物组合分析，该群的沉积时代应属晚奥陶世的早中期，大致应是胡乐期或稍晚一些的时期。

多索曲组 OSd （05-62-0275）

【创名及原始定义】 孙崇仁(1995)创名。创名地点在青海省天峻县多索曲。"指分布于南祁连山地区，整合于盐池湾组陆源碎屑岩组合之上，巴龙贡噶尔组碎屑岩组合之下，一套以火山碎屑岩为主夹火山熔岩及少量板岩的地层序列。底以火山岩的始现与盐池湾组分界，顶部出露不全。区域上以灰紫色调的含砾长石杂砂岩的始现与上覆巴龙贡噶尔组分界，二者呈整合接触。"

【沿革】 甘肃境内以往未曾命名，赵凤游(1979)在《甘肃的奥陶系》（未刊）、《甘肃省区域地质志》(1989)将该组地层及整合其下的盐池湾组上部灰绿色碎屑岩及灰岩一并称作上奥陶系。本书按孙崇仁(1995)意见，将上奥陶统上部安山质、英安质火山碎屑岩与该组对比，称多索曲组。

【现在定义】 见"原始定义"。

【层型】 正层型在青海省。甘肃省内的次层型为肃北县石包城乡白石头沟剖面（95°30′，39°11′），由甘肃区测二队（1975）测制。

【地质特征及区域变化】 该组地层延至甘肃境内，仅见于党河南山白石头沟一带。岩石组合特征与层型剖面无明显不同，皆由中—中酸性火山碎屑岩夹熔岩组成，与下伏盐池湾组呈整合接触，但未见顶，厚度大于814 m。本组在甘肃境内未采得化石，据整合其下的盐池湾组所含化石推测，地质时代可能为奥陶纪至志留纪。

巴龙贡噶尔组 Sbl （05－62－0152）

【创名及原始定义】 青海省石油普查大队（1959）创名巴龙贡噶尔系。创名地点在青海省。代表纳赤台系（O—S）之上，被石炭系不整合覆盖的一套志留纪海相碎屑岩地层。

【沿革】 本书首次引用于甘肃境内。

【现在定义】 指发育于尔德公麻、尕日娄曲、党河南山一带由复矿砂岩为主、变粉砂岩、板岩次之，凝灰岩呈夹层出现的岩石组合。产笔石。下未见底，或不整合在多索曲组之上。顶部出露不全。

【层型】 正层型在青海省。甘肃省内次层型为阿克塞哈萨克族自治县红庙沟—桃湖沟剖面（95°40′，38°54′），由甘肃区测二队（1974）测制。

【地质特征及区域变化】 甘肃境内主要分布于党河南山分水岭、盐池湾南、吾力沟及阿克塞哈萨克族自治县红庙—桃湖沟一带。岩性为暗绿色、黄褐色长石质杂砂岩、板岩、粉砂岩、含砾灰岩、千枚岩夹凝灰熔岩、火山角砾岩、凝灰岩等。含层孔虫、腕足类、腹足类，总厚度达3 272 m。

肃北县石墙子沟、吾力沟为灰绿、浅紫、暗绿色不等粒杂砂岩夹粉砂岩、含砾杂砂岩、千枚岩、板岩等。下部含有熔岩凝灰岩及角砾岩。顶界多被中生代地层不整合覆盖。

二、东昆仑-中秦岭地层分区

吴家山组 Sw （05－62－0151）

【创名及原始定义】 甘肃冶金地质勘探公司（1980）创名，甘肃省地矿局（1989）介绍。创名地点在成县吴家山。"指将西汉水群第五岩性段的一部分和第六岩性段下部的一部分定为吴家山组，主要岩性为片岩、变砾岩、砂砾岩、砂岩、碳质岩及白色中粗粒大理岩（未见底）。与上覆安家岔组为整合接触，时代为下泥盆世。"

【沿革】 创名后沿用至今。

【现在定义】 下部为黑云石英片岩夹大理岩等；上部为粉红色、灰白色大理岩、黑色碳质千枚岩、白云岩、砾岩、砂岩等。未见底；以粉红色大理岩与上覆安家岔组分界，二者推测为平行不整合接触。

【层型】 正层型为成县王磨乡吴家山关店—厂坝剖面第1—4层（105°41′，33°55′），由甘肃冶金地质勘探公司（1980）测制，其剖面层序如下：

上覆地层：安家岔组　浅灰色凝灰岩夹板岩
—————— 平行不整合 ——————

吴家山组　　　　　　　　　　　　　　　　　　　　　总厚度＞735.00 m
  4. 西部以中粗粒大理岩为主，中部及东部相变为白色大理岩夹白云岩、片岩及含碳质
    千枚岩（并出现蚀变的含斜黝帘钾长透辉石岩等）　　　　　　　　　　220.00 m

3. 西部为变砾岩、砂岩、砂砾岩。袁家坪一带砾岩尖灭,砂岩变薄或变成石英黑云片岩、
二云石英片岩及绿泥石英片岩、含碳硅质岩等   175.00 m
2. 条带状黑云方解石英片岩、黑云方解片岩夹黑云石英大理岩及石英大理岩,在茨坝见
有中酸性岩脉侵入,并有透闪石、钾长石、方解石片岩   200.00 m
1. 条带状黑云石英大理岩、石英大理岩夹黑云方解石英片岩。(背斜轴部未见底) >140.00 m

【地质特征及区域变化】 吴家山组仅分布于成县铅锌矿田外围及双碌碡等地,总厚度558～1 855 m,延伸不远岩性变化较大,吴家山一带,上部为粉红色、灰白色大理岩、黑色碳质千枚岩、白云岩、砾岩、砂岩等;下部为黑云石英片岩夹大理岩,成县吴家山关店—厂坝及成县双碌碡等地为大理岩。黑云片岩、石英片岩等仅见于正层型。在其它剖面均未见及。地质时代为晚志留世。

三、晋冀鲁豫地层区

雨台山组 $\in y$ (05-62-0059)

【创名及原始定义】 徐嘉炜(1958)创名。创名地点安徽省霍邱县马店雨台山。指"华北寒武系沉积中特有的一个建造。淮南地区一般自下而上由磷矿层、含磷页岩及含磷灰岩三部分组成,厚度变化大,自0～20 m不等。在霍邱、固始地区雨台山出露的剖面上,页岩非常发育。"

【沿革】 雨台山组一名,本书首次引用于甘肃。本组自安徽霍邱雨台山经河南、陕西延入甘肃平凉大台子百洋沟一带。甘肃陇东地质队(1963)将具灰绿色底砾岩的紫红色石英砂岩为主夹白云质灰岩归为下寒武统。甘肃区测二队(1972)将这套地层命名为百洋沟组,时代归早寒武世。项礼文等(1981)《中国的寒武系》一书称此套地层为下寒武统馒头组。俞伯达(1994)《甘肃的寒武系》一文将这套地层顶部石英砂岩以上的黄、浅紫红色白云岩夹灰岩归中寒武统毛庄组,其下为下寒武统。本书根据岩性对比,将甘肃区测二队命名的百洋沟组上部浅紫红色石英砂岩以上的白云岩夹灰岩及顶部页状粉砂岩对比为朱砂洞组,其下的紫红色石英砂岩为雨台山组。建议停用百洋沟组。

【现在定义】 指分别平行不整合于四顶山组(霍邱地区)或凤台组(淮南地区)之上与猴家山组之下以碎屑岩为主的地层。其下部为褐黄、灰、灰紫色页岩;中部为灰黑色巨厚层砾岩夹灰紫色中厚层白云岩质细砾岩、薄层含灰质、泥质白云岩;上部为黄绿、灰绿色页岩夹黄白色中厚层石英砂岩,含锰、碳、铀、磷、碳质页岩。底以页岩出现,顶以页岩消失或含磷砾岩出现为界。

【层型】 正层型在安徽省。甘肃省内的次层型为平凉市大台子剖面第1—5层,位于平凉市南麻川乡大台子百洋沟(106°43′,35°23′),由甘肃陇东地质队赵临安、尹明德等(1963)测制,载于甘肃陇东地质队(1963)《甘肃平凉南部地层专题研究报告》(手稿)。

上覆地层:朱砂洞组 黄色浅紫红色白云岩,夹灰岩,顶部为鲜红色页片状钙质粉砂岩
——————— 整 合 ———————
雨台山组   总厚度 32.32 m
5. 灰白色、浅紫红色厚层石英砂岩   6.73 m
4. 黄色、灰带紫红色厚层状白云质灰岩   2.30 m

3. 上部为浅红色薄层石英砂岩，下部为砖红色薄层粉砂岩、砂质页岩	1.29 m
2. 浅紫红色厚层石英砂岩，层面具波痕	21.88 m
1. 红灰色砾岩	0.12 m

—————— 平行不整合 ——————

下伏地层：王全口组　浅灰色燧石条带白云岩

【地质特征及区域变化】　雨台山组在甘肃境内呈近南北向分布于华亭海龙山、平凉南大台子、环县阴石峡、老爷山等地。下与王全口组平行不整合接触，上与朱砂洞组整合接触。岩石组合在各地段变化不大，底部均有底砾岩，往上以石英岩状砂岩或石英砂岩为主，夹粉砂岩、粉砂质页岩，局部夹白云质灰岩凸镜体，砂岩内波痕发育，颜色以浅紫红色调夹杂色为主。北部环县阴石峡一带底砾岩内含磷矿，化石稀少，仅在环县老爷山一带在本组下部含有三叶虫 $Hebediscus$ sp. 和少许腕足类化石。层位相当于 $Hsuaspis$ 带，厚度自南而北由 32～56 m不等，有增厚趋势。地质年代属早寒武世沧浪铺中期。

朱砂洞组　$\in \hat{z}\hat{s}$　（05-62-0058）

【创名及原始定义】　冯景兰、张伯声（1952）创名时称朱砂洞石灰岩系。创名地点在河南省平顶山西南的朱砂洞村。原义指："大石门石英砂岩与馒头页岩之间的一套各色灰岩间夹薄层状页岩。厚121 m；在嵩山地区自下而上包括(a)底砾岩，(b)不规则薄层灰岩，(c)厚层状灰岩，(d)灰岩夹页岩，厚170 m。时代归震旦纪。"

【沿革】　朱砂洞组本书首次用于甘肃。该组延入甘肃平凉大台子一带。甘肃陇东地质队（1963）将紫红、灰紫色白云岩、白云质灰岩夹石英砂岩及页岩归为下寒武统。甘肃区测二队（1972）将这套地层称为百洋沟组，时代归早寒武世，上与中寒武统徐庄组紫红色细砂岩整合接触。《西北地区区域地层表·甘肃省分册》（1980）和《甘肃省区域地质志》（1989）的划分与甘肃陇东地质队一致，与上覆毛庄组整合接触，时代仍归早寒武世。本书改称为朱砂洞组，停用百洋沟组。

【现在定义】　指整合在辛集组之上、馒头组之下的一套灰岩、白云质灰岩。在层型剖面上，下部为浅红色含燧石薄层泥灰岩，中部为泥质灰岩，上部为深红灰色（含云斑）灰岩，顶部为灰色、浅红色中厚层灰岩。下以辛集组砂质泥灰岩或页岩消失，泥灰岩出现为该组底界，上以灰色灰岩结束，褐黄色、暗紫色薄层泥灰岩出现为该组顶界。

【层型】　选层型为河南平顶山姚孟剖面。甘肃省内次层型为平凉市麻川乡百洋沟大台子剖面第6—11层。剖面位置、测制单位、测制时间等与雨台山组相同。

上覆地层：馒头组　紫红色含钙质细砂岩

—————— 整　合 ——————

朱砂洞组	总厚度 26.40 m
11. 灰带红色白云质灰岩	1.85 m
10. 灰色厚层灰岩	1.87 m
9. 蓝灰色、灰紫色页岩、砂质页岩	7.00 m
8. 深灰色带红色铁白云岩	0.60 m
7. 紫红色灰紫色粉砂岩，夹灰白色中粒石英砂岩	6.79 m
6. 黄色、浅紫红色白云岩，夹灰岩，顶部为鲜红色页片状钙质粉砂岩	5.27 m

――――― 整　合 ―――――

下伏地层：雨台山组　灰白色、浅紫红色厚层石英砂岩

【地质特征及区域变化】　在甘肃朱砂洞组为膏盐-泥质岩单位。出露于华亭海龙山、平凉大台子、环县阴石峡和老爷山等地，岩性为一套含镁碳酸盐岩为主夹细碎屑岩组成，岩性稳定。省内上、下分别与馒头组和雨台山组呈整合接触。厚度向北有增大趋势，达23～47 m。颜色以紫色调为特征，生物资料贫乏。据其层位推测，在区内沉积时间为沧浪铺中期—早寒武世末期之间。

馒头组　∈m　（05-62-0057）

【创名及原始定义】　B Willis和E Blackwelder(1907)创名馒头层（又称馒头页岩）。创名地点在山东省长清县张夏镇馒头山。馒头层主要是一套红和棕色页岩，夹有灰色或浅灰色石灰岩，石灰岩经常含泥质成分。这套地层见于张夏村陡壁下四周的坡上，总厚135 m～225 m。位于张夏村之正南叫做馒头山的一个孤山处，有一个下与花岗岩不整合接触，上面整合盖着石灰岩的馒头层的完整而出露好的剖面。这就是馒头层的典型剖面，馒头层是根据这个孤山命名。

【沿革】　馒头组在甘肃省内分布于平凉大台子一带。甘肃陇东地质队(1963)和甘肃区测二队(1972)将白云质灰岩之上和鲕状灰岩之下的一套紫红色细—粉砂岩夹页岩和少许薄层灰岩凸镜体归为中寒武统徐庄组。《西北地区区域地层表·甘肃省分册》(1980)将这套地层之下部紫红色钙质细砂岩、钙质页岩夹薄层灰岩凸镜体置于毛庄组，在上部以页岩为主夹有徐庄期三叶虫化石的灰岩划归徐庄组。《甘肃省区域地质志》(1989)将这套地层下界下移至白云质灰岩之底，上界置于张夏组鲕状灰岩之底面。本书根据岩石组合特征及层位，改为馒头组。

【现在定义】　指晋冀鲁豫地层区寒武系下部以紫（砖）红色页岩为主，夹云泥岩、泥云岩、白云岩、灰岩和砂岩岩石地层单位。底以灰岩或白云岩组合结束、杂色页岩或泥云岩出现划界，与朱砂洞组整合接触；顶以页岩或砂岩结束，大套灰岩出现划界，与张夏组整合接触。

【层型】　正层型在山东省。甘肃省内次层型为平凉市大台子剖面第12—28层。剖面位置、测制单位测制时间等与雨台山组、朱砂洞组相同。

上覆地层：张夏组　紫色页岩夹深灰色鲕状灰岩及暗紫色薄层灰岩
――――― 整　合 ―――――

馒头组	总厚度108.75 m
28. 暗紫色页岩、砂质页岩，夹石英砂岩及薄层灰岩	17.25 m
27. 浅褐灰色、紫色石英细砂岩与泥质粉砂岩互层，夹蓝灰色页岩	23.47 m
26. 暗紫色页岩，间夹薄层细砂岩，产（Ⅲf3—5）*Obolus* sp., *Agraulos* sp., *Lingulella* sp.	6.80 m
25. 灰黄色细砂岩与砖红色叶片状粉砂岩互层	6.60 m
24. 暗紫色纸片状页岩，砂质页岩，夹薄层石英砂岩	10.13 m
23. 暗紫色灰紫色页岩，产（Ⅲf1—2）*Lingulella* cf. *tangshiensis*, *Obolus* sp.	3.15 m
22. 灰色厚层状灰岩，产（Ⅲf7）*Solenoparia* sp.	1.35 m
21. 暗紫红色页岩与灰黄色薄层灰岩互层	1.50 m
20. 暗紫红色页岩，间夹灰岩条带，含（Ⅲf6）Damesellidae	3.16 m

19. 紫红色页岩，夹灰岩凸镜体，含（Ⅲf8—16,31—32）*Ptychoparia* aff. *kochibei*, Damesellidae, *Lingulella* cf. *tangshiensis*, *Anomocare* sp., *Koptura* sp.　　　3.87 m
18. 紫红色粉砂质页岩　　　　　　　　　　　　　　　　　　　　　　　4.94 m
17. 紫红色含钙质页岩，夹薄层灰岩　　　　　　　　　　　　　　　　　7.88 m
16. 红灰色砂质灰岩　　　　　　　　　　　　　　　　　　　　　　　　5.34 m
15. 红灰色灰岩及暗紫色页岩，含（Ⅲf33）三叶虫化石　　　　　　　　　1.10 m
14. 紫红色钙质粉砂岩，夹灰岩凸镜体　　　　　　　　　　　　　　　　4.01 m
13. 紫红色钙质粉砂岩，粉砂质泥岩，夹薄层石英砂岩　　　　　　　　　6.17 m
12. 紫红色含钙质细砂岩　　　　　　　　　　　　　　　　　　　　　　2.00 m

——————整 合——————

下伏地层：朱砂洞组　灰带红色白云质灰岩

【地质特征及区域变化】　馒头组在甘肃省境内呈近南北向展布于平凉大台子、环县阴石峡和老爷山等地，往北延至宁夏同心县青龙山，向南与陕西陇县景福山一带馒头组地层相连。主要岩性以暗紫夹灰黄或黄绿色页岩为主，夹细砂岩、灰岩等。下以朱砂洞组白云质灰岩或白云岩的消失为本组之底界；上以张夏组鲕粒灰岩的出现为本组之顶界。本组与下、上地层均为整合接触。岩性由南向北绿色调增多，砂质岩石减少，页岩增多且呈板状出现，灰岩以竹叶状夹层为主，偶夹含鲕粒灰岩。厚度向北逐渐变厚，大台子108.57 m、阴石峡120.2 m、老爷山195 m。灰岩夹层中化石丰富，有三叶虫、腕足类等。地质年代为早寒武世末期至中寒武世早中期。晚于馒头组正层型的时代，在大区域上反映了馒头组地层由东向西的穿时现象。

张夏组　$\in \hat{z}$　(05-62-0056)

【创名及原始定义】　B Willis 和 E Blackwelder(1907)创名张夏层或张夏石灰岩或张夏鲕状岩。创名地点在山东省长清县张夏镇附近。指九龙群的第一层是盖在馒头页岩软地层之上150 m 厚的块状石灰岩上，形成几百英尺高的陡壁。创名为张夏石灰岩或鲕状岩，有时也叫张夏层。最底部由18 m 厚的薄层橄榄灰色石灰岩。然后是形成陡壁的块状黑色鲕状岩层，平均厚70 m。陡壁上的小坡里发育着30 m 厚的结晶灰岩。上部为暗色和浅灰色递变的灰岩。近顶部有浅灰色砾石灰岩。

【沿革】　张夏组延入甘肃省内，分布于平凉大台子一带。甘肃陇东地质队(1963)根据岩性及所含化石，称张夏组。甘肃区测二队(1972)、《西北地区区域地层表·甘肃省分册》(1980)和《甘肃省区域地质导报》(1989)等均沿用。本书认为其岩性组合及层位均与正层型一致，仍归属张夏组。

【现在定义】　指晋冀鲁豫地层区馒头组之上、崮山组之下，以厚层鲕粒灰岩和藻灰岩为主夹钙质页岩岩石地层单位。底以页岩或砂岩结束、大套鲕粒灰岩出现划界，与馒头组整合接触；顶以厚层藻屑鲕粒灰岩结束，薄层砾屑灰岩夹页岩出现划界，与崮山组整合接触。

【层型】　正层型在山东省。甘肃省内次层型为平凉市大台子剖面第29—34层。剖面位置、测制单位、测制时间等与雨台山组、朱砂洞组、馒头组相同。

上覆地层：三山子组　黄色薄层状白云岩

——————整 合——————

张夏组　　　　　　　　　　　　　　　　　　　　　　　　　　　总厚53.30 m

34. 深灰色中厚层鲕状灰岩及黄色、黄绿色薄层灰岩及薄层页岩　　　　　16.84 m
33. 深灰色薄层鲕状灰岩与紫灰色页岩互层　　　　　　　　　　　　　　7.12 m
32. 深灰色灰岩与紫灰色页岩互层，产（Ⅲf35--39）*Anomocerella* sp.，*Anomocare minus*　5.98 m
31. 深灰色鲕状灰岩，夹暗紫色页岩　　　　　　　　　　　　　　　　　3.44 m
30. 紫色页岩，夹薄层灰岩及鲕状灰岩　　　　　　　　　　　　　　　　12.32 m
29. 紫色页岩，夹深灰色鲕状灰岩及暗紫色薄层灰岩，产（Ⅲf34、149—160）*Kootaia*(?) sp.，Anomocarellidae　　　　　　　　　　　　　　　　　　　　　　　7.60 m

———————— 整　合 ————————

下伏地层：馒头组　暗紫色页岩、砂质页岩，夹石英砂岩及灰岩薄层

【地质特征及区域变化】　张夏组在本省出露于平凉大台子及其以南地区和环县老爷山等地，在盆地中央部位庆深1井钻孔资料反映有张夏组鲕状灰岩和块状灰岩夹砂、页岩及泥岩。在张夏组分布范围内，不同地点岩性特征基本相同，仅北部老爷山一带夹有竹叶状灰岩。下以鲕状灰岩的出现为本组之底界与馒头组分界；上以鲕状灰岩的消失和白云岩的出现与上覆三山子组分界。地层厚度南部最薄53.29 m，北部较厚303 m。据井下资料，盆地内部由西北向东南方向变厚，以盆地中央最厚，变化范围在91～126～900 m之间。并随之由于下伏地层馒头组地层缺失，而超覆不整合于王全口组之上。在该组灰岩中产有三叶虫、腕足类等化石，依据生物组合特征，时代为中寒武世中晚期。

三山子组　∈Os　（05－62－0055）

【创名及原始定义】　1932年谢家荣在江苏省贾汪大泉村三山子山创建三山子石灰岩。本层介于中、上奥陶纪之纯石灰岩及寒武纪鲕状及竹叶状石灰岩之间，全层厚达300至500公尺，系一种灰或灰白色之结晶质石灰岩，颇似一种砂岩层。因矽化甚深，故硬度甚高，呈整齐之薄层，富于裂隙，侵蚀面呈现暗灰色，不规则之浅纹。

【沿革】　甘肃省环县西北老爷山和宁夏青龙山一带的这套地层在五六十年代杜恒俭、关士聪、车树政、卢衍豪等作为鄂尔多斯西部地层进行研究，归入寒武系阿不切亥系。卢衍豪(1959)[①]将这套白云质灰岩夹竹叶状灰岩地层归入崮山组。王德旭(1975)将白云岩和泥质白云岩夹角砾状白云岩划入下奥陶统三道坎组。张文堂等(1980)和郑昭昌等(1984)[②]将张夏组瘤状灰岩之上的白云岩称上寒武统崮山组及其以上的角砾状白云岩和泥质白云岩划为上寒武统中上部。《甘肃省区域地质志》(1989)将张夏组瘤状灰岩之上的白云岩划为下奥陶统水泉岭组。本书通过区域对比，将陕甘宁盆地西缘之张夏组鲕状灰岩或瘤状灰岩之上的白云岩、泥质白云岩夹角砾状白云岩，统归三山子组，建议停用三道坎组、水泉岭组及大台子组。

【现在定义】　指上段浅灰色中厚层含燧石结核细晶白云岩；下段黄灰、灰黄夹紫灰色中薄层粉晶白云岩夹竹叶状砾屑细晶白云岩及土黄绿色薄层泥质粉晶白云岩。底与炒米店组（省外亮甲山组—张夏组）灰岩整合，顶与贾汪组底砾岩或土黄色页状泥质粉晶白云岩平行不整合接触。

【层型】　正层型在江苏省。甘肃省内尚未见到理想剖面，次层型为甘、宁交界的青龙山剖面第31—34层。剖面位于宁夏同心县青龙山(106°38′, 37°17′)，由张文堂、朱兆玲等

[①] 卢衍豪，1959，中国南部奥陶纪地层的分类和对比，见：中国地质学基本资料专题总结论文集，第2号。
[②] 郑昭昌等，1984，宁夏的寒武系（未刊）。

(1980)测制并报道。

【地质特征及区域变化】 在甘肃境内为断续出露于陕甘宁盆地西缘马家沟组灰岩与张夏组鲕粒灰岩夹薄层微晶灰岩、钙质页岩之间的一套白云岩夹白云质灰岩及竹叶状灰岩为主的地层部分。下以鲕粒灰岩的消失或白云岩的出现为三山子组的底界；上以白云岩消失或以区域平行不整合面为三山子组之顶界，并与马家沟组分界。露头仅见于平凉大台子和环县老爷山一带沟谷中。各地变化甚微。厚度由南向北变厚，南部大台子一带厚99.35 m，北部环县西北老爷山厚143 m，甘、宁交界宁夏一侧青龙山一带厚273 m。在陕甘宁盆地中央部位的华池与庆阳一带，据庆深1井资料仅见白云岩，厚度不大，上与马家沟组灰岩呈平行不整合接触。据此推断晚寒武世盆地沉降中心在西北部地区。

三山子组生物化石贫乏，北邻宁夏青龙山一带含少量三叶虫 *Blackwelderia* 及 *Liaoyangaspis* 两属。在环县老爷山一带，本组之上覆马家沟组结晶灰岩内产 *Discoceras*, *Armenoceras* 及 *Actinoceras* 等中奥陶世头足类化石，上、下地层呈整合接触。据青龙山和老爷山两地所产化石和接触关系看，三山子组时代属晚寒武世至早奥陶世。

马家沟组　Om　（05-62-0279）

【创名及原始定义】 Grabau(1922)创名于河北省唐山市开平镇马家沟村。原始定义：马家沟村附近之石灰岩，名为马家沟石灰岩(Machiakou Limestone)，因产 *Actinoceras*（珠角石）甚富，曾名之为珠角石石灰岩。

【沿革】 1972年，甘肃区测二队在平凉幅区域地质调查时，将平凉组以下的厚层灰岩及白云岩曾分别命名为水泉岭组及三道沟组。1975年，林宝玉等①将水泉岭组底部层位的白云质灰岩及黄绿色页岩的夹层另创新名麻川组。1984年，陈均远、周志毅等又将麻川组的分层做了修改，将其底界提高了27 m，厚度减缩到50 m左右。林、陈的划分曾得到广泛的应用。本书仍沿用马家沟组。

【现在定义】 指亮甲山组之上，本溪组之下的灰色厚层灰岩夹白云岩、角砾状灰岩、角砾状白云岩的岩石组合，与下伏、上覆地层均为平行不整合接触。

【层型】 正层型在河北省。甘肃省内次层型为平凉市麻川乡水泉岭—三道沟剖面第1—11层(106°40′,35°24′)，由甘肃区测二队(1972)测制。

【地质特征及区域变化】 该组断续出露于陇县新集川（陕、甘交界）、华亭蒲家山、平凉麻川水泉岭、平凉太统山、环县石板沟（甘、宁交界）等地。岩石及其组合方式变化甚微。在新集川该组厚600 m，麻川厚709 m，石板沟及宁夏青龙山厚478 m。在庆阳东北近30 km处的庆深1井厚度为76 m，主要为纹层状细晶白云岩、膏云岩及膏岩。并见平行不整合于张夏组之上。省内马家沟组富含头足类、三叶虫、牙形石及腹足类等。上部厚层灰岩是当地主要水泥原料。该组地层顶部界面，自陕西耀县至宁夏同心县，由早奥陶世中期过渡到晚奥陶世，即大湾期至牯牛潭期（陕西境内可达宝塔期）。

平凉组　Op　（05-62-0278）

【创名及原始定义】 袁复礼(1925)创名平凉页岩。创名地点在甘肃省平凉市银峒官庄。指分布在太统山南部的以杂色致密灰岩与黄绿色薄层砂质页岩的互层及上部的页岩统称谓平凉页岩(Pingliang Shale)。

【沿革】 1972年，甘肃区测二队改称平凉组，沿用至今。

【现在定义】 以浅黑、黄绿色薄层页岩及粉砂岩为主，夹有细砂岩、砾状灰岩、灰岩及凝灰质砂岩。富含笔石、三叶虫、牙形石等化石。以粉砂岩及细砂岩的出现作底界与下伏马家沟组呈连续沉积，与上覆车道组关系不明，沿横向具有相变关系。

【层型】 正层型为平凉市银峒官庄剖面第1—13层（106°36′,35°30′），由陈均远等（1978）重测，并于1984年报道。

【地质特征及区域变化】 平凉组属海盆边缘相的沉积，岩性及其组合方式较为稳定。龙门洞厚132 m，平凉太统山厚114 m，至北部环县石板沟厚514 m，再北至宁夏的大、小罗山一带厚达1 786 m。环县西南长庆油田的深井资料表明，平凉组为褐灰、深灰色的泥页岩及灰岩，采有笔石 *Pseudoclimacograptus* sp. 等，厚度达130 m。平凉组富含笔石化石，层型剖面自底至顶均含化石，沉积时代为胡乐期。

车道组　O$\hat{c}$　（05-62-0277）

【创名及原始定义】 林宝玉等（1975）[①]创名。创名地点在环县南车道乡南庄子村苦水沟。指岩性主要为浅红色薄层瘤状灰岩、泥灰岩夹薄层灰岩组成。

【沿革】 林宝玉等创名时指层型剖面第9—12层，其下第1—8层称南庄子组。1977年项礼文、林宝玉将两组合并统称车道组，后被广泛引用至今。

【现在定义】 为厚层砾状灰岩、薄层瘤状灰岩、泥质条带灰岩的间互层，下部偶夹黄绿色钙质页岩及泥灰岩。富含头足类、三叶虫等化石。下界不清，其上与中生界均呈不整合接触。

【层型】 正层型为环县车道乡南庄子苦水沟剖面第1—12层（106°48′,36°21′），由林宝玉等（1975）测制，载于《西北地区区域地层表·甘肃省分册》（1980）。

【地质特征及区域变化】 本组以灰岩为主。其分布甚为局限，除在南庄子村苦水沟中见露头外，其他地方尚未见及，据张吉森等在其北的环14井中，于平凉组之上见有90 m厚的与车道组同呈灰褐色、浅紫红色的粉晶灰岩有可能属车道组。安太庠等在该组下部采有多量牙形石。时代普遍认为应属中奥陶世晚期，也有人将该组下延到中奥陶世早期（庙坡期）。

姜家湾组　Oj　（05-62-0276）

【创名及原始定义】 杜德民（1984）创名。创名地点在环县姜家湾石板沟。"环县姜家湾石板沟以碎屑岩为主。含 *Nankinolithus* cf. *wanyuanensis* 的地层，岩性与背锅山组（上覆）及车道组（下伏）明显不同，因此命名为姜家湾组。"

【沿革】 创名后，首次引用。

【现在定义】 由中细粒砂岩、钙质粉砂岩、页岩及泥岩等碎屑岩组成。富产三叶虫。顶、底出露不全。

【层型】 正层型为环县姜家湾石板沟剖面第1—9层（106°48′,36°21′），由宁夏区测队（1984）测制。层序如下：

姜家湾组　　　　　　　　　　　　　　　　　　　　　　　　总厚度＞218.70 m
　9. 灰绿色与灰色泥岩互层。（未见顶）　　　　　　　　　　＞4.40 m

[①] 林宝玉、赖才根、郭振明等，1975，陕甘宁边缘地区的奥陶系。华北奥陶系专题会议文献汇编。109页。

8. 灰、灰绿色泥岩夹灰黄色中厚层钙质胶结粉砂岩　　　　　　　　　　61.80 m
7. 灰黄色中厚层钙质胶结中—细粒石英砂岩　　　　　　　　　　　　45.20 m
6. 灰、灰绿色泥岩，产三叶虫：*Miaopopsis* cf. *whittardi*，*Corrugatagnostus* sp.，*Ampyx* sp.，*Neoagnostus*? sp.，*Remopleurides* sp.，*Basiliella*? sp.，腕足类：*Anisopleurella* sp. 　　　　　　　　　　　　　　　　　　　　　　　　　　　　　　3.90 m
5. 灰褐、灰黄色薄—中厚层钙质中—细粒长石砂岩　　　　　　　　　41.60 m
4. 灰黄色中厚层砂岩夹含粉砂钙质页岩　　　　　　　　　　　　　　46.80 m
3. 灰绿色页岩与浅灰褐色薄层钙质粉砂岩互层，产三叶虫：*Nankinolithus* cf. *wanyuanensis*，*Cyclopyge* sp. 　　　　　　　　　　　　　　　　　　　　　　　　　7.50 m
2. 灰黄、灰绿色薄层泥岩　　　　　　　　　　　　　　　　　　　　5.00 m
1. 灰色、浅灰绿色钙质页岩夹灰色钙质砂岩，产三叶虫：*Basiliella*? sp.。（未见底）＞2.50 m

【地质特征及区域变化】　该组主要由钙质砂岩、粉砂岩、页岩及泥岩组成韵律层。由于出露仅 0.04 km²，延伸情况不明。与下伏车道组及上覆背锅上组均未见直接接触。产三叶虫、腕足类及笔石。属较深水的斜坡沉积，厚度仅见 218.70 m。地质时代属晚奥陶世早期。

第二节　生物地层与地质年代概况

华北地层大区寒武纪—志留纪生物地层研究程度极不平衡。就现有资料自下而上列述如下：

（一）寒武系

生物以三叶虫为主，共生腕足类等。所建生物地层单位自下而上简述如下。

①*Sunaspis* 延限带　分布于平凉大台子、环县阴石峡、老爷山，向北延至宁夏同心青龙山一带。产于馒头组中上部页岩夹灰岩地层中。三叶虫主要属种有 *Sunaspis* cf. *laevia*，*Proasaphiscus* sp.，*Emmrichella*? sp.，*Shantungaspis* sp.，*Ptychoparia* cf. *kochibei*，*Levisia* cf. *agenor*，*Solenoparia* sp.，*Anomocarella* sp.，*Inouyia* sp.，*Dorypyge* sp.，*Asaphiscus* sp. 等；共生有腕足类 *Acrothele* sp.，*Lingulella* cf. *tangshiensis*，*Obolus* sp. 等。地质时代为徐庄期末至张夏初期。

②*Bailiella* 延限带　分布于北祁连山东段白银地区，产自黑茨沟组中部细碧角斑岩类的大理岩夹层中。三叶虫主要有 *Bailiella* sp.，*Kootenia* sp.，*Peronopsis* sp.，*Solenoparia* sp. 等属。该带之下的凝灰质千枚岩中含有微古植物化石：*Trematosphaeridium holtedahlii*，*Margominuscula rugosa*，*Protosphaeridium* sp.，*Archaeohystrichosphaeridium minutum* 等。地质时代属徐庄末期至张夏早期。

③*Amphoton-Triplagnostus* 组合带　主要分布于北祁连山西段，产自黑茨沟组上部灰绿、灰紫色火山碎屑的大理岩夹层或凸镜体中。为黑茨沟组的特有生物地层单位。主要属种在天祝、黑茨沟有 *Amphoton* sp.，*Kootenia*（*Tienzhuia*）sp.，*Taitzuia* sp.，*Datongites* sp.，*Solenoparia* sp.，*Anomocarella* sp.，*Triplagnostus* sp.，*Hypagnostus* sp.，*Ptychagnostus* sp. 等；永登石青硐一带有 *Peronopsis* sp.，*Prochangshania* sp.，*Datongites* sp. 等；肃北县鹰嘴山南坡有 *Datongites* sp.，*Hypagnostus* cf. *latelimbatus*，*Huzhuia* aff. *typica*，*Liopeishania* sp.，*Nepeidae* 等。该组合带包含有 *Taitzuia* 顶峰带。地质时代为张夏晚期。

④*Blackwelderia* 延限带　分布于陇东地区，产自三山子组底部竹叶状白云岩和生物碎屑

灰岩，上界不清，下界为张夏组含 *Lingulella* 及海绵骨针化石的鲕状灰岩顶界。主要属种仅有 *Blackwelderia* sp. 和 *Liaoyangaspis* sp.。分布于肃南县祁青乡格尔莫沟脑一带香毛山组底部，三叶虫有 *Eolotagnostus gansuensis*，*Dorypyge perconyexalis*，*D.（Jiuquania）multiformis*，*Agnostardis jingtieshanensis*，*Solenoparia trogus*，*Proasaphiscus* sp.，*Ptychagnostus*；共生的腕足类有 *Homotreta shantungensis*，*Lingulella* sp. 等。分布于肃北县育儿红乡二道沟香毛山组下部，三叶虫有 *Proceratopyge* sp.，*Blountiella* sp.，*Maryvillia* sp.，Paramenomoinae，*Broeggeria* sp.，Dorypygidae，Lisanidae，Parabolinoidae 等；共生的腕足类有 *Lingulella* sp.，*Acrothele orbicularis*，*Eoorthis* cf. *shakuotunensis* 等。产自肃北县石包城乡大冰沟西香毛山组中上部黑色薄层灰岩夹层中有三叶虫 *Hedinaspis* sp.。上述各地不同层位产的化石均属晚寒武世崮山期至凤山期。

（二）奥陶系

生物以笔石为主，共生有腕足类、珊瑚与三叶虫等。由于未做系统的生物地层工作，研究程度随地而异，其中所建立的生物地层单位的空间分布特征资料欠详。据现有资料分地区综合简述如下。

1. 祁连山地区

自上而下可建立以下 8 个生物组合带：

⑧*Favistella-Agetolites* 组合带

⑦*Amsassia chaetetoides-Lichenaria* 组合带

⑥*Nemagraptus gracilis* 带

⑤*Glyptograptus teretiusculus* 带

④*Amplexograptus confertus* 带

③*Didymograptus hirundo* 或 *Wutinoceras* 带

②*Ceratopyge-Apatokephalus* 组合带

①*Onychopyge-Pseudohysterolenus* 组合带

①*Onychopyge-Pseudohysterolenus* 组合带　产于阴沟群底部与香毛山组顶部板岩中。主要分子有 *Onychopyge*，*Parabolinella*，*Pseudohysterolenus*，*Gallagnostus*，*Hardyoides* 等，这个三叶虫动物群是奥陶纪的最低层位。傅力浦（1979）建带时将其时代归属 Tremadocian 早期。

②*Ceratopyge-Apatokephalus* 组合带　分布于阴沟群下部火山岩之上（层型剖面第 2—6 层），三叶虫主要有 *Ceratopyge transversa*，*C. elongata*，*Apatokephalus yini*，*A. kansuensis*，*Harpides troedssoni*，*Szechuanella rectangula*，*Inkouia inkouensis*，*Symphysurus nanshanensis*，*S. quadratus*，*S. expansus*，*Yinaspis*，*Shumardia* 等，属 Tremadocian 晚期。这个带在青海祁连县川刺沟剖面也见出现。

③*Didymograptus hirundo* 或 *Wutinoceras* 带　出现于阴沟群上部层位，其繁盛期则在上部火山岩系之中，在暗门附近上部火山岩的硅质岩夹层中有：*Didymograptus*，*Glossograptus fimbriatus*，*G.* cf. *hincksii*，*Paraglossograptus intermedius* var. *fusiformis*，*Phyllograptus angustifolius*，*Cardiograptus*，*Pseudotrigonograptus ensiformis* 等；在肃南县九个泉至摆浪红沟一带有两个笔石层位。下部产：*Pterograptus*，*Tetragraptus* cf. *pendens*，*Glossograptus*，*Didymograptus* 等；上部产：*Didymograptus lineralis*，*Glossograptus* cf. *longispinosus*，*Cryptograptus tricornis*，*C.* cf. *hopkinsoni*，*Tetragraptus pendens*，*Phyllograptus*，*Pseudotrigonograptus* 等。这两个笔石层位较层型剖面为高，显示了阴沟群顶界自西向东有向上穿时的现象。东至天祝

地区，下部火山岩曾采有 *Didymograptus hirundo*，*D.* cf. *abnormis* 等。

共生的头足类，在走廊南山主峰(5 547 m)附近，区调工作中发现 *Coreanoceras*，产出层位在阴沟群两层火山岩之间。张日东(1965)据尹赞勋等在阴沟群(玉门附近)中所采的头足类标本有 4 个属：*Wutinoceras foerstei* var. *yumenensis*,? *Polydesmia*, *Armenoceras* cf. *richthofeni*, "*Linormoceras*" *centrale* var. *minor* 等。这批头足类不仅指明了阴沟群的沉积时代包括整个 Arenigian 期，而且表明了在奥陶纪初期北祁连海槽与华北台地的生物有着亲缘关系。

在阴沟群最上部与笔石共生的还有三叶虫，以 *Bathyuriscops kantsingensis*, *Triarthrus sinensis*, *Geragnostus crassus*, *Trinodus mobergi* 为主的集群，可能相当 Arenigian 期。

④*Amplexograptus confertus* 带　该笔石带为穆恩之(1972)创建。主要出现在车轮沟群火山岩内的富碳质薄层硅质岩中。该带又分为上、下二个亚带，上亚带为 *Cardiograptus yini*，下亚带为 *Paraglossograptus typicalis*。主要分子有：*Glossograptus* cf. *acanthus*, *G.* cf. *hincksii*, *Paraglossograptus* cf. *typicalis*, *Isograptus divergens*, *I. caduceus*, *I. nanus*, *Tetragraptus pendens*, *T.* cf. *quadribrachiatus*, *Loganograptus gracilis*, *Didymograptus* cf. *hemicyclus*, *D.* cf. *asperus*, *Glyptograptus* cf. *dentatus*, *Pseudotrigonograptus* sp., *Cardiograptus* sp., *Cryptograptus* sp., *Amplexograptus* sp. 等。另外在阴沟一带的中堡群薄层灰岩内亦产有该带化石。与其共生的三叶虫有 *Triarthrus sinensis* 等，这是中堡群的最低层位，地质时代属早奥陶世。

⑤*Glyptograptus teretiusculus* 带　该笔石带产于妖魔山组与中堡群下部(层型剖面第 15—18 层)，分布于永登县中堡石灰沟。主要分子有 *Glyptograptus euglyphus*, *Climacograptus forticaudatus*, *Cryptograptus* cf. *tricornis*, *Isograptus*, *Dicranograptus*, *Pseudoclimacograptus* 等。与其共生的三叶虫有 *Ampyx*, *Atractopyge*, *Stenopareia* sp., *Illanus* cf. *sinensis* 等。牙形石有：*Scolopodus varicostatus*, *Acontiodus robeustus*, *Belodina*, *Acodus* 等。

⑥*Nemagraptus gracilis* 带　该笔石带产于妖魔山组与中堡群上部(层型剖面第 19—29 层)，分布于永登县中堡石灰沟。主要分子有 *Nemagraptus gracilis*, *Dicellograptus minimus*, *D. sextans* var. *exilis*, *Orthograptus* cf. *whitfieldi*, *Leptograptus* cf. *capilaris*, *Climacograptus praesupernus*, *C. antiquus*, *C. bicornis*, *Pseudoclimacograptus modestus*, *P.* cf. *scharenbergi*, *Prolasiograptus* cf. *crassimarginalis* 等。

以上⑤、⑥两个笔石带的地质时代属早奥陶世晚期(牯牛潭期)至中奥陶世早期(胡乐期)。除上述二个笔石带外，在中堡群中还发育有腕足类与腹足类等，如在武威一带，腕足类有 *Rafinesquina*，腹足类有 *Lophospira* cf. *trochiformis*, *L.* cf. *gerardi*, *Tropidodiscus* 等。在东部靖远县屈武山，腕足类主要有 *Sowerbyella* cf. *sericea*, *Orthis* cf. *calligramma*. 等。在妖魔山组腕足类亦较丰富，各地均有分布，常见的 4 个属为 *Leptelloidea*, *Opikina*, *Strophomena*, *Rostricellula*。地质时代多属中晚奥陶世。

⑦*Amsassia chaetetoides*-*Lichenaria* 组合带　该珊瑚组合带在古浪县与白杨河一带均有分布，产于妖魔山组。主要分子在白杨河采有 *Amsassia* cf. *chaetetoides*, *A.* cf. *lessnikovaea*, *Lichenaria* cf. *arctica*，在古浪一带有 *Amsassia* cf. *chaetetoides*, *Lichenaria*, *Favistella*, *Streptelasma*, *Brachyelasma* 等。在古浪县以东，俞昌民(1961)也报道了"古浪灰岩"中类似的珊瑚化石。妖魔山组的珊瑚动物群也表现分区不明显。北方型的 *Streptelasma*, *Brachyelasma* 属混生。特别是床板珊瑚 *Amsassia* 的出现提供了与浙西黄泥岗组对比的可能性。

从生物群分析，妖魔山组显示出西低东高的穿时特征，其底界可能自 *Nemagraptus gracilis* 带开始至东部可上翘到临湘期。

在妖魔山组中与珊瑚共生的还有头足类，据杨遵仪报道白杨河一带本组中产有 *Discoceras verbeeni*，*Cycloceras* 等，在古浪还采有 *Centrocyrtoceras*，它们显示了宝塔期的沉积时代。

另外，在盐池湾组、多索曲组与张家庄组，均分布有 *Amsassia* 等带化石分子。

⑧*Favistella-Agetolites* 组合带　该珊瑚组合带产于扣门子组与南石门子组。主要分子在大海子有 *Favistella alveolata*，*Wormsipora*，*Proheliolites*，? *Plasmoporella* 等。在石门沟产有 *Agetolites*，*Catenipora*，*Wormsipora*，*Favistella*，*Palaeofavosites*，*Favosites*，*Nyctopora* 等。秦安以北采有 *Favistella*，*F.* aff. *calichinaeformis*，*Agetolitella*，*Heliolites*?，Billingsariidae 等。地质时代属晚奥陶世晚期。与珊瑚共生的笔石群，在命名地采有笔石 *Climacograptus putillus*，*Cl.* cf. *supernus*，*Cl. yumenensis*，*Pseudoclimacograptus scharenbergi*，*Dendrograptus*，*Amplexograptus suni*，*Glyptograptus* 等，三叶虫有 *Corrugatagnostus* 等。

笔石动物经穆恩之研究认为应属晚奥陶世。三叶虫 *Corrugatagnostus* 是我国长坞页岩、砚瓦山灰岩、汉中石灰岩等常见分子。因此张文堂将南石门子组对比整个钱塘江统。赵凤游则认为应归于五峰期。大海子珊瑚动物群更说明了可能相当五峰期的早时。其面貌更接近于南方型的珊瑚动物群。

除上述外，穆恩之(1964)在命名地层单位的同时，建立了 *Amplexograptus gansuensis* 带，代表天祝组的沉积地层；*Climacograptus papilio* 带代表斯家沟组沉积地层。赵凤游(1979)[①] 将斯家沟组笔石带改为 *Orthograptus quadrimucronatus* 带，将斯家沟组层位提高到石口期。本次对比研究除保留天祝组及修订后的斯家沟组笔石带外，由于斜壕组现在划分层位较原命名地的所指层位向上扩大到早志留世。因而斜壕组自下而上包括以下三个笔石带 *Climacograptus papilio* 带，*Paraorthograptus angustus* 带，*Glyptograptus persculptus* 带。

2. 陇东地区

奥陶纪生物门类繁多，主要有头足类、笔石、三叶虫及牙形石等，但生物地层研究各地详略不同，本书据前人资料综合为6个组合（带）自上而下为（表10-2）：

⑥*Nankinolithus* 组合

⑤*Sinoceras gansuensis* 组合

④*Nemagraptus gracilis* 带

③*Glyptograptus teretiusculus* 带

②*Nybyoceras-Ormoceras suanpanoides* 组合带

①*Parakogenoceras-Wutinoceras* 延限带

①*Parakogenoceras-Wutinoceras* 延限带　该带产于马家沟组中、下部层位，主要分子还有 *Endoceras* 及 *Ormoceras* 等；底部共生的三叶虫有 *Eoisotelus* 带。

②*Nybyoceras-Ormoceras suanpanoides* 组合带　据赖才根(1982)该带产于马家沟组上部层位，主要分子有 *Wennanoceras pingliangense*，*Shanxiceras arcuatum*，*Stereoplasmocerina pingliangense*，*Ormoceras suanpanoides*，*Nybyoceras* 等。共生的三叶虫有 *Hammatocnemis*，*Pliomerina*，*Lonchodomas*，*Tangyaia*，*Basiliella*，*Ptychopyge*，Megalaspidae 等。*Eoisotelus* 是我国华北原北庵庄组的特有分子，在陕西陇县、韩城也有分布。而后边这些属沿着"中朝

[①] 赵凤游，1979，甘肃的奥陶系（未刊）。

陆台"的南缘及西缘(如耀县、陇县)均不乏见。很明显，三叶虫动物群基本仍属华北三叶虫区系，但确有少量扬子区系的分子(如 *Hammatocnemis*, *Tangyaia*)，因而显现了过渡型初始期的特征。

表 10-2 陇东地区奥陶系多重划分对比简表

年代地层			岩石地层单位	生物组合及生物带				生物区系
统	亚统	阶		头足类	笔石类	三叶虫	牙形石	
上统	钱塘江	五峰	姜家湾组			*Nankinolithus* 组合		华南型
		石口	车道组					
中统	艾家山	浙江	平凉组	*Sinoceras gansuensis* 组合	*Climacograptus Peltifer* 带			
		胡乐			*Nemagraptus gracilis* 带		*Pygodus anserinus* 带	
					Glyptograptus teretiusculus 带		*Pygodus serrus* 带	
下统	扬子	上宁国	马家沟组	*Nybyoceras-Ormoceras suanpanoides* 组合带		*Eoisotelus* 带		华北型
		中宁国		*Parakogenoceras-Wutinoceras* 延限带				
		下宁国						

马家沟组作为一个岩石地层单位分析，从宏观的角度看它的顶部界面是穿时的(图 10-3)。在陕西耀县桃曲坡一带其顶部界面大致在石口期与浙江两期之间，相当扬子区的临湘组与宝塔组之间(顶部含有 *Sinoceras chinense*)。至陇县龙门洞与平凉太统山则在庙坡期与牯牛潭期之间(或牯牛潭阶之上部)，而至宁夏同心县天景山一带这个界面则在含有 *Amplexograptus confertus* 的米钵山组之下。

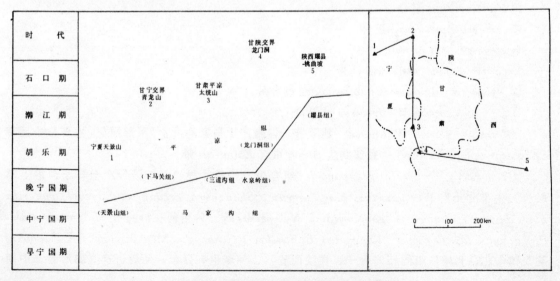

图 10-3 马家沟组与平凉组界面穿时性图解

③*Glyptograptus teretiusculus* 带 据陈均远等(1984)资料，该带分布于平凉组下部层位（层型第1层）。

④*Nemagraptus gracilis* 带 据陈均远等(1984)资料，该带分布于平凉组上部，并以 *Syndyograptus* 的大量出现与消亡将其分为两个亚带，即：*Syndyograptus* 亚带（单位层型第2—8层）及 *Climacograptus bicornis* 亚带（单位层型第9—12层）。

在陇县龙门洞，傅力浦(1977)曾做了很细致的工作，此处的平凉组其范围较单位层型地要宽展的多，可分五个笔石带（自下而上）：*Glyptograptus teretiusculus* 带，*Nemagraprtus gracilis* 带，*Climacograptus peltifer* 带，*Climacograptus longxianensis* 带（相当 *Amplexograptus gansuensis* 带），*Climacograptus spiniferus* 带（相当 *Cl. geniculatus* 带）。

在环县石板沟及其以北，葛梅钰(1990)等也曾建立两个笔石带：*Glyptograptus teretiusculus* 带，该带中的笔石有8属17种及亚种；*Nemagraptus gracilis* 带，其属种多达15属44种，这个带的建立是以 *Nemagraptus* 的出现作为该带的底界与牙形石 *Pygodus anserinus* 的底界大体吻合。显而易见，平凉组的出现改变了台缘地区的生物区系，从笔石的角度分析应属东南型笔石群(太平洋生物区系)。这种区系的大变革无疑是与祁连海水的侵漫密切相关。并且提供了解决我国南、北奥陶纪地层及生物群对比的主要途径。

除了丰富的笔石以外，牙形石尽管不多，但却很重要，*Pygodus anserinus* 的出现与笔石分带的认识是一致的。

上述生物资料表明平凉组的顶界也具有穿时性质(图10-3)，这种特点不仅指明祁连海水由西向东南的扩展，而且也表明台缘地区古地理环境的复杂性。

⑤*Sinoceras gansuensis* 组合 产于车道组上部。张日东(1962)曾描述 *Sinoceras gansuensis*，*S. chinense*，*Michelinoceras yangi*，*M. paraelongatum* 等。赖才根等(1982)鉴定有 *Sinoceras suni*，*Michelinoceras huangnigangense*，*Dideroceras depressum*，*Ormoceras chedaoense*，*Discoceras huanxianense*，*Huanxianoceras ellipiticum*，*Richardsonoceras* 并把这个动物群称作 *Sinoceras gansuensis* 组合而与扬子区的 *Sinoceras chinense-Michelinoceras elongatum* 组合相当，同属喇叭角石动物群。

上部还含有三叶虫：*Nileus transversus*，*N. symphysuroides*，*Illaenus* aff. *punctulosus*，*Bumastus* 等；下部亦含有三叶虫4属7种，计有：*Hammatocnemis orientalis*，*H. primitivus*，*H. yangtzeensis*，*Trinodus* cf. *ovatus*，*Nileus symphysuroides*，*N. transversus*，*Illaenus* aff. *punctulosus* 等。该三叶虫动物群林宝玉等(1975)曾一度与平凉组对比，相当于庙坡期的沉积。项礼文等(1977)认为与扬子区的宝塔组更为接近。安太庠等在三叶虫层位中采到 *Pygodus serrus*，*Spinodus* 等牙形石，其对比层位更低。

无论是下部的三叶虫还是上部的头足类其总体面貌与西南地区的宝塔组、东南地区的砚瓦山组的生物群接近，仅个别属种（如 *Hammatocnemis primitivus*）其层位可低至大湾组。三叶虫属扬子区类型。

⑥*Nankinolithus* 组合 该组合产于姜家湾组。组合中的 *Nankinolithus* cf. *wanyuanensis*，*Miaopopsis* cf. *whittardi* 及 *Corrugatagnostus* 等均是西南地区的洞草沟组或东南区的黄泥岗组的产物。据葛梅钰报道与三叶虫共生的还有笔石 *Amplexograptus disjunctus*，该种分布极为狭窄，仅见于祁连山东部的天祝组至斜壕组内、桌子山的公乌素组及耀县桃曲坡组的上部。

综上所述，陇东地区奥陶纪生物群经历了两个大的阶段(表10-2)，其一是马家沟组的沉积期与华北台地上的广海有着亲缘关系。其二在早奥陶世结束之后自平凉组开始沉积则与祁连海关系密切，形成与华北截然不同的华南生物区系。

（三）志留系

生物门类有笔石、珊瑚、腕足类、腹足类及双壳类等，以前二者为主。由于生物地层研究工作较差，资料欠详，就现有资料由老到新综述如下：

穆恩之等（1962、1964）在早志留世肮脏沟组层型剖面中，建立三个笔石带。王瑞龄（1980）在肮脏沟内城门洞（相当层型剖面第1层）发现了该系最低层位笔石化石，包含2个笔石带。因此下统共建立5个笔石带，自下而上为：

① *Akidograptus* 带 产于肮脏沟组底界层型剖面第1层底部，与龙马溪阶的底界相当。

② *Spirograptus turriculatus* 带 产于层型剖面第1—11层。

③ *Streptograptus crispus* 带 产于层型剖面第12—42层。

④ *Monograptus griestoniensis* 带 产于层型剖面第43—62层。

⑤ *Oktavites spiralis* 带 产于层型剖面第63—64层。与白沙阶的顶部相当。

另外在古浪县以西的南泥沟，晚奥陶世扣门子组顶部火山岩中还采获早志留世笔石：*Dimorphograptus*, *Pristiograptus*, *Rhaphydograptus*, *Pseudoclimacograptus* cf. *extremus* 等，证明了该组的穿时性。

俞昌民（1962）据珊瑚组合将泉脑沟山组地层分为三段，下段产 *Favosites forbesi*, *F. quannaogouensis*, *F. forbesi qilianshanensis*。中段产 *Mesofavosites*, *Parastriatopora*。上段产 *Palaeofavosites*, *Multisolenia tortuosa*, *M. tortuosa gansuensis*, *Syringopora bifurcata*。相当于秀山阶，属 Wenlockian 期。

上述中段所产的 *Mesofavosites* 一属，在玉门市北石门子沟至旱峡煤矿地区的晚志留世旱峡组中亦有出现。

第三节 奥陶纪火山岩

祁连山区的海相火山岩早已闻名于世，以北祁连山地区最发育。

火山岩地质时代分属前长城纪、长城纪、寒武纪及奥陶纪。其中，以奥陶纪火山岩分布最广，分异程度最好，研究较详，多呈带状展布延伸达900 km，主要是块状或枕状熔岩及不同类型的火山碎屑岩，在局部范围内出现蛇绿杂岩的岩片。现仍按岩石地层单位的顺序叙述。

1. 车轮沟群

该群中的火山岩主要属酸性及中酸性的流纹岩及流纹英安岩类。据里特曼（A Rittmann）标准矿物成分在斯特雷凯森（A Streckeisen）双三角图中的投影基本落在 QA 线及 A.P.Q 的中区内。依〈FeO〉/MgO 对 SiO_2 变异图则均落入都城秋穗（Miyashiro）(1973)的钙碱系列范围内。以（Na_2O+K_2O）对 SiO_2 变异图则落入久野（Kyuuya）的拉斑系列。里特曼（A Rittmann）指数 δ 由 0.97～1.17，戈蒂尼指数 τ 由 19.76～30.40，按对数值投入图解可得属造山带地区火山岩（B区）的结论。这个群的火山岩应是地壳深熔形成的岩石系列。

2. 阴沟群

阴沟群下部火山岩在层型剖面上是 400 m 厚的基性火山岩、霏细岩及火山角砾岩，似具双端元的近火山口相的堆集。向东至肃南大岔一带与青海野牛台则显示出具有蛇绿杂岩的性质。据冯益民（1993）资料其剖面如图 10-4。其岩石组合序列多属构造岩片。冯益民等（1993）在大岔一带发现厚达 1 000 m 的席状岩墙，对北祁连山蛇绿岩层序的建立具有重要意义。

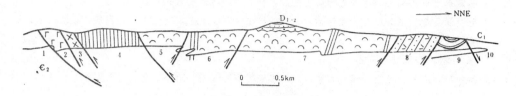

图 10-4　肃南大岔阴沟群下部蛇绿杂岩剖面图

(据冯益民,1993)

1. 中寒武统；2. 蛇纹混杂岩；3. 均质辉长岩；4. 席状岩墙杂岩；5—7. 枕状熔岩；8. 火山碎屑岩；
9. 硅质岩、硅质片岩；10. 下石炭统；D_{1-2}. 中、下泥盆统

依据岩石化学分析整理,在 K_2O 对 SiO_2 的图中,辉绿岩墙及部分枕状熔岩投影落在拉斑玄武岩(即低钾玄武岩)域内,辉长岩与侵入在枕状熔岩内的辉绿岩则投落在低钾的安山岩域内(相当安山玄武岩)。在 SiO_2、〈FeO〉和 TiO_2 对应〈FeO〉/MgO 图中显示两个不同点群,前者多在大洋拉斑玄武岩域内,后者(包括枕状熔岩)却集中在比其偏低的部位;在 AFM 图中后者更靠近 FM 线,相对富镁,而辉绿岩墙则相对富铁。

在地球化学特征上,其稀土元素方面,辉绿岩墙岩石 Nd 值丰度偏高,轻稀土稍具亏损的平坦配分模式,Eu 无异常或异常不明显,$(La/Yb)_N$ 值为 0.513～0.832,与一般 N 型洋中脊玄武岩相近。而枕状熔岩除无 Nd 异常外则具有相对较明显的 Eu 异常。在微量元素的配分模式上呈 Ti、Fe、Mn、Cu 相对高,而 Cr、Ni 丰度低的"W"型式。在不相容元素特征上,**辉绿岩墙岩石呈现 Sr 特高和 Zr 相对高的双尖峰平坦配分模式**,而其他元素则呈近与 1 水平线附近的上、下波动。枕状熔岩在配分模式上与之大致相近,具较高的 Rb 异常,但在其他元素上,则在 P、Eu、Sm、Ti、Y、Yb 元素间分别形成负的低凹槽。这种配分模式既不同于 N 型也不同于 E 型洋中脊玄武岩,当属过渡型(T 型)类型。据 Zr/Y‑Zr 值推算扩张速率为 2 cm/a。

上述资料表明,大岔的蛇绿岩中的镁铁质岩属拉斑玄武岩系列,其原始岩浆来源于地幔的部分熔融,岩浆分馏作用较弱,冯益民认为其生成环境属趋于成熟洋盆的洋中脊。

如同北祁连山其它地区的蛇绿杂岩一样,其范围甚为局限(均为残片),沿走向可速变为熔岩或一些浊积碎屑岩。

向东至天祝柏木峡,大克岔一带仍为一套枕状玄武岩及玄武质凝灰岩,靠上部出现多量的英安质晶屑凝灰岩,其断裂深度较前者为浅。据夏林圻资料大克岔的玄武岩仍属拉斑玄武岩系列,比较靠近深海变异趋势线。经稀土元素地球化学研究证明不属正常亏损型(N 型),而是富集型(E 型)洋脊玄武岩。稀土元素分配型式属弱分离型。

上述资料表明阴沟群下部火山岩其岩石化学性质很接近洋中脊玄武岩。

阴沟群上部火山岩在层型剖面上是厚度大于 200 m 的火山角砾岩。向东渐变为凝灰岩、熔岩及集块岩等,厚度巨大,在肃南一带构成喷溢沉降中心。沿裂隙喷溢的主要是枕状玄武岩及块状安山玄武岩,在局部地段构成蛇绿杂岩,现据肃南县塔峒沟及景泰老虎山的一些资料加以叙述。

据冯益民(1993)塔峒沟蛇绿杂岩层序自上而下为:

8. 枕状熔岩，其中夹有团块状紫红色硅质岩（碧玉岩）
7. 均质辉长岩 650 m
6. 镁铁质火成堆晶岩，主要由辉长岩组成，有少量易剥辉石辉长岩及辉石岩 1 400 m
5. 蛇纹混杂岩。属蛇纹片岩含纯橄岩、斜辉橄榄岩、变辉长辉绿岩及易剥钙榴岩岩块，底部遭糜棱岩化 300～400 m
4—3. 变质砂岩及绿泥片岩 300～400 m
2. 绿片岩、蓝片岩组合。蓝片岩全岩同位素年龄值为 335.5 Ma

这个层序中第 8 层与第 7 层间为逆冲断裂间隔，第 6 层与第 5 层及以下各层间也均为逆冲断裂割切，仍为不完整层序。

甘肃区调队（1994）在该地 1∶5 万区域地质调查时，在塔峒沟测制的剖面与冯益民认识有些不同。其一，所见辉绿岩均呈层状体侵入熔岩内；其二，在高层位中的非堆积单元（辉长岩、闪长岩等）形成于辉绿岩之后；其三，熔岩呈指状相变为碎屑岩（含铁锰质碳质页岩夹硅质岩、火山碎屑岩），局部为浊积岩，表明海盆中有海底扇。

据岩石化学资料，在 K_2O 对应 SiO_2 图内，只有一个样落入高钾质橄榄玄武岩域内，其它均投在拉斑玄武岩域内。在 AFM 图除辉长质堆晶岩相对富 Mg 偏 M 端元外，其它全部投落在 Irvine 和 Barragor 分界线附近两侧，相当科尔曼（Coleman,1977）在这类图中划出的洋中脊玄武岩区。

在岩石化学特征上，据冯益民（1993）对枕状熔岩的研究在稀土元素配分模式上呈稀土总量相对偏高（51.23～57.02），轻稀土和重稀土分馏不明显的平坦模式，无 Eu 异常，$(La/Yb)_N$ 值为 0.685～0.758，相当 N 型洋中脊，而霍有光（1972）结合区域火山岩研究，认为其模式相当 E 型洋中脊玄武岩。

在微量元素特征上，其过渡元素标准化模式呈 Ti、Fe、Mn、Cu 高的"W"型。在不相容元素上呈 Rb、P、Sc 高的三尖峰模式，其中除 Rb 特高外，其它均在水平线附近变动与一般弧后扩张的拉斑玄武岩相似。据 Zr/Y-Zr 值推算其扩张速率为 2 cm/a。

从总体分析塔峒沟一带基本属拉斑玄武岩系列，但也存在少量的钙碱（或碱）系列。

景泰县老虎山位于北祁连地层小区东段，过去认为因邻近志留系下统而定为晚奥陶世沉积。1991 年甘肃区调队在开展脑泉、刘川等地 1∶5 万区域地质调查时，在银峒沟附近发现早奥陶世笔石，因而对其沉积时代提供了较为可靠的证据。

老虎山与塔峒沟相距达 450 km，据冯益民（1993）所列柱状序列如下：

9. 细碧质枕状熔岩及杂色硅质岩组合
8. 杂色硅质岩为主夹细碧质块状熔岩、枕状熔岩及火山碎屑岩，向西渐变为陆源浊积岩 1 600 m
7. 细碧质枕状熔岩夹少量块状熔岩见有辉绿岩及煌斑岩墙 1 300 m
6. 细碧质枕状熔岩硅质岩组合，仍有辉绿岩及煌斑岩脉穿插。铜矿点位于一断裂带上 1 000 m
5. 镁铁质火成堆晶岩 150 m
4. 均质辉长岩 250 m
3. 蛇纹混杂岩，基质为蛇纹片岩、其中卷入易剥钙榴岩、变辉长辉绿岩、纯橄岩、斜辉橄榄岩及铬铁矿等构造岩块 300 m
2. 中基性火山岩浊积岩组合，原生构造示层序倒转 200 m

剖面中所有层位均被逆冲断裂切割，构成向北倾斜的叠瓦状构造。

从收集到的20余件岩石化学资料整理，在K_2O对应SiO_2图中，大部基性火山岩都投落在低钾玄武岩域内，中酸性火山岩则分别在安山岩，英安岩和流纹岩域内。在SiO_2、$(FeO)TiO_2$对应$(FeO)/MgO$图中大部基性火山岩投在大洋玄武岩域或其近旁部位，而中酸性岩类则落在碱性岩域。对照K_2O对SiO_2图，表明岩系相对富含Na质。在AFM图中，基性火山岩（包括枕状熔岩）呈点群集中在Irvine和Barragor分界线上。其中酸性火山岩呈钙碱性火山岩趋向分布，整个岩系呈Th+CA系列组合。

在地球化学特征上，枕状熔岩的稀土元素配分模式呈轻稀土略具亏损，无Eu异常的平坦模式，其$(La/Yb)_N$值为0.662～1.285，稀土总量为50.968～72.457；轻/重稀土值为0.707～1.032。δEu值近于1，似与弧后玄武岩相近，并表明为地幔物部分熔融形成。

在微量元素特征上，过渡元素在模式上显示Ti、Fe、Mn、Cu为正异常，而Cr、Ni为负异常的"W"型式。在不相容元素配分上，曲线呈Rb、Ta、P和Sc四个高点，以Rb、P二者呈相对高峰。此种模式亦与弧后玄武岩系相近。

冯益民（1993）认为这套蛇绿杂岩（1）缺失辉绿岩墙单元；（2）顶部及侧向具浊流岩层；（3）枕状熔岩内具有辉绿岩及煌斑岩脉。均属典型的弧后扩张脊的特征，据Zr/Y-Zr对应关系推算扩张速率为3～5 cm/a。

宋志高在总结老虎山自东向西的火山岩资料时（红沟—松山水），将细碧岩、角斑岩和石英角斑岩（或称玄武岩、安山岩和流纹岩）并入钙碱火山岩系。

由此不难看出老虎山较塔峒沟更偏碱性，按整个枕状熔岩来说，更趋向钙碱系列。

3. 中堡群

该群火山岩空间极为局限。主要岩性是粗面岩、假白榴石响岩、粗玄岩等碱性岩石，宋志高认为均属橄榄粗玄岩系即钾玄岩系。在K_2O对应的SiO_2图上多被投落在高钾质的橄榄粗安岩域内；在SiO_2、(FeO)和TiO_2对应$(FeO)/MgO$图中多投落在碱性火山岩域内；在AFM图上几乎全部进入钙碱火山岩域内。由此可见，确属比较特征的钾质碱性火山岩系。

在地球化学特征上，火山岩呈现轻稀土相对富集，稀土总量偏高的强烈分离模式，其配分曲线全部限定在Culley（1984）圈出的岛弧区橄榄粗玄岩系稀土配分模式曲线的分布范围。在微量元素特征上，呈现Ti、Mn、Fe丰度高和Cr、Ni低的配分模式；在不相容元素的配分型式上表现为Sr、K、Ba、Rb相对富集，而Nd和Ta亏损，P、Hf与Sm、Cr明显亏损的模式。

宋志高推测该碱性火山岩岩石系列，是由于早奥陶世的一系列喷发后，部分钙碱质岩浆停留在莫霍面附近的岩浆房中，经过结晶分异作用，岩浆析出斜长石、单斜辉石和磁铁矿等矿物，而导致岩浆房中K_2O相对富集的结果，但在上升喷发过程中受到陆壳物质的混染，因而具有$^{87}Sr/^{86}Sr$为$0.708\,34\pm0.000\,25$较高的初始比值。从而认为属岛弧成熟期的喷出物。

应当指出钾玄武岩，在洋盆地中甚为少见。粗面岩的出现表明其产出环境可能是大陆裂谷或大陆边缘的断块区，也可能是某些造山带的断裂发育区。岩石学家们通常认为它们多形成于地壳从活动走向稳定的过渡时期中。这样的碱性火山岩的出现实际预示着一个喷发阶段的结束。其Rb-Sr同位素年龄值为457 ± 8Ma。

在该群碱性火山岩之下还有少量安山岩或安山质碎屑岩，其化学成分的投点大都落入钙碱系列的岩石域内。就喷发的岩石系列而言，在纵向上随着时间的推移，自阴沟群至中堡群其总趋势是拉斑系列（Th）→钙碱系列（Ca）→碱性系列（A）。

4. 扣门子组

扣门子组的火山岩系是活动区经历过一次闭合后复又张裂的喷出岩系。在甘肃境内，研究较好的地段在秦安一带，这里的火山岩在庄浪蛟龙掌矿区最为发育，主要为一套玄武岩-安山岩-流纹岩组合的火山岩系。

从所采枕状熔岩与辉绿岩的岩石分析成果可知，在 K_2O 对应 SiO_2 图中大都投落在钾质玄武岩以及橄榄粗玄岩系列域内，相当钙碱系列，但显示部分含钾较高。尽管如此，尚未发现诸如粗面岩类等岩石。在 SiO_2、〈FeO〉、TiO_2 对应 〈FeO〉/MgO 图中，同样反映了钙碱系列岩石，部分还投落在碱性岩域内；在 AFM 图中全部投在钙碱岩域内并呈与 M 和 F 组分相等向 A 组分连续演化的序列。据统计 Al_2O_3 含量大于 16% 者占样品总数的 61%，表明应属高铝玄武岩，此类岩石多出现于大陆边缘弧后盆地的火山环境中。

在地球化学特征上，枕状熔岩的配分模式呈轻稀土富集型，其 $(La/Yb)_N$ 值为 0.04~4.55，无铈异常，δEu 值近于 1，表明系由地幔物质经熔融形成的；在微量元素特征上，呈现富 K、Rb、Sr 及 Ca 等不相容元素，依次为高 P、Hf 等元素，配分模式呈先隆后低的正斜型式与弧后玄武岩模式近似。宋志高(1991)认为秦安、庄浪一带属弧后盆地型蛇绿岩。依 Zr/Yb-Zr 对应推算其扩张速率为 2 cm/a。

据张维吉(1993)资料，含珊瑚的火山岩中采 Rb-Sr 等时线年龄值为 381±16Ma。

上述说明，在晚奥陶世喷发岩与早奥陶世早期的喷发岩有渊源之别，似与幔源无关，多为地壳熔融所致。但实际资料证明造山带中海相喷发岩的变化比观察到和设想到的还要复杂，这是因为造山带本身具有的特性所决定的。由于地理及地质(包括构造的)因素在各地不同，甚至同期沉积物就具明显差异，这已被前述资料证实。因此，不能指望某一个地区的资料用来代表整个造山带在此时此刻的特征。我们所以来分析海相喷发的化学特征，就是试图能够认识一些造山带内海相喷发的演化趋势，提供以后研究者们的重视与探讨。

综上所述，北祁连山的奥陶纪海相火山岩在甘肃省的地层中占有重要地位并具有研究价值。对北祁连山奥陶纪火山岩的研究成果，可大致概括为：

(1)奥陶纪的火山作用是寒武纪火山作用的延续。但奥陶纪的火山作用是祁连海盆海域范围最广，分布面积最大的产物，是陆缘裂谷扩张到近似洋中脊的结果。造山带曾发生强烈褶皱和大量的推覆构造，如以扩大 5 倍计，则其宽度约 400~500 余公里，即不亚于现今的地中海的宽度。

(2)北祁连山西段以低钾玄武岩组合为主，火山活动以裂隙溢流为特征。东段则以玄武岩-安山岩-英安岩-流纹岩为主的组合，以中心爆烈喷发类型居多，表明火山活动时期壳层厚度及裂陷深度的不同。

(3)从时间的坐标上可以看出由拉斑系列向钙碱系列向碱性系列的分异演化规律(表10-3)。其主要活动是早奥陶世，至晚奥陶世则多属"安山岩套"系列(宋志高，1993)。

(4)对于北祁连山的构造属性，尽管对我们开展多重划分对比无关紧要，但指明争论是有意义的。从 70 年代始相当一部分人认为这是一个两个板块的缝合线，并且曾经稳定了一段历史时期。其后赵凤游(1983)提出北祁连优地槽是发育在元古代陆壳上的裂陷槽，属于发育不成熟的大陆裂谷。1987 年左国朝等认为优地槽是一个离散组合——裂谷系，并分别阐述了四条裂谷带。张维吉、孟宪恂等(1993)依据对天水、秦安一带的资料也认为属裂谷环境。

表 10-3 北祁连主槽区奥陶纪火山岩演化特征简表

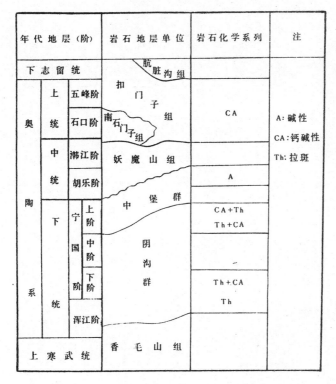

第四节 奥陶纪祁连海与华北海关系的讨论

从1955年关士聪、车树政在内蒙古桌子山发现奥陶纪笔石以来引起了地层工作者较大的震动，不仅形成华北广海沉积物对比的难度，而且在生物地理区系、生物来源诸方面都提出了新的问题。近四十年来，通过陕、甘、宁的区域地质调查已经证实华北海与祁连海具有亲缘关系，这种关系是可以从奥陶纪岩石地层单位的研究、岩石地层单位的穿时性表现出来（图10-5）。

现有资料证实，在鄂尔多斯西部台缘上缺失华北的冶里组及亮甲山组，说明在早奥陶世早期祁连海与华北海被鄂尔多斯西缘的隆起所阻隔，含 *Wutinoceras* 的马家沟组直接覆盖在含 *Blackweldaria* 的三山子组之上。

含 *Koganoceras* 及 *Wutinoceras* 的沉积物在两个海域中均已见及，在祁连海域，张日东报道的 *Wutinoceras* 组合是阴沟群中部的产物，就是说在大湾早期两个地区的海域开始贯通，生物有明显的一致性，只是所处的沉积环境大相径庭，作为浮游生物的头足类指示了同期异相的沉积特征，在甘肃陇东曾被称作水泉岭组，在宁夏同心曾被称作天景山组。

在两个海域贯通之后，明显的显示祁连海向华北海的超覆，在大湾晚期至牯牛潭早期祁连海水到达宁夏同心天景山一带，其沉积物是具有浅海—次深海斜坡相碎屑岩和碳酸盐岩的米钵山组。其生物群和祁连海域车轮沟群酸性火山岩内板岩夹层中的笔石动物群一致，同属 *Amplexograptus confertus* 带。牯牛潭晚期祁连海水继续向南超覆至宁夏的下马关，1976年郑昭昌在宁夏同心县下马关东北20 km处，青龙山西坡创建的下马关组为含有 *Pterograptus ele-*

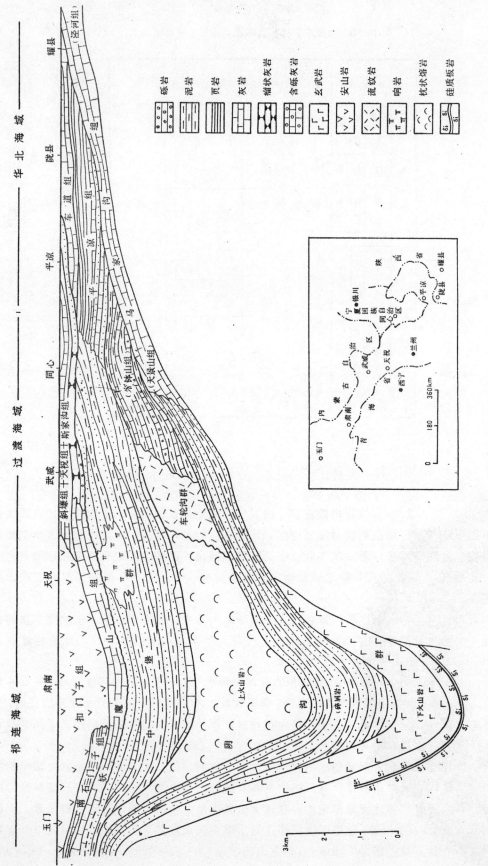

图 10-5 祁连海与华北海奥陶纪沉积模式图
（岩性图例均经简化）

gans 带笔石的薄层灰岩、页岩、粉砂岩，其上为含有 *Glyptograptus teretiusculus* 的粉砂岩、页岩。该组下部整合于马家沟组（原三道沟组）之上。

再向南，在环县、固原、平凉、陇县一带在马家沟组之上的平凉组最低笔石带是 *Glyptograptus teretiusculus* 带。很明显，在庙坡期祁连海水才漫及到平凉、陇县地区。这种自北而南的海侵构成的岩石地层单位具有相当清楚的穿时性质，直到陕西省耀县一带马家沟组的上部出现头足类 *Sinoceras chinense* 带。

平凉组的顶界也显示了穿时性质，宁夏天景山一带不详。但从青龙山两侧韦州酸枣沟剖面分析，据葛梅钰等（1990）认为顶部属 *Glyptograptus teretiusculus* 带；至石板沟则为 *Nemagraptus gracilis* 带；至陇县龙门洞，平凉组的顶部为 *Climacograptus spiniferus* 带（傅力浦，1979）或 *Cl. geniculatus* 带（陈均远，1984），都达到了石口早期的沉积层位。以上资料表明：

(1)古华北海与古祁连海槽在大湾早期即已贯通，而且随着时间的推移，祁连海沿华北台缘的西部裂陷槽先向东，而后自北而南侵漫，在庙坡期（*Nemagraptus gracilis* 带）达到最大海侵范围。

(2)庙坡期之后，沉积分异明显，具有多种型式的沉积。如龙门洞仍为碎屑岩，而环县车道组则为砾状碳酸盐岩，在陕西还出现滑塌堆积，火山碎屑沉积及浊流沉积等。

(3)更深一步的分析，整个奥陶纪沉积以后，自华北腹地由东向西的抬升构成鄂尔多斯台缘的深化历史，祁连造山带的活动肯定会在这个深化历史中留下烙印。

第十一章
泥盆纪—三叠纪

区内泥盆纪—三叠纪地层，主要分布于秦祁昆地层区和晋冀鲁豫地层区(见图5-1)，计有9个群39个组。在秦祁昆地层区北祁连地层小区，泥盆纪有老君山组、沙流水组；石炭纪—二叠纪有前黑山组、臭牛沟组、羊虎沟组、大黄沟组；二叠纪—三叠纪有窑沟群及其所属红泉组、大泉组、五佛寺组、丁家窑组；晚三叠世有西大沟组、南营儿组。在中祁连地层小区东部有石炭纪草凉驿组。在南祁连地层小区，泥盆纪—石炭纪有阿木尼克组；石炭纪有党河南山组；二叠纪有巴音河群、诺音河群；三叠纪有郡子河群及其隶属的下环仓组、江河组和默勒群及其隶属的阿塔寺组、尕勒得寺组。在东昆仑-中秦岭地层分区，泥盆纪有舒家坝群、大草滩组、西汉水群及隶属的安家岔组、黄家沟组、红岭山组、双狼沟组；石炭纪有巴都组、下加岭组、东扎口组；二叠纪有大关山组[①]、石关组及三叠纪隆务河群[②]、华日组。在晋冀鲁豫地层区，石炭纪有太原组及本溪组的湖田段；二叠纪有山西组、石盒子组；二叠纪—三叠纪有石千峰群隶属的孙家沟组、刘家沟组与和尚沟组；三叠纪有二马营组、延长组及崆峒山组。

第一节 岩石地层单位

一、秦祁昆地层区

老君山组 Dl (05-62-0115)

【创名及原始定义】 黄汲清(1945)创名老君山砾岩。创名地点在民乐县西南约17 km之老君山(隶属肃南县)。"老君山砾岩是一套很厚的山麓堆积的夹有凝灰岩成分的砾岩层，整合地处于韦宪期地层之下，不整合地处于南山系之上。"

【沿革】 沈纪祥(1959)在景泰、天祝、张掖等地均见到该组与臭牛沟统为不整合或平行不整合接触。甘肃区测队(1959)首次在靖远永安堡及景泰响水的老君山系中发现有一显著的不整合面存在，其下为磨拉石相砾岩夹砂岩，称之为上泥盆统老君山砾岩组，其上为河湖相

---

①、②区内大关山组、隆务河群由华南地层大区延伸而来，详见第十六章大关山组、隆务河群。

砂岩夹砾岩,称之为 Tournaisian(杜内)阶。李星学(1963)、王钰、俞昌民(1964)将老君山系称老君山群。甘肃省地质局 603 队(1963)[①]首次提出将老君山群一名仅限于不整合面之下的地层,将不整合面之上,臭牛沟组之下的地层另创名沙流水群,并将其下部含斜方薄皮鳞木和无锡亚鳞木的河—湖相沉积定为下组,将其上部含石膏及灰岩夹层的泻湖相—浅海相沉积定为上组,时代为早石炭世早期。其后,甘肃区测队在编写区域地质测量报告时,均沿用这一划分方案,但将沙流水群仅限于上泥盆统。李悦民、周文昭(1964)在甘肃靖远县永安堡雪山地区首次发现中泥盆世植物化石,将老君山群改称为雪山群。其后地质科学研究院(1972)、甘肃区测一队(1973、1977)、徐福祥、沈光隆等(1978)和《西北地区区域地层表·甘肃省分册》(1980)、翟玉沛(1981)、侯鸿飞、王士涛等(1988)、《甘肃省区域地质志》(1989)等均沿用了雪山群。本书将不整合面以下地层恢复用老君山群,并降群为组。同时建议停用雪山群。

【现在定义】 指一套不整合于下古生界之上,不整合或平行不整合于沙流水组之下的红色磨拉石堆积。以厚层砾岩、砂砾岩为主,夹少量粉、细砂岩,局部夹中基性火山岩。上部产植物化石。底部以底砾岩与下古生界各类浅变质岩分界,顶部以砂岩与沙流水组底砾岩分界。

【层型】 原未指定层型,现指定选层型为古浪县古浪峡剖面第 1—13 层(102°53′,37°26′),由甘肃区测一队(1965)测制,侯鸿飞、王士涛等(1988)介绍。

上覆地层:黄土

～～～～～ 不 整 合 ～～～～～

老君山组　　　　　　　　　　　　　　　　　　　　　　　　总厚度 2 495.60 m

  13. 暗紫红色厚层砾岩,砾石成分为变质砂岩、火山岩等,一般砾径 3 cm×6 cm,个别
    达 10 cm×15 cm　　　　　　　　　　　　　　　　　　　　　　198.00 m
  12. 紫红色砾岩　　　　　　　　　　　　　　　　　　　　　　　　207.90 m
  11. 灰绿色砾岩,中上部夹厚 3～5 cm 的紫红色砂岩条带　　　　　　　403.10 m
  10. 灰绿色细砾岩夹砾岩,砾石为砂岩、千枚岩、石英岩、凝灰岩、细碧岩等　134.00 m
  9. 紫红色厚层中粒砂岩　　　　　　　　　　　　　　　　　　　　　110.10 m
  8. 紫红色厚层砾岩,砾石为变质砂岩为主,次为灰岩、火山岩、石英,一般砾径 2 cm×
    4 cm,最大 8 cm×25 cm　　　　　　　　　　　　　　　　　　　359.40 m
  7. 紫红色细砂岩　　　　　　　　　　　　　　　　　　　　　　　　8.10 m
  6. 浅灰、灰绿色砾岩　　　　　　　　　　　　　　　　　　　　　　47.50 m
  5. 灰绿色杏仁状玄武岩　　　　　　　　　　　　　　　　　　　　　11.10 m
  4. 灰绿色砾岩　　　　　　　　　　　　　　　　　　　　　　　　　47.50 m
  3. 深紫色杏仁状玄武岩　　　　　　　　　　　　　　　　　　　　　12.50 m
  2. 掩盖(约 310 m)　　　　　　　　　　　　　　　　　　　　　　310.00 m
  1. 紫红色厚层砾岩,砾石成分为变质砂岩、板岩、灰岩、花岗岩等,分选差　646.40 m

～～～～～ 不 整 合 ～～～～～

下伏地层:**中堡群**　变质砂岩夹千枚岩

【地质特征及区域变化】 老君山组在选层型剖面上,因被第四纪黄土覆盖,地层出露不全。就剖面所见,岩性较为单一,几乎全由紫红、灰绿色砾岩组成,仅上部夹少量紫红色中、

---

① 甘肃省地质局 603 队,1963,甘肃古浪、靖远磁窑一带钾盐找矿研究报告书(未刊)。

细粒砂岩,下部夹两层分别厚 11 m 和 13 m 的灰绿、深紫色杏仁状玄武岩。砾岩为巨厚层—厚层状产出,层理不太清晰,砾石成分复杂,磨圆度及分选性极差,砾石多呈棱角状或半棱角状,大小混杂,排列杂乱无章,砾径一般为 $(2\times 4\sim 3\times 6)$ cm^2,最大可达 (15×30) cm^2,多为铁、钙质胶结。厚达 2 496 m 以上。反映了山前块速堆积的特征,属典型的山麓相红色磨拉石堆积。火山活动强度及规模均较小,韵律不发育,为间歇性溢出的基性熔岩,属裂隙式喷发,共有两次火山喷发活动。

老君山组呈狭长带状沿北祁连山北坡的山间及山前凹地分布。西起玉门安门沟两侧,向东经肃南、民乐、永昌、武威、天祝、永登、景泰、靖远的广大地区,再向东即进入宁夏及内蒙古境内,向南则延入青海境内,断续长达 800 余公里。各地老君山组的岩石组合特征,除个别剖面(如玉门头道墙子、民乐下湾湾村、肃南龙潭河、景泰小营盘水等)与选层型剖面所见基本相近外,多数地区可进一步划分为上、下两部分。下部为典型的山麓相磨拉石堆积;上部逐渐过渡为具有某些河流相或河湖相特征的碎屑岩沉积,岩性主要为砂岩,夹泥质粉砂岩和少量砾岩、砂砾岩等,局部尚夹少量中酸性火山熔岩及凝灰岩。砂岩普遍含岩屑,且多为复矿砂质成分,具微细水平层理、斜层理、交错层理、波痕和雨痕。粉砂质泥岩具龟裂纹。老君山组中的火山岩主要见于肃南老君山,民乐童子坝河,山丹白舌口,肃南宁昌河、武威臭牛沟、古浪、景泰大沙河、小营盘水、响水麦窝等地,该组偏下部的层位中,个别地段在其上部层位中亦可见及。它们多呈层状、似层状或凸镜状产出,一般为 1~2 层,局部可达数层之多。厚度大多为 10 余米,最厚可达 40 m。老君山组火山岩的岩性主要有基性—中性—酸性的熔岩—凝灰岩。该组中的火山岩自东而西有由基性向酸性逐渐过渡的明显趋势。该组各地岩性、厚度均有较大差异。在山麓及山间凹地内普遍较粗,厚度一般不大,约数百米。而在山前凹地内粒度则普遍偏细,砾岩组分明显减少,砂岩组分显著增多,厚度普遍较大,约 1 500 ~2 000 m 以上,其中以童子坝河—白舌口及松山—雪山一带厚度最大,均在 3 000 m 以上。

老君山组在省内生物群较贫乏,乌鞘岭以东的景泰和靖远一带该组的上部层位产植物化石,局部有腹足类及鱼鳞化石。时代归属早—中泥盆世。

乌鞘岭以东的老君山组与其下伏下古生界为不整合接触,其上与沙流水组不整合,局部(景泰红沙岘—三道购一带)为平行不整合接触。乌鞘岭以西除少数地区外,一般则未见沙流水组和前黑山组,而直接被臭牛沟组不整合覆盖。该组上部或近顶部灰绿色粉、细砂岩中,具层状或凸镜状含铜砂岩,局部形成铜矿点。

沙流水组　Dŝ　(05 - 62 - 0114)

【创名及原始定义】　甘肃省地质局 603 队(1963)创名沙流水群,甘肃区测一队(1965)介绍。创名地点在靖远县水泉乡西北约 8 km 之沙流水。"是指不整合于下—中泥盆统老君山群之上,整合于下石炭统臭牛沟组之下的一套地层。由于该地层在靖远西北沙流水一带出露广泛,并采得化石,因之将其命名为沙流水群。"

【沿革】　李悦民、周文昭(1964)将沙流水群称老君山群。其后的地质文献多沿用沙流水群,如甘肃区测一队(1965、1970、1973)、中国地质科学院(1972)、甘肃区测二队(1975)。均将其限于晚泥盆世。中国地质科学院黄汲清(1965)、黄第藩(1966)仍沿用老君山群。中国科学院南京地质古生物研究所、植物研究所(1974)则采取折衷的办法,使用了老君山群(沙流水群)的称谓。钱志铮(1976)、甘肃区测一队(1977)在甘肃 603 队原定的沙流水群上组内首次采到大量岩关期的腕足类动物群及介形类和植物化石,并查明它与其下的沙流水群下组为平行不整合(有人认为是整合)接触,与上覆臭牛沟组为平行不整合接触,而且岩石组合、岩相特征及生物组合面貌等,与上、下地层,特别是与其下的沙流水群下组均有显著的不同,因而将其由沙流水群中肢解出来,命名为前黑山组。前黑山组之下仍沿用沙流水群,将其仅限于晚泥盆世。徐福祥、沈光隆等(1978)仍主张用老君山群作为祁连山北麓上泥盆统的地方性地层名称。《甘肃省区域地质志》(1989)虽主张仍沿用沙流水群,但将该群仅限于北祁连山东段,而南祁连山西段则沿用青海的阿木尼克组。本书继续沿用沙流水群,并将其改称为组。

【现在定义】 指不整合或平行不整合于老君山组或超覆于下古生界之上,平行不整合于前黑山组之下的一套红色碎屑岩沉积。岩性以砂岩为主,夹粉砂岩、粉砂质泥岩及含砾粗砂岩、砂砾岩等,近顶部常夹泥灰岩或砂质灰岩,底部普遍有一层石英质砾岩。产植物及鱼类化石。底部以砾岩与老君山组砂岩分界,顶部以砂岩与上覆前黑山组分界。

【层型】 正层型为靖远县水泉乡沙流水剖面第1—5层($104°36'$,$36°57'$),由甘肃区测一队(1973)重测。

【地质特征及区域变化】 沙流水组岩性主要为紫红、砖红色长石石英砂岩及石英粉砂岩(局部含砾),底部为一层石英砾岩。下部泥质石英粉砂岩中产植物化石。总厚496 m。砂岩成层性较好,多为厚—巨厚层状,部分为薄—中厚层状。粒度以中粒居多,部分为中粗粒—粗粒,个别为中细粒。胶结物除少量钙质外,大多以铁泥质、砂泥质胶结为主。颜色较老君山组鲜艳,多为紫红、砖红色。砂岩以水平层理为主,并见有单向斜层理、交错层理、楔状收敛型斜层理及微波状层理,粉砂岩则以微细层理居多。岩石层面见有波痕及龟裂纹。整套地层具有较好的沉积韵律。单个韵律厚度一般为12~40 m,薄者仅8 m,最厚可达62 m。沙流水组广布于北祁连山东段,向北延入内蒙古阿拉善左旗,向东延入宁夏境内。在中、南祁连山西段的肃北县境内的党河及疏勒河上游也广泛出露,并向南延入青海。

各地岩石组合特征与层型剖面基本相同,仅所夹砾岩显著减少,砂砾岩夹层也很少见到。沙流水组产植物化石,并产少量鱼类化石。植物化石产自沙流水及其附近和景泰县段家庄、福禄村、骆驼水、三道沟等地。鱼类化石见于景泰段家庄和景泰大沙河,后者仅见有鱼类碎片。化石多产于靠下部或近底部。向西延至靖远永安堡显著变薄,为224 m;再向西至景泰、古浪、永登、天祝等地,一般百米左右,最厚也不超过134 m,最薄处仅44 m。中、南祁连山西段,厚度又有所增大,为70~290 m。

【其他】 景泰县骆驼水沙流水组中上部含钙质较高的砂岩中普遍有似层状或凸镜状含铜砂岩,但含铜量极微。靖远沙流水地区该组近底部灰白—灰绿色砂岩所夹的页岩(局部为黑灰色页岩)有板菱铀矿及钾钠铀矿等次生矿物。

前黑山组 Cq (05-62-0085)

【创名及原始定义】 甘肃区测一队(钱志铮执笔)(1976)创名。创名地点在内蒙古阿拉善左旗黑山,距包兰铁路营盘水车站西13 km。"由砾岩、砂岩、泥灰岩、灰岩等组成的滨海、局部为泻湖相含盐岩石地层,相当于杜内期的沉积。"

【沿革】 创名之后高联达(1980)据靖远县磁窑大水沟的孢粉研究,将李星学(1974)所划臭牛沟组下段归为前黑山组。《西北地区区域地层表·甘肃省分册》(1980)、《甘肃的石炭系》(1987)、《甘肃省区域地质志》(1989)、《中国的石炭系》(1990)均使用前黑山组一名,所不同的是《中国的石炭系》认为它包括了下石炭统下部(相当华南的汤粑沟组、革老河组和邵东组),《甘肃省区域地质志》认为相当于岩关阶,而另二者认为只包括岩关阶的上部(相当汤耙沟组)。本书沿用前黑山组。

【现在定义】 由以杂色碎屑岩为主,夹碳酸盐岩的岩石组合。富含腕足类及植物化石。上以粉砂岩与碳质页岩的消失与上覆臭牛沟组平行不整合分界;下以厚层砾岩不整合于中堡群千枚岩之上。区域上与下伏沙流水组呈平行不合接触。

【层型】 正层型为内蒙古阿拉善左旗黑山剖面第1—10层(104°10′,37°27′)。当时,该地归宁夏回族自治区所辖。由创名人(1976)测制,载于西北地质科技情报(内部刊物),1976,第1期。

上覆地层:**臭牛沟组** 厚层块状灰白色铁质胶结细砾岩、石英粗砂岩

────── 平行不整合 ──────

前黑山组　　　　　　　　　　　　　　　　　　　　　　　　　　总厚度99.79 m

10. 下部灰褐、黄褐色钙质粉砂岩,产植物:*Sublepidodendron* sp.,*Lepidodendropsis* sp.,*Lepidostrobophyllum xiphidium*,以上植物与总鳍鱼类共生;中部为薄—中层浅灰色石英砂岩夹黄褐色疙瘩状钙质团块(结核),含菱铁质结核钙质粉砂岩;上部灰色粉砂岩、碳质页岩　　　　　　　　　　　　　　　　　　　　　　　23.39 m
9. 黄灰色中厚层钙质石英细砂岩,顶部灰色厚层灰岩　　　　　　　　　13.41 m
8. 浅灰色中厚层石英砂岩、粉砂质页岩、灰色厚层灰岩,组成三个韵律层。底部石英砂岩交错层理发育,并含钙质小团块　　　　　　　　　　　　　　　　　14.65 m
7. 灰色薄层—中厚层灰岩,偶夹砂质灰岩、泥钙质页岩　　　　　　　　12.48 m
6. 灰色、浅灰色薄层条带状白云质灰岩、白云岩夹褐黄色薄层钙质粉砂岩　1.58 m
5. 灰色厚层块状灰岩,具角砾状,局部鲕状构造,产腕足类:*Schuchertella* cf. *gueizhouensis*,*S. cyrtoides*,*S.* cf. *gelaohoensis*,*Balanoconcha* aff. *elliptica*,*Cranaena* aff. *globosa*,*Avonia* cf. *youngiana*,*Eochoristites* cf. *chui*,*E. heishanensis*,*E. jingtaiensis*,*E. longa*,*Productellana* sp.,*Cleiothyridina* sp.,*Spiriferellina sparsiplicata*,*Beecheria dielasmaoides*,*Overtonia echinata*,*Cleiothyridina* cf. *kusbassica*,*C. hirsuta*,? *Ovatia* sp.,*Cancrinella* sp.,*Echinoconchus* sp. 等　　　　　　11.30 m
4. 桔黄色钙质粉砂岩,上部夹泥灰岩及结晶灰岩凸镜体　　　　　　　　3.88 m
3. 黄褐色砂砾岩　　　　　　　　　　　　　　　　　　　　　　　　13.53 m
2. 紫红色含粉砂泥灰岩,不对称波痕发育　　　　　　　　　　　　　　1.57 m
1. 褐灰色厚层砾岩　　　　　　　　　　　　　　　　　　　　　　　　4.00 m

～～～～～ 不整合 ～～～～～

下伏地层:**中堡群** 千枚状板岩、硅质灰岩

【地质特征及区域变化】 在甘肃本组总体岩性特征是由发育不甚完善的旋回层构成。在沉积完整区域一般可划分为三个岩性段:下部为砂—砾岩段,呈紫红、桔黄、黄褐色,底部常有一层砾岩,砂岩以石英质为主,向上渐变为粉砂岩,以靖远磁窑厚度最大,约50m,在景泰小营盘水、白茨水一带发育较差甚至缺失。中部为灰岩—白云岩段,以灰岩、白云岩或白云质灰岩为主,中夹细砂岩、粉砂岩和页岩。其中所含的白云岩和石膏即为本组的特征。厚度各地不等,景泰小营盘水一带较发育,厚度近200 m。上部为砂岩段,以石英砂岩、长石石英砂岩为主,粒度不等,间夹泥岩和灰岩,颜色以灰白、黄褐色为主,靖远一带则以紫红色为主,厚度不均一,以靖远磁窑剖面厚度最大,可达百余米。

前黑山组生物以腕足类和植物较为丰富,灰岩—白云岩段以含腕足类为主,上部砂岩段

则富含植物化石。地质时代属早石炭世，相当 Tournaisian(杜内)期。

本组主要分布于北祁连山东部，甘肃靖远—景泰地区，内蒙古、宁夏与甘肃交界地区也有出露。其分布范围大致在甘肃靖远至永登—线以北、腾格里沙漠以南(甘肃部分主要在甘武铁路线以南)天祝乌鞘岭以东、宁夏中卫以西的范围内，东西长约 200 km，南北宽不足 100 km。本组厚度往往受古地形特征控制，红水、黑水等剖面超覆于老地层之上，厚度较小，一般在 100 m 左右，其余地区本组厚度均在 200 m 左右，靖远磁窑为 182 m，天祝石膏矿剖面厚度 246 m。石膏局部地区富集形成工业矿床。

【其他】 前黑山组与下伏沙流水组的接触关系久已存在争论，但大多数研究者认为两者为平行不整合接触。主要依据有：(1)沙流水组顶部有不平整的侵蚀面；(2)沙流水组为陆相沉积，与前黑山组沉积相不同；(3)据对干塘车站东南黄河东岸沙家堂 $D_3—C_1$ 剖面的生物特征的研究证明两组之间有化石带(早石炭世)缺失；(4)部分地区两地层单位之间有 10°左右交角。

臭牛沟组　Cč　(05-62-0086)

【创名及原始定义】 袁复礼(1925)创名臭牛沟层。创名地点在武威市祁连乡臭牛沟，位于武威市西南 35 km。臭牛沟层(Choniukou Formation)不整合于前寒武纪南山系(Nanshan Series)之上，下部为 67 m 厚含植物化石的陆相建造，向上为蓝灰色的灰岩和页岩互层所构成的 68 m 厚的海相建造。

【沿革】 俞建章(1931、1933)在描述臭牛沟层上部石灰岩中的珊瑚化石时，指出臭牛沟石灰岩与贵州上司石灰岩相当，而称臭牛沟石灰岩。李树勋(1946)、胡敏(1948)称臭牛沟系，但确认其和老君山砾岩不整合。刘鸿允(1955)称臭牛沟建造。《中国区域地层表(草案)》(1956)称臭牛沟统。常隆庆、杨鸿达(1956)称臭牛沟组。杨敬之、盛金章、吴望始、陆麟黄(1962)称臭牛沟阶。刘鸿允、张树森、赵乐旭、贾振瀛(1962)重测臭牛沟剖面，称臭牛沟组。同年，王建章称臭牛沟统，并将其上部命名为磨石沟组、下部命名为新城子砂岩(柱状剖面中又称为新城子砂岩组)，他又在黑山剖面中将最底一层称为黑山砾岩。李星学、姚兆奇、蔡重阳、吴秀元(1974)将靖远地区臭牛沟组划分为三段。70 年代中期甘肃区测队在景泰一带进行区域地质调查时，将臭牛沟组下部划出创建前黑山组(1976年以钱志铮执笔公开发表)。刘洪筹等(1980)将龙首山区相当臭牛沟组的地层称为南洼顶组。本书沿用臭牛沟组，并建议停用磨石沟组、新城子砂岩组与南洼顶组。

【现在定义】 由下部砂岩和页岩段及上部灰岩、砂页岩段组合而成。本组底界：①为不整合 超覆在前石炭纪地层之上； ②为底部砾(粗砂)岩与下伏前黑山组呈整合或不整合接触。与上覆羊虎沟组呈整合或平行不整合接触，其界面为羊虎沟组底部砾(粗砂)岩，当羊虎沟组的底部砾岩缺失时则为本组顶部厚层灰岩(厚度大于 5 m)。

【层型】 正层型为武威市祁连乡臭牛沟剖面第 1—18 层(102°24′,37°41′)，由袁复礼(1925)测制并报道。

【地质特征及区域变化】 臭牛沟组的岩性特征为一套碎屑岩、泥质岩和灰岩的岩石组合，大致可分为三部分，下部主要为灰色、杂色的碎屑岩，底部往往有一层砾岩，砾级为细砾，有时粒度更小为粗砂级，由此向上粒度逐渐变细。砾岩(粗砂岩)层在区域上较稳定，可作为和下伏地层的划分标志。砂岩以石英质为主，其粒度变化不明显；中部为泥质岩，主要为页岩，间有粘土岩，泥质岩中碳质较高，并见薄煤层，其颜色宏观上呈灰黑色，和上部灰岩及下部碎屑岩较易区分；上部主要为灰白色灰岩，质地不纯，有时有泥灰岩，常呈薄层状，其间往往夹泥岩、页岩。在本组顶部较稳定地发育有一层厚大于 5 m 的灰岩，灰岩的顶界可作为两组的界面。

臭牛沟组在区域上延伸约 1 000 km，东抵鄂尔多斯台地西缘，西达敦煌地区，在本省范围内延伸 800 km 以上，向东延至宁夏。不同地区的臭牛沟组厚度不尽一致，向西向东，安西红口子大于 300 m、肃北大龚岔 91 m、肃南蔡大坂 249.8 m、山丹南洼顶 145 m、永昌加皮沟 62 m、门源牛头山 355 m、武威臭牛沟 132.63 m、靖远大水沟 175.95 m。

臭牛沟组岩性在区域上变化不大，大多数区域均可对照正层型划分为三个部分。武威和门源交界处的牛头沟一带中部页岩段之上发育一套碎屑岩，形成了两个大的沉积旋回。安西红口子剖面中有 75 m 厚的一层中性火山碎屑岩，这一现象在整个臭牛沟组中唯此出现。

【其他】 (1)本组产煤和粘土。臭牛沟组的煤往往和羊虎沟组的煤相伴产出，但分布范围和规模相对较小。粘土矿和煤伴生，规模较小，均为矿点，质量较差。(2)臭牛沟组具有穿时性。袁复礼创名的臭牛沟组具岩石地层性质。李克定、沈光隆(1992)对臭牛沟组命名剖面的化石分布特征进行研究后，首先明确指出"臭牛沟组是一具跨统的岩石地层单位，上、下石炭统的界线在臭牛沟组的上部通过"。

吴秀元等(1987)对臭牛沟组命名剖面东约 270 km 的靖远磁窑石炭系剖面进行了深入的研究，认为臭牛沟组在甘肃靖远一带和下石炭统 Visean 阶的年代地层相当。

李克定、沈光隆(1992)认为在武威、天祝一带(以臭牛沟剖面为代表)上、下石炭统的界线(即 Namurian 阶 H 带的底部)从臭牛沟组上部穿过。他们的研究成果表明这一地区的臭牛沟组地质时代可从 Visean 晚期至 Namurian 晚期(Namurian B-C)。

综上所述，在北祁连山的东段，臭牛沟组的地质时代从靖远地区的 Visean 期逐渐过渡到武威、天祝地区的 Visean 晚期至 Namurian 晚期，其穿时特征是十分明显的，并且顶、底界面同时具此特征(图 11-1)。

北祁连山西段臭牛沟组露头零星，研究程度相对较低，除 1:20 万区域地质调查成果外，其它研究成果甚少。在本次专项研究中，依据岩石地层的划分标准，西段的臭牛沟组的地质时代为早石炭世晚期至晚石炭世早期。年代的确定主要依据为 1:20 万区域地质调查成果，在区调工作中由于统一地层学的影响，相同的岩石地层曾被归入中石炭统羊虎沟组和上石炭统太原组底部。据此，我们认为臭牛沟组在北祁连山最西端底界为 Westfalian 早期，而顶界可至 Westfalian 晚期，但这一推断尚待今后研究工作的进一步验证。

如果臭牛沟组在西段整个组的年代属晚石炭世 Westfalian 期是成立的话，那么整个臭牛沟组的地质年代从本省最东部的早石炭世的 Visean 期穿时至最西端的晚石炭世 Westfalian 期。

羊虎沟组 Cy (05-62-0087)

【创名及原始定义】 Grabau(1924)创名阳阜沟系(Yangfoukou Formation)。创名人在文献中称其命名地在甘肃西部。羊虎沟组由阳阜沟系演变而来。"指沿南山山脉北坡，页岩和石灰岩以一层底砾岩不整合地盖在南山系(前寒武纪)之上。富含代表华北太原系底部的动物群。"

【沿革】 Grabau(1924)书中插图(Fig.178)中文标为杨阜口系，书末地名表中文为阳阜沟。袁复礼(1925)将该区 Visean 期以上地层称为太原系(Taiyuan Series)，在臭牛沟一带又称

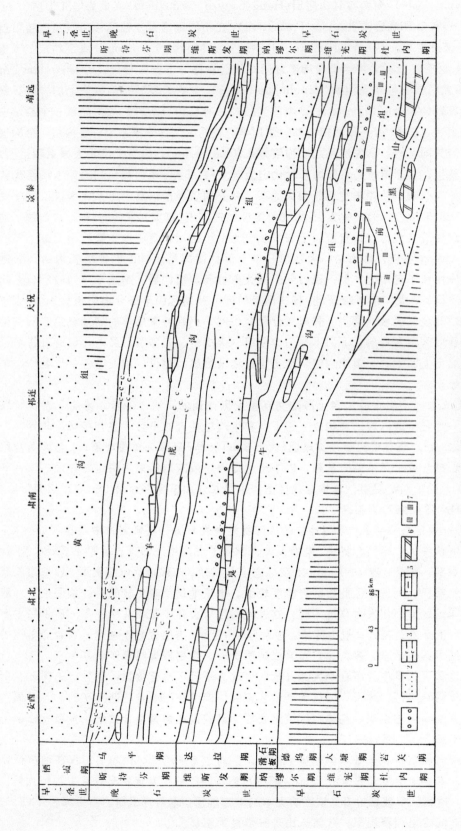

图 11-1 北祁连山臭牛沟组、羊虎沟组的穿时现象

1. 砾岩；2. 砂岩；3. 页岩；4. 灰岩；5. 泥质灰岩；6. 白云岩；7. 石膏层

太原层(Taiyuan Beds)，向西称红山窑层(Hungshanyao Formation)，其上为塔儿沟层(Taerkou Formation)和阳露槽层(Yanlutsao Formation)，在不同地区袁复礼又将和塔儿沟层相当的地层称为李家泉层(Lichichuan Formation)或墨沟层(Mokou Formation)或窑沟层(Yaokou Formation)。赵亚曾(1925)将羊虎沟煤矿含化石的灰岩称为羊虎沟石灰岩(Yanghukou Limestone)。李四光(1926)称羊虎沟系(Yanghukou Series)，并将袁复礼窑沟层之上的含䗴石灰岩称为窑沟石灰岩(Yaokou Limestone)。李四光(1931)将窑沟石灰岩归入太原系4个䗴带中层位最低的一个带，称 Ps 带。孙健初(1936)使用羊虎沟系，认为李家泉层、墨沟层、窑沟层和红山窑层均为其同义语，羊虎沟系之上称俄博系(Opo Series)，相当于华北太原系和山西系，时代为早二叠世，1942年他又将俄博系时代定为石炭-二叠纪。李四光(1939)用本溪系代替羊虎沟系。曾鼎乾(1944)使用羊虎沟系和太原系，并介绍黄汲清以焉支山系代表该区的羊虎沟系和太原系。李树勋(1946)统称太原系。《中国区域地层表(草案)》(1956)称羊虎沟统。刘鸿允等(1962)将中石炭统称红山窑统，上石炭统分为两个区域：臭牛沟—磨石沟一带上部称磨石沟组，下部称禄述组；红山窑—大沙河一带上部称阳露槽组、下部称塔儿沟组。王建章(1962)称太原统和羊虎沟统。吴一民(1965)称太原群和羊虎沟群。李星学等(1972)自上而下分别称为太原群、羊虎沟组和靖远组。杨式溥等(1980)从靖远组下部分出榆树梁组(相当华南摆佐组)。《西北地区区域地层表·甘肃省分册》(1980)仍维持李星学的划分意见。刘洪筹等(1980)将龙首山区本套地层自上而下称为太原组、尖山组、三岔组。吴秀元(1987)将靖远一带的本套地层自上而下称为羊虎沟组、红土洼组和靖远组。建议停用上述各单位名称，本书沿用羊虎沟组。

【现在定义】 由多个或十多个海陆交互相灰黑色调的页岩、砂岩、薄层灰岩及薄煤层(线)或其中一部分组成的旋回层构成。与下伏臭牛沟组整合或平行不整合接触，其界面为本组底部粗砂岩、砾岩或臭牛沟组顶部厚层(大于5 m)灰岩，局部见超覆现象；上与大黄沟组绿色陆相砂砾岩整合或平行不整合接触，以本组含煤岩系或灰岩结束为两组之界面。

【层型】 原未指定层型，现指定选层型为永昌县红山窑乡剖面第1—30层(101°36′,38°18′)，由刘鸿允等(1962)测制。

【地质特征及区域变化】 本组地层的底部稳定地发育着一层砾岩或中粗粒石英砂岩，并以此作为和下伏臭牛沟组的分界面。肃南大青沟剖面羊虎沟组底部砾岩层厚4.30 m，灰黑色，砾石主要为石英，砾径一般1~2 cm，宏观标志十分清楚。东部靖远磁窑剖面、西部肃南蔡大板剖面均具此特征。局部地区此层砂岩粒度较细。本组地层反映出较明显的旋回性，一般为正粒序，不同地区旋回层发育程度不同，这种旋回层可由几个至十几个不等。砂岩层厚度不等，从几米至十余米。灰岩一般为薄层，通常厚1~3 m，有时仅数十厘米。页岩为本组的特征岩石，厚度可达数十米，多为黑色页岩或碳质页岩，煤层或煤线多产于其中。

羊虎沟组和下伏臭牛沟组在绝大部分地区表现为平行不整合接触，划分标志明显，部分地区该标志层(指砾岩层)缺失，而认为是整合接触，但沉积间断是普遍存在的。与上覆大黄沟组的接触关系和上述相似，具体在区域上表现为武威以西多为整合接触，景泰—靖远一带则多为平行不整合。

羊虎沟组区域延伸状况基本类似臭牛沟组，但向东延伸更远，因覆盖，仅在通渭何家山有零星出露。本组地层呈NW-SE走向，断续出露。西段地层发育状况较臭牛沟组为好。晚石炭世晚期，靖远一带地壳抬升，该区缺失本组上部地层。本组沉积期内由于海侵不断扩大，在走廊古陆边缘常呈超覆现象，永昌—山丹一带最为明显。

羊虎沟组在各地厚度不尽一致，以景泰红水堡剖面为最厚，厚度达 349.9 m，永昌红山窑剖面的厚度最小，仅 58.11 m，自西向东，肃北大龚岔 318 m、肃南大青沟 216.8 m、祁连俄博 247.4 m、山丹青岗湾大于 119.1 m、天祝岔岔洼 210.4 m、靖远磁窑 261.8 m。厚度较小的区域，主要在走廊隆起带的四周，均具超覆现象。

【其他】　(1)羊虎沟组为北祁连地层小区的重要产煤层位。东起靖远磁窑，西至安西红口子，煤产地达一百余处。粘土是本组的另一种主要矿种，有粘土矿产地十余处。

(2)羊虎沟组的穿时性。羊虎沟组的底界除部分超覆在老地层之上，大多与下伏臭牛沟组为整合接触或平行不整合接触，臭牛沟组顶界的不等时面即为羊虎沟组底界的不等时面。羊虎沟组顶界的穿时特征不十分明显，在靖远磁窑为晚石炭世 Westfalian 早期(见图 11-1)，其上至早二叠世缺失沉积。在张掖至肃南一带(即北祁连山中部)羊虎沟组的顶界之地质年代大致在早二叠世早期。由于早二叠世金塔运动的影响，北祁连山大面积的海水退出形成陆盆，开始接受以紫红色碎屑岩为主的大黄沟组的沉积。由于海退速度很快，羊虎沟组顶界的时代范围变化就很小，难以量化。

大黄沟组　Pd　(05-62-0065)

【创名及原始定义】　孙健初(1936)创名大黄沟系。创名地点在酒泉市西南 50 km 肃南县大黄沟。"指整合于俄博系之上，岩石为绿色砂岩、页岩，产 *Annularia stellata*, *Sphenophyllum emarginatum*, *S. pseudogermanica*, *Callipteris*, *Tingia carbonica*，时代为二叠纪。"

【沿革】　孙健初 1936 年，将北祁连山二叠系三分，下统称"俄博系"(Opo Series)，中统为"大黄沟系"(Taihuangkou Series)，上统称"窑沟砂岩"(Yaokou Sandstone)，其上是西大沟系，时代为二叠三叠纪。1942 年，孙氏修订"俄博系"为石炭二叠纪，"大黄沟系"为二叠纪，"窑沟砂岩"为二叠三叠纪。1962 年，盛金章在《中国的二叠系》一书中，将"大黄沟系"称"大黄沟群"时代为早二叠世，称"窑沟砂岩"为"窑沟群"时代为晚二叠世。其后，实际工作中逐步采用了这种划分。史美良(1980)在《甘肃的二叠系》(未刊)一书中，根据化石在大黄沟群下部分出山西组，改大黄沟群为大黄沟组。《甘肃省区域地质志》(1989)沿用史美良的划分方案。据山西组与大黄沟组岩石特征的一致性，本书将山西组并入大黄沟组。

【现在定义】　整合于羊虎沟组之上，红泉组红色层之下的一套由灰绿色、灰白色、黄绿色砂岩、页岩、泥岩组成的岩石组合，含丰富的植物化石。与下伏羊虎沟组的顶部黑色页岩或泥岩顶面分界，与上覆红泉组以红色层底面分界。

【层型】　正层型为肃南县大黄沟剖面第 1—24 层(97°57′,39°36′)，由刘洪筹、史美良(1978)重测。

上覆地层：红泉组　紫色砂岩夹灰绿色砂岩

——————— 整合 ———————

大黄沟组	总厚度 420.00 m
24. 灰白色、浅灰绿色含砾粗砂岩	9.00 m
23. 灰绿、黄绿色中粗粒砂岩夹砂质泥岩	24.00 m
22. 灰白色石英粗砂岩，偶含砾石	11.00 m
21. 灰绿色砂岩夹砂质泥岩	15.00 m
20. 灰白色石英粗砂岩、偶含砾，具斜层理	10.00 m
19. 灰绿、黄绿色细砂岩夹灰黑色硅质泥岩	62.00 m

18. 灰绿、黄绿色细砂岩夹黑色泥岩，含三层植物化石：*Lepidodendron* sp., *Sphenophyllum* sp., cf. *S. thonii*, *Calamites* sp., *Annularia* sp., *Taeniopteris* sp., *Cordaites* sp.   46.00 m
17. 灰黑色泥岩、砂质泥岩   7.00 m
16. 灰绿色砂质泥岩夹灰黑色泥岩   9.00 m
15. 灰白色石英砂岩   5.00 m
14. 灰绿、黄绿色砂岩、泥岩、灰黑色页岩，下部含植物化石：*Lepidodendron* sp., *Stigmaria rugulosa*, *Sphenophyllum* cf. *thonii*, *Calamites* sp., *Pecopteris* cf. *polymorpha*, *P.* cf. *lativenosa*, *Cordaites* sp., *Alethopteris norinii*   86.00 m
13. 灰绿、黄绿色砂质泥岩夹薄层砂岩   13.00 m
12. 紫色砂质泥岩   1.00 m
11. 浅灰色砂岩   11.00 m
10. 灰绿、黄绿色砂质泥岩夹砂岩及黑色泥岩，含植物化石：*Taeniopteris* cf. *multinervis*, *T.* sp., *Cardiocarpus tangshanensis*   42.00 m
9. 浅黄绿色、灰绿色粗砂岩   2.00 m
8. 灰绿色、黄绿色砂质泥岩夹砂岩   10.00 m
7. 灰绿色砂岩、泥岩夹碳质页岩，含三层植物化石：*Lepidodendron* sp., *Stigmaria rugulosa*, *Sphenophyllum* cf. *thonii*, *S.* cf. *obolongifolium*, *Lobatannularia sinensis*, ? *Sphenopteridium germanica*, ? *Plagiozamites* sp., *Pecopteris* sp., *Asterotheca* sp., *Cardiocarpus cordai*, *Taeniopteris multinervis*, *Cordaites* sp.   19.00 m
6. 灰绿色砂质泥岩、砂岩夹黑色页岩   13.00 m
5. 浅灰色含砾粗砂岩   5.00 m
4. 灰绿色砂质泥岩夹碳质页岩   10.00 m
3. 灰色砂岩   3.00 m
2. 碳质页岩夹灰绿色泥岩，含植物化石碎片   5.00 m
1. 浅灰色石英砂岩   2.00 m

———— 整 合 ————

下伏地层：羊虎沟组　黑色页岩及灰岩，界线以下15 m的灰岩凸镜体含腕足类化石

【地质特征及区域变化】　本组岩石是由灰绿色、黄绿色砂岩、砂质泥岩、含砾砂岩、灰白色石英砂岩、灰黑色泥岩、页岩的不等厚互层组成的一套碎屑岩组合。在大黄沟剖面，下部多以泥岩、页岩为主，夹少量的砂岩和含砾粗砂岩，向上砂岩、含砾粗砂岩增多。在大青沟剖面上也具有上粗下细的特征。据所产植物化石时代为早二叠世。

本组区域分布不稳定，在东经103°以西分布普遍（如大黄沟、羊露河、大青沟、大泉等地均有分布），东经103°以东时有缺失（如小毛藏沟、五佛寺、黑石墙沟等）。各地出露厚度变化大，大黄沟厚420 m，大青沟40 m，大泉115.2 m，福禄村38 m。

窑沟群　PTY　（05-62-0168）

【创名及原始定义】　窑沟群一词，源于袁复礼（1925）创名之窑沟系，创名地点在肃南县北偏东32 km，即榆木山主峰西南7 km之窑沟。经孙健初（1942）厘定，指整合于西大沟系灰色砂岩、页岩之下的红色砂岩。

【沿革】　创名后，盛金章（1962）称窑沟群，史美良（1980）在《甘肃的二叠系》（未刊）中称窑沟组，本书起用窑沟群。

【现在定义】 窑沟群是一个跨时的岩石地层单位，按岩石色调特征，自下而上划分为晚二叠世红泉组、大泉组和早—中三叠世五佛寺组、丁家窑组。

红泉组　Phq　（05-62-0066）

【创名及原始定义】 梁建德、杨祖才等（1977）创名，《西北地区区域地层表·甘肃省分册》（1980）介绍。创名地在河西堡北10 km大泉。指断续出露于永昌县大泉及山丹县鞍桥子。为紫红色砾岩、含砾粗砂岩顶部夹六层石髓层，在西部具轻变质作用，部分变为粉砂质板岩。属陆相沉积。含植物及介形类化石。厚140 m。

【沿革】 1974—1977年，梁建德、杨祖才对二叠纪地层做了详细划分，红泉组专指龙首山东段晚二叠世早期地层。后为《西北地区区域地层表·甘肃省分册》（1980）、《甘肃省区域地质志》（1989）所使用。但在梁建德等（1980）《甘肃龙首山东段一条二叠纪生物地层剖面及其意义》一文中相当红泉组的地层改为上石盒子组。本书沿用红泉组并隶属于窑沟群。

【现在定义】 指整合于大黄沟组之上，大泉组之下以紫红色为主要特征的一套砂岩、含砾粗砂岩、砾岩、粉砂岩为主，夹少量灰绿色细砂岩、页岩、硅质泥灰岩的组合，在灰绿色层中偶含植物、介形类化石。与下伏大黄沟组是以红色层始现分界，与上覆大泉组则以灰绿色层底面分界。

【层型】 正层型为金昌市河西堡大泉剖面（102°01′,38°28′），由梁建德、杨祖才等（1977）测制，1980年报道。

【地质特征及区域变化】 红泉组在北祁连地层小区分布最广泛、厚度较大，岩性以红色砂岩、砂砾岩、含砾粗砂岩为主，夹少量细砂岩、泥岩，局部夹硅质泥灰岩条带。宏观上是一套红色岩系，下部常夹有灰绿色、灰白色砂岩，形成一套杂色的过渡层。在东经103°以东下部过渡层普遍存在，小毛藏沟剖面最厚，达919 m。红泉组生物化石贫乏，目前已知的化石点仅见于大泉剖面和大青沟剖面的灰绿色页岩夹层，产植物化石松柏类及介形类等。

红泉组在北祁连地层小区西段大黄沟、大青沟、大泉等地与下伏大黄沟组呈整合接触。与上覆大泉组的关系在大青沟剖面上为平行不整合接触，在大泉剖面为整合接触，但在大泉组底部产有一层厚24 m的砾岩层，羊露河剖面亦有类似情况。在北祁连山东段，小毛藏沟、五佛寺、黑石墙沟等地，红泉组与下伏地层羊虎沟组呈平行不整合或不整合接触。与上覆五佛寺组亦呈平行不整合接触。

本组各地出露厚度，大黄沟684 m、羊露河1 361 m、大青沟557 m、小毛藏沟1 492 m、景泰县五佛寺一带1 037.1 m。

大泉组　Pdq　（05-62-0067）

【创名及原始定义】 梁建德、杨祖才等（1977）创名，《西北地区区域地层表·甘肃省分册》（1980）介绍。创名地在金昌市西11 km大泉。"指出露于永昌县大泉一带为陆相沉积的黄绿、灰绿色砾岩夹砂岩、页岩。含植物、瓣鳃及介形类化石。"

【沿革】 创名后，《西北地区区域地层表·甘肃省分册》（1980）、《甘肃省区域地质志》（1989）与本书均沿用大泉组。

【现在定义】 指平行不整合于红泉组之上的一套以灰绿色为主夹紫红、灰白、灰黑等杂色砂岩和少量砾岩、页岩的沉积组合，含安格拉和华夏型混生植物化石。与下伏地层以灰绿色层底面分界，顶部以含"砂球体"砂岩或具有大型斜层理砂砾岩和大套紫红色岩层始现与五佛寺组分界，两者为整合接触。

【层型】 正层型为金昌市河西堡大泉剖面第21—26层(102°01′,38°28′)，由梁建德、杨祖才(1977)测制，1980年报道。

【地质特征及区域变化】 该组在北祁连地层小区红泉组之上以出现灰绿色、灰白色砾岩、砂岩和泥岩或页岩组合为特征与红泉组红色层相区别，其底部常以一层灰绿色或灰白色的厚层砾岩的底面与红泉组分界。金昌市大泉剖面是以黄绿色，灰绿色砾岩、含砾粗砂岩为主，夹灰绿色薄层细砂岩、黑色页岩，页岩中产植物、双壳类、介形类等化石。该剖面无红色夹层。肃南大青沟剖面，以浅灰色砾岩、含砾砂岩、砂岩为主，夹紫红色细砂岩和黑色页岩，黑色页岩中富含植物、叶肢介、昆虫、双壳类、孢粉等化石。

该组区域分布不稳定。在北祁连地层小区西段，羊露河、大青沟、大泉等地比较清楚，再向东至小毛藏沟、景泰五佛寺等地是否有大泉组很难判别。目前剖面描述可能缺失，形成红泉组与五佛寺组之间的平行不整合接触。

已知大泉组各地出露厚度，大泉剖面56.6m、大青沟大于180m、羊露河408m。

五佛寺组 Tw （05－62－0166）

【创名及原始定义】 王德旭(1983)创名，蔡凯蒂(1993)介绍。创名地点在景泰县五佛寺乡。"指景泰县五佛寺一带以灰白、紫红色为主夹灰绿、黑色长石石英砂岩、泥质细砂岩，底部为厚层含砾长石石英粗砂岩，含早三叠世植物及孢粉化石的地层。"

【沿革】 本书按岩石的组合特征和色调，将层型剖面上部第43—45层草绿、灰绿色细砂岩从原五佛寺组中划出，归原上覆丁家窑组。介绍人将五佛寺组隶属于西大沟群，本书据孙健初(1942)厘定祁连山地层西大沟系和下伏窑沟系的定义，将五佛寺组重新置于窑沟群中上部。其下的大泉组及其上的丁家窑组与五佛寺组同属窑沟群。建议停用平坡群、后大寺组。

【现在定义】 属窑沟群中上部地层单位。指大泉组灰绿色为主的杂色砂岩、泥岩组合与丁家窑组紫红色与灰绿色互层的碎屑岩组合之间，以紫红色为主夹灰白色的碎屑岩序列。以不含灰绿色岩层和砂岩具砂球构造为特征。下以底部分布稳定的灰白色含砾粗砂岩始现与下伏大泉组含蓝绿色泥岩团块的紫红色碎屑岩分界；其上以上部红色岩层消失与上覆丁家窑组灰绿色碎屑岩分界。均为整合接触。

【层型】 正层型为景泰县五佛寺剖面第30—42层。剖面位于景泰县五佛寺乡东十里沟—冬青沟(104°22′,37°13′)，由王德旭(1983)测制，1993年蔡凯蒂报道。

【地质特征及区域变化】 五佛寺组是一套含少量陆生植物化石，由紫红色泥质细砂岩、砂质泥岩为主间夹灰白色长石石英砂岩的碎屑岩单位。砂岩具大型斜层理和砂球构造，底部为分布稳定的灰白色含砾长石石英粗砂岩或砂砾岩。在其分布范围内，岩性、岩相与接触关系不完全一致，而岩石色调及其组合特征则基本相同。在北祁连地层小区东段，以河流相—湖泊相为主，间有山麓相沉积。五佛寺西北红水堡一带为粗粒、中粗粒石英长石砂岩、夹砂质泥岩，与下伏大泉组整合接触，厚449.1m。五佛寺西南福禄村附近，以中粒石英砂岩为主，夹泥岩、粉砂岩及页岩，顶部为砂质泥岩夹细砂岩，与下伏大泉组整合接触，厚430m。南部白银市丁家窑因接近盆地边缘，岩性较粗，下部为细砾岩，上部为中粗粒长石石英砂岩，与下伏大泉组呈平行不整合接触，厚93.2m。五佛寺以西，武威西沟—石房沟一带，岩性复杂、变化大，下部为含细砾中粒石英砂岩与泥质页岩，砂岩、泥岩不等厚互层，夹砾岩；上部为中粒石英砂岩及砂质泥岩。与下伏大泉组整合接触，厚441.25m。北祁连地层小区中段永昌

—肃南间，以山麓相快速堆积含砾粗砂岩为主与下伏大泉组呈平行不整合接触，厚246～1 200余米，祁连山西段麝子沟—羊露河一带，河流相与湖泊相并存，前者主要为中粗粒石英砂岩、含砾石英粗砂岩及砾岩，夹细砂岩、粉砂岩；后者为泥质粉砂岩与细粒、粗粒及含砾长石石英砂岩不等厚互层，与下伏大泉组整合接触，厚度165～750余米。五佛寺组厚度变化较大，随地而异，无明显规律可循。

五佛寺组，化石稀少，武威以西尚未采得化石。已知有植物和孢粉化石多采自五佛寺及丁家窑。地质时代为三叠纪Olenekian—Anisian期。

丁家窑组　Td　（05－62－0165）

【创名及原始定义】　韩子芳、沈光隆(1978)创名。创名地点在白银市丁家窑。原义较长，现综合如下：指平行不整合于中—下三叠统西大沟群之上，又为上三叠统南营儿群整合覆盖，岩性以灰绿色为主夹紫红色条带的泥质粉砂岩，砂岩和砂砾岩。岩石成分中长石含量显著增多，斜层理亦较发育，紫红色的泥质粉砂岩夹层由下而上逐渐减少并趋消失，纵向看，沉积韵律明显，三个岩性段各自构成一个小沉积旋回。

【沿革】　创名人将本组置于西大沟群之上，《甘肃省区域地质志》(1989)和蔡凯蒂(1993)，将丁家窑组与下伏五佛寺组合称西大沟群。本书按孙健初(1942)厘定祁连山地层时西大沟系和窑沟系的定义，将丁家窑组及下伏五佛寺组、大泉组、红泉组统归窑沟群。

【现在定义】　属窑沟群中上部地层，指整合于五佛寺组紫红色夹灰白色碎屑岩和西大沟组灰绿色砂页岩层之间的紫红色与灰绿色碎屑岩不等厚互层序列。岩石粒度时粗时细。以底部灰绿色碎屑岩层始现与下伏五佛寺组紫红色碎屑岩分界，以上部紫红色碎屑岩层消失与上覆西大沟组灰绿色砂页岩分界。

【层型】　正层型为白银市丁家窑剖面第14—23层(104°17′,36°31′)，由韩子芳、沈光隆(1978)测制，载于《西北地质科技情报》(1978)第2卷，第38—46页。

【地质特征及区域变化】　丁家窑组是一套含陆生动物和植物化石，由紫红色与灰绿色的不等厚互层组成的碎屑岩单位。下与五佛寺组、上与西大沟组均为整合接触。从东到西分布于北祁连地层小区东段白银、靖远、景泰、天祝、武威，和北祁连地层小区西段酒泉以南的羊露河至麝子沟等地。在北祁连地层小区东部为河流—湖泊相。不同地点的岩石类型不尽相同，但岩石色调的组合特征完全一致。北部五佛寺一带为紫红、灰绿色砂岩，厚961 m。向西急剧相变，至红水堡一带上部为紫红色、灰绿色粗粒石英长石砂岩夹石英长石砂岩，下部为灰绿、紫红色砂质泥岩、粉砂岩夹粗—中粒长石石英砂岩，厚182 m。向南至靖远龙凤山一带，自下而上为灰白色杂砂岩、黄绿、紫红色砂岩、粉砂岩、页岩、黄绿色中细粒长石砂岩，顶部为紫红夹黑灰色砂质泥岩，夹两层厚0.5～1 m砖红色凝灰岩，厚105.9 m。向西至永登福禄村为浅灰绿、灰绿、紫红色中细粒砂岩，向上过渡为粗砂岩夹细砂岩与泥岩夹细砂岩的不等厚韵律层，厚141 m。南部白银市丁家窑附近以灰绿、紫红色泥质粉砂岩为主，夹灰绿—灰白色中粒—中粗粒石英砂岩、含砾石英砂岩及少量砖红色沸石化薄层泥岩厚500.11 m。西部武威南，西沟—石房沟岩石粒度明显变粗。以浅灰绿色砾质粗粒砂岩为主，夹紫红色、灰白色砂质页岩、泥质中细粒砂岩，厚340.7 m。北祁连地层小区西段羊露河—麝子沟一带以山麓相—河流相碎屑岩为主，局部为河流相—湖泊相碎屑岩。下部为淡紫、紫红及灰绿色杂砂质、泥质石英细砂岩，上部为灰、灰绿、灰紫色含砾长石石英砂岩、石英砂岩夹泥质粉砂岩等，厚656 m。

丁家窑组所含化石有植物、孢粉、叶肢介、昆虫和鱼鳞，多采自北祁连地层小区东段，以丁家窑研究较详，地质时代为 Ladinian 期。

西大沟组　Tx　（05-62-0164）

【创名及原始定义】　孙健初(1936)创名西大沟系。创名地点在天祝县西大沟(现名西大滩)。"代表南山(祁连山)及黄河上游，整合红色窑沟砂岩之上，厚约 1 000 m 的灰色砂岩页岩。"

【沿革】　孙健初(1942)厘定祁连山地层时，将其下部常夹有的"红色岩层"，从西大沟系中划出，归下伏窑沟系。韩子芳(1978)、《西北地区区域地层表·甘肃省分册》(1980)、《甘肃省区域地质志》(1989)和蔡凯蒂(1993)等，一方面，把相当孙健初西大沟系的地层实体误为南营儿群；另一方面，又将西大沟群一词用指丁家窑组之下，与含晚二叠世植物化石的原肃南组之间的红色岩层(即五佛寺组)合称西大沟群或将丁家窑组与五佛寺组合称西大沟群。按孙健初(1942)的定义，现将西大沟系置于窑沟群之上，并称为西大沟组。

【现在定义】　指丁家窑组紫红与灰绿色不等厚互层的碎屑岩与南营儿组灰绿、黄绿色碎屑岩夹少量紫红—棕红色碎屑岩与灰黑色碳质页岩、煤线两地层实体之间岩石色调单一的灰、灰绿色砂岩页岩序列。以不含红色、黑色岩层为特征。下以丁家窑组上部紫红色消失为底界；上以南营儿组底部灰黑、黑色岩层始现为顶界。均为整合接触。

【层型】　正层型为天祝县西大滩剖面第 8—12 层(103°07′,37°19′)。剖面位于天祝县西大滩乡石门峡—西大滩河桥，由杨雨、范文光(1993)补充测制，1994 年报道。

上覆地层：南营儿组　灰绿、黄绿色含云母细砂岩、灰黑色含云母粉砂岩与灰黑色碳质页岩不等厚韵律层，偶夹煤线。韵律数约 45 个

———— 整　合 ————

西大沟组　　　　　　　　　　　　　　　　　　　　　　　　　　　　总厚度 755.80 m

12. 灰色长石石英砂岩、浅灰绿色岩屑砂岩与灰绿色砂质页岩组成三个不等厚韵律层　126.50 m
11. 灰色长石石英砂岩、浅灰绿色岩屑砂岩与灰绿色砂质页岩组成三个不等厚韵律层　114.50 m
10. 灰色长石石英砂岩、浅灰绿色岩屑砂岩、灰绿色砂质页岩的三个不等厚韵律层　　113.80 m
9. 灰色中厚层状中粒长石石英砂岩　　　　　　　　　　　　　　　　　　　　　　　77.00 m
8. 灰色中厚层—块状中粗粒—粗粒长石石英砂岩，局部夹厚 0.1 m 灰绿色砂岩。中粗粒
　砂岩具斜层理　　　　　　　　　　　　　　　　　　　　　　　　　　　　　　324.00 m

———— 整　合 ————

下伏地层：丁家窑组　灰白色长石石英砂岩、灰绿色细砂岩、紫红色砂质泥岩的五个韵律层

【地质特征及区域变化】　西大沟组是一套含陆生动、植物化石，由灰、浅灰绿色粗粒长石石英砂岩、中粒石英砂岩、细砂岩为主，夹粉砂岩、页岩组成的湖泊相碎屑岩单位，底部常为含砾粗砂岩或砾岩。下与丁家窑组多为整合接触，在盆地边缘(宝积山一带)呈平行不整合接触，上与南营儿组整合接触。从东向西分布于北祁连地层小区东段宝积山、五佛寺、红水堡、福禄村、丁家窑、西大沟和武威南西沟—石房沟及祁连山西段麝子沟—羊露河一带。西大沟组沉积具多中心特点，厚度变化无明显规律。东部靖远宝积山和天祝西大沟最厚，分别为 724 m 和 755.9 m，红水堡一带最薄 235 m，其它地区一般为 301～448.8 m。

西大沟组所含化石，有植物、孢粉、叶肢介、昆虫和鱼鳞等，其中，以植物，孢粉研究

较详。地质时代为晚三叠世早期。

【其他】 孙健初(1936)创名西大沟系以后,未曾报道西大沟的所在位置。因而,后人所定西大沟群,亦无一定标准,对西大沟群一词的含义颇有分歧。为消除误解,澄清事实,杨雨等从1992—1993年对西大沟群准确地点及西大沟的所在位置,进行了多方考证。据孙健初(1939)著《西北煤田纪要》和实地考查,孙健初所称西大沟即为天祝县西大滩乡之西大滩河。

南营儿组 Tn （05-62-0163）

【创名及原始定义】 李树勋(1947)创名南营儿建造,中国地质学编辑委员会、中国科学院地质研究所(1956)介绍。创名地点在武威市南营儿。"指武威南营儿一带,以砂页岩为主,产劣煤的地层部分。"

【沿革】 斯行健、周志炎(1962)《中国中生代陆相地层》一文,称南营儿群。《西北地区区域地层表·甘肃省分册》(1980)、《甘肃省区域地质志》(1989)、中国科学院南京地质古生物研究所(1982)《中国各纪地层对比表及说明书》及蔡凯蒂(1993)等,所定南营儿群多包括孙健初的西大沟系。本次对比研究将南营儿群改为南营儿组。

【现在定义】 指西大沟组浅灰绿、灰色砂岩及页岩之上的灰绿、黄绿色和少量褐红色砂岩、粉砂岩、泥岩与页岩、碳质页岩及煤线,具不等厚韵律性互层夹含砾砂岩与菱铁矿结核序列。以具碳质页岩及煤线为特征。下以碳质页岩及相关的黑色岩层始现与下伏西大沟组灰绿色砂岩页岩整合接触;其上多不见顶,仅在局部被上覆芨芨沟组灰绿、黄绿色巨砾岩等不整合覆盖。

【层型】 创名人未指定层型,选层型为武威市西沟—石房沟剖面第34—63层。剖面位于武威市西南祁连乡臭牛沟西3 km(102°19′,37°40′),由刘鸿允等(1962)测制并报道。

【地质特征及区域变化】 南营儿组是一套含植物化石,由灰绿色、黄绿色夹少量褐红色的砂岩、粉砂岩、泥岩及灰黑色页岩、碳质页岩和煤线组成的不等厚的韵律层,夹含砾砂岩及菱铁矿结核的沼泽相碎屑岩,广泛分布于祁连山及河西走廊东、西两段和兰州、天水等地。岩石组合特征基本一致,可以对此。与下伏西大沟组呈整合接触。其上多未见顶。

南营儿组厚度变化较大,在祁连山东段以天祝县条子沟—吴家湾最厚,达3 462 m。向西向北变薄,景泰五佛寺—武威西沟一线为828.2~920 m,东部和南部靖远宝积山、福禄村一带最薄,不超过170 m。在祁连山西段肃南县祁连乡羊露河至麝子沟一带,厚71~524 m,向东西两侧尖灭。南营儿组所含化石,以植物为主。以 *Danaeopsis fecunda*, *Bernoullia zeilleri* 等最常见,地质时代为晚三叠世晚期。

【其他】 南营儿组含薄煤层,在不同地点的煤层层数多寡不一,厚薄不一,一般不超过10 cm,不具工业意义。菱镁矿呈结核状,未构成有价值矿层。

草凉驿组 Ccl （05-62-0089）

【创名及原始定义】 赵亚曾、黄汲清(1931)创名草凉驿系。创名地在陕西省凤县城东北约20 km处。"凤县草凉驿地方,在元古界岩层之上,有含煤之地层出现。下部为砾岩,上部为页岩及砂岩,中含二叠纪植物化石。本系与较古岩层呈不整合。"

【沿革】 叶连俊、关士聪(1944)称草凉驿煤系。《中国区域地层表(草案)补编》(1958)称草凉驿统。《中国大地构造纲要》(1959)称草凉驿岩系。李星学(1963)称草凉驿群。地质部地质科学院三室(1963)称草凉驿煤组。陕西区测队(1967)称草滩沟组。秦锋、甘一研(1976)

称草凉驿组。本书沿用。

【现在定义】 为不整合于草滩沟群火山岩之上的一套含煤粗碎屑岩。下部以块状石英砾岩为主,夹砂岩、泥岩与煤层;上部以细粒石英砂岩、泥岩、砂质泥岩互层为主,夹石英砾岩及凸镜状煤。不整合面为该组的底界,顶部出露不全。

【层型】 选层型为陕西省凤县红花铺萝卜庵剖面(106°49′,34°07′),由邓宝、吴秀元(1979)测制。见:邓宝、吴秀元撰写的《陕西凤县草凉驿植物化石及其地层时代》(未刊)。甘肃省内无该组剖面资料。

【地质特征及区域变化】 在甘肃本组按岩性可分为三部分,上部深灰色、褐黄色薄—中层状细砂岩及粉砂岩,中部为砂岩夹碳质页岩、粉砂岩夹煤层,页岩中产化石 *Neuropteris kaipingiana*,*N. gigantea*;下部为砂岩、砾岩互层,以砾岩为主,总厚度大于 200 m。总体特征为一套陆相含煤岩系。地质时代为早石炭世晚期—晚石炭世早期。

本组主要分布于陕西的北秦岭地区,由凤县延伸到周至。在甘肃主要分布天水元龙、清水谢家沟一带,露头零星,出露面积仅数平方公里,且被断层切割,层序不清。

阿木尼克组 DCa （05-62-0097）

【创名及原始定义】 青海省地质局第一区域地质调查队(简称青海区调一队,下同)(1978)创名。创名地在青海省乌兰县阿木尼克山。指柴达木盆地北缘晚泥盆世地层,下部为杂色砾岩、砂岩夹粉砂岩、火山岩及灰岩;上部为板岩、中酸性火山角砾岩、角砾熔岩及安山岩。与下伏古生代地层为不整合接触,与上覆城墙沟组呈假整合关系,厚 2 368～3 198 m。

【沿革】 青海区调一队(1978)创名时指晚泥盆世的角砾岩。《西北地区区域地层表·青海省分册》(1980)将不整合面之上的晚泥盆世的复成分砾岩称阿木尼克组。现继续沿用。

【现在定义】 指分布于祁连山南麓—柴达木盆地北缘的一套杂色碎屑岩地层体。主要为紫红色—杂色碎屑岩,夹少许灰岩及白云岩,呈正粒序沉积,底部为砾岩。含腕足类、珊瑚、鱼及植物等化石。与下伏牦牛山组、早古生代地层呈平行不整合或不整合接触,以本组碎屑岩的消失与上覆城墙沟组灰岩整合分界,或以上覆党河南山组石膏层的始现与本组整合接触。

【层型】 选层型为青海省乌兰县阿木尼克穿山沟剖面第1—10层。甘肃省内次层型为肃北县盐池湾乡包尔剖面(96°54′,39°06′),由甘肃区测二队(1974)测制。

【地质特征及区域变化】 省内的阿木尼克组以杂色碎屑岩为主,夹灰岩。上部为杂色泥灰岩或碎屑岩或葡萄状泥灰岩互层。杂色中又以灰白、紫红色为常见,碎屑岩粒度变化很大,从砾岩级至细砂岩级。粒序不明显,砂岩成分主要为石英砂岩和钙质砂岩。底部砾岩与下伏老君山组或古生界呈不整合接触。其他接触关系同现在定义。

阿木尼克组生物不发育,仅见海相动物化石及植物化石碎片,相邻区采到植物化石 *Leptophloeum rhombicum*。地质时代为晚泥盆世至早石炭世。

该组在甘肃境内主要分布在盐池湾以东、青海哈拉湖以西甘、青交界地带和党河南山靠近哈拉湖的一侧。该组地层分布零星,出露面积不大,岩性变化不明显。

党河南山组 Cdh （05-62-0098）

【创名及原始定义】 刘广才等(1994)[①] 创名。创名地点在青海省天峻县巴嘎浑腾郭勒。

---

① 刘广才、李向红,1994,党河南山组和格曲组的建立。青海地质(2)1-4。

指"分布于疏勒南山和党河南山之间的海湾泻湖相沉积地层序列。其下部为蓝灰色、白色石膏层，偶夹杂色泥岩、页岩及粉砂岩；上部为灰色—黄褐色泥灰岩、白云岩及灰岩，产腕足类、珊瑚等化石。与下伏阿木尼克组、上覆羊虎沟组均为整合接触，而与巴音河群、早三叠世地层分别为平行不整合或不整合接触。"

【沿革】 该组在甘肃省内原与城墙沟组和怀头他拉组对比，本书据青海省刘广才等（1994）改称党河南山组。

【现在定义】 指分布于南祁连山西段的海湾泻湖相地层体。下部为蓝灰色、白色石膏层（矿）、偶夹杂色泥岩、页岩及粉砂岩等；上部为灰色—黄褐色泥灰岩、白云岩及灰岩，含腕足类、珊瑚等化石。以本组石膏层的始现与下伏阿木尼克组碎屑岩整合接触；又以碳酸盐岩的消失与上覆羊虎沟组含煤碎屑岩整合接触。

【层型】 正层型为青海省天峻县巴嘎浑腾郭勒剖面。甘肃省内次层型为肃北县花儿地其它大坂剖面（97°10′，39°10′）。正层型及次层型剖面均由甘肃区测二队（1972）测制。

【地质特征及区域变化】 该组延至甘肃，上部以深灰色厚层灰岩、泥灰岩为主，下部为砂、页岩为主夹灰岩，含石膏，在上部层位的底部含一层石英砾岩或粗砂岩。延伸变化和阿木尼克组相似。本组下部含石膏，质地较纯，可供利用。地质时代为早石炭世

巴音河群 PB （05-62-0068）

【创名及原始定义】 杨遵仪等1962年创名"巴音河统"。创名地在青海省乌兰县巴音河上游。"巴音河统为灰色薄层灰岩夹白色细粒石英砂岩或灰黑色厚层至中薄层致密灰岩，含腕足类、䗴、苔藓虫等化石，与下伏石炭系为假整合接触，与上覆诺音河群为整合关系"。

【沿革】 创名后，甘肃区测二队（1974）将盐池湾东南扫萨那必力、达格德勒一带平行不整合于怀头他拉组之上、下环仓组之下含动植物化石的杂色碎屑岩夹碳酸盐岩层沉积序列的下部称巴音河群，上部称诺音河群，沿用至今。本书发现省内巴音河群与诺音河群之间无明显的岩性差别，将两群的界线下移至区域分布较稳定的含化石的薄层灰岩的顶面。

【现在定义】 指分布于南祁连山，位于前二叠纪地层（或花岗岩）之上的地层体。下部为杂色、灰色砂砾岩、灰岩及砂页岩夹薄层灰岩；上部为紫红—灰色砂页岩夹灰岩，含䗴、腕足类、珊瑚、苔藓虫及植物等化石。下与前二叠纪地层（或花岗岩）为不整合接触，与上覆三叠纪地层呈平行不整合关系。由下至上包括勒门沟组、草地沟组、哈吉尔组及忠什公组。

【层型】 正层型在青海省。甘肃省内的次层型为肃北县扫萨那必力剖面第0—2层（96°58′，38°51′），由甘肃区测二队（1974）测制。

【地质特征及区域变化】 甘肃境内的巴音河群主要分布于肃北县盐池湾东约50～80 km地段，向东延至青海省，是海相二叠纪沉积盆地的边缘地带，沉积厚度薄。下部以浅紫色中层中细粒长石石英砂岩或灰白色中层状石英砂岩为主，上部为灰色薄层灰岩，含䗴、腕足类、腹足类、苔藓虫、海百合茎等化石。该层灰岩区域分布较稳定，构成标志层。厚度达格德勒53.9 m、扫萨那必力大于29.4 m。地质时代为早二叠世。

诺音河群 PN （05-62-0069）

【创名及原始定义】 杨遵仪等1962年创"诺音河统"。创名地在青海省乌兰县巴音河上游。该群由紫、灰绿色薄至厚层砂岩、粉砂岩及页岩，偶夹灰岩构成，或全为灰色薄层致密灰岩组成，含腕足类、苔藓虫及双壳类等化石。与下伏巴音河群整合接触，与上覆郡子河群

下统为平行不整合或整合关系。

【沿革】 甘肃省沿革同巴音河群。

【现在定义】 指巴音河群之上的地层序列。下部为紫红色砂岩;中部为灰—灰绿色砂页岩夹灰岩,上部为杂色页岩,局部夹灰岩,含腕足类、苔藓虫、䗴、双壳类及植物等化石。以本群下部碎屑岩底层面为界与下伏巴音河群整合接触,与上覆下环仓组为平行不整合接触。

【层型】 正层型在青海省。甘肃省内次层型为肃北县达格德勒剖面第3—9层(96°49′,38°50′),由甘肃区测二队(1974)测制。

【地质特征及区域变化】 在甘肃分布同巴音河群,并与之相伴出现。岩性为灰绿、紫红、浅灰等杂色长石石英砂岩、细砂岩、页岩、板岩等为主,夹砾岩、泥灰岩、砂质泥岩,属浅海至滨海沉积。总体特征是一套以细碎屑岩占优势的杂色碎屑岩,局部地段夹少量薄层灰岩,在薄层灰岩中采到腹足类化石(牙马台南坡)。在黑沟和牙马台等地碎屑岩中见有植物化石碎片。大致可与青海的诺音河群对比,所不同的是本省灰岩夹层甚少。

诺音河群变化不大,顶底界线清楚,下界是以巴音河顶部的薄层灰岩顶面分界,上以含 *Spiriferina tsinhaiensis* 等化石的紫红色中粗粒砂岩或含砾粗砂岩始现与下环仓组分界。本群厚度在扫萨那必力大于348.1m,达格德勒648.8m,包尔811.3m。地质时代为晚二叠世。

郡子河群 TJ (05-62-0185)

【创名及原始定义】 郡子河群由丁培榛(1963)创名的"郡子河系"演绎而来。创名地在青海省天峻县郡子河两岸。原义指"发育于南祁连山的海相三叠纪沉积地层"。分别以郡子河上统、郡子河中统、郡子河下统,代表三叠纪晚、中、早期沉积。

【沿革】 杨遵仪等(1962)将其划分上、中、下组。丁培榛(1965)改为上、中、下郡子河系。《西北地区区域地层表·青海省分册》(1980)根据西北地区海相三叠、侏罗纪断代会议(1976)的建议,将丁培榛(1965)的下郡子河系,另创新名阳康群;中郡子河系改为郡子河组,代表中三叠世沉积;上郡子河系亦另创新名默勒群。并按岩石组合宏观特征,将阳康群进一步划分为下环仓组、江河组;郡子河组划分为大加连段、切尔玛段;默勒群划分为下、中、上三个岩组。杨遵仪等(1983)又据岩石色调和岩石组合特征,将下环仓组分为紫色砂岩段、灰绿色砂岩段;江河组分为碎屑岩段、灰岩段;默勒群分为阿塔寺组和尕勒得寺组。蔡凯蒂(1993)将南祁连地层小区甘肃境内的三叠纪只划分为阳康群、郡子河组和默勒群。本书根据青海省地层对比研究组的意见,重新恢复郡子河系原意,以郡子河群代替阳康群和郡子河组,在甘肃保留符合岩石地层单位概念的下环仓组、江河组。

【现在定义】 指分布于中祁连山、南祁连山地区平行不整合或整合于巴音河群忠什公组之上、默勒群阿塔寺组之下一套以碎屑岩为主夹碳酸盐岩的地层组合序列,自下而上分为下环仓组、江河组、大加连组、切尔玛沟组。在甘肃境内仅有下环仓组及江河组。

下环仓组 Txh (06-62-0169)

【创名及原始定义】 青海省地层表编写组(1980)创名。创名地点在青海省天峻县下环仓乡草地沟。代表中南祁连山早三叠世下斯西期地层。

【沿革】 创名以来,沿用至今。

【现在定义】 平行不整合或整合于忠什公组含陆生植物化石的细碎屑岩组合之上,整合于江河组细碎屑岩与碳酸盐岩互层组合之下的一套含丰富双壳类化石的碎屑岩地层。盆地中心下部为紫红色中粗—不等粒石英砂岩、次长石砂岩；中上部为灰绿色中细粒长石砂岩、粉砂岩等。区域上以紫红色不等粒砂岩为主。底以不整合面或粗碎屑岩始现分界，顶以灰岩始现分界。

【层型】 正层型在青海省。甘肃省内次层型为肃北县盐池湾乡牙马台剖面第1—4层(96°46′，38°43′)，由甘肃区测二队(1974)测制。

【地质特征及区域变化】 下环仓组在青海和甘肃境内均平行不整合于下伏诺音河群杂色碎屑岩或杂色碎屑岩夹灰岩之上，与上覆江河组整合接触。在青海由下部紫红色碎屑岩，上部灰绿色碎屑岩组成，延至甘肃境内，缺少上部灰绿色碎屑岩，由单一的紫红色碎屑岩组成。厚度由东向西变薄，在青海省天峻县下环仓最厚229 m，至甘肃牙马台一带最薄162 m，其它地点195.5～205 m。但下部紫红色岩层，则以西部甘肃牙马台最厚162 m，青海下环仓最薄，仅53 m，向东尖灭。

该组所含化石，在青海下环仓及其西北亚合隆许玛马尔岗，有双壳类和少量菊石、腕足类，向东逐渐减少，至甘肃牙马台尚未发现。

下环仓组在其分布范围内，不同地点的地质时代似不相同。青海东部下环仓及其以西亚合隆许玛马尔岗，属Indian期—Olenekian中期。甘肃牙马台未采获化石，但其上覆江河组底部采得Anisian期双壳类，推测已属Olenekian晚期。

江河组　Tj　(05 - 62 - 0170)

【创名及原始定义】 青海省地层表编写组(1980)创名。创名地点在青海省天峻县下环仓乡草地沟。代表中南祁连山早三叠世上斯西期地层。

【沿革】 创名以来，沿用至今。

【现在定义】 整合于下环仓组碎屑岩组合之上、大加连组碳酸盐岩组合之下，一套由浅灰、灰绿色长石砂岩、粉砂岩、页岩与生物碎屑灰岩呈互层组合的地层序列。底以灰岩的始现为界，顶以碎屑岩的消失为界。富含双壳类、腕足类化石。

【层型】 正层型在青海省。甘肃省内次层型为肃北县牙马台剖面第5—6层。剖面位置、测制单位等与下环仓组同。

【地质特征及区域变化】 江河组，由正层型(青海天峻下环仓)向西岩石组合由繁变简，厚度增大，至甘肃牙马台，下部为灰黑色粉砂质页岩夹薄层扁豆体状砂质灰岩；上部为灰色石英长石砂岩夹砂质泥质灰岩。厚度由下环仓草地沟一带的37 m增至278 m。砂岩含植物化石，灰岩含双壳类和腹足类。与下伏下环仓组整合接触。

江河组所含化石有双壳类，菊石、腕足类、腹足类和植物。以青海天峻县下环仓研究最详。

江河组在其分布范围内，不同地点的地质年代不尽相同。青海天峻县下环仓及其以西亚合隆许玛马尔岗，属Olenekian晚期。甘肃牙马台及其以西，属Anisian期，显示自东而西穿时。

默勒群　TM　(05 - 62 - 0184)

【创名及原始定义】 由青海省煤田地质局105队(1975)创名默勒组，青海省地层表编写组(1980)介绍。创名地在青海省祁连县默勒。中、南祁连山分区凡以陆相为主，有海相或可疑的海相夹层的上三叠统(T_3)均用默勒群(T_3M)一名。

【沿革】 经西北地区海相三叠、侏罗纪断代会议(1976)建议改为默勒群。《西北地区区域地层表·甘肃省分册》(1980)、《西北地区区域地层表·青海省分册》(1980)将其划分为下、中、上三个岩组。杨遵仪等(1983)将下、中岩组改为下段、上段，且合并命名阿塔寺组；上岩组命名为尕勒得寺组。沿用至今，停用在甘肃曾被命名为哈仑乌苏群。

【现在定义】 指分布于中祁连山、南祁连山地区，位于郡子河群之上一套以碎屑岩为主夹碳质页岩的地层序列。底与郡子河群切尔玛沟组平行不整合或整合接触，顶以不整合面与大西沟组分界。自下而上包括阿塔寺组、尕勒得寺组。

阿塔寺组　Ta　（05-62-0171）

【创名及原始定义】 杨遵仪等(1983)创名。创名地在青海省刚察县伊克乌兰乡阿塔寺沟。指晚三叠世卡尼期沉积地层。分上、下两段，下段为灰白、灰绿色及暗紫色砂岩，含砾砂岩，偶夹灰绿或紫红色粉砂岩；上段为灰、深灰色粉砂岩、粉砂质页岩夹碳质页岩及砂岩或互层。与下伏切尔玛段假整合接触，与上覆尕勒得寺组整合接触。

【沿革】 自创名以来，已被广泛引用。甘肃区测二队(1972)将甘肃哈仑乌苏一带的阿塔寺组称哈仑乌苏群下岩组，蔡凯蒂(1993)将哈仑乌苏一带的阿塔寺组称默勒群下部。本书沿用阿塔寺组。

【现在定义】 指平行不整合或整合于切尔玛沟组之上，整合于尕勒得寺组之下一套以长石砂岩为主夹粉砂岩，下部夹石英砂岩组合而成的下粗向上逐渐变细的地层序列。与上覆尕勒得寺组以不含碳质页岩而区别，并以碳质页岩的始现分界；与下伏切尔玛沟组以平行不整合面或粗碎屑岩始现、灰岩的消失分界。产双壳类和植物化石。

【层型】 正层型在青海省。甘肃省内次层型为肃北县盐池湾乡哈仑乌苏南剖面第1—8层（96°58′，38°52′），由甘肃区测二队(1972)测制。

【地质特征及区域变化】 阿塔寺组在青海省大通河流域及哈拉湖一带，为海陆交互相碎屑岩组合。由砂岩、含砾砂岩偶夹粉砂岩组成，产双壳类化石。向西至哈拉湖一带，相变为灰绿色中细粒长石砂岩与紫红色粉砂质泥岩，含海相双壳类和淡水双壳类化石碎片。至甘肃哈仑乌苏附近，过渡为滨海相及河流相中—粗粒、细粒石英长石砂岩夹粉砂岩或局部与粉砂岩互层，含植物化石碎片。

阿塔寺组在青海大通河流域，平行不整合于切尔玛沟组之上，延入甘肃境内由于切尔玛沟组、大加连组相继缺失，而与江河组呈平行不整合接触。

甘肃哈仑乌苏一带最厚1 490 m，向东至青海省哈拉湖一带最薄，仅141.4 m，至刚察县伊克乌兰一带厚603.8 m。阿塔寺组含陆生动、植物及海生动物化石。由东向西海生动物化石减少，直至完全消失。至甘肃哈仑乌苏，只采得植物 *Neocalamites* sp., cf. *N. meriani*。

阿塔寺组化石虽然稀少，但仍可暗示不同地点的地质时代不完全相同。东部刚察伊克乌兰一带的阿塔寺组下部属中三叠世晚期、上部为晚三叠世，其他地点为晚三叠世。

尕勒得寺组　Tg　（05-62-0172）

【创名及原始定义】 杨遵仪等(1983)创名。创名地在青海省祁连县默勒尕勒得寺。指"上三叠统诺利—瑞替期沉积地层。岩性基本是灰色—深灰色粉砂岩，粉砂质页岩与灰色—浅灰色砂岩组成的韵律层，局部见碳质页岩、煤层或黑色页岩。"

【沿革】 自创名以来，已被广泛引用。甘肃哈仑乌苏一带的尕勒得寺组，甘肃区测二队

(1972)称哈仑乌苏群上岩组，蔡凯蒂(1993)称为默勒群上部。本书沿用尕勒得寺组。

【现在定义】 指整合于阿塔寺组碎屑岩组合之上，由灰色—深灰色粉砂岩、粉砂质页岩夹碳质页岩及砂岩或呈互层组合而成的地层序列，以细碎屑岩为主夹碳质页岩为特征而区别于阿塔寺组。底界以碳质页岩的始现为界，顶界未出露。

【层型】 正层型在青海省。甘肃省内次层型为肃北县盐地湾乡哈仑乌苏南剖面第9—13层。剖面位置、测制单位等与阿塔寺组同。

【地质特征及区域变化】 尕勒得寺组岩石组合总体特征大体一致，由含陆生植物化石的沼泽相灰、深灰色粉砂岩、粉砂质页岩夹砂岩、煤层组成。在甘肃哈仑乌苏南，以灰黑、黑色粉砂质页岩，泥质页岩为主，夹多层灰、灰绿色细—中粒石英长石砂岩。自东而西厚度变小。东部青海省尕勒得寺最厚1 500 m，西部甘肃哈仑乌苏最薄310 m。其顶界区域上与大西沟组或晚于大西沟组的地层呈不整合接触。

尕勒得寺组含双壳类与植物化石。植物化石有 *Neocalamites carcinoides*，*Cladophlebis* sp.，*Danaeopsis fecunda* 等。地质时代为晚三叠世中—晚期。

舒家坝群　DŜJ　（05－62－0117）

【创名及原始定义】 陕西区测队(1968)创名舒家坝组。创名地点在天水市南约40 km的舒家坝一带。是指发育于天水舒家坝南北的一套具类复理石沉积特征的碎屑岩夹微量碳酸盐岩系，总的组成一向北倾斜的复式单斜层，南以高-罗大断裂与西汉水组毗邻，北被大草滩群超覆不整合于其上。分上、下两个亚组。下亚组下部产珊瑚及少量腕足类；上亚组局部夹火山碎屑岩及熔岩。因受叠加变质，局部已变为各类片岩、片麻岩和混合岩。

【沿革】 陕西区测队1971年将舒家坝组上亚组中的变质火山岩及片岩、片麻岩、混合岩置于寒武—奥陶系，其余部分与下亚组一起改称为舒家坝群，并分为上、中、下三个组，时代改为中晚泥盆世。甘肃省地质局(1976)[①]、《西北地区区域地层表·甘肃省分册》(1980)、甘肃省区调队(1980)[②]、翟玉沛(1981)均认为礼县以北的舒家坝群相当礼县以南西汉水群上部的榆树坪组，主张停用舒家坝群。叶晓荣(1986)、侯鸿飞、王士涛(1988)、曹宣铎等(1990)、张维吉等(1994)均沿用了舒家坝群。本书仍继续沿用。

【现在定义】 指礼县桃坪-徽县麻沿河断裂之北、天水娘娘坝-舒家坝脆韧性断裂带之南的一套浅变质的具类复理石沉积特征的细碎屑岩及少量碳酸盐岩。产珊瑚、腕足类、植物、古孢子及疑源类。未见底，局部见其与上覆大草滩组平行不整合接触。

【层型】 正层型为天水市舒家坝—徽县麻沿河吕家坝剖面第0—14层(105°46′,34°10′)；副层型为礼县崖城镇—董家坪剖面第1—6层(105°08′,34°26′)。正、副层型均由陕西区测队(1968)测制。

【地质特征及区域变化】 舒家坝群岩性较为单调，标志层不明显，总体上可分上、下两部分。下部由灰绿色板岩、钙质板岩、绢云板岩、粉砂质板岩、粉砂岩、砂岩及钙质砂岩组成韵律互层，夹少量灰岩、泥灰岩及砂质泥灰岩。岩石变形强烈，但岩层中的原生沉积构造仍清晰可见。砂岩常见平行层理、交错层理、脉状及凸镜状层理及波痕等，还见有爬升波状层理及少许重荷模与砂球构造。粉砂岩与板岩中常见水平层理、沙纹斜层理，并有雨痕、干

---

① 甘肃省地质局，1976，1∶50万地质矿产图说明书(未刊)。
② 甘肃省区调队，1980，甘肃的泥盆系(未刊)。

裂、虫迹等。产珊瑚及少量腕足类，并产植物、古孢子和遗迹化石。厚大于 4 445 m；上部岩性以灰绿色板岩、含粉砂质条带板岩、粉砂质板岩为主，夹砂岩、粉砂岩、粉砂质泥灰岩、泥质灰岩、泥晶灰岩、粒屑灰岩及微晶灰岩。砂岩及灰岩多呈中厚层状，具水平层理、微波状层理及沙纹斜层理，有鸟眼构造、叠层石构造，隐约可见藻席构造，有石盐假晶。粉砂岩及板岩多为薄层板状，二者常互为夹层或条带，具沙纹斜层理、波状层理和凸镜状层理，发育各种波痕。微古植物化石仅见于大草坝一处，为古孢子及较多的疑源类。出露厚大于 3 000～3 800 m。总厚度大于 7 445～8 245 m。

该群沉积及韵律特别发育，自下而上共由五个沉积旋回组成，每个旋回在剖面上都表现出沉积粒度由细变粗的进积型沉积序列。浅海相沉积上部，每个旋回都由无数个韵律组成，这些韵律普遍都具有清晰的砂泥质类复理韵律结构的特征。该群是省内重要含金层位。

大草滩组　DCd　（05－62－0116）

【创名及原始定义】　黄振辉（1962）创名大草滩统。创名地点在漳县西约 28 km 之大草滩一带。整套地层下部以石英砂岩或石英岩为主，向上过渡为紫红色砂页岩层；上部则以黑色、灰绿色砂页岩夹薄层条带状石灰岩为主，产植物化石，其上富产腕足类、珊瑚及双壳类等，整套地层均有极轻微之变质现象，与上覆东扎口系不整合，其下与木寨岭统断层接触。

【沿革】　创名后，李星学（1963）称大草滩岭群。王钰、俞昌民（1964）称大草滩群。何志超（1962、1963、1964）依据岩性特征将天水一带的大草滩群由下而上划分为十八盘山组（有时亦称十八盘山石英岩组）和磨峪沟组。陕西区测队（1968、1970）沿用了大草滩群，但在Ⅰ－48－Ⅸ（陇西）幅内则将其肢解为上、下两套地层，下部仍称大草滩群，时代仍属晚泥盆世，上部为上泥盆统—下石炭统，未予命名。西北地质科学研究所（1971）在大草滩群上部（大致相当于陕西区测队所划的上泥盆统—下石炭统）采得大量早石炭世早期的腕足类、珊瑚化石，将其从原大草滩群内肢解出来，另创新名王家店组，以代表北秦岭的岩关期沉积，而将大草滩群一名仅限于原大草滩群的中、下部，以代表北秦岭晚泥盆世的陆相沉积。秦锋、甘一研（1976）最早正式沿用了上述这一划分意见。《西北地区区域地层表·甘肃省分册》（1980）、翟玉沛（1981）、侯鸿飞、王士涛等（1988）、曹宣铎等（1990）也同样沿用了上述这一划分意见。《甘肃省区域地质志》（1989）仍按黄振辉（1962）的原义沿用大草滩群，并将其时代仅限于晚泥盆世。本书据王家店组和其下的大草滩群岩性十分相近，并无宏观岩性划分标志，而将王家店组与大草滩群合并为一个岩石地层单位，仍沿用大草滩群，并改群为组。建议停用王家店组、十八盘山组、磨峪沟组。

【现在定义】　指平行不整合于舒家坝群（或草滩沟群）之上，不整合于大关山组、巴都组之下的粗碎屑岩沉积。岩性为灰绿、紫红、暗灰色砂岩、粉砂岩及泥质粉砂岩。中下部夹含砾粗砂岩及砂砾岩，产植物及少量鱼类；上部夹薄层泥质灰岩，富产腕足类、珊瑚及少量植物化石。底部以砾岩与舒家坝群砂、板岩分界，顶部以粉砂岩与巴都组砾状灰岩分界。

【层型】　正层型为漳县大草滩剖面第 1—9 层（104°12′，34°46′），由西北地质科学研究所 1971 年重测，载于《甘肃省区域地质志》（1989）。

【地质特征及区域变化】　本组岩性以石英砂岩、长石石英砂岩及泥质粉砂岩为主，少量含砾砂岩、细砂岩、砂质页岩等。总体观察下部颜色较杂，可有暗紫灰—紫红、灰绿—褐黄—深灰色，上部以灰色调为主。一般认为本组可划分两个较大的不完整的沉积旋回，这两个旋回的碎屑岩粒度自下而上由粗到细。砂岩常具交错层理，泥岩具干裂纹。

本组分布于中秦岭北坡,西起卓尼恰尤台山,东至两当湘泽子一带,再向东延入陕西凤县及其以东地区。岩性、岩相比较稳定,但因受断裂破坏,各地出露厚度不一。在临潭羊沙一带未见底,其上与下加岭组断层接触,总厚大于4 120 m;漳县未见底,其上被大关山组平行不整合所覆,厚度大于1 640 m;猪毛沟、梅家沟及金钟等地厚度大于2 640 m;铺里一带厚大于2 207～2 433 m;武山四沟—天水木集沟门一带,岩性明显变粗,厚大于7 901 m;天水磨峪沟、花洋峪底部有厚度大于150 m的砾岩。

大草滩组下部生物群以植物化石为主,并产少量鱼类化石,上部富产珊瑚、腕足类化石,并产植物化石及古孢子。时代为晚泥盆世—早石炭世。

【其他】 大草滩组普遍含铜矿化体,局部富集成含铜砂岩型的铜矿点。

巴都组 Cb （05 - 62 - 0088）

【创名及原始定义】 叶连俊、关士聪(1944)创名巴都系。创名地点在卓尼县柏林乡巴都村。指在岷县之北假整合于泥盆纪西汉水系之上者,有厚五千余公尺之砂岩系,其上与二叠纪马平灰岩间亦为假整合接触。以岩性论大致可分为上下二部:上部以灰绿色石英岩或石英砂岩为主,间夹绿泥千枚岩,其中间有呈紫色或红色者,近上部尤然,厚约二千三百公尺;下部以薄层黑灰色砂岩及黑色千枚岩灰绿色片岩成间互层,其中常夹薄层蓝灰色石灰岩,全厚约三千公尺。在巴都附近于本系上部之底部黑灰色砂质页岩中采到 YK316：*Chonetes* sp.，*Neuropteris* sp.，*Pelecypods*，etc.。故本层之时代应属石炭二叠纪,又以其位马平灰岩之下,故其层位相当本溪组。

【沿革】 中央地质调查所(1949、1950)图稿都采用过这个单位,先后列为早至中石炭世。斯行健(1952)研究天水县磨峪沟巴都系中的植物化石时称巴都系红层,时代属晚泥盆世。黄振辉(1962)将陇西县大草滩一带的巴都系上部和岷县木寨岭地区的巴都系下部分别命名为大草滩统和木寨岭统。杨敬之等(1962)主张改称巴都群。何志超(1963)除使用巴都群外,尚使用巴都红层一名。秦锋、甘一研(1976)据西北地质科学研究所在包舍口测制的剖面,认为该剖面更具代表性,新创名包舍口组。《西北地区区域地层表·甘肃省分册》(1980)称其为巴都组,沿用至今。建议停用包舍口组。

【现在定义】 为一套以暗灰色为主的杂色碎屑岩组合,其间夹碳酸盐岩,偶夹安山质火山碎屑岩。顶底多为断层切割,据包舍口剖面资料其与下伏大草滩组呈不整合接触。

【层型】 创名时未指定层型,现指定选层型为卓尼县新堡乡包舍口剖面第1—4层(103°51′,34°54′),由西北地质科学研究所测制(1971),刊于:地质学报,第50卷第1期。

【地质特征及区域变化】 巴都组为一套杂色的碎屑岩建造,主要岩性为砂岩、粉砂岩、泥质粉砂岩夹砂质灰岩、砾状灰岩、砾岩等。砂岩成分主要为石英质和长石石英质。本组地层色调虽以暗灰色为主,但也见紫红、灰绿、青灰颜色。砂岩粒度不等,局部变化较大。碎屑岩中所夹灰岩常为泥质、砂质灰岩和砾状灰岩等。灰岩沿走向不稳定,常呈凸镜状。在夏河完尕滩一带有小规模的火山活动,见安山质、英安质熔岩、凝灰岩、火山角砾岩、角砾熔岩等,厚度约600～700 m。本组地层厚度一般大于2 000 m。

本组主要分布在武山—大草滩—临潭—合作一线,延伸近200 km,露头宽度10～20 km。岩性基本稳定、沿走向变化不大。临潭县羊沙以东长石石英砂岩渐变为石英砂岩,羊沙—脑索一带局部变质较深,为绢云石英片岩、绿泥石英片岩等。

【其他】 巴都组和下伏大草滩组的不整合关系是一个争议的问题。秦锋、甘一研

(1976)测制包舍口剖面时认为两者为不整合接触。甘肃区测一队(1971)在进行1∶20万区域地质调查时认为"从岩性上来看,也确实难以详细划分。"《甘肃的石炭系》(1987)认为是整合关系。故此,对包舍口剖面的不整合有深入研究之必要。倘若不整合关系依据不足,则应据岩石地层划分原则将巴都组和大草滩群加以合并,并根据优先权原则选用巴都组。

下加岭组 Cx （05-62-0090）

【创名及原始定义】 甘肃区测一队(1971)创名。创名地在卓尼县康多乡下加岭村。"指在该统中首次发现与黄龙群及本溪群中相同的化石群及中石炭世标准分子,并发现和肯定了它与上覆上石炭统上加岭组为不整合关系,故命名为下加岭组。"

【沿革】 创名后沿用至今。

【现在定义】 以灰—深灰色为主的碳酸盐岩夹泥岩和碎屑岩组成。与下伏巴都组呈断层接触,本组以含大套灰岩和巴都组相区别。上覆地层西部为大关山组碳酸盐岩,东部为东扎口组海陆交互相含煤岩系,均为不整合接触,本组顶界为该组不整合面或上覆地层之底砾岩。

【层型】 正层型为卓尼县康多乡下加岭剖面第1—10层(103°32′,35°03′),由甘肃区测一队(1971)测制。

【地质特征及区域变化】 本组岩性特征主要以碳酸盐岩为主,夹碎屑岩和泥岩。碳酸盐岩主要为灰岩及含砂砾不纯灰岩;碎屑岩主要为砾岩、石英砂岩、长石石英砂岩、钙质砂岩;泥质岩石主要有砂质页岩、页岩及少量含碳质页岩。组内局部见有变质粉砂岩、板岩、灰绿色杂砂岩及凝灰岩。灰岩以青灰、深灰色为主构成本组岩层的主体色调,碎屑岩颜色较杂,除青灰、深灰、灰黑、灰绿色外,尚有褐灰、褐黄、紫灰等色。在岩性特征上,本组的大套碳酸盐岩(连续厚可大于100 m)可以和巴都组相区别,碳酸盐岩普遍含石英砂砾,具较深的颜色、明显的层理又易于区别上覆地层的碳酸盐岩。

本组在区域上呈NWW向狭长带状展布。大体可分为两带,北带西起太子山东—下加岭—冶力关—漳县殪虎桥以西,延伸约100 km;南带分布于夏河县上卡加东—岷县东北洮河附近,断续延伸近百公里。其间被美武花岗闪长岩体分割。两带地层出露宽度均只有数公里。岩性总体变化不大,以碳酸盐岩为主夹碎屑岩,局部地区(如冶力关一带)碎屑岩含量相对较高。断裂构造的发育使省内少见完整剖面,地层出露厚度可从大于数百米至两千米,无规律性。

西汉水群 DX （05-62-0118）

【创名及原始定义】 叶连俊、关士聪(1944)创名西汉水系。创名地点在礼县西南西汉水一带。"自礼县西南行顺西汉水直至嶓冢山西坡之肖家坝间,以及西和县境一带,俱为中泥盆纪地层所分布。兹以西汉水系名之。……岷县在礼县之西,滨洮河之东岸。由此南行顺岷河而至西固县邓邓桥北五里之乾将头之间,俱为西汉水系所分布。"

【沿革】 黄振辉(1962)将西汉水系称为统。中科院兰州地质研究所(1959),李星学(1963),王钰、俞昌民(1964)称西汉水群。

【现在定义】 指一套平行不整合于吴家山组之上的类复理石沉积。岩性以板岩或千枚岩、砂岩、粉砂岩为主,夹灰岩。富产珊瑚、腕足类,并产牙形石等。未见顶,底部以粉砂质绢云千枚岩与吴家山组厚层大理岩分界。自下而上包含有安家岔组、黄家沟组、红岭山组和双狼沟组四个组级岩石地层单位。

安家岔组 Da （05-62-0122）

【创名及原始定义】 甘肃冶金地质勘探公司(1981)创名。创名地点在西和县安家岔安溪沟。"指整合于西汉水系之下、吴家山组之上的一套浅变质的细碎屑岩夹碳酸盐岩。岩性为各类千枚岩夹灰岩、生物灰岩、礁灰岩及少量粉砂岩和细粒石英砂岩。富产珊瑚，并含少量腕足类、层孔虫、疑源类、孢子和虫牙。"

【沿革】 甘肃冶金地质勘探公司(1981)将西成地区的西汉水群进一步划分，相继创建了吴家山、清水沟组和安家岔组。喻锡锋、窦元杰(1984)沿用了安家岔组，但将其下界向下移至清水沟组的底界，分上、下两部分。下部为厂坝层(即原清水沟组)；上部为焦沟层(即原安家岔组)。张建生(1984)按原义沿用了安家岔组，但将其改称安家岔段，归于西汉水组最下部的一个段。陆贤群(1984)将喻、窦二氏的安家岔组肢解为上、下两套地层，下部命名为安溪沟组，并自下而上进一步划分为海酒山段(即喻、窦的厂坝层)和安家岔段(即喻、窦的焦沟层的下部)；上部命名为东沟组(即喻、窦的焦沟层的中、上部)。它们分别代表西成地区的早泥盆世和中泥盆世早期的沉积。《甘肃省区域地质志》(1989)沿用了安家岔组，但将其按跨统处理为早—中泥盆世，本书考虑本套地层的层位确实位于西汉水流域原西汉水群之下，其岩性组合特征及生物群的组合面貌与原西汉水群确有一定的差异，因此按《甘肃省区域地质志》的划分意见，沿用安家岔组，隶属于西汉水群。

【现在定义】 岩性主要为灰岩、生物灰岩、粉砂质绢云千枚岩和粉砂岩，偏上部夹少量中粗粒砂岩。富产珊瑚化石。底部以粉砂质绢云千枚岩平行不整合于吴家山组碳酸盐岩之上；顶部以粉砂质绢云千枚岩与黄家沟组中粗粒钙质砂岩分界，区域上为整合接触。

【层型】 正层型为西和县安家岔安溪沟剖面第 2—8 层(105°28′,33°55′)，副层型为西和县石峡东沟剖面第 9—12 层，均由陆贤群(1984)重测，载于陆贤群(1984)《西成铅锌矿田地层划分之初见》(未刊)。

西和县安家岔安溪沟剖面列述如下：

安家岔组　　　　　　　　　　　　　　　　　　　　　　　　　　　　　总厚度＞1 139 m

8. 棕—灰绿色中厚层中粗粒砂岩、粉砂岩夹千枚岩及生物灰岩扁豆体。砂岩成分复杂，有波痕和斜层理，上部夹生物灰岩扁豆体，最底部为中粗粒砂岩。本层共见三层化石①产于粉砂岩中有大量珊瑚：*Favosites* sp.，*Calceola* sp.；②产于粉砂质绢云千枚岩中的生物灰岩中有珊瑚：*Favosites* cf. *goldfussi*，*Dendrostella* sp.，*Alveolites* sp.，*Pachyfavosites* sp.，*Thamnopora* sp.，*Hexagonaria junghsiensis* 等；③产于粉砂质灰岩中有珊瑚：*Alveolites* sp.，*Thamnopora* sp.；层孔虫：*Amphipora* sp. 等。(未见顶)

　　　　　　　　　　　　　　　　　　　　　　　　　　　　　　　　　　＞184 m

7. 灰—灰黑色微晶灰岩。产珊瑚：*Squameofavosites* sp.，*Thamnopora* sp.，*Dendrostella* sp.，*Alveolites* sp.；腕足类：*Athyris* sp.；层孔虫：*Amphipora* sp. 等　　　100 m

6. 黄绿色粉砂质绢云千枚岩　　　　　　　　　　　　　　　　　　　　　　100 m

5. 灰—灰黑色中薄层微晶灰岩。产珊瑚：*Squameofavosites* sp.，*Thamnopora* sp. 等　　45 m

4. 黄褐色粉砂岩夹黄绿色绢云千枚岩及薄层泥质生物灰岩。产珊瑚：*Parastriatopora* sp.，*Dendrostella* sp.，*Springopora* sp.，*Squameofavosites* sp. 等　　　　340 m

3. 灰—灰黑色薄—中厚层细粒结晶生物灰岩。富产珊瑚：*Squameofavosites* sp. 以及 *Thamnopora* sp. 等　　　　　　　　　　　　　　　　　　　　　　　　　　120 m

2. 灰—黄绿色粉砂质绢云千枚岩夹粉砂岩条带及生物灰岩。产珊瑚：*Dendrostella* sp.，

Coenites sp., *Thamnopora* sp.   250 m

―――――― 平行不整合 ――――――

下伏地层：吴家山组　　白色、粉红色厚层中粗粒结晶大理岩

西和县石峡东沟剖面第9—12层，接正层型上部。层序如下：

上覆地层：黄家沟组　　棕褐色中厚层夹薄层中粗粒钙质砂岩

══════════ 断层接触 ══════════

安家岔组　　　　　　　　　　　　　　　　　　　　　　　　　　　　　总厚度 420 m

12. 灰—黄绿色粉砂质绢云千枚岩。产珊瑚：*Columnaria* sp., *Pachyfavosites* sp., *Heliolites* sp., *Hexagonaria* sp., *Thamnopora* sp., *Alveolites* sp. 及海百合茎等。但主要是含 *Columnaria* sp. 的灰岩块体   150 m

11. 灰色泥质生物灰岩。产珊瑚：*Columnaria* sp., *Pachyfavosites* sp., *Heliolites* sp., *Hexagonaria* sp., *Thamnopora* sp., *Alveolites* sp. 及海百合茎   40 m

10. 灰—褐黄色粉砂岩、钙质绢云千枚岩夹泥质生物灰岩扁豆体。产珊瑚：*Pachyfavosties* sp., *Hexagonaria* sp., *Calceola* sp., *Cystiphylloides* sp. 等   150 m

9. 灰色薄层微晶含泥质灰岩。产珊瑚：*Thamnopora* sp. 等   80 m

【地质特征及区域变化】　安家岔组岩性组合为绢云千枚岩、灰岩夹粉砂岩，呈互层产出，富产动物化石。与其下的吴家山组平行不整合接触。厚883～983 m。层型地岩性以灰绿、黄绿、黄褐色薄—中厚层粉砂岩、粉砂质绢云千枚岩、钙质绢云千枚岩为主，夹粉砂质泥灰岩、含泥质微晶灰岩、泥质生物灰岩及生物灰岩，富产珊瑚，并产少量腕足类及层孔虫。其上与黄家沟组底部的中粗粒钙质砂岩断层接触（断距不大），但在甘肃西和广金坝—鱼洞沟剖面上，则见二者为整合接触。厚大于604 m。总厚1 487～1 587 m。

安家岔组自下而上由两个沉积旋回组成。下部旋回底部不太完整，未见粗碎屑沉积，碎屑物粒度普遍较细，碳酸盐岩所占比例相对较多；上部旋回较为完整，碎屑物粒度相对较粗，且自下而上粒度逐渐由粗变细的趋势，多呈旋回性韵律出现。该组中的砂岩多呈中厚层状产出，成分复杂，普遍具波痕和斜层理。灰岩多呈薄层—中厚层状产出，部分呈扁豆体状，下部质较纯，上部普遍含泥质。以珊瑚最为繁盛，并含少量腕足类等。

该组分布不广，仅见于西成地区，西起西和县十里乡附近，向东经安家岔、焦沟及三羊坝、花桥子、成县严家河、毕家山、漆家沟、玄姑洞，可直达徽县江洛镇一带，东西断续长达50余公里，南北宽约9～11 km。在此范围内，岩性较稳定，但其厚度各地不一，以西和县歇台寺东沟—安溪沟一带出露最厚，约在1 487～1 587 m以上，而向东厚度明显变小，成县严家河厚712 m，毕家山厚996 m，漆家沟厚998 m，白剑石一带出露厚度最小，仅451 m。地质时代为早中泥盆世。

黄家沟组　Dh　（05-62-0121）

【创名及原始定义】　杜远生、黎观城、赵锡文（1988）创名。创名地点在西和县洞山附近的黄家沟。"岩性主要为砂岩、板岩夹泥质条带灰岩。下部产少量腕足类。未见底，与上覆红岭山组为整合接触。"

【沿革】　命名之前，西北地质科学研究所、甘肃区测一队（1974）将礼县西汉水一带的原

西汉水群划为榆树坪组和雷家坝组。本次研究认为榆树坪组与雷家坝组虽命名较早，但两组岩性类同，且西汉水一带构造复杂，层序不清，出露不全，因此建议停用，而沿用黄家沟组一名。

【现在定义】 指介于安家岔组与红岭山组之间的一套由钙质砂岩、砂岩、粉砂岩、粉砂质千枚岩、板岩、灰岩、泥质灰岩组成的韵律互层，底部普遍有一层砂岩。富产腕足类及珊瑚。底部以中粗粒钙质砂岩与安家岔组粉砂质绢云千枚岩分界，顶部以泥质板岩与红岭山组泥质条带灰岩分界，皆为整合接触。

【层型】 正层型为西和县洞山黄家沟剖面第1—15层(105°21′,33°55′)，由杜远生、黎观城、赵锡文(1988)测制，刊于：中国地质大学学报，13(5)。

【地质特征及区域变化】 黄家沟组主要是一套以碎屑岩为主韵律性很强的类复理石沉积。在其层型剖面上，按其岩石组合特征大体可分为上、下两部分。下部为深灰、黄褐色中厚层中细粒石英砂岩、钙质砂岩、粉砂质板岩、泥质板岩、钙泥质板岩，中夹扁豆状灰岩和泥质条带灰岩，产少量腕足类，未见底，厚大于205 m；上部为灰绿色泥质板岩、钙泥质板岩夹灰质条带或含灰质条带板岩，靠下部夹灰、灰白色泥质条带灰岩，产少量腕足类。总厚度大于649 m。

该组在区内分布较广，西起岷县耳阳沟和国营牧场，向东经宕昌县良恭镇、礼县西汉水、西和县黄家沟、成县王家山，再向东直延至徽县江洛镇一带，东西长达170 km，南北宽约14～25 km，最宽处约30 km。

在西和景沟村—广金坝之间，其岩石组合与层型剖面所见基本一致。化石相对较为丰富，主要为珊瑚及腕足类，并有少量层孔虫及海百合茎碎片。顶底相对较为齐全，与上、下地层主要为整合接触，景沟村—小麦村剖面厚大于1 340 m，广金坝—鱼洞沟剖面厚大于1 675 m。

该组向西延至礼县西汉水及宕昌县良恭镇一带，岩性相变化不大。韵律性很强，具有明显的类复理石沉积特征。化石特别丰富，以腕足类、珊瑚等底栖生物占绝对优势，并产少量头足类和腹足类。未见底，其上与红岭山组整合接触。总厚达8 840 m以上，但可能存在因构造叠覆厚度有扩大的现象。地质时代为中泥盆世。

该组中的砂岩常具脉状，凸镜状层理、楔状交错层理、斜层理、变形层理及水平层理，具小型波痕及水下冲刷凹槽。

【其他】 黄家沟组赋存有铅锌矿床。

红岭山组 Dhl （05-62-0120）

【创名及原始定义】 杜远生、黎观城、赵锡文(1988)创名。创名地点在西和县洞山南2.5 km之红岭山。"主要岩性为各类灰岩，仅局部夹有板岩，富含大量珊瑚、牙形刺、层孔虫、腕足类、海百合茎等生物。与上覆双狼沟组及下伏黄家沟组均为整合接触。"

【沿革】 秦锋等(1976)、翟玉沛(1981)称榆树坪组。《西北地区区域地层表·甘肃省分册》(1980)、《甘肃省区域地质志》(1989)等称为铁山群。张建云、陆贤群及窦元杰等(1984)在西和县与礼县地区调查时又命为洞山组。本书认为红岭山组一名符合岩石地层划分原则，故建议继续沿用。以前所称榆树坪组、洞山组不属岩石地层单位而应停用。

【现在定义】 指介于黄家沟组与双狼沟组之间的一套富产牙形石、腕足类、珊瑚等的碳酸盐岩沉积。主要为中厚层—巨厚层灰岩、生物灰岩夹泥灰岩，局部夹板岩，沿走向下部有时可相变为角砾状灰岩、硅质团块及条带状灰岩。底部以大套灰岩的始现与黄家沟组泥质板岩分界，顶部以大套灰岩的消失与双狼沟组钙泥质板岩分界，皆为整合接触。

【层型】 正层型为西和县洞山红岭山剖面第2—14层(105°20′,33°55′)。剖面测制者及所载文献与黄家沟组相同。

【地质特征及区域变化】 红岭山组分布较广，西起宕昌县扎峪河及岷县新庄，向东经礼县西汉水龙林桥、诸葛寺、西和县洞山、页水河、箭杆山，至成县武家坝、黄渚关，东西长达120 km，南北宽13～20 km。在层型剖面上及西和县洞山一带，岩性主要由各种灰岩组成，局部偶夹有板岩。灰岩主要为骨架灰岩、粘结灰岩、泥粒灰岩和粒泥灰岩，次为生物灰岩、生屑灰岩、生屑藻粒灰岩、礁灰岩，另外尚有少量泥状灰岩、泥质条带泥状灰岩和泥灰岩。**富含牙形石、珊瑚、腕足类、层孔虫及海百合茎。与上下地层均为整合接触。厚306～476 m。地质时代为中晚泥盆世。**

总体上，岩性单调，厚度各地不等。在宕昌县扎峪河—岷县新庄一带，厚1 500 m。未见顶，与下伏黄家沟组整合。向东延至礼县西汉水一带，厚度明显变薄，为489 m。再向东延至西和县安家岔一带，碎屑物组分显著增多，厚度542 m。该组由西向东碳酸盐岩逐渐减少，碎屑岩逐渐增多，厚度也明显变薄。且常具水平层理，平行微波状层理、微波状层理。

双狼沟组 $D\hat{s}l$ （05-62-0119）

【创名及原始定义】 杜远生、黎观城、赵锡文(1988)创名。创名地点在西和县洞山附近之双狼沟。"岩性主要由各类板岩组成，下部夹少量泥质灰岩，局部可能夹有泥质浊积岩层。近顶部产介形虫。未见顶，与下伏红岭山组整合接触。"

【沿革】 创名后沿用至今，本书承用。

【现在定义】 指整合于红岭山组之上的一套以细碎屑岩为主的沉积，未见顶。岩性下部为灰色含灰质石英细砂岩与板岩互层，局部夹中厚层灰岩及少许泥质灰岩，产腕足类及介形类；上部为灰绿色细砂岩、粉砂岩和粉砂质板岩互层，夹紫红色粉砂质板岩及少量浅灰色薄一中层或扁豆状灰岩。底部以板岩的始现为标志与红岭山组大套灰岩分界。

【层型】 正层型为西和县洞山双狼沟剖面第2—8层(105°21′,33°56′)。剖面测制者及所载文献与黄家沟组、红岭山组相同。

【地质特征及区域变化】 该组分布广泛，西起岷县耳阳沟及国营牧场，向东经礼县到西汉水龙林桥、西和县洞山双狼沟、水贯子、安家庄、安家岔、白剑石、成县严家河，直达徽县麻沿河及其以东地区，东西延伸190 km，南北宽13～20余公里。地质时代为晚泥盆世。

由层型剖面向东西两侧，碎屑岩均有逐渐变粗、厚度逐渐增大的趋势，特别是层型以西的岷县地区更为明显。砂岩具水平层理、平行层理，砂岩层面可见不清楚的印模和波痕。粉砂岩、粉砂质板岩和钙质板岩多具水平层理，次为平行层理、微波层理、韵律层理。

东扎口组 Cd （05-62-0091）

【创名及原始定义】 黄振辉(1962)创名东扎口统。创名地在漳县殪虎桥东扎口乡(黄昏地)，位于漳县西南方向约50 km。"指过去百万分之一中国地质图中，石炭二叠系没有按统划分表示，而只把石炭二叠系列成一个单位，目前尚无适当地层名称以表示秦岭西段之上石炭系；在陇西东扎口一带具较好之上石炭系剖面，建议暂以东扎口统名之。"

【沿革】 杨敬之(1962)称东扎口群，甘肃区测一队(1971)称上加岭组。张泓(1981)沿用黄振辉(1954)曾用过的海巅峡系一名,改称海巅峡群①,甘肃区测队(1987)称东扎口组。本书沿用东扎口组。因海巅峡群与上加岭组为生物地层单位故停用。

【现在定义】 岩性是以灰色调为主的粉砂岩、细砂岩、泥岩及泥灰岩、灰岩,含薄煤层。灰岩呈薄层状、凸镜状。其顶底界线不清。

【层型】 因正层型地段露头零星,且命名剖面资料不全,而指定选层型为临洮县苟家滩乡海巅峡剖面第1—11层(103°45′,35°06′),由张泓(1981)重测,刊于:兰州大学学报(自然科学版),1981,第4期。

【地质特征及区域变化】 东扎口组的岩性主要为灰色、灰绿色、灰黄色细—中粒砂岩和砂岩,其间夹杂色砾岩、砂质泥岩和泥灰岩,有时也夹纯灰岩。含薄煤层是本组的重要标志。

东扎口组在区内分布零星,主要分布在临洮海巅峡、武山贾河一带。武山以东在天水麦积山廖家坡两侧,因断层所限出露厚度不足5 m,岩性为灰色、灰绿色粉砂岩夹薄煤层及碳质泥岩,并产丰富的植物化石。以陆源碎屑沉积物且含煤为特征。地质时代为晚石炭世。

大关山组 CPdg (05-62-0071)

见华南地层大区大关山组。

石关组 P$\hat{s}g$ (05-62-0072)

【创名及原始定义】 由黄振辉(1959)创名石关统。创名地点在漳县石关一带。"指在陇西县石关一带,下二叠统之上有一套上二叠纪砂页岩夹灰岩层建议称石关统。"

【沿革】 盛金章(1962)在《中国的二叠系》称石关群。其后被甘肃区测队(1973)、四川省地层表编写小组(1978)、《西北地区区域地层表·甘肃省分册》(1980)、《甘肃省区域地质志》(1989)等广泛使用。本书改称石关组。

【现在定义】 在西秦岭北带,整合或平行不整合于大关山组之上,由砂岩、页岩、少量砾岩,夹灰岩(生物灰岩、角砾状灰岩、泥灰岩)或互层组成,含丰富腕足类、珊瑚等化石。页岩中常见有菱铁矿结核。底部以碎屑岩的底面与大关山组分界,顶部出露不全,常以断层与其他地层接触。

【层型】 创名人未指定层型剖面,本书指定选层型为漳县梯子沟剖面第2—7层(104°15′,34°52′),由陕西区测队(1974)测制。

【地质特征及区域变化】 本组是由灰—深灰色砂岩、页岩夹砂质灰岩凸镜体与砖红色中厚层角砾状生物灰岩、泥质生物灰岩夹页岩互层组成。砂页岩中常见菱铁矿结核,底部有厚层中粒含长石石英砂岩,化石丰富,以腕足类为特征。

石关组与下伏大关山组接触关系,黄振辉认为整合接触,陇西幅报告认为在杨家庄、梯子沟及回沟门一带为平行不整合于大关山组之上,临潭幅的札那山、海店峡为平行不整合。目前资料尚未见到石关组的顶界。

---

① 根据《中国地层典(七)石炭系》(1966)"东扎口统"条目"备考"栏称:"1959年3月,黄振辉(1959)在兰州第一次会议上宣读手稿时,把西秦岭下二叠统含 *Neoschwagerina* 的石灰岩名为东扎口系,把上石炭统含 *Pseudoschwagerina* 的地层名为海巅峡系。同年10月,他发表论文(1959)用东扎口统代替海巅峡系,代表上石炭统含 *Pseudoschwagerina* 的地层,把手稿中的原东扎口系代下二叠统地层,改用叶连俊、关士聪所定的名称,称为大关山统。论文中并未交待改变的过程,也未再提起下二叠统东扎口系之名"。黄振辉(1962)在公开出版的《全国地层学术报告汇编(兰州地层及煤矿地层现场会议)》的《秦岭西段古生代地层》一文中确定按1959年10月"论文"处理,此后,李星学(1963)又将海巅峡系误为海巅山群。

石关组只分布于漳县石关附近杨家庄—回沟门一带及临潭县宗石、海店峡、扎那山等地。岩石组合稳定，唯扎那山一带较为特殊，是由砾岩、砂岩、泥岩、碳质页岩夹煤线组成的韵律层。其中有五个韵律层，顶部含煤线，产瓣轮叶化石，属滨海相沉积。各地出露厚度不等，杨家庄—回沟门一带组合剖面累计厚1 420 m，临潭县宗石剖面厚1 304 m，扎那山剖面厚404.8 m。地质时代为晚二叠世。

华日组　Thr　（05-62-0180）

【创名及原始定义】　青海省地矿局第一地质矿产勘察大队(1991)创名。创名地点在青海省泽库县华日一带。指"分布于老藏沟、华日一带由层状火山、锥状火山、破火山的喷发物组成。其岩性为英安质岩石组成，有爆发相的火山碎屑岩、喷溢相的熔岩、火山通道相的角砾岩、角砾状熔岩及侵出相的斑状岩石。"

【沿革】　创名后沿用至今。

【现在定义】　指整合（或喷发不整合）于日脑热组之上，一套下部由碎屑岩，上部由英安质火山碎屑岩夹火山熔岩组合而成的地层序列。底以厚层状碎屑岩始现与日脑热组为界，顶界不明。

【层型】　正层型在青海省。甘肃省内次层型为夏河县赛尔钦沟剖面第1—7层（102°24′，35°18′），由甘肃区测一队(1972)测制。

【地质特征及区域变化】　华日组在甘肃境内分布于夏河县西北至甘、青交界一带。岩石组合与层型剖面基本一致，未见顶、底。下部为含石英长石砂岩、硅质灰岩；上部为安山岩、流纹岩、流纹质凝灰熔岩、安山质角砾凝灰岩，英安岩偶夹中性火山角砾岩等，厚大于2 840 m。

夏河西北的华日组，未采得化石。地质年代颇有争议，甘肃区测一队和殷鸿福(1992)认为属早三叠世，青海地质局地质清理组则划归晚三叠世。

二、晋冀鲁豫地层区

湖田段　Cb^h　（05-62-0095）

【创名及原始定义】　原称湖田统。关士聪、李星学、张文堂(1952)创名。丁培榛、范嘉松等(1961)介绍。创名地为山东省淄博市湖田矿区。原义将本溪统下部铁铝岩层命名为"湖田统"，是一个多次沉积与侵蚀的产物，时代为前中石炭纪。本溪统上部仍用日本人小贯义男的地层名称"章丘统"，时代为中石炭纪，两者接触关系为假整合。

【沿革】　在甘肃未使用过此名，本次研究认为山东省本溪组下部之湖田段延入本省，故应与华北地层大区相一致而使用湖田段一名。

【现在定义】　指本溪组底部的一套铁铝岩系。主要岩性为紫红色铁质泥岩、黄灰—灰白色铝土质泥岩及青灰—灰白色铝土岩。底以奥陶系古风化面为界，与下伏马家沟组平行不整合、局部（微角度）不整合接触；顶以铝土矿之顶面为界。属石炭纪。

【层型】　正层型在山东省。甘肃省内出露零星无次层型。

【地质特征及区域变化】　湖田段在本省零星出露，在底部砾岩层之上含一铁铝岩层，其岩性主要为铝土页岩、贫铝土矿、铁矿层等。湖田段与太原组之间可能有一平行不整合面。地质时代为晚石炭世。

太原组　Ct　（05-62-0096）

【创名及原始定义】　太原组最早称太原系。翁文灏、Grabau 1922年创名（手稿，论文于1925年发表）。Norin 1922年介绍。创名地点在太原西山。原始含义："华北晚古生代含煤地层的下部"。翁文灏等把华北晚古生代含煤地层分成两部分。下部称太原系，上部称山西系。在太原西山，太原系是指奥陶系风化面以上的一段海陆交互相含煤地层。

【沿革】　创名后引入甘肃陇东地区，沿用至今。

【现在定义】　指华北平行不整合于奥陶系之上的月门沟煤系（群）① 下部地层。由海陆交互相的页岩夹砂岩、煤、石灰岩构成的旋回层（多个）组成。其底界，一般即划在湖田段铁铝岩顶面。其上界以最上部一层灰岩的顶面与同属月门沟煤系（群）的山西组为界。

【层型】　正层型在山西省。甘肃省内的次层型为环县白老庄牛圈井沟剖面第1—9层（106°42′,36°46′），由宁夏区调队（1985）测制。

【地质特征及区域变化】　本省陇东地区太原组的主要岩性为灰、黄色砂岩、粉砂岩、泥岩夹薄层灰岩、煤层、铝土页岩及贫铝土矿、铁矿层，底部有一层砾岩。含腕足类 *Chonetes carbonifera*, *Overtonia elegans*, *Martinia* sp., *Dictyoclostus* sp. 等。其上与早二叠世山西组为整合接触，其下与奥陶纪的平凉组平行不整合接触，厚179 m。在石板沟尚采得腕足类 *Choristites pavlovi*, *Dictyoclostus taiyuanfuensis* 等。在华池县悦乐，据长庆油田指挥部深井资料，太原组厚44.5 m，为灰黑色泥岩夹灰白色细砂岩及煤层，含植物化石碎片。地质时代为晚石炭世。

【其他】　本组为铝土矿的主要赋存层位，矿石矿物以一水软铝矿为主。

本省曾将祁连地区和陇东地区上石炭统称为太原组，经对比研究，目前的太原组仅指和华北陆台相连的陇东区的相当层位。由于该区大面积黄土覆盖，石炭纪地层出露很少，除环县甜水堡外，其南石板沟亦有出露，到平凉一带大为减薄。煤田地质勘探部门的深孔资料证明华池县悦乐一带深部有太原组存在，但毕竟资料太少，区域展布状况难以推论。

山西组　Pŝ　（05-62-0074）

【创名及原始定义】　"山西"一名用于地层，始于1907年，Willis 和 Blackwelder 的专著《Research in China》中称："从 Richthofen 和其他观察者的考察中，可知石炭纪和二叠—石炭纪陆相沉积在山西省广泛出露。因此，我们提出山西系的名称。在太原府附近向南到汾河向西弯曲处，我们时常发现它们。在太原府和文水县之间露头是几乎连续的。那儿有两套主要地层：(1)杂色软页岩，Richthofen 称为大阳，它包含煤层，并直接覆盖在震旦纪灰岩之上；(2)一大套浅红色砂岩夹少量砂质页岩"。

【沿革】　山西组一名是由甘克文、郭勇岭（1958）② 引入甘肃，将平凉南部二叠系下部含煤层称"山西层"。1972年，甘肃区测二队在1：20万平凉幅报告中，据前人剖面，划出山西组，代表平凉地区早二叠世早期地层，沿用至今。

【现在定义】　指华北平行不整合于奥陶系之上的月门沟煤系（群）上部地层。由陆相砂岩、页岩、煤构成的旋回层（多个）组成，夹数层不等的含舌形贝及双壳类化石的非正常海相层。其下界为同属月门沟煤系的太原组最上一层石灰岩顶面，其上界为石盒子组最底部灰绿色长石

---

① 华北大区经本次研究将太原组和山西组隶属月门沟群。该群甘肃省未引用。
② 甘克文、郭勇岭，1958，鄂尔多斯地台西缘南段中石炭纪至侏罗纪地层研究报告（未刊）。

石英砂岩的底面。

【层型】 正层型在山西省。甘肃省内次层型为平凉市大台子剖面第1—7层(106°43′,35°21′),由甘肃陇东地质队(1963)测制。载于：(1977)《Ⅰ-48-Ⅴ(平凉)幅区域地质测量报告》(上册)。

【地质特征及区域变化】 本组是陇东地区二叠纪陆相地层最下部的一个单位。在牛圈井沟北韦州一带钻孔中见可采煤3～6层。与上覆地层石盒子组呈整合接触,下部未见底(被第三系覆盖),总厚大于59.1 m。在平凉大台子一带亦由灰—深灰色砂质页岩、粉砂岩、灰红色细砂岩、杂色粘土、黑色碳质页岩夹煤线组成。顶部页岩中产植物化石。与上覆石盒子组呈整合接触,与下伏太原组为不整合接触,在不整合面之上,有铝土矿层和煤系。总厚为52.8 m。地质时代为早二叠世。

石盒子组 $P\hat{s}h$ （05-62-0075）

【创名及原始定义】 起初称石盒子系,1922年Norin创名于太原东山陈家峪石盒子沟。原始定义是指月门沟煤系之上,石千峰系之下的一套黄绿色、紫红色砂页岩系；并分为下石盒子系和上石盒子系。"下石盒子系几乎全由灰、绿、黄等色的泥质沉积物和淡色的砂岩所组成；上石盒子系则以巧克力色的沉积物为主要成份。"石盒子系以骆驼脖子杂砂岩底为下界,以大羽羊齿带为上界。

【沿革】 1952年陕西第五石油队吴之璞等在平凉地区采得植物化石 *Lobatannularia* sp., *Pecopteris arcuata* 等,将时代定为早二叠世的地层,称石盒子统,首次引入甘肃。甘肃区测二队(1972)改称上、下石盒子组,沿用至今。本书合称石盒子组。

【现在定义】 指华北地层大区上古生界上部由灰绿、灰白色砂岩·黄绿、杏黄、巧克力、灰紫、暗紫红色粉砂质泥岩、页岩等组成,夹黑色页岩的近海平原河湖相沉积岩系。下伏地层以灰、灰黑色为特征的含煤岩系月门沟群,以出现绿色砂岩为本组底界；上覆地层以红色为特征的石千峰群,以出现鲜艳红色泥岩划界。

【层型】 正层型为山西省。甘肃省内次层型为平凉市大台子剖面第8—22层(106°43′,35°21′)。剖面位置和测制单位等与山西组相同。

【地质特征及区域变化】 石盒子组在陇东地区整合于山西组之上、孙家沟组之下,为一套陆相杂色细碎屑岩。下部(原称下石盒子组)是由黄灰、灰色砂质泥岩、泥岩、粉砂质泥岩互层,夹石英细砂岩,局部含菱铁矿结核、赤铁鲕粒,含丰富植物化石。宏观特征是以黄色为主,称黄色层。上部(原称上石盒子组)由灰紫、蓝灰、灰黄、灰及灰白等杂色长石石英砂岩、细砂岩、粉砂岩、页岩和泥岩互层构成。平凉一带夹两层泥灰岩,底部为粗砂岩及砂砾岩。页岩中产植物化石,在泥岩中见腹足类化石。在牛圈井沟一带斜层理发育,未采得化石。地质时代为二叠纪。

石千峰群 $PT\hat{s}$ （05-62-0183）

【创名及原始定义】 原称石千峰系,1922年Norin创名于太原西山石千峰山一带。原始定义是指："石盒子系以上的巧克力、暗红色砂岩、泥灰岩层。包括(1)银杏植物带,(2)石膏泥灰岩带,(3)砂岩带三部分。"

【沿革】 1942年,Norin将银杏植物带下移归上石盒子组。斯行健、周志炎(1962)称石千峰群。沿用至今。

【现在定义】 石千峰群是指华北地层大区石盒子组之上，以鲜艳红色为特征，由红色泥岩和红色长石砂岩组成的一套内陆干旱盆地河湖相沉积岩系。自下而上包括孙家沟组、刘家沟组、和尚沟组。下伏地层为石盒子组，上覆地层为二马营组。

孙家沟组　Psj　（05－62－0076）

【创名及原始定义】 中国科学院山西地层队刘鸿允等(1959)[①]创名。创名地点在山西省宁武县化北屯乡孙家沟村东。"指一套紫红、黄白色粗粒长石石英砂岩与紫红色砂质泥岩及粉砂岩互层。粉砂岩或泥岩中具层状分布的钙质结核及瘤状泥灰岩的凸镜体或条带。它和下伏地层以一层稳定的灰绿色或灰紫色含砾粗粒长石石英砂岩分界。"

【沿革】 1956年，刘绍龙称平凉一带的一套红色地层为"石千峰统"，时代为晚二叠世。1958年，甘克文、郭勇岭[②]在平凉地区调查，将"石千峰统"又置于二叠三叠纪，但将原来泛指的"石千峰统"上部划出，创建"纸坊统"，代表早中三叠世。1972年，甘肃区测二队的《1：20万平凉幅区域地质测量报告》中，改为石千峰组，时代为晚二叠世晚期。本书以山西省研究的结果，将平凉至环县牛圈井沟一带原称"石千峰组"的单位改为孙家沟组，隶属于石千峰群底部的一个单位。

【现在定义】 指石千峰群下部地层，主要由红色、砖红色泥岩、粉砂质泥岩夹长石砂岩组成。红色泥岩中常含钙质结核，有时夹泥灰岩凸镜体。底界划在首次出现的红色泥岩（或其下红色砂岩）的底面，分界线上下可见黑色、白色燧石层；顶界划在上覆地层刘家沟组砂岩之底面。

【层型】 正层型在山西省。甘肃省内次层型为环县白老庄牛圈井沟剖面第17—29层（106°40′，36°44′），由宁夏区调队（1985）测制。

【地质特征及区域变化】 该组在甘肃分布于环县牛圈井沟一带和平凉附近，由褐红、灰紫、紫红、蓝灰和黄色砂岩、细砂岩、粉砂岩和泥岩组成，夹少量的薄层隐晶质灰岩，底部常以含砾粗砂岩或砾岩与下伏石盒子组分界，顶部与刘家沟组的钙质长石石英砂岩底面分界，顶底均为整合接触。未见化石。

平凉一带由紫红、灰紫、灰褐等色的砾岩、中粗粒砂岩、钙质细砂岩、粉砂岩、钙质泥岩夹灰岩凸镜体组成的韵律性沉积。其上与延长组砾岩为平行不整合接触，其下与石盒子组为平行不整合接触。大台子剖面泥岩夹层中含植物化石碎片，皆为芦木一属。地质时代为晚二叠世。

刘家沟组　Tl　（05－62－0173）

【创名及原始定义】 创名人、时间、地点同孙家沟组。以一套较为单一的灰白色和浅紫红色的细粒砂岩为主，夹有薄层泥岩及层间砾岩。砂岩具非常发育的交错层，砂岩层面上有暗紫色砂质团块，并有微层理。

【沿革】 在陇东地区，刘家沟组首见于陕西省地质局石油普查队(简称陕西石油普查队，下同)1974年《陕甘宁盆地石油普查地质成果总结报告》(未刊)。嗣后，屡见于地质部第三石油普查大队、长庆油田规划院的深井完井总结图及未发表的有关文献中。直至1989年，方被《甘

---

① 刘鸿允等，1959，山西的石炭纪、二叠纪、三叠纪地层，全国地层会议山西现场会议文件汇编。
② 同山西组[①]。

肃省区域地质志》正式采用。其含义、分界、及划分标志与层型基本一致。本书沿用刘家沟组。

【现在定义】 属石千峰群中部地层。指"由数十"交错层极发育的红色、浅灰红色长石砂岩(数米)—红色粉砂质泥岩(数十厘米)构成的基本层组成。下伏地层为红色泥岩为主的孙家沟组，上覆地层为红色泥岩为主的和尚沟组。与下伏和上覆地层均呈整合接触。

【层型】 正层型在山西省。甘肃省内次层型为环县洪德乡贾湾庆深二井柱状剖面第1层(107°12′，36°40′)，由长庆油田规划院曾文发等(1981)录制，载于长庆油田规划院曾文发等(1981)《陕甘宁盆地陇东地区庆深二井完井总结图》(手稿)。

上覆地层：和尚沟组　棕绿、砖红色中粒长石砂岩
──────── 整　合 ────────
刘家沟组　　　　　　　　　　　　　　　　　　　　　　　　　总厚度 484.5 m

1. 上部浅棕红、砖红色细—中粒、中粒长石砂岩(局部含砾)与暗紫红、暗紫、暗棕红色(间夹灰绿色)泥岩不等厚互层；中部棕灰色为主，次为紫灰、棕色、棕红色中粒、细—中粒长石砂岩夹薄层暗紫、棕红色泥岩；下部棕灰色为主，次为紫棕、紫灰色、(局部夹灰白带肉红、灰白色)细粒长石砂岩、长石质石英砂岩及棕红色、紫灰色、灰白色中粒、细—中粒长石砂岩、长石质石英砂岩及棕红、紫灰、灰白色中粒、细—中粒长石砂岩夹薄层暗紫红、棕红色泥岩、砂质泥岩，底部以暗棕色细粒长石砂岩与下伏孙家沟组棕红色、暗紫红色泥岩呈平行不整合接触　　　　　　　　　　484.5 m
────── 平行不整合 ──────
下伏地层：孙家沟组　棕红色、暗紫红色泥岩、砂质泥岩

【地质特征及区域变化】 刘家沟组延至陇东地区未出露地表。据华池县悦乐乡新堡老庄湾南庆深一井和环县洪德乡贾湾庆深二井柱状图，陇东地区的刘家沟组为棕红、浅棕红、砖红色细—中粒、中粒长石砂岩(局部含砾为主)与暗紫红、暗紫、暗棕红(间夹灰绿色)泥岩不等厚互层，与下伏孙家沟组呈平行不整合接触，与上覆和尚沟组整合接触。环县一带较厚 484.5 m，华池—庆阳间较薄 241.0 m。

刘家沟组，尚无化石资料。岩性组合及其位置与山西、陕西的刘家沟组均可对比。地质时代属早三叠世早期。

和尚沟组　Th　(05－62－0174)

【创名及原始定义】 1959年刘鸿允等创名于山西省宁武县东寨乡和尚沟。其原始定义："和尚沟组为一套鲜红色砂质泥岩、泥质粉砂岩夹钙质泥质细砂岩系。该组与上覆二马营"统"以其底部一层灰黄色、红绿色中细粒石英砂岩底面为界。"

【沿革】 在陇东地区，和尚沟组一词首见于陕西石油队普查队(1974)《陕甘宁盆地石油普查地质成果总结报告》(未刊)。嗣后，屡见地质部第三石油普查大队、长庆油田规划院的深井总结图[①]及有关未刊文献。《甘肃省区域地质志》(1989)正式采用，本书沿用。

【现在定义】 指石千峰群上部地层，主要由红色、砖红色泥岩、粉砂质泥岩夹少量长石砂岩组成。下伏地层为刘家沟组，以长石砂岩为主的地层结束，大量红色泥岩出现分界，上覆地层为二马营组，以大量红色泥岩结束，厚层灰绿色长石砂岩出现分界。与下伏及上覆地

---

① 长庆油田规划院曾文发等，1979，1979年长庆油田陇东地区庆深一井完井总结图(手稿)。

层均呈整合接触。

【层型】 正层型在山西省。甘肃省内次层型为环县洪德乡贾湾村庆深二井柱状剖面第2层。剖面位置、录制单位与刘家沟组相同。

上覆地层：二马营组 棕绿灰色，部分带红色含砾中粒长石砂岩
—————— 平行不整合 ——————

和尚沟组　　　　　　　　　　　　　　　　　　　　　　　　　总厚度77.5 m
  2. 暗棕、暗棕红色泥岩、砂质泥岩与砖红色、棕绿色、灰紫色细砂岩、中粒长石砂岩呈
     不等厚互层，间夹紫灰、灰白色粉砂岩，底部以棕绿、砖红色中粒长石砂岩与下伏刘
     家沟组暗紫、暗棕红色泥岩整合接触　　　　　　　　　　　　　　　77.5 m
————————— 整　合 —————————

下伏地层：刘家沟组 暗紫、暗棕红色泥岩

【地质特征及区域变化】 和尚沟组在陇东地区，未出露地表。据钻井剖面，在环县一带以暗棕、暗棕红色泥岩、砂质泥岩为主与砖红色、棕绿色、灰紫色细砂岩、中粒长石砂岩不等厚互层，间夹紫灰、浅灰白色粉砂岩。下以棕绿、砖红色中粒长石砂岩与下伏刘家沟组整合接触，厚77.5 m；上与二马营组棕绿略带红色含砾中粒长石砂岩平行不整合接触。在华池县悦乐乡庆深一井，上、下部以略紫、略棕红色及杂色泥岩为主，夹细砂岩；中部为浅棕红色细砂岩与泥岩不等厚互层，与下伏刘家沟组及上覆二马营组均为整合接触。厚447 m。

和尚沟组，在陇东井下剖面中，未获得化石，一般根据岩性及其层位与陕甘宁盆地腹地和尚沟组对比，地质时代为早三叠世晚期。

二马营组　Te　(05-62-0175)

【创名及原始定义】 中国科学院山西地层队刘鸿允等(1959)创名，原称二马营统。创名地在山西省宁武县二马营村。指"上为延长群所覆，下以灰黄色杂有红、绿色中细粒石英砂岩与和尚沟组分界；其下部为灰黄色杂有红、绿色中细粒砂岩夹紫红色钙质砂质泥岩薄层或透镜体，上部由肉红微绿色中粗粒长石砂岩夹暗紫淡绿色钙质粉砂质泥岩，泥岩中含有钙质结核及石膏质结核"。

【沿革】 陇东地区的二马营组，在以往的文献中均称作纸坊组。本书改为二马营组。

【现在定义】 指华北地层大区石千峰群之上，主要由灰绿色长石砂岩夹红色泥岩的一套地层。所夹红色泥岩自北而南逐渐增多。红色泥岩中含大量钙质结核(层)。底界以下部厚层灰绿色长石砂岩之底面与下伏石千峰群和尚沟组为界；上界以最上一层红色泥岩顶面，与上覆地层延长组底部浅红黄色厚层长石砂岩划界，呈整合接触。

【层型】 正层型在山西省。甘肃省内次层型为环县洪德乡贾湾村庆深二井柱状剖面第3层。剖面位置、录制单位等与刘家沟组、和尚沟组相同。

【地质特征及区域变化】 二马营组在陇东地区未出露地表。据庆深二井等深井剖面，岩石组合总体特征基本一致，变化大不，主要由灰绿色中粒、细粒长石砂岩与泥岩(局部为泥质粉砂岩及粉砂岩)组成韵律性不等厚互层。下部夹红色长石砂岩及棕红色泥岩。在北部环县庆深二井，与下伏和尚沟组及上覆延长组皆为平行不整合接触，厚580 m。东部华池县庆深一井与下伏和尚沟组整合接触，与上覆延长组为平行不整合接触，厚447 m。

二马营组在陇东井下剖面中未获得化石，一般根据岩石组合特征和层位确定地质时代为

163

中三叠世早期。

延长组 Ty （05-62-0176）

【创名及原始定义】 Fuller 和 Clapp(1927)创建于延长地区。原始定义：岩性为灰色或灰绿色砂岩与页岩。发现于延长地区，可称为陕西系之延长带。

【沿革】 "延长"一词，在甘肃首见于何春荪、刘增乾、张尔道(1948)的《甘肃东部煤田地质》一文，先后被称作延长层、延长群和延长组。延长层与延长群含义相当。延长组一名为中国科学院地质研究所(1965)于陕西铜川漆水河延长群（广义）下部采得中三叠世晚期植物化石，另创名铜川组后，原延长群的上中部地层，称狭义延长组。本书的延长组，含义与原延长群相同，即包括铜川组和狭义延长组的岩石地层单位。

【现在定义】 为一套以灰绿、灰黄绿色、浅肉红色长石砂岩为主，夹深灰绿色页岩及煤线的陆相地层。下部夹黑色油页岩，中、上部含石油，且以颜色浅相区别于上、下地层，与上、下地层均为整合接触。底界以二马营组顶部紫红色碎屑岩的结束为标志；以一互层状含煤层或煤线砂泥岩之底面为上覆瓦窑堡组开始。

【层型】 正层型在陕西省。甘肃省内次层型为华亭县汭河剖面第1—87层。剖面位于华亭县安口镇北(106°52′，35°16′)，由地质部第三普查勘探大队(1964)测制，载于地质部第三普查勘探大队(1964)《鄂尔多斯盆地石油地质图集》。

【地质特征及区域变化】 该组延入陇东地区后，在大部分地区未出露地表，仅在盆地西南缘汭河上游及平凉大台子东北零星出露。据钻井揭露分布广泛，总体与陕甘宁盆地腹地相同。以往多据岩相特征自下而上划分为五个组，[详见《甘肃地质学报》，1993(增刊)]。各组呈北东—南西向不对称箕状围绕沉积中心带状分布，沉积中心约在环县—庆阳—太白之间，各带在西部一般较狭窄，东部宽缓，呈箕状，向北敞开。一组在安口—钱阳山—南湫一线以东，为灰绿、黄绿色河流相块状砂岩，砂岩局部含砾，具斜层理，顶部夹少量深灰绿色泥岩。西北部为河道亚相中粗粒砂岩，砂砾岩夹薄层砾岩及灰红色泥质砂岩，砂质含量高，槽状、板状及斜层理发育，含灰质、铁质结核。泾川至庆阳一带，为河流—河湖相砂岩，常与泥岩互层，斜层理发育，以板状、槽状层理为主，见波状及变形层理，层面含碳质及植物碎片。华池一带为亚湖相灰白、灰绿色细砂岩与灰、灰黑色泥岩，不规则层理发育，并具板状层理和波状层理。二、三组以湖泊相沉积为主，在庆阳一带为砂岩—泥岩。泥质岩为黑色泥岩、页岩和碳质页岩为主，夹页状凝灰岩，局部夹油页岩及泥灰岩，微细层理发育，含黄铁矿、菱铁矿结核。泥质岩中富含介形虫、叶肢介、方鳞鱼、双壳类和植物化石。华池、宁县一带为砂岩、泥岩与黑色泥质岩、页岩，其中油页岩较厚。砂岩微细层理发育，具拖拉波状层理，泥岩具微细层理，富含动物化石。西北部平凉蒿店一带为砂岩夹劣煤。三组在西北部为灰绿色夹淡红色块状长石砂岩、砾状砂岩、粉砂岩夹深灰、灰绿色局部为紫褐色泥岩、粉砂质泥岩，局部夹煤层和煤线。砂岩具槽状斜层理、板状斜层理，普遍含泥砾，粉砂岩具变形层理和洪水层理。泾川地区为河漫滩亚相灰、灰绿、蓝灰色厚层—块状长石细砂岩、粉砂岩与灰黑、深灰、蓝绿色泥质粉砂岩、粉砂质泥岩、页岩不等厚互层夹少量煤线或薄煤层，自下而上组成发育不全的粗韵层，砂砾多为大小不等的凸镜体。块状砂岩常具冲刷槽模，含泥砾，以板状斜层理为主，具拖拉波状层理及不对称波痕，含灰质结核或团块。华池—庆阳地区为深灰、灰色泥岩、页岩和灰绿色粉砂岩、细砂岩、夹多层微细水平层理发育的火山凝灰岩层。砂岩、泥质岩水平层理、微细水平层理发育，粉砂岩变形层理发育。含分散状黄铁矿及丰富的植物、叶肢介、双壳类等。四组，在西南部安口及环县一带为块状长石砂岩，底部较粗成层较厚，中部较细成层薄，含泥质较多，夹绿色泥岩和煤线，顶部砂岩斜层理发育，见有侵蚀坑。环县、华池、泾川一带为灰绿、深灰、灰黑色粉砂质泥岩、泥岩和页岩与暗灰、灰带绿色粉—细砂岩不等厚互层。泥质岩普遍夹碳质泥岩、煤线、薄煤线、泥灰岩及鲕状菱铁矿凸镜体、黄铁矿结核。含植物、叶肢介、鱼、双壳类等化石。五组，庆阳东部为砂岩、泥岩、局部见黄铁矿和煤线。环县、华池、庆阳南北为灰、灰黑色泥岩、粉砂质泥岩、页岩夹碳质页岩、煤线及粉砂岩、细砂岩，含黄铁矿结核。产介形类、叶肢介、双壳类和植物化石。在平凉大台子东北夹煤线、油页岩及可采煤层。延长组与下伏二马营组为平行不整合接触，其上缺失瓦窑堡组，被富县组不整合覆盖。各组间皆呈整合接触。延长组厚度变化大，以安口、汭河一带最厚，达 5 527.62 m，庆深一井 1 049.75 m，庆深二井 897.5 m，其他地点残缺不全。

延长组化石有介形类、叶肢介、鱼、双壳类和植物及孢粉。其中，以植物和孢粉最为特征。地质时代属中三叠世晚期至晚三叠世。

崆峒山组 Tk （05-62-0167）

【创名及原始定义】 毕庆昌、徐铁良(1944)创名崆峒山系，何春荪、刘增乾、张尔道(1948)介绍。创名地在平凉市崆峒山。指发育于崆峒山及其以南的崆峒山系，下部为紫红色砂页岩，厚约 300 m；上部为紫红色砾岩偶夹砂岩，估计全部厚度 700～2 000 m。

【沿革】 首见于何春荪、刘增乾、张尔道(1948)《甘肃东部煤田地质》。嗣后，刘绍龙(1957)、甘肃陇东地质队(1963)①、陕西石油普查队(1974)和蔡凯蒂(1993)等先后以所含植物化石讨论其地质时代归属。本书以历年研究成果为基础，从岩石地层划分出发，将毕庆昌、徐铁良命名的崆峒山系下部紫红色砂页岩归石千峰群，上部紫红色砾岩称崆峒山组。

【现在定义】 指平凉太统山至大台子间石千峰群紫红色砂页岩(即毕庆昌等之崆峒山系下部的紫红色砂页岩)之上的灰紫、灰褐色砾岩偶夹同色砂岩序列。以下伏石千峰群顶部褐红色疏松砂岩消失分界，整合接触；其上多未见顶，在崆峒山附近被六盘山群三桥组紫红色砾岩不整合覆盖。

【层型】 崆峒山组创名时未指定层型，选层型为平凉市太统山西南甘沟窑剖面第 11—37 层(106°36′，35°28′)，由甘肃陇东地质队(1963)测制，载于蔡凯蒂(1993)《甘肃的三叠系》，甘肃地质学报(增刊)50—58。

上覆地层：第四系全新统　黄土
～～～～～～　不　整　合　～～～～～～

崆峒山组② 　　　　　　　　　　　　　　　　　　　　　　　　总厚度 2 885.9 m
   37. 褐、灰褐色中砾岩夹细砂岩及条带 　　　　　　　　　　　255.56 m
   36. 覆盖 　　　　　　　　　　　　　　　　　　　　　　　　217.96 m
   35. 褐带红色、灰褐、黄褐色中、细砾岩夹砂岩条带 　　　　　　85.75 m
   34. 褐、褐带红色中砾岩夹中细砾岩、细砾岩及条带 　　　　　　72.24 m
   33. 褐、灰褐色中细砂岩，间夹细砾岩，层面间有褐带红色泥质钙质砂岩、细粉砂岩条
      带 　　　　　　　　　　　　　　　　　　　　　　　　　106.91 m

---

① 甘肃陇东地质队，1963，甘肃平凉南部地层专题研究报告(手稿)。
② 原剖面第 8—10 层为二叠—三叠系下部，第 11—21 层为二叠—三叠系上部，第 22—37 层为上三叠统。

32. 褐灰、灰褐色细砾岩,间夹中细砾岩,层面夹灰褐带红色泥钙质砂岩　　　34.46 m
31. 灰、灰褐色中细砾岩夹细砾岩,层面间夹灰色粗—细粒砂岩及砂砾岩条带　228.25 m
30. 灰至褐色细砾岩夹泥砂质灰岩、中细粒砂岩　　　　　　　　　　　　　99.52 m
29. 灰褐色中细砾岩、细砾岩,层面夹红色薄层砂岩或凸镜体　　　　　　　250.44 m
28. 灰褐色细砾岩、砂砾岩与紫红色中—细粒砂岩、粉砂岩互层　　　　　　17.66 m
27. 红褐色、红色中细砾岩、细砾岩,层面多夹红色砂岩、粉砂岩凸镜体　　164.33 m
26. 褐、灰褐色中细砾岩夹中砾岩及细砾岩　　　　　　　　　　　　　　　141.21 m
25. 红褐色细砾岩,下部夹中细砾岩　　　　　　　　　　　　　　　　　　 31.94 m
24. 红、褐色中细砾岩夹细砾岩,层面时夹砂岩、薄砂砾岩层及凸镜体　　　265.48 m
23. 灰褐、紫褐色及灰色中细砾岩夹细砾岩,至下部成互层。层面间多夹红色粉细砂岩、
　　灰色、灰紫色粗砂岩及砂砾条带或凸镜体　　　　　　　　　　　　　226.15 m
22. 褐、灰褐色中细砾岩夹细、粉砂岩,顶有灰褐色粗—中细粒砂岩　　　　 36.45 m
21. 灰紫色粗粒砂岩及紫红色细粉砂岩,底有厚4 m细砾岩　　　　　　　　 28.02 m
20. 多覆盖,断续为灰紫色中细粒砂岩、紫红色粉砂岩　　　　　　　　　　 73.37 m
19. 灰褐色中细砾岩与中细粒砂岩互层　　　　　　　　　　　　　　　　　 98.73 m
18. 底有厚4 m砾岩,上断续为灰绿间紫色细粉砂岩夹中粒砂岩　　　　　　 52.52 m
17. 灰紫色细砾岩夹砂砾岩、粗砂岩　　　　　　　　　　　　　　　　　　 58.69 m
16. 紫褐色中细砾岩夹细砾岩、砂砾岩及砂岩扁豆体　　　　　　　　　　　 50.97 m
15. 紫灰、浅红褐色粉、细砂岩互层　　　　　　　　　　　　　　　　　　 29.80 m
14. 紫红褐色中、细砾岩与灰紫色中、粗粒砂岩、紫红色粉细砂岩互层　　　 76.02 m
13. 紫红色粉砂岩、泥岩夹薄层灰岩,间有粗砂岩　　　　　　　　　　　　 72.05 m
12. 灰紫色砾岩夹砂砾岩、粗砂岩　　　　　　　　　　　　　　　　　　　　5.00 m
11. 灰紫色砾岩、粗粒砂岩、中粒砂岩、红色粉细砂岩、泥岩夹泥灰岩成4个旋回,向
　　上粒度变细,砾岩消失　　　　　　　　　　　　　　　　　　　　　　106.42 m

——————— 整　合 ———————

下伏地层：石千峰群　红褐色疏松泥质粗砂岩、细砾岩互层

【地质特征及区域变化】　崆峒山组分布于平凉崆峒山至大台子间,范围极为有限。由山麓相及山麓-河道相灰紫、紫红、灰褐色细砾岩、中细砾岩与同色中细砂岩、砂岩及少量砂砾岩、细粉砂岩不等厚韵律性互层组成。自北而南、由西向东,岩石粒度逐渐变细、厚度变小、灰绿色岩层增多,并最终过渡为延长组。大台子以东始见灰绿色薄层和条带,大台子东北武松沟以灰绿色岩层为主,夹紫红色岩层,下部为灰绿色细砾岩与中至细砂岩互层；中部为灰、灰绿及灰紫色砂岩、细砂岩、砂质页岩、页岩；上部为灰绿色砂岩夹砂砾岩与暗紫色、灰绿色粗砂岩、砾岩夹中细砂岩,与下伏石千峰群紫红色砂岩夹细砾岩呈整合接触。太统山甘沟窑最厚2 885.9 m,南部大台子最薄1 285.73 m,其间厚2 279.72～1 404.27 m。

崆峒山组所含植物化石,采集不系统,中上部的化石为 *Danaeopsis - Bernoullia* 植物群的重要分子和常见化石。下部300 m尚未采得化石。据采得的少量植物化石,崆峒山组中上部岩层地质时代属中三叠世晚期至晚三叠世。下部未采得化石的部分,有可能包含中三叠世早期沉积。

第二节　生物地层与地质年代概况

区内泥盆纪—三叠纪地层,化石比较丰富,门类繁多。但分布多寡不一,生物地层的研

究程度较低，就现有资料按地层分区简述如下：

一、秦祁昆地层区

Ⅰ.北祁连地层小区

（一）泥盆系

下、中泥盆统

所含动植物化石产于老君山组上部砂岩。主要门类有植物，并有少量鱼类及腹足类。

植物化石共发现6个属种。靖远县雪山产？*Savlbaradia*，？*Drepanophycus*，*Taeniocrada*，靖远县松山产？*Drepanophycus*，景泰县东南的阳凹山产 *Protolepidodendron* cf. *scharyanum*，*Zosterophyllum*，*Taeniocrada*，景泰县小营盘水产 *Lepidodendropsis*。植物化石 *Protolepidodendron scharyanum* 是世界性中泥盆世的属种，在我国广西、云南、湖南、新疆等地的陆相中泥盆统都有分布，*Zosterophyllum* 主要繁盛于早泥盆世，少数残存于中泥盆世。景泰阳凹山所产的工蕨与夏丽安原始鳞木共生在同一块标本上，此种现象说明它具有孑遗的性质。*Drepanophycus* 始现于早泥盆世中期，绝灭于晚泥盆世早期。上述植物群反映的时代为中泥盆世，但 *Savlbaradia*，*Lepidodendropsis* 的出现，表明老君山组含植物化石的层位可能相当于中泥盆统中上部；连续于其下的不含任何化石的下部砾岩层位可能属中泥盆世早期。因此暂定为早—中泥盆世。

上泥盆统

以植物、鱼类为主，主要产于沙流水组靠下部层位的粉砂岩中。发现的植物化石共有十多个属种。在靖远沙流水剖面及其附近产 *Leptophloeum rhombicum*，*Sublepidodendron* cf. *wusihense*，景泰段家庄产 *Sphenophyllum*，*Leptophloeum rhombicum*，景泰福禄村产 *Leptophloeum rhombicum*，景泰骆驼水产 *Sphenophyllum* cf. *lungtanense*，*Platyphyllum*，*Sphenopteris*，景泰三道沟产 *Sphenophyllum*。其中以 *Leptophloeum rhombicum* 最为丰富，产地可达10余处。鱼类化石发现两处，一是景泰段家庄，产 *Sinolepis* cf. *wudingensis*，Bothriolepidae。另一处是景泰大沙河，产节甲鱼类。此外，在南祁连山西段青海省乌兰大冰沟西及科克萨依等地也发现有鱼类化石。

上述植物群和鱼类动物群的组合面貌与我国南方五通群上部的擂鼓台组和湘、赣地区的岳麓山组以及北秦岭西段的大草滩组上部是基本一致的，因此沙流水组的沉积时代应属晚泥盆世晚期。

（二）石炭系

下石炭统下部 生物较为丰富，前黑山组下部碳酸盐岩以产腕足类为主，上部富含植物化石。并产少量孢粉、介形类及鱼化石。腕足类的主要种属有：*Schuchertella*，*Eochoristites*，*Composita*，*Cleiothyridina*。此外，也曾采集 *Echinoconchus*，*Ovatia*，*Megachonetes*、*Punctospirifer* 等。植物化石主要有 *Sublepidodendron*，*Lepidodendropsis*，*Lepidostrobophyllum*，*Archaeopteris* 等种属。靖远磁窑大水沟剖面孢粉有33个属、69个种，大致属 *Aurospora - Lophozonotriletes* 的组合。此外，还在景泰小营盘水剖面采得介形类化石7~8个属种。据此分析，时代为早石炭世早期。

下石炭统上部 化石十分丰富，有珊瑚、腕足类、头足类、双壳类、䗴、介形虫、苔藓虫、植物及牙形石等门类化石，均产于臭牛沟组中。李克定、沈光隆(1992)对臭牛沟组命名剖面化石资料进行了收集和整理，列出珊瑚38个属种，腕足类36个属种，苔藓虫58个属种，蟆15个属种，双壳类1个及植物14个属种。据统计，在区域上该组珊瑚的属种达74个，腕足类属种达92个。其中，珊瑚最具代表性的是 *Yuanophyllum*，区域上分布最广的是 *Aulina carinata*，*Lithostrotion planocystatus*。腕足类最具特色的是长身贝类 *Gigantoproductus*，*Kansuella*，*Dictyoclostus*，*Echinoconchus* 等。植物化石主要分布在武威以东，以靖远磁窑和景泰红水堡剖面最为丰富。李克定、胡传林(1992)将臭牛沟剖面上部两层(正层型第17—18层)的蟆化石定为 *Millerella marblensis - Eostaffella postmosquensis* 带，下部7层(正层型第10—16层)为 *Eostaffella hohsienica - E. mosquensis* 带。据采得的蟆化石，臭牛沟组由东向西地质时代具有逐渐变新的穿时现象(见图11-1)。

上石炭统

化石的种类较多，包括珊瑚、腕足类、蟆、双壳类、腹足类、头足类、三叶虫、植物以及微体化石孢子花粉和牙形石，产于羊虎沟组中。中下部植物化石十分丰富，东部靖远磁窑剖面，有 *Eleutherophyllum waldenburgense - Mesocalamites cistiformis - Pecoptris aspera* 组合带，*Sphenopteris parabaeumleri - Lepidodendron aolungpylukense* 组合带和 *Conchophyllum richithofenii - Lepidodendron galeanum* 组合带。菊石有 *Reticuloceras* 带、*Billinguites - Cancelloceras* 带和 *Branneroceras - Gastrioceras* 带。腕足类化石以中上部最为丰富，下部较少，但缺乏系统研究，尚未建立生物地层单位。靖远县磁窑剖面下部的腕足类主要有 *Linoproductus sinensis*，*Choristites yanghukouensis*，*Martinia remosa*；中部主要有 *Plicatifera chaoi*，*Choristites crassicostatus*，*Dictyoclostus houyuensis*，*Choristites sowerbyi*；上部主要有 *Linoproductus cora*，*Dictyoclostus taiyuanfuensis*，*D. uralicus*，*Choristites norini*，*Branchythyrina strangwaysi*。珊瑚化石主要产于本组中部。

羊虎沟组的地质时代具穿时现象，自东而西从早石炭世晚期延续到晚石炭世早中期(图11-1)

(三) 二叠系

下二叠统

包括二个植物组合：*Lobatannularia sinensis - Sphenophyllum thonii* 组合，产于大黄沟组下部层位(大青沟剖面第4层、大黄沟剖面第7层、大泉剖面的第1—7层)。主要有 *Lobatannularia sinensis*，*Sphenophyllum thonii*，*Annularia orientalis*，*Tingia hamaguchii*，*Emplectopteris triangularis*，*Taeniopteris multinervis*，*T. mucronata*，*Cladophlebis? yongwolensis* 等，是华北山西组的重要分子，该组合以楔叶类、真蕨类、种子蕨类和科达类为主，栉羊齿繁盛，华夏植物群有较大发展，欧美植物群仍未衰退，显然已进入华夏植物群的中期阶段，时代应为早二叠世早期。

Alethopteris norinii - Taeniopteris cf. *multinervis* 组合，产在上部层位(大泉剖面第9层、大黄沟剖面第10—18层)主要属种有：*Alethopteris norinii*，*Taeniopteris* cf. *multinervis*，*T.* cf. *densissima*，*Pecopteris* cf. *polymorpha*，*P.* cf. *lativenosa*，*P.* cf. *orientalis*，*P. anderssonia*，*P. cyathea*，*Sphenophyllum* cf. *thonii*，*S. pseudocostae*，*S. costae*，*S. oblongifolium*，*Sphenopteris* sp.，*Annularia* sp.。据史美良资料甘肃区测二队还在大黄沟组下部采到 *Pecopteris taiyuanensis*，说明这一组合不应晚于早二叠世，时代应为早二叠世晚期。

上二叠统

分为二个组合，? *Ullmannia bronni - Protoblechnum wongii* 组合　产于红泉组(大泉剖面第18层、大青沟剖面第14层)，主要属种有 *Ullmannia bronni*，*Protoblechnum wongii*，*Za-*

miopteris glossopteroides, Iniopteris sp., Pecopteris tenuicostata, P. lativenosa, Walchia sp., Odontopteris sp. 等。Ullmannia bronni, Walchia 仅出现于晚二叠世，Iniopteris sp., Zamiopteris glossopteroides 为晚二叠世晚期重要属种，其余多为早二叠世晚期至晚二叠世早期，该化石组合地质时代为晚二叠世早期。

Zamiopteris glossopteroides - Iniopteris sibirica 组合　产于大泉组（即大泉剖面的第 23—26 层、大青沟剖面第 32 层、羊露河剖面的第 12 层）由三部分组成，一是安加拉型植物化石，如 Zamiopteris glossopteroides, Z. lanceolata, Iniopteris sibirica, Callipteris cf. zeilleri, ? Comia sp., Prynadaeopteris anthriscifolia 等，都是晚期安加拉植物群的重要分子。其中 Zamioptris 最多，次为 Noeggerathiopsis，而 Iniopteris, Callipteris? 十分稀少。二是一些华夏植物群分子，如 Lobatannularia sp., Pecopteris gracilenta, P. tenuicostata, Psygmophyllum multipartitum, Protoblechnum wongii，它们多数见于太原西山上石盒子组中，其中除了 Pecopteris 外，其他都十分稀少，表现明显地衰退现象。上述两种成分说明这一混生植物群不能晚于晚二叠世。三是松柏类、苏铁类、银杏类，如 Pterophyllum, Nilssonia, Sphenobaiera, Rhipidopsis 及数量众多、保存不好的松柏类枝叶可占 23%，同时还见到欧洲"斑砂岩统"T_1的重要分子 Voltzia, Anomopteris, Crematopteris 的可疑标本存在。羊露河剖面第 12 层产：Zamiopteris glossopteroides, Z. lanceolata, Phyllotheca sp., Iniopteris sibirica, Callipteris sp., Noeggerathiopsis sp., Rhipidopsis sp., Elatocladus sp., Sphenopteris sp.，第 18 层产 Paracalamites tenuicostatus, Pecopteris sp. 等。

该组合还伴生有双壳类：Palaeonodonta sp.；昆虫：Archaeotiphites sp., Phyloblatta sp., 介形类：Darwinula sp.；叶肢介：Rostroleaia sp. 以及孢粉：Acanthotriletes, Verrucosisporites 等化石。综上所述，地质时代应为晚二叠世。

（四）三叠系

下三叠统

产少量植物化石，属 Pleuromeia - Neuropteridium 植物组合。化石产自五佛寺剖面五佛寺组底界以上 40 m（第 31 层）至最顶部。主要属种有 Pleuromeia rossica, Annalepis zeilleri, A. sp., Brachyphyllum sp., Willsiostrobus cordiformis, Supaia sp., Sphenopteris sp., Sagenopteris oblongusensis, Qilianopteris triphyloensis, Voltzia sp., Schizoneura altaica, Glossophyllum sp., Neuropteris sp., Cladophlebis raciborskii, Neuropteridium platianum, N. coreanicum。曲立范、程政武（1987）于其中采得孢粉主要有 Punctatisporites, Calamospora 等。植物 Pleuromeia rossica 是国内外早三叠世特有分子，时代相当 Olenekian 期。Neuropteridium 也是早三叠世最具特征的属，Willsiostrobus 在华北和尚沟组中分布广泛，Schizoneura 自晚二叠世至早三叠世均有分布，Voltzia 与晚古生代的 Pseudovoltzia 有亲缘关系。孢粉与华北和尚沟组的孢粉组合可以对比。综上所述，五佛寺一带的五佛寺组中的植物组合与孢粉组合的地质时代均为早三叠世晚期。但在白银市丁家窑一带，五佛寺组上覆地层丁家窑组中的植物化石，证实自底至顶皆属中三叠世晚期，故五佛寺组时代在北部为早三叠世晚期，在南部则过渡为早三叠世晚期至中三叠世早期。

中三叠统

产植物化石及少量淡水动物化石。主要分布在白银市丁家窑，景泰县五佛寺及肃南县麻子沟等地也有少量分布。位于盆地南缘丁家窑一带的丁家窑组中有植物化石 Annalepis - Aipteris 组合，主要属种有 Annalepis zeilleri, Schizoneura altaica, Neuropteridium ovatum,

Sinopteris heteropinnata, *Metalepidodendron sinense* 等面貌较古老、至今在延长组中尚未发现的分子，并含有延长组特有分子 *Danaeopsis fecunda*, *Bernoullia zeilleri*, *Todites shensiensis*, *T. margarites*, *Cladophlebis raciborskii*, *C. ichunensis*, *C. gracilis*, *C.* cf. *grabauiana*, *Neocalamites rugosus*, *Thinnfeldia rigida* 等，总体面貌与铜川植物群相似。该植物组合在丁家窑从底到顶贯通丁家窑组。盆地中心五佛寺的丁家窑组底部草绿、紫红色泥质细砂岩、砂质泥岩产 *Neocalamites carcinoides*, *Pecopteris* sp., *Voltzia* sp., *Pseudovoltzia liebeana*, *Taeniopteris* sp. 等，直接覆于 *Pleuromeia - Neuropteridium* 植物组合之上，其时代特征显然早于 *Annalepis - Aipteris* 植物组合。曲立范、程政武采自其中的孢粉有 *Dictyophyllidites*, *Punctatisporites* 等。其中 *Leiotriletes*, *Matonisporites*, *Granulatisporites*, *Cyclogranisporites* 等，也与陕甘宁盆地二马营组及山西中三叠世早期孢粉组合相似。中上部含植物及孢粉组合，与盆地南缘的组合一致，地质时代属中三叠世晚期。从而表明，丁家窑组的地质时代在北部盆地中心，属中三叠世早期至晚期，在盆地南缘属中三叠世晚期。

上三叠统

所含化石以植物为主，并有少量淡水动物及昆虫化石。分布较为广泛，几乎遍及北祁连地层小区。所含植物化石，皆属 *Thinnfeldia - Danaeopsis fecunda* 植物组合。该组合特征分子及常见重要化石，极为常见，与陕北延长组植物群完全可以对比。属晚三叠世。

北秦岭天水附近的南营儿组所含化石属 *Dictyophyllum - Clathropteris* 植物组合。主要属种以南方型植物 *Pterophyllum* cf. *angustum*, *P. kansuense*, *P.* sp. 为主，含少量北方晚三叠世重要和常见分子 *Danaeopsis fecunda*。上述两个植物化石组合，均属晚三叠世。

Ⅱ. 中、南祁连地层小区

（一）石炭系

化石不丰富，仅在草凉驿组中部页岩产植物 *Neuropteris kaipingiana*, *N. gigantea*，地质时代为早石炭世。腕足类化石主要有 *Gigantoproductus edelburgensis*, *G. latissimus*, *Dictyoclostus hunanensis*, *D.* cf. *tienpingwaensis*；珊瑚化石主要有 *Arachnolasma* cf. *simplex*, *Heterocaninia* cf. *paochingensis*，产在党河南山组，地质时代为早石炭世。

（二）二叠系

二叠系生物化石主要分布于下二叠统，见有腕足类：*Spinomarginifera* cf. *sintanensis*, *Monticulifera sinensis*, *Crurithyris* sp.，䗴：*Schwagerina* cf. *multialveola*，腹足类：*Bellerophon* sp.，均产于巴音河群。区域上同一层位的薄层灰岩中还采到珊瑚：*Protomichelinia siyangensis*；腕足类：*Echinoconchus* sp., *Linoproductus* sp., *L. lineatus*, *L. cora*, *Liosotella magniplicata*, *Monticulifera chilianshanensis*, *Martinia* sp., *Plicatifera* sp., *Punctospirifer* sp., *Streptorhynchus* sp., *Richthofenia* sp., *Squamularia* sp., *Urushtenia* sp.；䗴：*Schwagerina* cf. *multialveola*；腹足类：*Pseudophillipsia* sp., *Bellerophon* sp. 等。其中 *Schwagerina* cf. *multialveola*, *Dictyoclostus nankingensis*, *Squamularia*, *Plicatifera* 是我国南方茅口期重要和常见分子，*Protomichelinia siyangensis*, *Linoproductus lineatus*, *Spinomarginifera sintanensis* 是栖霞晚期的重要分子。据此其时代为早二叠世。

（三）三叠系

下、中三叠统

化石稀少，仅在肃北县海屯附近下环仓组产菊石 *Subinyoites kashmiricus*, *Glyptophiceras plare* 等。青海下环仓组下部紫红色碎屑岩含丰富的 *Claraia aurita*, *C. yangkangensis*。上部

灰绿色碎屑岩产双壳类，有 *Eumorphotis multiformis* 带和 *Eumorphotis inaequicostata* 带，并见有 *Claraia wangi* 带常见分子 *Myophoria ovata*。在其分布范围内，不同地点的地质时代似不相同。青海东部下环仓及其以西亚合隆许玛马尔岗，属 Indian 期——Anisian 中期。甘肃牙马台未采得化石，但其上覆江河组底部采得 Anisian 期双壳类。推测已属 Olenekian 晚期。说明下环仓组是一个自东而西地质时代逐渐变新的穿时单位（图11-2）。

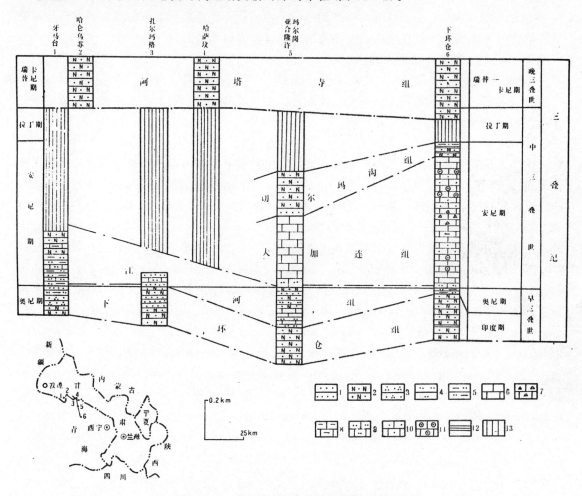

图 11-2 南祁连三叠纪海相地层穿时现象
1. 砂岩；2. 长石砂岩；3. 石英砂岩；4. 粉砂岩；5. 泥质粉砂岩；6. 灰岩；7. 角砾状灰岩；
8. 泥质灰岩；9. 粉砂质灰岩；10. 砂质灰岩；11. 鲕状灰岩；12. 页岩；13. 沉积缺失

双壳类 *Leptochondria minima - Laevia* 组合，见于江河组，最高层位化石组合是菊石 *Tirolites*。在青海哈拉湖一带，主要有菊石 *Lenotropites*，*Japonites* 和腕足类 *Pseudospiriferina tsinghaiensis* 等；除海生动物化石外，始见植物化石。在甘肃省肃北牙马台，有双壳类 *Pecten michaeli*，腕足类 *Spiriferina tsinghaiensis*，*S. cf. bifurcata* 等。综上所述江河组在其分布范围内，不同地点的地质时代不尽相同。青海天峻下环仓及其以西亚合隆许玛尔岗属 Olenekian 晚期。甘肃牙马台及其以西，属 Anisian 期（见图11-2）。

上三叠统

在东部青海祁连县伊克乌兰，阿塔寺组下部含植物 *Neocalamites meriani* 和海相双壳类

Elegantinia elegans, 上部含植物 *Equisetites sarrani*, *Neocalamites meriani*, *Danaeopsis fecunda*, *D. marantacea*, *Todites shensiensis*, *Bernoullia zeilleri*, *Cladophlebis gigantea*, *Cl. gracilis*, *Glossophyllum*? *shensiensis* 等，向西至青海哈拉湖一带，含海相双壳类 *Posidonia* sp., *Leptochondria albertii* 和淡水双壳类 *Sibireconcha shensiensis*, *Shanxiconcha* 及植物 *Neocalamites* (cf. *N. meriani*) 等。至甘肃哈仑乌苏，只采得植物 *Neocalamites* sp., cf. *N. meriani*。本组化石虽然稀少，但仍可暗示不同地点的地质时代不完全相同。东部刚察伊克乌兰一带的阿塔寺组下部属中三叠世晚期，上部为晚三叠世，其他地点为晚三叠世。

Ⅲ. 东昆仑-中秦岭地层分区

（一）泥盆系

化石丰富，主要有珊瑚、腕足类、牙形石、菊石及植物等。因未做系统的生物地层研究工作，致使资料欠详，仅作简要介绍。

下—中统

主要是珊瑚与腕足类。在舒家坝群、安家岔组及黄家沟组均有产出。珊瑚产在舒家坝群底部有 *Alveolitella* cf. *arbuscula*, *Campophyllum*, *Cladopora* cf. *vermicularis* var. *major*, *Coenites*, *Thamnopora bilamellosa*, *Temnophyllum* cf. *waltheri*, *Sunophyllum typicum*；其中除 *Coenites*, *Alveolitella* cf. *arbuscula*, *Cladopora* cf. *vermicularis* var. *major* 为中泥盆世中晚期的常见分子外，其余仅限于中泥盆世晚期的分子。产在安家岔组下部层位中有 *Coenites*, *Disphyllum*, *Dendrostella*, *Heliolites wenxianensis*, *Squameofavosites*, *Syringopora*, *Thamnopora*, *Alveolites*, *Acanthophyllum*, *Favosites*, *Pachyfavosites*；上部层位在安家岔及歇台寺东沟富产床板、日射、刺毛珊瑚 *Alveolites*, *Chaetetes*, *Columnaria*, *Cystiphylloides*, *Heliolites*, *H. wenxianensis*, *Hexagonaria*, *H. junghsiensis*, *Neospongophyllum*, *Pachyfavosites*, *Squameofavosites*, *Spongonaria*, *Sociophyllum semiseptatum*, *Syringopora*；产在黄家沟组中的有 *Disphyllum*, *Hexagonaria simplex*, *Neospongophyllum tabulatum*, *Pseudomicroplasma*, *Sunophyllum* cf. *elegantum*, *Thamnopora*, *Alveolites*。腕足类有 *Ambocoelia sinensis*, *Atrypa desquamata*, *A. kansuensis*, *Indospirfer changuliensis*, *Productella sinensis*, *Schuchertella*, *Spinatrypa bodini*, *S. aspera* var. *kwangsiensis*, *Stenoscisma bitingi*, *Undispirifer takwanensis*, *U. transversa*, *Atrypa* 等。地质时代属早—中泥盆世。

中—上统

主要产有珊瑚、腕足类、牙形石、介形类等。

珊瑚：产于双狼沟组层位中，有 *Disphyllum* cf. *irregulare*, *Sinodisphyllum litvinovitshae*, *Peneckiella minima* 等，地质时代属晚泥盆世。

腕足类：主要产于礼县西汉水与岷县石家台南小河马石地区的双狼沟组，主要有 *Atrypa kansuensis*, *A. douvillii* var. *lungkouchungensis*, *Schizophoria kansuensis*, *Spinatrypa douvillis*。在西和县洞山一带的双狼沟组底部还产有 *Yunnanellina triplicata*, *Y. abrupta*, *Hypothyridina transversa*, *H. hunanensis*, *Cyrtospirifer*, *Uncinunellina* 等，地质时代属晚泥盆世。

牙形石：见于红岭山组。中国地质大学杜远生等（1988）曾对西和县洞山、红岭山一带的红岭山组牙形石进行了系统研究，并自下而上建立了六个牙形石带，即 *Polygnathus xylusensensis* 带，*Po. varcus* 带，*Schmidtognathus hermanni - Po. cristatus* 带，*Po. asymmetricus* 带，*Ancyrognathus triangularis* 带，*Palmatolepis gigas* 带。但在红岭山组顶部尚出现有 *Pal-*

matolepis gigas, *Pa. foliacea*, *Pa. proversa*, *Pa. punctata*, *Pa. unicornis* 及 *Ancyrognathus asymmetricus*，显然属于 *Pa. gigas* 带。红岭山组下部见有 *Polygnathus xylusensensis*, *Po. varcus*, *Icriodus brevis* 等重要牙形石分子，属下 *varcus* 带。但该带之下还有 15～40 m 厚的灰岩未见典型化石，仅在底部见有竹节石 *Guerichina panica*，推测它们属下 *varcus* 带到 *xylusensensis* 带。红岭山组的时代在洞山、红岭山一带，很显然是包括了整个东岗岭阶—佘田桥阶中部。但其中所含的腕足类，特别是 *Yunnanellina abrupta* 及 *Y. triplicata* 是 Famennia 期的典型分子，说明该组顶界应包括一部分锡矿山阶在内。因此，它是一个跨统的岩石地层单位。

另外，应指出的是上述各岩石地层单位，从其内含的生物横向分布分析，均具有明显的穿时性，现以大草滩组为例叙述如下。

下部层位有植物和少量鱼类、腕足类及软体动物化石。植物化石分布较广，几乎遍布全区，属种较多，共计 16 属 8 种，主要有 *Leptophloeum rhombicum*, *Sublepidodendron wusihense*, *S. mirabile*, *Lepidodendropsis* cf. *hirmeir*, *Lepidostrobus grabaui*, *Sphenopteris*, *Pinakodendron*, *Asterocalamites*, *Archaeocalamites*, *Archaeopteris*, *Carpolithus*, *Cyclostigma kiltorkense*, *Hamatophyton verticillatum*, *Rhodea*。该植物组合，与我国南方五通植物群一致，尽管其中有个别个分子是该植物群下部组合的重要代表分子，但以上部组合的分子最为繁盛，所以该植物组合的地质时代为晚泥盆世晚期，与李星学(1979)所建立的 *Leptophloeum rhombicum* – *Sublepidodendron mirable* 组合带相当。但由于该组下部层位之下部尚有很厚的一段地层至今尚未发现化石，因此下部层位可能代表晚泥盆世的全部沉积。腕足类属种单调，目前仅见有 *Tenticospirifer* 一属，是我国、俄罗斯及北美等地晚泥盆世的常见分子，亦可上延至早石炭世早期。

上部层位在区内除含有丰富的珊瑚、腕足类动物群外，尚含有植物及少量双壳类及鱼类，最近还发现有较多的古孢子化石。珊瑚共见有 6 属 3 种 1 个变种，都是早石炭世的分子，其中 *Enniskillenia enniskilleni*, *Zaphrentis konincki* var. *magna*, *Sychnoelasma* cf. *konincki* 为早石炭世早期的分子，*Beichuanophyllum* 是西南地质科学研究所范影年建立的属，另外还混生有早石炭世晚期的 *Dibunophyllum* 和 cf. *Carcinophyllum*。腕足类共有 15 属 14 种，其中不但有晚泥盆世晚期的典型分子，还有晚泥盆世—早石炭世的过渡型分子和早石炭世早期的代表性分子，甚至还混生有少量大塘期的分子。如 *Hunanospirifer wangi*, *H. ninghsiangensis*, *Tenticospirifer vilis*, *Cyrtospirifer* 和 *Productella*。植物仅有 3 属 3 种，其中 *Leptophloeum rhombicum* 和 *Sublepidodendron mirabile* 在本区亦曾见于该组下部层位中。前已述及，*Lepidodendropsis arborescens* 为湖南长沙跳马涧组的特有分子，在湖北黄家磴组也产有可疑标本。

综上所述，其时代应属晚泥盆世—早石炭世早期，大草滩组是一个由东向西，时代由老变新的穿时单位，大致以武山四沟—天水木集沟门一线为界，以东为晚泥盆世沉积，以西为晚泥盆世中晚期—早石炭世早期沉积，再向西延至临潭羊沙以西地段则全为早石炭世早期沉积(图 11-3)。

(二) 石炭系

下统

化石主要产于巴都组灰岩层中，除卓尼县新堡乡包舍口选层型剖面所含化石外，在临潭县以北采得珊瑚 *Dibunophyllum shangchaiense*, *Aulina carinata*, *A. rotiformis*, *Yuanophyllum* sp., *Kueichouphyllum* sp., *Arachnolasma simplex*; 腕足类 *Striatifera striata*, *Giganto*-

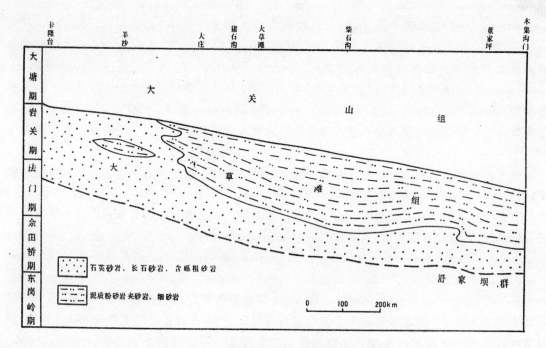

图 11-3 北秦岭大草滩组穿时现象示意图

productus edelburgensis, *Dictyoclostus inflatus* 等。在漳县大草滩西南采到珊瑚 *Arachnolasma lianyuanensis*, *Clisiophyllum* cf. *latevesiculosum*；䗴 *Eostaffella* sp.。在漳县戴家山采得珊瑚 *Kueichouphyllum sinense*。地质时代属早石炭世。

下—中统

化石比较丰富，有䗴、珊瑚、腕足类、菊石和植物等。除卓尼县康多乡下加岭剖面所含化石外，尚有：䗴 *Fusulina cylindrica*, *Fusulinella parachuanshanesis*, *F.* cf. *pseudobocki*, *Pseudostaffella ovata*, *P. decora*, *Aljutovella succincta*, *Schubertella obscura*；珊瑚 *Chaetetes rossicus* var. *yentanensis*, *C. rossicus* var. *maxima*, *C. subcapillaris*, *Multithecopora huanglungensis*；腕足类 *Tangshanella kaipingensis*, *Choristites chaoi*, *C. mansuyi*, *C. sowerbyi*, var. *alata*；菊石 *Reticuloceras* sp., *Proshumardites* sp., *Anthracoceras*? sp.；植物 *Neuropteris gigantea*, *N. kaipingiana*, *Linopteris* cf. *brongniartii*。地质时代属早石炭世至中石炭世。

上统

所含动物化石属种比较单调，重要者为䗴类 *Paraschwagerina* sp.，为我国 *Pseudoschwagerina* 带的重要分子；腕足类有 *Dictyoclostus taiyuanfuensis*, *D. gruenewaldti*，前者为华北太原组的标准分子；植物化石主要有 *Calamites cistii*, *C.* cf. *suckowii*, *Annularia* sp., *Sphenophyllum* sp., *Sphenopteris* sp., *Pecopteris* cf. *densifolia*, *Cordaites principalis* 等，产出层位位于 *Dictyoclostus taiyuanfuensis* 和 *Paraschwagerina* sp. 所在层位之间。地质时代为晚石炭世。

（三）二叠系上统

古生物化石丰富，产在石关组。石沟里剖面生物灰岩中采得腕足类：*Spirifer caucasia*, *Squamularia grandis*, *S. waageni*, *Enteletes* sp., *Leptodus* cf. *nobilis*，在盐厂沟采得 *Spino-*

marginifera sp., *Linoproductus lineata*。陕西区调队在石关一带采得腕足类: *Uncinunellina* sp., *Notothyris mediterranea*, *N*. cf. *mongoliensis*, *Oldhamina grandis* 等。

在漳县西南石关群命名地点,黄振辉等(1962)在《秦岭地质志》(未刊)报导了下列腕足类化石: *Leptodus nobilis*, *Kochiproductus porrectus*, *Linoproductus cora*, *Haydenella* aff. *kiangsiensis*, *Uncinunellina* sp., *Ambocoelia magna*, *Marginifera* aff. *excarta*, *M.* sp., *Pugnax pseudoutah*, *Athyris* aff. *subtriangularis*, *A.* sp., *Notothyris* sp., *Enteletes* cf. *plummeri*, *E.* sp., *Spiriferellina* cf. *cristata*, *Meekella* sp., *Waagenoconcha* sp.。另外,还提到有籖类化石,但未见报道。

西北地质科学研究所(1974)在漳县西南东札口至殪虎桥剖面采到 *Stacheoceras trimurti*。地质时代为晚二叠世(详见第十六章第二节)。

二、晋冀鲁豫地层区

(一) 石炭系上统

产少量腕足类化石,主要有 *Chonetes carbonifera*, *C. pavlovi*, *Overtonia elegans*, *Martinia* sp., *Dictyoclostus* sp., *D. taiyuanfuensis* 等。产在湖田段,地质时代为晚石炭世。

(二) 二叠系

下统

植物化石丰富,见有中期华夏植物群(A期)*Emplectopteris triangularis* – *Emplectopteridium alatum* 组合,产在山西组。在平凉二道沟、太统山一带采到 *Emplectopteris triangularis*, *Emplectopteridum alatum*, *Taeniopteris multinervis*, *T. mucronata*, *Lobatannularia sinensis*, *Callipteridium* cf. *koraiense*, *Sphenophyllum thonii*, *Pecopteris* sp. 及 *Cyclopteris* sp. 等代表分子。时代为早二叠世早期。

中期华夏植物群(B期)*Cathaysiopteris whitei* – *Emplectopteris triangularis* 组合。主要有 *Emplectopteris triangularis*, *Pecopteris* sp., *Pterophyllum* sp., *Trigonocarpus morinii*, *Tingia* sp., *Lobatannularia* sp., *Odontopteris* cf. *subcrenulata*, *Taeniopteris* cf. *densissima*, *T.* cf. *norinii*, *T. taiyuanensis*, *Chiropteris hansakii*, *Callipteris* sp., *Protoblechnum* sp. 等。产在石盒子组(大台子剖面第7—9层)。时代为早二叠世晚期。

上统

见有晚期华夏植物群(A期)组合的重要分子 *Sphenobaiera tenuistriata*,分布于平凉二道沟泥岩中。此外还见有 *Annularia crassiscula*, *Rhacopteris*(cf. *R. bretrandii*), *Lobatannularia* sp., *Plagiozamites* sp., *Pecopteris* sp., *Thallites* sp., *Taeniopteris* sp., *Tingia* sp., *Emplectopteris triangularis*, *Pterophyllum* sp. 等,产在石盒子组上部。*Annularia crassiscula* 是山西太原地区石盒子组上部的重要化石,时代为晚二叠世早期。

(三) 三叠系中—上统

化石比较丰富,有介形类、叶肢介、鱼、双壳类、植物及孢粉。其中,以植物和孢粉最为特征。植物化石 *Annalepis* – *Tongchuanophyllum* 组合和孢粉 *Punctatisporites* – *Granulatisporites giganteus* – *Chordasporites* 亚组合带,分布于延长组下部(一、二组);植物 *Thinnfeldia* – *Danaeopsis fecunda* 组合带,分布于延长组中—上部(即三、四、五组)。地质时代属中三叠世晚期至晚三叠世。

Danaeopsis – *Bernoullia* 植物群的重要分子和常见化石。产于崆峒山组中上部,下部300 m

尚未采得化石。据所含植物化石，崆峒山组中上部的地质时代属中三叠世晚期至晚三叠世。

第三节　问题讨论

一、关于老君山群问题

老君山群由黄汲清(1945)创建的老君山砾岩一名沿革而来。随着研究工作的不断深入，老君山群内部的不整合面相继被人们所发现，老君山群随之解体为上、下两套地层。自从老君山群被解体以来，老君山群的存废问题就一直争论不休，尽管目前仍未取得共识，但多数人主张继续保留使用，仅少数人仍主张停用。

主张停用老君山群的主要理由是：①老君山群的命名地点没有指定单位层型，时代含义变化很大；②在原老君山群中由于发现了一个明显的角度不整合面，而使其解体为两套地层，老君山群已名存实亡；③1∶400万中华人民共和国地质图说明书中，已采用雪山群和沙流水群分别代表北祁连山的下—中泥盆统和上泥盆统，其后很多文献对此给予了支持，并逐渐为广大地质工作接受沿用；④由于对老君山群在认识和看法上都存有分歧，争论很大，因此在使用上也比较混乱。

由于受当时历史条件的限制，命名人在命名老君山砾岩时，未能确切地指出剖面地点和提供单位层型剖面，这是完全可以理解的，但绝不能以此为由，而废之。相反，应继续保留的同时在原命名地点附近，选择一条代表性剖面，作为该单位的选层型，这是符合《中国地层指南及中国地层指南说明书》精神的。

正确的作法是调整它的单位级别，在保留原有的地层名称的基础上，创建次级单位名称。否则，一旦有了新的发现，就将原有的地层名称停用，那将永远不会有一个固定的地层名称，并导致地层名称越来越多，造成更大的混乱。

基于上述，本次研究认为应继续保留和使用这一单位名称。老君山群在中外地质文献中已广泛使用，影响深远，是我国陆相泥盆系的著名岩石地层单位。我们的意见是按照命名优先的原则，对其含义做适当地修订，并改群为组。

在解决了老君山群的存废问题之后，紧接着就要进一步探讨如何使用老君山群的问题。目前由于对老君山群的认识和理解的不同，现存有三种截然不同的主张。

①单纯强调老君山群的时代概念，主张称不整合面之下的地层为雪山群，称不整合面之上含斜方薄皮鳞木的地层为老君山群。

②单纯强调老君山群为一套山麓相磨拉石堆积，主张称不整合面之下的地层为老君山组，称不整合面之上的地层为沙流水组。

③强调老君山群的原始定义及其以后的沿革，主张用老君山群代表祁连山陆相泥盆系，群内再进一步分为两个亚群或两个组。

众所周知，根据不同的地层特征可以划分出不同性质的地层单位，如岩石地层单位、生物地层单位和年代地层单位等。像老君山群，特别是老君山砾岩这样的岩石地层单位，就应该以岩石组合的总体特征为基础。从这个原则考虑，第二种主张完全符合老君山砾岩的原始定义的，也是符合《中国地层指南及中国地层指南说明书》精神的。

二、大草滩组

由黄振辉(1962)命名的大草滩统一名沿革而来,并为广大地质工作者所沿用。陕西区测队(1970)曾依据岩性组合特征和生物群组合面貌将大草滩群首次肢解为上、下两套地层,下部仍沿用大草滩群,时代为晚泥盆世,上部则称之为上泥盆统一下石炭统,而未予命名。西北地质科学研究所(1971)依据在原大草滩群上部采得大量早石炭世早期的腕足类、珊瑚化石,将其由大草滩群中肢解出来,并命名为王家店组,以代表北秦岭的岩关期沉积,而将大草滩群一名仅限于晚泥盆世的海陆交互相沉积。西北地质科学研究所、甘肃区测一队(1974)又在原大草滩群上部划分出一套相当大塘期的沉积,命名为包舍口组,并认为它与其下的大草滩群为不整合接触。秦锋、甘一研(1976)沿用了上述划分意见。甘肃区调队(1987)将包舍口组改称巴都组。本书通过对西北地质科学研究所(1971)厘定后的大草滩群和新命名的王家店组以及西北地质科学研究所、甘肃区测一队(1974)所创建的包舍口组、甘肃区调队(1987)所改称的巴都组的岩石组合特征、生物群组合面貌及其接触关系等进行了重新研究,并结合在该地区进行1:20万区调过程中的野外实际观察,认为以上这三个地层单位均属生物地层单位和年代地层单位。其岩石组合总体特征基本相近,在野外填图中很难将其断然划分。按照岩石地层单位的划分原则,将其合并为一个岩石地层单位,称大草滩组,其时代为晚泥盆世—早石炭世,其延伸范围也可向西一直扩大到夏河县力士山北坡—得木强沟一带。但又考虑到包舍口组(即其后的巴都组)与大草滩组之间的不整合究竟存在与否,因未能实地核查目前还难以定论。在此情况下,我们暂维持前人的不整合观点,将重新厘定的大草滩组(只包括原大草滩群和王家店组),暂不包括巴都组。

第十二章
侏罗纪—白垩纪

区内侏罗—白垩纪岩石地层,广泛分布于阿拉善地层区、秦祁昆地层区和晋冀鲁豫地层区(见图6-1),计有4个群36个组。其中,侏罗纪有22个组,白垩纪有4个群14个组(表12-1)。晋冀鲁豫地层区的富县组、延安组、直罗组、安定组、芬芳河组、三桥组、和尚铺组、李洼峡组、马东山组和阿拉善地层区的沙枣河组、庙沟组与金刚泉组皆为省外创名单位。

表12-1 华北地层大区侏罗纪—白垩纪岩石地层单位一览表

年代地层	岩石地层单位\地层区	阿拉善地层区		晋冀鲁豫地层区		秦祁昆地层区		
白垩系	上统	金刚泉组				马莲沟组		
	下统	庙沟组		六盘山群 马东山组 李洼峡组 和尚铺组 三桥组	保安群 泾川组 罗汉洞组 环河组 洛河组	新民堡群 中沟组 下沟组 赤金堡组	河口群	
侏罗系	上统	沙枣河组	享堂组	芬芳河组 安定组 直罗组 延安组		博罗组	享堂组	
	中统	新河组				新河组	红沟组	
		龙凤山组				中间沟组	龙凤山组	窑街组
	下统	芨芨沟组		富县组		大山口组	炭洞沟组	炭和里组
							芨芨沟组	大西沟组

第一节 岩石地层单位

一、阿拉善地层区

芨芨沟组 Jj (05-62-0197)

【创名及原始定义】 由甘肃省煤田地质勘探公司145队(1966)创名芨芨沟群，徐福祥、沈光隆(1976)介绍。创名地点在民勤县周家井乡芨芨沟。"指西大窑煤田芨芨沟群。在下下古生界变质岩之上，中侏罗统青土井组之下，有一套以灰白色、淡黄色为主的砂岩、粉砂岩，夹灰紫色砂质页岩及煤线。其下为下古生界变质岩，其上为含 Coniopteris spectabilis, Phoenicopsis 的青土井组，并皆为不整合接触，故芨芨沟群的时代当为早侏罗世。"

【沿革】 徐福祥、沈光隆介绍的芨芨沟群，自创名以来含义及上、下界线均无变化，本次对比研究降群为组。甘肃北山地区的芨芨沟组，《K-47(玉门)幅地质图说明书》(1964)称龙凤山组。

【现在定义】 平行不整合于南营儿组之上(多不整合于前三叠系之上)，不整合、平行不整合或整合于龙凤山组之下的灰白、黄褐、紫色砾岩、砂岩、页岩的韵律式不等厚互层，偶夹煤线及碳质页岩之碎屑岩层。下以灰白色砾岩与南营儿组灰绿、黄绿色砂岩的界面为下界；上以龙凤山组煤系地层底部砾岩为上界。

【层型】 正层型为民勤县周家井乡芨芨沟剖面第1—13层(101°50′,39°06′)。由徐福祥、沈光隆(1976)重测。

上覆地层：龙凤山组　砾岩、砂岩、页岩夹煤线、煤层
～～～～～ 不整合 ～～～～～

芨芨沟组　　　　　　　　　　　　　　　　　　　　　　　　总厚度 338.80 m
13. 淡黄色粉砂岩，夹灰白、淡粉红色砂岩　　　　　　　　　　4.00 m
12. 灰白色粗砂岩，成分以石英为主，长石次之　　　　　　　　1.00 m
11. 灰色(夹紫红色)砂质页岩，夹细砂岩及粉砂岩　　　　　　15.00 m
10. 灰白色粗砂岩　　　　　　　　　　　　　　　　　　　　19.00 m
9. 灰白色细砾岩　　　　　　　　　　　　　　　　　　　　11.00 m
8. 掩盖　　　　　　　　　　　　　　　　　　　　　　　　56.00 m
7. 灰色砂岩，夹灰色、灰紫色砂质页岩，偶夹碳质页岩　　　　1.80 m
6. 灰色、淡黄色细砂岩、粉砂岩互层，上部夹淡黄色灰岩　　　2.00 m
5. 灰白色粗砂岩，含砾石　　　　　　　　　　　　　　　　88.00 m
4. 灰色、黄色砂质页岩，底为灰色粉砂岩夹煤线　　　　　　40.00 m
3. 灰白色粗砂岩，含砾石，底为紫红色铁质粗砂岩　　　　　16.00 m
2. 灰色、黄褐色粗砂岩，夹褐红色薄层褐铁矿　　　　　　　15.00 m
1. 灰色、紫色砂砾岩、砾岩　　　　　　　　　　　　　　　70.00 m
～～～～～ 不整合 ～～～～～

下伏地层：龙首山岩群

【地质特征及区域变化】 在潮水盆地，芨芨沟组分布于芨芨沟、二道沟、红山等地，岩性无明显变化。二道沟一带为灰黄、灰白色砾岩、砂岩与砾岩互层，厚1 035 m。上为沙枣河组不整合覆盖。靖远盆地的芨芨沟组仅见于刀楞山南坡，主要为灰白色砾岩，夹黄绿、黄褐、灰黑色砂岩、粉砂岩或粉砂质泥岩及黄绿、灰绿色粉砂岩、泥质粉砂岩、中细粒砂岩、灰黑色泥岩、灰白色细砂岩，厚145 m。不整合于南营儿组之上，上为龙凤山组灰白色细砾岩、砂砾岩，呈平行不整合接触。芨芨沟西的合黎山盆地，由黄褐、灰白、灰绿色砂砾岩、砾岩夹砂岩、砂质页岩和少量煤线及灰绿、黄绿、黄褐色泥质细砂岩、细砂岩、粗砂岩、泥岩、泥质粉砂岩、钙质页岩夹煤线组成，厚332 m。上为龙凤山组的灰白色、桔红色砂砾岩、细砂岩

夹煤线地层，呈整合接触。河西走廊西部为灰绿色角砾岩、灰色砂砾岩、砂岩、灰黑色页岩、细砂岩、粉砂岩，顶部为黄褐色、灰紫色粗砂岩及细—粉砂岩夹细砾岩，上部夹煤线。岩层中夹6层以上暗绿色致密状玄武岩、安山玄武岩岩层，厚度大于342 m。河西走廊西端由黄褐色、灰黄、灰褐、灰白色砾岩、长石砂岩、粉砂岩组成，以粗碎屑岩为主，夹粉砂岩，顶底不全，厚度大于585 m。芨芨沟组在雅布赖盆地厚度较大，均在千米左右，潮水盆地及河西走廊西部较薄，九条岭盆地缺失。主要分布于红柳大泉盆地和公婆泉盆地。前者以灰黄、黄绿色砾岩为主，夹同色砂岩，厚859 m，不整合于变质岩地层之上或花岗岩体之上，为水西沟群不整合或整合覆盖。岩性基本稳定，但不同地点并不完全一致，厚度亦有变化。盆地边缘多为河流相粗碎屑岩和砾岩，局部为山麓洪积相沉积，盆地内部为河流—湖泊相沉积，厚200～860 m。公婆泉盆地出露范围较大，为山麓洪积相紫色、灰紫色或灰绿色巨厚层状砾岩，夹含砾砂岩、石英长石砂岩，厚400～900 m，不整合于变质岩地层之上，上与水西沟群整合接触。盆地西部破城山一带多为褐黄、黄褐色长石石英砂岩夹同色砾岩、砂砾岩，厚度大于586 m。地质时代为早侏罗世。

沙枣河组　J$\hat{s}$z　(05-62-0191)

【创名及原始定义】1953年孟庆麟、甘克文等在潮水盆地南缘沙枣河（即小峡沟）一带创名，当时称沙枣河层。中国地质科学院地质研究所于1956年介绍时将其更名为沙枣河统，并指出原始定义为分布在潮水盆地南缘不整合于青土井统之上，庙沟统之下的粗碎屑岩岩层，上部为灰绿色、黄绿色砾岩，下部为棕红色角砾岩。

【沿革】自创名并用于本区以来，其划分标准基本未有变动。甘肃省地矿局赵宗宣《甘肃的侏罗系》（供审稿）(1988)、《甘肃省区域地质志》(1989)称沙枣河群。中、南天山-北天山地层区的本组在《K-47(玉门)幅地质图说明书》(1964)中与下惠回堡群对比，《西北地区区域地层表·甘肃省分册》与博罗组对比。本书改称沙枣河组。

【现在定义】指分布在潮水盆地周边，以紫红、黄绿、浅褐色粗碎屑岩和泥质岩为主的地层，其下不整合在老地层及龙凤山组含煤地层之上，上被庙沟组褐色砾岩不整合覆盖。

【层型】选层型为内蒙古阿古旗小峡沟剖面，延入甘肃省内无次层型。

【地质特征及区域变化】阿拉善地层区，由紫红色泥质粉砂岩、细砂岩夹灰绿色泥岩、砾岩组成。不整合于古老变质地层及新河组之上，其上被庙沟组平行不整合覆盖，厚549 m。延入甘肃北山的沙枣河组位于头屯河组与新民堡群之间，下部为紫红色泥质粉砂岩，上部为黄褐色砾岩。以底砾岩与头屯河组黄褐、灰绿色砂岩不整合接触，上与新民堡群底砾岩不整合接触。在北山仅见于两地，南部红柳疙瘩井一带下部为河湖相细碎屑岩、泥钙质沉积，上部为洪积相砾岩、巨砾岩堆积，厚887 m。北部条湖一带为褐灰色偶夹褐红、灰色砂岩及砂砾岩，厚近1 300 m（不完全厚度）。地质时代为晚侏罗世。

庙沟组　Km　(05-62-0225)

【创名及原始定义】由孟庆麟等(1953)[①]创名庙沟层，中国地质学编辑委员会、中国科学院地质研究所(1956)介绍，称庙沟统。创名地点在内蒙古阿拉善右旗大狭河—庙沟井。"上部在南部为暗棕红色泥砂岩夹砂砾岩，厚104～277 m。北部为棕黄灰色砾岩，厚167～

---

① 石油部西安地质调查处孟庆麟、张家怀等，1953，潮水盆地东部地质报告（手稿）。

1 000 m；下部在南部为紫红色砾岩夹泥砂岩、含钙质结核，厚267～1 050 m。在北部为黄色砾岩、砂岩夹灰绿色泥质砂岩，厚730 m。与上覆金刚泉统、下伏沙枣河统平行不整合或不整合接触。"

【沿革】 斯行健、周志炎(1962)《中国陆相中生代地层》改为庙沟群。其后，有关1：20万区域地质测量报告、《西北地区区域地层表·甘肃省分册》(1980)、郝诒纯等(1986)《中国的白垩系》、《甘肃省区域地质志》(1989)、宋杰己(1993)《甘肃的白垩系》等均沿用庙沟群一名，本书改称庙沟组。

【现在定义】 指分布于阿拉善右旗和阿拉善左旗南部不整合于沙枣河组之上的棕红、紫红色砾岩、砂砾岩，黄绿色砂岩、砂质泥岩及泥灰岩组合。其上被金刚泉组整合或平行不整合覆盖。

【层型】 正层型在内蒙古。甘肃省内次层型为甘、蒙交界起点在内蒙古一侧的内蒙古阿拉善右旗赖巴泉剖面第1—17层。该剖面大部在甘肃省内(101°08′，38°58′)，由甘肃区测一队(1971)重测。

【地质特征及区域变化】 在甘肃指合黎山—龙首山以北潮水盆地—雅布赖盆地与上覆金刚泉组、及下伏沙枣河组均呈平行不整合接触的一套紫红、棕褐、黄绿、灰绿等杂色砾岩、砂砾岩、砂岩、砂质页岩夹泥灰岩、石膏层的沉积。庙沟组为山麓相—湖泊相碎屑岩单位，主要分布于合黎山—龙首山以北的内蒙古境内，不同地点的岩石组合特征基本相同，岩石色调特征可以对比。为以紫色为主的杂色碎屑岩，下部多为砾岩、砂砾岩，向上泥质岩增多并过渡为泥质岩夹碳质页岩、泥灰岩、钙质结核层及石膏。在张掖仁宗口—平易一带厚2 750 m，在赖巴泉、山丹红寺湖一带厚736 m，在民勤阿拉古拉山厚980 m，呈由西向东变薄之势。庙沟组下部以氧化环境下的山麓洪积相的粗碎屑岩为主，中上部渐过渡为弱氧化—弱还原环境下的河湖相细碎屑—泥质岩。地质时代为早白垩世。

金刚泉组 Kjg （05 - 62 - 0226）

【创名及原始定义】 孟庆麟等(1953)创名金刚泉层，中国地质学编辑委员会、中国科学院地质研究所(1956)介绍。创名地点内蒙古阿拉善右旗大狭河—金刚泉。指上部为浅桔黄、灰白色砂砾岩与棕红色泥砂岩互层，在北部全为灰白色砾岩；中部深棕黄色至棕红色砂岩及泥砂岩夹灰绿色泥岩与灰色砂岩薄层，泥岩中含钙质结核；下部浅灰黄、棕紫色砂岩与含灰绿、棕红色砂岩夹层的砂岩。中下部含动植物化石，与上覆甘肃系、下伏庙沟统平行不整合接触或不整合接触。

【沿革】创名或介绍之后，斯行健、周志炎(1962)改为金刚泉群。其后广泛应用。本书改称金刚泉组。

【现在定义】 指一套以棕红色为主，夹棕黄、灰白、灰绿色的砾岩、砂岩以及泥岩夹砂砾岩，产脊椎动物化石。其下界与庙沟组整合或平行不整合、不整合接触，上界被掩盖。

【层型】 正层型在内蒙古。甘肃省内次层型为内蒙古赖巴泉剖面第18—22层。剖面位于甘肃与内蒙古交界甘肃省一侧(101°08′，38°58′)，由甘肃区测一队(1971)重测。

【地质特征及区域变化】 甘肃省境内仅见于赖巴泉一带，由灰红、紫红、灰白、灰绿色粉砂质泥岩、泥质粉砂岩，夹灰白、灰绿色细—中粗粒砂岩组成，厚270 m。与上覆第三纪干河沟组不整合接触，与下伏庙沟组不整合或超覆不整合在老地层之上。北至内蒙古阿拉善右旗大狭河、东至阿拉善右旗东山庙，由于已近盆地边缘，岩性变粗，砂岩明显增多，并常变为砂砾岩或砾岩。地质时代为晚白垩世。

二、秦祁昆地层区

大山口组 $J\hat{ds}$ （05－62－0196）

【创名及原始定义】 甘肃省地质力学队(1976)创名大山口群，《西北地区区域地层表·甘肃省分册》(1980)介绍。创名地点在玉门市镜铁山公路大山口。"指河沼相含煤沉积。岩性为灰色砾岩、砂岩、页岩夹煤，富含植物化石。"

【沿革】 祁连山西段龙凤山系一名为孙健初(1942)首次使用。顾知微(1962)将煤系地层和其上部红色砾石组成之砾岩一并称为龙凤山群，甘肃省地质力学队(1976)改称大山口群。甘肃省煤田地质勘探公司145队(1981)将龙凤山群的下部砾岩、砂砾岩称大山口组。本书沿用。

【现在定义】 不整合于南营儿组之上，平行不整合或整合于中间沟组之下的灰绿色砾岩、砂岩、夹灰黑色和紫红色泥质粉砂岩、碳质页岩，向上细碎屑岩增多的砾岩—砂岩序列。下以底砾岩与下伏南营儿组分界，上以灰黑、灰绿色泥岩、粉砂岩与中间沟组黄绿色细砾岩分界。

【层型】 正层型为玉门市镜铁山公路大山口道班西侧剖面第1—7层(97°44′,39°41′)，由甘肃省地层表编写组(1980)重测。

【地质特征及区域变化】 大山口组分布于旱峡—马氏河盆地、黑达坂盆地，各地岩性不完全一致，但均为粗碎屑岩。东部马氏河一带主要为灰绿色、黄绿色、灰白色砂岩组成，以杂砂质长石砂岩为主，夹砾岩和较厚的红色砂岩，厚度约为464 m。西部牛圈沟、黑达坂为灰绿、黄褐色砾岩、杂砂岩，全部为急流河粗碎屑岩。厚220～510 m。地质时代为早侏罗世。

中间沟组 $J\hat{zj}$ （05－62－0194）

【创名及原始定义】 甘肃省煤田地质勘探公司145队(1981)①创名，《甘肃省区域地质志》(1989)介绍。创名地点在玉门市旱峡煤矿。"该组底部由灰白、灰绿色砾岩、砂砾岩、砂岩组成；下部由灰色、灰黑色砂岩、泥岩、煤层组成，产主要可采煤层；中上部由灰色、灰绿色砂岩、泥岩、薄层砂砾岩组成，局部夹煤线及薄层紫红色泥岩。厚22～173 m，由2～10余个旋回组成。与上覆新河组呈整合及平行不整合关系，与下伏大西沟群呈不整合及平行不整合关系。"

【沿革】 甘肃省煤田地质勘探公司145队①将大山口群下部对比大西沟群，中部创新名称中间沟组，上部与新河组对比。《甘肃省区域地质志》(1989)的划分与甘肃煤田地勘公司145队划分相同，仅改大西沟群为大山口群。本书采用中间沟组一名。

【现在定义】 指大山口组之上，新河组之下，底部为灰白色砾岩，下部为灰黑色砂岩、泥岩、煤层，中上部灰绿色砂岩、泥岩、煤线组成的煤系地层。下以灰白色砂砾岩与大山口组灰绿色砂岩间之平行不整合面为界；上以灰绿色砂岩、泥岩顶面与新河组黄绿色砂岩、砾岩底面为界，两者为不整合接触。

【层型】 正层型为玉门市旱峡煤矿剖面第6—14层(97°11′,39°47′)，由甘肃省煤田地质勘探公司145队(1981)测制，载于《甘肃省区域地质志》(1989)。

---

① 甘肃省煤田地质勘探公司145队，1981，甘肃省河西走廊侏罗纪煤田分布规律(1979—1981年科研成果报告)(未刊)。

【地质特征及区域变化】 旱峡剖面可分为四个沉积旋回，每个旋回均由砾岩开始，呈灰白色、灰绿色和灰色；中部为细碎屑岩—粉砂岩；上部为泥质岩和煤层。下部旋回总厚较薄，向上变厚，由20～30 m增至50～70 m。本组厚174 m。由西向东沉积厚度减薄，大山口处仅有两个沉积旋回，厚19 m。西部北大窑，沉积旋回达10余次，厚度达635 m。黑达坂处出露极不完全，仅见板状黑色粉砂质泥岩，厚度大于144 m。本组与上覆新河组为不整合或平行不整合接触，与下伏大山口组为平行不整合接触。

博罗组 Jb （05－62－0195）

【创名及原始定义】 孙健初(1945)创名博罗砾岩，孟昭彝等(1946)下的定义。中国地质学编辑委员会、中国科学院地质研究所(1956)介绍。创名地点在玉门市赤金乡马弥陀沟博罗胡同。"马弥陀沟至博罗胡同间有一深紫色角砾岩层，含有劣质煤痕迹，不整合覆于龙凤山系砂岩之上，因仅见于此区，沉积特殊，遂命名为博罗砾岩层"。

【沿革】 王尚文(1951)① 的博罗砾岩是指红色砂岩、砾岩地层，即指后来的赤金堡系。1946年孟昭彝等曾定义的"博罗砾岩层"。顾知微(1962)，周志炎、斯行健(1962)均认为博罗组(砾岩)是龙凤山组的异相物。《J－47－Ⅱ（玉门市）幅区域地质测量报告》(1969)将旱峡南的博罗组紫红色砂岩、砂砾岩互层夹砂质泥岩误归赤金堡群，将大山口的博罗组紫红色砾岩归于龙凤山群。《西北地区区域地层表·甘肃省分册》(1980)将"博罗砾岩"称龙凤山群(或大山口群)，旱峡南的红色岩层称赤金堡群。本书沿用博罗组。

【现在定义】 指新河组之上的紫红色砂岩、砾岩的碎屑岩岩层。下以新河组黄绿、灰绿色砂岩顶面为界，两者为整合接触，区域上局部有平行不整合接触；上未见顶，区域上被赤金堡组不整合覆盖。

【层型】 创名时未指定层型，现指定选层型为玉门市旱峡煤矿剖面第38—45层(97°13′，39°46′)，由甘肃地质力学队(1976)测制。剖面描述如下：

博罗组	总厚度＞701.00 m
45. 紫红色泥质粉砂岩夹砂岩，底为砾岩。（未见顶）	＞174.00 m
44. 紫色砾岩夹紫灰色粗砂岩	6.00 m
43. 紫色泥质粉砂岩	16.00 m
42. 紫色砾岩	10.00 m
41. 暗紫色泥质粉砂岩夹含砾粗砂岩	111.00 m
40. 紫色粉砂岩夹砾岩及灰绿色复矿砂岩	327.00 m
39. 黄绿色粉砂岩夹砾岩	39.00 m
38. 暗紫色粉砂岩夹砾岩	18.00 m

——————— 整　合 ———————

下伏地层：新河组　黄绿色中粒复矿砂岩夹砾岩

【地质特征及区域变化】 博罗组分布于旱峡、草大坂和大山口，为山麓相洪积砾质、砂质、泥质岩，少数地段为河流相沉积，以洪积砾岩为主，厚度变化较大，旱峡附近大于709 m，草大坂最厚1 558 m，大山口处出露不全，仅见一层，厚50 m。地质时代为晚侏罗世。

---

① 王尚文，1951，甘肃酒泉玉门间祁连山北麓中生代地层(手稿)。

赤金堡组 K$\hat{c}$ （05－62－0221）

【创名及原始定义】 王尚文(1951)[①]创名赤金堡系，中国地质学编辑委员会、中国科学院地质研究所(1956)介绍，称赤金堡统。创名地点在玉门市赤金乡。"指下部紫红色角砾岩、砾状砂岩夹粘土岩，底部之角砾岩系就地风化重新胶结之，与下伏花岗岩颇难分辨其界线；中部棕色、淡绿色砾状长石砂岩、长石粗砂岩，夹砂质页岩及煤层，页岩含化石；上部黑色页岩夹细砂岩及泥灰岩，页岩含化石甚多。"

【沿革】 斯行健、周志炎(1962)称为赤金堡群。甘肃地质力学队(1976)[②]将王尚文原义的赤金堡系称低窝铺组。《西北地区区域地层表·甘肃省分册》(1980)沿用低窝铺组。马其鸿等(1982)沿用王尚文赤金堡系原义改称赤金堡组，认为甘肃地质力学队的低窝铺组是王尚文下惠回堡系的延伸，其下新建赤金桥组是王尚文赤金堡系的中下部。郝诒纯等(1986)引用低窝铺组一名，将其视为王尚文的惠回堡系中部，并以甘肃地质力学队(1976)新建赤金桥组取代赤金堡组，将其置于新民堡群下部；牛绍武(1987)将署名甘肃地质力学队由牛绍武创名的低窝铺组仍视为王尚文的赤金堡系，停用低窝铺组，恢复赤金堡系并改系为组，其下部之地层仍称赤金桥组；《甘肃省区域地质志》(1989)、宋杰己(1993)沿用马其鸿等的划分；本书按王尚文的创名定义恢复赤金堡组，停用低窝铺组与赤金桥组。北山地区的赤金堡组在以往大部分区域资料中与下沟组、中沟组合称下白垩统或上侏罗统。本次对比研究称赤金堡组。

【现在定义】 指分布于红柳峡、赤金堡、宽滩山一带的紫红、灰绿色砾岩、砂岩、砂质泥岩、灰黑色页岩，夹煤层及泥灰岩序列。富含热河动物群化石。底部以原地风化物形成的灰绿或紫红色砾岩不整合在下伏地层之上；顶部以灰黑色页岩与下沟组黄色砂岩或紫红色砾岩为界，两者为整合接触。

【层型】 原未指定层型，现指定选层型为玉门市赤金北窑剖面第1—5层(97°34′，40°45′30″)，由玉门石油管理局(1953)重测，载于马其鸿等(1982)《酒泉盆地西部赤金堡组与新民堡群的划分和对比》。

【地质特征及区域变化】 赤金堡组底部为紫红、灰绿色山麓残坡积形成的砂砾岩，向上粒度渐变细，以灰绿、灰、灰黑、黄褐色粗—细粒长石砂岩或杂砂质砂岩、泥页岩，夹泥灰岩及薄煤层，泥页岩多呈页片或纸状，不整合于侏罗纪及其以前地层之上。岩性较稳定，赤金北窑厚885 m，向西在孟家沙河厚度467 m，赤金桥道班591 m，其它地区厚373～450 m，自东向西渐变薄。本组在北山地区局部煤层较厚，可达工业矿床。地质时代为早白垩世。

新民堡群 KX （05－62－0224）

【创名及原始定义】 王尚文(1949)创名惠回堡系。创名地点在玉门市清泉乡新民堡。"指巧克力色、灰—灰绿色粘土质页岩夹砂岩，内有完整昆虫及介壳化石。向上深红、灰绿色砾岩、砂岩及粘土质页岩间互。上覆第三纪甘肃系，底部砾岩之岩性随地而异，与志留纪地层接触颇不一致。在惠回堡附近底部岩层一部分为逆掩断层所切，大部尚称完整。在宽滩山惠回堡系与赤金堡系上部之黑色页岩呈不整合接触。"

【沿革】 中国地质学编辑委员会等(1956)亦名惠回堡系，划分为上、下惠回堡系。玉门石油管理局102队(1962)《酒东61年度综研报告》(手稿)因惠回堡易名新民堡，而将惠回堡

[①] 同博罗组[①]
[②] 甘肃地质力学队，1976，甘肃酒泉盆地西部侏罗系、白垩系的划分与对比(未刊)。

系改名为新民堡群。甘肃地质力学队(1976)①承用新民堡群一名,并重测王尚文的创名剖面,将下惠回堡系自下而上划分为赤金桥组、低窝铺组、下沟组,上惠回堡系另创新名中沟组。马其鸿等(1982)认为下沟组与低窝铺组为断层造成的地层重复,故选用下沟组名称,停用**低窝铺组**,其下为赤金堡组,其上为中沟组,皆隶属于新民堡群。郝诒纯等(1986)承用赤金桥组、低窝铺组、中沟组,统归新民堡群。牛绍武(1987)《甘肃酒泉盆地中生代地层》将甘肃地质力学队所称新民堡群称为新民堡组,所属下沟组、中沟组改为段,将低窝铺组称赤金堡组,其下仍称赤金桥组。《甘肃省区域地质志》(1989)承用马其鸿等的划分,但将赤金堡组改为赤金桥组。宋杰己(1993)将赤金桥组又称赤金堡组。本书按王尚文创名原义,引用下沟组、中沟组,均隶属新民堡群。

【现在定义】 指分布于红柳峡、赤金堡、新民堡、北祁连山山前盆地及北山地区的一套猪肝色、紫红、灰绿、黄褐色为主的杂色碎屑岩序列。与下伏赤金堡组呈整合、平行不整合或超覆不整合在侏罗纪博罗组以前的老地层或岩体之上;其上被火烧沟组不整合覆盖。包括下沟组、中沟组。

下沟组 Kx （05-62-0222）

【创名及原始定义】 甘肃地质力学队(1976)①创名,《西北地区区域地层表·甘肃省分册》(1980)介绍。创名地点在玉门市清泉乡下沟村。指上段:上部和下部为灰绿色砾岩,中部为紫红色、灰绿色、杂色薄层—厚层细—粗粒杂砂质石英砂岩与灰绿色、猪肝色泥岩、泥质粉砂岩、细砂岩互层,为一套粗细相间的碧绿色—杂色韵律层;下段:紫红色厚层砾岩与泥质粉砂岩。从剖面向东,灰绿色泥岩、砂岩显著减少,紫红色砂岩、泥岩增多。与下伏低窝铺组为整合接触关系。

【沿革】 参见新民堡群。本组在北山地区以往多与现称赤金堡组、下沟组合称下白垩统,本书首次称其为下沟组。

【现在定义】 指分布于红柳峡—新民堡、北祁连山山前盆地,为一套紫红、褐黄、灰绿、灰、黑灰色碎屑岩夹泥质岩及泥灰岩的沉积序列。下以紫红、褐黄色砾岩或砂岩与赤金堡组顶部黑色纸状页岩整合接触或超覆不整合在前侏罗纪地层或岩体之上;上以灰绿色泥质岩与中沟组底部巨厚紫红色砾岩整合接触。

【层型】 原未指定层型,现指定选层型为玉门市下沟西侧新民堡群剖面第1—22层(97°48′20″,39°58′),由甘肃地质力学队(1975)测制,载于(1989)《甘肃省区域地质志》274—275页。

【地质特征及区域变化】 下沟组广泛分布于北祁连山西段及北山地区,为山麓—湖相碎屑岩沉积。在酒泉盆地西部,下部为紫红、灰绿色厚层砾岩与泥质砂岩互层,上部为灰绿、黄绿、褐灰、灰色相间的泥页岩、粉砂质岩、细—粗砂岩、砾岩组成不等厚韵律互层,夹泥灰岩、石膏层。与下伏赤金堡组整合、局部为平行不整合接触。赤金堡—新民堡厚度931~1 079 m,向东西两侧变薄,在嘉峪关附近大于280 m。北祁连山北麓的下沟组岩石组合基本一致,底为黄绿色厚层砾岩,上部为黄灰、绿灰、灰黑色具微细层理的泥质岩、粉砂岩、砂岩夹泥灰岩组成的韵律层。厚度变化较大,无一定规律,在昌马厚169 m,在旱峡盆地见有安山—玄武岩夹层,厚683~757 m,在独峰顶车站南厚494 m,山丹新开村厚252 m。在祁连山中的

---

① 甘肃地质力学队,1976,甘肃酒泉盆地西部侏罗系、白垩系的划分与对比(未刊)。

山间盆地由山麓—滨湖相碎屑岩组成，一般下粗上细，主要岩性为暗红、紫红、灰褐色砾岩、中粒、粗粒砂岩、泥质砂岩，夹少量泥质岩。在天祝龙沟厚2 469 m，不整合在三叠纪南营儿组之上。在肃北盐池湾一带厚1 250 m，不整合在三叠纪西大沟组之上。在臭水沟—小龙口厚1 265 m。在北山地区，芦苇井、炭窑井为黄绿、浅灰、灰绿、灰紫、灰白色砾岩、中细粒砂岩、微细层理泥页岩夹泥灰岩及石膏层，厚270～500 m。地质时代为早白垩世。

中沟组　K$\hat{z}$　（05 - 62 - 0223）

【创名及原始定义】　甘肃地质力学队（1976）创名，《西北地区区域地层表·甘肃省分册》（1980）介绍。创名地点在玉门市清泉乡下沟。指上段为黄褐、黄灰、浅灰色中—厚层块状含砾粗粒、中细粒—粗粒长石砂岩与灰绿、紫红、黄褐色泥质细砂岩、粉砂岩、泥质岩多为互层，夹少量泥灰岩和多层砾岩，砂砾岩，粗细相间形成一套黄褐色为主的韵律层；下段为紫红色厚层砾岩夹泥质粉砂岩，砾岩成层性差。与下沟组为整合接触关系，上覆地层火烧沟组为不整合接触。

【沿革】　参见新民堡群。甘肃北山地区的本组地层以往称下白垩统，本次对比研究首次将中沟组一名用于本区。

【现在定义】　指分布于红柳峡—新民堡及北祁连山山前盆地，下为紫红色巨厚层砾岩夹泥质粉砂岩，向上变为灰绿、黄褐、黄灰、砖红等杂色的碎屑岩序列。底以巨厚层紫红色砾岩与下沟组灰绿色泥质粉砂岩为界，两者为整合接触；顶以黄褐色砂岩与第三纪火烧沟组砖红色砂砾岩为界，两者为不整合接触。

【层型】　正层型为玉门市清泉乡下沟西侧剖面第1—11层（97°48′，39°56′40″）。由甘肃地质力学队（1975）测制，载《甘肃省区域地质志》（1989）。

【地质特征及区域变化】　中沟组广泛分布于北祁连山北麓山前、山间盆地及北山地区，各地岩石组合特征基本一致，以酒泉盆地西部最为明显。在新民堡中沟，底部为紫红色砾岩，向上为粗—细粒长石砂岩、粉砂岩、泥质岩的韵律层，夹凸镜状泥灰岩。总体呈下粗上细，厚708～1 110 m，其上被第三纪火烧沟组不整合覆盖。祁连山北麓及其山间盆地中沟组，在昌马一带为砖红、紫红、黄褐、黄绿色细砾岩、粗—细粒长石石英砂岩与灰绿色粉砂岩、泥质岩组成的韵律层，厚226 m。张掖南台子、山丹独峰顶车站南、肃南臭水沟、天祝龙沟等山前或山间盆地为砖红、棕红、紫红色砾岩、砂砾岩、砂岩为主。厚720～1 100 m，与下伏下沟组整合接触，其上多被第三纪甘肃群不整合覆盖。在北山地区多以砖红、紫红色砾岩、砖红色砂岩、含砾粘土质砂岩为主，下部夹浅灰绿色长石石英砂岩，局部夹钙质粘土及黄铁矿扁豆体，与下伏下沟组整合接触，与上覆苦泉组为不整合接触，厚几十米至400 m。地质时代为早白垩世。

马莲沟组　Kml　（05 - 62 - 0227）

【创名及原始定义】　甘肃区测一队（1967）创名。创名地点在永昌县新城子乡南马莲沟。"分布在永昌新城子、肃南九条岭的几个孤立盆地内。为灰紫、灰绿色泥质粉砂岩、砂质页岩、粉—细砂岩，局部夹泥灰岩、砂质泥岩和石膏。与上覆临夏组不整合接触，与下伏窑沟群不整合接触。"

【沿革】　自创名后沿用至今。

【现在定义】　指分布于新城子南马莲沟狭长小盆地内的灰、灰绿、灰紫色泥质粉砂岩、砂质页岩、粉—细砂岩夹泥质岩石膏。底以灰绿色砂岩不整合在三叠纪五佛寺组紫灰色砂岩之上；顶为桔红色甘肃群、疏勒河组不整合覆盖。

【层型】 正层型为永昌县新城子乡南马莲沟剖面第1—13层(101°32′，38°01′)，由甘肃区测一队(1967)测制。

【地质特征及区域变化】 马莲沟组为湖相碎屑岩，分布于马莲沟一带。主要岩性为灰、灰绿、灰紫色为主的浅湖相细碎屑岩，夹泥灰岩及石膏，其上被第三纪疏勒河组不整合覆盖，出露厚度364 m。地质时代为晚白垩世。

大西沟组　Jd　(05-62-0205)

【创名及原始定义】 李庆远、卢衍豪(1942)[①]创名大西沟系。创名地点在兰州市阿干镇大西沟。"兰州阿干镇大西沟不整合于阿干镇煤系之上的以绿色砂岩、砾岩为主(两者相同)夹有耐火粘土及煤层的碎屑岩层。耐火粘土富含植物化石；砾岩常为角砾状。时代为侏罗纪晚期，或为白垩纪早期。"

【沿革】 王曰伦、张尔道(1943)[②]的划分与前者相同，称大西沟系或和尚铺煤系。1944年王曰伦又将其与阿干镇煤系合并与沔县系对比，时代定为侏罗纪。西北煤田地质局134队(1964)[③]的大西沟系位于阿干镇系之下，地质时代为晚三叠世晚期至早侏罗世，称大西沟群。此后，大西沟群的地层位置一直被置于窑街群(阿干镇群)之下。自徐福祥(1976)论证了大西沟群地质时代为早侏罗世以后，再无变动。本次对比研究称大西沟组。

【现在定义】 指不整合于变质岩地层之上，平行不整合于龙凤山组之下，以灰绿色粗碎屑岩为主，夹灰、灰黑色泥质岩和不稳定煤层的砾岩、粗砂岩地层。砾岩多以角砾岩为特征。顶部以黄褐—灰白色石英砾质粗砂岩、碳质页岩与龙凤山组底部灰白色石英砾岩为界。

【层型】 因原层型层序不清，且有误，现指定新层型为兰州市阿干镇大西沟剖面第1—21层(103°59′，35°54′)，由徐福祥、沈光隆(1976)测制。

【地质特征及区域变化】 大西沟组分布极为局限，仅见于兰州阿干镇一地。为灰绿、灰白色角砾岩、砾岩、灰绿色复矿砂岩、粉砂岩、顶部夹紫红色泥岩，中部夹不稳定薄煤层。砾岩砾石为灰绿色千枚岩、片岩及少量石英、燧石、灰岩等，多为兴隆山群的风化物，属山麓洪积相粗碎屑岩—洪积扇前缘沼泽相泥质岩沉积。全厚400 m左右。地质时代为早侏罗世。

炭洞沟组　Jtd　(05-62-0204)

【创名及原始定义】 苗祥庆(1954)[④]创名炭洞沟系，罗中舒(1959)介绍。创名地点在兰州市红古区窑街。"本系岩石由灰绿、暗绿和紫红色页岩和砾岩组成，中夹薄层砂岩和煤线。与下伏古生代南山系呈不整合接触，其上与下侏罗纪地层假整合接触。"

【沿革】 创名以来，其含义及划分标志与界线均无争议。《西北地区区域地层表·甘肃省分册》(1980)、《甘肃省区域地质志》(1989)将其与大西沟组对比，称其为大西沟组。其他研究者均称炭洞沟组。本书因其岩性与大西沟组并不一致，仍沿用炭洞沟组一名。

【现在定义】 指窑街至炭山岭一带的变质岩系与窑街组之间的一套暗绿色、黄绿色砂岩、

---

① 李庆远、卢衍豪，1942，甘肃皋兰阿干镇煤田。
② 王曰伦、张尔道，1943，甘肃皋兰阿干镇煤田地质及矿业(手稿)。
③ 西北煤田地质局134队，1964，阿干镇煤田侏罗纪地层专题研究报告(手稿)。
④ 苗祥庆，1954，西北石油局民和勘探队1953—1954年民和盆地石油地质调查报告。

砾岩，夹紫红色页岩的地层，偶夹煤线。以具暗绿、黄绿色碎屑岩为特征。下界以下伏变质岩之上的不整合面为界，上以暗绿色页岩夹砂岩与上覆窑街组底部灰白色砾岩间之平行不整合面为界。

【层型】 正层型为兰州市红古区窑街四湾沟、獐儿沟剖面第1—11层（102°53′，36°26′），由甘肃煤田勘探公司149队（1982）重测。

上覆地层：窑街组 石英砂砾岩、砂岩
—————— 平行不整合 ——————

炭洞沟组　　　　　　　　　　　　　　　　　　　　　　　　　　　　　　总厚度＞184 m

11. 黄灰色砂岩间夹蓝灰色薄层砂质页岩，风化后呈紫红色　　　　　　　　　　16 m
10. 黄绿色砾状砂岩与紫红色砂质粘土互层　　　　　　　　　　　　　　　　20 m
9. 深绿色砂岩夹同色页岩，产 Equisetites sp.　　　　　　　　　　　　　　　14 m
8. 深灰绿色砾状砂岩　　　　　　　　　　　　　　　　　　　　　　　　　2 m
7. 黄绿色砂质页岩，顶底为同色砂岩　　　　　　　　　　　　　　　　　　11 m
6. 深绿色云母质砂岩与页岩互层，下部具紫红、黄绿色砂质粘土　　　　　　　27 m
5. 黄绿色砾状砂岩与同色云母质砂岩互层，其中夹两层砂质泥岩。夹层产 Equisetites cf. sarrani，E. cf. grosphodon，Otozamites cf. tangyangensis　　　　　　　16 m
4. 黄绿、紫红、淡黄等色砂质页岩与砂质粘土岩互层，上部黄绿色砂质页岩中产 Equisetites cf. sarrani，E. cf. grosphodon，E. cf. planus，Clathropteris meniscioides　　　25 m
3. 灰白色砾状砂岩及粗砂岩、夹煤线　　　　　　　　　　　　　　　　　　10 m
2. 蓝灰色砾状粘土及煤线，向底部渐变为灰白色细砂岩砂质粘土岩中产植物化石碎片　28 m
1. 浅红色砾岩夹灰白色粗砂岩及砂砾岩。（未见底）　　　　　　　　　　　＞15 m

【地质特征及区域变化】 炭洞沟组分布于窑街至炭山岭一带彼此孤立的小盆地中，底部为杂色砾岩，其上为黄绿、深绿夹紫红色砾岩、砂岩、页岩、粘土岩，偶夹碳质页岩及煤线。不整合于变质岩地层或岩浆岩侵入体之上，平行不整合于窑街组之下。据钻井资料，分布呈条带状、凸镜状，具横向迅速尖灭的特点。窑街一带厚267 m；炭山岭北部厚280 m，向南迅速尖灭；民和盆地附近厚200 m。地质时代为早侏罗世晚期。

炭和里组　Jth　（05-62-0210）

【创名及原始定义】 徐福祥（1975）创名。创名地点在天水市皂郊镇东炭和里。"因侏罗系下统为孤立的陆相断陷小盆地沉积，岩相各不相同，笼统说来，下部以砾岩为主，不整合于较老地层之上；尔后为一套灰、灰黑色、黄褐色含煤碎屑岩建造……。根据岩性、岩相特征、古生物形态，以及与上、下地层的接触关系，该套地层应属侏罗系下统。因其于后郎庙炭和里出露较好，故命名为炭和里组。地层厚度50～700 m。"

【沿革】 叶连俊、关士聪（1944）将其与下部以灰绿色砂岩、砾岩为主的地层一并称为后郎庙煤系。徐福祥（1975）在后郎庙煤系中发现一平行不整合面，将其上的含煤地层命名为炭和里组，不整合面之下的含煤地层命名为干柴沟组。《甘肃的侏罗系》（1988）[①] 及《甘肃省区域地质志》（1989）均沿用炭和里组一名，本书仍采用此名。停用后郎庙煤系。

【现在定义】 平行不整合于南营儿组之上，由黄褐、淡黄、土黄、黄绿色砂岩、砾岩夹

---
① 甘肃地矿局赵宗宣，1988，甘肃的侏罗系（未刊）。

灰绿色砂岩、砾岩、薄煤层组成的含煤碎屑岩地层。区域上，其上与郎木寺组火山岩层整合接触，以炭和里组顶部砖红色细砂岩与郎木寺组灰白色凝灰岩间之界面为界。

【层型】 正层型为天水市皂郊镇干柴沟—炭和里沟剖面第12—22层（105°45′，34°29′），由徐福祥（1975）测制。

【地质特征及区域变化】 炭和里组分布极为有限，仅见于天水皂郊镇后郎庙炭和里和麦积山的红崖地两处，出露面积均不足1 km²。底部为土黄褐色、灰绿色巨砾岩，平行不整合于南营儿组之上；中、下部为灰绿色粉砂岩、砂质泥岩，黄绿色、黄褐色粉砂岩、细砂岩与土黄褐色、黄绿色、灰色砾岩互层，夹煤线；上部为黄褐、灰褐、黄绿色砂岩、粉砂岩、砂质泥岩夹砂砾岩和含砾砂岩及煤线。厚226 m。天水麦积山红崖地附近，由灰白、灰绿、灰黄色砾岩、砂岩组成，夹碳质页岩、薄煤层和煤线，顶部为砖红色细砂岩。不整合于西汉水群片岩之上，其上与郎木寺组灰白色致密状、层状凝灰岩整合接触，厚428 m。地质时代为早侏罗世晚期。

龙凤山组 J*l* （05-62-0201）

【创名及原始定义】 孙健初（1936）创名龙凤山系。创名地点在靖远县红会乡。"位于靖远西大沟系之上的灰绿、灰色碎屑岩、页岩夹煤层的煤系地层。"

【沿革】 孙氏创龙凤山系之后，1942年将其引用于祁连山西部地区，而靖远地区直至1982年厉宝贤等恢复使用龙凤山组之前，尚无人应用此单位名称。中国地质学编辑委员会、中国科学院地质研究所（1956）称其为侏罗纪煤系。宁夏综合地质大队（1965）区域地质测量报告中（未刊）称其为中下侏罗统。《西北地区区域地层表·甘肃省分册》（1980）以正层型西北（约30 km）的王家山剖面为代表，称其为窑街组。厉宝贤等（1982）以王家山剖面为代表，建议恢复使用龙凤山组，指出靖远盆地侏罗纪含煤地层不能与窑街组相对比，用窑街组这一单位名称不合适。但将其上界置于王家山组草黄色砂岩段之下105.7 m的与龙凤山组相似的砾岩层之下。本次对比研究认为岩石地层单位界线应置于岩性突变处，因而将龙凤山组上界上移105.7 m，置于草黄色砂岩之底界。

潮水盆地的龙凤山组以前称为青土井群，本次对比研究建议用龙凤山组。自青土井群创建以来，在应用过程中含意十分混乱，不宜继续使用。孙氏创建时称"本系岩石，大致红色、暗红色之粘土，及砂质粘土，与蓝绿色黄绿色之粘土及砂质粘土，相间成层，有时夹有砂岩层。""连续于宁远堡系之上，沿青头山北面，向西而分布。"孙氏这一剖面实为现在的下第三系，作者当时定其为白垩纪—第三纪。青土井群指一套红杂色的粘土岩，后被玉门石油管理局称中下侏罗统地层，有非岩石地层之嫌。使用过程中其含意不断扩大，直至以阿拉善右旗长山子剖面为代表，已达到与龙凤山组定义相当的含意；此前的青土井群与上、下岩层的接触关系、含矿性等亦与龙凤山组相同。

【现在定义】 介于下伏芨芨沟组（平行不整合或不整合，局部整合）与上覆新河组（整合或平行不整合）之间，由灰白色砾岩、灰—灰绿色砂岩、灰黑—灰色页岩及煤层组成的多韵律含煤地层。底界为平行不整合面或不整合面之上灰白色砾岩或砂岩的始现；上以灰色砂岩与新河组草黄色或黄绿色砂岩分界。

【层型】 正层型为靖远县红会乡龙凤山剖面第1—4层（105°01′，36°40′），由宁夏综合地质队（1965）重测。

【地质特征及区域变化】 龙凤山组分布于靖远盆地、九条岭盆地、潮水盆地、合黎山盆地，岩石组合特征与正层型基本一致，由河床相粗碎屑岩与湖相细碎屑岩或沼泽相泥岩及煤层组成韵律性沉积。自东向西韵律层增多，含煤层随之增多，地层厚度增大。合黎山一带韵律多达20余次，几乎每个韵律的上部均有薄煤和煤线产出，厚1 400 m。九条岭盆地厚几十米至400 m。潮水盆地厚300～600 m，韵律层一般在十数次，每个韵律均为由河床相粗碎屑岩（砾岩）开始，至浅湖相泥岩、粉砂岩而终止，或止于沼泽相泥岩、粉砂岩、煤层，下部韵律层厚度较大，向上渐次减小。阿干镇盆地韵律层亦多达十余次，厚100～500 m。龙凤山组平行不整合或不整合于南营儿组之上，整合或平行不整合于新河组之下。地质时代为中侏罗世晚期。

窑街组　Jy　（05－62－0203）

【创名及原始定义】　孙健初（1936）创名窑街系。创名地点在兰州市红古区窑街。"窑街、铁麦沟、红沟一带的上为红色细砂岩夹页岩，下为暗色（灰色、黑色）纸状页岩夹煤层和泥质灰岩岩系。不整合于二叠或二叠—三叠之上。"

【沿革】　苗祥庆（1954）于窑街系中发现一平行不整合面，将其下的暗绿色砂岩、砾岩划分出并另创新名炭洞沟组；《中国区域地层表（草案）》（1956）的划分与苗氏的划分相同。罗中舒（1959）将窑街系上部一沉积旋回（无煤、多油页岩）地层称为红沟组。斯行健、周志炎（1962）认为红沟组没有必要单独分出，属窑街组一部分。《西北地区区域地层表·甘肃省分册》（1980）、王思恩等（1985）、《甘肃省区域地质志》（1989）的划分与斯行健、周志炎相同。赵宗宣（1988）《甘肃的侏罗系》（未刊）分出红沟组，其下部包含了一部分暗色、灰色页岩、砂岩。本次清理采用后者划分方案，按沉积旋回将下部暗色砂岩、页岩归窑街组，上部红色岩层归红沟组。

【现在定义】　指炭洞沟组之上、红沟组之下的暗色煤系地层，多以页岩、粘土岩、油页岩为特征。下以灰白色石英质底砾岩与炭洞沟组暗褐色泥岩间的平行不整合面为界；上以顶部灰色砂岩、页岩与红沟组底部杂色泥岩间之界面为界，整合接触。

【层型】　原未指定层型，现指定选层型为兰州市红古区窑街红沟西侧剖面第6—18层（102°53′，36°26′），由兰州石油地质研究所民和队沉积组（1976）测制，刊于甘肃省石油地质研究所《石油地质》（1977）第1卷2期。

上覆地层：红沟组　杂色泥岩，含红色褐铁矿斑点
———————— 整　合 ————————

窑街组　　　　　　　　　　　　　　　　　　　　　　　　　　　　　　　总厚度 196.30 m

18. 浅灰色细砂岩，微细交错层理发育，泥灰质胶结　　　　　　　　　　　　　　5.50 m
17. 灰黑色泥岩，富含植物化石，由植物茎叶组成　　　　　　　　　　　　　　　7.10 m
16. 灰黄、褐灰色泥岩为主，与同色粉砂岩及浅褐色泥灰岩铁质条带（厚5～10 cm）互层，
　　含植物化石碎片，具微细水平层理　　　　　　　　　　　　　　　　　　　22.20 m
15. 黑褐色油页岩与菱铁矿条带互层，富含动植物化石，有双壳类、鱼类（鳞片）和叶肢
　　介等。菱铁矿单层厚10 cm。植物：*Neocalamites* sp.，*Pityophyllum staratschini*　　47.10 m
14. 灰黑色、黑色泥页岩夹褐色菱铁矿凸镜体，富含鱼、双壳类、介形虫等动物化石。风
　　化后呈纸片状，双壳类有：*Ferganoconcha sibirica*，*F.* aff. *anodontoides*，*F. subcentralis*
　　var. *magna*，*F.* cf. *jorekensis*，*F. rotunda*，*F.* aff. *tomiensis*，*F. elongata*，*Tutuella*
　　crassa；植　物：*Neocalamites* cf. *hoerensis*，*Phoenicopsis* sp.，*Equisetites* sp.，

　　　　Czekanowskia rigida　　　　　　　　　　　　　　　　　　　　　　　　2.80 m
13. 泥岩与粉砂岩不等厚互层，泥岩质纯，页岩发育，含菱铁矿凸镜体，风化成褐铁矿，
　　　具微细层理　　　　　　　　　　　　　　　　　　　　　　　　　　　　　　27.50 m
12. 浅灰色粘土岩与褐黄色粉砂质粘土岩互层，顶部夹菱铁矿凸镜体，含铁质结核　　6.10 m
11. 黑色碳质泥岩夹碳质粉细砂岩，富含炭屑及植物化石碎片：*Elatocladus manchurica*,
　　　Podocarpites(?)sp., *Nilssonia* cf. *pecten*　　　　　　　　　　　　　　　　　　8.00 m
10. 煤层，夹灰黑色夹矸，含菱铁矿结核及植物化石　　　　　　　　　　　　　　9.30 m
9. 黑灰、黑色泥岩、碳质泥岩夹黑色泥质粉砂岩，富含植物化石碎片，并夹煤线厚 2 mm，
　　具铁质结核。产：*Eboracia lobifolia*, *Phoenicopsis angustifolia*, *Podocarpites*(?)sp.
　　　　　　　　　　　　　　　　　　　　　　　　　　　　　　　　　　　　　14.20 m
8. 浅灰、黑灰色中细粒砂岩，泥硅质胶结，含植物化石　　　　　　　　　　　　7.20 m
7. 厚层状灰白色砾岩、中粗粒砂岩，夹浅灰色粉—细砂岩、褐红色铁质粉细砂岩。泥钙
　　质胶结，含铁质结核　　　　　　　　　　　　　　　　　　　　　　　　　　19.10 m
6. 黄褐、灰白色粗砾岩与紫褐色中—粗砂岩互层，向上变细砂岩，并有厚 10 mm 左右的
　　铁锰条带及结核，钙铁锰质胶结　　　　　　　　　　　　　　　　　　　　　20.20 m
　　　　　　　——————— 平行不整合 ———————
下伏地层：炭洞沟组　暗褐色棕色泥岩

【地质特征及区域变化】　窑街组分布于民和盆地至南祁连山西段，各地岩性基本相同，西部较粗。在民和盆地中心，底部为灰白色石英质砾岩，一般厚 10～30 m；下部为黑色泥质页岩、中细粒砂岩夹煤层，一般厚数十米，最厚(窑街)120 m；上部为黑色、黑褐色页岩、油页岩，一般厚几十米，炭山岭厚 295 m、窑街厚 154 m；顶部为灰、灰白色长石、石英砂岩夹黄绿色、浅棕色泥岩，一般厚 20～50 m，仍以窑街、炭山岭最厚。底部为河流相沉积，下部为沼泽相沉积，煤层有时厚达 60～70 m，最厚 100 m。民和盆地南北两侧下部为河流—沼泽相的煤线和碳质页岩、砂砾岩；中部为浅湖—半深湖相泥灰岩，具有微细水平层理；上部为河流—滨湖相，砂岩交错层理发育。由下而上各层均具超覆现象，沉积过程水体不断扩大，晚期变浅。炭山岭最厚约 450 m，窑街厚 360 m，南部厚 100 m 以上。

肃南大野口地区为灰、灰绿、深灰、灰白色粉砂岩、细砂岩，夹少量中—粗粒砂岩和泥灰岩，普遍具水平层理和小型斜层理，上部夹多层煤线和煤层，属浅湖相和滨湖相，厚 500 m 以上。不整合于南营儿组之上。地质时代为中侏罗世晚期。

南祁连山乌兰大坂山半截沟一带的窑街组，为河流—湖泊相，岩石粒度明显偏粗，下部为灰黄色长石石英砂岩夹泥岩及煤层；上部为灰色页岩、泥岩、泥灰岩夹油页岩，顶部为浅灰色含砾粗砂岩。下部断层切割，出露不全，其上为享堂组平行不整合覆盖，可见厚度为 155 m。

新河组　Jxh　(05-62-0198)

【创名及原始定义】　甘肃区测一队(1967)创名。创名地点在山丹县新河乡王家湾。原始定义较长现综合如下：创名时指山丹县新河王家湾剖面的第 6—8 层。整合于下伏阿干镇组及上覆享堂组之间，厚 229 m。主要由淡黄绿色巨厚层状细砾岩夹黄绿色薄层砂质页岩组成，顶部为细砂岩夹淡灰绿色厚层状粗砂岩，偶夹青灰色薄层粉砂岩、灰绿色薄层状砂质页岩、黑色薄层碳质页岩。

【沿革】　《西北地区区域地层表·甘肃省分册》(1980)将新河组的上界上移至白杨河组

之下的不整合面,即将该处的享堂组改为新河组的上部,《甘肃省区域地质志》(1989)采用了这一划分方案,本次对比研究继续沿用。

【现在定义】 指杂色粗—细粒碎屑岩夹薄煤层的岩石组合。富含双壳类及植物化石。以底部淡灰黄色含砾粗砂岩与下伏中间沟组整合接触;顶以草绿色粉砂岩与上覆博罗组或享堂组底部紫红色粗砂岩整合接触,区域上呈平行不整合接触。

【层型】 正层型为山丹县新河乡王家湾剖面(101°18′,38°39′),由甘肃区测一队(1967)测制,载于《甘肃省区域地质志》(1989)。

【地质特征及区域变化】 新河组与龙凤山组关系密切,分布一致。主要分布于祁连山北麓。整合或不整合于龙凤山组之上,为一套成熟度低的黄绿色—草黄色砂岩、砾岩夹泥岩和紫红色岩层,向上沉积物变细,岩性稳定,无明显变化。一般厚在 300～600 m 之间,靖远盆地厚 240～600 m,九条岭盆地厚 350～780 m,新河一带厚 570 m,旱峡一带厚 600 m。该组主要为河流相—湖相粗碎屑岩,东延粒度变细。在旱峡-马氏河盆地中,位于中间沟组煤系地层之上和博罗组红色岩系之下,与下伏地层为整合接触,与上覆地层为不整合(或平行不整合)接触。地质时代为中侏罗世晚期。

红沟组 Jh (05－62－0200)

【创名及原始定义】 孙健初(1936)创名红沟系。创名地点在兰州市窑街红沟。系指"祁连山东部红沟、梨园口等处的红色砂岩、粘土、页岩及绿色砂岩、页岩、粘土等组成的一套碎屑岩层。"

【沿革】 孙氏(1942)在《祁连山地质史纲要》一文中,又以青土井系一名代替红沟系。苗祥庆(1954)在红沟系中发现一平行不整合面,将其以上地层命名为享堂系,其下地层归入窑街系。罗中舒(1956)将红沟组底界上移至窑街系煤系地层顶部之上的平行不整合面。顾知微(1962)的划分方案与罗中舒相同,此后多将此段地层置于窑街组最上部。《甘肃的侏罗系》(1988)[①] 恢复红沟组一名。本书以岩石色调为依据,将这套红色岩层从窑街组暗色富碳地层中划出,承用红沟组。

【现在定义】 指整合于窑街组之上,平行不整合于享堂组之下的杂色、浅灰—紫红色砂岩、泥岩,夹砾岩岩层。以色杂、不含煤为特征。下以底部砾岩与下伏窑街组顶部灰色砂岩—泥岩夹煤线岩层分界;上以红色泥岩与上覆享堂组底砾岩分界。

【层型】 原未指定层型,现指定选层型为永登县古城剖面第40—56层(102°48′,36°50′),由甘肃省煤田地质勘探公司 145 队(1980)测制。

上覆地层:享堂组 灰白色砾岩、砂岩
------ 平行不整合 ------

红沟组	总厚度 97.00 m
56. 暗红色及褐色泥岩,夹粗砂岩	5.00 m
55. 浅灰色砂岩,局部含细砾	2.00 m
54. 紫灰色泥岩与紫红色粉砂岩互层	14.00 m
53. 紫红色泥岩及浅灰绿色砂岩	10.00 m
52. 浅灰色粗砂岩	3.00 m

---

① 甘肃地矿局赵宗宣,1988,甘肃的侏罗系(未刊)。

51. 杂色、紫色及灰绿色泥岩	5.00 m
50. 浅灰色中粒砂岩，下部含砾	8.00 m
49. 掩盖	3.00 m
48. 暗紫红色泥岩，底部呈灰色	2.00 m
47. 浅灰色含砾粗砂岩	3.00 m
46. 暗紫色泥岩	2.00 m
45. 浅灰色粗砂岩	3.00 m
44. 杂色泥岩	5.00 m
43. 浅灰色砂岩，底部含砾	6.00 m
42. 杂色泥岩，夹薄层细砂岩	4.00 m
41. 灰色泥岩及细砂岩	4.00 m
40. 浅灰色砂砾岩	18.00 m

———————— 整　合 ————————

下伏地层：窑街组　泥岩、细砂岩、煤线

【地质特征及区域变化】　红沟组分布于窑街至炭山岭一带，下部为灰白色砾岩、砂砾岩。盆地边缘地带上部为砂岩、页岩及砾岩，多呈杂色、紫红色和灰绿色，厚100～150 m。盆地内部上部岩石颗粒变细，为灰绿色砂岩、页岩，厚度在百米以下，古城拉杆沟沉积最粗，几乎全为粗砂岩和砂岩。红沟组与窑街组多为整合接触，亦有平行不整合接触。与享堂组为平行不整合接触。早期为河流相沉积，晚期在盆地内部为砂泥质湖相沉积，由于水层覆盖，氧化弱，沉积物多为灰绿色；盆地边缘部分晚期为河湖环境粗碎屑—泥质相沉积，常暴露于水面外，氧化强，沉积物多呈杂色和红色，夹绿色或呈互层状。地质时代为中侏罗世晚期。

享堂组　Jx　（05－62－0202）

【创名及原始定义】　苗祥庆(1954)[①] 创名享堂系。罗中舒(1959)介绍。创名地点青海省民和县享堂镇。"系根据苗氏孙氏鳄产于民和享堂附近而得名。其层位介于白垩纪河口系和中侏罗纪窑街煤系之间，且分别为不整合面分隔。本系岩性以灰绿、黄绿和紫红等色粘土、砂岩和砾岩组成。粘土含白云母及砂质，砂岩具河流十字交错层，夹植物碎屑，砾岩成分以石英、燧石和千枚岩为主，底部常含菱铁矿和赤铁矿结核。"

【沿革】　孙健初(1936)将其与窑街系上部红色岩层一并称为红沟系。苗祥庆(1954)于该红色岩层内发现平行不整合面，将其以下岩层归入窑街系中，其上岩层另建享堂系。自罗中舒(1959)总结祁连山东南部三叠纪和侏罗纪地层并介绍享堂组后，本组的含义和上、下界线未曾有过变动。本次对比研究认为享堂组特征明显，划分标志及上、下地层界线清楚易于识别，故沿用之。

阿干镇盆地煤系地层之上的红色地层在1986年以前多称为铁冶沟群，此后或用铁冶沟群或用享堂群。《甘肃省区域地质志》(1989)用享堂组一词。九条岭盆地的享堂组曾称作享堂群或苦水峡组，《甘肃省区域地质志》(1989)统一为享堂组。靖远盆地也有类似的情况。潮水盆地在《甘肃省区域地质志》(1989)之前，多用沙枣河群一词，之后，统一为享堂组。本次对比研究以岩石地层划分的概念为依据，认为沙枣河组只适用于盆地边缘地区的砾质红色地层，

[①] 苗祥庆，1954，西北石油局民和勘探队1953—1954年民和盆地石油地质调查报告。

而盆地内部红色泥质及细碎屑岩沉积层应使用享堂组为宜。

【现在定义】 山丹、九条岭、靖远、民和、阿干镇盆地内平行不整合于窑街组(龙凤组)或红沟组(新河组)之上(与后两者有时为整合接触),不整合伏于河口群之下的紫红、灰绿色砾岩、砂岩或泥岩地层,常具下绿、中杂、上红的颜色变化规律。以本层底部之砾岩或砂岩与红沟组顶部细碎屑岩夹泥岩分界,上界为不整合面。

【层型】 创名时未指定层型,选层型为兰州市红古区窑街剖面第 1—7 层(102°53′,36°26′)。由罗中舒(1959)测制。

【地质特征及区域变化】 享堂组主要分布于窑街、炭山岭、武威、潮水盆地和阿干镇等地,各地岩性虽有一定变化,但总体颜色特征相似。窑街盆地的边缘下部为灰白色砾状砂岩,中部为灰绿、紫红、黄绿色砂砾岩、粘土岩和砂岩,上部为紫红色粘土岩夹杂色砂岩,厚 663 m;盆地内部,下部为草绿、灰绿色泥岩、砂岩、砾岩,中部为棕褐、褐灰、深灰、黄灰、棕色等杂色砂岩、泥岩;上部为棕红色砂岩,厚 612 m。炭山岭一带,岩性、岩相、接触关系与窑街一带相同,厚度减小,多在 200 m 以下。

在潮水盆地内部平行不整合于龙凤山组之上,为一套紫红、灰绿、暗紫红色泥质粉砂岩、细砂岩、中粒砂岩夹粗砂岩、泥岩及砂砾岩地层,上为白杨河组覆盖,厚 447 m。九条岭盆地其底部为灰白、灰绿色粗砂岩夹砾岩,主体为灰绿、紫红色砂岩,夹粉砂岩和少量砾岩,厚 667 m,平行不整合于龙凤山组之上。阿干镇盆地底部为灰绿、青灰色砂岩、角砾岩,主体为紫红色泥岩、砂岩、石英砾岩,不整合或平行不整合于龙凤山组之上,上被河口群不整合覆盖,厚 200~450 m,局部厚达 1 600 m 以上。靖远盆地的享堂组由紫红、蓝灰、深灰色粉砂质粘土岩、细砂岩、页岩组成,厚度约 300 m。地质时代为侏罗纪中晚期。

祁连-北秦岭地层分区的侏罗纪地层,广泛分布于北祁连及南祁连规模大小不等的山前盆地及山间盆地。各盆地的岩石地层序列及其特征极为接近,可以对比(图 12-1)。

河口群 KH (05-62-0231)

【创名及原始定义】 孟昭彝、王尚文等(1947)创名河口系。创名地点在兰州市河口。综述原义如下:指下部以砂岩为主,中部多为砂岩、粘土岩互层,向上变为粘土,就露出者总厚度 2 442 m。其分布以河口附近者发育最佳。下部产硬鳞鱼及腹足类化石,上部有劣形植物痕迹。依风化面之岩性、日光下之颜色将河口系分为七层:Kh_1、Kh_2、Kh_3、Kh_4、Kh_5、Kh_6、Kh_7。

【沿革】 斯行健、周志炎(1962)称河口群。甘肃区测一队(1965)沿用河口群,按岩性将相当于孟昭彝等的 Kh_1—Kh_3 合并称第一组,分上中下三部分;Kh_4—Kh_7 层合并称第二组,分上中下三部分。《西北地区区域地层表·甘肃省分册》(1980)按甘肃区测一队所测剖面,将相当 Kh_1—Kh_6 层称为下组,Kh_7 层称为上组。郝诒纯等(1986)据轮藻、介形类等化石将青海大通河前人所定河口群命名为大通河组,将兰州河口地区相当于孟昭彝等 Kh_1—Kh_6 层称为河口群下组,Kh_7 层为河口群上组。地质时代分别为晚侏罗世—早白垩世、早白垩世、中白垩世。《甘肃省区域地质志》(1989)、宋杰己(1993)均未采用郝诒纯等意见,仍沿用河口群并划分为上、下两岩组。本书沿用的河口群分上组、下组两个非正式岩石地层单位,下组包含孟昭彝等的 Kh_1—Kh_6 层,上组相当于孟昭彝等的 Kh_7 层。

【现在定义】 指出露于以兰州河口为中心,向西延入青海的一套以紫红、棕红、棕褐、灰绿、蓝灰、桔红色组成的杂色碎屑岩沉积。底以砾岩或砂岩与下伏侏罗纪享堂组及以前的

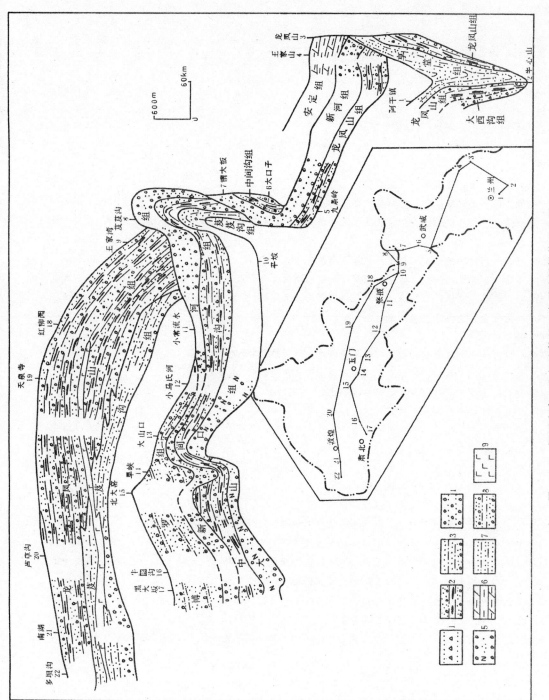

图12-1 河西走廊—北祁连侏罗纪岩石地层栅状对比图

1. 大西沟组：灰绿色砂岩、砾岩、角砾岩、偶夹煤层；2. 龙凤山组：中间沟组，上部夹灰色砾岩、砂岩、页岩、煤层；3. 芨芨沟组：黄褐、灰色砾岩、砂岩木等厚互层，偶夹煤层；4. 新河组：黄绿色砂岩、上部夹灰红色砾岩；5. 大山口组：灰、灰白色砾岩、砂岩夹砂岩；6. 安定组：泥灰岩、泥质白云岩、油页岩夹砂岩；7. 享堂组：紫红色粉砂岩、泥岩、砂岩、泥质粉砂岩；8. 博罗组：长石石英砂岩、砂岩、页岩、泥岩；9. 玄武岩地层或岩体不整合接触，其上被第三纪桔红色砂泥岩不整合覆盖。包括两个非正式组级岩石地层单位，分为下组、上组。

【层型】 正层型为兰州市河口石板沟—瓦渣子沟剖面第1—57层(103°27′，36°12′)，由孟昭彝等(1947)测制。层序如下：①

上覆地层：甘肃群　桔红色疏松中粒石英砂岩，底部为砾状砂岩
～～～～～～～～ 不 整 合 ～～～～～～～～

河口群　　　　　　　　　　　　　　　　　　　　　　　　　　总厚度>2 277.0 m
上组
57. 桔红色粘土夹石膏。（未见顶）　　　　　　　　　　　　　　　　　　>100.0 m
──────── 整　合 ────────
下组
56. 紫红色粘土，夹脏绿色页岩8层，上部含石膏　　　　　　　　　　　　　90.5 m
55. 紫红色粘土，绿、蓝灰色页岩7个互层　　　　　　　　　　　　　　　　91.5 m
54. 浅紫红色渣岩质粘土夹两层较明显之杂色页岩，上部夹有灰色薄层波纹十字层之砂岩　　　　　　　　　　　　　　　　　　　　　　　　　　　　　　　　　67.5 m
53. 浅紫红色渣岩质粘土夹两层不明显之杂色条纹　　　　　　　　　　　　30.0 m
52. 浅紫红色粘土与黄灰、蓝灰、绿等杂色渣岩质粘土5个互层　　　　　　148.5 m
51. 粉红色粘土与黄灰、灰绿、蓝灰色砂质页岩5个互层（孟等之Kh_6层）　84.5 m
50. 亮紫红色粘土夹3层薄砂岩　　　　　　　　　　　　　　　　　　　　20.0 m
49. 亮紫红色粘土　　　　　　　　　　　　　　　　　　　　　　　　　　30.0 m
48. 亮紫红色渣岩质粘土，内夹二层不清晰之杂色页岩（孟等之Kh_5层）　30.0 m
47. 蓝灰色页岩与紫红色粘土7个互层，粘土中夹灰色砂岩（孟等之Kh_4层）140.5 m
46. 深紫红色粘土夹薄层深紫红色砂质粘土　　　　　　　　　　　　　　　95.0 m
45. 深红色薄层砂岩与深红色砂质粘土相间成层　　　　　　　　　　　　　46.0 m
44. 深红色砂岩，稍含深红色砂质粘土　　　　　　　　　　　　　　　　　26.0 m
43. 深红色砂岩与紫红色粘土相间成层　　　　　　　　　　　　　　　　　27.0 m
42. 紫红色渣岩质粘土，含薄层砂岩，上部为锯末黄色（孟等之Kh_3层）　43.0 m
41. 灰绿色砂质页岩，顶部风化为黄色　　　　　　　　　　　　　　　　　10.5 m
40. 紫红色渣岩质粘土，中间二薄层砂岩　　　　　　　　　　　　　　　　35.0 m
39. 二层绿色砂质页岩，二层之底均为砂岩，其中隔一层紫红色渣岩质粘土　29.0 m
38. 紫红色渣岩质粘土，内夹一不明显杂色条纹　　　　　　　　　　　　　37.0 m
37. 绿灰色页岩，上部含砂质页岩，经风化后变为黄色　　　　　　　　　　13.0 m
36. 紫红色渣岩质粘土，夹波纹十字层之泥质砂岩　　　　　　　　　　　　28.0 m
35. 不清晰之杂色条纹，包括紫、灰色　　　　　　　　　　　　　　　　　7.0 m
34. 紫红色粘土，中间夹有清晰之杂色条纹　　　　　　　　　　　　　　　20.0 m
33. 紫红色渣岩质粘土，上部风化为玫瑰色，本层上部夹绿灰色波纹十字层理之砂岩　67.3 m
32. 紫红色渣岩质粘土，上部夹砂岩　　　　　　　　　　　　　　　　　　51.8 m
31. 绿灰色砂质页岩，上部风化为黄色　　　　　　　　　　　　　　　　　8.8 m
30. 紫红色渣岩夹一层灰色砂质页岩　　　　　　　　　　　　　　　　　　35.8 m
29. 绿灰色砂质页岩　　　　　　　　　　　　　　　　　　　　　　　　　9.6 m

────────
① 层号重编，1—14层为孟昭彝等Kh_2、Kh_1层，层42—56为孟昭彝等Kh_6、Kh_5、Kh_4、Kh_3层，对原划分做了归并。层57为孟昭彝等Kh_7层。

28. 紫红色渣岩与灰色波纹十字层之薄层砂岩相间成层　　　　　　　　　47.2 m
27. 绿灰色砂质页岩，下部为块状砂岩　　　　　　　　　　　　　　　　12.5 m
26. 紫红色渣岩，中夹薄层砂质页岩　　　　　　　　　　　　　　　　　17.6 m
25. 绿灰色薄层砂质页岩，上部风化为草黄色　　　　　　　　　　　　　13.0 m
24. 紫红色渣岩，中夹薄层砂岩，底部为波纹十字砂岩　　　　　　　　　20.0 m
23. 黄、蓝、灰色之砂质页岩　　　　　　　　　　　　　　　　　　　　15.0 m
22. 紫红色渣岩质粘土，上部夹波纹十字层之薄层砂岩，下部饰以灰色及紫色条纹　42.0 m
21. 草黄色、灰色、绿色薄层砂质页岩，底部为灰色砂岩　　　　　　　　11.0 m
20. 紫红色渣岩，底部为砂岩　　　　　　　　　　　　　　　　　　　　13.0 m
19. 草黄色砂质页岩，内夹一灰色厚层砂岩　　　　　　　　　　　　　　14.0 m
18. 紫红色粘土夹凸晶状砂岩　　　　　　　　　　　　　　　　　　　　 9.0 m
17. 绿灰色砂质页岩　　　　　　　　　　　　　　　　　　　　　　　　 6.0 m
16. 紫红色粘土　　　　　　　　　　　　　　　　　　　　　　　　　　30.0 m
15. 绿灰色砂质粘土　　　　　　　　　　　　　　　　　　　　　　　　 9.4 m
14. 紫红色粘土夹绿灰色砂质页岩，上部之绿灰色砂质页岩多风化成黄、灰、红等杂色　41.0 m
13. 紫红色渣岩质粘土　　　　　　　　　　　　　　　　　　　　　　　39.0 m
12. 绿灰色薄层砂质页岩夹黄色斑点　　　　　　　　　　　　　　　　　21.0 m
11. 暗紫红色粘土与薄层砂岩相间互层　　　　　　　　　　　　　　　　11.5 m
10. 绿灰色薄层页岩夹方解石脉　　　　　　　　　　　　　　　　　　　 6.5 m
9. 暗红色砂质粘土　　　　　　　　　　　　　　　　　　　　　　　　 17.0 m
8. 绿灰色薄层页岩　　　　　　　　　　　　　　　　　　　　　　　　 10.0 m
7. 暗紫红色渣岩质粘土　　　　　　　　　　　　　　　　　　　　　　 4.0 m
6. 绿灰色砂质页岩　　　　　　　　　　　　　　　　　　　　　　　　 5.0 m
5. 暗紫红色渣岩质粘土　　　　　　　　　　　　　　　　　　　　　　 5.0 m
4. 绿灰色砂岩夹波纹十字层构造　　　　　　　　　　　　　　　　　　 10.0 m
3. 紫红色渣岩质粘土　　　　　　　　　　　　　　　　　　　　　　　 14.5 m
2. 暗紫红色厚层砂岩，上面有极显著的蠕虫行动之痕迹　　　　　　　　 10.0 m
1. 紫灰色块状中砂岩夹页岩。（未见底）　　　　　　　　　　　　　　>400.0 m

【地质特征及区域变化】 在河口地区，河口群以紫红、紫灰、棕红、绿灰、蓝灰等杂色泥岩与细—中粒砂岩互层的湖相沉积为主，底部以砾岩或粗砂岩不整合在侏罗纪享堂组及其以前的老地层或岩体之上。下组以色杂及具蓝灰色的砂、泥岩互层为特征，出露厚度2 277 m。向西延入青海境内，因处于向斜核部仅出露上组，岩性为色调单一的棕红、桔红或紫红色细碎屑岩或泥质岩，出露厚度大于100 m（向斜轴）；向西厚度剧增可达900 m以上。河口群相变较大，盆地边缘岩性普遍较粗，以山麓、山麓—河流相粗碎屑岩为主，但岩石色调仍与河口一带一致。在永登县中堡金咀下阳洼—烧炭沟一带，下组为暗紫、紫红色砾岩、砂岩不等厚互层，厚722 m；上组为紫红、砖红色粗—细粒砂岩、砾岩、角砾岩互层，厚237 m。在白银盆地，下组为紫红色角砾岩、砾岩，向上渐变为黄褐、浅灰、青灰、砖红色粉砂质粘土岩夹砂岩，厚627 m；上组为桔红色砂岩、泥质粉砂岩夹砾岩，厚41 m。在靖远盆地，下组为蓝灰、深灰、黄绿、暗紫红色页岩夹粉细砂岩，厚445 m；上组为桔红、紫红色泥质岩、砂岩夹灰白色长石质粉—细砂岩，厚573 m。在东部泥湾、榆中新营、定西西巩驿，下组为浅棕红、紫红、浅灰、少量灰绿色砾岩、砂岩互层夹泥质岩，厚125～287 m。在南部渭源、临洮，下组为暗褐红、紫红色砾岩、砂砾岩，向上渐以砂质、粉砂质泥页岩为主，厚达2 100～3 000 m。

地质时代为白垩纪。

三、晋冀鲁豫地层区

富县组 Jf （05-62-0209）

【创名及原始定义】 李德生(1952)创名于陕西省富县大申号沟一带，原称"富县层"，中国地质学编辑委员会、中国科学院地质研究所(1956)介绍。原始定义：杂色及紫色页岩夹砂岩，在富县道佐铺厚达89.5米，页岩为主，下部夹两层不纯石灰岩，底部有砾状砂岩，向南与延安砂岩一同尖灭，向北至延安附近仅厚10米。

【沿革】 《西北地区区域地层表·甘肃省分册》(1980)将富县组从延安组划出，并首次将这一名称用于陇东地区。本书沿用。

【现在定义】 指富县一带位于瓦窑堡组之上和延安组之下的一套以紫红色为主的泥岩夹砂岩及少量泥灰岩及钙质结核。向上逐渐变为灰绿色砂岩、页岩互层。其下以紫红色为主的岩层与下伏瓦窑堡组暗色砂岩、页岩分界，为平行不整合（局部为不整合）接触；上与延安组以含砾砂岩或长石岩屑质石英砂岩（宝塔山段）分界，为平行不整合接触。

【层型】 正层型在陕西省。甘肃省内次层型为华亭县砚峡剖面第19—20层(106°40′，35°15′)，由甘肃地质研究所(1990)测制。

上覆地层：延安组 灰白色厚层—块状含细砾中粗粒凝灰质石英砂岩
—————— 平行不整合 ——————

富县组   总厚度 14.97 m

20. 灰白—黑灰色薄—中层状粗—中粒石英粒岩，顶部有一层厚约1 m的含碳泥质细砂岩，并含厚0.3 m的劣质煤层。砂岩分选差，粒度变化大，杂基充填（泥质、粉砂质、硅质混杂充填于碎屑孔隙中，含量大于10%），局部含碳质、有机质及煤线，呈断续之线状、微层状、不规则集合分布，岩层发育水平层理、微波状层理，有粗大的植物干及植物化石。含 Cyathidites-Marattisporites-Chasmatosporites 孢粉组合   3.15 m

19. 上部为灰白色（局部黑灰色）块状含砾粗粒长石质石英砂岩，含砾多少不一，局部可形成砾岩或砂岩小凸镜体，碎屑中可见凝灰岩屑，杂基充填（由粉砂和泥质不均匀充填），含黄铁矿结核及他形粒状菱铁矿，显块状层理，上部具不规则波状交错层理；下部为浅灰、灰白夹杂色、紫红色块状砾岩、砂砾岩，砾石成分主要为石英，其次为硅质岩岩屑、变质岩岩屑、酸性岩岩屑，砾石大小不一，呈不均匀杂乱堆积，砾径多数为0.5 cm，磨圆度好，填充物主要为砂质，次为少量泥质及火山灰尘物质，呈基底式胶结   11.82 m

—————— 平行不整合 ——————
下伏地层：延长组 绿色砂岩、页岩互层

【地质特征及区域变化】 富县组延入甘肃后岩性无明显变化，为灰、灰绿、灰黑和灰白色夹红色层（或为互层）。大部地区未出露。以底部灰白色砾岩与延长组绿色砂岩呈平行不整合接触；上以灰白色石英砂岩与延安组底部粗砂岩呈平行不整合接触。富县组分布零星，在安口新窑、赤城煤田北部及华亭砚峡为河流—洪积和残坡积相碎屑岩，局部为河流后沼泽相碎屑岩。在环县以东蔡口集、西峰、悦乐、固城以北地区，为河流砂砾质相粗碎屑沉积及后沼泽相沉积。底部为浅灰、灰白夹杂色、紫红色块状砾岩、砂砾岩，砂质及火山灰质基底式胶结；中部为灰白色（局部为黑灰色）块状含砾长石石英砂岩；上部为灰白—黑灰色薄层状粗—中粒石英砂岩，顶部夹碳泥质细砂岩及劣质煤层。具水平层理及微波状层理，含粗大植物茎干化石，总厚15 m。地质时代为早侏罗世晚期。

延安组　Jya　（05-62-0208）

【创名及原始定义】　Clapp 和 Fuller(1927)在延安附近创名，原称延安府带。所指"岩性为煤系，顶部及底部均有厚层砂岩。"

【沿革】　王尚文(1950)在瓦窑堡煤系中发现一平行不整合面，将其上称为延安系。甘肃综合地质大队(1963)在《陇东地区地质特征》（未刊）首次将延安系一词用于陇东地区。《西北地区区域地层表·甘肃省分册》(1980)称为延安组。本书沿用。

【现在定义】　指富县组之上，直罗组之下的一套灰白色细、粗粒砂岩及灰、灰绿色砂岩与黑色页岩、泥岩不等厚互层，局部含煤的地层序列。下以含砾砂岩或长石岩屑石英砂岩与富县组分界；上以具波状斜层理的灰绿、黄绿色长石石英细砂岩与直罗组分界。与下伏富县组、上覆直罗组地层均为平行不整合接触。

【层型】　选层型在陕西省。甘肃省内次层型为华亭县砚峡剖面第21—46层(106°40′，35°15′)，由甘肃地质研究所(1990)测制。

上覆地层：直罗组　灰白色中粒长石砂岩及灰绿色粉砂质泥岩

------ 平行不整合 ------

延安组　　　　　　　　　　　　　　　　　　　　　　　　总厚度 255.71 m

46. 上部为灰色泥岩、粉砂质泥岩夹浅灰色粉砂岩、黑灰色含碳质泥岩；下部为土黄色中层状细粒长石砂岩，泥质胶结，其中含有粉砂质泥岩条带及菱铁矿结核，显水平层理，底部见小型板状斜层理，层云厚数厘米　　　　　　　　　　　　　　　　6.70 m

45. 上部为灰色泥岩夹浅灰色粉砂岩，并夹三层厚0.3～0.5 m的碳质泥岩，碳质泥岩中偶见煤线；下部为土黄中厚层状粗粒长石砂岩，泥钙质胶结，不显层理。含孢粉：
    Cyathidites-Quadraeculina　　　　　　　　　　　　　　　　　　　　　6.70 m

44. 上部为灰色泥岩、粉砂质泥岩，不显层理或具不清晰水平层理；下部为灰白色中厚层状中—细粒长石砂岩、粉砂岩，含大型砂质结核（最大直径20 cm），具波状层理　　15.90 m

43. 黄褐—灰绿色厚层状细粒长石砂岩，顶部为灰绿色粉砂质泥岩、灰黑色含碳泥岩。细砂岩局部显波状层理，粉砂质泥岩中含少量菱铁矿结核　　　　　　　　　　9.20 m

42. 灰色泥岩、粉砂质泥岩夹褐黄—灰绿色中层状细粒长石砂岩　　　　　　　5.90 m

41. 浅灰色粉砂质泥岩夹黄褐—灰绿色粉—细砂岩　　　　　　　　　　　　13.30 m

40. 褐黄色中厚层状长石岩屑细砂岩、粗粉砂岩，偶夹灰色粉砂质泥岩或薄层泥岩。细砂岩和粉砂岩为硅泥质胶结，不显层理或具水平纹理，含较多的黑云母和绿泥石，亦含零星分布的变胶体菱铁矿　　　　　　　　　　　　　　　　　　　　15.40 m

39. 上部为夹碳质页岩的劣质煤层(20 cm)；下部为灰白色泥岩间夹粉砂质泥岩及粗岩，水平层理　　　　　　　　　　　　　　　　　　　　　　　　　　4.83 m

38. 上部为黄灰色含菱铁矿结核和条带的粉砂岩；下部为灰白带黄褐色中层状长石岩屑细砂岩—粗粉砂岩，岩石以粗粉砂岩为主，夹有薄层细砂岩、粉砂质泥岩或泥岩，形成脉状与凸镜状层理，也见有板状交错层理，含植物茎干、炭屑及保存不甚好的植物化石　　　　　　　　　　　　　　　　　　　　　　　　　　　　　　2.64 m

37. 煤层，其中夹有高碳质泥岩及泥岩条带 0.77 m
36. 浅灰色中层状岩屑长石粗粉砂岩与灰色泥岩互层，垂向上呈多个韵律层出现，水平层理，顶部有植物立根 4.09 m
35. 浅灰色泥岩，夹6层厚1～10 cm不等之煤线，局部夹有褐黄色薄层状含菱铁矿粉砂岩(夹层厚5～10 cm) 5.54 m
34. 褐黄色厚层状细粒长石砂岩，铁质胶结，分选差，含中粒砂岩和粉砂岩，局部显大型槽状及板状交错层理，岩石含变胶体菱铁矿，主要沿交错层面呈不规则条带状分布 4.82 m
33. 浅灰色泥岩、粉砂质泥岩，顶部夹5 cm厚煤线 4.78 m
32. 黄褐色薄—中层状粉砂岩，硅铁质胶结，显水平纹理及小型楔状交错纹理，菱铁矿呈变胶体或星散状顺层理分布，层面可见较多的植物茎屑，局部见直脊状不对称水流波痕，波长2～5 cm，波高1～4 cm，亦有动物潜穴 13.66 m
31. 浅灰色薄—中层状粉砂岩夹泥岩，上部夹6条煤线(厚0.5～4 cm)。粉砂岩显水平层理或纹理，碳质和菱铁矿沿层理集中分布。泥岩含保存不好的植物化石 2.23 m
30. 褐黄色中—厚层状中粗粒长石砂岩，层理见有直脊状不对称水流波痕及潜穴 6.32 m
29. 灰白色粘土岩，顶部夹一层厚约0.7 m的黑色碳质泥岩。粘土矿物主要为伊利石，杂乱无定向分布，零星混有细粉砂岩，偶夹薄层状、结核状菱铁矿，水平层理。碳质泥岩主要由炭屑富集而成，有保存较好的植物化石 2.51 m
28. 褐灰色薄—中层状细—极细粒含菱铁矿长石砂岩、菱铁矿质细粉砂岩与灰色泥岩频繁互层，韵律性明显，具水平层理或纹理，岩石普遍含菱铁矿，含量5%～50%不等，有保存好的植物化石：*Coniopteris* sp.，*Podozamites* sp. 15.61 m
27. 褐黄色块层粗—中—细粒长石砂岩，泥、钙和粉砂等杂基填充(6%～8%)，分选较差，下部为块状层理、大型槽状交错层理，有炭屑沿层面富集，含豆粒状黄铁矿结核。本层底部含细砾，且有冲刷面 22.67 m
26. 浅灰色薄—中层状极细粒含菱铁矿石英砂岩、粉砂岩、灰色泥岩互层，菱铁矿呈纹层状顺层分布，显水平层理、小型板状及波状交错层理，见有砂球构造及保存完整的植物化石 *Coniopteris* sp. 7.64 m
25. 灰色泥岩与浅褐灰色含菱铁矿细粉砂岩、极细粒砂质菱铁矿互层，发育水平纹理、波状及微波状纹理，亦见变形层理，局部含不规则状、团块状、凸镜状镜煤体。产植物化石：*Coniopteris quinqueloba*，*Podozamites lanceolatus* 15.28 m
24. 灰色泥岩夹褐灰色含菱铁矿细粉砂岩，菱铁矿呈隐晶质集合体顺层定向分布，与其它碎屑物相间形成纹层，显微波状及波状交错纹理及变形层理，泥岩中局部含菱铁矿结核及镜煤凸镜体，产丰富完整植物化石：*Coniopteris* sp.，*C. hymenophylloides*，*Eboracia lobiflia*，*Podozamites* sp.，*Radicites* sp.；孢粉：*Cycadopites-Pinuspollenites-Podocarpidites*组合 24.82 m
23. 煤层(煤8)上部：微镜煤为主，次要类型为微惰煤、微亮煤、微暗煤、微三组分混合煤，少量黄铁矿化煤，夹一层碳质粉砂岩(厚0.3 m)；中部：灰—灰黑色细—粉砂岩、油页岩，厚0.83～1.39 m(油页岩厚0.53 m)；下部：微惰煤为主，次要类型为微镜煤、微三组分混合煤，底部含矿化暗煤，夹一层厚0.4 m碳质粉砂岩。厚10.2 m 35.12 m
22. 灰色砂质泥岩、灰黑色含砂碳质泥岩夹砂岩凸镜体。下部显波状层理，上部不显层理或具凸镜状层理，有植物茎干及立根。含孢粉：*Cyathidites-Lycopodiumsporites-Perinopollenites* 3.78 m
21. 灰白色厚—块状层含细砾中粗粒凝灰质石英砂岩，分选较差，胶结物主要为酸性火山灰(15%)，泥质少量，在火山灰中有石英及暗色矿物晶屑，显晶屑凝灰结构。砂岩自下而上粒度由粗变细，含砾减少，块状层理，有植物茎干沿层理分布，大者直径约 40 cm，底部有冲刷面　　　　　　　　　　　　　　　　　　　　5.50 m

—————— 平行不整合 ——————

下伏地层：**富县组**　灰白—黑灰色薄—中层状粗—中粒石英砂岩

【**地质特征及区域变化**】　延安组延入陇东地区后岩性下为灰白色粗砂岩；上为灰、灰黑、黄灰色砂岩、页岩夹煤层。下以石英粗砂岩（局部含凝灰质）与富县组顶部灰白、灰黑色砂岩分界；上以灰黑色泥岩与上覆直罗组底部高岭土质粗砂岩分界，上、下界面均为平行不整合。区内延安组变化较大，但总体特征完全可以对比（图12-2）。华亭县砚峡附近上、下接触关系清楚，底部为厚 5.5 m 灰白色厚层—块状含砾中粒凝灰质石英砂岩，向上为泥岩、煤层、粉砂岩，全剖面以三个由粗到细的沉积旋回组成，下部主要为河流相沉积，厚 92 m；中部由河道—河漫—后沼泽相砂—泥岩组成，厚 41 m；上部主要为湖沼相，局部为河流相沉积，厚 123 m。岩层稳定，大部分为粉砂质—泥质沉积层。砚峡北策底坡厚度减小至百米左右，仍为三个旋回。东部安口一带厚 143 m，旋回性不清，主要由细砂岩、粉砂岩、泥岩组成，含煤 5~8 层。安口北赤城附近中、粗碎屑岩约厚 105 m。北部镇原一带沉积物明显变粗，厚约 144 m，煤层变薄，多为薄煤层和煤线。陇东区的东北部地带，沉积旋回性不清，厚约 130~223 m，粗碎屑岩减少，主要为泥岩、粉砂岩，呈黑和灰色，煤层薄。西北部甜水堡剖面岩石粒度明显变粗，以中粗粒砂岩为主，夹细砂岩、页岩、煤层、煤线，厚 260 m。地质时代为中侏罗世早期。

直罗组　J$\hat{z}$　（05-62-0207）

【**创名及原始定义**】　前石油局陕北地质大队（1952）创名于陕西省富县直罗镇，原称"直罗系"。中国地质学编辑委员会、中国科学院地质研究所（1956）介绍。原始定义：上部淡黄色、绿色砂质页岩夹紫色页岩及砂岩凸镜体；下部为长石砂岩，具交错层，颗粒自下而上渐渐变细，夹砾状砂岩及石膏层（厚约 10 厘米），含云母、绿泥石、正长石、千枚岩碎块、黄铁矿结核。

【**沿革**】　长期以来，陇东地区的直罗组一直被视为延安组的一部分，直至徐福祥、沈光隆（1976）和《西北地区区域地层表·甘肃省分册》（1980）相继发表，陇东地区的直罗组方从延安组中划出，并开始使用，本书继续沿用。

【**现在定义**】　指位于延安组之上、安定组之下的以块状长石砂岩与杂色泥岩、粉砂岩为主的粗粒碎屑岩组合。以富含砂岩为特征。下以一层块状中、粗粒长石砂岩的出现与延安组分界，为平行不整合接触；上以一层灰绿色泥岩夹杂砂质长石砂岩结束与安定组分界，为整合接触。

【**层型**】　正层型在陕西省。甘肃省内次层型为华亭县策底北河沟剖面第 13—23 层（106°36′，35°19′），由甘肃综合地质大队（1963）测制，载于《西北地区区域地层表·甘肃省分册》（1980）。

【**地质特征及区域变化**】　直罗组延入陇东地区后，整合伏于安定组之下，平行不整合于延安组之上。下以灰白色高岭土质粗砂岩与延安组灰色泥岩、细砂岩分界；上以粗砂岩夹泥岩层向上转为泥岩夹粉砂岩、细砂岩为安定组开始。直罗组由两个沉积旋回组成，第一旋回下部为高岭土质粗砂岩，具斜层理和树干化石，厚 35.5 m；中部为灰黄色中粒砂岩、细砂岩，

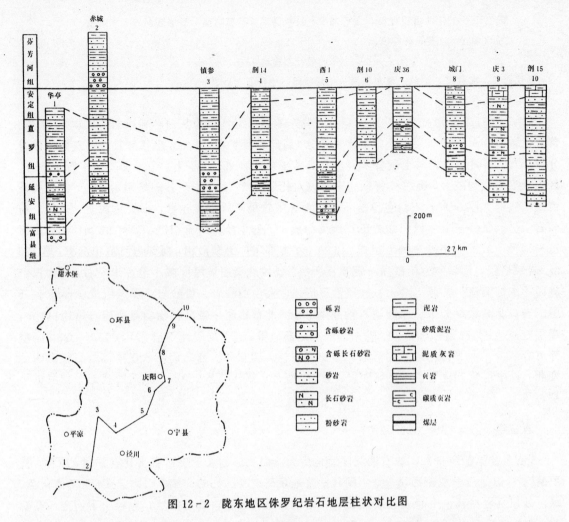

图 12-2 陇东地区侏罗纪岩石地层柱状对比图

向上出现暗紫红色砂质泥岩,厚 66.6 m;上部为黄绿、蓝灰、黄褐色砂岩夹紫红、褐红等色粉砂质泥岩,厚 28.8 m。第二旋回下部为灰黄色,局部为灰白色、褐红色粗砂岩、灰黄色细砂岩、泥质细砂岩,向上变为灰黄、红灰色,厚 38.7 m;上部为黄褐、灰黄、棕褐、晕紫等色粉砂岩、泥岩,厚 48.4 m。此外,在靖远盆地北部王家山、沙沟川、沙泉子一带直罗组也有分布,为草黄色砂岩。

陇东地区直罗组厚度变化较大。策底至庆阳一带厚 200～310 m 左右,安口—赤城—合水一带,厚 100～200 m 左右,靖远东北沙沟川、沙泉子一带厚度仅 50 m 左右,王家山盆地厚 443 m,唯北部甜水堡最厚 670 m,均以偏黄色、褐色砂岩为主。地质时代为中侏罗世晚期。

安定组 Ja (05-62-0206)

【创名及原始定义】 由 Clapp 和 Fuller(1926)于陕西省子长县安定创立的"安定石灰岩"一名而来。原始定义"由薄层灰色到粉红色灰岩组成,厚 200 英尺左右,底部为鲜红色页岩和黑色页岩互层。"

【沿革】 陇东地区使用安定组一词,始于顾知微(1962)及斯行健、周志炎(1962)。此前一直属策底坡煤系或华亭煤系的组成部分。本书沿用安定组。

【现在定义】 指位于直罗组之上,芬芳河组之下的一套黑色、灰黑色油页岩、页岩及钙质粉砂岩，灰黄色、桃红色泥灰岩等。以富含油页岩、页岩和泥灰岩为特征。下以灰黑色油页岩出现与直罗组分界，为整合接触；上以不整合或平行不整合与上覆宜君组或更新地层接触。

【层型】　正层型在陕西省。甘肃省内次层型为镇原县镇原镇镇参井剖面第 26—41 层 (107°08′，35°43′)。由长庆油田规划院(1976)录制。

上覆地层：洛河组　粗砂岩及砾岩
～～～～～～不　整　合～～～～～～

安定组　　　　　　　　　　　　　　　　　　　　　　　总厚度 317.00 m

41. 深褐色粉砂质岩，富含灰质及云母片　　　　　　　　　　　　9.00 m
40. 浅棕色细砂岩、深褐色粉砂质泥岩及浅褐色泥质砂岩、均含灰质　　6.00 m
39. 浅褐色长石细砂岩和浅黄棕色长石中粒砂岩，泥质灰质胶结，局部泥质富集成泥质
　　砂岩　　　　　　　　　　　　　　　　　　　　　　　　18.00 m
38. 深褐、浅黄棕色泥岩、深褐色粉砂质泥岩及浅褐色泥质砂岩，均含灰质、云母片　19.00 m
37. 黄棕色长石粗砂岩夹浅褐色泥质砂岩，粗砂岩中含微量云母片，分选一般，颗粒成
　　棱角状，泥质及少量灰质胶结　　　　　　　　　　　　　　　4.00 m
36. 深褐、深黄棕色泥岩，夹黄棕色长石细砂岩，含粉砂、灰质及云母片，局部变浅黄
　　棕色，砂岩由泥质胶结、次为灰质　　　　　　　　　　　　　22.00 m
35. 黄棕色长石细砂岩　　　　　　　　　　　　　　　　　　　　3.00 m
34. 上部为褐色粉砂质泥岩，中下部为深褐色泥岩与黄棕色长石细砂岩不等厚互层　30.00 m
33. 褐色泥质粉砂岩和浅黄棕色泥质砂岩，均含灰质　　　　　　　　7.00 m
32. 深褐、浅黄色泥岩，含灰质，具灰绿色斑块　　　　　　　　　　9.00 m
31. 黄棕色长石细砂岩，夹浅黄棕色泥岩，砂岩为灰质、泥质胶结，底部含细砾。泥岩
　　含灰质，具绿色斑状　　　　　　　　　　　　　　　　　　　9.00 m
30. 褐、深褐色泥岩与棕黄色、浅棕黄色细砂岩不等厚互层，中夹浅棕黄色泥质粉砂岩、
　　褐色泥质粉砂岩、棕黄色泥质粉砂岩　　　　　　　　　　　128.00 m
29. 棕黄色粉砂质泥岩　　　　　　　　　　　　　　　　　　　　4.00 m
28. 深褐、褐色泥岩　　　　　　　　　　　　　　　　　　　　　4.00 m
27. 棕黄色细砂岩与褐色、深褐色泥岩略等厚互层　　　　　　　　10.00 m
26. 深褐色(少量褐色)泥岩，夹棕黄色泥质砂岩　　　　　　　　　35.00 m

——————整　合——————

下伏地层：直罗组：浅灰黄、灰白色粗砂岩

【地质特征及区域变化】　延入陇东悦乐以北与正层型相同，但底部无油页岩，而为泥岩。悦乐以南为泥岩夹粉砂岩(或互层)，无泥灰岩、泥质白云岩。主要为褐色泥岩与同色粉砂岩、细砂岩互层。下以深褐色泥岩与直罗组浅灰黄、灰白色粗砂岩分界(整合)；上以不整合面与洛河组粗砂岩、砾岩分界(见图 12-2)。在东北部华池一带，下部为杂色泥岩与灰白色砂岩、细砂岩互层；中部为灰、灰黑色泥灰岩、泥岩互层；上部为灰紫色与灰白色泥灰岩、灰岩互层。在屈吴山—环县—庆阳线以南为砂岩—泥岩分布区，主要由细砂岩、粉砂岩—泥岩组成，呈互层状或为泥岩夹砂岩，偶夹粗砂岩。上述一线与王家山—东华池一线间，主要由油页岩、页岩组成；王家山—东华池一线以北，由砂岩—泥岩—灰岩组成。南部为滨湖三角洲相，厚 10～150 m 以上；中间地带为浅湖亚相，厚 100～200 m；北部为较深湖亚相，厚 100～130 m。

安定组沉积时本区从西北向东发展成为一个内陆湖，北部深湖区先沉积泥质岩，然后向南随湖区扩大泥岩渐向南发展，因此，北部和西北部安定组开始早于南部地区，即有由北向南穿时的规律。地质时代为晚侏罗世。

芬芳河组　Jff　（05-62-0199）

【创名及原始定义】　陕西省186煤田地质勘探大队(1973)创名于陕西省千阳县芬芳河，陕西省地层表编写组(1983)介绍。原始定义：千阳县草碧河内白家垭—白村寺之间，发现一组紫灰—紫红色块状砾岩—巨砾岩地层，砾石由花岗岩、花岗片麻岩、变质岩组成，并常见原生风化砾石，砾石浑圆状，砾径一般25～30 cm，最大达1 m。因其在千阳芬芳河出露最全，接触关系明显，而暂定上侏罗纪芬芳河组。

【沿革】　《西北地区区域地层表·甘肃省分册》(1980)引用于甘肃至今，本书沿用。

【现在定义】　指位于安定组之上，宜君组之下的一套棕红、紫灰色块状砾岩、巨砾岩夹少量棕红色砂岩及泥质粉砂岩为主的岩石组合。与上、下地层分别以不整合及平行不整合接触。

【层型】　正层型在陕西省。甘肃省内次层型为环县甜水堡乡马房沟剖面第1—3层(106°46′，37°07′)，由甘肃陇东地质队(1962)[①] 测制。

上覆地层：洛河组　砾岩
～～～～～～～不　整　合～～～～～～～

芬芳河组[②]　　　　　　　　　　　　　　　　　　　　　　　　总厚度127 m
3. 红色厚层—巨厚层状砂质、铁质中砾岩，夹砂砾岩凸镜体　　　　　　　9 m
2. 红色巨厚层粗砾岩、砂质铁质含巨砾砾岩。砾石为泥灰岩、白云母质泥质细砂岩、钙质长石石英细砂岩、黑色燧石，砾径7～8 cm，磨圆度较好，砾石排列方向与层理一致，倾角高于层面(约80°)，倾向东　　　　　　　　　　　　　　　　　83 m
1. 细砾岩，红色厚层状—巨厚层状，铁质。成分同上，砾径0.5～1.5 cm，砾径在同一层中有上粗下细的不甚明显的变化。单层厚1.2～1.5 cm　　　　　35 m
—————平行不整合—————
下伏地层：直罗组　泥岩、粉砂质泥岩、中粒砂岩、细粒砂岩、粉砂岩

【地质特征及区域变化】　延入甘肃陇东地区岩性无明显变化，层位相当，厚度较小。由红色厚层状—巨厚层状砾岩、巨砾岩组成，夹长石石英砂岩及泥质细砂岩。以底部细砾岩与下伏直罗组分界，为平行不整合接触；上为保安群洛河组不整合覆盖。总厚度大于127 m。环县西南三角城的本组与甜水堡相同，厚122 m。陇东南部赤城一带未出露地表，据煤田井下剖面，底部为紫、棕红及浅灰绿色砾岩，上部为紫红色及高粱皮色砂岩和泥岩，微显层理，厚300 m。平行不整合于安定组之上，被洛河组砂岩和砾岩不整合覆盖。地质时代为晚侏罗世晚期。

由陕西千阳县草碧镇至崇信县赤城再至环县三角城和北部甜水堡马房沟，芬芳河组呈南北向断续分布，表明晚侏罗世晚期这里为一南北向高山区(见图12-2)。

……① 甘肃陇东地质队，1962，甘肃环县西南部(1962)普查报告(手稿)。
　② 此剖面的划分与原著同，但岩石地层名称原为马房沟砾岩。

保安群　KB　（05－62－0236）

【创名及原始定义】　潘钟祥（1934）创名保安系。创名地点在陕西省志丹县（原为保安县）。"分布于陕北之西部、甘肃之东部，兹名之为保安系，包括美国技师（M L Fuller）所称之洛河砂岩、华池砂岩及环河层。其下部为红色斜层理砂岩及少许页岩，质颇松软；上部则为红色砂岩、页岩及绿色砂岩、页岩之互层。据美国技师估计，本系厚约二千公尺，此系与安定层似为一整合接触，但在宜君之西由灰岩而易为砾岩，颇为不连续之有力之证。此系与四川盆地四川系相当，时代应属白垩纪。

【沿革】　Fuller 和 Clapp（1926）于《Bulletin of the Geological Society of America》第138卷，将陕北的侏罗系自下而上划分为安定组、宜君组、洛河组、华池组、环河组、天池组；潘钟祥（1934）将 Fuller 的洛河组、华池组、环河组合称为保安系；张更、田在艺等（1952）《陕北盆地地质简报》（手稿）将 Fuller 创名的宜君组、洛河组、华池组、环河组及新创名的罗汉洞层、泾川层合称保安系；中国地质学编辑委员会、中国科学院地质研究所（1956）沿用保安系一词，包含张更、田在艺等的六个层位。斯行健、周志炎（1962）认为保安系岩性与六盘山岩性可以对比而改称六盘山系，并以保安系的地理名称与谢家荣（1924）创名的保安页岩重名，而建议停用"保安系"一词；陕西石油队（1974）《陕甘宁盆地石油普查地质成果总结报告》认为保安系不能与六盘山群对比，为不与谢家荣的"保安页岩"一词重名，而随保安县改为志丹县也易名为志丹群。《西北地区区域地层表·甘肃省分册》（1980）、郝诒纯等（1986）、《甘肃省区域地质志》（1989）、宋杰己（1993）沿用至今。本书恢复原名保安群。

【现在定义】　由一套紫红色至杂色为主的砂岩、砾岩、粉砂岩、泥岩夹页岩、泥灰岩和少量凝灰质砂岩组成的地层序列。自下而上分为宜君组、洛河组、环河组、罗汉洞组、泾川组。各组间均为连续沉积（甘肃省仅出露后4个组）。

洛河组　Kl　（05－62－0233）

【创名及原始定义】　Clapp 和 Fuller（1926）创名于陕西省志丹县北部的洛河，原称"洛河砂岩"。原始定义：为一套疏松的块状中粒交错层砂岩，带粉红色的淡黄色到鲜红色。剖面位于距延安府西南25至35英里处的洛河边，并且向西北可延伸到长城附近。在彬州县的南方和西南方向上也有少量的分布。

【沿革】　创名之后甘肃省首见于地质部第三石油普查大队（1976）将镇原县代坪镇镇参井完井剖面岩层称洛河宜君组，本书恢复原义改称洛河组。

【现在定义】　指位于安定组（或宜君组）之上、环河组或更新地层之下的一套紫红、灰紫色粗至中粒长石砂岩，夹泥质粉砂岩、泥岩，局部地方夹砾岩和页岩的地层序列。发育大型交错层理。与下伏宜君组或上覆环河组为整合接触，与安定组为不整合或平行不整合接触。

【层型】　选层型在陕西省。甘肃省内次层型为镇原县代坪镇镇参井钻井剖面第1—14层（108°08′，35°43′），由地质部第三石油普查大队 3204 井队地质组（1976）钻井编录。

上覆地层：环河组　浅棕色细砂岩与灰褐色泥质砂岩不等厚互层，夹粉砂质泥岩，顶部为
　　　　　　　　浅棕黄色中粒砂岩

——————整　合——————

洛河组　　　　　　　　　　　　　　　　　　　　　　　　　　　　总厚度 247.00 m

14. 上部浅灰白色块状细—中粒砂岩，粘土质胶结，松散；下部灰白色块状粗砂岩，
    泥质为主，少量灰质及粘土质胶结，疏松   24.00 m
13. 浅灰白色块状细砂岩，白色粘土质胶结，疏松   11.00 m
12. 黄灰色块状粗砂岩，泥质胶结，疏松   13.00 m
11. 浅灰白色、局部浅黄灰色块状细砂岩，磨圆较好，分选中等，粘土质胶结   17.00 m
10. 浅灰白色块状中粒砂岩   4.00 m
9. 浅灰白色块状细砂岩   27.00 m
8. 灰白、局部黄灰色块状中粒砂岩，分选差，磨圆尚好，粘土质胶结   17.00 m
7. 灰白色、局部黄灰色块状中—粗砂岩   33.00 m
6. 灰白色块状中粒砂岩、浅灰黄色块状细—中粒砂岩夹泥岩，砂岩局部含细砾，灰质、
   粘土质胶结   19.00 m
5. 浅灰黄色块状细砂岩，粘土质胶结   15.00 m
4. 浅黄灰色块状中粒砂岩，底部为深绿灰色泥岩、含灰质砂岩，粘土质胶结   13.00 m
3. 浅黄绿色块状细砂岩   17.00 m
2. 深绿灰色泥岩、浅黄灰色细砂岩   4.00 m
1. 浅黄灰、白色块状中粒砂岩，夹深绿灰色泥岩，分选、磨圆较好，含细砾、高岭土质
   胶结，下部变为浅棕色，含泥质较多   33.00 m

~~~~~~~~ 不 整 合 ~~~~~~~~

下伏地层：安定组　深褐色粉砂质岩，富含灰质及云母片

【地质特征及区域变化】　洛河组延入甘肃未出露地表，井下剖面与层型地一致，为灰白、黄灰、黄棕、棕红色块状细—粗粒长石砂岩或长石石英砂岩，局部夹绿灰色泥岩，以具大型斜层理及交错层理为标志。东部厚 350～450 m，在镇原厚 247 m，由东向西厚度渐减、粒度渐细之势。与上覆地层环河组为整合接触，与下伏地层安定组为不整合接触。地质时代为早白垩世早期。

环河组　Kh　（05 - 62 - 0232）

【创名及原始定义】　Fuller 和 Clapp(1927)创名华池层与环河层。创名地点在华池县、环县。指"M L Fuller，F G Clapp 命名的华池层、环河层，沿洛河砂岩分布，以红色砂岩覆盖在洛河砂岩之上，其后沉积了页岩。与洛河砂岩的沉积有些突变，显示整合下沉，其上页岩逐渐增加变为红、灰绿色砂岩、页岩近等厚互层，沉积范围西延至环河盆地。"

【沿革】　Fuller 等(1927)在《Geology of the North Shensi Basin，China》（未刊）一文中用华池层、环河层。中国地质学编辑委员会、中国科学院地质研究所(1956)沿用华池砂岩、环河组。嗣后，地质部第三石油普查大队 3204 井队地质组[①]、石油部长庆油田、《西北地区区域地层表·甘肃省分册》(1980)、郝诒纯等(1986)、《甘肃省区域地质志》(1989)、宋杰己(1993)均沿用华池组、环河组或华池环河组名称。本次清理据西北大区研究组(1993)银川会议以华池-环河组难以划分为由，建议以环河组一名代替华池-环河组，停用华池组。

【现在定义】　指出露于陕甘交界甘肃省一侧，洛河组之上，罗汉洞组之下的一套紫红、棕红、绿、绿灰色碎屑岩沉积。底以棕红色具水平波状、微斜层理的砂岩与具大型斜层理的洛河组为界，其上被罗汉洞组砾岩或砂砾岩覆盖，各组间均为整合接触。

---

① 地质部第三石油普查大队 3204 井队地质组，1976，镇参井完井报告（未刊）。

【层型】　原未指定层型,现指定选层型为合水县太白乡豹子沟—陕西富县黑水寺剖面第1—21层(108°28′,36°17′)。由甘肃区调队(1981)测制。

【地质特征及区域变化】　甘肃环河组分布零星,仅见于较大河谷,主要岩性为棕红、紫红色及少量灰、灰绿色泥岩、砂质泥岩、粉砂岩、砂岩韵律互层。由下往上砂岩减少,粒度变细,泥质岩多具微细水平层理及龟裂,粉砂岩具微细斜层理及波痕,砂岩微斜层理发育,与洛河组整合接触。在合水—庆阳—华池一带较薄,厚257~387 m,环县—镇原较厚,厚588~734 m,由东北向西南变厚,粒度变细。地质时代为早白垩世早期。

罗汉洞组　Klh　(05-62-0234)

【创名及原始定义】　张更、田在艺等(1952)创名,中国地质学编辑委员会、中国科学院地质研究所(1956)介绍。创名地点在泾川县罗汉洞沟门前、郝家沟。"指出露于泾川县罗汉洞沟门前到郝家沟,下部为厚层紫色砂岩夹绿色层,中部为桔红色交错层砂岩,上部为红色岩层夹薄层的灰、黄色砂岩、页岩。厚度为200 m。"

【沿革】　创名后沿用至今。

【现在定义】　指分布于环县、庆阳县、西峰镇以西,介于泾川组之下、环河组之上的一套紫红、棕红、暗紫、土黄色碎屑岩序列。底以土黄色砂岩或紫红色砾岩与下伏环河组顶部灰绿色泥质粉砂岩或泥质岩为界,顶以蓝灰色泥岩或泥灰岩夹层的出现与泾川组分界,各组间均为整合接触。

【层型】　原未指定层型,现指定选层型为泾川县沟门前—陕西彬县朱家湾剖面第1—11层(107°22′,35°20′),由银川石油勘探局叶常九(1959)测制。层序如下:

上覆地层：泾川组　灰、灰黄色长石砂岩与蓝灰色砂质泥岩互层

———————— 整　合 ————————

罗汉洞组　　　　　　　　　　　　　　　　　　　　　　　　　总厚度 202.00 m

11. 黄色长石砂岩,厚层一块状,夹泥质条带　　　　　　　　　　　　10.00 m
10. 浅棕、灰色细粒长石砂岩与灰黄色粉砂岩互层　　　　　　　　　　4.00 m
9. 暗紫色砂质泥岩,夹紫褐色灰质长石砂岩　　　　　　　　　　　　9.00 m
8. 棕红色长石砂岩,含细砾　　　　　　　　　　　　　　　　　　　35.00 m
7. 暗紫色砂质泥岩,顶部为厚0.8 m泥质粉砂岩　　　　　　　　　　4.00 m
6. 浅灰紫、紫色泥质粉砂岩与砂质泥岩互层,钙质胶结,含砾　　　　42.00 m
5. 棕红色泥质粉砂岩与暗紫红色砂质泥岩互层　　　　　　　　　　　16.00 m
4. 棕红色长石砂岩与暗紫色页岩互层　　　　　　　　　　　　　　　29.00 m
3. 紫红色泥质砂岩,中部夹红色页岩　　　　　　　　　　　　　　　23.00 m
2. 土黄色细粒长石砂岩,中部为粉红色中粒长石砂岩,夹厚3 m紫色泥岩　28.00 m
1. 紫色页岩夹灰色细砂岩,砂岩含长石,底为细砾岩　　　　　　　　2.00 m

———————— 整　合 ————————

下伏地层：环河组　顶部为浅黄色砂岩,中部灰绿色泥质粉砂岩,底为浅灰色砂质泥岩

【地质特征及区域变化】　罗汉洞组分布于环县、西峰以西地区的河谷中,为湖泊相碎屑岩。在环县合道川一带以棕色砂岩、粉砂岩、泥质岩为主,厚146 m;虎洞沟附近以棕红色砂岩为主,夹泥岩,厚度141 m;南部镇原一带为黄棕、棕红色粗—细粒砂岩与泥质岩互层,砂

岩多含砾，厚245 m；在崇信县厢房沟为暗紫红、黄绿色砾岩夹砂岩，厚度278 m。以镇原、泾川为中心，向西变薄、向西南厚度变大，粒度变粗，以砾岩为主夹砂岩，在"古脊梁"超覆不整合在奥陶纪—三叠纪老地层之上。地质时代为早白垩世早期。

泾川组　$K_1 jc$　（05-62-0235）

【创名及原始定义】　张更、田在艺(1952)创名，中国地质学编辑委员会、中国科学院地质研究所(1956)介绍。创名地点在泾川。"指出露于泾川城附近，上与第三纪三趾马层相接。岩性：下部为紫色、绿灰色砂质页岩互层；中部为薄层灰色砂岩及灰、深灰色页岩，含石灰质；上部为紫红色砂页岩及灰色页岩。厚度二百米。"

【沿革】　创名后沿用至今。

【现在定义】　指出露于泾川、镇原、环县以西罗汉洞组之上的一套紫红、粉红、灰绿、灰黄、蓝灰色泥岩、砂质泥岩、粉砂岩、细砂岩互层，夹蓝灰色泥灰岩。以灰黄、蓝灰色泥岩或泥灰岩夹层的出现与下伏罗汉洞组整合分界。其上被第三纪干河沟组不整合覆盖。

【层型】　原未指定层型，现指定选层型为泾川县西—陕西彬县朱家湾剖面第1—9层（107°22′，35°22′），由银川石油勘探局叶常九等（1959）测制。

上覆地层：干河沟组　三趾马泥岩、粉砂岩
———————— 不整合 ————————

泾川组　　　　　　　　　　　　　　　　　　　　　　　　　　　　总厚度148.00 m

9. 紫红色砂质泥岩，夹淡咖啡色泥质砂岩，中部夹厚0.5 m深灰色砂岩　　　20.00 m

8. 紫红色砂质泥岩与咖啡色泥质砂岩互层，底部为一层灰绿色页状砂岩　　9.00 m

7. 紫红色泥岩与白色薄层泥质砂岩互层，夹一层灰白色、粉红色含灰质泥岩，底部有一
　　层灰白色泥灰岩，厚0.3 m　　　　　　　　　　　　　　　　　　　　12.00 m

6. 紫红色泥岩夹灰绿色薄层砂岩与土红色砂岩互层，底部为厚1.4 m灰绿、土红色砂
　　岩，其中夹紫红色页状砂质泥岩　　　　　　　　　　　　　　　　　　12.00 m

5. 紫红色泥岩与灰白色泥质砂岩互层，泥质砂岩胶结坚硬，底部有厚达10 m左右的红、
　　灰白、灰绿色泥岩　　　　　　　　　　　　　　　　　　　　　　　　20.00 m

4. 底部为灰绿、灰黄色细砂岩，中部为灰绿色砂质泥岩，上部为蓝灰色泥灰岩　12.00 m

3. 底部为紫色粉砂岩，中部为紫色砂质泥岩，顶部为浅蓝灰色泥质灰岩，由粗变细为三
　　个沉积韵律　　　　　　　　　　　　　　　　　　　　　　　　　　　23.00 m

2. 暗黄、灰黄色粉砂岩与浅蓝灰色砂质泥质灰岩，含杂色泥质条带　　　　27.00 m

1. 灰、灰黄色长石砂岩与蓝灰色砂质泥岩互层　　　　　　　　　　　　　13.00 m

———————— 整合 ————————
下伏地层：罗汉洞组　黄色长石砂岩，厚层—块状，夹泥质条带

【地质特征及区域变化】　泾川组为滨湖—浅湖相碎屑岩单位。出露于泾河两岸及汭水、蒲水、茹水沟谷内，向北延入宁夏，向南延入陕西境内。在泾川西为灰黄色长石砂岩、粉砂岩与蓝灰色泥质岩、泥灰岩韵律层，上部为紫红色泥岩夹灰绿色砂岩，出露厚度148 m；环县演武镇康家河一带以灰黄、灰色泥质岩为主，夹泥灰岩及少量紫色泥岩，厚96 m；在崇信县厢房沟附近为紫红、灰绿色泥质岩与粉、细砂岩互层，厚555 m。由北向南厚度渐增大，粒度变粗；向西与六盘山群和尚铺组以上地层相连，被第三纪干河沟组不整合覆盖。地质时代为早白垩世晚期。

六盘山群　KL　（05-62-0242）

【创名及原始定义】　袁复礼(1925)创名六盘山系。创名地点在甘肃省华亭县—宁夏固原县。"主要由绿色、红色、白色砂岩和绿色、蓝绿色页岩组成,其底部有两层鲕状灰岩,顶部有几层白色、黄褐色不含化石的灰岩。六盘山系向南厚度变薄,产鱼化石 *Lycoptera kansuensis*。向北不整合于二叠系煤系之上,向南不整合于奥陶系(可能为元古界)灰色裂片状页岩及一层厚层—块状灰岩之上。"

【沿革】　袁复礼、安德森(J G Andersson)(1923)在甘肃华亭县及宁夏固原县,谢家荣原划为奥陶纪陇山系页岩中采到鱼化石,经葛利普鉴定为 *Lycoptera kansuensis*, *L. woodwardi* 及与山东白垩系中相似的植物、昆虫和叶肢介 *Eosestheria* cf. *middendorfii*,袁氏于1925年著文《Geological Notes on Eastern Kansu》创名六盘山系,将地质时代改为白垩纪;关士聪及地质633队翁守发(1955—1956)沿用六盘山系,以岩石颜色及岩性组合自下而上分六个层:底砾岩层、紫色砂岩泥岩层、下杂色层、蓝灰色泥岩夹灰岩层、灰质层、上杂色层,并认为与保安系相当,可逐层对比。石油部银川石油勘探处125队(1959)将六个层中的蓝灰色泥岩夹灰岩层、灰质层合并自下而上创名三桥层、和尚铺层、李洼峡层、马东山层、乃家河层。1963年又将六盘山群所属各层改为组。嗣后,《西北地区区域地层表·甘肃省分册》(1980)、郝诒纯等(1986)、《甘肃省区域地质志》(1989)、宋杰己(1993)均承此划分。本书仍沿用。

【现在定义】　本群不整合覆于安定组或更老地层之上,主要岩性:底部为紫红—灰色块状砾岩(三桥组);中部为紫红色—杂色砂砾岩、砂岩及泥岩、泥灰岩和灰岩(和尚铺组、李洼峡组);上部为蓝灰、灰绿色页岩、泥岩、粉砂岩和长石石英砂岩、灰岩夹油页岩、石膏(马东山组、乃家河组)。其上与第三纪干河沟组呈不整合接触。

三桥组　Ks　（05-62-0237）

【创名及原始定义】　石油部银川石油勘探处125队(环县勘探区队)1959年于陕西省陇县固关三桥称三桥层,陕西区测队(1967)在《1:20万陇县幅地质图说明书》中介绍。原始定义:本层为六盘山统之底砾岩,均以角度不整合覆于其下较老地层之上,在陇县固关以西发育良好,厚达400公尺以上。岩性主要为一套暗紫色、红色块状中砾岩及粗砾岩。

【沿革】　参见六盘山群。

【现在定义】　指位于宽坪岩群之上,和尚铺组棕红色砂岩之下的一套浅棕紫色、灰紫色块状砾岩,局部地方夹凸镜状砂岩的地层序列。下与宽坪岩群的变质岩以明显的不整合面为界;上以紫红色砂岩的出现作为和尚铺组的开始,两者为整合接触。

【层型】　正层型在陕西省。甘肃省内次层型为华亭县孟家台剖面第1层(106°24′,35°12′),由西北地质局633队翁守发(1956)测制。

上覆地层:和尚铺组　暗灰色砾砂岩及中粗粒砂岩互层
―――――― 整　合 ――――――

三桥组　　　　　　　　　　　　　　　　　　　　　　　　　　　　总厚度 250 m

1. 暗紫色砾岩夹薄层砾岩、砂岩及不规则砂岩,砾石成分为花岗岩、正长石、片岩,次棱角状砂粒充填,灰质胶结,耐风化,在地形上造成悬崖陡壁　　　　　　　　250 m

～～～～～ 不整合 ～～～～～

下伏地层：黄旗口组　二云石英片岩

【地质特征及区域变化】　三桥组延入甘肃为山麓洪积相粗碎屑岩单位，岩性单一，以砾岩为主夹不规则状砂岩。砾石成分随地而异，多次棱角—棱角状，灰质胶结耐风化，常形成悬崖陡壁，出露厚度250 m，不整合在黄旗口组二云母片岩之上，在平凉县崆峒山、太统山、峡门一带厚度变薄，向东与保安群罗汉洞组相连，不整合覆于"古脊梁"奥陶纪—三叠纪地层之上。与上覆和尚铺组整合接触。向北延入宁夏。三桥组未发现化石。地质时代对比为早白垩世。

和尚铺组　$Kh\hat{s}$　（05－62－0238）

【创名及原始定义】　石油部银川石油勘探处125队(1959)创名和尚铺层，陕西区测队(1967)介绍。创名地点在宁夏固原县和尚铺。岩性以紫色砂质泥岩及细砂岩为主，夹蓝灰色泥岩、页岩及少许泥灰岩。本层为六盘山统含砂质最多的一层，一般为中层至厚层，层理较清晰，与下伏三桥层连续沉积。以李洼峡为中心厚756 m。"

【沿革】　参见六盘山群。

【现在定义】　主体为紫红色砂砾岩、砂岩、粉砂岩、泥岩等，夹少量灰白色粗—细粒长石石英砂岩、褐红色页岩。与下伏三桥组呈整合接触，二者区别在于后者为一套厚层—块状砾岩；其上与李洼峡组为连续沉积。

【层型】　正层型在宁夏。甘肃省内次层型为华亭县孟家台剖面第2—8层（106°24′，35°12′），由西北地质局633队翁守发(1956)测制。

上覆地层：李洼峡组　紫色砂质泥岩，含白云母片，风化后呈黄色灰质泥岩
———————— 整　合 ————————

和尚铺组　　　　　　　　　　　　　　　　　　　　　　　　　总厚度1 216.0 m

8. 砂质泥岩及泥质砂岩为主，夹砾状砂岩、砂岩。砾状砂岩呈紫色、疏松易碎，成分以石英为主，含有长石及泥岩碎屑；泥质砂岩含白云母碎片，致密坚硬，灰质胶结　　836.0 m
7. 紫色厚层砂质泥岩及泥质砂岩互层，含泥岩团块及白云母，灰质胶结　　17.0 m
6. 紫红色细砂岩及砂质泥岩互层，上部夹薄层砂岩　　47.0 m
5. 砾状砂岩夹泥质砂岩。砾状砂岩疏松，灰质胶结，棱角状　　26.0 m
4. 紫色厚层砂质泥岩，夹中厚层及薄层细砂岩。上部砂质泥岩渐变为泥质砂岩　　54.0 m
3. 厚层砾状砂岩及粗砂岩互层，亦夹厚层砂岩　　52.0 m
2. 暗紫色砾状砂岩及中粗粒砂岩互层，砾石成分为石英、正长石、少量硅质灰岩等，砾径为2~5 cm，半棱角状、次圆状，分选差、排列杂乱　　184.0 m

———————— 整　合 ————————
下伏地层：三桥组　暗紫色砾岩夹薄层砾岩、砂岩及不规则状砂岩

【地质特征及区域变化】　和尚铺组延入甘肃为滨湖相碎屑岩单位，岩性以紫红色砂质泥岩、泥质砂岩为主，近底部为分选磨圆较差的砾状砂岩夹泥质砂岩。由孟家台向西至庄浪县店峡，向南至华亭三角城一带，夹灰白、浅灰绿色含铜砂岩、砂砾岩。铜的氧化矿物一般呈星散状斑点或薄膜状充填在砂岩或砂砾岩的孔隙中。在华亭县孟家台一带最厚1 216 m，向东变薄为几十米—百米，与保安群泾川组相连，向西尖灭。本组化石稀少，在宁夏采得植物Pa-

giophyllum sp., Otozamites sp., 鱼 Lycoptera sp., 在陕西采有腹足类 Galba pseudopolustris, G. obrutschewi, Bellamya sp. 等化石。地质时代为早白垩世晚期。

李洼峡组　Klw　（05-62-0239）

【创名及原始定义】　石油部银川石油勘探处 125 队（1959）创名李洼峡层，陕西区测队（1967）介绍。创名地点在宁夏固原县和尚铺北李洼峡。原始定义为："主要岩性为灰绿色与紫红色相间的砂质泥岩、泥岩及泥灰岩。与下伏和尚铺层连续沉积，向上渐变细过渡到沉积最细的马东山层。厚度 520 米。"

【沿革】　参见六盘山群。

【现在定义】　岩性为杂色（灰白、灰绿、紫红、蓝灰）砂岩、泥岩、泥灰岩、灰岩组成之韵律层，其中泥灰岩、灰岩常具鲕状构造。本组与下伏和尚铺组为连续沉积，二者区别在于后者主体岩性为紫红色碎屑岩；其上与马东山组为整合接触。

【层型】　正层型在宁夏。甘肃省内次层型为华亭县孟家台剖面第 9—11 层（106°24′，35°12′），由西北地质局 633 队翁守发（1956）测制。

上覆地层：**马东山组**　紫色泥岩夹灰绿色泥岩、波痕状灰岩
—————— 整　合 ——————

李洼峡组　　　　　　　　　　　　　　　　　　　　　　　　总厚度 303.0 m

11. 紫色砂质泥岩夹绿色灰质泥岩、不纯灰岩及薄层砂岩。砂质泥岩呈中—薄层状，含
　　云母、风化后呈碎片，含植物化石痕迹；灰岩层面含云母，新鲜面为灰色；砂岩为
　　紫色，球度好，以石英为主，含微量黑色矿物，灰质胶结　　　　　　　　178.0 m
10. 紫色砂质泥岩，灰白色灰岩及薄层砂岩略等厚互层　　　　　　　　　　　65.0 m
9. 紫色砂质泥岩、含白云母片，风化后呈黄色灰质泥岩；不纯灰岩，不易风化，风化面
　　呈黄紫及灰绿色　　　　　　　　　　　　　　　　　　　　　　　　　　60.0 m
—————— 整　合 ——————
下伏地层：**和尚铺组**　砂质泥岩及泥质砂岩为主，夹砾状砂岩、砂岩

【地质特征及区域变化】　李洼峡组延入甘肃为湖相细碎屑岩单位，以紫色为主，夹灰绿、灰、灰白、灰黄色泥质岩、灰岩夹钙质胶结的薄层状石英质砂岩组成。以富含钙质、色杂为特点，厚 303 m。呈南北向狭长条带状，向北、向南岩石粒度变粗，颜色以紫红、紫灰为主，分别延入宁夏和陕西省内。在东部华亭县五村堡与保安群泾川组相连，近年多按泾川组的划分标准隶属于保安群内。在北部安国镇以西及新店附近紫色减少，逐渐过渡为以黄绿、灰绿、蓝灰、灰白色泥页岩为主，下部见砾岩及砂岩夹层。灰岩、泥灰岩减少、厚度变薄为 90～133 m。地质时代为早白垩世晚期。

马东山组　Kmd　（05-62-0240）

【创名及原始定义】　石油部银川石油勘探处 125 队（1959）创名马东山层，陕西区测队（1967）介绍。创名地点在宁夏固原县马东山。"主要岩性为一套中厚层至厚层蓝灰色夹灰黄色泥岩、页岩、泥灰岩夹石灰岩及油页岩，偶夹砂质泥岩，产植物、昆虫、甲壳及鱼类化石。最厚是庙山 1 410 m。与下伏李洼峡层，与上覆乃家河层为连续沉积"。

【沿革】　参见六盘山群。

【现在定义】 岩性以蓝灰、灰绿、灰黄色薄层—中层状钙质泥岩、页岩、泥灰岩互层为主,夹鲕状灰岩、隐晶灰岩,局部夹油页岩。其与下伏李洼峡组为连续沉积,两者区别为后者砂岩多,前者灰岩呈草帽状,夹油页岩,且不含紫红色泥岩;上与乃家河组整合接触。

【层型】 正层型在宁夏。甘肃省内次层型为华亭县孟家台剖面第12—14层(106°24′,35°12′),由西北地质局633队翁守发(1956)测制。

上覆地层:干河沟组　砖红色砂岩、砾岩
～～～～～～ 不 整 合 ～～～～～～

马东山组	总厚度62.0 m
14. 绿色、灰色泥岩,夹灰岩层	20.0 m
13. 蓝灰色泥岩、暗灰色页岩,夹薄层灰岩、泥岩,含植物和鱼化石	22.0 m
12. 紫色泥岩夹灰绿色泥岩、波痕状灰岩	20.0 m

——————— 整 合 ———————

下伏地层:李洼峡组　紫色砂质泥岩夹灰绿色灰质泥岩、不纯灰岩及薄层砂岩

【地质特征及区域变化】 马东山组延入甘肃为湖相泥质—钙质岩石单位,颜色以蓝灰、灰绿为主,由富含钙质的泥页岩及灰岩夹油页岩组成。下界与李洼峡组整合接触,上界缺失乃家河组,被干河沟组不整合覆盖。华亭县刘家店南,厚度62 m,其上为断层所截并被第四系黄土覆盖。省内马东山组化石稀少,未经系统研究。地质时代为早白垩世晚期。

第二节　生物地层与地质年代概况

(一)侏罗系

以植物群为主,其次有双壳类等。早、中侏罗世的植物可以建立3个组合或植物群,晚侏罗世除植物外,还见有爬行动物化石及轮藻等。植物组合特征由老到新分别为:

① *Cladophlebis suluktensis-Thaumatopteris* 组合　主要分布在兰州阿干镇大西沟及天祝炭山岭、大科斯坦、小科斯坦的大西沟组和靖远县王家山、刀楞山剖面的芨芨沟组中,在陇东地区的华亭县砚峡剖面亦有分布。主要分子有 *Equisetites* cf. *rugosus*, *Neocalamites carreri*, *N. carcinoides*, *N.* cf. *hoerensis*, *Cladophlebis* cf. *aldanensis* var. *angustia*, *Cl. asiatica*, *Cl. nebbensis*, *Cl. kaoiana*, *Cl.* cf. *denticulata*, *Cl. magnifica*, *Cl.* cf. *scariosa*, *Cl. tsaidamensis*, *Cl.* cf. *gracilis*, *Todites williamsoni*, *T. denticulata*, *Dictyophyllum* sp., *Raphaelia* aff. *diamensis*, *Anomozamites* cf. *major*, *Ctenis* sp., *Ginkgoites marginatus*, *G. lepidus*, *Czekanowskia rigida*, *Cz. setacea*, *Pityophyllum longifolium*, *P.* cf. *staratschiri*, *P.* cf. *lindstroemi*, *Podozamites lanceolatus*, *Thallites* sp., *Annulariopsis ensifolius*, *A.* sp. *Coniopteris*? sp., *Glossophyllum*? sp., 还见有双壳类:*Ferganoconcha subcentralis*。地质时代为早侏罗世。

② *Dictyophylum-? Clathropteris* 植物群　在区域上位于 *Cladophlebis suluktensis-Thaumatoperis* 组合之上,及 *Coniopteris-Phoenicopsis* 植物群之下,主要化石有 *Neocalamites nathorsti*, *Clathropteris meniscioides*, *Coniopteris* sp., *Dictyophyllum nathorsti*, *Cladophlebis raciborskii*, *Cl. tsaidamensis*, *Anomozamites* sp., *Equisetites ferganensis*, *E.* cf. *grosphodon*, *E.* cf. *sarrani*, *E.* cf. *planus*, *E.* sp., *Nilssonia* sp., *N.* cf. *linearis*, *Zamites* sp., *Otozamites* sp., *O.* cf. *tangyangensis*, *O.* spp., *Elatocladus* sp., *Stenorachis* sp. 其中产有少量孢粉:

Osmundacidites wellmanii, *Lycopodiumsporites* sp. *Cyathidites minor*, *Cycadopites typicuspocook*, *Verrucosisporites* sp., *Palaeoconiferus* sp., *Callialasporites* sp., *Gleicheniidites* sp., *Psophosphaera* spp., *Pinus* sp., *Pseudopinus* sp., *Quadraculina limbata* 等分布于窑街与炭洞沟一带的炭洞沟组及炭和里组中，地质时代为早侏罗世晚期。

根据芨芨沟组所含植物化石，由东向西即由靖远县至潮水盆地至河西走廊，时代从早侏罗世早期至早侏罗世晚期直至中侏罗世，为一个穿时的岩石地层单位。

③ *Coniopteris-Phoenicopsis* 植物群 为斯行健（1956）创建。主要分子有 *Coniopteris hymenophylloides*, *C. spectabilis*, *C. burejensis*, *C. tatungensis*, *C.* cf. *nerifolia*, *C.* cf. *spectabilis*, *Eboracia lobifolia*, *Todites williamsoni*, *Cladophlebis asiatica*, *Cl. whitbyensis*, *Cl. haiburensis*, *Cl. tsaidamensis*, *Ginkgoites lepidus*, *Ginkgoites sibiricus*, *G.* sp., *Czekanowskia rigida*, *Phoenicopsis angustifolia*, *Baiera furcata*, *Sphenobaiera* sp., *Sphenophyllum* sp., *Neocalamites hoerensis*, *Equisetites* sp., *Pityophyllum staratschini*, *Pityophyllum longifolium*, *Elatocladus* sp., *Podozmites lanceolatus* 等，分布于北山与祁连山西部的龙凤山组、中间沟组、窑街组，靖远县王家山水洞沟—苦水峡一带的新河组，陇东地区华亭—安口一带的延安组与直罗组。在中间沟组中还见淡水双壳类 *Pseudocardinia* 和 *Ferganoconcha* 等。地质时代为中侏罗世。

晚侏罗世植物化石少且分布不均，主要见于榆中县牛心山和靖远县宝积山的享堂组中，见有 *Pityolepis*? sp., *Otozamites*? sp., *Pityospermum*? sp., *Podozamites* sp. 由于植物化石稀少，研究程度较低。但在这一时期在享堂镇附近的享堂组中发现有苗氏孙氏鳄、合川马门溪龙及轮藻：*Euaclistochara yunnanensis*, *E. nuguishanensis*, *E.* cf. *lufengensis* var. *minor*, *E. stipia*, *Aclistochara* cf. *hungarica*, *Obtusochara* sp. 等。其总体的生物面貌代表中侏罗世晚期至晚侏罗世。

（二）白垩系

1. 热河动物群

该动物群化石丰富，门类繁多。主要有双壳类、腹足类、叶肢介、介形类、昆虫、鱼类及植物等。该群可分早期类群与晚期类群。早期类群的时代为晚白垩世，此处不再详述。晚期类群可包括以下几个组合。

①叶肢介 *Eosestheria* 组合 常见分子有 *Eosestheria middendorfii*, *E. oblonga*, *E.* aff. *middendorfii*, *Diestheria yixianensis*, *Liaoningestheria yixianensis*, *L. ovata*, *Orthestheria hongliugdaensis*, *Dictyestheria qianlouziensis*, *Neodiestheria dolaziensis*, *Yanjiestheria sinensis*, *Y. yumenensis* 等。

②鱼类 *Lycoptera* 组合 主要分子有 *Jiuquanchthys liui*, *Ikechaoamia orientalis*, *Coccolepis yumenensis*, *Lycoptera* sp., *Changma shenjeawanensis*。

③爬行类 *Psittacosaurus* 组合 主要分子有 *Psittacosaurus* sp., *Protoceratopus* sp.。

共生的动物化石有双壳类 *Ferganoconcha subcentralis*, *F. yanchanensis*, *F. sibirica*, *F.* cf. *subcentralis*, *Sphaerium jeholense*, *S. selenginense*, *Nakamuranaia chingshanensis*, *Tetoria fuxinensis*, *T. yokoyamai*, *Corbicula*(*Mesocorbicula*)*tetoriensis*, *C.* (*M.*)*ciaoningensis*, *Nippononaia tetoriensis*；腹足类有 *Probaicalia vitimensis*, *P. gerassimovi*, *Bellamya* cf. *fengtiensis*, *Physa* cf. *vitimensis*, *Pseudancylastrum*(*Protancylastrum*)*sinensis*, *Gyraulus dalatziensis*。介形类以 *Cypridea* 属为主，有 *Cypridea unicostata*, *C.* (*Cypridea*)*sinensis*, *C.* (*Cyamocypris*)*latiovata*, *C.* (*C.*)*ovatiformis*, *C.* (*Morinia*) *indistincta*, *C.* (*Ulwellia*)*dosdulensis*, *Zizipho-*

cypris simakovi, *Darwinula contracta*, *Eucypris infantilis*, *Ziziphocypris simakovi* 等；昆虫 *Ephemeropsis trisetalis*, *Brochocoleus punctatus*, *Coptoclava longipoda*, *Mesotendipes gragaria*, *Eurycoleus clyposlatus* 等。

热河动物群主要分布于北山地区、酒泉—玉门地区的赤金堡组、下沟组、中沟组；河口一带的河口群。另在阿拉善地区的庙沟组中亦见有少量分布。河口群化石以南北兼容混合型为特征。地质时代为早白垩世。

2. *Ruffordia-Onychiopsis* 植物群

该植物群的主要分子有 *Ruffordia goepperti*, *Brachyphyllum japonicum*, *Ginkgoites sibiricus*, *G. digitata*, *Elatides curvifolia*, *Otozamites* sp., *Podozamites lanceolatus*, *Onychiopsis* sp. 及少量被子植物 *Magnolia* sp., *Juglans* sp.。与本植物群共生的轮藻有 *Aclistochara hungaria*, *A. caii*, *A. huihuibaoensis*, *Mesochara xiagouensis*, *M. amoera*, *M. symmetrica*, *A. datongheensis*, *A. bransoni*, *Minhechara zaeorgouensis*, *Nodoseclavator qinghaensis*, *Sphaerochara conica*, *S. minuta*, *S. verticillata*, *Clypeator jiuquanensis*, *Tolypella stipitata* 等；另外还见有孢粉。该植物群主要分布于酒泉西部盆地及昌马盆地的下沟组及中沟组中，在河口一带河口群中亦有分布。地质时代为早白垩世。

晚白垩世以陆生动物化石为主，在永昌县马莲沟及肃南九条岭地区的马莲沟组中见有叶肢介化石 *Dimorphostracus nunjiangensis*, *D.* cf. *tenellus*, *Estherites linshinensis* 等，地质时代为晚白垩世。

第十三章
第三纪—第四纪

区内第三纪—第四纪地层，广泛分布于区内中—新生代盆地。计有1个群17个组。其中，在祁连-北秦岭地层分区，第三纪地层有火烧沟组、白杨河组、疏勒河组、西柳沟组、野狐城组和甘肃群，第四纪有玉门组、榆林窟组、八格楞组、黄泥铺组、戈壁组、五泉山组。在陇东地区，第三纪有干河沟组，第四纪有午城组、三门组、离石组、萨拉乌苏组及马兰组。

火烧沟组 Eh （05-62-0262）

【创名及原始定义】 司徒愈旺、杜博民（1948）创名（创名时未著文正式发表），中国地质学编辑委员会、中国科学地质研究所等（1956）介绍。创名地点在玉门市清泉乡火浇沟。原始定义："其岩性（在酒泉火烧沟一带）下部为砾岩与红色泥岩粘结成层；上部为红色泥岩，其中含砂岩和砾岩"。

【沿革】 火烧沟组创名后，在玉门盆地一直沿用至今。

【现在定义】 以红色砂砾岩和砾岩为主的碎屑岩沉积，向上有变细趋势。产孢粉化石。不整合于新民堡群（或更老地层）之上，其上被白杨河组不整合所覆。

【层型】 原未指定层型，现指定选层型为玉门市清泉乡火烧沟剖面第1—7层（$97°44'$，$40°00'$），由甘肃区测队（1984）测制，载于《甘肃省区域地质志》（1989）。

【地质特征及区域变化】 火烧沟组仅分布于玉门盆地北部红柳峡和火烧沟一带。在红柳峡一带，下部为砖红色砂砾岩、含砾砂岩，上部为紫红色泥质粉砂岩、砂质泥岩夹灰白、灰绿、砖红色含砾长石石英砂岩、砂砾岩，厚247 m。据宋之琛（1958）报导，采有Magnoliaceae，*Ginkgo*，*Ephedra*，Pinaceae，*Lycopodium*，*Osmunda*，Polypodiaceae等孢粉，以缺乏木本植物花粉为特征，其时代应早于中新世。在青山沟，下部为棕色，姜黄色砾岩，夹有砂质泥岩；上部为棕红色厚层砂质泥岩、细砂岩、粉砂岩、夹细砾岩，厚270 m，与下伏赤金堡组和上覆白杨河组均为不整合接触。

白杨河组 Eb （05-62-0263）

【创名及原始定义】 孙建初（1942）创名。创名地点在玉门市白杨河。"为红色粘土层，产石膏、芒硝等，兼产石油，整合于青土井系之上，但与较古老地层呈不整合接触。"

【沿革】 孙健初(1936)将南山(即祁连山)及甘、青一带的第三系红层分为中部上新统西宁系和上新统贡和系;1942年又将西宁系改为老第三纪白杨河系。宋之琛(1958)改系为组。白杨河组自创名以来,在甘肃西部一直沿用至今。

【现在定义】 以红色泥岩和砂岩为主,富含石膏,并在玉门盆地含工业油层。产哺乳类、腹足类和孢粉化石。不整合于火烧沟组(或更老地层)之上,其上被疏勒河组平行不整合所覆。

【层型】 原未指定层型,现指定选层型为玉门市老君庙—石油沟剖面第1—7层(97°40′,39°42′),由甘肃区调队(1984)测制,载于《甘肃省区域地质志》(1989)。

【地质特征及区域变化】 白杨河组分布广泛。(1)敦煌盆地:白杨河组主要分布于盆地南部阿尔金山北麓的阿克塞—肃北一带。在肃北县铁匠沟一带,为桔红色细砂岩及砂质泥岩夹砾岩,厚1 469 m,与下伏敦煌岩群变质岩系不整合接触,其上被疏勒河组平行不整合覆盖。在阿尔金山北麓的塔崩布拉克采获大量哺乳类化石,即晚渐新世的塔崩布拉克(Tabanbuluk)动物群。据中瑞考察团步林(B. Bohlin)(1942、1946)报道,化石产地除塔崩布拉克①外,尚有雁丹图(Yindirte)、铁匠沟(Tieh chingku)及西水(Hsishui)。大部分化石产自雁丹图河谷右岸的深红色泥岩中,根据区域资料可能相当于白杨河组上部。塔崩布拉克动物群以小型哺乳动物为主,计有 Palaeoerinaceus cf. rectus, P. kansuensis, P. minimus, Desmatolagus sp. (? D. shargalteinsis), Sinolagomys kansuensis, S. major, Sciurus sp., Parasminthus asiaecentralis, P. tangingoli, P. parvulus, cf. Cricetodon sp., aff. Eumys sp., Tachyoryctoides sp., Tataromys grangeri, T. sigmodon, T. cf. plicidens, Yindirtemys woodi, ? Didymoconus sp. 动物群中出现的某些种类也可从党河上游"沙拉果勒 Shargaltein 层"中见到,但两地所产化石情况略有不同:①"沙拉果勒 Shargaltein 层"之 Desmatolagus 与 Sinolagomys 的含量比值较塔崩布拉克高,亦即塔崩布拉克含 Desmatolagus 较少;②重要的兔类及啮齿类种属,两地互为有无,如 Tsaganomys 仅见于"沙拉果勒 Shargaltein 层",而 Yindirtemys 则仅见于塔崩布拉克。因此,步林(B Bohlin)认为塔崩布拉克动物群的时代也同属于晚渐新世,但其所处层位应高于"沙拉果勒层"。在西部阿克塞县红柳沟附近,下部为桔红色粉砂质泥岩;上部为桔红色粉砂岩及细砂岩,厚1 195 m。

(2)走廊盆地:由位于祁连山和龙首山—合黎山—黑山之间的玉门、酒泉、张掖三个次级盆地构成。

玉门盆地:白杨河组在盆地北部及南部均有分布。下部为桔红色块状砂岩,夹棕红色泥岩及石膏层,其中下部为玉门油田的主要储油层,厚100~140 m,在盆地北部的红柳峡不整合于火烧沟组之上;中部为巧克力色泥岩夹砂岩及石膏层,厚44~105 m;上部为深红色泥岩、砂岩,夹少量砾岩,其下部含油,厚260~280 m。据步林(1915)在玉门市新民堡白杨河右岸的骟马城砖红色砂岩内产哺乳类化石 Mimolagus rodens, Anagolopsis kansuensis,根据区域资料,可能相当白杨河组下部。宋之琛(1958)报道,在红柳峡产 Lycopodium, Podocarpus, Dracunculus, Seriphidium, Compositaceae, Betulaceae, Polypodiaceae 等孢粉。

酒泉盆地:白杨河组零星分布在盆地东南部及西南边缘。下部由棕红色块状砂岩夹泥岩及砾岩组成,含钙质结核及可采石膏层,厚105~319 m;中部为棕红色砂质泥岩,夹灰白色薄层砂岩及石膏,厚20~50 m;上部为棕红色砂质泥岩、泥岩、块状砂岩及砾岩,顶部含石膏,以洪水坝河出露最厚315 m,向东逐渐变薄,至红山口厚仅109 m。不整合于新民堡群

---

① 以往对塔崩布拉克(Taban-buluk),有的译为达坂泉,其具体位置几乎都认为是在祁连山内的党河上游。据甘肃区调队(1984)查证,塔崩布拉克现名为五个泉子,位于甘肃省肃北县以西约26 km的阿尔金山北麓。

(或更老地层)之上，其上被疏勒河组平行不整合所覆。

张掖盆地：白杨河组，主要分布于盆地南缘，张掖西南的斑大口—大磁窑一带和北部临泽县正北山。在斑大口红崖子，以砖红、棕红色粉砂质泥岩为主，中夹青灰色泥岩、桔红色细砂岩及黄褐色砂砾岩，具斜层理，底部含石膏矿，厚度大于678 m，与下伏新民堡群(或更老地层)为不整合接触，其上与疏勒河组为断层接触。在正北山，主要为砖红色粉砂质泥岩，含砾砂岩、砂岩，底部为砾岩，中、上部含有可采石膏矿，厚度大于579 m，其下未见底，其上被第四系覆盖。

(3) 武威盆地：分布于乌鞘岭—毛毛山以北，雅布赖山以南，龙首山以东，向东延入宁夏、内蒙古境内的腾格里沙漠区，向西插到龙首山以北的地段，以往多被称为潮水盆地。白杨河组沿盆地南缘零星出露，由于盆地南缘是构造活动较强的地区，所以普遍以粗碎屑岩沉积为主。在永昌县青土井，下部为灰色砾岩夹紫红色砂岩，厚267 m；中部为砖红色砾岩夹砂岩，厚152 m；上部为桔红色砂岩、砂质泥岩夹细砾岩，厚度大于139 m。盆地边缘的地区，厚度一般较薄，且含石膏，如民勤县苏武山的钻孔中，白杨河组总厚度260余米，下部为棕红色砾岩、砂岩夹砂质泥岩及石膏；上部为棕红色泥岩、砂岩互层夹石膏。

(4) 祁连山西部山区：白杨河组为紫红、砖红色砂质泥岩及砾岩、砂砾岩、长石石英砂岩，上部夹薄层石膏，厚度巨大，不整合于新民堡群或更老地层之上。据步林(1937)报道，在党河上游的河岸乌兰达湾石羌子沟，及其东北之五道垭峪河之左岸采获大量哺乳类化石，即晚渐新世的沙拉果勒动物群，根据区域资料，可能相当于白杨河组上部。沙拉果勒动物群以小型哺乳动物为主，计有？*Palaeoerinaceus* sp., *Desmatolagus shargaltensis*, *D. parvidens*, *Sinolagomys kansuensis*, *S. minor*, *Tataromys* cf. *plicidens*, *Karakoromys* cf. *decescus*, *Tachyoryctoides obrutschewi*, *T. intermedius*, *T. pachygnathus*, *Tsaganomys altaicus*,？*Didymoconus* sp. 等。这一动物群的 *Palaeoerinaceus* sp., *Tataromys* cf. *plicidens*, *Tsaganomys altaicus*, *Karakoromys* cf. *decescus*, *Didymoconus* sp. 等曾出现在蒙古国中渐新世的三达河动物群和我国内蒙古晚渐新世早期的三盛公动物群中，但也含有若干 *Sinolagomys* 等较进步的种类。因此，步林定其时代为晚渐新世。后来，步林又依据对鼠兔类(Ochotonidae)的研究，进一步认为沙拉果勒动物群所处层位高于三达河动物群，部分可与三盛公动物群对比，但较在阿尔金山北麓的塔崩布拉克动物群为低。

疏勒河组　N$\hat{s}$　(05-62-0264)

【创名及原始定义】　孙健初(1942)创名疏勒河系。创名地点在疏勒河流域。"浅红色粘土层，顶部多为砾岩，整合于白杨河系之上，并相伴而分布。"

【沿革】　自创名以来，在甘肃西部一直沿用至今。

【现在定义】　以黄色调的砂岩和泥岩为主，常见砾岩夹层，上部增多。产腹足类、轮藻及孢粉化石。平行不整合于白杨河组之上，其上被玉门组不整合所覆。

【层型】　原未指定层型，现指定选层型为玉门油矿老君庙—石油沟剖面第9—26层(97°40′，39°42′)一带，由甘肃区调队(1984)测制，载于《甘肃省区域地质志》(1989)。

【地质特征及区域变化】　敦煌盆地的疏勒河组，为土黄、棕红色砂岩、砂质泥岩与灰白、土黄色砾岩互层，平行不整合于白杨河组之上。阿克塞、肃北一带出露厚度为731～1 385 m。盆地东部安西县长山子一带以粉砂岩及泥岩为主，厚280 m，并直接不整合于敦煌岩群之上，其上被玉门组不整合覆盖。

玉门盆地：疏勒河组下部为灰白色厚层砂岩夹棕红色泥岩，底部为灰白色砾状砂岩，厚300～400 m，与下伏白杨河组平行不整合或不整合接触；中部为棕红色砂质泥岩，土黄、灰色砂岩及砾岩，厚 600 m 左右，在红柳峡等地曾发现介形类化石：*Metacypris* sp.，*Neocypris* sp.，*Cypris* sp.；上部为灰色砾岩夹棕红色砂岩及砂质泥岩，厚 400～550 m，与上覆玉门组为不整合接触。据王水(1965)报道，在红柳峡产轮藻化石：下部为 *Kosmogyra ovalis*，*Charites huangi*，*Tectochara meriani huangi*，*T. hongliuxiaensis*；上部有 *Tectochara houi*，*T. zhui*，*T. helvetica*，*T. supraplana*，*T. hongliuxiaensis*，*T. meriani meriani*，*T. meriani globula*，*T.* sp.。宋之琛(1958)通过对红柳峡剖面和石油沟剖面的标本分析，共发现 *Enartamisia*，*Seriphidium*，*Ephedra*，*Lycopodium*，Polypodiaceae，Gramineae，Liliaceae，Chenopodiaceae，Betulaceae 等孢粉。

酒泉盆地：疏勒河组为黄色、棕黄色砂质泥岩、泥质砂岩及灰色砾岩，上部逐渐以砾岩为主。沉积厚度各地不一，肃南附近厚 439 m，文殊山一带厚度大于 714 m，而在盆地北部的钻孔内厚 175～1 476 m 不等。与下伏白杨河组和上覆玉门组均为平行不整合接触。

张掖盆地：南缘黑河两岸的疏勒河组为土黄色砂质泥岩及粉砂岩，厚 80～1 056 m。与下伏白杨河组及上覆玉门组均为平行不整合接触。盆地东部北部山丹附近为浅棕色泥质粉砂岩及泥岩。

武威盆地：疏勒河组为褐黄色砂质泥岩、砂岩及砂砾岩，与下伏白杨河组为平行不整合接触，其上被玉门组不整合所覆。盆地南缘景泰县红墩子一带，下部为褐黄色厚层砂砾岩夹含砾砂岩及泥岩，厚 119 m；中部为棕黄色厚层砂质泥岩夹砂砾岩，厚 354 m；上部为褐黄色厚层砂砾岩及砂岩，厚 134 m。而盆地北缘的民勤县莱菔山一带厚仅 129 m。

祁连山西部山间凹地：疏勒河组为桔红、桔黄、土黄色砂岩、砾岩及砂质泥岩，并夹灰色及白色砾岩和砂岩，厚度由百余米至数百米不等，一般具有 10°左右的倾斜，与下伏白杨河组多为平行不整合接触，或直接不整合于老地层之上。地质时代为晚第三纪。

西柳沟组　Ex　(05-62-0265)

【创名及原始定义】　甘肃区调队(1984)创名。创名地点在兰州市西柳沟。"兰州盆地原咸水河组第一岩组一套以河流相为主的沉积，为单纯的桔红色块状疏松砂岩，底部往往为泥灰质结核层或砂砾岩层，角度不整合于下伏下白垩统河口群之上，由于在兰州市西柳沟附近最发育，称其为西柳沟组。"

【沿革】　自创名以来，在兰州盆地一直沿有至今。

【现在定义】　为以红色块状疏松砂岩为主，夹灰白色细砾岩和砂砾岩的岩石组合。含介形类和叶肢介化石。不整合于河口群(或更老地层)之上，其上与野狐城组整合(局部与甘肃群不整合)接触，以石膏层的始现为界。

【层型】　原未定层型，现指定选层型为永登县野狐城—凤凰村剖面第 1—2 层(103°23′，36°23′)，由甘肃区调队(1984)测制。

上覆地层：野狐城组　棕红色砂质泥岩夹桔红色石膏质砂岩，底部为灰白、粉红色泥质岩及泥灰质结核层

——————— 整　合 ———————

西柳沟组　　　　　　　　　　　　　　　　　　　　　　　　　　　总厚度 198 m

2. 深红色块状疏松粗砂岩，上部夹薄层泥岩　　　　　　　　　　　　　　　　　　　　　　　　　92 m
1. 深红色块状含砾细砂岩　　　　　　　　　　　　　　　　　　　　　　　　　　　　　　　　　106 m

～～～～～～ 不 整 合 ～～～～～～

下伏地层：河口群　红色砂岩

【地质特征及区域变化】　西柳河组主要分布在兰州盆地，陇中地区也有出露。兰州、永登一带西柳沟组集中分布在永登县野狐城—凤凰村一带，咸水河、哈家咀和兰州沙井驿、皋兰山北坡，永登县观音庙附近有零星出露。各地岩性基本一致，为单纯的红色块状疏松砂岩，底部为泥灰质结核层或砂砾石层，厚59～593 m。地层产状平缓，不整合于河口群之上，其上与野狐城组含石膏层整合接触。

陇中盆地的西柳沟组仅在秦安县一带出露，为灰白、棕红色砾岩、砂岩互层，厚96 m，在下部泥灰岩夹层中含介形类化石：*Cypris* sp.，*Cyprinotus* sp.，*Candoniella*? sp.，*Eucypris* sp.，*Metacypris*? sp. 及叶肢介化石：*Yunmenglimnadia gansuensis*。其中的叶肢介是陈丕基(1975)建立的新种，认为其特征与湖北应城群所产 *Y. hubeiensis* 非常相似，可能是始新世的产物。其下与长城系葫芦河组、其上与甘肃群均为不整合接触。

野狐城组　Ey　（05-62-0266）

【创名及原始定义】　甘肃区调队(1984)创名。创名地点在永登县野狐城。原义综述如下：指兰州盆地原咸水河组第二岩组一套以含膏盐的湖泊相沉积，以暗红色泥岩夹砂岩为主，其底部为结核状砂质泥灰岩或砂砾岩层，以富含石膏及芒硝为特征，由于在永登县野狐城附近最发育，称其为野狐城组。

【沿革】　创名后，在兰州盆地一直沿用至今。

【现在定义】　以红色泥岩夹砂岩为主，富含石膏及芒硝，含哺乳类和轮藻化石。整合于西柳沟组之上，其上与甘肃群整合（局部为平行不整合）接触，以石膏层的始现和消失与其上、下相邻组(群)分界。

【层型】　原未定层型，现指定选层型为永登县野狐城—凤凰村剖面第3—8层(103°23′，36°23′)，由甘肃区调队(1984)测制。

上覆地层：甘肃群　土黄色砂质泥岩夹灰白色含砾砂岩，底部为砾状粗砂岩
──────── 整 合 ────────

野狐城组　　　　　　　　　　　　　　　　　　　　　　　　　　　　　　　　　　　　　　总厚度943 m
  8. 浅棕红、棕黄色泥岩夹灰白色砂岩，含次生石膏　　　　　　　　　　　　　　　　　　　145 m
  7. 棕蓝色泥岩夹薄层石膏　　　　　　　　　　　　　　　　　　　　　　　　　　　　　　　29 m
  6. 浅棕黄色泥岩偶夹石膏　　　　　　　　　　　　　　　　　　　　　　　　　　　　　　361 m
  5. 棕红色泥岩夹灰绿色泥岩及石膏层　　　　　　　　　　　　　　　　　　　　　　　　247 m
  4. 桔红色块状石膏质砂岩夹棕红色泥岩及厚层石膏　　　　　　　　　　　　　　　　　　96 m
  3. 棕红色砂质泥岩夹桔红色石膏质砂岩，底部为灰白、粉红色砂质泥岩及泥灰质结核　　65 m
──────── 整 合 ────────

下伏地层：西柳沟组　深红色块状疏松粗砂岩，上部夹薄层泥岩

【地质特征及区域变化】　野狐城组与西柳沟组相伴分布于兰州盆地，各地岩性基本一致，以红色泥岩夹砂岩为主，富含石膏，永登县观音庙有芒硝与石膏共生，厚198～831 m。据邱

占祥等(1988)报道,在兰州火车站皋兰山北坡,富含石膏的红色粘土中含哺乳类化石:*Metexallerix gaolanshanensis*,*Tataromys grangeri*,*T. suni*,*T. sp.*,*Leptotataromys* cf. *gracilidens*,*Tsaganomys altaicus*。邱占祥等(1990)称为兰州地方哺乳动物群。*Tsaganomys*,*Leptotataromys* 和 *Tataromys grangeri* 是中、晚渐新世常见分子,*Tataromys suni* 和 *Metexallerix* 为更进化或特化的渐新世分子,但无典型的中新世新迁入的分子,如象类、安琪马等,可称为贫化或特化了的渐新世动物群,相当欧洲陆相哺乳动物带 MN1。另据甘肃区调队(1984)报道,在兰州沙井驿以西发现 *Amblyochara subeiensis*,*Harnichara* aff. *lagenalis* 等轮藻化石。

陇中盆地,野狐城组仅在盆地北部的靖远一带出露,为一套暗红、紫红色粘土、砂质粘土,具底砾岩,夹钙质结核层,厚 33 m。其下与河口群为不整合接触,其上被甘肃群平行不整合所覆。

甘肃群 NG （05－62－0267）

【创名及原始定义】 杨钟健、卞美年(1937)创名甘肃建造(Kansu Formation)。创名地点在兰州、永登一带。"由砾岩、紫红色砂岩和含石膏脉的红色粘土组成,自下而上分为长川子系,咸水河系、观音寺系和五泉山系"。

【沿革】 甘肃区测一队(1965)对杨钟健等所称的甘肃建造进行重新划分,始称甘肃群,并将顶部五泉山系划归下更新统,其下的红层分为三个岩组,依据第三岩组内所含哺乳类化石,统称中新统咸水河组,并将兰州附近的固原建造划归下白垩统河口群。鉴于其后在第二岩组内发现老第三纪轮藻化石,所以《西北地区区域地层表·甘肃省分册》(1980)将咸水河组一名仅限用于富含中新世哺乳类化石的第三岩组,而将第一、二岩组划归下第三系。《甘肃的第三系》(1984)进一步将第一、二岩组分别命名为西柳沟组和野狐城组,并将庄浪河西侧及其他地区咸水河组之上的一套砾岩和粘土互层的地层,划归上新统临夏组。甘肃区测一队(1965)又依据在临夏县及东乡县一带发现的三趾马动物群化石,而将临夏盆地的第三系红层分为四个岩段,命名为临夏组,时代为上新世。《甘肃的第三系》(1984)根据区域地层对比,将临夏组一名仅限用于第三、四岩段,而将第一、二岩段沿用西柳沟组、野狐城组和咸水河组。邱占祥等(1990)依据在东乡县椒子沟剖面所采哺乳类化石,而将原临夏组第一、二岩段命名为椒子沟组,时代为中新世。谢骏义(1991)又将临夏组局限于第四岩段,而将第三岩段暂称东乡层。甘肃东部的其他地区,由于研究程度低,除个别地区外,则多笼统称上第三系为甘肃群,或进一步划分为上、下两个亚群。本书采用甘肃群。

【现在定义】 由一套以黄、红、灰等色为主的泥岩、砂质泥岩、砂砾岩夹泥灰岩组成。富含哺乳类化石。整合于野狐城组(局部为平行不整合)之上,以石膏层的消失为界,其上被五泉山组不整合所覆。

【层型】 原未定层型,现指定选层型为永登县野狐城—凤凰村剖面第9—13层(103°23′,26°23′),由甘肃区调队(1984)测制。

甘肃群	总厚度＞573 m
13. 锈黄色砂砾层与浅棕红色砂质泥岩互层。(未见顶)	＞161 m
12. 桔黄色砂质泥岩夹锈黄色砂砾岩和砂岩,底部为砾岩	129 m
11. 土黄色砂质泥岩与灰、浅黄色砾状粗砂岩互层	73 m
10. 土黄色块状砂质泥岩	159 m

9. 土黄色砂质泥岩夹灰白色含砾砂岩，底部为砾状粗砂岩　　　　　　　　　　51 m
———————— 整　合 ————————
下伏地层：野狐城组　浅棕红、棕黄色泥岩夹灰白色砂岩，含次生石膏

【地质特征及区域变化】 甘肃群广泛分布于兰州、陇中、临夏和毛毛山南平城堡等盆地，兰州盆地的甘肃群与野狐城组相伴生，西部缺失。下部地层各地基本相同，以土黄色泥岩及砂质泥岩为主，夹浅黄、灰色含砾粗砂岩，底部为灰白色砾状粗砂岩，厚327～434 m，与下伏野狐城组含石膏层整合接触；上部地层仅在永登凤凰村和龙骨山一带出露，为浅棕黄、浅棕红色泥岩与锈黄色砂砾石层互层，厚度大于290 m，未见顶。

甘肃群在兰州盆地富含哺乳类化石，主要有：皋兰县张家坪动物群、永登县咸水河动物群和中堡镇邢家湾三趾马动物群。

①张家坪动物群：据邱占祥等(1990)报道，动物群位于兰州北约30 km，称张家坪地方哺乳动物群，化石尚未发表，初步鉴定有 $Tachyoryctoides$, $Hyaenodon$, $Schizotherium$, $Aprotodon$, 巨犀和象一段门齿。化石产自甘肃群（原咸水河组）的底部土黄色砂质泥岩夹白色含砾砂岩中，除象类其余都是渐新世残存属。它们的个体都很大，形态上也比渐新世进步。在欧洲，大部分古生物学家相信象类突然出现于 $MN4$，也有人认为出现于 $MN3b$，亦即距今 19 Ma 左右。P Tassy(1989年手稿)认为，象类在亚洲（指印巴次大陆）的出现可能早于欧洲，估计在距今 21～23 Ma。张家坪动物群和欧洲不同，象的出现早于其它典型的中新世分子。它与大量渐新世残存分子共生。因此，将张家坪地方动物群与欧州的 $MN3$ 而不是 $MN4$ 相对比。

另据谢骏义(1991)报道，在兰州沙井驿南坡坪附近相当于甘肃群底部的灰白色粗砂岩中采获 $Dzungariotherium$ 和 Schizotheridae。

②咸水河动物群：据邱占祥等(1990)报道，永登咸水河动物群是我国中新世动物群之一，化石系瑞典人安特森(J G Andersson)所采。化石经杨钟健(1927)、H S Pearson(1928)研究，后又经 S Schaub(1930)修订，计有 $Protalactaga\ grabaui$, $Heterosminthus\ orientalis$, $Paracricetulus\ schaubi$, $Kubanochoerus\ gigas$ 及 $Gomphotherium$ 等。这个动物群一直和通古尔组对比，但是否产于同层无法证实。据甘肃区调队的资料，原咸水河组是一套普遍含哺乳动物化石，厚度超过 300 m 的黄色砂砾层。实际上早中新世的张家坪动物群也产于该组中。因此，咸水河动物群可能是由不同层位中的化石构成的，最晚的和通古尔组相当。类似的还有青海民和县李二堡的化石材料(邱铸鼎等，1981)。看来，所谓的咸水河动物群在青海、甘肃一带普遍存在，时代的确定和对比需进一步工作。但至少一部分应与通古尔组对比。

另据谢骏义(1991)报道，在咸水河附近的下街采获 $Stephanocemas$, $Oioceros$。

③邢家湾三趾马动物群：据张行(1993)报道，化石产自中堡镇邢家湾一带甘肃群上部红褐色粘土岩中，计有 $Hyaena\ variabilis$, $Hipparion$ sp., $Chilotherium\ haberei$, $Chleuastochoerus\ stehlini$, $Stegodon$ sp., Cervidae 等三趾马动物群，时代为保德期，相当欧洲的 Turolian 期 ($MN11—13$)。

陇中盆地的甘肃群分布普遍，各地出露厚一般为数十米至300余米，很少超过500 m 者。下部为棕红色砂质泥岩、细砂岩及灰白色泥灰质结核的砂砾岩及砾岩，不整合于河口群之上；中部为棕红色砂质泥岩夹灰白色泥灰岩及少量细砂岩。上部为黄褐、浅棕红色粉砂质泥岩，夹砂岩、砂砾岩及似层状泥灰岩或泥灰质结核，与上覆五泉山组为不整合接触，富含哺乳类化石，主要有：

①中部：据谢骏义(1991)报道，在秦安县安家湾附近的一套棕红色砂质泥岩夹灰白、灰蓝色泥灰岩及细砂岩中采获 *Platybelodon* 及 *Aceratherium*。估计与翟人杰(1959,1861)报道的含 *Platybelodon* 及 *Aceratherium* 的"红色粘土夹砾石结核层"相当。甘肃区测二队(1971)报道，在秦安一带红色粘土中广泛产 *Aceratherium* sp., cf. *Hsispanotherium* sp., *Listriodon* sp. 和 Gomphotheriidae 等。

②上部：据邱铸鼎(1979)报道，中苏古生物考察队(1960)在秦安县程村采获 *Gomphotherium* sp., *Sinohippus zitteli*, *Hipparion chiai*, *Chilotherium* sp., *Gazella* sp., *Antilope* sp.；张玉萍等(1961)报道 在静宁县水泉沟的灰紫黄色亚粘土中采获 *Chilotherium* sp., *Hipparion hippidiodus*, *H. platyodus*, *H*, sp., *Propotamochoerus hyotherioides*, *Gazella* cf. *gaudryi*, Gervidae。

临夏盆地的甘肃群主要分布在临夏、东乡、临洮一带。在临夏王家山，甘肃群分4个岩段，第一岩段底部为褐红色砂砾岩，上部为砂岩、粉砂岩、砂质泥岩夹砂砾岩，厚172～658 m，其下与河口群为不整合接触。第二岩段为褐红色砂岩、砂质泥岩，夹薄层砂砾岩，底部为一层砾岩，厚56～534 m。第三岩段以紫红色泥岩为主，夹砾岩及灰绿色薄层泥灰岩（或呈条带），底部有一层砾岩，厚90～444 m。第四岩段为紫褐红色含钙质团块的泥岩、砂质泥岩夹薄层砾岩，厚度大于354 m，在上部地层中含三趾马动物群 *Hipparion* sp., *H.* cf. *hippidiodus*, *Gazella* sp. 等，其上与五泉山组为不整合接触。

在东乡县椒子沟一带，甘肃群岩性与王家山基本相同，据邱占祥等(1990)报道，在下部灰黄、灰褐色含砾中细粒砂岩中发现几种哺乳动物，有 *Dzungriotherium orgosense*, *Paraentelodon macrognathus*，一种原始的犀类和一段象的门齿。巨猪兽 *Paraentelodon* 过去仅发现于俄罗斯的 Benara 动物群中，椒子沟者似乎更特化些。准噶尔巨犀发现于沙洼组中。象的门齿虽也发现于此，但确切层位不能肯定。如果象化石与其它化石伴生，则其时代应与欧洲的哺乳动物带 *MN*3 相当，或稍早。

此外，据古脊椎动物与古人类研究所(1966)报道，在和政县杜杨村甘肃群下部砂岩层中采获 *Platybelodon* sp., *Anchitherium* sp., *Listriodon* sp.；甘肃区调一队(1984)报道，在临洮县峡口附近于甘肃群下部杂色疏松粗砂岩中采获 *Aceratherium* sp., *Plesioceratherium* sp.；邱占祥等(1991)报道，在东乡县城南约5 km的平庄乡结沟，于甘肃群上部褐红色粘土与淡褐红色泥灰岩（钙质富集层）互层组成的一套红色岩系中采获 *Agriotherium inexpetans*, *Chilotherium* sp., *Hipparion* sp., *Honantherium* sp., *Cervocerus* sp.，其中的 *Agriotherium inexpetans* 与三趾马动物群共生是首次可靠的记录；邱占祥等(1978、1988)报道在和政县新庄乡大深沟于甘肃群上部富含三趾马的层位中采获 *Aceratherium hezhengensis*, *Dinocrocuta gigantea*。

永登县平城堡凹地甘肃群厚度较大，据物探资料得知，凹地中部小蒿沟、上庙沟一带可达千米，而凹地边部则逐渐减为百余米。底部为数十米厚的灰褐色角砾岩。下部为桔红色厚层砂岩、泥岩夹砂砾岩，厚度大于333 m；上部为桔黄色厚层泥岩，局部夹角砾岩及泥灰质结核层，厚度大于200 m。据郑昭华(1982)报道，在天祝县松山华尖附近（共3个邻近地点）于甘肃群上部的红粘土中采获三趾马动物群化石，称天祝动物群，计有：5个门类7个科27个属（亚属）33种（亚种）。在同一动物群中，集中如此多种的小哺乳动物在已往的中国"三趾马动物群"中还未曾有过，其中始鼠科的小齿鼠（*Leptodontomys*），仓鼠科的科氏仓鼠（*Kowalskia*）首先在中国发现，*Ochotonoides* 及 *Protalactaga* 被证实存在于三趾马红土层。这样，天祝动物群不仅可将我国各上新世动物群联系起来，而且提供了欧洲、北美同期动物群相比的成分。其地质时代和欧洲的Turolian，北美的Hemphillian及中国的保德期相当。

干河沟组　Ng　(05-62-0268)

【创名及原始定义】　宁夏区调队(1976)创名。创名地点在宁夏牛首山西麓中宁县白马乡之干河沟。"整合于红柳沟组之上。以灰色砂砾岩、砾岩为主，夹灰白色石英砂岩、土黄、土红色砂质粘土或粘土质砂土的一套碎屑岩和粘土质岩石，偶见泥灰质夹层，顶部被第四系覆盖。厚度804.8 m。具轮藻和脊椎动物化石，时代为上新世。"

【沿革】　宁夏区调队(1976)在牛首山西麓红层中发现较多的哺乳类化石，分别创建了中新统红柳沟组和上新统干河沟组。本书首次引用于甘肃境内。在陇东地区沿黄土沟谷断续分布。法国神甫桑志华(E Licent)(1920)在庆阳县北约55 km处的辛家沟和稍南的赵家岔采获丰富的三趾马动物群化石。因此长期以来，将含该动物群的红色粘土称为"三趾马红土"，时代为上新世。《西北地区区域地层表·甘肃省分册》(1980)将其改称为甘肃群，并将时代扩大为晚第三纪。《甘肃的第三系》(1984)中又将临夏组一名引用到本区。本书据宁夏地层清理组意见，改称干河沟组。

【现在定义】　本组整合于红柳沟组之上，由灰色砂砾岩、灰白色石英砂岩(砂层)、土黄、土红、橙黄色粉砂岩、砂质泥岩(砂质粘土)组成的一套碎屑岩和粘土质岩石，偶含石膏或泥灰岩夹层，顶部被第四系覆盖。

【层型】　正层型在宁夏。甘肃省内次层型为庆阳县十里坪鸭沟剖面(107°58′，36°00′)，1975年由黄学诗测制。

【地质特征及区域变化】　在甘肃境内为红色粘土和棕黄、棕红色砂质泥岩夹砂岩，常含有泥灰质结核，底部有砾岩或砾状砂岩层，厚度一般均不大于50 m，不整合在保安群之上，其上又被含黄河象、三门马等哺乳动物群的三门组砂砾及砂土或午城组石质黄土平行不整合覆盖，富含以三趾马为代表的动物群，重要的有：

①华池县辛家沟和赵家岔动物群：据邱占祥(1979)报道，辛家沟和赵家岔动物群位于华池县上里塬乡。两地的地层(红土)，除厚度稍有变化外，基本一致。为法国神甫桑志华(E Licent)(1920)在甘肃东部发掘化石的同一层位，主要有长颈鹿、三趾马和鬣狗三大类，但对这批材料从未进行过仔细的研究。邱占祥等(1979、1987)分别对鬣狗和三趾马化石进行了报道，计有 Adcrocuta eximia variabilis, Ictitherium robustus gaudryi, I. wongii, I. hipparionum hyaenoides, Palinhyaena reperta, P. imbricata, Lycyaena spathulata, Hipparion (Hipparion)hippidiodus, H. fossatum。

甘肃区调队(1981)于华池县桥河张湾在桔红色粘土中采获 Hipparion cf. richthofeni, Honanotherium sp., Cervus sp., Chilotherium cf. gracile, Ictitherium sp.。

②庆阳教子川赵子沟动物群：据胡长康(1962)报道，教子川(现名米粮川)赵子沟动物群产于淡砖红色亚粘土中，计有 Ictitherium wongii, I. hyaenoides, I. sp., Hyaena variabilis, Metailurus minor, Hipparion hippidiodus, H. kreugeri, H. sp., Chilotherium sp., Chleuastochoerus stehlini, Palaeotragus sp., P. microdos, Samotherium cf. neumayri, S. sinense, Urmiatherium intermedium, Gazella dorcadoides, G. paotehensis, G. gaudryi, G. cf. blacki, Protoryx planifrons, P. sp., Prosinotragus tenuicornis, Lagomys sp., Lophocricetus abbreviatus, Cricetus sp., Prosipheneus licenti。

另据黄学诗(1975)报道，在庆阳县城东约5 km，马莲河上游右岸一条支沟——鸭沟内，于砂岩夹层中采获 *Pentalophodon qingyangensis*, *Machairodus* sp., *Gazella* cf. *blacki*。

【问题讨论】 (1)咸水河组和临夏组均为生物地层单位。咸水河组出现库班猪、嵌齿象和一些古老的啮齿类化石，与内蒙古的通古尔组相对比；临夏组则出现典型的三趾马动物群化石，与山西的保德组相对比。而在野外从岩性看，两者为过渡关系，差别不大，因此停用咸水河组与临夏组，合称为甘肃群。

(2)南秦岭—大别山地层区由于无剖面资料，尚无法进行对比研究，只能依据综合岩性及局部的古生物资料，暂用陇东地区的岩石地层单位，待今后有资料后再做进一步研究。

(3)本书推荐使用的火烧沟组(玉门盆地)是否归入白垩系，有待于今后进一步讨论。

区内第四纪地层极为发育，分布广泛，类型齐全，赋存多种膏盐矿产。由于第四纪地层不属清理范围，故据现有资料，列表如下(表13-1)。

其中，玉门组、八格楞组、榆林窟组、黄泥铺组及五泉山组创名地点在甘肃境内，其余创名地点皆在省外。

表13-1 华北地层大区第四纪地层划分简表

年代	地区	河西走廊		祁连山				黄土高原	
全新统(Qh)		风积砂；坡—洪积砂(碎)砾石；化学沉积食盐、天然碱、芒硝；沼泽沉积亚粘土、粉细砂、淤泥；湖积亚砂土、粘土；冲—洪积亚砂土、亚粘土夹砂；冲积亚砂土、亚砾石；洪积砂(砾)石		风积砂；化学沉积食盐；沼泽沉积淤泥、泥质亚砂土等；湖积砂细砂；冲—洪积砂砾石；洪积砂砾碎石；冰碛块砾				风积砂、黄土；湖积沉积淤泥质亚砂土；冲积亚砂土、砂砾石；洪积砂碎石	
更新统(Qp)	上更新统(Qp³)	风积黄土；湖积粉细砂、亚砂土、亚粘土；冲—湖积冲积亚砂土、亚粘土、砂砾石；戈壁组：洪积砂砾石、亚砂土		风积黄土；戈壁组：洪积砂、砂砾石、亚砂土；冰水—湖积亚砂土、亚粘土、粉细砂；冰碛含泥碎块石				马兰组：风积黄土(含古土壤条带)	
								冲积亚砂土、砂砾石；洪积砂砾石	萨拉乌苏组：冲—湖积亚砂土、砂砾石
	中更新统(Qp²)	洪积黄土状亚砂土	黄泥铺组：冲—湖积亚砂土、砂及砂砾石	冰碛—洪积漂砾、泥砾、砂砾卵石	冰水—湖积亚粘土、亚砂土、含砾亚砂土	冰积亚砂土、泥砾		离石组：风积黄土(含古土壤条带)	
		榆林窟组：冰水—洪积砾石						冲积亚砂土、砂砾石；碎石	冲—洪积亚砂土
	下更新统(Qp¹)	玉门组：冰水—洪积砾岩	八格楞组：冲—湖积泥岩、砂质泥岩、泥质砂岩夹砂	湖积泥岩、砂质泥岩	冰碛—洪积泥质漂砾、卵石	冰水—湖积亚砂土、亚粘土	湖积泥岩、砂质泥岩	午城组：风积黄土(含古土壤条带)	
								冲积亚粘土、亚粘土、砂、砾石；五泉山组：冰水—洪积砾岩	三门组：冲—湖积粘土、亚粘土、砂、砾石
		疏 勒 河 组		疏 勒 河 组				甘肃群	干河沟组

玉门组

孙健初(1936)在玉门市石油河一带创名称玉门砾石层,1959年全国地层会议称为玉门砾岩组,甘肃区测二队(1965)改称玉门组。

八格楞组

甘肃水文二队(1958)创建。

榆林窟组

王昭宽(1985)在安西县南榆林河谷榆林窟创建。

黄泥铺组

王昭宽(1988)将酒泉盆地黄泥铺的一套河湖相地层命名为黄泥铺组。

五泉山组

杨钟健、卞美年(1937)将在兰州市五泉山发育的一套以砾岩层为主的堆积命名为"五泉系",1975年后改称五泉山组。

第三篇

华南地层大区

　　本地层大区位于甘肃省南部。晚古生代（包括三叠纪）时期，以夏河南、岷县、礼县及凤县一线的断裂带与华北地层大区分界；侏罗纪—白垩纪与华北地层大区分界，向南移至青海修沟—玛沁—甘肃玛曲一线。

第十四章
太古宙—早元古代

区内太古宙—早元古代地层，分布极为有限，仅见于甘、陕两省交界乐素河一带（见第二章图2-1），并仅有鱼洞子岩群一个单位，概述如下。

鱼洞子岩群　ArPtY

【创名及原始定义】　秦克令等（1988）介绍，创名人不详。创名地点陕西省略阳县鱼洞子一带。原始定义：东、南、北侧与碧口群呈断层接触，西侧被略阳组不整合覆盖。为一古老的变质绿岩地体。变质程度达高绿片岩相—低角闪岩相。岩性分为四部分：①斜长角闪岩、角闪混合岩；②浅粒岩夹少量斜长角闪岩；③斜长角闪岩夹浅粒岩、角闪磁铁石英台；④浅粒岩夹绢云片岩、绿泥片岩、磁铁石英岩。

【地质特征及区域变化】　该岩群延至甘肃境内，分布于乐素河一带。自上而下分为四个组。

D组：浅粒岩夹绢云片岩、绿泥片岩及磁铁石英岩。厚930 m。在乐素河与上覆碧口岩群呈不整合接触。

C组：斜长角闪岩夹条带状角闪混合岩及阳起磁铁石英岩。厚439 m。

B组：千枚状浅粒岩夹斜长角闪岩。厚683 m。

A组：斜长角闪岩、角闪混合岩，未见底。厚大于250 m。

鱼洞子岩群A—C组变质岩属低角闪岩相，D组变质岩属高绿片岩相。C组斜长角闪岩的锆石U-Pb同位素年龄值为2 657 Ma。其下A组及B组尚无同位素测年数据。据此推测，该岩群的地质年代属太古宙—早元古代。

第十五章
中元古代—寒武纪

区内中元古代—寒武纪地层,主要分布于康县、武都、文县及碧口一带,计有1个(岩)群2个(岩)组和2个组。即长城纪碧口(岩)群及其所属阳坝(岩)组、秧田坝(岩)组,震旦纪—寒武纪关家沟组和临江组。

第一节　岩石地层单位

碧口(岩)群　ChB　(06-62-0012)

【创名及原始定义】　叶连俊、关士聪(1944)创名碧口系。创名地点在武都县临江镇(现归文县)以南。原定义现综合如下:指武都县临江镇以南,直至四川白水街之南,俱为其领域。在冷堡子附近不整合伏于鲁班桥石英岩之下的地层。岩性指临江南蒿子店剖面1—5层暗绿色硬砂岩夹千枚岩、蓝灰色砂质石灰岩、灰黑或暗蓝色变质泥灰岩,内含花岗岩及变质岩角砾的地层部分。厚度巨大,地质时代为泥盆纪—震旦纪。

【沿革】　该(岩)群经50余年调研,划分和近代的归属仍不一致。经过本次对比研究,将碧口系一词改为碧口(岩)群。

【现在定义】　指关家沟组之下由黑色、灰黑色的变质泥硅质岩、变质碎屑岩夹碳酸盐岩、灰绿色变质火山碎屑岩、变质中基性火山岩,具明显浊积粒序层理的有层无序地层。自下而上包括大沙坝(岩)组、阳坝(岩)组和秧田坝(岩)组。在甘肃境内仅出露阳坝(岩)组及秧田坝(岩)组。总厚度17 069 m。

阳坝(岩)组　Chy　(06-62-0014)

【创名及原始定义】　甘肃省西秦岭地质队(1963)创名,《西北地区区域地层表·甘肃省分册》(1980)介绍。创名地点在康县阳坝以南地区。指"碧口群上部铁炉沟亚组火山碎屑岩之下的一套石英片岩、硅质千枚岩、板岩,夹中酸性火山碎屑岩及含铁石英岩等地层部分。"

【沿革】 阳坝(岩)组源于甘肃省西秦岭队(1963)创名① 的阳坝组,分上、下两部分,时代置于震旦纪。陶洪祥、王全庆等(1988)② 所称阳坝组,细分为上亚组和下亚组,含义与《西北地区区域地层表·甘肃省分册》相同,时代归属中元古代。《甘肃省区域地质志》(1989)沿用此名,地质年代改为长城纪。本书称阳坝(岩)组,包括创名时的阳坝组和火山岩组(即包括铁炉沟亚组和白杨亚组)。姚渡组为同物异名。

【现在定义】 隶属碧口(岩)群下部地层。指秧田坝(岩)组变质砂砾岩之下的一套变质火山碎屑岩、变质中基性火山熔岩夹变质砂岩、泥质岩、石英岩、二云石英片岩的有层无序地层部分。下界不整合于鱼洞子岩群之上,上以变质粗碎屑岩出现或硅质岩、千枚岩夹变质火山碎屑岩的消失与秧田坝(岩)组整合或平行不整合分界。

【层型】 创名时未指定层型,现指定选层型为康县托河—叶家坪剖面第22—24层(105°56′,33°01′),由西安地质学院陶洪祥等(1988)测制。

【地质特征及区域变化】 阳坝(岩)组北界西起摩天岭,向东经黄连树—碧口—阳坝至陕西燕子砭,南界在四川青川-白水街-阳平关断裂以北,构造上组成向NE翘起的秧田坝-洛塘倒转复向斜南翼,岩层及构造线呈NE向展布。由于地层褶皱紧密和韧性剪切构造作用剧烈,致使地层呈倒转和岩片状态而出现有层无序现象。在黄连树—碧口—姚渡一带,下部为绢云石英千枚岩、变质玄武岩夹变砂岩、含铁石英岩及少量粉砂岩;上部为变质酸性沉凝灰岩、绢云千枚岩、凝灰质板岩夹少量火山角砾岩及粉砂质板岩,厚1 071 m。向西在摩天岭以西一带,下部以石英片岩为主,夹变砂岩,陆源碎屑物增多,基性喷发岩少见;上部岩石颗粒变细,泥质增多,以千枚岩为主,夹沉凝灰岩及凝灰质砂岩。厚3 858 m。向东在阳坝—托河一带,下部以变质玄武岩、石英片岩为主,夹中基性凝灰岩及少量千枚岩;上部以凝灰质千枚岩、硅质岩为主。厚5 518 m。有关专题研究表明阳坝(岩)组下部属大洋拉斑玄武岩组合,上部属火山—硅泥质岩组合,上下构成较完整的沉积旋回,为海槽深水相沉积,经区域变质形成低绿片岩相—动力热流变质岩相岩石,上与秧田坝(岩)组整合或局部平行不整合接触。Rb-Sr全岩等时线年龄值为933~970 Ma,U-Pb锆石等时线年龄值为1 367 Ma。地质时代为长城纪。

秧田坝(岩)组　Chyt　(06-62-0013)

【创名及原始定义】 甘肃省西秦岭队(1963)创名,《西北地区区域地层表·甘肃省分册》(1980)介绍。创名地点在康县秧田坝河流域。按原义综述:为分布于王坝楚、口头坝—康县木马街、秧田坝一带,构成次一级倒转向斜轴部的浅海碎屑岩地层。分上、下两部分,下部灰、灰绿色砂质千枚岩、砂质板岩、变质砂岩及变质凝灰质砂砾岩;上部深灰色绢云千枚岩夹变质砂岩、碳质千枚岩及含砾千枚岩。向东可偶夹变质中酸性凝灰岩。下与白杨组整合接触,上被关家沟组不整合覆盖。

【沿革】 西秦岭队创名同年,张庆昌、苗禧等(1963)另命名咀台组。《西北地区区域地层表·甘肃省分册》(1980)选用并正式介绍秧田坝组一词,隶属碧口群顶部,赵祥生(1990)、秦克令等(1988)③、甘肃省区调队等均引用此名,但其含义及时代归属并不一致。西安地质学院陶洪祥、王全庆等(1988)将相当于秧田坝组岩石组合特征的地层命名为横丹群,时代归青白口纪。本次研究,在对其原始定义厘定后,仍沿用秧田坝(岩)组一名。横丹群为同物异名。

---

① 甘肃省西秦岭队,1968,甘肃省康县阳坝—武都五马一带初步普查总结报告。
② 陶洪祥、王全庆等,1988,ID-6,碧口群构造特征及演化历史研究报告。
③ 秦克令、邹湘华、何世平,1988,ID-1陕、甘、川交界摩天岭区碧口群层序、时代对比研究报告。

【现在定义】 隶属碧口(岩)群上部地层。指阳坝(岩)组与关家沟组之间的一套浅变质中粗粒碎屑岩、变质泥质岩夹变质凝灰质碎屑岩的地层,并以浊流粒序沉积为特征的地层序列。下以平行不整合或不整合界面与阳坝(岩)组之火山碎屑岩分界,顶界不清。区域上,上以关家沟组冰碛砾岩之底与本组呈不整合分界。

【层型】 原未指定层型,现指定选层型为康县豆坝—楼房沟剖面第2—8层(105°29′, 35°15′),由张庆昌、苗禧等(1963)测制。

阳坝(岩)组 绢云石英片岩夹白云岩
============ 断 层 ============

秧田坝(岩)组① 总厚度 2 087 m

8. 灰色变质砂岩,夹少量变质砾岩 50 m
7. 灰、深灰色变质砾岩与黑色变质碳质粉砂岩所组成的韵律层夹少量变质砂岩 200 m
6. 灰色变质砂岩、变质砾岩及变质砂砾岩,砾石直径一般不超过5~10 cm 250 m
5. 黑色变质碳质粉砂岩,夹灰、黑灰色变质细砂岩,变质砾岩,砾石直径5~10 cm 520 m
4. 灰色变质砾岩,夹少量变质粗砂岩和变质砂砾岩。砾岩分选性差,砾石一般直径10 cm,最长达100 cm 300 m
3. 灰绿色块状变质长石杂砂岩,灰绿色变质粉砂岩 140 m
2. 灰色变质砂岩、变质砾岩、变质粉砂岩及黑色变质碳质粉砂岩互层,粒度愈向下愈细,碎屑结构逐渐消失,而渐变为长石绢云石英片岩 627 m

~~~~~~~~~ 不 整 合 ~~~~~~~~~

下伏地层:阳坝(岩)组:灰色、浅灰色长石绢云石英片岩,夹绢云石英片岩及绿色片岩

【地质特征及区域变化】 秧田坝(岩)组分布在横丹-秧田坝复向斜之轴部,西起摩天岭西端,东至甘陕交界地带。岩层呈NEE向展布,西宽东窄,产状多为倒转。在康县豆坝—楼房沟一带,由灰色变砂岩、砾岩、粉砂岩组成韵律层,自下而上由粗变细和具浊流粒序层。在白龙江以西以陆源碎屑岩为主,含少量火山凝灰物。在白龙江以东大团鱼河—秧田坝河地区以含砾火山质碎屑岩为主,夹变砂泥质岩,显示重力流特征,在区域上以碎屑岩浊流粒序层为特点。在武都县大团鱼河上游和白水江流域最大厚度6 249~6 359 m,向东变薄,最小厚度见于豆坝—秧田坝一带,仅1 960~2 087 m。对秧田坝(岩)组研究结果表明,早期属海沟盆地型火山质碎屑岩浊积岩相,晚期属深水陆源碎屑浊积岩相。岩石为浅变质低绿片岩相岩石。地质时代为长城纪。

【其他】 阳坝(岩)组中的中基性火山喷发岩在不同地点岩性与变质程度均不相同,是否属同期喷发活动,有待进一步研究。对秧田坝(岩)组含砾板岩、砾岩的成因,不同的研究者认识不一致,赵祥生等认为属冰碛层,秦克令、陶洪祥等认为属浊积岩系。本书倾向后者。

秧田坝(岩)组的时代归属与沉积作用尚有争议,赵祥生等认为是冰川沉积,理由是岩石中夹有成分杂、分选差、含漂砾的块状砾岩,应归属早震旦世。甘肃区测队则认为是典型次深海相浊流沉积,具有鲍马序列的粒序层理、包卷层理及揉皱构造等宏观标志,岩石中之砾岩呈凸镜体产出,与下伏阳坝(岩)组为整合接触,根据微古植物划归青白口系。《甘肃省区域地质志》(1989)将其置于长城系上部归碧口(岩)群,这一意见比较合理。理由是秧田坝(岩)

---

① 剖面第2—8层原为寒武、志留系嘴台组上部,西秦岭队普查分队命名为秧田坝组。原上覆地层称为寒武志留系三河口组。

组夹有火山岩，岩石组合特征与碧口(岩)群接近，二者岩性呈过渡关系，秧田坝(岩)组顶界被关家沟组冰碛砾岩以区域不整合覆盖，所含微古植物演化缓慢，中晚元古界基本类同，不易确定地层界线。鉴于上述原因，建议今后设专题实地调查研究解决。

关家沟组　Zg　（06-62-0041）

【创名及原始定义】　甘肃省天水地质队(1961)创名①。创名地点在文县关家沟—东峪口一带。系指分布在该带的砾岩、含砾板岩及板岩。厚度不详。

【沿革】　早在1944年叶连俊、关士聪将该套地层划归碧口群，时代定为震旦纪—志留纪，并怀疑砾岩为冰碛物。1961年甘肃天水地质队将关家沟一带地层分为上下两部分，下部砂砾岩层称关家沟阶，上部称临江阶，时代归属早泥盆世。1974年西北地质科学研究所与甘肃区测一队②将关家沟阶改称关家沟组，归属于前寒武系碧口群上亚群。《甘肃省区域地质志》(1989)划归震旦系下部。赵祥生等(1990)将冰碛岩与峡东区对比，称南沱组。本书沿用关家沟组，归属早震旦世晚期。

【现在定义】　指位于秧田坝(岩)组岩屑砂岩之上与临江组碳酸盐岩、硅质岩或砂板岩之下的一套轻微变质的冰成岩类。按岩性分为三部分，上部及下部均为灰、灰绿色变质冰碛砾岩、冰碛砂砾质板岩；中部为深灰、灰黑色变质粉砂岩与板岩。底以冰碛岩的出现与秧田坝(岩)组或阳坝(岩)组呈不整合接触，顶以冰碛岩的消失与临江组整合接触。

【层型】　原未定层型，现指定选层型为文县关家沟剖面第1—16层(104°40′,32°57′)。由甘肃区测队(1989)测制。

【地质特征及区域变化】　该组岩石类型复杂，变化较大，以凝灰质冰碛砾岩、变冰碛砾岩、冰碛含砾砂岩及冰碛泥砾岩为主，属大陆冰川的底碛岩类。色调主要为灰、灰黑色，次为灰绿色。特征是砾石成分复杂，大小混杂不显层理，砾径以0.5～4 cm最多，常见者30～50 cm，大者1 m左右，主要成分有花岗岩、火山岩、变质岩、硅质岩及灰岩、千枚岩等。磨圆度极差，砾石不均匀的散布在以钙质为主的胶结物中。常见漂砾，形态奇特，发育压坑、条痕与刻痕。局部地段受后期构造影响，砾石被压扁拉长，胶结物重结晶或片理化等轻微变质。另有冰碛砂砾质泥板岩、条纹状含砾凝灰质板岩、层纹凝灰质细砂岩等岩类，以含坠石、具层纹、显层理为特征，属冰筏或混合沉积。而层理发育、不含砾石的砂岩、板岩及千枚岩等为正常海相沉积。出露厚度各地不同，关家沟最厚大于2 000 m，东延至庐家沟受断层切割，最薄为600余米。该组相序以冰川底碛与冰前滨海相序为主，夹杂一些冰筏海洋与海洋相序(图15-1)。与下伏地层碧口(岩)群为区域不整合接触。地质时代为早震旦世晚期。

临江组　Z∈l　（06-62-0042）

【创名及原始定义】　甘肃省天水地质队(1961)创名①。创名地点在文县临江—岷堡沟一带。指分布在文县临江一带的含磷岩系。由下而上分为六个岩性带：1)黑灰色砾状灰岩；2)黑色碳质硅质岩；3)黑灰色千枚状细砂岩；4)浅灰、灰白色结晶灰质白云岩、硅质岩；5)黑色薄层燧石与浅灰褐色泥灰岩互层，层间有磷结核，含钒；6)浅灰褐红色中厚层砂岩。与下伏关家沟阶多为断层接触，其上与石坊阶(D_1)整合。

【沿革】　早在1944年叶连俊、关士聪在武都—碧口一带调查时，将该组地层划归碧口

---

① 甘肃天水地质队，1961，甘肃省文县岷堡沟—临江一带1：10万铁矿普查报告。
② 西北地质科学研究所、甘肃区测一队，1974，西秦岭古生代地层。

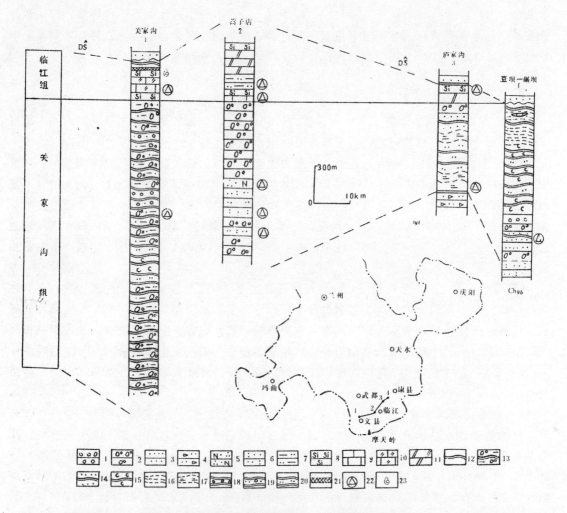

图15-1 摩天岭地区关家沟组、临江组柱状对比图

1.砾岩；2.冰碛砾岩；3.砂岩；4.碎屑砂岩；5.长石石英砂岩；6.凝灰质砂岩；7.泥质粉砂岩；8.硅质岩；9.灰岩；10.白云质灰岩；11.白云岩；12.板岩；13.含冰碛砾、砂泥质板岩；14.砂质板岩；15.碳质板岩；16.千枚岩；17.绢云千枚岩；18.变质砾岩；19.变质含砾砂岩；20.变质粉砂岩；21.重晶石矿；22.微古植物化石；23.动物化石；Ds.石坊群；Chyt.秩田坝(岩)组；Chyb.阳坝(岩)组

系，时代归志留纪—震旦纪。甘肃天水地质队(1961)在岷堡沟—临江一带进行铁矿普查时称该组地层为临江阶[①]。同年，由张研改称临江组。秦锋、甘一研(1976)将伏于石坊群之下的碳酸盐岩、硅质岩与砂板岩划归碧口群上亚群，沿用临江组，时代为前寒武纪。《甘肃省区域地质志》(1989)将临江组时代定为震旦纪。赵祥生(1990)等在东峪口—康县一带做专题研究时，将该组下部(第17—18层)归称陡山沱组，中部(第19—21层)归称临江组，上部(第22—24)层含海绵骨针、软舌螺、小腕足类及三叶虫化石碎片的硅质岩与碳酸盐岩等划归下寒武统干沟组。本次对比研究认为，上、中、下部的岩石组合特征类似，统称临江组。

【现在定义】 指整合于关家沟组冰碛岩之上的一套碳酸盐岩、硅质岩及少量轻微变质的碎屑岩，含磷与重晶石矿。主要岩性为灰色白云质灰岩、砂质灰岩、白云岩与黑色硅质岩，次

---

① 同关家沟组脚注①。

为灰色粉砂质板岩与泥质粉砂岩等。下以冰碛岩的消失为底界,上多与石坊群为断层接触,局部呈不整合接触。

【层型】 原未指定层型,现指定选层型为文县关家沟剖面第17—24层(104°40′,32°57′),由甘肃区调队(1989)测制。

【地质特征及区域变化】 临江组呈NE向条带状分布于关家沟—庐家沟一带。岩石类型较多,按成分与沉积构造可分为条带状灰岩、含砾砂质灰岩、白云质灰岩、白云岩、角砾状白云岩、砂质白云岩及条纹或条带状硅质岩。中下部夹有泥质粉砂岩。粉砂质板岩与细砂岩,具小型凸镜状层理,近顶部在硅质岩、饼状灰岩中产软舌螺、海绵骨针、小腕足类及三叶虫化石碎片,且共生有含磷结核与重晶石矿层。上述岩性在各地组合序列不同,反映的相序是浅海陆架与潮坪相互交替的特征。色调变化亦是深浅交替,除硅质岩为黑色外,大多为灰一深灰色。反映为干燥温暖气候条件下的弱还原沉积环境。出露厚度各地不等,东薄西厚,由97—480余米。临江组为跨时岩石地层单位,包括晚震旦世与早寒武世,岩石组合特征类同,接触关系整合,但各自所含的生物群差异极大,其间有无沉积间断和生物间断有待进一步研究。

第二节 生物地层与地质年代概况

本区中元古界—寒武系的生物较少,研究程度较低,就现有资料简述如下。

(一)长城系

在月照山一带,板岩内有微古植物化石 *Trachysphaeridium planum*, *T. chihsienense*, *T. incrassatum*, *T. laminaritum*, *Asperatopsophosphaera umishanensis*, *Lophosphaeridium*, 在洛塘南砂板岩中有 *Pseudozonosphaera verrucosa*, *Polyporata obsoleta*, *Asperatopsophosphaera partialis*, *A. umishanensis*, *Trachysphaeridium cultum*, *T. rugosum*, *T. hyalinum*, *Nucellosphaeridium zonale*, *Tylosphaeridium induratum*, *Trematosphaeridium holtedahlii*, *Leiopsophosphaera apertus*。上述微古植物化石属 *Asperatopsophosphaera umishanensis-Trachysphaeridium hyalinum - Polyporata obsoleta* 组合,产于碧口(岩)群秧田坝(岩)组。与祁连山西段南白水河组和桦树沟组所含微古植物组合面貌完全一致。长城纪晚期开始繁盛,可延续至青白口纪,乃至更晚时期的组合。因其被上覆地层关家沟组不整合覆盖,其地质年代应为长城纪至青白口纪。又由于该(岩)组岩石组合特征及层位均可与省内其它地层区长城纪岩石地层对比,暂定为长城纪晚期。

阳坝(岩)组尚未采得化石,其变质玄武岩的全岩Rb-Sr等时线年龄值有 974 ± 45 Ma(青川)、933 ± 152 Ma(白水街北)、844 ± 45 Ma(阳坝)、$1\,230\pm68$ Ma(铜钱北)等几组;基性火山岩的U-Pb年龄值为 $1\,304\pm5$ Ma(平武)。下伏鱼洞子岩群斜长角闪岩的锆石U-Pb等时线年龄值为($2\,567\pm9$)Ma,侵入碧口(岩)群岩体的全岩K-Ar最大年龄值为750 Ma(青川)。据此推测,碧口(岩)群的主变质期年龄应为($800\sim1\,000$)Ma之间。由于阳坝(岩)组整合或平行不整合于秧田坝(岩)组之下,其地质年代应早于秧田坝(岩)组,暂置于长城纪。

(二)震旦系下统

含微古植物,计有26属25种,分布在关家沟组。在区域上以 *Trachysphaeridium*, *Asperatopsophosphaera*, *Leiopsophaera*, *Nucellosphaeridium* 分布最广,并有少量 *Favososphaeridium*, *Pseudofavososphaera*。其中,中上部有 *Synsphaeridium*, *Leiofusa*,

Bavlenella, Lophominuscula, Leiominuscula, Anguloplanica, Paleamorpha, Micrhystridium 等，大多属南沱期的常见分子。Bavlenella faveolata 在国内外出现的时限均在 700 Ma 左右。其地质年代为早震旦世晚期至晚震旦世。

(三)震旦系上统—下寒武统

临江组中下部含微古植物，计有 18 属 18 种。该生物群的组合，下部与关家沟组类同，主要有 Trachysphaeridium, Leiopsophosphaera, Bavlenella, Leiofusa, Micrhystridium, Nucellosphaeridium, Synsphaeridium, Polyporata 等，反映了生物的延续性。新出现的有 Monotrematosphaeridium，为晚震旦世的特征分子。近顶部硅质岩与灰岩中产海绵骨针、软舌螺、小腕足类及三叶虫化石碎片，为我国下寒武统底部的组合代表。近顶部的全岩 Rb-Sr 等时线年龄值为 561 Ma。地质年代应为晚震旦世—早寒武世。

第十六章
奥陶纪—三叠纪

区内奥陶纪—三叠纪地层，主要分布于南秦岭-大别山地层区（见图4-1、5-6、6-1），计有7个群19个组。其中，奥陶纪有大堡组，志留纪有白龙江群及其所属迭部组、舟曲组、卓乌阔组，泥盆纪有普通沟组、尕拉组、当多组、下吾那组及蒲莱段、古道岭组、星红铺组、铁山组、石坊群、冷堡子组以及三河口群，石炭纪有益哇沟组、岷河组、尕海群，二叠纪有大关山组、十里墩组、迭山组，三叠纪有隆务河群及巴颜喀拉地层区的阿尼玛卿山蛇绿混杂岩、西康群。奥陶纪尚有可与陕西省紫阳权河口组对比，未予专用地层单位名称的"组"级单位。

第一节 岩石地层单位

大堡组 O*d* （06-62-0284）

【创名及原始定义】 朱正永（1986）创名① 大堡群。创名地点在康县大堡乡朱家坝。指康县大堡一带含奥陶纪笔石的一套以灰色板岩为主，上部夹火山碎屑岩的地层。

【沿革】 《甘肃省区域地质志》（1989）沿用。本书改称大堡组。

【现在定义】 以细碎屑岩为主（板岩、硅质板岩及粉砂岩），中上部夹有中酸性火山熔岩及中性火山碎屑岩和少量结晶灰岩、泥质灰岩、粉砂岩及板岩。板岩中富产笔石。与上覆迭部组以火山碎屑岩消失为界，呈整合接触，下界不清。

【层型】 正层型为甘肃省康县朱家坝剖面第1—26层（105°35′，33°25′），由甘肃区调队（1982）重测，载于《甘肃省区域地质志》（1989）。

【地质特征及区域变化】 本组分布于康县北大堡乡朱家坝至陕西略阳县青杠树一带断裂带以北。以浅灰—黑色板岩、粉砂岩为主，中上部夹浅绿色中酸性火山熔岩、中性火山碎屑岩。该组上部的火山岩有薄—中层变质流纹英安岩、变质中性凝灰岩、变质酸性凝灰岩及凝灰质板岩等。据所含笔石组合，时代为晚奥陶世五峰晚期。

---

① 朱正永，1986，西秦岭南坡的奥陶系。甘肃地质，(5)65—67。

【其他】 西秦岭南部沿白龙江流域在1980年以前没有关于奥陶纪地层的报道。甘肃区调队1980年开展西秦岭志留系的专题科研时,在甘肃迭部县电尕乡拉路村发现夹于两条断裂间,仅十余米厚的深灰色粉砂质、碳质及硅质板岩中,产丰富的笔石 *Didymogratpus* cf. *filiformis*, *D*. cf. *suecicus*, *D. extensus*, *Tetragraptus pendens*, *T*. cf. *bigsbyi*, *Loganograptus* 等。1983年经曲新国补采又获得以下属种: *Dichograptus gracilis*, *Tetragraptus decipiens*, *T. reclinatus*, *Janograptus gracilis*, *Didymograptus latus tholiformis*, *D*. cf. *asperus*, *D*. cf. *hirundo* 等,总计有5属15种,大都是多枝笔石,笔石群属东南型。葛梅钰认为可与桐梓组、红花园组、湄潭组对比。笔石的组合区间大致是穆恩之的N1—N4带,地质时代应属早奥陶世早宁国期。

这套出露狭窄缺乏延伸性的地层一直未予命名,甘肃区调队认为尽管它是一个客观的地质体,但无法表达其岩石特征在纵、横两个方向具体的延展。西安地质矿产研究所曾有人称"拉路组",但未被广泛认可。建议在总结秦岭造山带地层系统时,可沿用陕西紫阳权河口组一名,就其岩石特征,空间位置及笔石群面貌而言,两地是一致的,不宜另创新名。

白龙江群 SB (06-62-0150)

【创名及原始定义】 叶连俊、关士聪(1944)创名白龙江系。创名地点在武都—舟曲一带。"本系地层不整合伏于泥盆纪地层之下,分布于白龙江上游西固(现为舟曲县)、武都一带。岩石以黑色页岩为主,以薄层砂质千枚岩副之,上部每间夹黑灰色结晶石灰岩(或白云岩),内产链子珊瑚等化石,中部有时含劣质烟煤。"

【沿革】 穆恩之1962年改为白龙江群。1977年翟玉沛① 将白龙江群划分为上统白龙江群(改变了原白龙江群的含义),中统舟曲群,下统迭部群。1979年西安地质矿产研究所重新选择了各统的典型剖面,测制并建立了下列地层单位:志留系下统为尖尼沟组、各子组、安子沟组。中统为庙沟组、小梁沟组。上统为南石门沟组、红水沟组。1986年王瑞龄在《甘肃的志留系》一文中沿用了翟玉沛的划分方案,但迭部群分为上部尖尼沟组,下部安子沟组。1992年四川省地质矿产局川西北地质大队闵永明等②,在若尔盖占洼乡建立的卓乌阔组,用以代表本区的志留系上统。本书恢复叶连俊等(1944)创建之白龙江系,并沿用白龙江群。

【现在定义】 自下而上包括:迭部组、舟曲组、卓乌阔组。以代表迭部、舟曲、武都一带沉积的黑色千枚岩、灰绿色变砂岩、板岩、灰岩、泥灰岩、灰岩凸镜体及白云岩等志留纪沉积。三组均呈连续沉积。整合于大堡组之上。

迭部组 Sd (06-62-0149)

【创名及原始定义】 翟玉沛(1977)①创名迭部群。创名地点在迭部县安子沟,"迭部群为海相碎屑岩夹少量硅质岩及火山岩沉积。与上覆地层中志留统舟曲群呈整合接触。其下伏地层多遭破坏、出露不全。在四川省若尔盖县白依沟与白依沟群呈平行不整合(?)。"

【沿革】 创名后沿用至今,现改群为组。

【现在定义】 为一套深灰色、黑灰色含碳硅质板岩、硅质岩、变砂岩、千枚岩为主夹有白云岩、白云质灰岩等。为笔石相沉积。白云岩或白云质灰岩的出现,火山岩的消失是迭部组与下伏大堡组的分界标志,二者呈整合接触;与上覆舟曲组为连续沉积。

---

① 翟玉沛,1977,西秦岭的志留系。地质科技,(6):61—66。
② 见卓乌阔组脚注①。

【层型】　正层型为迭部县安子沟剖面第1—9层(103°29′,34°01′),由甘肃区测一队(1973)测制。

【地质特征及区域变化】　迭部组隶属白龙江群,与舟曲组、卓乌阔组相伴出露,沿迭部、武都、舟曲广泛分布,向东经康县、延入陕西省境内,东西断续出露约380余公里。出露厚度约1 771～3 654 m。岩性比较稳定,但厚度相差甚大。下部深灰—黑色板岩产笔石,时代为早志留世。

舟曲组　$S\hat{z}$　(06-62-0148)

【创名及原始定义】　翟玉沛(1977)创名舟曲组。创名地点在舟曲县小梁沟附近。"下部以中厚层状变砂岩为主,夹少量板岩及粉砂质千板岩。上部以含碳板岩及粉砂质千枚岩为主,夹硅质岩及灰岩。为混合沉积。厚892～2 105 m,富含腕足类、珊瑚。仅在庙沟发现笔石一处。与上覆白龙江群、下伏迭部组,均呈整合接触。"

【沿革】　1979年西安地质矿产研究所在舟曲县庙沟、小梁沟测制了剖面,将舟曲群划分为小梁沟组及庙沟组。本书改称舟曲组。

【现在定义】　色调为灰黑色、深灰色,上部以含碳板岩、粉砂质千枚岩为主,夹硅质岩及灰岩;下部以中厚层状变砂岩为主,夹少量板岩及粉砂质千板岩。为混合相沉积,含珊瑚、腕足类化石。与下伏迭部组、上覆卓乌阔组均为连续沉积。

【层型】　原未定层型,现定选层型为舟曲县小梁沟剖面第10—23层(108°18′,33°46′),由西安地质矿产研究所(1979)测制,载于《甘肃省区域地质志》(1989)。

【地质特征及区域变化】　舟曲组向西进入四川省若尔盖,向东经舟曲、武都、康县等地延入陕西省境内,东西延伸三百余公里,出露厚度变化较大285～2 845 m。武都县角弓乡舟曲组最厚达3 800 m左右。小梁沟附近产腕足类、珊瑚、笔石及三叶虫化石。地质年代为中志留世。

在武都以西,舟曲、迭部等地的舟曲组碳酸盐岩夹层增多。武都以东至康县大堡、成县史家坪等地碳酸盐岩减少,泥砂质千枚岩、板岩、砂岩增多。

卓乌阔组　$S\hat{z}w$　(06-62-0147)

【创名及原始定义】　四川省地质矿产局川西北地质大队闵永明等(1992)[①]创名。创名地点在四川省若尔盖县占洼乡卓乌阔。指整合伏于普通沟组之下,覆于马尔组之上。岩性下部以绢云板岩、硅质绢云板岩、粉砂质板岩及含碳质板岩为主,夹少量变质粉砂—细粒石英砂岩、含长石石英砂岩、灰岩凸镜体。上部为微晶灰岩、生物碎屑灰岩、礁生物灰岩与黑色板岩互层或以板岩为主夹灰岩,产笔石、珊瑚。厚634～816 m。归属上志留统。

【沿革】　创名后,本书首次将卓乌阔组引用于本省。

【现在定义】　整合覆于舟曲组之上、伏于普通沟组之下。岩性下部以硅质绢云板岩、粉砂质板岩及含碳质板岩为主,夹少量变质粉砂—细粒石英砂岩、含长石石英砂岩、灰岩凸镜体。上部为微晶灰岩、生物碎屑灰岩、礁生物灰岩与黑色板岩互层,或以板岩为主夹灰岩。产笔石、珊瑚化石。

【层型】　正层型在四川省。甘肃省内次层型为舟曲县石门沟剖面(104°27′,33°38′),由

---

① 四川省地质矿产局川西北地质大队闵永明等,1992,I-48-62-B(占洼)等8幅区调联测报告(地质部分)。

《志留系》,西安地质矿产研究所(1979)测制,见:傅力浦(1983)《西秦岭的志留系》,《地层学杂志》(4)259—278。

【地质特征及区域变化】 卓乌阔组延入甘肃后岩性变化不大。沿白龙江流域分布,东西长达270余公里,出露厚度121~2 395 m,以碎屑岩夹硅质岩、碳酸盐岩沉积为主,含丰富的腕足类、珊瑚、双壳类、头足类、牙形石。局部剖面并采有笔石。地质年代为晚志留世。

普通沟组　Dp　(06-62-0133)

【创名及原始定义】 西北地质科学研究所、甘肃区测一队(1973)创名。创名地点在四川省若尔盖县普通沟。该组无原始定义。

【沿革】 西北地质科学研究所、甘肃区测一队(1973)在开展1:20万碌曲幅、卓尼幅区域地质测量工作时,从前人原划的当多组和白龙江群内划分出早泥盆世沉积,下部命名为普通沟组,上部命名为尕拉组。西北地质科学研究所(1974)[①]将白龙江上游的普通沟组进一步划分为下普通沟组和上普通沟组。秦锋、甘一研(1976)沿用上、下普通沟组,但将下普通沟组之底界向下移至上白龙江亚群内的板岩与灰岩的分界处,即以灰岩的顶界为界,同时又依据生物组合将上普通沟组的顶界向上移至原尕拉组白云岩内部,即普通沟剖面第3层之顶界。其后,《西北地区区域地层表·甘肃省分册》(1980)、《甘肃省区域地质志》(1989)等均遵此划分意见。曹宣铎等(1987、1990)划分上、下普通沟组,将上普通沟组之顶界又向上移至当多沟剖面尕拉组第2层的底界。侯鸿飞、王士涛等(1988)也沿用上、下普通沟组,但上普通沟组之顶界和下普通沟组的底界则分别采用秦锋、甘一研(1976)划分的界线。本次对比研究,考虑上、下普通沟组属生物或年代地层单位,其岩石组合特征又基本一致,二者并无明显分界标志,四川省地层清理组已将其合并统称普通沟组。但需要指出,四川省地层清理组厘定后的普通沟组上界仍然偏高,致使普通沟组与尕拉组的分界仍不明显。本书的普通沟组,将其上界向下移至最底部一层白云岩之底界。

【现在定义】 指迭部—武都地区覆于卓乌阔组深灰色板岩夹薄层或凸镜体灰岩之上,整合伏于尕拉组白云岩之下的一套灰、绿灰及少量紫红色泥、砂质岩火碳酸盐岩地层,含腕足类、珊瑚、苔藓虫、牙形石等化石,上部在局部地方含煤。

【层型】 正层型在四川省。甘肃省内次层型为迭部县下吾那沟剖面第1—9层[②](103°00′,34°15′),由西北地质科学研究所、甘肃区测一队(1973)测制。

上覆地层:尕拉组　灰、黄灰色板岩夹薄层白云岩

――――――――整　合――――――――

普通沟组　　　　　　　　　　　　　　　　　　　　　　　　　总厚度539 m

9. 浅灰色薄层白云质灰岩夹灰绿、暗紫红色砂质板岩　　　　　　　　41 m

8. 棕灰色板状白云质灰岩夹绿灰色钙质板岩　　　　　　　　　　　203 m

7. 浅灰、黄灰色板岩夹灰、棕灰色薄板状白云质灰岩,下部夹深灰色薄层灰岩。产腕足类:*Protathyris praecursor*, *P. sibirica*, *P. transversa*, *P. latilamella*, *Leptostrophia* sp., "*Stropheodonta*" sp.　　　　　　　　　　　　　　　　　　　　20 m

6. 黄褐、黄灰色钙质板岩夹少量灰绿色板岩及青灰色薄层泥质白云岩。产腕足类:*Pro-*

――――――――
① 西北地质科学研究所,1974,西秦岭早泥盆世地层及古生物群研究。
② 剖面在I-48-XIV(卓尼)幅原始柱状剖面。

238

    tathyris praecursor, *P. transversa*, *Howellella angustiplicata*, *H. laeviplicata*   35 m
 5. 深灰色薄层灰岩，间夹深灰色薄层钙质板岩，下部夹中厚层介壳灰岩。产腕足类：*Protathyris praecursor*, *Howellella angustiplicata*, *H. laeviplicata*, *Lanceomyonia gannanensis*, *Protocortezorthis fornicatimcurvata*, *Stegerhynchus pseudoprima*, *Rhynchospirina gannanensis*, "*Schellwienella*" sp., "*Stropheodonta*" sp.；珊瑚：*Ketophyllum* sp., *Favosites sibirica*   42 m
 4. 深灰色板岩   7 m
 3. 深灰色钙质细砂岩   12 m
 2. 深灰色板岩，顶部夹灰岩凸镜体。产腕足类：*Molongia broplicata*, *Nanospira gansuensis*, *Rhynchotreta* sp.   151 m
 1. 深灰、灰绿色砂质板岩夹薄层灰岩及灰岩凸镜体。产腕足类：*Molongia broplicata*, *M. broplicata lamellosa*, *M. broplicata elongata*, *Levenea markovskii*, *Protocortezorthis orbicularis*, *Protathyris compressus*, *Atrypella bailongjiangensis*, *A.* cf. *quadrata*, *Eospirifer* cf. *radiatus*, *Skenidioides* sp., *Leptostrophia* sp., *Rhynchospirina* sp., *Gannania* sp.；珊瑚：*Entelophyllum uralicum*, *Favosites*? *multiformis*；三叶虫：*Encrinurus* sp., *Latiproetus* sp., *Otarion* sp.；牙形刺：*Ligonodina elegans*, *Trichonodella* cf. *inconstans*   28 m

————整 合————

下伏地层：卓乌阔组   灰色薄层疙瘩状结晶灰岩，局部具鲕状构造。产珊瑚 *Entelophyllum* spp.；腕足类 *Atrypa* sp., *A.* cf. *reticularis*, *A. reticularis* var. *orbicularis*, *Rhynchotreta* cf. *cuneata*

【地质特征及区域变化】 普通沟组延入甘肃后大致可分为上、中、下三部分。下部为灰绿、淡灰色板岩、粉砂质板岩夹薄层和豆荚状生物碎屑微晶灰岩，偶夹豆荚状生物碎屑泥晶灰岩。灰岩中富产腕足类、三叶虫、苔藓虫、牙形石、介形类等，厚140 m；中部为深灰色中—厚层白云石化微晶生物碎屑灰岩、砂屑凝块石灰岩夹灰质板岩、砂质板岩。该灰岩在区内分布较广，可作为标志层。灰岩产腕足类、珊瑚及头足类，厚36 m。地质时代为早泥盆世。由于中、下部岩石中富含泥质，风化后呈黄灰色，极易识别；上部为杂色（以浅绿灰色为主，夹浅紫灰、褐灰及灰色）含白云质粉砂质板岩、含白云质板岩、含铁白云质粉砂岩夹薄—中厚层含泥粉砂质微晶灰岩、含泥生物碎屑微晶灰岩。由于岩石中含有少量铁质，风化后表面呈鲜艳的绿灰或紫红色，颇引人注目，厚103 m。该组与下伏卓乌阔组及上覆尕拉组均为整合接触。

该组分布范围有限，常与尕拉组形影相随，其范围西起碌曲县尕海，向东经四川若尔盖县占洼、普通沟至迭部县下吾那、当多、益哇沟一带。再向东于舟曲县附近和武都角弓、石门沟等地亦有零星出露，但发育较差，研究程度较低，资料欠缺，且与尕拉组也不易细分。

迭部县益哇沟以西的普通沟组的岩性、岩相及厚度一般均较稳定，唯西格尔山以西，碳酸盐岩有明显增多的趋势。法列布山、擦阔合一带出露不全，厚度大于100～121 m；下吾那沟厚度最大，达539 m；当多沟因受断层影响，厚大于180 m；益哇沟铁矿东沟未见底，不完全厚度大于340 m；益哇沟以东该组发育不全，厚度明显减薄，仅91 m。

该组以板岩、粉砂岩等陆源细碎屑物质为主，夹有少量微晶灰岩，中部有潮汐层理，上部具凸镜状、波状及脉状层理，再向上又出现水平层理，局部尚见有波痕构造，自下而上反映了由浅海陆架环境逐渐向陆地边缘相区的潮坪环境过渡的海退序列特征。

尕拉组 Dgl (06-62-0127)

【创名及原始定义】 西北地质科学研究所和甘肃区测一队(1973)创名。创名地点在迭部县西北24 km之当多沟口西侧之尕拉村北。"由质纯的白云岩组成,与下伏上普通沟组整合接触。与上覆当多沟组平行不整合接触。下部为中—厚层白云岩,在区内普遍出露;上部为白云岩夹粉砂岩、板岩及角砾状泥质白云岩,仅见于下吾那沟—当多沟一带,其他剖面均缺失。生物群较贫乏,腕足类几乎绝迹,珊瑚仅见于下部,而上部仅产少量双壳类、腹足类及介形类等。"

【沿革】 张研(1961)[①]将白龙江上游中泥盆世沉积划分为上、下两部分,称下部为当多组,上部为下吾那组。同时指出,当多组与下伏志留系白龙江群为不整合接触,与上覆下吾那组为整合接触。甘肃区测一队(1973)在1:20万碌曲幅、卓尼幅区域地质测量工作时,与西北地质科学研究所共同对白龙江上游的泥盆系进行了系统研究,将前人原划的当多组下部的一大套白云岩,划归早泥盆世,命名为尕拉组。其后,所有的地质工作者都相继沿用了这一名称。曹宣铎等(1987、1990)在沿用该名称时,将其底界向上移至当多沟剖面尕拉组第2层的底界。本书的尕拉组,底界向下移至白云岩首次出现的底界,即与甘肃区测一队、西北地质科学研究所(1973)创名尕拉组的底界相同。

【现在定义】 以深灰色白云岩为主,夹少量含砂质白云质页岩、灰色砾屑白云岩和粉晶灰质白云岩。顶部以板岩、粉砂岩、细砂岩为主,夹含粉砂白云岩、含粉砂泥灰岩,生物较少。中下部产少量珊瑚及层孔虫,上部产牙形石等。底部以白云岩的始现与普通沟组整合接触,顶部以白云岩的消失与当多组含砾灰质砂岩等为平行不整合接触。

【层型】 正层型为迭部县当多沟剖面第2—36层(103°30′,34°15′),由西北地质科学研究所、甘肃区测一队(1972)测制,载于《甘肃省区域地质志》(1989)。

【地质特征及区域变化】 该组在层型剖面上,岩性以深灰、灰色藻白云岩、叠层石白云岩、纹层石白云岩为主,夹少量含砂白云质页岩、灰质砾屑白云岩、粉晶灰质白云岩。顶部以浅灰绿、浅绿灰、灰黑色粉砂质页岩、粉砂岩、细砂岩为主,夹深灰色薄—中厚层含粉砂隐晶白云岩、含粉砂泥灰岩。生物贫乏,中下部产少量珊瑚,上部产牙形石、介形类及双壳类等化石。厚990 m。地质时代为早泥盆世。岩石多具水平层理,局部尚见凸镜状层理、丘状交错层理和斜层理。岩石普遍具鸟眼构造,局部可见包卷构造、干裂构造、虫孔构造、虫管构造、冲刷面构造、亮晶结构、角砾状结构和粒序韵律结构。在当多沟剖面上,由六个较大的沉积旋回组成,每个旋回内又包含有若干个小旋回。

该组分布范围有限,西起碌曲擦阔合、法列布山,向东经四川若尔盖西格尔山、普通沟至甘肃迭部县下吾那、当多、益哇沟,再向东于舟曲县附近及武都角弓、石门沟等地也有少量出露。岩性较为稳定,各地变化不大。厚度在当多沟以西是比较稳定的,擦阔合厚599 m,法列布山厚514 m,西格尔山厚470 m,普通沟厚859 m,下吾那村厚800 m,当多沟厚990 m,但当多沟以东骤然变薄,益哇沟厚93 m,帕热铁矿—录坝沟一带厚仅数十米,武都石门沟厚207 m。

当多组 Dd (06-62-0126)

【创名及原始定义】 张研(1961)[①]创名。创名地点在迭部县西北24 km之当多村北。"顶

---
① 张研,1961,甘肃白龙江流域中泥盆世铁矿地层简介。甘肃省地质局,地质论文集,(3)。

部为含铁岩系,岩性为鲕状赤铁矿与鲕绿泥石砂岩、页岩互层;中部为薄层灰岩夹砂质铝质页岩及少许泥灰岩;底部为厚层硅质灰岩夹薄层灰岩,最下部为灰绿色钙质板岩。富产腕足类、珊瑚,并产少量腹足类及层孔虫等。整合于下吾那组之下,不整合(局部假整合)? 于上志留统之上。"

【沿革】 创名以来,多数地质工作者均予以广泛沿用,但对其上、下界,特别是上界争议、变动颇大。中科院兰州地质研究所(1968)[①]、中国地质科学院(1973)均其原义沿用当多组。甘肃区测一队(1973)将其改称为当多沟组,所指地层包括原当多组的上部及上覆下吾那组的下部,并认为原当多组下部的一大套白云岩应属下泥盆统,其后又称其为尕拉组,而当多沟组与尕拉组为平行不整合接触。秦锋、甘一研(1976)将当多沟组上部及下部的一部分由当多沟组中肢解出来,称鲁热组,将当多沟组下部的另一部分,仍称之为当多沟组,并与华南的四排阶中上部对比。《西北地区区域地层表·甘肃省分册》(1980)、甘肃区调队(1980)将当多沟组改称为当多组,并进一步划分为下部含磷碳酸盐岩段和上部含铁碎屑岩段,同时将其上界向上移至含铁碎屑岩顶界。孙光义(1980)将迭部县洛大镇录坝沟一带的含铁岩系划分为上、下两套地层,下部称腊子沟组,时代为早泥盆世晚期,上部称录坝沟组,时代为中泥盆世早期。曹宣铎等(1987、1990)、侯鸿飞、王士涛等(1988)、《甘肃省区域地质志》(1989)均沿用当多组。本书按甘肃区调队(1980)的含义沿用当多组。其东延迭部县洛大镇录坝沟的腊子沟组和录坝沟组以及南秦岭文县地区的岷堡沟组的岩石组合特征与当多组完全可以对比,层位也大致相当。因此,建议停用当多沟组、腊子沟组、录坝沟组、岷堡沟组、西沟组和张家坝组、尚家沟阶及鲁热组。

【现在定义】 指底部有时为钙质砾岩,下部为碳酸盐岩或含磷碳酸盐岩夹细碎屑岩,中上部为含铁岩系;富产腕足类、珊瑚等。底部以含砾灰质砂岩或生物灰岩与尕拉组白云岩或石坊群砂岩皆为平行不整合接触;顶部以石英砂岩与下吾那组灰岩整合接触,或以鲕绿泥石砂岩与冷堡子组石英岩呈平行不整合接触。

【层型】 正层型为迭部县当多沟剖面第 37—73 层(103°03′,34°15′),由曹宣铎、张研、周志强等(1987)重测,载于《西秦岭碌曲、迭部地区晚志留世与泥盆纪地层古生物》(上册) 16—45。

【地质特征及区域变化】 当多组大致可以划分为上、中、下及底部 4 部分。底部为浅灰、深灰色微—薄层含泥砂质粉砂岩夹含粉砂页岩及含磷砂质微晶灰岩条带,最底部为一层厚 0.01~0.03 m 的含砾灰质砂岩;下部为深灰色薄—中厚层微晶或亮晶粒屑灰岩、含粉砂砾屑微晶灰岩夹粉砂质页岩、泥质粉砂岩、微晶生物碎屑灰岩。富含腕足类、珊瑚,和少量介形类、双壳类、腹足类、头足类、三叶虫、苔藓虫、海百合茎,厚 15.2 m;中部以深灰色粉砂质页岩为主,夹豆荚状、结核状含磷菱铁矿粉砂质泥岩、含磷粉砂泥质微晶碳酸铁质岩,产少量腕足类,厚 57.7 m;上部为绿灰、紫褐色中—厚层石英杂砂岩、铁质石英砂岩、粉砂质页岩夹生物碎屑微晶灰岩、鲕绿泥石生物碎屑微晶灰岩及数层含绿泥石灰质粒屑赤铁铁质岩、砂质隐晶赤铁铁质岩,富产腕足类和少量双壳类、介形类、苔藓虫、三叶虫、牙形石、海百合茎及珊瑚,厚 102.5 m。总厚 176.03 m。底部称含磷碳酸盐岩段,中部和上部以往称含铁碎屑岩段,上部层位韵律性很强,砂岩中见有斜层理、冲刷面及波痕,灰岩层面见有浪成波痕(对称波痕)、水平层理及少量板状斜层理。鲕状赤铁矿往往富集于两个小韵律之间或沉积

[①] 中科院兰州地质研究所,1968,南秦岭西段文县一带中泥盆世生物地层学的基本问题(未刊),3-29。

韵律的下部，相变较剧烈。含铁岩系下部为菱铁矿，底栖生物相对稀少；上部为赤铁矿，并伴有磁铁矿，生物相对活跃。岩石中所含鲕绿泥石自下而上逐渐增多，并出现有海绿石。

当多组岩性较稳定，但占洼以西碳酸盐岩增多，以东碎屑物成分明显增加。厚度变化一般较大，擦阔合—占洼一带85～115 m，当多沟176 m，益哇沟593 m，哇坝沟帕热沟98 m，录坝沟最厚可达844 m，岷堡沟一带669～884 m。

当多组下部层位在区内很不发育，主要分布于四川若尔盖占洼至迭部县当多沟、益哇沟一带，厚22～38 m。益哇沟以东缺失。占洼以西多相变为灰绿色板岩，且不含磷块岩。秦岭南带文县地区下部层位较发育，但不含磷，厚度明显增大，为163～210 m。下部层位的底部普遍有一层含砾灰质砂岩或砂砾岩或砾岩，砾石成分为燧石，砾石磨圆度较好。该层砾岩在区内层位稳定，但厚度变化较大，占洼8.9 m，普通沟0.6 m，岷堡沟6 m。当多组上部层位比较稳定，但腊子沟以东可能缺失，致使当多组之上的下吾那组或蒲莱段直接不整合于当多组以前的地层之上。该组上部层位普遍含层数不等的鲕状赤铁矿层和菱铁矿层或扁豆体，厚度一般均在50～164 m之间，但向东延至益哇沟、录坝沟等地，厚度明显增大，分别为556和844 m，秦岭南带文县地区为506～674 m。

当多组与其下的尕拉组为平行不整合接触。具自西向东超覆特点，在当多沟、普通沟及其以西地段，当多组平行不整合覆于尕拉组之上，在益哇沟以东超覆于普通沟组之上，再向东至帕热、黑拉一带，超覆于卓乌阔组之上，其间缺失下泥盆统尕拉组和普通沟组和当多组下部的三个腕足类生物带及卓乌阔组上部或顶部的一部分。地质时代为早泥盆世。

【其他】　当多组是区内最重要的含磷及含铁层位。含磷层为含磷碳酸盐岩及磷块岩，局部已富集成为矿床。

下吾那组　Dx　（06－62－0124）

【创名及原始定义】　张研(1961)[①]创名。创名地点在迭部县西北28 km之下吾那村东北。"是一套整合于当多组含铁岩系之上、不整合于下石炭纪(?)石灰岩之下的深灰色薄层至厚层状石灰岩夹炭质页岩。产腕足类、珊瑚及少量双壳类。"

【沿革】　葛利普(1931)在《中国泥盆纪之腕足类》一书中首次报道了成县东南中泥盆统所产之腕足类，并称产化石的地层为庙儿川层及王家层。叶连俊、关士聪(1944)在《甘肃中南部地质志》一文中，系统地简述了西秦岭泥盆系的分布和发育状况。在武都一带，他们引用了赵亚曾、黄汲清在陕西镇安之北所命名的古道岭石灰岩一名，用其代表不整合于志留纪白龙江系之上的中泥盆统。张研(1961)将白龙江上游中泥盆世上部命名为下吾那组，以代替叶连俊、关士聪的古道岭石灰岩。甘肃区测一队(1973)在1：20万碌曲幅和卓尼幅区域地质测量工作时，将下吾那组肢解为三套地层，下部归于原当多组，并改称当多沟组，同时又将其进一步划分为上、下二段，中部称为古道岭组，上部置于上泥盆统，沿用铁山群。甘肃区测一队、西北地质科学研究所(1974)基本沿用了甘肃区测一队(1973)的划分意见，但将当多沟组上段及下段的上部又从当多沟组中肢解出来，命名为鲁热组。秦锋、甘一研(1976)沿用了鲁热组、古道岭组和铁山群，但将古道岭组又进一步划分为上、下二段，将铁山群也进一步划分为上、下两部分，下部命名为擦阔合组，上部命名为陡石山组。甘肃区测一队(1976)将古道岭组称为庙儿川组，并进一步将其划分为下部碳酸盐岩段和上部碎屑岩段，同时也沿

[①] 张研，1961，甘肃白龙江流域中泥盆铁矿地层简介。甘肃省地质局，地质论文集，(3)。

用了鲁热组、擦阔合组和陡石山组。《西北地区区域地层表·甘肃省分册》(1980)、甘肃区调队(1980)、翟玉沛(1981)[①]、《甘肃省区域地质志》(1989)均沿用了鲁热组、擦阔合组和陡石山组，并将古道岭组及庙儿川组合并称下吾那组，同样将其细分为碳酸盐岩段和碎屑岩段。与此同时他们又将鲁热组的下界向上移至含铁碎屑岩的顶界，而将含铁碎屑岩仍归于当多组。曹宣铎等(1987、1990)基本上沿用了上述划分意见，但将下吾那组中的两个段均上升为两个组级岩石地层单位，重新厘定后的下吾那组仅限定于原下吾那组下部的碳酸盐岩段，而上部的碎屑岩段命名为蒲莱组。本次对比研究考虑到碌曲、迭部一带的鲁热组、下吾那组、蒲莱组、擦阔合组、陡石山组、庙儿川层就其岩石组合的特征来看，自下而上均为灰岩夹碎屑岩，这与张研(1961)原定的下吾那组的含义基本上是一致的，而以往所划分的这五个组级岩石地层单位除蒲莱组外，其余均为生物地层或年代地层单位，建议停用，并继续沿用下吾那组。蒲莱组因其岩石组合特殊，野外易于识别，建议继续沿用，隶属于下吾那组的一个段。而大部分地段的陡石山组底部以上的层位，因其岩性全为灰岩无碎屑岩夹层，将其归于益哇沟组。同时将文县地区冷堡子组以上的团布沟组（或朱家沟组）灰岩段、页岩段及铁山群合并，称下吾那组。

【现在定义】 指介于益哇沟组与当多组（或冷堡子组）之间的一套碳酸盐岩夹细碎屑岩组合。当上部以细碎屑为主夹少量碳酸盐岩，且整体颜色偏深时，为蒲莱段。富产腕足类、珊瑚及少量竹节石、牙形石、头足类及层孔虫等。底部以大套灰岩夹细碎屑岩的始现与当多组、冷堡子组含铁碎屑岩分界，顶部以灰岩、中细粒碎屑岩夹层的消失与益哇沟组灰岩分界，皆为整合接触。

【层型】 原未指定型层，现指定选层型迭部县当多沟剖面第79—188层（其中第133—140层为蒲莱段）(103°03′，34°15′)，由曹宣铎、张研、周志强等(1987)测制，载于"西秦岭洛大地区的泥盆系"《西北地质》(4)1—7。

【地质特征及区域变化】 下吾那组岩性较为单调，主要由碳酸盐岩组成，夹碎屑岩。在层型剖面上，按其岩石组合特征大致可划分为三段。下段的下部为灰、深灰色微晶生物碎屑灰岩、砂屑微晶灰岩、微白云石化微晶生物碎屑灰岩夹页岩、灰质页岩、含粉砂页岩、含灰质砂质页岩、含灰质粉砂岩，并出现多层层状生物礁灰岩。生物群非常繁盛，富产珊瑚、腕足类，少量介形类、双壳类、牙形石、三叶虫、鹦鹉螺、竹节石及古孢子，厚度大于238.6 m；上部自下而上由灰、浅褐灰色中—厚层石英砂岩、泥质粉砂岩、砂质页岩、页岩、灰色中—巨厚层微晶灰岩、微晶生物碎屑灰岩、泥质微晶生物碎屑灰岩、藻砂屑灰岩、层状生物礁灰岩组成两个较大的沉积旋回，灰岩富产珊瑚、腕足类，并产少量介形类、腹足类、苔藓虫、牙形石、鹦鹉螺、竹节石及古孢子，厚度大于322.9 m；中段（即蒲莱段）以黑色含粉砂质页岩及含碳灰质页岩为主，夹薄—中厚层微晶灰岩、巨厚层亮晶含藻砂屑生物灰岩及少量薄层或凸镜状砂屑微晶灰岩、泥质微晶灰岩。富产竹节石、牙形石、珊瑚、腕足类，并产少量介形类、双壳类、头足类、腹足类及古孢子。厚度267.5 m；上段由一套以钙屑为主的浊积岩组成，岩性为灰、灰黑色薄—中厚层微晶砂屑灰岩、砾屑灰岩、泥质粉晶灰岩、微晶藻砂屑灰岩、弱白云石化微晶砾屑灰岩、微晶砂状凝块石灰岩与钙质粉砂质页岩、钙质粉砂岩、灰泥质粉砂岩、泥质粉砂岩、灰质页岩互层。富产牙形石、竹节石，并产少量腕足类、珊瑚、介形类、三叶虫及古孢子。厚度594.9 m。总厚大于1 423.9 m。地质时代为中、晚泥盆世。

[①] 翟玉沛，1981，甘肃的泥盆系（内刊）。

该组下段造礁及广海生物发育,岩石具水平层理,局部尚见交错层及斜层理。中段以细碎屑岩为主,碳酸盐岩较少。上段普遍具滑动构造和滑塌层理、弯曲的柔皱层理、沙纹层理等沉积构造,并见有滑动砾屑结构、粒序层理,层面尚见有重荷模及水平虫迹构造,不同环境沉积物组成的韵律层较为发育,属以钙屑为主的浊积相沉积。

该组在区内特别发育,分布范围较广,沉积厚度较大,西起碌曲嘎尔且括合、擦阔合,向东经四川省若尔盖占洼、普通沟、迭部县下吾那沟、当多沟、益哇沟、录坝沟,直到舟曲、武都一带都有广泛出露,文县地区也有分布。各地尚较稳定,变化不大,占洼以西碳酸盐岩相对有所增多,而且愈往西碳酸盐岩所占比例也愈大,占洼以东碎屑岩相对有所增高,而且愈向东碎屑岩所占比例也愈来愈多。各地厚度亦较稳定,变化不大,嘎尔且括合和当多沟厚度最大,分别为1 667 m和1 424 m,其余地段相对变薄,一般均在1 000 m左右,其中擦阔合厚度962 m、益哇沟厚度1 048 m、刀扎河坝—腊子口厚度大于1 147 m,录坝沟厚度大于876 m。岷堡沟厚度最小,为786 m。自西而东或由北向南,厚度明显变薄。该组下部层位的灰岩,厚度大,可作为水泥、制碱原料。

蒲莱段 Dx^p (06-62-0125)

【创名及原始定义】 曹宣铎、张研、周志强等(1987)创名蒲莱组。创名地点在迭部县西北近24 km之当多沟。"划为上、下两个段。下段以含粉砂质页岩为主夹薄—中厚层微晶灰岩,顶部为砂屑生物灰岩;上段由含炭灰质页岩夹少量薄层或透镜状砂屑灰岩、泥质灰岩组成,向上灰岩夹层增多。富产竹节石,并产牙形石及菊石等。与上覆擦阔合组及下伏下吾那组均为整合,但岩性和沉积环境与其都有显著的差别。"

【沿革】 本书将蒲莱组改称蒲莱段,隶属于下吾那组,为一个段级岩石地层单位。

【现在定义】 岩性以黑、黑灰色页岩、含粉砂质页岩、含碳灰质页岩为主、夹少量砂岩、灰岩、砂质灰岩、生物灰岩及泥灰岩。产竹节石、牙形石、腕足类及珊瑚等。与下吾那组的划分标志是,该段以细碎屑岩为主,夹少量碳酸盐岩,且整体颜色偏深。

【层型】 正层型为迭部县当多沟剖面第133—140层(103°03′,34°15′),由曹宣铎、张研、周志强等(1987)测制,载于《西秦岭碌曲、迭部地区晚志留世与泥盆纪地层古生物(上册)》。

【地质特征及区域变化】 在层型剖面上,按其岩石组合特征可划分为上、下两部分。下部以黑灰色含粉砂质页岩为主,夹薄—中厚层微晶灰岩,向上页岩增多,并含菱铁矿结核。富含腕足类、珊瑚、牙形石、竹节石,并产少量腹足类、介形类,厚度53.3 m;上部由黑灰色灰质页岩、夹少量薄层或凸镜状砂屑微晶灰岩、含藻砂屑微晶灰岩、微晶灰岩、泥质微晶灰岩组成,偶含黄铁矿结核,向上灰岩夹层增多,富产牙形石、竹节石、腕足类、珊瑚,并产少量介形类、双壳类及古孢子,厚度214.2 m。总厚267.5 m。

该段广泛分布于南秦岭北带,在南秦岭南带也有分布。在南秦岭北带,该段西起占洼,向东经当多沟、益哇沟、派利、刀扎河坝、录坝沟,可延至舟曲、武都一带,再向东亦可延至徽成盆地南缘,但后者目前暂采用星红铺组一名。在南秦岭南带该段见于文县地区。

该段岩性比较稳定,占洼一带由深灰色钙质页岩与薄层灰岩组成韵律互层。益哇沟下部为黑灰色含碳砂质页岩夹薄层泥质灰岩及菱铁矿层,并含钙质结核;上部为褐灰、灰色粉砂质泥岩夹薄层泥质灰岩,产腕足类。安子沟为灰黑色页岩、粉砂岩夹薄层灰岩。刀扎河坝一带岩性相对较为复杂,以深灰、灰色千枚岩为主,夹砂岩、含铁砂岩、条带状钙质粉砂岩及薄层灰岩。录坝沟岩性亦较为复杂,主要为板岩、钙质板岩、千枚状板岩夹含铁白云质砂岩、含铁白云质石英砂岩、含生物石英砂岩、薄层灰岩、礁灰岩及生物碎屑灰岩。产少量腕足类、珊瑚。岷堡沟岩性较为单调，主要为黑、深灰色页岩，顶部偶夹紫色页岩，中上部夹薄层泥晶灰岩、疙瘩状生物碎屑灰岩及砂质灰岩，产腕足类、珊瑚。综上所述，该组由西向东碳酸盐岩有明显减少，碎屑岩有显著增多的趋势。地质时代为中、晚泥盆世。

该段厚度变化较大，占洼132 m、当多沟268 m、益哇沟345 m、安子沟因受断层影响，大于179 m，刀扎河坝尽管也受断层影响，可见厚度仍然大于626 m，录坝沟403 m，岷堡沟显著变薄，为76～196 m。由上述不难看出，该段由西向东、由南而北，厚度逐渐变大，以刀扎河坝一带厚度最大。

古道岭组 Dg （06－62－0132）

【创名及原始定义】 赵亚曾、黄汲清(1931)创名古道岭灰岩。创名地点陕西省镇安县回龙乡古道岭。"大部为厚层之石灰岩，因曾于乾佑河谷之古道岭见之故名。灰岩厚约五百公尺，下与石瓮子灰岩接合处，有页岩及砂岩，且有一层底砾岩。灰岩之上与一甚厚之页岩相接。"

【沿革】 创名之后，叶连俊、关士聪(1944)在《甘肃中南部地质志》一文中，系统地简述了西秦岭泥盆系的分布和发育状况。在武都、徽县一带，他们引用了赵亚曾、黄汲清在陕西镇安之北所命名的古道岭石灰岩一名，用其代表不整合于志留纪白龙江系之上的中泥盆统。同时他们对徽县以南的大河店至马皇坝之间的古道岭石灰岩进行了研究，并依据大量腕足类化石，将赵、黄认为属志留系的石瓮子灰岩也一并包括在内，将其时代限于中泥盆世，并将分布范围扩大到武都、舟曲一带的白龙江沿岸，用其代表南秦岭的中泥盆统，并与北秦岭的西汉水系对比。中国地质学编委会、中国科学院地质研究所(1956)称为古道岭灰岩。张研(1961)用古道岭群代表南秦岭中泥盆统上部，并建议改称为下吾那组或团布沟组。黄振辉(1962)称为古道岭统，并认为武都野牛寺与高家村之间叶、关二氏所称的古道岭石灰岩上部约500 m厚的灰岩夹页岩层应划归上泥盆统，沿用铁山统。王钰、俞昌民(1964)用古道岭群代表南秦岭的中泥盆统中上部。甘肃西秦岭队(1964)、陕西区测队(1967)、甘肃区测一队(1973)、秦锋、甘一研(1976)等均改称为古道岭组，用以代表南秦岭中泥盆世晚期的沉积。甘肃区测一队(1976)将古道岭组改称为庙儿川组，并自下而上划分为碳酸盐岩段和碎屑岩段。本书经对比研究认为完全可与下吾那组对比，而与创名于东秦岭北带的古道岭组(石灰岩)并不一致。但陕西省地层清理组并不同意这一认识，坚持用古道岭组代替本区的下吾那组。经双方协商，暂以徽成盆地南缘之西端为界，以西称下吾那组，以东按陕西地层清理组意见沿用古道岭组。

【现在定义】 指整合于大枫沟组之上、星红铺组之下的一套以灰岩为主的碳酸盐岩地层；局部夹少量白云岩、板岩、砂岩、砾岩。以大套灰岩的出现和消失作为其底界、顶界的识别标志。

【层型】 正层型在陕西省。甘肃省内次层型为徽县田家那下剖面第1—6层(105°55′, 33°43′)，由陕西区测队(1967)测制。

【地质特征及区域变化】 古道岭组在本省内仅限于徽成盆地南缘，出露面积不大，岩石组合特征与迭部、武都一带及文县地区的下吾那组下部层位基本一致。根据次层型剖面资料，岩性主要为灰、深灰色薄—中层灰岩、微晶灰岩、泥质灰岩、含碳泥质灰岩、富含泥质的生物灰岩，仅在偏下部的层位中夹少量含碳钙质板岩。富产珊瑚、腕足类，并产少量层孔虫，厚230 m。下界以平行不整合覆于卓乌阔组之上，上界与星红铺组整合接触。地质时代为中泥盆

星红铺组　Dxh　（06－62－0131）

【创名及原始定义】　陕西秦岭区测队(1960)创名，陕西区测队(1965)在《1∶20万佛坪幅地质图说明书》中介绍，创名地点在陕西凤县星红铺。指岩性为以绿灰色的绢云千枚岩、灰绿色绢云石英片岩及钙质绢云千枚岩与绢云千枚岩为主，在下部常夹有2～4层中厚层至薄层灰岩，上部夹薄板状之灰岩。

【沿革】　陕西区测队(1968)将相当于甘肃蒲莱段的地层命名为星红铺组。为取得共识，甘、陕两省地层清理研究组曾多次协商，现初步商定暂以徽成盆地南缘西端为界，以西使用蒲莱段，以东使用星红铺组。

【现在定义】　指整合于古道岭组之上与九里坪组或铁山组之下的一套浅变质粘土岩夹(互)碳酸盐岩和碎屑岩的地层序列。粘土岩以千枚岩或板岩为主，碳酸盐岩以灰岩为主，碎屑岩为砂岩或粉砂岩。底部以粘土岩或粘土岩夹碳酸盐岩与下伏古道岭组灰岩分界；顶部以灰岩或板岩夹灰岩分别与九里坪组砂岩或铁山组灰岩相区别。

【层型】　正层型在陕西省。甘肃省内次层型为徽县虞关—高家崖剖面第1—17层(106°12′，33°40′)，由地质部地质科学研究院、陕西区测队联合组(1965)测制，载于《西北地区区域地层表·陕西省分册》(1983)。

【地质特征及区域变化】　该组延入甘肃仅限于徽成盆地南缘地区，分布范围较小，根据次层型剖面，其岩石组合特征与蒲莱段基本一致。岩性主要为灰、深灰、黄灰色砂质页岩、钙质页岩、泥质钙质页岩、页岩、粉砂岩、细砂岩、钙质砂岩夹薄—厚层灰岩、介壳灰岩、泥质灰岩、泥质介壳灰岩、生物灰岩，并夹少量砾状灰岩、砂质灰岩、泥灰岩。富产腕足类及珊瑚，并产少量头足类、苔藓虫等。与上覆铁山组整合接触，下与古道岭组整合接触，局部平行不整合或超覆于卓乌阔组之上。厚792 m。地质时代为中泥盆世。

该组向西延至田家那下一带，岩性主要为灰、深灰、黄灰、黄褐、灰绿色板岩、含碳板岩、碳质板岩、粉砂岩、钙质粉砂岩夹薄—中层灰岩、泥砂质灰岩、含碳泥砂质灰岩、泥砂质生物灰岩及白云质灰岩。富产腕足类，并产珊瑚。其上与益哇沟组断层接触，其下与古道岭组整合。厚大于332 m。

铁山组　Dt　（06－62－0123）

【创名及原始定义】　叶连俊、关士聪(1944)创名铁山层。创名地点在徽县东南约15公里之铁山附近。"铁山层：铁山在徽县东南九十里，海拔1 860公尺，为徽县、成县一带之最高山峰，奚由泥盆纪石灰岩造成之。"

【沿革】　中国地质学编委会、中国科学院地质研究所(1956)将其称为铁山统。陕西区测队(1967、1968)、《西北地区区域地层表·陕西省分册》(1983)将其称为铁山组。甘肃区测一队(1973)将其称为铁山群，并进一步将其划分为上、下两个组，从而将其范围又向西扩大到碌曲、迭部一带。甘肃区测一队、西北地质科学研究所(1974)沿用了铁山群，并将其范围向南和向北延伸到文县地区和宕昌县、岷县一带。曹宣铎等(1987、1990)在徽成盆地南缘宝成铁路以西沿用铁山群，并将其细分为上组和下组，上组又称飞龙峡组。鉴于铁山群的大部分与下吾那组上部层位岩石组合特征十分相近，完全可以对比。本书建议停用铁山群，飞龙峡组。但未得到陕西地层清理组的认可，经初步商定暂以徽成盆地南缘西端为界，甘肃沿用下吾那组，以东沿用铁山组。

【现在定义】 是介于星红铺组和益哇沟组之间的一套碳酸盐岩夹少量细碎屑岩。岩性主要为灰岩、含碳灰岩、泥质灰岩、泥质条带灰岩夹页岩或板岩，富产腕足类、珊瑚。底部以灰岩或灰岩夹页岩与星红铺组薄—中厚层灰岩、板岩、砂岩等韵律互层分界，顶部以灰岩中页岩或板岩夹层的消失与益哇沟组灰岩分界，皆为整合接触。

【层型】 原未定层型，现定选层型为徽县虞关—高家崖剖面第1—6层（106°12′，33°40′），由陕西区测队（1968）测制。

上覆地层：益哇沟组 中薄层含碳灰岩。产腕足类：*Yunnanella abrupta*，*Athyris gurdoni*
———————— 整　合 ————————

铁山组　　　　　　　　　　　　　　　　　　　　　　　　　　　　　　总厚度 541 m

6. 灰色砂岩、泥质灰岩及砾状灰岩。产腕足类：*Tenticospirifer murchisonianus*　　5 m
5. 中厚层泥质灰岩夹少许泥质页岩　　　　　　　　　　　　　　　　　　　　90 m
4. 灰色薄层泥质条带灰岩夹薄板状灰岩，下部夹中厚层灰岩及碳质灰岩。产腕足类：
   Tenticospirifer tenticulum，*Cyrtospirifer sinensis*　　　　　　　　　　　200 m
3. 薄层灰岩夹中厚层灰岩　　　　　　　　　　　　　　　　　　　　　　　　95 m
2. 薄层含碳质灰岩夹薄、中厚层灰岩及少量砂质页岩。薄、中厚层灰岩中可见燧石结核。
   产珊瑚：*Pseudozaphrentis difficile*，*Disphyllum cylindricum* 等　　　　　49 m
1. 上部为中厚层及块状灰岩，下部为薄层含碳灰岩夹碳质页岩。产腕足类：*Cyrtospirifer*
   sp. 等；珊瑚：*Disphyllum frechi*　　　　　　　　　　　　　　　　　102 m
———————— 整　合 ————————

下伏地层：星红铺组　薄层灰岩、泥灰岩与泥灰质页岩（板岩）互层，中部夹生物灰岩，
底部夹石英砂岩。产腕足类：*Atrypa desquamata*

【地质特征及区域变化】 仅分布于徽成盆地南缘。岩性和厚度均较稳定。在层型剖面上主要为灰色薄层—中厚层（局部为巨厚层）灰岩、泥质灰岩、泥质条带灰岩、含碳灰岩、砾状灰岩夹少量页岩、碳质页岩、砂质页岩及砂岩。灰岩中局部含燧石结核，富产腕足类、珊瑚，厚 541 m。向西延至坑坑里—雨籽坑一带，为灰、深灰色中层泥质条带灰岩、灰紫、紫红色薄层线纹状泥质灰岩、泥砂质灰岩及灰白色中厚层—巨厚层灰岩为主，夹少量板岩、钙质板岩及泥灰岩，产腕足类及珊瑚，厚度大于 520 m。地质时代为晚泥盆世。

石坊群　DŜ　（06－62－0130）

【创名及原始定义】 甘肃省地质局天水地质队（简称甘肃天水地质队，下同）（1961）[①]创名。创名地点在文县西北石坊附近。"为含煤碎屑岩建造。上部为硅质砾岩夹炭质砂岩及角砾岩；中部为薄—中厚层细砂岩夹砂砾岩；下部为炭质砂岩夹炭质板岩及炭质页岩；底部为炭质页岩夹砂岩，并夹劣煤层或无烟煤层。与上覆尚家沟阶及下伏临江阶分别为平行不整合接触。"

【沿革】 张研（1961）[②] 称文县附近平行不整合于中泥盆统岷堡沟组之下的砂岩为石坊组，并与西欧及俄罗斯的 Coblenzian（科布伦茨）阶对比。陕西区测队（1967、1970）误将该组划

―――――――――
① 甘肃省地质局天水地质队，1961，甘肃省文县岷堡沟—临江一带1：10万铁矿普查报告。
② 张研，1961，甘肃白龙江流域中泥盆铁矿地层简介。甘肃省地质局，地质论文集，（3）。

归三河口组的第1—2岩性段，并置于中泥盆统下部。西北地质科学研究所(1974)[①]称为石坊群，用其代表文县附近的下泥盆统。其后沿用至今，本书继续沿用。

【现在定义】 是一套富含有机质的砂板岩，局部夹劣质无烟煤层，中上部夹数层硅质砾岩及含砾粗砂岩，上部及顶部有时夹薄层或瘤状泥质灰岩。底部以粉、细砂岩不整合覆于临江组之上，上部富产珊瑚及腕足类，顶部以板岩或板状细砂岩平行不整合伏于当多组硅质砾岩或灰岩之下。

【层型】 原未定层型，现定选层型为文县岷堡沟剖面第1—7层(104°27′, 33°00′)，由西北地质科学研究所(1974)重测，载于《西北地区区域地层表·甘肃省分册》297—298。

【地质特征及区域变化】 石坊群岩性以黑灰色富含有机质的砂质板岩夹板状细砂岩为主，中上部夹数层黑灰色砾状硅质岩(或硅质砾岩)及硅质岩屑含砾粗砂岩、细砾岩，中下部常夹劣质无烟煤层，上部及顶部在岷堡沟一带夹有薄层或瘤状泥质灰岩，并含丰富的珊瑚及腕足类。与下伏临江组不整合或断层接触，有些地段未见底，与上覆当多组为平行不整合，厚928～1 616 m。砂岩中见有斜波状层理。地质时代为早泥盆世。

冷堡子组 Dlp （06-62-0129）

【创名及原始定义】 张研(1961)[②]创名。创名地点在文县冷堡子附近。"指南带岷堡沟组顶部有一套代表海退相的石英岩(即过去称"鲁班桥石英岩"的一部分)，并夹有含植物化石的页岩，局部尚含铁矿层，是否应单独划作一组(建议称冷堡子组)，与中泥盆统中部的跳马涧阶对比。"

【沿革】 中科院兰州地质研究所(1968)[③]称冷堡子组，自下而上划分为东风沟石英岩段、沙湾段和古道岭灰岩段。其中东风沟石英岩段和沙湾段分别相当原冷堡子组的下部及上部，而古道岭灰岩段则相当原团布沟组。秦锋、甘一研(1976)将冷堡子组称为冷堡子段，隶属于古道岭组。本书考虑尽管鲁班桥石英岩命名最早，但其含义并不十分确切，也未提供命名剖面，且未被人们所沿用。而冷堡子组已被人们广泛沿用，影响颇大。因此，沿用冷堡子组。同时建议停用鲁班桥石英岩、沙湾组、东风沟段、西沟石英砂岩段。

【现在定义】 是一套以含石英岩、石英岩状砂岩、石英砂岩为主要特征的含铁碎屑岩沉积。下部夹少量砂岩、粉砂岩、粉砂质板岩及页岩，产植物化石；上部夹粉砂质板岩及少量页岩、灰岩、礁灰岩，并含赤铁矿及褐铁矿，富产珊瑚。底部以粗粒石英岩平行不整合于当多组石英粉砂岩之上，顶部以石英砂岩与下吾那组灰岩分界，整合接触。

【层型】 正层型为文县沙湾—冷堡子剖面第1—7层(104°58′, 33°06′)，由中国科学院兰州地质研究所(1968)重测，载于《甘肃省区域地质志》(1989)。

【地质特征及区域变化】 该组可分为上、下两部分。下部为灰白、灰黑、青灰色薄—厚层石英岩，夹少量页岩，因被断层破坏，未见底，厚度大于126 m。上部为褐色钙质砂岩、石英砂岩夹灰黑、紫红色页岩、硅质页岩、薄层灰岩。砂岩中尚含礁灰岩团块，富产珊瑚及层孔虫。与上覆下吾那组整合接触，厚64 m。总厚大于190 m。地质时代为中泥盆世。

该组在区内分布范围与当多组(文县地区)一致，西起岷堡沟，东至沙湾、冷堡子一带，东西延伸约50余公里。综观该组岩性尚较稳定，厚度变化不大。岷堡沟一带，下部为白、灰白、

[①] 西北地质科学研究所, 1974, 西秦岭古生代地层。
[②] 同石坊群脚注②。
[③] 中科院兰州地质研究所, 1968, 南秦岭西段文县一带中泥盆世生物地层学的基本问题(未刊)。

灰黑色中—厚层石英岩、含燧石石英岩、石英岩状砂岩、石英砂岩夹少量黑色砂岩、泥质粉砂岩、粉砂质板岩及页岩，近顶部所夹页岩中产植物化石，与下伏当多组为平行不整合接触，厚度 207～237 m；上部为深灰色中—厚层石英砂岩、粉砂质板岩，并含赤铁矿及褐铁矿，与上覆下吾那组整合接触，厚度 70 m。

该组下部碎屑岩普遍具平行及水平层理、板状及楔状交错层理，局部见冲刷构造。石英岩含砾石。石英岩状砂岩及石英砂岩颗粒普遍较粗，多为中—粗粒，少数为中—细粒。上部碎屑岩普遍具水平层理，偶见有凸镜状层理。在上部层位近底部局部含赤铁矿及褐铁矿。

三河口群 *DSH* （06－62－0128）

【创名及原始定义】 甘肃西秦岭地质队(1964)① 创名。陕西区测队(1967)介绍，创名地点在武都县东南约 25 km 之三河口一带。"属泥质-碳酸盐建造，整合于咀台组之上，不整合于上石炭统(?)之下，岩性组合较单调，以结晶灰岩和绢云母石英片岩为主，夹少量绿色片岩、长石绢云母石英片岩及白色大理岩。"

【沿革】 甘肃西秦岭地质队(1964)将分布于文县岷堡沟—康县以北、武都古水子—康县莫牙山以南的一套类复理石建造（即原划的镇安系）曾称中—上志留统透防群，由于该群在三河口一带出露最完整，又改称三河口组。西北地质科学研究所(1974)② 认为西秦岭队原定的三河口组是一套比较复杂的地层，除包括下泥盆统外，还可能包括有其他时代的地层，因此改称三河口群。侯鸿飞、王士涛等(1988)仍主张沿用三河口群，指出三河口群是指含有床板珊瑚化石的浅变质的夹有火山岩的巨厚的类复理石沉积，与文县、临江一带的滨海—浅海相富含化石的泥盆系有明显的差异。鉴于三河口群上、下接触关系尚未查清，其时代以暂置于早、中泥盆世为宜。曹宣铎等(1990)亦沿用三河口群，杨祖才(1991)通过对文县—康县一带原三河口群的专题研究，在其下部及中部肢解出一套震旦纪地层，即下统关家沟群、上统陡山沱组和临江组，而剩余部分仍沿用了三河口群，将其置于早泥盆世。本书认为岩石组合特征既不同于碌曲、迭部一带的泥盆系，也有别于文县一带的泥盆系，因此继续沿用三河口群，并建议停用透防群、高家坝群、镇巴系。

【现在定义】 指不整合于临江组之上的一套巨厚的含床板珊瑚、层孔虫等化石的浅变质的陆源碎屑岩夹碳酸盐岩沉积，武都三河口以东尚夹有中—酸性火山熔岩及火山碎屑岩。顶、底多以断层与益哇沟组和临江组等接触，仅局部见其以不整合覆于临江组之上。

【层型】 原未定层型，现定选层型为武都县高家坝—毛坡里剖面第 1—10 层(105°18′,33°15′)，由中科院兰州地质研究所(1968)测制。

三河口群 　　　　　　　　　　　　　　　　　　　　　　　　　　　总厚度＞3 142.0 m
10. 深灰色薄层石灰岩夹碳质千枚岩。（未见顶） 　　　　　　　　　　＞600.0 m
9. 黑色千枚岩夹少量深灰色石英岩，底部为少量薄层硅质灰岩，产珊瑚：*Squameofavosites* sp., *Chaetetes* sp. 　　　　　　　　　　　　　　　　　　　500.0 m
8. 浅灰及灰白色层纹状薄层石灰岩 　　　　　　　　　　　　　　　　229.0 m
7. 灰黑色千枚岩与灰黑色薄层石灰岩互层，顶部夹厚约 20 m 的灰黑色薄—中厚层石英砂岩。灰岩中产珊瑚：*Favosites* cf. *imbricatus*, *Pachyfavosites gojabaensis*, *Squameo-*

---

① 甘肃西秦岭地质队，1964，甘肃康县—武都一带"白龙江系"和礼县"西汉水系"地层专题研究报告(未刊)33—39。
② 西北地质科学研究所，1974、西秦岭区早泥盆世地层及古生物群研究。

favosites uniformis, Emmonsis sp., Alveolites sp., Caliapora sp., Chaetetes sp. 等	500.0 m
6. 浅灰及灰白色层纹状石灰岩	332.0 m
5. 灰黑色薄层石灰岩与碳质千枚岩互层，灰岩中产珊瑚：Squameofavosites sp., Caliapora sp.	77.2 m
4. 灰黑色千枚岩、砂质千枚岩夹黑色薄层石灰岩，灰岩中产珊瑚：Favosites sp., Squameofavosites ombigus 等	271.0 m
3. 黑色、烟灰色薄层石灰岩，间夹泥质千枚岩。灰岩及千枚岩中产：Aulacophyllum cf. irregulare, Pachyfavosites sp., Alveolites sp., Caliapora polyjorara, Favosites sp.	166.8 m
2. 黑色、深灰色千枚岩夹烟灰色薄层石灰岩，产珊瑚：Favosites sp., Squameofavosites sp., Thamnopora sp.	216.0 m
1. 深灰色薄层石灰岩，间夹黑色千枚岩及碳质板岩。产珊瑚：Favosites sp., Squameofavosites sp., Syringopora sp.	250.0 m

━━━━━━━ 断层接触 ━━━━━━━

下伏地层：临江组　绿色页岩

【地质特征及区域变化】 三河口群是一套由浅变质的陆源碎屑岩夹碳酸盐岩组成，武都三河口以东至金家沟一带夹中—酸性火山熔岩及火山碎屑岩。碎屑岩主要为绢云千枚岩、粉砂质千枚岩、少量绢云方解片岩；碳酸盐岩主要为生屑灰岩、细晶灰岩、粉晶灰岩、砂屑灰岩等。除含较丰富的浅海陆架造礁珊瑚（以床板珊瑚为主）、层孔虫外，尚产少量腕足类、海百合茎，局部地段尚含浮游型的竹节石、鹦鹉螺等化石。地质时代为早、中泥盆世。

该群分布范围不大，西起文县汤卜沟、马莲河、堡子坝，向东经羊汤河、武都透防、毛坡里、康县咀台，延入陕西境内。南以文县张家坝、临江、武都高家坝、康县县城一线为界，北以文县羊汤、武都三河口北、康县沈家园一线为界。东西长约 250 km，南北宽约 10~48 km。

该群岩性较稳定，各地变化不大，所夹火山熔岩及火山碎屑岩主要见于武都三河口以东至略阳金家河一带，而三河口以西除羊汤河剖面偶见有少量火山碎屑岩夹层外，一般无火山岩夹层。该群厚度因受断层多次破坏，各地变化较大，文县马莲河厚度 3 000 m 以上，文县羊汤河大于 13 667 m，武都三河口大于 9 000 余米，康县咀台北大于 7 000 m。可见厚度普遍较大，羊汤河达万余米以上，可能代表沉降中心所在。该群在局部地段含赤铁矿凸镜体，但未形成矿床或矿点。另外，在陕、甘两省交界附近的陕西境内该群已发现有工业意义的磷块岩矿床。

益哇沟组　DCyw　（06-62-0092）

【创名及原始定义】 甘肃区测一队(1973)创名益哇组。创名地在迭部县益哇乡。"在进行系统研究的过程中，获得丰富的古生物资料，证实杜内期的沉积，与其上维宪期地层为整合接触。故将相当杜内期的沉积命名为益哇组。"

【沿革】 《西北地区区域地层表·甘肃省分册》(1980)因代表性剖面位于迭部县益哇沟，故改称益哇沟组。尔后，益哇沟组一名一直沿用，用以代表甘肃西秦岭南带岩关期沉积。本书承用。

【现在定义】 整合于下吾那组（或铁山组）之上、岷河组之下，为一套碳酸盐岩的岩石组合。具丰富的腕足类和珊瑚化石。以下伏地层砂、页岩的结束为底界，岷河组的砂、页岩的始现为顶界。

【层型】　正层型为迭部县益哇沟剖面第1—11层(103°12′，34°14′)，由甘肃区测一队(1973)测制。

【地质特征及区域变化】　益哇沟组为一套碳酸盐岩，其颜色为深灰色、灰白色，以薄—中厚层致密块状灰岩为主，常见的尚有白云岩、泥质灰岩、燧石结核灰岩、白云质灰岩以及角砾状灰岩等。本组的岩石特征是以不夹泥质岩和碎屑岩与上、下地层相区别。益哇沟组化石十分丰富，古生物的研究以命名剖面最为详尽，甘肃区测一队、西北地质科学研究所均在此采集了大量化石，主要门类为腕足类和珊瑚。地质时代为晚泥盆世至早石炭世。

益哇沟组为被动大陆边缘碳酸盐台地相为主的沉积，其中包括开阔台地(陆盆泻湖)相、台地边缘浅滩相。分别沉积有白云岩、泥灰岩、鲕状灰岩及微晶灰岩等。局部地段岩性略有变化，迭部当多沟以结晶灰岩为主，益哇沟一带下部含白云岩，九龙峡一带泥灰岩含量较高，宕昌—徽县上部出现百米左右砂状灰岩。益哇沟组的厚度由西向东呈现逐渐变薄之趋势，迭部益哇沟一带厚度最大，达1 200 m以上，宕昌一带厚650 m左右，徽县一带则仅300 m上下。本组西延至迭部下吾那以西(东经103°为界)，由于岷河组尖灭，在下吾那组之上，迭山组之下出现一大套碳酸盐岩地层，目前尚难划分，暂称尕海群(详见尕海群)。东延至陕西省称袁家沟组。

本组含白云岩矿，武都桑家湾、康县截哑子一带有白云岩矿两处。

岷河组　Cm　(06 - 62 - 0093)

【创名及原始定义】　黄振辉(1962)创名岷河统。创名地点在武都县庞磨乡(原称野牛寺庞家磨)。"用以表示宕昌以南岷河下游化马及大关山野牛寺一带和白龙江南岸之中石炭纪地层。"

【沿革】　杨敬之等(1962)称岷河群。甘肃西秦岭地质队(1963)称岷河组[①]，甘肃区调队(1987)称岷河组。本书承用。

【现在定义】　代表西秦岭南带迭部县下吾那(东经103°)以东大套灰岩中夹页岩、砂岩的岩石组合。该组地层以页岩的始现和消失作为底、顶界面，与下伏益哇沟组和上覆大关山组的碳酸盐岩相区别，均为整合接触。

【层型】　新层型[②]为宕昌县永红乡厉志坝剖面第1—4层(104°41′，33°40′)(目前出版的地图将厉志坝注记为荔子坝)，由陕西区测队(1970)测制。

上覆地层：大关山组　深灰色、灰色灰岩，含䗴化石
——————— 整　合 ———————

岷河组	总厚度1 300 m
4. 深灰色中薄层灰岩、泥灰岩、生物灰岩夹含碳板岩、粉砂岩	300 m
3. 含碳页岩、板岩、砂岩夹泥灰岩及灰岩凸镜体，产腕足类、珊瑚化石	500 m
2. 灰及灰红色块状灰岩，产珊瑚	200 m
1. 深灰色中薄层灰岩夹厚层灰岩，局部夹黄色板岩，灰岩中产化石	300 m

——————— 整　合 ———————

---

① 甘肃西秦岭地质队，1963，甘肃省康县阳坝—武都五马一带初步普查总结报告(内部资料)。
② 创名人曾指定有剖面，但此剖面无分层厚度，似为非实测剖面，无法利用。

下伏地层：益哇沟组　灰岩

【地质特征及区域变化】　岷河组为一套以灰岩为主的碳酸盐岩夹泥岩和碎屑岩的岩石组合，岩性为灰岩、泥灰岩、生物灰岩、微晶灰岩、燧石条带灰岩、燧石结核灰岩、白云质灰岩、白云岩等，其中夹有页岩、板岩、碳质板岩、钙质泥岩、钙质板岩、豆粒或鲕粒板岩以及粘土质页岩、砂质砾岩、泥质砂岩、石英粗砂岩、石英细砂岩和含铁砂岩等。灰岩中常见腕足类、珊瑚和䗴化石。地质时代为早、晚石炭世。

岷河组和下伏益哇沟组相伴产出，两者呈整合接触，二者以是否含碎屑岩和泥质岩相区别，延伸状况和分布范围在区域上一致。在岷河组300多公里的延伸范围内，地层厚度由西向东逐渐增大，最西端迭部尖尼沟总厚度551 m，益哇沟总厚度为831 m，宕昌厉志坝厚度1 300 m，文县梅家厂厚度为105 m，东部徽县谈家庄总厚度为1 569 m。随着地层厚度的加大，泥质岩及碎屑岩夹层的层数也随之增多、单层厚度亦增大。在岷河组的地层中见有铝土矿的矿化现象。东延至陕西省称四峡口组。

尕海群　CPG　（06－62－0094）

【创名及原始定义】　甘肃区测一队（1973）创名。创名地在碌曲县尕海乡西北兰（州）－郎（木寺）公路附近。"1969年甘肃区测一队测制临潭图幅时因在尕海西北上石炭统出露较好，含有丰富的化石，剖面研究较详，于1973年建立新名尕海群。"

【沿革】　创名后沿用至今。

【现在定义】　指岩性单一的碳酸盐岩沉积。其下伏下吾那组、上覆迭山组均为灰岩夹砂岩或页岩，且均为整合接触。尕海群以砂、页岩的消失和始现作为其底、顶界面。

【层型】　正层型为碌曲县尕海剖面第1—8层（102°21′，34°15′），由甘肃区测一队（1973）测制。

【地质特征及区域变化】　本组岩性单一，由大套碳酸盐岩组成，以灰岩为主，局部见白云岩。石灰岩类以致密块状灰岩为主，尚有结晶灰岩、碎屑灰岩、鲕状灰岩、泥质灰岩、泥砂质灰岩、含燧石结核灰岩及含砾灰岩。化石十分丰富，以䗴为主，腕足类和珊瑚次之。地质时代为石炭—二叠纪。

尕海群在甘肃省碌曲县下吾那向西至青海省河南蒙古族自治县大约100 km范围内，岩性变化不大，以一套浅海相石灰岩为主，偶含白云岩。但在尕海以南见有石英岩凸镜体，与灰岩过渡，局部可称硅质灰岩，推测局部海水较深。尕海群尚无完整剖面，其总厚度估计约3 000 m。该群底部有一层砾岩，是否可代表一间断面，须待解决。

大关山组　CPdg　（06－62－0071）

【创名及原始定义】　叶连俊、关士聪（1944）创名大关山石灰岩，创名地点在武都北20 km大关山。"在龙家沟煤系之上又有灰白色厚层灰岩出现，造成大关山之崇山峭壁，岩性与所述之茅口灰岩多有近似之处。其中未得化石，以其位龙家沟煤系之上，故应相当于南方之长兴石灰岩。"

【沿革】　1957年，黄振辉、李华梅等在同一地区调查证明"龙家沟煤系"为侏罗纪山间盆地沉积。在原大关山石灰岩中采得 Neoschwagerina 等化石，证明与茅口石灰岩为同一套地层，称大关山统，置于早二叠世。盛金章（1962）引用了黄振辉的划分意见改称大关山群，其后一直沿用至今，代表未分的下二叠统。本书将南秦岭（南带）原大关山群底部碎屑岩归入岷河组，顶部以上覆迭山组底部碎屑岩底面分界。将中秦岭（北带）原大关山群与上加岭组合并，以原上加岭组底界不整合与下加岭组或大草滩组分界。并将大关山群改称大关山组。

【现在定义】　岩性为灰白色厚层灰岩和生物碎屑灰岩，含䗴、珊瑚、苔藓虫化石。南带与下伏岷河组为整合接触，中秦岭北带与下伏下加岭组或大草滩组为不整合接触，与上覆迭山组（南带）和石关组（北带）为平行不整合或整合接触。

【层型】　原未定层型，现定选层型为武都县马家沟剖面第2—13层（105°01′，33°35′），由甘肃区调队（1991）测制。

上覆地层：隆务河群　灰色钙质板岩夹薄层泥灰岩
================ 断层接触 ================

大关山组　　　　　　　　　　　　　　　　　　　　　　　　　　　　　　总厚度>1 347.9 m
13. 上部为灰白色块状致密灰岩；下部为浅灰色厚层—块状致密砾屑灰岩。（未见顶）　>46.6 m
12. 褐灰色、肉红色块状结晶灰岩　　　　　　　　　　　　　　　　　　　　　　63.1 m
11. 白色块状砾屑灰岩　　　　　　　　　　　　　　　　　　　　　　　　　　　8.5 m
10. 白色块状生屑灰岩　　　　　　　　　　　　　　　　　　　　　　　　　　　59.7 m
9. 白色块状砾屑、生屑灰岩，含个体较大的䗴类化石：*Neoschwagerina* sp.　　46.4 m
8. 白色块状—厚层砾屑灰岩　　　　　　　　　　　　　　　　　　　　　　　　316.9 m
7. 白色厚层—块状砾屑生物灰岩。同质砾石直径大小一般1～2 cm，个别达1.5 cm×8 cm。含单体珊瑚、䗴类 *Neoschwagerina* sp.、海百合茎、苔藓虫等化石　　95.5 m
6. 白色厚层—块状砾屑灰岩夹砾屑生物灰岩　　　　　　　　　　　　　　　　　366.2 m
5. 白色厚层—块状砾屑生物灰岩，含丰富的苔藓虫、海百合茎、珊瑚和䗴类等化石　93.4 m
4. 灰白色厚层—块状结晶砾屑灰岩，砾屑直径大小1 cm左右，有棱角状、半滚圆状　162.2 m
3. 浅灰、灰白色厚层结晶灰岩　　　　　　　　　　　　　　　　　　　　　　　37.8 m
2. 浅灰色夹中层微晶灰岩　　　　　　　　　　　　　　　　　　　　　　　　　51.6 m
================ 整　合 ================
下伏地层：岷河组　黄灰、灰色钙质板岩，顶部为紫红色板岩

【地质特征及区域变化】　大关山组的岩石组合几乎全由灰—深灰色、灰白色中厚层灰岩、结晶灰岩、鲕状灰岩、生物碎屑灰岩、含燧石结核或条带灰岩组成。在西秦岭北带灰岩的颜色出现浅肉红色、褐黄色、甚至砖红色的块状结晶灰岩、泥质灰岩、砂质灰岩以及少量的碳质页岩夹层。古生物化石丰富，主要有腕足类、䗴和珊瑚。根据化石资料，大关山组的时代为晚石炭世至早二叠世。

本组在西秦岭区分布较广，大致可分南、北二带。南带东起徽县石家坝里（向西被徽成盆地覆盖），自徽成盆地西缘马家沟剖面起向西沿雷鼓山、迭山、李卡如山延入青海，一般连续性较好，岩性组合稳定，由于受断层破坏，东部顶底出露不全。迭山西顶底出露较全，石家坝里顶界与隆务河群呈不整合，底界整合在岷河组之上，出露厚度176 m。雷鼓山垭口—湾子，顶界与迭山组整合或平行不整合接触，底界被断层所切，出露厚度1 060 m，益哇沟组顶底齐全，厚度546 m，李卡如厚度505 m。北带分布于武山西、漳县南、莲花山、母太子山，向西延入青海，连续性较好，岩性略有变化，在大套灰岩中出现薄层泥灰岩、砂质灰岩、碳质页岩的夹层或条带。在出露较全的藏布沟厚1 380 m，水泉坪—四沟门厚度1 348.2 m，在商家沟至母太子山一带大关山组沿走向出露厚度变化较大，时厚时薄，推测和褶皱构造有关，两

侧的碎屑岩应是石关组,而不是大关山组的相变。

十里墩组　P$\hat{sl}$　(06-62-0073)

【创名及原始定义】　叶连俊、关士聪(1944)创名十里墩系。创名地点在徽县南5 km处十里墩。"本系假整合于亮池煤系之上,以在徽县南十里之十里墩地方,于本系之中部首先发见化石 YK26, *Neoschwagerina craticulifera* 故名。……本系地层以淡灰色薄层板状石灰岩及薄层板状细砂岩为主,板状石灰岩中亦具十字层构造,惟至其上部则渐以黑色石灰岩占重要地位。"

【沿革】　黄振辉(1962)在《秦岭地质志》(未刊)中称"十里墩统",使用范围推广到徽县江洛镇,合作县完尕滩。陕西区测队(1968)称十里墩组,代表整个二叠系。由于地质工作不断地深入研究,在甘肃岷县至合作县以北和凤县幅十里墩组相近的大套地层中采到的大量腕足类、䗴及珊瑚化石,都采自砾状灰岩中,有的化石已有磨损,时代混杂。本世纪70年代以来常用混杂堆积称谓(李春昱、冯益民等)。本书沿用十里墩组一名,代表西秦岭成因有争议的地层。

【现在定义】　指分布于十里墩、岷县、合作县以北的大套部分含碳的碎屑岩夹砾状灰岩或灰岩凸镜体(外来岩块)的地层。灰岩岩块中产䗴、腕足类等化石,板岩中产植物化石碎片,化石有磨损,时代混杂。底界关系不明,与上覆隆务河群大部为断层接触,局部呈整合接触。

【层型】　原未定层型,现定选层型为两当县聂家湾北剖面第2—6层(106°15′, 33°45′),由陕西区测队(1968)测制。

【地质特征及区域变化】　本组的岩石主要由灰、灰绿色粉砂质页岩、黑色碳质板岩、板岩、钙质长石石英砂岩和少量的砾岩、复矿砂岩等组成,夹多层不稳定的块状砾屑灰岩或灰岩凸镜体(外来岩块),部分地段有硅质岩。在砾屑灰岩和灰岩凸镜体(外来岩块)中含有腕足类、䗴、珊瑚、苔藓虫等化石。在板岩和粉砂质页岩中偶见植物化石碎片(临潭幅)。碳质板岩和碳酸盐岩碎屑流沉积(外来岩块)是本组的显著特征,宏观上显示出一套黑色和灰绿色混杂花斑状的黑色岩系。地质时代为二叠纪(?)。

在聂家湾北剖面本组顶部与隆务河群为整合接触。岷县以西大部为断层接触。底部目前尚无剖面控制,研究程度低,接触关系不明。西起夏河完尕滩,经合作县麻隆沟、临潭县凉冒山、岷县木寨岭、徽县十里墩向东延至陕西,呈不规则带状分布,其主体在岷县至完尕滩一带;特别是岷县至马坞一带分布较广,总厚度约达7 250 m。但研究程度低且无实测剖面。岷县札马沟剖面厚约大于2 000 m,夏河麻隆沟—札油沟剖面厚6 970.9 m,向东至十里墩变薄至201 m。本组在甘青两省交界的毛毛隆沟亦有分布,厚约4 347 m。

迭山组　PT$d\hat{s}$　(06-62-0077)

【创名及原始定义】　史美良(1976)编写《西北地区区域地层表·甘肃省分册》时创名,《西北地区区域地层表·甘肃省分册》(1980)介绍。创名地点在迭部县益哇沟。"迭山组分布于迭部县益哇沟、碌曲县西南李卡如、郎木寺西巴列卜恰拉等地。岩性以薄层灰岩为主,下部夹泥质灰岩、含炭质页岩,富含腕足类和珊瑚,一般厚百余米。所代表的地层相当于我国南方龙潭组。时代为晚二叠世早期。"

【沿革】　迭山组创名时是作为西秦岭地区晚二叠世早期生物地层单位编入《西北区晚古生代地层划分对比方案》(未刊)中。在1976年5月西北晚古生代地层会议上得到认可。《西北地区区域地层表·甘肃省分册》(1980)、史美良(1980)《甘肃的二叠系》(未刊)、《甘肃省区域地质志》(1989)等沿用。本书考虑到迭山组底部有一层厚28～43 m的黑色含碳钙质砂岩，在区域上有一定的分布范围，与下伏地层易于划分，上部的灰岩与原长兴组合并为现称的迭山组。迭山组在西倾山舟曲、迭山一带还包括早三叠世的碳酸盐岩地层。

【现在定义】 迭山组分布于西秦岭南带，腊子沟以西，整合于大关山组、尕海群及十里墩组之上，为一套薄一中厚层灰岩、鲕状灰岩为主，其底部以一层含碳钙质页岩或砂泥质灰岩与下伏地层分界，含腕足类、䗴和珊瑚等化石，顶以上覆隆务河群薄层钙质砂岩始现，在西倾山一带则以薄层灰质白云岩消失与上覆隆务河群分界，为整合接触。

【层型】 正层型为迭部县益哇沟剖面第1—4层(103°12′, 34°16′)，由甘肃区测一队(1973)测制，载于《西北地区区域地层表·甘肃省分册》(1980)，234、309页。

【地质特征及区域变化】 本组在益哇沟剖面上，底部为黑色含碳钙质页岩夹薄层灰岩，其上是深灰色薄层灰岩含少量燧石，靠下部夹钙质泥岩，再上为浅灰—灰色中厚层鲕状灰岩，灰岩及角砾状灰岩。与下伏大关山组和尕海群(103°以西)呈平行不整合接触。下部产腕足类、上部含䗴和有孔虫，上下部均产珊瑚。本组断续分布在腊子沟、迭山、光盖山、李卡如山、西倾山和南加拉等地。区域上是稳定的，仅岩石颜色深浅和成层的厚薄略有变化。厚度在益哇沟大于312 m，巴烈卜恰拉厚1 460 m，李卡如为637 m。据所含腕足类、珊瑚、䗴等化石，时代为晚二叠世至早三叠世。

隆务河群 TL (06－62－0177)

【创名及原始定义】 刘东生(1955)创名隆务河系。创名地点在青海省尖扎县隆务河下游。指"青海省循化县隆务寺黄河河谷剖面黑绿色板岩、砂岩、石灰岩及砾岩(厚约400 m)，砂岩产有菊石 *Subinyoites*，*Aspenites*，代表滨海相沉积的地层。"

【沿革】 黄振辉(1962)在甘肃宕昌县岷江流域的秦峪—干江头一带，将同一套砂页岩夹薄层灰岩的复理石地层命名官厅层群(后称官厅群)。1964年甘肃西秦岭地质队[①]，将宕昌以南的官厅层群自下而上分为干江头组，邓邓桥组，秦峪组和大峪组；将西和县以南的官厅层群自下而上分为魏家庄组，范家庄组，大桥组和青岗岭组。甘肃西秦岭地质队及陕西区调队(1967、1968、1970)认为官厅群与留凤关群为同一地层实体，主张以创名较早的留凤关群取代官厅群，并进一步划分为下部西坡组和上部三渡水组(或任家湾组、任家沟组)，并为西北海相三叠—侏罗纪断代会议(1976)所共识。与此同时，甘肃区测队(1971)根据重测的隆务河剖面采得的化石，将相当刘东生的原隆务河群上部含中三叠世化石的地层部分，另创新名古浪堤组，其下含早三叠世化石的部分，仍称隆务河群，这一意见被《西北地区区域地层表、甘肃省分册》(1980)、《西北地区区域地层表·青海省分册》(1980)、《甘肃省区域地质志》(1989)、《青海省区域地质志》(1989)沿用。殷鸿福等(1992)在《秦岭及邻区三叠系》中，除在夏河、合作及洮河一线以北仍保留隆务河群、古浪堤组的单位名称和徽成盆地的留凤关群及所包含的西坡组、任家沟组外，将迭部益哇沟—卓尼县卡车沟和宕昌县秦峪—邓邓桥，大河坝—新城之间的同一地层体，据生物化石在二个剖面上自下而上分别创建二套地质年代可以对比的单位名称——光盖山组、咀郎组、纳鲁组、卡车组、卓尼组、秦峪组、滑石关组、邓邓桥组、大河坝组共9个单位。其中，殷鸿福等所定秦峪组、邓邓桥组及大河坝组与甘肃西

[①] 甘肃西秦岭地质队，1964，甘肃省天水—武都一带地质特征初步总结(未刊)。

秦岭地质队(1964)所定的秦峪组、邓邓桥组、大河坝组含义不同。本书认为刘东生创名的隆务河群，总体特征一致，不宜进一步划分。并建议停用具生物(或年代)地层单位性质上述各组，恢复隆务河群。

【现在定义】 隆务河群厘定的涵义指不整合或平行不整合于甘家组碳酸盐岩与砂板岩互层组合及尕海群之上、日脑热组中基性—中酸性火山岩、碎屑岩组合之下，一套以砂岩、板岩互层为主夹碳酸盐岩和不稳定砾岩的地层序列。产菊石、双壳类及植物。底、顶分别以不整合面与甘家组和日脑热组分界。

【层型】 正层型在青海省。甘肃省内次层型为迭部县益哇沟—卓尼县卡车沟剖面第46—86层(103°12′, 24°16′)，由殷鸿福等(1992)测制。

【地质特征及区域变化】 在甘肃隆务河群是一套既含海相动物化石、又含植物化石，分布广泛，厚度巨大的复理石碎屑岩单位。除在青海隆务河一带与下伏石关组碳酸盐岩地层呈平行不整合接触外，在甘肃中秦岭与下伏石关组，南秦岭与下伏迭山组、十里墩组皆为整合接触；上未见顶。在两当县南被龙家沟组不整合覆盖。为灰、灰绿、深灰色钙质细砂岩、细粒岩屑砂岩、细粒杂砂岩、粉砂岩、粉砂质板岩夹薄层灰岩及砾状灰岩等组成的复理石地层。总体表现为西粗东细和中部发育齐全的特点。西部青海省隆务河一带常见砾岩、砂砾岩及含砾砂岩夹层，单层厚度有时很大。自下而上灰岩夹层逐渐减少、变薄。砂岩底面普遍可见发育的铸模、槽模、波痕、波状层理、小型交错层理、沙纹层理、平行层理、包卷层理、微纹层理以及冲刷层理、变形砂枕构造等具有指示性意义的层理构造。迭部—卓尼间发育最全，厚度最大可达19 195 m。徽县东宝成铁路沿线缺失中上部，厚度最小，4 567 m。其它地区厚度7 200~12 000 m。向东至陕西凤县留凤关以东尖灭。地质时代为早中三叠世。

【其他】 ①有人认为：所谓隆务河群，即是叶连俊、关士聪(1944)创名的十里墩系。
②隆务河群是秦巴地区的重要含矿岩系之一，主要矿种有金、砷、汞、锑。

阿尼玛卿山蛇绿混杂岩　PTa　（06-62-0179）

【创名及原始定义】 青海省地层清理组(1993)创名。创名地在青海省阿尼玛卿山。指："分布于阿拉克湖-玛沁断裂以南，阿拉克湖-江千南断裂以北，一套由不同地质时代变质结晶岩系岩块、生物碎屑灰岩岩块、碎屑岩岩块及超基岩性岩岩片和各种花岗岩、闪长岩岩体构造混杂在一起的有层无序地层组合。各岩块、岩片间均为断裂分割。"

【沿革】 创名之前，甘肃区测一队(1977)将其向东延至甘肃省积石山的部分命名为积石山组。据西北海相三叠—侏罗纪断代会议建议，停用积石山组一名。四川省地质局第二区域地质测量队在红原等三幅1:20万地质图上，将其划为西康群扎尕山组、杂谷脑组和侏倭组。本书据青海省地层清理组意见称阿尼玛卿山蛇绿混杂岩。

【现在定义】 同原始定义。

【层型】 正层型在青海省。甘肃省内次层型为玛曲县当庆沟剖面第1—20层(101°12′,34°02′)，由甘肃区测一队(1977)测制。

【地质特征及区域变化】 在甘肃，阿尼玛卿山蛇绿混杂岩分布在积石山一带，下部为灰绿色长石石英砂岩、砂质板岩夹扁豆体状灰岩、砾状灰岩、含磷灰石二云母片岩及安山岩，上部为浅灰、灰白色块状灰岩、砾状灰岩，夹长石石英砂岩、砂质板岩，未见顶、底，厚3 600 m。据朱兴芳、梁维宇(1987)、冀六祥(1991)及史美良(1980)等研究，含磷灰石二云母片岩、块状灰岩及砾状灰岩的碳酸盐岩砾石等皆为外来岩块，产于灰岩及砾状灰岩岩块中的䗴科化石，普遍具有被搬运的磨蚀现象，因此，对其成因曾有滑塌、后期推覆体及混杂成因等认识。

【其他】 以往青海及甘肃的有关资料，均以岩块中所含经过再搬运的灰岩中的䗴科化石定为石炭—二叠纪，早二叠世及晚二叠世。青海省地层清理组结合部分岩块的同位素测年数据定为前古生代—三叠纪。冀六祥(1991)报道的青海玛多等六幅1：20万区调成果指出："阿尼玛卿山一带的砂岩和板岩地层中采得孢粉共32属、61种和疑源类6属。在9个孢粉组合中以蕨类孢子占优势，平均为53.83%，裸子植物花粉为38.11%，鉴定结果说明阿尼玛卿山各地均以蕨类植物为主体，尤其引人注目的石松纲的孢子如 *Lundblaoispora*, *Aratrisporites* 等占较大比重(12.51%)。裸子植物花粉在组合中占次要地位，以喜湿热的苏铁纲(以 *Cycadopites* 为代表)为主"。从而显示出其地质年代属早三叠世的特色。考虑到青海省地层清理组的意见，暂定为二叠纪至三叠纪。

西康群 TX （06－62－0182）

【创名及原始定义】 李春昱、谭锡畴(1930)创名，1959年由创名者正式发表。未测制剖面。创名地点在四川省康定以西及松潘一带。原义指"西康系变质地层含板岩、千枚岩、片岩及石英砂岩、石英细脉。在西康境内分布极广，既乏化石，复多褶皱，层位不易比较。在雅江西俄洛及懋功巴郎山等处采得残缺植物化石数枚，多为 *Podozamites*，故西康系可与香溪煤系相当，而属于侏罗纪"。

【沿革】 熊永先(1941)[①] 在松潘草地地质调查时另创草地系。四川省地层表编写组(1980)承用此名，并将其分上、下二亚群。青海省区测队(1970)将青海境内相当的地层命名为巴颜喀拉山群，并按地质年代分为上、中、下亚群。本书按"专用地层名称命名暂行规定"，恢复西康群。

【现在定义】 指巴颜喀拉山、邛崃山、贡嘎山及松潘地区，厚度巨大的三叠纪类复理石碎屑岩建造。包括：扎尕山组、杂谷脑组、侏倭组、新都桥组、格底村组、两河口组和雅江组，另外在断裂带出现的滑混沉积及基性火山岩的塔藏组、如年各组也属该群范畴。

【层型】 正层型在四川省。甘肃省内无次层型剖面。

【地质特征及区域变化】 甘肃积石山南坡的西康群，据四川区测队(1983)若尔盖、红原、阿坝、龙日坝四幅1：20万地质图，仅包括杂谷脑组和侏倭组，因在区内未测制剖面，而不便分组列述。据其西延昌马河剖面和东延若尔盖五道班剖面等，杂谷脑组为灰、灰绿、褐灰及浅棕褐色中—厚层状长石细砂岩、长石石英细砂岩为主，夹绢云板岩、砂质板岩，未见顶。侏倭组为灰、灰绿、深灰及褐色中厚层细粒长石砂岩、细粒长石石英砂岩与褐灰、深灰色千枚状绢云板岩、粉砂质板岩呈不等厚互层，与下伏杂谷脑组整合接触。以杂谷脑组上部大套厚层砂岩消失分界。岩石组合与标准地点的杂谷脑组与侏倭组接近。地质年代为中三叠世—晚三叠世早期。

第二节 生物地层与地质年代概况

(一)奥陶系

生物以笔石为主，主要产于康县大堡组层型剖面第19层深灰—黑色碳硅质板岩中。与中

[①] 引自四川省地质局综合研究队，1978，四川省地层总结(震旦系、古生界、三叠系)。

国笔石分带对比,大致相当于 W_3—W_5(即 *Paraorthograptus typicus* 带—*Paraorthograptus uniformis* 带),主要分子为 *Paraorthograptus simplex*, *P*. cf. *latus*, *P. brevispinus*, *P. differtus*, *P. aequalis*, *P. hubeiensis*, *Climacogaptus linanensis*, *C*. cf. *longispinus*, *C*. cf. *supernus*, *C*. cf. *tubuliferus*, *C*. cf. *xintanensis*, *C. supernus* cf. *longis*, *Dicellograptus* sp., *Amplexograptus* sp., *Glyptograptus* sp., *Orthograptus* cf. *truncatus* 等。可与江西武宁县和四川城口县五峰组的带化石进行对比,时代为晚奥陶世。

(二)志留系

下志留统

富含笔石,主要产于迭部组。地质年代为早志留世,下部可与湖北龙马溪组,安徽高家边组对比,上部可与北祁连山肮脏沟组对比。据林宝玉、汪啸风(1984)自上而下划分为4个笔石带:

④*Oktavites spiralis* 带

③*Spirograptus turriculatus* 带

②*Monograptus sedgwickii* 带

①*Akidograptus* 带

中志留统

化石丰富、门类繁多,有珊瑚、头足类、三叶虫、腕足类及笔石,产于舟曲组。笔石在底部有 *Cyrtograptus sakmaricus*, *C*. cf. *insectus* 等,中上部有 *Retiolites geinitzianus angustidens*, *Pristiograptus* sp., *Pseudoretiolites* sp., *Monograptus priodon* 等都属中志留世的常见分子和重要分子。珊瑚在下部有:*Stelliporella*, *Falsicatenipara dazhubaensis*, *Favosites gothlandicus* var. *vaigacensis*, *Mesofavosites yumenensis* 等。笔石可与陕西五峡河组比较,珊瑚组合可与北祁连地区泉脑沟山组对比,地质年代属中志留世。

上志留统

动物门类较多,有笔石 *Saetograptus* sp.,珊瑚 *Syringopora khalaganensis*, *Squameofavosites gurjevskiensis* 等;牙形石 *Trichonodella* cf. *inconstans*,腕足类 *Atrypoidea*, *Molongia*, *Gannania spiriferoides* 及头足类 *Heyuncunoceras* 等。

笔石 *Saetograptus* sp. 是晚志留世早期的重要分子。珊瑚 *Syringopora khalaganensis*, *Squameofavosites gurjevskiensis* 常见于玉龙期。牙形石 *Trichonodella* cf. *inconstans*, *Ligonodina elegans* 见于欧洲晚志留世。上述诸多重要分子均产于卓乌阔组,地质时代为晚志留世晚期。

(三)泥盆系

曹宣铎等(1987)对该区各门类生物研究较详,现按地区、按生物门类分述如下。

(Ⅰ)碌曲、迭部地区

1. 四射珊瑚

四射珊瑚动物群十分丰富,属种及个体数量也较多,共计85属170余种,按其在地层中的分布,自下而上共划分为12个组合带和4个亚组合带。

①*Neomphyma - Embolophyllum* 组合带 分布于法列布山、普通沟、下吾那沟等剖面普通沟组中、下部。以单体珊瑚为主,共12属,其时代应为 Gedinnian 早—中期。

②*Zelophyllum subdendroidea - Tryptasma aequabilis* 组合带 位于擦阔合、普通沟、下吾那沟等剖面普通沟组中部。属种较单调,以单体珊瑚为主,共8属。本带时代可能为 Gedinnian

中、晚期。

③*Siphonophrentis cuneata - Chalcidophyllum ruquense* 组合带　分布于当多沟、普通沟和法列布山等剖面普通沟组上部至尕拉组下部。属种单调，仅包含6属。其时代可能为 Siegenian—Emsian 早期。

④*Diplochone cylindrica - Acanthophyllum dangduoense* 组合带　分布于当多沟、下吾那沟、擦阔合、占洼北沟等剖面当多组下部。共3属。

⑤*Lythophyllum solidum - Radiophyllum tenuiseptatum* 组合带　位于当多沟、下吾那沟、擦阔合等剖面当多组上部。共6属，其时代应为 Eifelian 早期。

⑥*Utaratuia - Dialythophyllum* 组合带　分布范围与下吾那组下部层位的下部相重合。见于本区各剖面中，是本区泥盆纪四射珊瑚最兴旺的一个发育阶段。该带共包括30余属，主要计有 *Zonophyllum*，*Zonodigonophyllum*，*Lekanophyllum*，*Digonophyllum*，*Atelophyllum*，*Arcophyllum*，*Stringophyllum*，*Solipetra*，*Sociophyllum*，*Sunophyllum* 等，并出现了一些地区性的属，如 *Spissophyllum*，*Leurelasma*，*Sigelophyllum* 等，根据该带四射珊瑚的分布，可划分为以下两个亚组合带：

A. *Leurelasma clavatum - Spissophyllum massivum* 亚组合带：位于下吾那组下部层位的下部偏中下部。

B. *Redstonea kuznetskiensis - Sociophyllum varians* 亚组合带：分布于下吾那组下部的层位靠上部。

⑦*Dendrostella trigemme - Fasciphyllum crassithecum* 组合带　产于当多沟、益哇沟、下吾那沟等剖面下吾那组的下部层位上部偏下的部位。其时代应属于 Eifelian 晚期。

⑧*Neostringophyllum ultimum - Spinophyllum spongiosum* 组合带　分布于当多沟、益哇沟、擦阔合等剖面下吾那组的下部层位偏上的部位至蒲莱段下部。共13属。其时代为中泥盆世晚期。

⑨*Grypophyllum mackenziense - Temnophyllum longiseptatum* 组合带　仅见于当多沟，产于蒲莱段上部。属种单调，化石数量不多。其时代为中泥盆世晚期。

⑩*Sinodisphyllum - Pseudozaphrentis* 组合带　位于蒲莱段顶部至下吾那组上部层位的下部。属种及化石数量不多。根据珊瑚化石的分布，本带亦可划分为两个亚组合带：

A. *Disphyllum - Solominella* 亚组合带：分布于蒲莱段顶部至下吾那组上部层位的下部。以复体珊瑚发育为特征。

B. *Peneckiella minima? - Piceaphyllum luquense* 亚组合带：位于下吾那组上部层位的下部。

根据共生牙形石的研究，A亚组合带为 Frasnian 早—中期，B亚组合带为 Frasnian 中—晚期。

⑪*Gurizdronia profunda - Synaptophyllum gansuense* 组合带　位于益哇沟组下部，仅见于当多沟剖面。共生的有 *Nicholsonella* 及 *Guerichiphyllum*。该带还共生有云南贝和 Famennian 中、晚期的牙形石，故其时代可属 Famennian 中、晚期。

⑫*Guerichiphyllum - Catactotoechus* 组合带　分布于当多沟剖面益哇沟组中部。可作为本区泥盆系最高一个层位的四射珊瑚组合带。

2. 床板、日射、刺毛珊瑚

该区床板珊瑚十分丰富，共47属133种，其中有8属1种系由卓乌阔组上延。根据床板珊瑚在地层中的分布特征，自下而上划分为 13 个组合带。

①*Emmonsiella saaminicus - Squameopora sichuanensis - Squameofavosites sokolovi* 组合带 分布于羊路沟、下吾那沟等剖面卓乌阔组顶部、三河口群下部及石坊群中。该组合带具有浓厚的泥盆纪色彩，而且与其下志留统顶部的床板珊瑚动物群差异较大，缺乏共同分子，因此可作为该区泥盆系最低层位的床板珊瑚组合带。

②*Klaamannipora coreniformis - Thamnopora subelegantula* 组合带 分布于羊路沟及法列布山等剖面普通沟组底部。该带化石很少，仅 4 属 4 种，在普通沟还见有 *Pachyfavosites*。共生的腕足类有 *Protathyris praecursor* 等。据共生的牙形石和腕足类分析，其时代可能为 Gedinnian 早期。

③*Mesofavosites dupliformis - Favosites brusnitzini - Squameofavosites bohemicus* 组合带 分布于普通沟、擦阔合等剖面的普通沟组下部。共 9 属 19 种。时代大致为 Gedinnian 早、中期。

④*Qinlingopora sichuanensis - Q. xiqinlingensis* 组合带 分布于普通沟、下吾那沟、西格尔山等剖面普通沟组上部。共 1 属 3 种。共生的腕足类 *Howellella labilis*，时代可能属 Gedinnian 晚期—Siegenian 早期。

⑤*Thamnopora elegantula - Favosites compositus* 组合带 仅见于普通沟剖面普通沟组顶部。化石属种、数量均不多。其时代可能为 Siegenian 中、晚期。

⑥*Favosites lazutkini - F. shengi - Squameofavosites mironovae* 组合带 分布于法列布山、当多沟等剖面尕拉组的中、下部。该组合带除上述属种外，尚见有 *Crassialveolites*。它既包含有早泥盆世早期的化石，也见有较晚期的分子，而以后者占优势，其时代很可能为 Emsian 晚期。

⑦*Favosites goldfussi - Pachyfavosites magnus - Caliapora neoformis* 组合带 产于当多沟、下吾那沟、擦阔合、占洼北沟等剖面当多组下部。化石较丰富，共 6 属 12 种。该组合带的时代似为 Emisan 晚期—Eifelian 早期。

⑧*Crassialveolites crassiformis - Syringopora hilberi - Chaetetes rotundus* 组合带 分布于当多沟、擦阔合、下吾那沟等剖面当多组上部及冷堡子组上部。共 11 属 15 种。新出现的属有 *Roemerolites*，*Cladopora*，*Alveolites*，*Alveolitella*，*Scharkovaelites*，*Syringopora*，*Syringoporella*，*Chaetetes*，*Spinochaetetes* 等。时代为 Eifelian 早期。

⑨*Parathamnopora deflecta - Chaetetes magnus - Parastriatopora gannanensis* 组合带 见于当多沟、下吾那沟、普通沟等剖面下吾那组下部层位之底部。共 17 属 27 种，是本区泥盆纪床板珊瑚动物群最兴盛的一个时期。由于在普通沟、当多沟剖面该组合内还见有牙形石 *Icriodus* cf. *corniger*，故其时代仍为 Eifelian 期。

⑩*Alveolitella fecunda - Neoroemeria sinensis - Gracilopora gannanensis* 组合带 分布于当多沟、下吾那沟、益哇沟等剖面下吾那组下部层位的下部。组合内包括了 31 属 35 种，与⑨组合带构成本区泥盆纪床板珊瑚动物群发育的鼎盛时期。该组合带内大部分属种的地质历程相对较短。时代应限于 Givetian 期。

⑪*Thamnopora tumefacta - Alveolitella polenowi - Scharkovaelites sinensis* 组合带 产于当多沟、益哇沟、擦阔合等剖面下吾那组下部层位的上部。组合带内包括 *Thamnopora* 等 16 属 23 种，基本由 Givetian 期分子组成，时代属 Givetian 期。

⑫*Alveolites maillieuxi - Xinjiangolites crassus - Thamnopora multitremata* 组合带 分布

于当多沟、擦阔合、益哇沟等剖面蒲莱段下部。属种及化石数量均明显减少，仅包括 *Alveolites*，*Crassialveolites*，*Xinjiangolites* 等 7 属 10 种，都是 Givetian 期的常见分子。

⑬*Scoliopora denticulata - Fuchungopora gannanensis - Syringopora obesa* 组合带　分布于擦阔合、当多沟和益哇沟等剖面蒲莱段上部至下吾那组上部层位的下部。该组合带由 *Scoliopora*，*Syringopora*，*Fuchungopora* 等 12 属 19 种（5 个未定种）组成。该带内大部分属种的地质历程较长，但亦有一些延限较短的属于 Frasnian 阶的属种，如 *Scoliopora denticulata*, *Syringopora obesa*, *Fuchungopora crassa*, *Thamnopora sphincta*。据上述分析，该组合带的时代应为 Frasnian 期。

3. 腕足类

碌曲、迭部间泥盆纪腕足类非常丰富，与华南象州型相似，属近岸底栖型。按腕足动物群的特征及产出序列，自下而上简述如下：

①*Protathyris praecursor* 延限带　分布于普通沟、下吾那沟、羊路沟、西格尔山、法列布山等剖面，贯穿整个普通沟组与石坊群中，其垂直延限恰与普通沟组相吻合。

A. *Rhynchospirina - Spirigerina* 亚带：位于普通沟组下部。

B. *Lanceomyonia - Machaeraria* 亚带：位于普通沟组中、下部。属种多，个体丰富，大部分种在本区分布广，历程短。

C. *Nymphorhynchia ? nympha - Howellella latilamina* 亚带：分布于普通沟的普通沟组顶部。

②*Cymostrophia - Devonochonetes* 组合带　分布于当多沟、下吾那沟剖面当多组近底部。在本区该组合带的层位十分稳定，历程短暂，构成延限带性质的组合带。*Devonochonetes* 在秦岭地区非常发育，从早泥盆世晚期出现，可延续至中泥盆世晚期。

③*Otospirifer* 顶峰带　分布于当多沟、下吾那沟、西格尔山、擦阔合等剖面的当多组下部。层位稳定，垂向分布短。

④*Euryspirifer - Rostrospirifer* 组合带　分布于当多沟、下吾那沟、普通沟、占洼北沟及擦阔合等剖面当多组中部。该组合带内展翼状大型石燕共 6 属。

⑤*Acrospirifer - Parachonetes* 组合带　分布于当多沟、下吾那沟等剖面当多组上部。*Parachonetes tewoensis* 的产出部位共五层，其中 1 层特别富集。*Acrospirifer houershanensis subplanus* 仅赋存于该组合带底部和顶部两个薄层中，层位稳定，延限短。

⑥*Athyrisinopsis uniplicata* 顶峰带　分布于当多沟、下吾那沟等剖面当多组顶部。*A. uniplicata* 垂向延伸范围较长，自④带开始出现，在该部位达到顶峰，它上延至⑦带方全部消失。*Parakarpinskia striata* 为本带内的特有分子。

⑦*Indospirifer - Reticulariopsis* 组合带　分布于当多沟、下吾那沟及益哇沟等剖面，几乎纵贯整个下吾那组下部层位的下部。

⑧*Productella subaculeata* 顶峰带　分布于当多沟、下吾那沟等剖面下吾那组下部层位下部的最顶部。以 *P. subaculeata* 数量最多，*P. morsovensis*，*Spinulicosta* 次之。

⑦—⑧带的时代相当于西欧 Eifelian 期。

⑨*Variatrypa ovata - Spinatrypa* 组合带　分布于当多沟、下吾那沟等剖面下吾那组下部层位的上部偏下部位。*Variatrypa ovata* 是 Eifelian 阶的分子。据此，该组合带的时代应置于 Eifelian 晚期较适宜。

⑩*Rhynchospirifer - Geranocephalus* 组合带　分布于当多沟、下吾那沟等剖面下吾那组下

部层位的上部靠中上部位。时代为中泥盆世晚期。

⑪*Stringocephalus butini* 顶峰带　分布于当多沟、下吾那沟、益哇沟等剖面，仅限于下吾那组下部层位的最顶部。因此，时代应相当于西欧 Givetian 期。

⑫*Pugnax-Leiorhynchus-Spinatrypina douvillii* 组合带　分布于当多沟、下吾那沟、益哇沟等剖面的蒲莱段中、下部。时代纵跨中、晚泥盆世。

⑬*Tenticospirifer* cf. *tenticulum-Athyris nobilis* 组合带　分布于当多沟、擦阔合等剖面蒲莱段上部。以首次出现 *Tenticospirifer* cf. *tenticulum* 为底界而建立的一个带。

⑭*Cyrtospirifer-Theodossia-Ptychomaletoechia shetienchioaoensis* 组合带　分布于当多沟、擦阔合等地下吾那组上部层位的下部。⑬—⑭带的时代相当西欧 Frasnian 期。

⑮*Yunnanella-Yunnanellina* 组合带　分布于当多沟、益哇沟、擦阔合等地下吾那组上部层位的顶部至益哇沟组底部。

⑯*Tenticospirifer hsikuangshanensis-Cyrtospirifer* cf. *pamiricus* 组合带　分布于当多沟、擦阔合等剖面益哇沟组。前者产出部位偏高，后者在该带下部构成富集层。共生有少量 *Productella*，*Leiorhynchus* 等。

⑮—⑯带内含有典型的华南锡矿山组的分子，其时代无疑相当于西欧 Famennian 期。

4. 介形类

该区泥盆纪介形类动物群十分丰富，属种较多，共 72 属 126 种，现仅对泥盆系含介形类较多层段自下而上划分为四个组合带。主要出现于下吾那沟、普通沟及当多沟等地，时代为早泥盆世。

①*Bairdiocypris karcevae-Tricornina ovata-Dizygopleura trisinuata* 组合带

②*Moelleritia-Kyamodes-Bodzentia-Baschkirina* 组合带

③*Bairdiocypris gerassimovi-B. tewoensis-Aparchites productus-Fabalicypris volaformis* 组合带

④*Hanaites platus-Bairdiocypris gibbosa-Amphissites perfectus* 组合带

5. 牙形石

本区泥盆纪牙形石生物地层的研究工作以往开展较少，王成源（1981）描述四川若尔盖早泥盆世普通沟组牙形石时，于甘肃迭部下吾那沟发现了 *Ligonodina elegans*，在迭部哇巴沟林场获得 *Ozarkodina crispus*。这些重要属种的发现，证明本区志留系与泥盆系为连续沉积，并确定了该区早泥盆世牙形石的最低层位。

曹宣铎等（1987）虽然通过对该区七个剖面的牙形石进行了分析和研究，但获得的带分子较少，而多为常见于某些带的重要分子。这些重要分子明显的反映泥盆纪各时期的特征，因而可大致进行生物地层对比。该区共建立了 1 个牙形石带和 10 个牙形石组合，其中广布于本区的下吾那沟、普通沟、羊路沟、西格尔山和法列布山沟口等处的普通沟组底部的 *Icriodus woschmidti woschmidti* 带具较重要的意义。

6. 鹦鹉螺

本区泥盆纪鹦鹉螺自下而上大致分可为四个组合。

①*Pearloceras-Anastomoceras* 组合　产于下吾那沟、普通沟、西格尔山等地普通沟组下部。包含 16 种。

②*Brevicoceras-Acleistoceras* 组合　产于当多沟和下吾那沟当多组下部。

③*Archiacoceras* 组合　该组合产于当多沟下吾那组下部层位的底部。时代大致相当 Eifelian 期。

④*Pseudorthoceras tewoense* 组合 产出层位为下吾那组下部层位的上部。其时代可能属中泥盆世晚期至晚泥盆世。

7. 菊石

在本区仅发现于益哇沟蒲莱段下部。共 4 属 7 种，有 *Agoniatites gannanensis*, *A.* sp., *Werneroceras uralicum*, *Wedekindella clarkei*, *W. psittacina*, *Pseudofoordites tewoensis*。其层位可与欧洲 Givetian 阶中部对比。

8. 竹节石

自下而上共见有以下几个层位：

在当多组和下吾那组下部层位之下部发育了以厚壳竹节石类占优势的生物群，另外，还有一些薄壳类型的 *Homoctenus tewoensis*。以厚壳竹节石类为主的类群显示了中泥盆世类群的面貌，但尚不能指明更确切的时代。

在当多沟蒲莱段底部含有丰富的 *Nowakia*(*N.*)*otomari*，是 Givetian 阶下部 *N. otomari* 带的分带化石。由于在益哇沟东洼村蒲莱段上部发现了丰富的 *N.* (*N.*)*postotomari*，证实 Givetian 阶上部 *N. postotomari* 带在本区的存在。如此，这一段地层可直接和欧洲的该带进行对比。

在当多沟蒲莱段顶部产竹节石 *Striatostyliolina raristriata*, *Homoctenus*, *Nowakia*(*N.*) sp.。而 *S. raristriata* 常见于广西那坡县榴江组下部，是 *N. regularis* 带的一个标准分子。由此可见，本区蒲莱段是个跨越 Givetian 期和 Frasnian 期的地层。

在当多沟下吾那组上部层位之底部尚含有大量的 *Homoctenus krestovnikovi*, *H. tenuicinctus neglectus*。表明已进入 Frasnian 中期。

9. 三叶虫

本区志留系和泥盆系为连续沉积。卓乌阔组三叶虫动物群以 *Encrinurus* 为特征，该动物群在下吾那沟和羊路沟产出层位的上界尚距目前划定的上志留统-下泥盆统界线约 33 和 56 m。

而代表本区泥盆纪最早期的三叶虫组合是普通沟组下部的 *Craspedarges - Crotalocephalus*(*Pilletopeltis*)-*Gravicalymene* 组合，它以 *Craspedarges* 的极度繁盛为特色。本区上述三叶虫组合限于 *Icriodus woschmidti woschmidti* 延限带内，表明属 Gedinnian 早期。

在 Gedinnian 中、晚期——Emsian 早期，本区处于潮坪环境，三叶虫绝迹。

Emsian 晚期，在当多组下部又开始出现了三叶虫，但其数量极少，属种单调，仅见 *Scutellum*? *tewoense*。

当多组上部含 *Camsellia granulosa*, *Thysanopeltella*(*T.*)sp.。下吾那组下部层位的底部产 *Astycoryphe cimelia qinlingensis*, *Scutellum* sp., *Otarion*(*O.*)sp.；下部偏中下部位产 *Proetus*? *ormistoni*；靠上部位产 *Camsellia dangduoensis*。十分明显，当多组上部和下吾那组下部层位的下部所含的三叶虫属种具有浓厚的 Eifelian 期色彩。

在益哇沟东洼村蒲莱段下部产 *Aulacopleura*(*Paraaulacopleura*)*pumila*，与其共生的有菊石 *Werneroceras uralicum*, *Wedekindella clarkei* 等，故其时代应为 Givetian 期。

本区三叶虫的另一个重要层位是当多沟下吾那组上部层位之中部，产 *Ductina*(*D.*)*ductifrons*，它在本区的出现，表明含此化石的层段应属 Famennian 早期。

（Ⅱ）迭部洛大录坝沟地区

录坝沟地区泥盆系不同于碌曲、迭部地区泥盆系，下部为远岸滞留洼地环境下以浮游型竹节石为主的南丹型沉积，上部为近岸富氧环境下以繁育底栖生物为主的象州型沉积。孙光义(1980)通过对上述生物群，特别是对竹节石动物群的系统研究，自下而上共划分9个生物带，其中包括当多组竹节石5个带、珊瑚和腕足类3个组合(或带)、下吾那组下部层位介形类1个组合。

1. 竹节石

①*Nowakia zlichovensis* 带　产于当多组下部。时代为 Zlichovian 早、中期。

②*Nowakia praecursor* 带　产于当多组下部。时代同样属 Zlichovian 早、中期。

③*Viriatellina pseudogeinitziana* 带　产于当多组下部。其时代大致相当于 Zlichovian 晚期。

④*Nowakia cancellata* 带　产于当多组下部。与其共生的有 *Viriatellina*, *V.* cf. *gracilistriana*。其时代大致相当 Dalejan 早期。

以上4个带的层位大致相当于我国广西南丹地区同期地层。

⑤*Nowakia* cf. *sulcata* 带　产于当多组上部偏下部位。该种在我国广西南丹曾见于塘乡组上部。因此，该分子的出现表明当多组上部偏下部位应属 Eifelian 期，其层位与我国华南应堂组下部相当。

2. 腕足类及珊瑚

①*Sociophyllum - Utaratuia* 和 *Indospirifer - Athyrisina* 组合　该组合位于当多组上部靠上部位。其层位大致相当我国华南应堂组上部。

②*Rensselandia* 带　位于蒲莱段下部。该属为中泥盆世晚期的常见属，在当多沟曾见于下吾那组下部层位之顶部。

③*Stringocephalus* 带　位于蒲莱段顶部。与珊瑚 *Pseudomicroplasma fongi* 共生。其层位与我国华南东岗岭组下部相当。

3. 介形类

介形类在录坝沟一带的益哇沟组中仅见有 *Entomozoe(Richteria)serratoriata* 组合。该组合尚共生有 *Berllotinia*。分布于我国广西榴江组上部，是榴江组上部 E.(R.) 组合的典型分子。故其时代属 Famennian 期无疑。

(Ⅲ) 南秦岭西段文县地区

张祖圻(1978)根据床板珊瑚及四射珊瑚动物群的垂向分布特征对该地区早、中泥盆世地层划分了5个组合带，而涉及到当多组及下吾那组共3个化石带。

①*Corolites alloformis - Aulacophyllum decorasum* 带　位于文县岷堡沟剖面当多组下部。珊瑚化石极为丰富，共计32属141种。应大致相当整个 Emsian 期。

②*Pachyfavosites tsinlingensis - Zonophyllum sinense* 带　位于张家坝当多组上部。其时代当属 Eifelian 期。

③*Natalophyllum regulare - Billingsastraea verrilli* 带　位于岷堡沟沟口—白水江河谷的下吾那组。多系 Givetian—Frasnian 期常见的分子。应属 Givetian 阶上部。

杨祖才(1991)通过对床板珊瑚、皱纹珊瑚、腕足类的系统研究，将该地区当多组、下吾那组和蒲莱段的床板珊瑚划分了4个组合带和一个衰减带，皱纹珊瑚划分了6个组合带，腕足类划分了5个组合带、一个延限带和一个间隔带。

1. 床板珊瑚

①*Corolites alloformis - Favosites parastriatoporoides - Squameofavosites bohemicus* 组合带　分布于岷堡沟剖面当多组底部。时代大致相当于 Emsian 早期。

②*Squameofavosites mironovae - Caliapora taltiensis - Favosites bijaensis* 组合带　分布于岷堡沟、朱家沟、马莲河等剖面当多组下部层位的中上部。床板珊瑚最富集，共 22 属 160 多种，时代属早泥盆世晚期。

③*Favosites goldfussi - Mesofavosites* cf. *eifelicus - Favosites styriacus* 组合带　分布于岷堡沟、朱家沟、马莲河等剖面当多组上部层位的下部。共 14 属 42 种。其时代属 Eifelian 期。

④*Natalophyllum regulare - Crassialveolites gansuensis* 组合带　分布于白水江、朱家沟等剖面下吾那组下部层位中。共 6 属 9 种。时代为 Givetian 期。

2. 皱纹珊瑚

①*Crassophrentis obesus - Protaulacophyllum gansuense* 组合带　分布于当多组底部。

②*Hallia wenxianensis - Aulacophyllum minor* 组合带　分布于当多组下部层位的上部。

③*Parastringophyllum sinense - Zonophyllum sinense* 组合带　分布于马莲河剖面当多组上部层位的下部。属晚 Emsian 期—早 Eifelian 期。

④*Spongophyllum (Spongophyllum) wenxianense - Endophyllum tsinlingense* 组合带　分布于马莲河剖面当多组上部层位中下部。通常都是中泥盆世的常见属种。

⑤*Temnophyllum ovatam - Disphyllum poshiense* 组合带　主要分布于朱家沟、岷堡沟等剖面下吾那组下部层位。通常都是中泥盆世晚期的属种。时代为 Givetian 晚期。

⑥*Pseudozaphrentis wenxianensis - Peneckiella* 组合带　主要分布于岷堡沟、朱家沟等剖面下吾那组上部层位。该组合带可与华南佘田桥组珊瑚动物群相对比。结合腕足类分析，时代相当晚泥盆世早期。

3. 腕足类

①*Parathyrisina tangnae - Howellella laeviplicata labilis - Protathyris sibirica* 组合带　分布于岷堡沟、马莲河、羊汤河等剖面当多组底部。该组合带具有早泥盆世中、晚期的色彩。

②第一腕足类间隔带（或衰减带）　相当于当多组下部层位的顶部和上部层位的下部，不含或含极少量的腕足类。

③*Acrospirifer subtonkinensis - Euryspirifer lungmenshanensis* 组合带　分布于岷堡沟、朱家沟、马莲河等剖面当多组上部层位的上部。该带在欧洲主要限于 Emsian 阶，在华南黔桂地区分布亦十分普遍，均见于四排组、舒家坪组。

④*Otospirifer* 延伸带　目前该属仅见于我国南方和南秦岭地区，该属的顶峰带在当多沟剖面位于当多组下部牙形石 *Ozarkodina* cf. *buchanensis* 之下。*Xenospirifer fongi* 过去一般认为是应堂组下部的标准分子。

⑤*Schizophoria kutsingensis - Spinatrypa bodini* 组合带　分布于岷堡沟、朱家沟等剖面下吾那组下部层位。其层位相当东岗岭组下部。

⑥*Leiorhynchus kwangsiensis - Schizophoria macforlanii* var. *kasuensis* 组合带　分布于岷堡沟、朱家沟等剖面蒲莱段。该组合带中的分子均为东岗岭组上部至榴江组底部的常见分子。主要分布于 Givetian 阶。该组合带具有中、晚泥盆世的过渡色彩。

⑦*Tenticospirifer tenticulum - Cyrtospirifer* 组合带　位于下吾那组上部层位。时代相当于 Frasnian 期。

(四)石炭系

据曾学鲁(1992)《西秦岭石炭纪二叠纪生物地层和沉积环境》一文,列表简介如下(表16-1)。

(五)二叠系

区内二叠系生物地层据曾学鲁(1992)《西秦岭石炭纪二叠纪生物地层和沉积环境》一文简介如下。

1. 䗴类

①*Pseudoschwagerina - Sphaeroschwagerina* 延限带　见于南秦岭南带大关山组底部益哇沟剖面第7—8层,中秦岭仅有零星分布藏布沟剖面的第2—3层,以 *Pseudoschwagerina* 出现为界,*Sphaeroschwagerina* 消失为顶界。主要分子还有 *Quasifusulina*, *Pseudofusulina*, *Schwagerina* 等。相当我国原马平阶上部。

②*Eoparafusulina* 顶峰带　产于大关山组下部,*Pseudoschwagerina-Sphaeroschwagerina* 带和 *Pamirina* 带之间,主要分子为: *Eoparafusulina contracta*, *Zarodella qinlingensis*, *Z. umbilicata* 等。本化石带在南秦岭北带出现于卓尼县白石山和漳县香房里一带大关山组底部,即原称上加岭组底部。代表分子为 *Schwagerina pseudocericalis*, *Paraschwagerina*。重要分子有 *Paraschwagerina inflata*, *P. qinghaiensis*, *Schwagerina cervicalis*, *S. jewetti*, *S. paragregaria*, *Robustoschwagerina fluxa* 等,此外还有少量 *Triticites*, *Pseudoendothyra*, *Pseudofusulina*, *Dunbarinella*, *Staffella* 等属共生。相当隆林阶底部层位。

③*Pamirina* 顶峰带　本化石带在南秦岭、中秦岭均有,组分不尽相同。以 *Pamirina* 出现为底界,以 *Brevaxina* 出现为顶界。自下而上分二个亚带。

④*Misellina* 延限带　产于南秦岭益哇沟剖面的第9层。位于 *Pamirina* 带之上。*Neoschwagerina* 带之下,以 *Misellina* 出现和消失为顶底界。重要分子有 *Brevaxina* cf. *otakiensis*, *Zarodella qinlingensis*, *Pisolina* sp., *Misellina claudiae* 等。

⑤*Neoschwagerina* 延限带　相当益哇沟剖面第13—16层。以新希氏䗴的出现和消失为顶底界线。

⑥*Palaeofusulina* 延限带　产于迭山组上部。

2. 珊瑚

①*Arctophyllum mapingense - Fomitchevella yunanensis* 组合　产出层位在郎木寺吉多剖面 *Pseudoschwagerina-Sphaeroschwagerina* 带下部,产有较多的 *Arctophyllum mapingense*, *Fomitchevella yunanensis* 以及 *Pseudotimania* 等。

②*Kepingophyllum - Anfractophyllum* 组合　产于吉多剖面的 *Pseudoschwagerina-Sphaeroschwagerina* 带上部,*A. mapingensis. - F. yunanensis* 组合之上,主要属种有 *Kepingophyllum* sp., *Anfractophyllum* cf. *fujianense* 等。以上两组合时代为马平期。

③*Wentzellophyllum volzi - Yatsengia simplex* 组合　产出层位在益哇沟剖面相当于 *Misellina* 带,产有 *Wentzellophyllum volzi*, *Yatsengia simplex*, *Cystomichelinia regularis*, *Wentzellophyllum denticulatum* 等。

④*Paracaninia sinensis - Paracaninoides* 组合　产于大关山组上部与 *Neoschwagerina* 带相当,该组合均为小型单体单带型珊瑚,除组合分子外还有 *Tachylasma sassendalia*, *Lophocarinophyllum*, *Lophotabularia* 等。

⑤*Waagenophyllum gansuense - Waagenophyllum indicum* 组合　本组合典型发育地区和

表 16-1 南秦岭石炭纪生物地层划分简表

年代地层			岩石地层	蜓	珊瑚	腕足类	牙形石
下二叠统	马平阶		大夫山组	Sphaeroschwagerina 延限亚带	Arctophyllum mapingense-Fomichevella yunanensis 组合		Scaliognathus anchoralis 带
上石炭统	达拉阶			Pseudoschwagerina 延限亚带			
	滑石板阶		岷河组	Triticites 顶峰亚带			
				Moniparus 顶峰亚带			
				Fusulinella-Fusulina 顶峰亚带			
	德坞阶			Profusulinella 顶峰亚带			
				Pseudostaffella 顶峰亚带	Lithostrotionella-Kionophyllum 组合带		
				Fusulina schellwieni 顶峰亚带			
				Eostaffella postmosquensis 延限亚带			Declinognathodus lateralis 带
下石炭统	大塘阶		哇益沟组	Eostaffella mosquensis 延限亚带	Aulina-Parathysanophyllum 组合带	Gigantoproductus edelburgensis-Balkhonia kokdhccarensis 组合	Cavusgnathus charactus 带
					Gangamophyllum-Axophyllum 组合带	Productus-Gigantoproductus 组合	Gnathodus bulbosus 带 (S. anchoralisanchoralis-S. anchoralis unguicularis 亚带; S. anchoralis anchoralis 亚带; S. anchoralis pristinus 亚带)
					Parazaphrenphyllum-Hunanoclisia 组合带	Megachonetes-Vitiliproductus 组合	Anchignathodus protoformis 带
	岩关阶				Pseudouralinia-Kominckolasma 组合带	Chonetipustula 组合	Polygnathus communis carinus 带; Siphonodella isosticha-S. cooperi 带; Gnathodus delicatus-Dollymae bouckaerti 带
					Beichuanophyllum-Cystophrentis 组合带		Siphonodella quadruplicata-S. crenulata 带; Pinacognathus profundus-Dinodus fragosus 带

产出层位在漳县石关长兴期 Palaeofusulina 带，除主要分子外，还有 Iranophyllum sp.，I. splendens。

3. 腕足类

自下而上分 4 个组合

①Uncisteges maceus - Tyloplecta nankingensis 组合　分布于益哇沟剖面大关山组顶部。主要组成分子有 Uncisteges maceus，U. chaoi，U. crenulata，Composita globularis，Tyloplecta nankingensis，T. sinoindica，Neoplicatifera huangi 等。该组合带栖霞期开始发育，茅口期中期繁盛。南、中秦岭发育程度相近，中秦岭种属分异度明显单调，以本组合首要分子繁盛为特征。

②Neoplicatifera sintanensis - Haydenella chianensis 组合　分布范围是益哇沟剖面迭山组中部，主要分子有 Neoplicatifera sintanensis，N. huangi，Capillifera chilianensis，Monticulifera sinensis，Tramsennatia gratiosus，Spinomarginifera sp.，Squamularia cf. calori，Spiriferella derbyi，S. perpentagonalis，S. damesi，S. pentagonalis，Haydenella chianensis，H. kiangsiensis，Athyris sp.，A. mongoliensis，Cathaysia chonetoides，Zhejiangella quadriplicata，Stenoscisma sp.，S. semiplicata，S. purdoni，S. purdoniformis 等。该组合是在①组合基础上进一步发展的结果，以长身贝类占绝对优势，石燕贝、小嘴贝类得到发展。①组合中的主要分子明显减少。

③Anidanthus sinosus - Spinomarginifera alpha 组合　分布于益哇沟剖面迭山组中上部及石关组下部，主要分子有：Anidanthus sinosus，Haydenella kiangsiensis，H. chilianshaniana，Stenoscisma semiplicata，Spinomarginifera pseudosintanensis，S. chenyaoyenensis，S. alpha，Semibrachythyrina sp.，Enteletes subaequivalis，Dielasma itaitubense，D. elongatum var. orientalis，Spirigerella damasi，Cancrinella cancrini，Squamularia sp.，Neoplicatifera huangi，Athyris sp. 等。

④Enteletina zigzag - Crurithyris speclosa 组合　分布于石关组上部，是长兴期腕足动物群发展的高峰，主要分布于北带。主要分子有：Enteletina zigzag，E. zhangxianensis，Linoproductus lineatus，L. sinensis，Richthofenia lawrenciana，Enteletes wageni，E. kayseri，Stenoscisma semiplicata，S. uniplicata，S. superstes，S. dorsiconvexum，S. lentroplicata，Crurithyris speciosa，Avonia echidniformis，Notothyris mediterannea，N. triplicata，N. exilis，Meekella kueichowensis，M. uralica，Kiangsiella tingi，Squamularia sp.，Leptodus nobilis，Oldhamina sp.，Punctospirifer margaritae，P. alpheus，Spiriferellina cristata，S. kayseri，Orthotichia chekiangensis，Waagenoconcha abichi 等。该组合化石数量丰富、种属繁多，其中除少数种属由早二叠世延续下来外，三分之二以上的分子为此期特有。

4. 牙形石

二叠纪牙形石在西秦岭地区是首次发现。在南、北秦岭各有不同。

（Ⅰ.）南秦岭地区

①Neogondolella serrata serrata 带　分布于大关山组上部。该带以 Neogondolella serrata serrata，N. qujionensis 和大量的 Anchignathodus typicalis，A. minutus minutus 及 A. minutus permicus 为特征。顶以 N. serrata serrata，N. qujionensis 消失和 Neostreptognathodus prayi 首次出现为标志。常见分子有 Xaniognathus tortilis 及多分子种 Ellisonia tribulosa 的零散骨骼分子。

②*Neogondolella serrata postserrata* 带　出现于大关山组上部。位于 *Neogondolella serrata serrata* 带与 *Neostreptognathodus prayi* 带之间。以 *Neogondolella serrata postserrata* 和 *Anchignathodus typicalis* 为特征，常见分子 *Xaniognathus tortilis*，*Prioniodella* sp. 和多分子种 *Ellisonia tribulosa* 等。该带上、下相邻地层中产有珊瑚 *Tachylasma* sp.，*Paracaninia* sp.；筵 *Parafusulina* sp.，*Chusenella conicocylindrica* 和 *Parafusulina rothi* 等，时代为茅口期。

③*Neostreptognathodus prayi* 带　在大关山组上部 *Neogondolella serrata postserrata* 带之上，是一个分布很窄的带。该带是以 *Neostreptognathodus prayi* 的出现和消失作为顶底界标志。常见分子有 *Anchignathodus typicalis*，*A. minutus*，*Ellisonia* sp.，*Hindeodella* sp. 和 *Xaniognathus* sp. 等相伴随。时代应为茅口期。

（Ⅱ.）北秦岭地区

①*Diplognathodus lanceolatus* 带　见于漳县磨子沟。以 *Diplognathodus lanceolatus* 出现为基本特征。重要的和常见种是 *Anchignathus minutus*，*Diplognathodus* sp.，*Hindeodella* sp.，*Lonchodina* sp.，*Xaniognathus* sp. 等。本带以命名种的出现和消失作为底顶界标志。时代为茅口期。

②*Anchignathodus* 生物层　见于 *Diplognathodus lanceolatus* 带之下，以大量 *Anchignathodus* 出现为特征。主要分子有 *Anchignathodus minutus*，*A. typicalis* 及 *Hindeodella* spp. 等，本层相邻岩层中产筵：*Afghanella*，*Schwagerina*，*Verbeekina*，仍属茅口期。

（六）三叠系

隆务河群所含化石丰富，海生动物化石主要见于中下部，有双壳类、腹足类、腕足类、六射珊瑚、菊石、牙形石、放射虫、藻类及虫迹化石，陆生化石主要见于上部，有植物、孢粉。以南秦岭卓尼—宕昌间研究最详。徽县、宝成铁路沿线，距底部 18 m 处含菊石 *Lytophiceras* sp.，*Hemilecanites* sp.，上部含菊石？*Anasibirites* sp. 由此向西，在宕昌岷江流域，底部含双壳类：*Daonella* cf. *anericana*，*D. elliptica*，*D. moussoni*，*Posidonia wengensis*，距底部 184 m 处含牙形石 *Neogondolella mombergensis*，*N. navicula*，*N. excelsa* 等，为国际牙形石第 16 带重要分子和常见分子，上部含放射虫 *Archaeospongoprunu collare*，*Betraccium* sp.，*Pantanellum* sp. 等，顶部含植物化石碎片 *Neocalamites*，*Podozamites*，*Ptilophyllum* 等。益哇沟—卡车沟一带，隆务河群底部含腕足类 *Aequispiriferina*，*Pseudospiriferina*，珊瑚 *Conophyllum* 及植物化石碎片。

西部青海隆务河的隆务河群。于下二叠统石关组之上，下部含菊石 *Meekoceras*，*Lytophiceras*，；双壳类 *Claraia bittner* 等，中部含菊石 *Meekoceras*，*Preflorianites*，*Xenoceltites*，？*Columbites*，Sibiritidae(gen. et sp. indet.)等，上部含菊石 *Hollandites* spp.，*Aplococeras*，*Reiflingites*，*Leiophyllites* 和腕足类 *Pseudospiriferina tsinghaiensis* 组合及双壳类 *Daonella* sp.。

隆务河群在其分布范围内，不同地点的地质年代不尽相同（图 16-1）。其底界自东向西由早三叠世 Indian 期过渡到中三叠世的 Anisnian 期，至青海隆务河一带复为 Indian 期。显示出穿时现象。

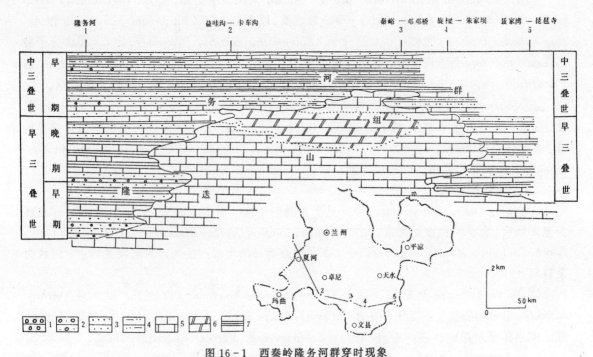

图 16-1 西秦岭隆务河群穿时现象
1. 砾岩；2. 含砾砂岩；3. 砂岩；4. 泥质粉砂岩；5. 灰岩；6. 白云岩、白云质灰岩；7. 页岩

第三节 有关问题的讨论

一、对当多组、下吾那组、蒲莱段顶底界的穿时初步探讨

(一)当多组

该组底界所出现的层位在各地高低不一。在当多沟剖面上，腕足类自下而上可分为五个生物带，下部三个带与华南四排组上部 *Otospirifer shipaiensis* 带和 *Euryspirifer shujiapinensis* 带相当，上部两个带可与华南应堂组中、下部的腕足动物群相比较。四射珊瑚及床板珊瑚也可划分为两个组合带，大致可和华南四排组上部至应堂组下部或猴儿山组的珊瑚动物群对比。当多组的时代在当多沟剖面上很明显应为 Emsian 中、晚期—Eifelian 早期。但该组向东延至益哇沟以东的帕热、黑拉一带，则以平行不整合关系直接超覆于卓乌阔组之上，其间不仅全部缺失普通沟组、尕拉组，而且也缺失当多组下部的三个腕足类生物带，并在其底部碎屑岩之上的碳酸盐岩内还找到了 Eifelian 中、晚期的四射珊瑚带化石 *Utaratuia*。向东延至录坝沟，据所产竹节石 *Nowakia zlichovensis* 及腕足类、珊瑚动物群层位明显变低，相当华南 Zlichovian 早期或 Emsian 早期。该组顶部产有珊瑚 *Sociophyllum*, *Utaratuia*, *Dendrostella trigemme* 等和腕足类 *Indospirifer*, *Athyrisina circularis* 等，这些分子与西部下吾那组下部层位以及华南应堂组上部相应的动物群基本相同，层位相当。产于其下的竹节石 *Nowakia* cf. *sulcata*，在广西南丹也有产出。不难看出，该处当多组顶部层位也远比当多沟一带为高。向南于文县岷堡沟一带，其底部层位较当多沟一带亦明显偏低，据床板珊瑚动物群，底界大致相当 Emsian 早期。顶部含有 *Favosites goldfussi*, *F. goldfussi eifelensis*, *Squameofavosites obliquespinus*

等,时代无疑应属 Eifelian 期,但其上界的确切层位因资料不足尚不清楚,与当多沟一带的当多组顶界无法确切比较。

综上所述,不难看出,当多组在区内无论是由西向东或自北而南顶底界面都明显不同,显示出穿时现象。

(二) 下吾那组

该组在区内的底界的层位也高低不一。在当多沟剖面上,该组与下伏当多组为连续沉积,当多组的顶界时代为 Eifelian 早期。因此,该组底界的时代无疑应为 Eifelian 中期。向东延至录坝沟一带,该组下段的下部因被当多组替代,而当多组顶部含有相当华南应堂组上部的腕足类和珊瑚以及广西南丹塘乡组上部的竹节石,故下吾那组的底界显然要比当多沟剖面上该组的底界的层位高得多,大致相当于 Eifelian 晚期。再向东延至舟曲、武都及徽成盆地南缘一带,该组下部层位的下部已全部缺失,其上部直接超覆于卓乌阔组之上,而上部就其生物群属 Givetian 期,说明上述地区下吾那组底界层位较当多沟一带更高。该组向南延至文县岷堡沟一带,整合地覆于冷堡子组之上,冷堡子组顶界的时代已达 Givetian 中期,层位与我国南方的东岗岭组下部或跳马涧组大致相当,故该组底界应大致相当于东岗岭组上部或棋子桥组。也说明文县岷堡沟一带该组底界的层位亦明显偏高。

(三) 蒲莱段

该段地层的顶、底界时代均有明显穿时现象。在当多沟剖面上,该段底界富含竹节石 *Nowakia(N.)otomeri*,时代属 Givetian 晚期。顶界产竹节石 *Striatostyliolina raristriata* 和牙形石 *Icriodus symmetricus*,时代属 Frasnian 早期。向东延至录坝沟,底部含腕足类 *Renssolandia johanni*,该分子在当多沟剖面是产于下吾那组下部层位的顶部 *Stringocephalus burtini* 顶峰带,反映其底界层位比当多沟剖面低。而顶部含腕足类 *Stringocephalus*,时代属 Givetian 期,表明此地顶界较当多沟剖面偏低。再向东延至徽成盆地南缘一带,其底界和顶界层位均与录坝沟基本一致,但局部地段(如田家那下一带)该段底界层位略有偏高的趋势。因为其下尚有 Givetian 期的古道岭组。

二、石坊群的上界与泥盆系的底界

石坊群与下伏含海绵骨针、蓝绿藻、三叶虫颊刺化石的临江组为不整合接触。据曹宣铎等(1990)报道,该群在西延之四川境内见其下整合覆于上志留统(?)茂县群或临江组顶部之上。石坊群的时代,就其所含的珊瑚及腕足动物群分析,属早泥盆世早、中期。但该动物群是产于石坊群的上部,而石坊群下部至今尚未获得任何化石,故其是否全属早泥盆世早、中期,抑或包括一部分志留系在内,目前还难以定论。我们认为在未获得可靠依据的情况下,暂以该群底界作为泥盆系的底界。

关于石坊群的上界,根据该群上部所含的腕足类、珊瑚动物群所提供的时代及其上的当多组的时代又为 Emsian(埃姆斯)期,故该群的上界应是 Siegenian(西根)阶的顶界。

三、冷堡子组的时代

由于冷堡子组与下伏当多组为平行不整合接触,与上覆下吾那组为整合接触,而该组下部层位含有 Givetian 早期的植物 *Lepidodendropsis* cf. *arborescens*,上部层位又含有 Givetian 中期的珊瑚 *Crassiaveolites incrassatus*, *Disphyllum hsianghsiense* 等,故该组的时代应为 Givetian 早期—中期,其层位与我国南方的东岗岭阶下部或跳马涧组可以对比。

第十七章
侏罗纪—白垩纪

区内侏罗纪—白垩纪地层，主要分布于南秦岭-大别山地层区的山前及山间盆地（见图6-1），计有1个群6个组。其中，侏罗纪有龙家沟组、万秀组、郎木寺组，白垩纪有东河群及其隶属的田家坝组、周家湾组和鸡山组。万秀组为青海省创名单位。

第一节　岩石地层单位

龙家沟组　Jlj　（06-62-0213）

【创名及原始定义】　叶连俊、关士聪（1944）创名龙家沟煤系。创名地点在武都县龙家沟。指"在武都县北九十里龙家沟一带，茅口灰岩之上部即渐具积云状或砾岩状构造（灰岩），并渐夹黑色页岩，往上即为龙家沟煤系矣。"

【沿革】　中国地质学编辑委员会、中国科学院地质研究所（1956）将下部第1—6层页岩夹煤层与积云状灰岩互层部分与茅口灰岩对比，第7—12层划归沔县煤系。林之乐、钟广进（1962）将其全部含煤地层称为龙家沟煤系，时代定为侏罗纪。同年顾知微、斯行健、周志炎都将这一煤系地层与沔县系对比。《西北地区区域地层·甘肃省分册》（1980）将龙家沟、两当西坡、录曲郎木寺、财宝山等地的含煤地层统称为龙家沟群。徐福祥（1986）将龙家沟剖面分为两部分，下部砾岩到砂岩、页岩段，命名大岭沟组；上部由砾岩-亚砂岩、页岩组成的旋回沉积仍称龙家沟组。两者为平行不整合或整合接触。《甘肃省区域地质志》（1989）将龙家沟的含煤地层称为龙家沟群。本书认为龙家沟的含煤地层，两个旋回岩性基本一致，故统称龙家沟组。

【现在定义】　指位于隆务河群与东河群之间的一套含黄褐、灰、紫红色砾岩、灰色砂岩、页岩和煤的地层。以岩层侧向变化剧烈、煤层成巢状和不规则凸镜状为特征。区内其他小盆地中则由细碎屑岩、页岩、煤层组成。下以褐色巨砾岩与下伏隆务河群或大关山组不整合接触；上为东河群不整合覆盖。

【层型】　正层型为武都县马支乡龙家沟煤田剖面第1—12层（104°51′，33°36′），由叶连俊、关士聪(1944)测制，甘肃省煤田地质勘探公司 149 队(1975)重测①。

上覆地层：东河群　砾岩

～～～～～ 不 整 合 ～～～～～

龙家沟组② 总厚度 694 m

12. 灰黄色及黄褐色砾岩，局部夹紫色泥岩或浅灰色粘土岩 　　30 m
11. 黄褐色巨厚层状砾岩，上部含巨砾 　　146 m
10. 灰色粘土岩 　　2 m
9. 煤 1 组：由煤层、粘土岩、细砂岩组成，结构复杂，局部分叉构成两个小煤组 　　20 m
8. 钙质细砂岩、泥岩，夹煤线，泥岩中常含铁质结核 　　43 m
7. 灰色粉砂岩、钙质粉砂岩、泥灰岩，夹油页岩，产植物、双壳类、介形类、轮藻化石 　　68 m
6. 泥岩及粉砂质泥岩，夹煤线，含钙质结核及植物化石 　　23 m
5. 煤 2 组：由煤层、粘土岩、细砂岩组成 　　25 m
4. 灰色粘土岩，含铁质结核，或为钙质粉砂岩、泥岩等 　　7 m
3. 黄褐色巨厚层砾岩，夹黄褐色粉砂岩、灰色泥岩、灰白色及杂色粘土岩、黑色泥岩等，产植物化石。砾岩可变为钙质砂岩、粉砂岩、含砾粗砂岩等，并有煤线或可采煤层，或变为含紫色泥岩的杂色砾岩。产孢粉：锥叶蕨属、紫萁属、格子蕨属、鲸口蕨属、石松属，粗面三缝孢、环纹孢；短叶杉属、苏铁杉属、银杏属、冠翼粉属、松柏目罗汉松属、松属 　　99 m
2. 黄褐、黄绿、灰绿色，厚层状砾岩，夹紫红、黄绿色含砾粉砂岩及紫红、黄绿等杂色粘土岩及粉砂质粘土岩，局部为含碳质泥岩 　　114 m
1. 紫红、黄褐色巨厚层砾岩，砾石成分复杂，下部砾石尖棱角状，分选差，向上为次棱角状，薄层紫色泥岩 　　117 m

～～～～～ 不 整 合 ～～～～～

下伏地层：大关山组　灰岩

【地质特征及区域变化】 龙家沟组由 2～3 个沉积旋回组成。龙家沟至西(和)-礼(县)盆地，第一旋回下部由黄褐色、紫红色、灰绿、黄绿色厚层砾岩组成，夹紫色泥岩、紫红、黄绿色含砾粉砂岩、杂色泥岩、碳质泥岩，厚 330 m；上部为灰色粘土岩、粉砂岩、钙质粉砂岩，夹油页岩、煤层、煤线。岩层中常含铁质结核。煤层呈极不稳定的巢状、复杂凸镜体状，厚 185 m。第二旋回下部为黄褐色巨厚层状砾岩，夹紫红色泥岩，浅灰色粘土岩，厚 176 m；上部为泥岩、粉砂岩，夹泥灰岩、砾岩及煤层，出露不全，总厚大于 694 m。两当西坡为河流相沉积，岩石碎屑粒度明显变细。西-礼盆地的龙家沟组仍由两个沉积旋回组成，下旋回厚 431 m，上旋回厚 565 m，均以砾岩为主夹砂岩、泥岩层。岩石多为紫红色，与别处相比红色层明显增加。龙家沟西及西南的数个小盆地，沉积厚度一般较小，数十米至二百米左右，以灰色—灰黑色泥岩、粉砂岩为主，局部夹较多泥灰岩或砂岩，普遍夹煤层、煤线。地质时代为侏罗纪中期。

郎木寺组　*Jlm*　(06－62－0212)

【创名及原始定义】 四川省地质局第二普查大队(1970)创名郎木寺群，四川省地层表编

---

① 甘肃省煤田地质勘探公司 149 队，1975，武都龙家沟煤田马池坝石炭坡煤田地质勘探普查(最终)报告(手稿)。
② 原作者将第 1—12 层划为龙家沟组。第 6 及第 7 层产：*Cladophlebis fangtzuensis, Cl. asiatica, Cl. williamsoni*。

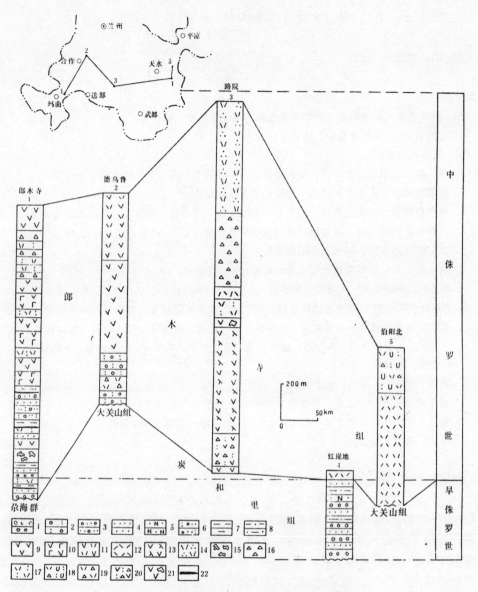

图 17-1 西秦岭地区郎木寺组柱状对比图

1. 砾岩；2. 凝灰质砾岩；3. 含砾砂岩；4. 砂岩；5. 长石砂岩；6. 含砾凝灰质粉砂岩；7. 泥岩；8. 砂质泥岩；9. 安山岩；10. 安山玄武岩；11. 英安岩；12. 流纹岩；13. 安山玢岩；14. 石英斑岩；15. 集块岩；16. 火山角砾岩；17. 凝灰岩；18. 流纹质角砾凝灰熔岩；19. 流纹质火山角砾岩；20. 安山质凝灰角砾岩；21. 安山质集块岩；22. 煤层

写组（1978）介绍。创名地点在碌曲县郎木寺。"由两套火山岩和两套煤系地层组成。盆地北缘与志留系不整合接触，南缘与石炭系呈断层或不整合接触，各组间为平行不整合接触。"

【沿革】 甘肃省燃料化学工业局149队（1979）[①] 将财宝山东郎木寺组自上而下划分为：熔岩段、碎屑岩段、砂岩段、含煤段。《西北地区区域地层表·甘肃省分册》（1980）称其为龙家沟群，时代定为中侏罗世，并划分为四个岩组。《甘肃省区域地质志》（1989）将其划归龙家

---

① 甘肃省燃料化学工业局149队，1979，甘肃省碌曲县尕海煤田普查勘探（最终）地质报告。

沟群下部。本书认为郎木寺组与龙家沟组岩性完全不同,应成为一个独立的岩石地层单位,并降群为组。

【现在定义】 为一套中酸性火山岩—火山碎屑岩—碎屑岩的含煤地层。介于大关山组或尕海群与东河群之间(北秦岭整合于炭和里组之上),底以底部砾岩不整合于尕海群或大关山组之上,上以安山岩与东河群砾岩间之不整合面为界。

【层型】 正层型为甘肃省碌曲县郎木寺附近剖面第1—27层(102°34′,34°06′),由四川省地质局第二普查大队(1970)测制,载于《西南地区区域地层表·四川省分册》。

【地质特征及区域变化】 本组在郎木寺至财宝山一带由两个碎屑岩—火山岩的韵律层组成(图17-1),厚160～1 532 m,不整合于白龙江群或尕海群之上。在合作县德乌鲁、宕昌县路院、天水伯阳北、红崖地等地则全由中酸性熔岩组成,厚度巨大,达1 100～2 200 m,不整合于大关山组之上,或整合于炭和里组之上。郎木寺组火山岩层,总体有两个喷发旋回,其间无较长时间的间歇。地质时代为侏罗纪中期。

万秀组 Jw （06-62-0211）

【创名及原始定义】 青海省地层表编写小组1980年创名万秀群。创名地点在青海省贵南县万秀。原意指:"其与下三叠统及印支期岩体为角度不整合关系,晚第三纪后地层广覆其上。岩性主要为砾岩、细砾岩、砂岩、粉砂岩、页岩及不纯灰岩,夹少许不稳定的煤线及石膏层,厚度大于3 474.4 m,据岩石组合特征划分四个岩组,时代晚侏罗世。"

【沿革】 分布在积石山北麓的此套地层,赵宗宣(1988)[1],将其与四川的遂宁组对比。本书按青海省意见与万秀组对比。

【现在定义】 指分布于阿尼玛卿山、西倾山一带,以暗红色粗碎屑砂砾岩为主,夹砂岩、页岩及泥岩的地层体。下部以灰—灰绿色为主,上部以暗紫红色为主。产双壳类等化石。与下伏羊曲组,区域上与隆务河群、布青山群均为不整合接触,未见顶。

【层型】 正层型在青海省。甘肃省内次层型为玛曲县红旗乡当庆沟剖面第1—10层(101°17′,34°12′),由甘肃区测队(1977)测制。

【地质特征及区域变化】 万秀组延入甘肃积石山北麓为湖相、湖沼相为主夹河流相的碎屑岩地层。下部为白云岩化长石砂岩,呈灰绿、灰色,夹砂质板岩和浅灰绿色中粒长石石英砂岩,厚度大于488 m。上部为紫红、暗紫红色砾岩、长石石英砂岩、砂岩、粉砂岩,灰色砂质泥岩、板状砂质泥岩、菱铁矿泥灰岩、细砂岩,夹一层厚187 m的黄褐色砾岩,总厚975 m。产少量植物及孢粉化石。不整合于阿尼玛卿山蛇绿混杂岩之上,顶部被甘肃群以不整合覆盖。地质时代为侏罗纪晚期。

东河群 KD （06-62-0245）

【创名及原始定义】 赵亚曾、黄汲清(1931)创名东河砾岩。创名地点在陕西省凤县双石铺南。"陕西凤县附近的粗砾岩层,且有砂岩及页岩夹杂其间。砾岩大都未曾受到剧烈变动,与较老地层呈显明之不整合。吾人名之为东河砾岩,其岩性与千佛岩层绝似,或亦为下白垩纪之产物。"

【沿革】 叶连俊、关士聪(1944)称东河系,进一步划分为鸡山煤系、"东河砾岩"。中国

---

[1] 赵宗宣,1988,甘肃的侏罗系(未刊)。

地质学编辑委员会、中国科学院地质研究所(1956)沿用东河系。斯行健、周志炎(1962)《中国中生代陆相地层》改称东河群。陕西区测队(1967)将叶连俊之鸡山煤系称上亚群,"东河砾岩"分为中、下亚群。齐骅等(1979)《徽成盆地早白垩世地层》将叶连俊等的鸡山煤系另创新名化垭组,其下的"东河砾岩"命名田家坝组、周家湾组。其后沿用至今。本书称东河群。

【现在定义】 为不整合于前白垩纪地层之上、整合伏于鸡山组煤系地层之下的一套地层序列。下部为紫红、土红色砾岩夹砂岩;上部为紫红、灰绿色泥岩、粉砂岩、砂岩。自下而上分为田家坝组和周家湾组。

在甘肃指徽成盆地侏罗纪龙家沟组之上的一套紫红、砖红、灰绿、黄绿等杂色碎屑岩序列。其底不整合在龙家沟组或老地层之上,其上被第三纪甘肃群不整合覆盖。自下而上按岩石色调组合特征分为田家坝组、周家湾组和鸡山组。

田家坝组　Kt　(06-62-0243)

【创名及原始定义】　齐骅等(1975)[①]创名,甘肃地层表编写组(1980)介绍。创名地点在康县长坝乡田家坝。"指落塘坝以西,下部以紫红色粉砂岩与砾岩之互层为主。上部则以紫红色粉砂岩为主,夹砂岩、砂砾岩,沉积韵律发育,韵律层间普遍具冲刷现象,单向斜层理发育;落塘坝以东镡坝至陕西凤县,相变为厚达千余米的紫红色巨厚层块状砾岩,砾石大小混杂,分选差,不显层理。"

【沿革】　创名后沿用至今,本书承用。

【现在定义】　指分布于徽成盆地周家湾组厚层块状砂岩之下,以紫红色巨厚层砾岩为主的粗碎屑岩序列。底以分选不好的砾岩不整合在前侏罗纪地层之上;顶以紫红、蓝灰色粉砂岩与周家湾组黄绿色砂岩、砂砾岩分界,两者为整合接触。

【层型】　正层型为康县田家坝—草坝剖面第1—10层(105°28′,33°27′),由齐骅等(1975)测制。

上覆地层：周家湾组　黄绿色巨厚层块状砂岩、含砾砂岩,顶部变为粉砂岩夹砂岩,相变
　　　　为砂砾岩

────── 整　合 ──────

田家坝组　　　　　　　　　　　　　　　　　　　　　　　　　总厚度 2 125.2 m

10. 紫红色为主少量蓝灰色粉砂岩,夹砂砾岩、砂岩,含化石:双壳类 *Sphaerium* sp.
　　(顶部);腹足类 *Probaicalia* sp.(中部)　　　　　　　　　　　　415.7 m

9. 紫红、砖红色、少量蓝灰色砂岩,夹泥质粉砂岩、砂岩、砂砾岩。底部含双壳类 *Sphaerium* sp.　　　　　　　　　　　　　　　　　　　　　　　　　　454.8 m

8. 紫红色粉砂岩,夹泥质粉砂岩、砂岩、砂砾岩。顶部含化石:腹足类 *Kangxianospira mucronata*;双壳类 *Sphaerium anderssoni*　　　　　　　　　　　181.9 m

7. 紫红色为主,少量青灰、灰黑色粉砂,夹砂岩、砂砾岩　　　　　　　74.1 m

6. 紫红色粉砂岩、泥质粉砂岩,夹砂岩、砂砾岩,顶部含化石:双壳类 *Sphaerium selenginense*, *S. anderssoni*, *Nakamuranaia chingshanensis*　　　　　306.5 m

5. 紫红色粉砂岩与砂砾岩之韵律层,夹泥质粉砂岩、砂岩　　　　　　180.0 m

4. 紫红色为主,少量灰绿色泥质粉砂岩与砾岩之韵律层,夹粉砂岩、砂岩　93.2 m

────────────────

① 齐骅等,1975,徽成盆地陆相中生代地层与古生物研究(手稿)。

3. 巨厚层块状紫红色砾岩，夹砂岩、粉砂岩凸镜体。含双壳类 *Sphaerium selenginense*
                       123.0 m

2. 紫红、灰绿色，少量灰黑色粉砂岩、粉砂质泥岩与砾岩、砂砾岩之韵律层。中部含双壳类 *Sphaerium jeholense*，*Nakamuranaia chingshanensis*；下部含介形类 *Cypridea vitimensis*；腹足类 *Probaicalia* sp.   149.0 m

1. 紫红、灰绿、灰黑色泥质粉砂岩、粉砂岩，夹砂岩、砾岩，底部为砾岩。中、下部含植物化石 *Equisetites* sp.，*Podozamites schenki*，*P.* cf. *lanceolatus*，*Elatocladus* sp.，*Phyllocladopsis* cf. *heterophylla*，*Onychiopsis psilotoides*   147.0 m

～～～～～ 不 整 合 ～～～～～

下伏地层：**白龙江群** 灰色千枚岩

【地质特征及区域变化】 田家坝组分布于西秦岭的山前或山间盆地，各盆地岩性差别很大，岩石色调以紫红色区别于其上下相邻地层单位。在成县落塘坝以西，下部以紫红色粉砂岩与砾岩互层为主，上部以紫红色粉砂岩为主，夹砂岩、砂砾岩。组成以砾岩—粉砂岩和砂砾岩—粉砂岩的不完整韵律性不等厚互层。各韵律间多具冲刷现象，单向斜层理较发育；由落塘坝向东，经镡坝直至陕西凤县，急剧相变过渡为山麓—洪积相紫红色厚层块状角砾岩、砾岩，砾石大小混杂，磨圆差，不显层理。以落塘坝出露最厚，可达 2 364 m，向东变薄为 1 070 m，向西骤减为不足千米，不整合在志留纪及侏罗纪地层之上。在碌曲郎木寺盆地为灰紫—暗紫红、灰红色泥质砂岩、砾岩互层，厚度 650 m。在迭部尼藏一带为紫红色砾岩，厚度 78 m。宕昌县新城子盆地为紫红色砾岩、砂岩夹页岩，厚度 1 115 m。分别不整合在侏罗纪以前的地层之上。地质时代为白垩纪早期。

周家湾组 K₂ⁿ （06‑62‑0244）

【创名及原始定义】 齐骅等(1975)[①]创名。甘肃省地层表编写组(1980)介绍。创名地点在康县长坝乡田家坝—草坝。"凤县地区以灰绿、黄绿色巨厚层块状砾岩、砂砾岩为主，顶部较细为粉砂岩、砂岩、砾岩之互层。成县、康县一带为杂色(绿、紫、灰)泥岩、粉砂岩与砂岩、砂砾岩、砾岩的互层，岩层中多发育有异向斜层理和斜波状层理，以河湖相沉积为主。"

【沿革】 创名后沿用至今。

【现在定义】 指出露在徽成盆地的鸡山组与田家坝组之间的一套以紫红、黄绿、灰绿色为主的杂色泥岩、粉砂岩夹砂岩、砂砾岩、砾岩序列。底以黄绿色巨厚层块状砂岩或砂砾岩与田家坝组为界，顶以黄绿色泥质粉砂岩与鸡山组底部黑色砾岩为界，均为整合接触。

【层型】 正层型为康县长坝乡田家坝—草坝剖面第11—23层(105°28′，33°27′)，由齐骅等(1975)测制。

上覆地层：**鸡山组** 灰黑、灰绿色巨厚层块状砾岩，夹砂岩凸镜体

——————整 合——————

周家湾组   总厚度 1 428.3 m

23. 紫红、黄绿、草绿色粉砂岩、粉砂质泥岩，夹砂岩、砂砾岩，上部含植物化石 *Cladophlebis exiliformis*   133.7 m

22. 紫红、黄绿色泥质粉砂岩、粉砂岩夹细砂岩及砂砾岩   137.5 m

---

① 同田家坝组脚注①

21. 紫红、灰绿、黄绿色粉砂岩,夹泥质粉砂岩、砂岩、砂砾岩。下部含腹足类化石 *Bithynia kangxianensis*   291.0 m
20. 灰绿、黄绿、灰紫色(少量)泥质粉砂岩、粉砂质泥岩,夹砂岩、砂砾岩,含腹足类化石 *Viviparus* sp.(上部),*Kangxianospira mucronata*   180.3 m
19. 黄绿色粉砂岩,夹砂岩、砂砾岩   68.8 m
18. 紫红、灰绿色泥质粉砂岩、粉砂质泥岩、泥岩,夹砂岩、砂砾岩,下部含双壳类化石 *Sphaerium anderssoni*   75.5 m
17. 灰紫、灰绿、灰黑色(少量)粉砂质泥岩、泥质粉砂岩,夹泥岩、砂岩、砂砾岩,顶部含双壳类化石 *Sphaerium selenginense*,*Nakamuranaia chingshanensis*   170.6 m
16. 灰黑、灰紫、灰绿色泥岩、粉砂质泥岩,顶部为粉砂岩,夹砂岩、砂砾岩。含双壳类 *Sphaerium selenginense*(中部、下部),*S. jeholense*(下部);介形类 *Cypridea* sp.,*Eucypris* sp.,*Metacypris* sp.(中部)   77.1 m
15. 黄绿、灰紫色泥岩,含菱铁矿结核,夹砂岩   52.1 m
14. 灰黑、灰紫、黄绿色泥岩,夹砂岩。含双壳类 *Sphaerium selenginense*(顶部、中部),*S. jeholense*(中部);腹足类 *Viviparus* sp.(顶部),*V. gansuensis*(中部)   64.2 m
13. 灰黑、灰绿色泥岩、粉砂质泥岩,夹砂岩、砂砾岩。含双壳类 *Sphaerium selenginense*,*Nakamuranaia chingshanensis*(上部);介形类 *Cypridea* sp.,*Eucypris* sp.(中部),*Metacypris* sp.   71.6 m
12. 灰紫、黄绿、灰黑色泥岩、粉砂质泥岩,夹砂岩、砂砾岩,下部含化石。含腹足类 *Viviparus gansuensis*;双壳类 *Sphaerium selenginense*,*S. anderssoni*;介形类;*Eucypris* sp.;植物 *Coniopteris* sp.(上部)   67.7 m
11. 黄绿色巨厚层块状砂岩、含砾砂岩,顶部变为粉砂岩夹砂岩,相变为砂砾岩   38.2 m

——————— 整 合 ———————

下伏地层:田家坝组   紫红色为主,少量蓝灰色粉砂岩,夹砂砾岩、灰岩。含双壳类 *Sphaerium* sp.(顶部);腹足类 *Probaicalia* sp.(中部)

【地质特征及区域变化】 周家湾组分布于西秦岭山前或山间盆地,为河湖相碎屑岩地层,局部为山麓、湖泊相沉积,各盆地岩性差别较大,但以岩石色调可与田家坝组区分。徽成盆地规模最大,沉积巨厚,由紫红、灰紫、灰绿及少量灰黑色砾岩、砂砾岩、砂岩、粉砂岩及泥质岩组成的韵律层。成县落塘坝厚可达 3 000 m,向东、西侧减少至 600~1 000 m。向东变粗,以砾岩、砂砾岩为主,向上变细为粉砂岩与砂岩、砾岩不等厚互层。岩层中发育有异向斜层理和斜波状层理。其他盆地岩性、颜色单一。在碌曲郎木寺为紫红、灰紫色砾岩、泥质砂岩、砂质泥岩呈韵律性不等厚互层,砂泥岩中含绿色条带或团块,厚度 1 174 m;在迭部尼藏为湖相紫红、灰绿色泥岩夹粉砂岩及泥灰岩,厚度 442 m;在宕昌县车拉河为灰褐、紫红色砂岩、泥岩夹砾岩的韵律层,厚度 460 m。与下伏田家坝组为整合接触,其上或覆有鸡山组,或被第三纪地层不整合覆盖。地质时代为白垩纪早期。

鸡山组 K*j* (06-62-0246)

【创名及原始定义】 叶连俊、关士聪(1944)创名鸡山煤系。创名地点在成县镡坝乡鸡山南坡。"在成县南 30 里鸡山南坡,有中生代地层不整合於古生代地层之上,其上与徽县系红层间之接触极似连续。其分布东起姬家垭,西延经化垭里、两河口而至镡家坝、关沟一带,延长数十里,但南北之分布则不过数里而已。其中含煤两层,特名此含煤地层曰鸡山煤系。"

【沿革】 中国地质学编辑委员会、中国科学院地质研究所等(1956)将其置于东河系上部。陕西区测队(1967)改称为东河群上亚群。齐骅等(1975)易名化垭组。本书按命名优先原则，恢复鸡山煤系一词，并改称鸡山组。

【现在定义】 指出露于徽成盆地东河群周家湾组之上的一套以灰绿、灰黑色为主的泥岩、粉砂岩夹砂岩、砂砾岩、砾岩及煤层或煤线的煤系地层。底以灰黑色砾岩与周家湾组蓝灰、黄绿色泥岩、泥质粉砂岩整合接触，或直接不整合覆盖在侏罗纪以前的地层之上，其上被第三纪甘肃群或第四系不整合覆盖。

【层型】 原未定层型，现定选层型为成县镡坝—鸡山剖面第11—22层(105°45′,33°34′)，由齐骅等(1975)测制。

上覆地层：第四系　黄土
———————— 不 整 合 ————————

鸡山组　　　　　　　　　　　　　　　　　　　　　　　　　总厚度 1 202.5 m

22. 灰黑色中—厚层状砾岩，夹紫红色粉砂岩条带　　　　　　　　98.5 m
21. 紫红、土红色粉砂岩夹砾岩　　　　　　　　　　　　　　　123.6 m
20. 黄绿、灰绿、灰黑色泥岩，含碳质，夹粉砂岩、砾岩　　　　　80.5 m
19. 灰绿、黄绿色粉砂岩，夹砂砾岩、砾岩　　　　　　　　　　　34.1 m
18. 土黄、黄绿、少量紫红色粉砂质泥岩，夹灰黑色泥岩、碳质泥岩及砂岩，含菱铁矿结核　　　　　　　　　　　　　　　　　　　　　　　　　　　　　159.1 m
17. 黄绿、灰色泥岩，上部含煤线，夹碳质泥岩、砂岩、砂砾岩，顶部为一层灰岩。含植物化石：*Ruffordia goepperti*（上部），*Coniopteris onychioides*（下部）　　66.7 m
16. 黄绿、灰黑色泥岩，含煤线，夹碳质泥岩、砂岩及灰岩。底部含双壳类：*Sphaerium subovatum, S. pujiangense, S. tetragonum, S. selenginense, Tetoria* cf. *yokoyamai* 176.3 m
15. 黄绿、灰黑色泥岩，夹砂岩、粉砂岩、碳质泥岩及煤线。含双壳类：*Tetoria* cf. *yokoyamai*, *T.? fuxinensis*（顶部）；植物：*Ginkgoites sibiricus*（顶部），*Brachyphyllum japonicum*, *Coniopteris* sp.（中部），*Conites* sp.　　　　　　　　　　　　　　　106.5 m
14. 灰黑、黄绿色泥岩，含煤线，夹粉砂岩、砂岩、砾岩，中间夹一层灰岩　　　85.3 m
13. 上部灰、黄绿色粉砂质泥岩，含碳质，夹泥岩、粉砂岩，含植物化石碎片；下部灰色钙质砾岩　　　　　　　　　　　　　　　　　　　　　　　　　　　　　52.6 m
12. 黄绿、灰绿色粉砂岩，富含碳质，夹灰、蓝灰色粉砂质泥岩、砂质、砂砾岩、砾岩 142.2 m
11. 黄绿、灰黑色泥质粉砂岩，夹粉砂质泥岩、砂岩、砾岩。中上部含化石，双壳类：*Ferganoconcha sibirica*；腹足类：*Viviparus* sp., *Valvata* sp.　　　　　77.1 m

———————— 整 合 ————————

下伏地层：周家湾组　蓝灰、黄绿色泥粉砂岩，夹泥岩、砂岩、砂砾岩。含腹足类：*Bithynia* sp., *B. kangxianensis*。

【地质特征及区域变化】 鸡山组为湖滨相—湖沼相含煤地层。岩性以灰黑、灰绿、黄绿色泥岩、粉砂岩为主，夹紫红色砂岩、砾岩及碳质页岩、煤层、灰岩层。顶部砾岩夹层增多、增厚，色调变为紫红为主。鸡山一带最厚1 200 m。向东于两当县西坡延入陕西省，厚908 m；向西在草坝334 m。与下伏周家湾组为整合接触。在徽县江洛出露厚度310 m，不整合在三叠纪隆务河群之上。地质时代为早白垩世晚期。

【其他】 西秦岭地区第三纪地层分布广泛，岩性特征与已知的白垩纪地层缺乏宏观划分标志。近年的区调及专题研究工作,在许多原划为第三纪的地层中采集到白垩纪的化石,从根本上动摇了该地区第三纪地层的可信度,值得今后进一步研究。

第二节 生物地层与地质年代概况

(一)侏罗系

该区中生界所含动物、植物化石反映为陆相生物,因未系统工作,研究程度较低。所见植物主要为 *Coniopteris - Phoenicopsis* 植物群,主要分子有 *Neocalamites carrerei*, *N.* sp., *Cladophlebis denticulata*, *Cl. tsaidamensis*, *Todites* cf. *harizi*, *T.* cf. *princeps*, *T. wiliamsonia*, *Coniopteris hymenophylloides*, cf. *C. simplex* 等;孢子有 *Osmundacidites*, *Cyathidites*,零星见到 *Aratrisporites*, *Lycopodiumsporites rudis*,花粉有 *Paleoconiferus* 及 *Protoconiferus* (11.2%), *Protopinus*, *Pseudopinus*, *Protopiceas*(17%), *Piceaepollenites*, *Podocarpidites* (10%), *Cyeadopites*(15.7%), *Quadraculina*(3%)及少量的 *Cerebropollenites*, *Callialasporites* 和零星的 *Chordosporites*, *Taeniaesporites*。上述植物群主要分布于武都县龙家沟一带的龙家沟组和碌曲县郎木寺一带的郎木寺组,孢粉化石主要见于郎木寺组。地质时代为中侏罗世。

(二)白垩系

所含化石门类单调,动物化石属热河动物群;植物属 *Ruffordia - Onychiopsis* 植物群。热河动物群有双壳类: *Nakamuranaia chingshanensis*, *Sphaerium selenginense*, *S. anderssoni*, *S. jeholense* S. cf. *shantungensis*, *Plicatounia*(*Plicatounia*)*nantongensis*, *P. gansuensis*, *Ferganoconcha sibirica*, *F. lingyuanensis*;腹足类: *Bithynia kangxianensis*, *Probaicalia* cf. *vitimensis*, *Viviparus gansuensis*, *Kangxianospira mucronata*;介形类: *Cypridea vitimensis*, *C.* (*Cypridea*)*sinensis*, *Eucypris* sp. *Metacypris* sp.;植物有: *Brachyphyllum japonicum*, *Cladophlebis exiliformis*, *Ginkgoites sibiricus*, *Onychiopsis psilotoides*, *Ruffordia goepperti*;轮藻: *Clypeater jiuquanensis*, *Mesochara stipitata*, *Aclistochara raispiralis*, *Flabellochara irregularis*。

上述动物群和植物群均分布于康县地区的田家坝组、周家湾组与鸡山组中,地质时代为早白垩世。

第十八章
第三纪—第四纪

区内第三纪、第四纪地层，广泛分布于山前及山间凹地。第三纪岩石地层仅有甘肃群，岩石组合特征与华北地层大区的甘肃群一致，第四纪岩石地层尚未命名。

区内甘肃群（创名等详见第二篇第十三章甘肃群）以徽成盆地最发育，不整合于东河群之上，按岩性和岩石色调特征划分为上、下两段。下段下部为紫红、灰色砾岩及砖红色泥岩，上部为灰绿及棕红色泥岩；上段下部为棕红色泥岩与灰白色砂砾岩互层，上部为红色泥岩，含泥灰岩结核，总厚1 800 m，与华北地层大区礼县地区的甘肃群基本一致，可以对比。在徽成盆地以西的一个单独小凹地内，于武都以北约25 km的龙家沟村南的红色粘土中采获大量三趾马动物群化石，计有 *Epimachairodus palamderi*, *Hyaena* sp., *Eomellivora* sp., *Martes* sp. "*Diceratherium*" cf. *palaeosinensis*, *Dicerorhinus* sp., *Chilotherium* sp., *Hipparion richthofeni*, *H. parvum*, *H. tylodus*, *Chleuastochoerus stehlini*, *Eostyloceros blainvillei*, *Muntiacus lacustris*, *Honanotherium* sp., *Dicroceros* sp., *Palaeotragus* sp.。另据邱铸鼎（1979）报道，中苏古生物考察队（1960）在此也曾采获一些三趾马动物群化石，计有 *Hyaena* sp., *Hipparion*(*Cremohipparion*)cf. *licenti*, *Chilotherium* sp., *Gazella* sp., *Honanotherium* sp.。地质时代为上新世。

区内第四纪地层分布广泛，类型齐全，但未系统研究。因其不属本次清理范围，仅为使本书完整，现按成因类型及年代顺序自上而下简介如下：

全新统（Qh）
　　沼泽沉积砂、亚砂土、淤泥；
　　冲—洪积亚砂土、砂砾石；
　　冲积粘土、砂砾石；
　　————————
更新统（Qp）
上更新统（Qp^3）
　　高海拔残留黄土；
　　湖积淤泥及泥炭层；
　　冲积粘性土、砂砾石；
　　冰碛漂砾；

中更新统(Qp^2)
　　风积黄土；
　　冲积亚砂土；
　　冰碛泥砾；

下更新统(Qp^1)
　　冲积亚砂土、砂砾石；
　　冰碛泥砾；
　　冲—湖积粘土质粉砂、砂砾石。

甘肃群　红色砂岩与粘土。

第十九章
结 语

一、主要成果及部分问题的初步认识

"甘肃省地层多重划分对比研究"工作，从 1991 年 6 月筹组到 1994 年 10 月通过评审验收，取得了建成甘肃省地层数据库和《甘肃省地层多重划分对比研究成果报告》两项重要成果。在后者基础上编著了《全国地层多重划分对比研究·甘肃省岩石地层》一书。

从 1893 年 L V Loczy 创立"南山砂岩"以来，甘肃的地层研究工作已有上百年的历史。但是地层研究的突飞猛进却是在解放以后。由于国民经济对矿产资源的需求，1956 年中国科学院地质研究所与十余所院校及科研单位组成祁连山地质队联合考察了祁连山脉并出版了专著《祁连山地质志》。为甘、青两省的地层研究打下了坚实的基础。稍晚（1958）的覆盖全省的区域地质调查和专题科研加快了甘肃地层研究程度的提高，在此基础上甘肃进行了两代地质图编制并撰写了《西北地区区域地层表·甘肃省分册》（1980）及《甘肃省区域地质志》（1989），地层的研究达到了前所未有的高度。

但是科学总是在向前发展的。随着历史的推移，由统一地层学（传统的地层学）指导下的地层系统愈来愈暴露出它的不科学性，有相当数量具有岩石地层单位形式实属生物地层或年代地层而不是岩石地层。同物异名、同名异物、张冠李戴、以讹传讹，以及定义不清（或无定义）和以时间界面代替岩石地层单位时-空存在状态，岩石地层与生物地层、年代地层不分等现象普遍存在，使得甘肃地层划分对比工作因缺乏共同标准而混乱和不规范。从这个意义上，甘肃地层多重划分对比研究成果，对于甘肃今后的地层研究不仅起到了承上启下、继往开来的作用，也是实现甘肃地层研究科学化、规范化、标准化的一次重大革命。

《全国地层多重划分对比研究·甘肃省岩石地层》专著的最重要的进展，一是初步建立了符合"全国岩石地层综合区划"的岩石地层体系；二是揭示了陆表海沉积岩石地层的时-空存在状态和沉积模式；三是重新明确了各类岩石地层单位名称出处、定义、划分标准及其演变历史、单位特征、分布与变化及各单位间的相互关系和与其他各类地层的关系，提出了同名异物、同物异名的岩石地层单位；四是为活动区岩石地层研究提供了重要经验。

通过甘肃的地层多重划分对比研究，提出了许多值得进一步研究和颇有启迪的课题，诸如北祁连长城纪含铁岩系划分与对比问题，奥陶纪北祁连海与华北海关系问题，早古生代特别是石炭纪北祁连海与华北海关系问题等,并据现有资料进行了力所能及的简要分析讨论。凡此,已在本书有关部分做了介绍。在此,拟就北祁连早古生代海水进退规程和西秦岭泥盆纪沉积模式简要讨论如下:

(一)北祁连早古生代的海水进退规程

本书在总结寒武纪岩石地层单位的沉积趋势时,明确地提出自东而西层位有变高的趋势,在白银厂采有中寒武世早期的三叶虫,昌马鹰嘴山、石包城则为中寒武世晚期的三叶虫,并且向上过渡为晚寒武世早期。似乎可以说明,中寒武世的海水是由东向西涌进的,而且属群与华北海密切相关,只是由于被断裂切割,地质体破碎而无法分析其穿时性质。

晚寒武世以碎屑岩为主的香毛山组,跨越早奥陶世早期,含有大量的球接子类三叶虫,显示了生物区系具过渡性质,反映了滨浅海的较稳定沉积。该组断续分布至青海祁连县川刺沟一带,东部并未发现该组,由此可以推论海水有一次反向运动,即自西向东的超覆,在局部地点(如格尔莫沟)见到其与北大河岩群深变质岩的不整合接触。

同世界各国一样,在奥陶纪的早中期出现一次广泛的海平面上升事件,形成大规模的海侵。相当我国庙坡期的沉积见诸于欧、美、澳的许多国家,这样就提供了一个由古生物组合作为标志的对比可能性,并以此来研究岩石地层单位的穿时特征。

在中堡群按岩石地层单位概念,从原定阴沟群的上部划分出来后,给人一个清晰的印象就是阴沟群命名地的中堡群是我国牯牛潭期的沉积(相当英国的 Llanvirnian 期),而中堡群的命名地却是我国庙坡期的沉积(相当 Llandeilian 及 Caradocian 早期)。这种穿时提供了海水由西向东涌进的佐证。

在中堡群沉积之后,原称优地槽有一次闭合,古浪运动无疑是一次造山作用。但是,仅从现有资料看这一个运动并不是均衡的,在空间上表示出其范围有局限性,强度有差异性,在时间上则有一个迁移过程,即也不是同时的。著名的妖魔山组在西部玉门一带与中堡群呈平行不整合,而自白杨河以东逐渐成为高角度的不整合,而且只限于走廊南山的北缘。这个不整合面自西向东逐渐上翘也反映了穿时性质。

如果说晚奥陶世沉积海水进退程序不太明显的话,那么早志留世以笔石群落为特征的肮脏沟组则提供了海水自东向西的侵漫,笔石带自东向西的增高为这一论断提供了佐证。有人将原称北祁连优地槽的这种运动,形象地称做天平运动(或翘翘板运动)。如果与裂陷槽的张开与闭合联系起来研究,那么北祁连这个原称优地槽的活动史就可以从四维空间去进行总结,这对分析大陆活动边缘的模式是大有裨益的。

(二) 秦岭区的泥盆纪沉积模式

泥盆纪时,在秦岭地区具有丰富的沉积物质并赋存有丰富的沉积金属矿产,因此深入研究这些沉积单位之间的关系是十分必要的。

应当指出,秦岭与祁连山有着密切的关系。秦岭的泥盆系正是在祁连海槽褶皱后对古秦岭海地势改造的结果。

在古祁连山的两侧均分布有泥盆纪沉积,其北侧为陆相的快速堆积的磨拉石建造,即老君山组。这个组的下部是厚逾千米的成熟度极差的陆源坡积砾岩层,上部则为河流相的粗碎屑岩。与上覆沙流水组呈高角度的不整合接触,而后者主要属内陆河湖相沉积。

南侧沿漳县、礼县在祁连运动之后,在省内存在一个呈东深西浅的山前凹陷盆地。早中泥盆世则是浅水体的沉积。其上部为潮坪相沉积;下部为滨、浅海沉积而且局部发育有风暴沉积,这套沉积物为舒家坝群。其上与大草滩组呈平行不整合接触,该组则属滨海与陆相河湖相的交替沉积。有人也将其称谓磨拉石堆积(张维吉，1994)，也有人将其归属为粗陆屑山前堆积(包括三角洲—海滩相)(周德立，1985)。

很显然，秦岭海并未因古祁连山的挤压隆起而终止海相沉积。只是从地势环境上形成一个北高南低的总的地貌趋势。

在宕昌以北及西和一带的西汉水群，目前已划分为双狼沟组、红岭山组、黄家沟组及安家岔组。周德立等(1985)在研究岩相古地理时曾认为该群属深水海盆沉积，局部具有复理石式沉积特征，并提出含有滑塌快速堆积的论点。

我们认为，西汉水群就其总体分析，它并不属于深水相沉积，从含有的腕足类、珊瑚、牙形石及介形虫类等古生物生态似可证明这点，其巨厚性质应是边沉积边下沉形成的，它的陆源供应物与前述舒家坝群、大草滩组都是来自北部的古祁连山的侵蚀物质。

在宕昌至徽成盆地以南的泥盆系与上面提及的岩石地层单位截然不同。迭部、舟曲、武都、略阳的泥盆纪地层均属比较稳定的台地相沉积，其南部被碧口(有人采用若尔盖一名)古陆限定，沿古陆边缘有三角洲相(或潮坪相)的泥盆纪沉积(石坊群)。其它岩石地层单位均属浅海环境的沉积物。

由此可见，秦岭海在泥盆纪时形成两个大的沉积区，北部区具有动荡性、快速性，而南部具稳定性。它们的分界线在大面积的三叠系覆盖区内，有人认为在泥盆纪时沿现今的碌曲、迭山山脉、宕昌、成县、徽县、凤县一线存在着一个古陆梁。有人认为沿此线存在着一个海底深断裂(海沟)。也有人认为在祁连造山作用之后其南缘产生了一个拉张的裂陷槽，这个裂陷槽主要是在下沉，从整个古生代分析，它们都是一个沉陷区，直至晚三叠世，印支运动之后才结束其沉陷的历史。

但是，认识是无止境的，再加上时间紧、任务重、人员少、资金短缺、资料浩瀚等等，必然有许多问题还没有最后解决。现将一些有关问题初步讨论或提供一些资料于后。

1. 车道组及沿鄂尔多斯台缘的生物地理区系问题

傅力浦等(1993)发表了题为《鄂尔多斯中、上奥陶统沉积环境的生物标志》的论文。文中涉及甘肃陇东地区的岩石地层，其重要的分歧在于车道组。文章中继续沿用了林宝玉(1975)关于车道组及南庄子组的划分意见，并根据牙形石将南庄子组对比为牯牛潭阶或庙坡阶的下部，这样南庄子组实际上成为平凉组的同时异相。从岩石地层角度出发，南庄子组与车道组均应属碳酸盐岩，其间不宜再划出一条界线，而且和平凉组具有截然不同的组合特征。关键是时代问题，赖才根等(1982)的《中国的奥陶系》一书将其限定为宝塔期，这与甘肃的划分是一致的。

另外，沿鄂尔多斯台缘的生物地理区系，南方型群落向北呈舌形突出达桌子山地区，傅力浦认为这是在五峰期鄂尔多斯地块顺时针向扭转30°(不包括地极位置的偏移)造成的结果；或者是一个裂陷槽及更深层的裂谷。这些问题在详尽地工作(包括深钻探测)后是可以解决的。

2. 对北祁连优地槽发展过程的认识

原称北祁连优地槽是在华北板块的南缘产生的一个活动带的认识已为大家所公认。但对它的发展过程有较大的分歧，我们提供下列事实供参考使用：

(1)原称北祁连古生代优地槽是在中元古裂陷槽褶皱抬升后又开始裂陷的地质背景下形成的。

(2)在肃南及青海祁连发育的深切中心(幔断裂)附近,在所谓的典型蛇绿杂岩内的正常沉积岩中采获底栖三叶虫竟与玉门市的阴沟剖面所采三叶虫极为近似,甚至一些地方属种都相同,如 *Inkouia inkouensis*, *Bathyriscops kantsingensis*, *Szechuanella rectangula* 等。

(3)在阴沟群、黑茨沟组巨厚的火山岩系中(主要火山岩岩石地层单位),常见有中酸性及酸性火山岩层的存在。如肃南一带阴沟群上火山岩系内发育多层流纹英安质的砾岩及凝灰岩,即使是在1:5万区调单独划出的玄武岩组中亦有酸性的角砾岩及凝灰岩(据1994年白泉门幅区调报告)。至少可以说局部具有双峰式喷发序列。

(4)在中堡群中发育有面积不大的碱性火山岩。这类岩石与蛇绿杂岩毫无关系。

(5)据夏林圻资料,古浪南泥沟(扣门子组)的火山岩已具大陆拉斑玄武岩的特点与黑茨沟组(面碱沟等地)的火山岩性质相近,因而海槽的早期与晚期的火山岩均与裂陷槽的喷溢相关。

(6)我们看到典型的蛇绿岩在地质图上大都是有序的带状展布(甚至呈环状),但是北祁连很难在平面地质图上勾绘蛇绿岩的轮廓,研究家们多数只提供剖面图进行分析研究。

(7)蓝片岩(蓝闪石片岩)并非沟弧盆系所专有。现有资料表明中国东部的郯庐断裂带上也已发现。

鉴于上述种种,我们认为北祁连是一个序列不完整的裂谷,我们承认在早奥陶世这个裂谷曾演化(最大拉伸期)为具有洋壳的性质,但并未继续发展,然后逐渐地闭合。正如威尔逊(Wilson M,1989)所指出的:"拉斑系列玄武岩可以形成于多种构造环境,诸如离散板块的洋中脊、会聚板块的岛弧、弧后盆地、板内环境的洋岛和大陆裂谷",不可能也不应该用一个模式去套用千变万化的地质环境。古浪运动之后,晚奥陶世中晚期的海相喷发只是一种火山运动的余波,随后海水退却、挤压构成造山带而结束原称祁连优地槽的沉积性质。当然这个重大的地质构造问题的研究目前还在持续之中,距离彻底解决还需一定的时间。

3. 造山带区岩石地层研究工作应制定具体原则

甘肃省大部属造山带区。在造山带内进行岩石地层单位研究的难度较大。《国际地层指南》和《中国地层指南及中国地层指南说明书》尚不能满足造山带的要求。尽管在研究工作中全国项目办虽相应地制定了些原则(如宜粗不宜细等),但仍嫌不足。主要表现在以下问题:

(1)对于海相火山岩我们试图用含正常沉积岩的多寡、火山喷发强度、火山爆发指数、火山喷发旋回等要素去进行划分,但均达不到为建立岩石地层单位所必须的条件,至少北祁连区表明了这一点。因此,我们采用了岩石化学成分计算岩石系列的方法去研究海相火山岩的总趋势,基本能反映岩浆库上升喷溢的分异规律。但还很不完备、还需进一步充实。

对于蛇绿杂岩,目前也很难界定它的分布范围,如果把所有的海相火山岩都作为蛇绿杂岩当然是不可取的,因为在北祁连的确存在着"造山岩套"(即安山岩套),具备着完整的喷发序列。但如果将其分开至少近期是难于完成的,为了慎重,我们仍保留了地层单位的原始名称尽可能在空间上解释清楚。

(2)造山带内地层横向变化较大,特别是火山喷发期与间歇期的沉积往往受局部条件的影响而千变万化。因此应有一定的宽容度,就是说可以比《国际地层指南》和《中国地层指南及中国地层指南说明书》的要求更宽阔些。在这次工作中为了确定岩石地层单位的正确性及可靠性,我们在选定剖面上均采用生物依据比较充实的剖面而屏弃那些仅靠岩性对比而建立的单位剖面,这样才能做出准确的定义、时限及延伸展布的正确分析。本书对阴沟群、中堡群、扣门子组、黑茨沟组等就是这样处理的,如此更加有利于对全局的分析。

因此,我们建议在对《中国地层指南及中国地层指南说明书》进行补充修订时,应对造山带及海相火山岩做出必要的规定,以利今后研究工作的开展。

二、有待研究的问题

(1)有一些跨省的岩石地层单位,有关的省在单位名称的选取尚不一致,如甘肃的下吾那组、蒲莱段与陕西的古道岭组、星红铺组、铁山组等。

(2)有一些岩石地层单位岩石组合特征及其组合方式基本一致、位置也相当,但是否属于同一个单位还有待探索,这一类地层有扣门子组与张家庄组、羊虎沟组与太原组及祁连-北秦岭地层分区的侏罗纪地层。

(3)还有个别前人创名的岩石地层单位,被后人根据化石的地质年代肢解为仅具岩石地层单位形式的生物地层(或年代地层)单位,由于有关省在认识上有所不同而依然保留,如隆务河群与十里墩组。

(4)关于"芦草滩群"归属

芦草滩群,创名地点在甘肃省敦煌县芦草滩。分布范围极为有限,仅出露甘肃、新疆两省(区)交界甘肃一侧的芦草滩。岩石组合特征与三个井组下部基本一致,可以对比。二者的相当层位均产地质年代相同的海相动物化石,且近年已在芦草滩附近发现有直接不整合于三个井组之上的墩墩山组火山岩地层。间接地说明芦草滩群是三个井组的一部分。但对这一归属新疆地质工作者尚有异议,认为芦草滩群是独立于三个井组之外的岩石地层单位。

(5)关于六盘山群与保安群的对比

根据现代地层学概念,"对比"表示地层单位的特征一致和地层位置相当。论证岩石地层单位的特征一致和地层位置相当,称作岩石地层对比。论证化石带的化石内容一致和位置相当为生物地层对比,论证年代地层的时间一致和位置相当是年代地层对比。

六盘山群与保安群的对比,历来有两种意见。一种意见认为六盘山群所包含的各组,与保安群及其所包含的各组,自下而上可一一对比;另一种意见,认为六盘山群和尚铺组及其以上的各组与保安群的泾川组对比。

这两种意见的对比,显示出两种不同的概念。前者无疑是岩石对比,其对比的标志是岩性、岩石的颜色及颜色的组合特点,特别是岩石的颜色及其组合特点;后者虽也考虑了岩性,但主要是根据各组地层所含化石组合的地质年代为依据的年代地层对比。

两种不同意见的对比,产生了两种截然不同的效应。岩石地层对比效应是六盘山白垩纪盆地与陕甘宁白垩纪盆地,其白垩纪地层沉积作用是同时发生的,由于具有一致的气候条件,所以岩石的色调及其组合特点非常相近。年代地层对比的效应是盆地形成有先后之分。在相同的气候条件下,形成岩石色调差异较大的地层单位,其结果较难令人信服。

本书研究内容的核心,是岩石地层清理。地层单位的对比,首先应是岩石地层单位的对比,在这个基础之上研究同一岩石地层单位在不同地点的地质年代变化,这是地层多重划分对比研究的出发点。从这一基本点出发,提出以上认识,为研究六盘山群与保安群及其所包含的各组地层的时、空分布状态参考。

(6)为了本专著的完整性,我们将未经清理的前长城纪和第四纪地层做了必要的概括介绍,应当说这是为满足"区域地层"而做的权宜之计,因此尚不具备使用价值,仅供参考。在以后的适当时机将给予必要的清理。但对于有层无序或无层无序以及松散沉积物的地层,自然应拟定另一套原则和要求开展工作。

关于附地层剖面的说明

在编纂本书的过程中，由于甘肃省地质环境的复杂，资料文献浩如烟海，如若地层单位全部附上剖面则占大量篇幅，经全国项目办同意应有选择的附上，经研究对以下单位附上了剖面：

①在国际上具有一定影响的岩石地层单位，如老君山组、阴沟群等。

②正层型剖面在省内，但涉及邻省并有一定延展性的部分单位。

③新建的岩石地层单位层型剖面。

④根据《国际地层指南》和《中国地层指南及中国地层指南说明书》要求对岩石地层单位重新修订而改动的单位层型剖面。如南石门子组、岷河组等。

⑤历史上曾建单位并已沿用，但未指定层型，经野外核查重测剖面的单位，如西大沟组。

此外，凡由外省延伸而来的单位，其变化较大的则列述了省内次层型剖面。

参 考 文 献

安德森 J G，1925，甘肃地质简报(英文)。中国地质学会，4(1)15—18。
蔡凯蒂，1993，甘肃的三叠系。甘肃地质学报(增刊)，50—98。
曹宣铎、张研、周志强等，1987，西秦岭碌曲、迭部地区晚志留世与泥盆纪地层古生物(上册)。南京：南京大学出版社。
曹宣铎、张瑞林、张汉水等，1990，秦巴地区泥盆纪地层及重要含矿层位形成环境的研究。中国地质科学院西安地质矿产研究所所刊，第 27 号：11—210。
陈均远、周志毅等，1984，鄂尔多斯地台西缘奥陶纪生物地层研究的新进展。中国科学院南京地质古生物研究所集刊，(20)：13—14。
陈贲，1945，玉门油田油母岩层之讨论。地质论评，(10)：1—2。
杜德民，1984，鄂尔多斯西缘姜家湾发现晚奥陶世临湘期沉积。中国区域地质，(1)。
杜德民、郑毅，1985，鄂尔多斯西缘姜家湾的临湘期地层。西北地质，(5)。
杜恒俭，1950，甘肃青海祁连山石炭纪二叠纪及志留纪之珊瑚化石。地质论评，(15)：1—3。
杜远生、黎观城、赵锡文，1988，西秦岭西成地区泥盆系研究的新进展。地球科学——中国地质大学学报，13(5)。
范国琳，1989，甘肃北山 Eoredlichia 的发现及下寒武统划分对比。西北地质，(1)：1—4。
范国琳，1993，甘肃北山明水南野马大泉地区地层的重要进展。西北地质，(14)：3—4。
范国琳，1994，甘肃北山野马街组的建立。中国区域地质，(4)：295—297。
傅力浦等，1983，西秦岭的志留系。地层学杂志，7(4)：259—278。
甘肃省地层表编写组，1980，西北地区区域地层表·甘肃省分册。北京：地质出版社。
甘肃省地质局区测一队(钱志铮执笔)，1976，北祁连山东段杜内阶的发现及其地层意义。地质科技，(5)：52—62。
甘肃省地质局区域地质测量队，1984，甘肃的第三系。甘肃地质，(2)：6—7。
甘肃省地质局区域地质测量队，1962，甘肃东部祁连山地槽褶皱带和秦祁地轴的地层，全国地层会议学术报告汇编(兰州地层及煤矿地层现场会议)，北京：科学出版社。
甘肃省地质局区域地质调查队，1987，甘肃的石炭系。甘肃地质，(7)：1—27。
甘肃省地质矿产局，1989，甘肃省区域地质志，地质矿产部地质专报，一区域地质，第 19 号。北京：地质出版社。
甘肃省燃化局实验室地质组，1975，甘肃天水后老庙晚三叠世陆相地层。地质科技，(5)。
葛利普(Grabau A W)，1931，中国泥盆纪之腕足类。中国古生物志，乙种 3 号，3 册。
高联达，1980，甘肃靖远下石炭统前黑山组孢子组合和它的时代。中国地质科学院院报，地质研究所分刊，1(1)。
高振家等，1981，甘新交界北山地区晚先寒武纪地层及叠层石。见：新疆前寒武纪地层。乌鲁木齐：新疆人民出版社。
顾知微，1962，中国的侏罗系和白垩系，全国地层会议学术报告汇编。北京：科学出版社。
郝诒纯等，1966，中国地层(12)中国的白垩系。北京：地质出版社。
何春荪，1946，甘肃煤田地质概论。地质论评，11(3—4)。
何春荪、刘增乾、张尔道，1948，甘肃东部煤田地质。前中央地质调查所地质汇报，第 37 号。
何元良，1980，青海晚三叠世地层及植物。地层学杂志，4(4)。
何志超，1963，陇南徽成盆地北缘至天水间地质。兰州大学学报(自然科学版)，(1)。
胡敏，1948，老君山砾岩与臭牛沟系之下不整合关系。地质论评，13(3—4)：266—268。
侯鸿飞、王士涛等，1988，中国地层(7)中国的泥盆系。北京：地质出版社。
黄第藩，1966，北祁连山东段北麓老君山群的研究。地质论评，24(1)。
黄汲清，1945，中国主要地质构造单位。前中央地质调查所地质专报，甲种 20 号。
黄学诗，1975，甘肃庆阳五棱齿象属新种。古脊椎动物与古人类，18(4)。
黄振辉，1962，秦岭西段古生代地层。全国地层会议学术报告汇编。(兰州地层及煤矿地层现场会议)。北京：科学出版社。
冀六祥，1991，对青海布青山群地层时代的新认识。中国区域地质，(1)：28—29。
姜春发、朱志直、孔繁宗，1979，留凤关复理石。地质学报(3)。
金松桥，1974，甘肃北山区下石炭统划分及其对比。地质学报，48(2)：159—174。

赖才根等，1982，中国地层(5)中国的奥陶系。北京：地质出版社。
李克定、胡传林，1992，臭牛沟组命名剖面筵类的发现。地层学杂志，16(4)：267—291。
李克定、沈光隆，1992，臭牛沟组命名剖面上的生物化石分布。甘肃地质学报，1(1)：14—23。
李四光、赵亚曾，1926a，中国北部古生代含煤层分类和对比。中国地质学会志，5(2)。
李四光、赵亚曾，1926b，南满石炭纪之研究。前中央地质调查所地质汇报，8号。
李树勋，1946，甘肃武威臭牛沟地层剖面。地质论评，11(3—4)：208—210。
李星学，1963，中国晚古生代陆相地层，全国地层会议学术报告汇编。北京：科学出版社。
李星学、姚兆奇、蔡重阳、吴秀元，1974，甘肃靖远石炭纪生物地层。中国科学院南京地质古生物研究所集刊，(6)。
李永军，1990，西秦岭岷江流域三叠系的划分。中国区域地质，(2)。
厉宝贤等，1982，甘肃王家山盆地中侏罗世地层。地层学杂志，6(1)。
梁建德、杨祖等，1980，甘肃龙首山东段一条山二叠纪生物地层剖面及其意义。地质论评，26(1)：7—15。
林宝玉等，1984，中国地层(6)中国的志留系。北京：地质出版社。
林宝玉、赖才根、郭振明，1975，陕甘宁边缘地区的奥陶系，华北奥陶系专题会议文献汇编。北京：科学出版社。
刘东生，1955，青海东部海相三叠纪地层新知。地质知识，(5)。
刘鸿允等，1955，中国古地理图。北京：科学出版社。
刘鸿允、张树森、赵东旭、贾振赢，1962，甘肃武威、天祝西南祁连山北坡地层。全国地层会议学术报告汇编。(兰州地层及煤矿地层现场会议)。北京：科学出版社。
刘洪筹等，1980，龙首山石炭纪地层。兰州大学学报(自然科学版)，(3)：104—118。
刘洪筹、史美良、梁建德、沈光隆，1981，柏克塞尔南山剖面的几个生物地层问题。中国古生物学会，1981中国古生物学会第十二届学术年会论文选集。北京：科学出版社。
刘绍龙，1957，甘肃东部二、三道沟太统山煤系地层及崆峒山系地层时代问题的讨论。地质论评，17(3)：340—346。
刘子进，1982，甘肃东部早侏罗世地层及植物群的初步研究。中国地质科学院西安地质矿产研究所所刊，第5号。
卢衍豪，1956，汉中梁山区二叠纪并论中国南部二叠纪的分层和对比。地质学报，36(2)：159—185。
路兆洽，1948，关于甘肃及青海境内之第三纪红色地层。地质论评，13(3—4)：258—261。
路兆洽、李树勋，1945，甘肃漳县城附近地质矿产。前中央地质调查所地质汇报，9号。
罗中舒，1959，祁连山东南部三叠纪和侏罗纪地层的划分和对比。地质学报，39(1)。
马其鸿等，1982，酒泉盆地西部赤金堡组与新民堡群的划分与对比。地层学杂志，6(2)。
马其鸿等，1984，甘肃酒泉盆地西部新民堡群的划分与对比。地层学杂志，8(4)：255—270。
穆恩之等，1962，中国的志留系，全国地层会议学术报告汇编。北京：科学出版社。
穆恩之、张有魁，1964，祁连山东部奥陶纪及志留纪笔石地层。中国科学院南京地质古生物研究所集刊，第1号。
牛绍武，1987，甘肃酒泉盆地晚期中生代地层。地层学杂志，11(1)：1—22。
潘钟祥，1934，陕北油母页岩地质。前中央地质调查所地质汇报，第24号。
裴文中、周明镇、郑家坚，1963，中国的新生界，全国地层会议学术报告汇编。北京：科学出版社。
钱家骐，1975，祁连山西段震旦系。地质科技，(5)。
钱家骐等，1986，中祁连山西段中一上元古界的划分与对比。甘肃地质(专辑)，(4)。
秦锋、甘一研，1976，西秦岭古生代地层。地质学报，50(1)。
青海省地层表编写组，1980，西北地区区域地层表·青海省分册。北京：地质出版社。
青海省地质局石油普查大队，1962，祁连山、阿尔金山、昆仑山地层概况，全国地层会议学术报告汇编(兰州地层及煤矿地层现场会议)。北京：科学出版社。
邱占祥、谷祖纲，1988，甘肃兰州第三纪中期哺乳动物化石地点。古脊椎动物学报，26(3)：199。
邱占祥、谢骏义、阎德发，1990，甘肃东乡几种早中新世哺乳动物化石。古脊椎动物学报，28(1)：9—24。
屈占儒，1962，兴隆山变质岩系时代问题——关于甘肃东部震旦系的划分和对比。地质学报42(4)：388—409。
全国地层委员会，1981，中国地层指南及中国地层指南说明书。北京：科学出版社。
陕西省地层表编写组，1983，西北地区区域地层表·陕西省分册。北京：地质出版社。
陕西省地质矿产局，1989，陕西省区域地质志。北京：地质出版社。
沈秉恺，1974，甘肃北山震旦系的划分。地质科技(2)。
沈光隆、吴秀元、李克定，1993，北祁连地区石炭—二叠系界线问题。甘肃地质学报，2(2)：1—14。

沈纪祥，1959，祁连山北麓老君山系的时代问题。地质论评，19(5)：220—222。

盛金章，1962，中国的二叠系，全国地层会议学术报告汇编。北京：科学出版社。

施俊仪(Bela Szechuaenyl)，1893，东亚旅行报告(共三卷)。

斯行健，1952，中国上泥盆纪植物化石。中国古生物志，新甲种4号：2—24。

斯行健、周志炎，1962，中国中生代陆相地层，全国地层会议学术报告汇编。北京：科学出版社。

四川省地层表编写组，1978，西南地区区域地层表·四川省分册。北京：地质出版社。

四川省地质矿产局，1991，四川省区域地质志。北京：地质出版社。

宋杰己，1993，甘肃的白垩系。甘肃地质学报(增刊)，1—49。

宋叔和，1959，关于祁连山东部的"南山系"和"皋兰系"。地质学报，89(2)。

宋之琛，1958，甘肃酒泉第三纪红色岩系的孢子花粉组合及其在地质学和植物学上的意义。古生物学报，6(2)：159—166。

孙崇仁，1995，新建岩石地层单位的基本要求——以多索曲组的创建为例。青海地质，4(1)：28—33。

孙光义，1980，西秦岭洛大地区的泥盆系。西北地质(4)。

孙健初，1936，南山及黄河上游之地层(英文)。中国地质学会志，15(1)：75—86。

孙健初，1942，祁连山一带地质史纲要。地质论评，7(1—3)。

佟再三，1993，北祁连东段石炭纪古地理与构造关系初探。甘肃地质学报，5(2)。

涂光炽、刘鸿允等，1963，祁连山地层泥盆系(老君山砾岩)。见：中国科学院地质研究所、古生物研究所、兰州地质研究室、北京地质学院，祁连山地质志，第二卷一分册。北京：科学出版社。

王德旭、贺勃、张淑玲，1986，祁连山二叠纪植物群的特征。甘肃地质，(6)。

王德旭，1975，鄂尔多斯西缘寒武—奥陶纪地层。地质科技，(1)1—13。

王建章，1962，河西走廊东段上古生代地层的划分。全国地层会议学术报告汇编(兰州地层及煤矿地层现场会议)。北京：科学出版社。

王建中，1976，北祁连山东段首次发现小达尔曼虫层。地质科技(2)。

王瑞龄，1986，甘肃的志留系。甘肃地质，(3)1—116。

王尚文，1949，甘肃酒泉玉门间祁连山北麓之石油生存之检讨。地质论评，14(4—6)：171—172。

王树洗，1988，阿尔金山东段安南坝地区上前寒武系叠层石。中国地质科学院西安地质矿产研究所所刊，第21号。

王思恩等，1985，中国地层(11)中国的侏罗系。北京：地质出版社。

王钰、俞昌民等，1964，中国的泥盆系，全国地层会议学术报告汇编。北京：科学出版社。

王增吉等，1990，中国地层(8)中国的石炭系。北京：地质出版社。

王竹泉、潘钟祥，1933，陕北油田地质。前中央地质调查所地质汇报，第20号。

吴秀元等，1987，甘肃靖远石炭系研究新进展。地层学杂志，11(3)：163—179。

项礼文等，1981，中国地层(4)中国的寒武系。北京：地质出版社。

谢骏义，1991，甘肃晚第三纪地层及哺乳动物化石。地层学杂志，15(1)。

解广袤、汪缉安，1959，祁连山的下古生代地层(摘要)。地质科学，(4)：98—108。

新疆维吾尔自治区区域地层表编写组，1981，西北地区区域地层表·新疆维吾尔自治区分册。北京：地质出版社。

邢裕盛等，1989，中国地层(3)中国的上前寒武系。北京：地质出版社。

徐福祥、沈光隆，1976，甘肃早、中侏罗世地层的划分对比。兰州大学学报(自然科学版)，(4)。

徐福祥，1986，甘肃中生代植物概述。甘肃地质(5)。

徐福祥，1975，甘肃天水后老庙含煤地层及植物化石。兰州大学学报(自然科学版)，(2)。

徐福祥、沈光隆等，1976，祁连山北麓老君山一词的讨论。地层学杂志，2(1)：7—15。

徐旺，1962，河西走廊地区中新生代地层提纲，全国地层会议学术报告汇编(兰州地层及煤矿现场会议)。北京：科学出版社。

杨纪纲、沈光隆，1975，甘肃窑街中生代地层。兰州大学学报(自然科学版)，(4)。

杨敬之、盛金章、吴望始、陆麟黄，1962，中国的石炭系，全国地层会议学术报告汇编。北京：科学出版社。

杨式溥等，1980，中国石炭系。地质学报，54(3)：167—175。

杨雨，1994，甘肃省西大沟系。中国区域地质，(4)：289—294。

杨志华等，1991，边缘转换盆地的构造岩相与找矿。北京：科学出版社。

杨钟健、卞美年,1936—1937,甘肃皋兰永登区新生代地质。中国地质学会志,(16):226—232。

杨祖才,1991,甘肃省西秦岭南部海相泥盆系研究新进展和三河口群的解体。甘肃地质,(12):17—37。

杨遵仪、丁培榛等,1962,青海天峻德令哈区二叠、三叠纪地层。全国地层会议学术报告汇编(兰州地层及煤矿地层现场会议)。北京:科学出版社。

杨遵仪等,1983,南祁连山三叠系。北京:地质出版社。

叶连俊、关士聪,1944,甘肃中南地质志。前中央地质调查所地质专报,甲种第19号。

叶晓荣,1986,甘肃天水舒家坝一带孢子化石的发现及其地层意义。中国地质科学院西安地质矿产研究所所刊,第13号。

尹赞勋、王尚文,1946,甘肃玉门县"南山系"中志留纪笔石之发现。地质论评,13(3—4):264。

尹赞勋等,1966,中国地层典(七)石炭系。北京:地质出版社。

袁复礼,1925a,甘肃东部地质简报(英文)。中国地质学会志,4(1):21—28。

袁复礼,1925b,甘肃东部平凉奥陶系笔石层(英文)。中国地质学会志,4(1):19—20。

袁复礼,1925c,甘肃西北的石炭系(英文)。中国地质学会志,4(1):29—38。

俞伯达,1994,甘肃的寒武系。甘肃地质学报(增刊)。

俞昌民等,1962,北祁连山中志留世珊瑚化石。见:祁连山地质志,第四卷三分册。北京:科学出版社。

俞建章等,1931,丰宁系(中国下石炭纪地层)之时代及其珊瑚化石之分带(英文)。中国地质学会志,(10):1—30。

余以生、汤光中、赵文杰,1984,北山地区震旦系冰碛层及辽南系通畅口群叠层石组合的发现。甘肃地质,(2)。

曾鼎乾,1944,甘肃西部之中上石炭纪地层。中国地质学会志,24(1—2):37—46。

张泓,1981,西秦岭石炭纪含煤地层。兰州大学学报(自然科学版),(29)。

张明书,1964,北山搞油桩—南坡子泉一带第三纪地层新知。地质论评,22(1):7。

张守信,1992,理论地层学——现代地层学概念。北京:科学出版社。

张太荣,1983,甘肃北山寒武纪地层的划分意见。新疆地质,1(2):42—46。

张维吉、孟宪恂、胡建民等,1994,祁连—北秦岭造山带接合部位构造特征与造山过程。西安:西北大学出版社。

张文堂,1964,中国的奥陶系,全国地层会议学术报告汇编。北京:科学出版社。

张文堂、朱兆玲等,1980,鄂尔多斯地台西缘及南缘的寒武纪地层。地层学杂志,4(2)。

张行,1993,兰州盆地晚中新世保德期哺乳动物化石新发现。甘肃地质学报,2(1):1—2。

翟玉沛,1977,西秦岭的志留系。地质科技,(6):61—66。

翟玉沛,1981,甘肃泥盆纪地层概要。地层学杂志,5(2)。

张祖圻,1978,南秦岭西段文县一带早、中泥盆世生物地层学问题。地质科技(6)。

赵凤游,1978,北祁连山东段上奥陶统及其对比问题,地质学报,52(2):139。

赵凤游,1979,妖魔山组的时代问题。兰州大学学报(自然科学版),(3)。

赵凤游,1983,古浪运动及其地史意义。中国区域地质,(4):62—66。

赵祥生等,1980,西北地区震旦纪冰碛层及其地层意义。见:中国地质科学院天津地质矿产研究所,中国震旦亚界。天津:天津科学技术出版社。

赵祥生等,1984,北山地区上前寒武系。中国地质科学院西安地质矿产研究所所刊,第8号。

赵祥生等,1990,秦巴地区碧口群时代层序、火山作用及含矿性研究。中国地质科学院西安地质矿产研究所所刊,第29号。

赵亚曾、黄汲清,1931,秦岭山及四川之地质研究。前中央地质调查所地质专刊,甲种9号,26。

中国地质科学研究院,1972,中华人民共和国地质图说明书(1:400万)。北京:地质出版社。

中国地质学编辑委员会、中国科学院地质研究所,1956,中国区域地层表(草案)。北京:科学出版社。

中国古生代植物编写组,1974,中国古生代植物。中国各门类化石、中国植物化石(1)。北京:科学出版社。

中国科学院地质研究所等,1960,祁连山地质志,第一卷。北京:科学出版社。

中国科学院地质研究所等,1963,祁连山地质志,第二卷一分册。北京:科学出版社。

钟广进、林之乐,1962,西秦岭地层资料,全国地层会议学术报告汇编(兰州地层及煤矿地层现场会议)。北京:科学出版社。

朱伟元,1988,甘肃西秦岭北部海相泥盆系研究新进展及西汉水群的再分。甘肃地质,(9):16—28。

朱伟元、沈光隆,1977,甘肃北山地区晚二叠世陆相地层及其古植物群特征。兰州大学学报(自然科学版)(1)。

朱兴芳、梁维宇，1987，积石山东段三叠系不整合的发现及有关问题的讨论。中国区域地质，（3）：231—236。
朱正永，1986，西秦岭南坡的奥陶系。甘肃地质，（5）：65—67。
左国朝、何国琦，1990，北山板块构造及成矿规律。北京：北京大学出版社。
Fuller M L and F G Clapp. 1927. Geology of the North Shensi Basin China. Bull. Geol. Soc. America, Vol. 18. 361.
Grabau A W. 1928. Stratigraphy of China (pt. 1)PP. 1—200. 1923, PP. 201—528, 1924, Peking.

地质图说明书及区测（调）报告
地质部地质研究所（修泽雷、赵祥生、王建中、唐海清），1964，K-47（玉门）幅地质图说明书。
甘肃省地质局，1975，J-46-Ⅺ（月牙湖）幅区域地质调查报告（地质部分）。
甘肃省地质局第二区域地质测量队，1972，Ⅰ-48-Ⅴ（平凉）幅区域地质测量报告（上册）。
甘肃省地质局第二区域地质测量队，1972，Ⅰ-48-Ⅹ（秦安）幅区域地质测量报告（上册）。
甘肃省地质局第二区域地质测量队，1969，J-47-Ⅱ（玉门市）幅区域地质测量报告（地质部分）。
甘肃省地质局第二区域地质测量队，1970，J-47-Ⅰ（昌马）幅区域地质测量报告（地质部分）。
甘肃省地质局第一区域地质测量队，1965，J-48-ⅩⅩⅩⅣ（海源）幅区域地质图说明书。
甘肃省地质局第二区域地质测量队，1974，J-47-ⅠⅩ（祁连山）幅区域地质调查报告（地质部分）。
甘肃省地质局第二区域地质测量队，1969，Ⅰ-47-Ⅲ（酒泉）幅区域地质测量报告（上册）。
甘肃省地质局第二区域地质测量队，1974，J-48-Ⅶ（萨尔台）幅区域地质调查报告（地质部分）。
甘肃省地质局第二区域地质测量队，1968，K-47-ⅩⅠⅩ（牛圈子）幅区域地质测量报告（上册）。
甘肃省地质局第二区域地质测量队，1972，K-47-ⅩⅩⅠ（石板井）幅区域地质测量报告（上册）。
甘肃省地质局第二区域地质测量队，1969，K-47-ⅩⅩⅥ（后红泉）幅区域地质测量报告（上册）。
甘肃省地质局第二区域地质测量队，1971，K-47-ⅩⅩⅥ（红柳大泉）幅区域地质测量报告（上册）。
甘肃省地质局第二区域地质测量队，1971，K-47-ⅩⅩⅩⅠ（玉门镇）幅区域地质测量报告（上册）。
甘肃省地质局第二区域地质测量队，1969，K-47-ⅩⅡ（明水）幅区域地质测量报告（上册）。
甘肃省地质局第二区域地质测量队，1969，K-47-ⅩⅩ（公婆泉）幅区域地质测量报告（上册）。
甘肃省地质局第二区域地质测量队，1971，K-47-ⅩⅣ（红石山）幅区域地质测量报告（上册）。
甘肃省地质局第一区域地质测量队，1965，J-48-ⅩⅠⅩ（武威）幅区域地质测量报告（上册）。
甘肃省地质局第一区域地质测量队，1972，J-48-(25)（天祝）幅区域地质测量报告（地质部分）。
甘肃省地质局第一区域地质测量队，1969，J-48-ⅩⅩⅥ（永登）幅区域地质测量报告（地质部分）。
甘肃省地质局第一区域地质测量队，1965，J-46-ⅩⅩⅠ（兰州）幅地质图说明书。
甘肃省地质局第一区域地质测量队，1973，Ⅰ-48-ⅩⅣ（卓尼）幅区域地质测量报告（地质部分）。
甘肃省地质局第一区域地质测量队，1973，Ⅰ-48-ⅩⅩ（巴西）幅区域地质矿产报告。
甘肃省地质局第一区域地质测量队，1973，Ⅰ-48-Ⅻ（碌曲）幅区地质测量报告（地质部分）。
甘肃省地质局第一区域地质测量队，1965，Ⅰ-48-Ⅰ（临夏）幅地质图说明书。
甘肃省地质局第一区域地质测量队，1965，Ⅰ-48-Ⅲ（定西）幅地质图说明书。
甘肃省地质局第一区域地质测量队，1967，J-47-ⅩⅥ（永昌）幅区域地质测量报告（地质部分）。
甘肃省地质局第一区域地质测量队，1975，J-48-Ⅳ（民勤）幅区域地质调查报告（地质部分）。
甘肃省地质局第一区域地质测量队，1972，9-48-(1)（循化）幅区域地质测量报告（地质部分）。
甘肃省地质局第一区域地质测量队，1971，9-48-(8)（临潭）幅区域地质测量报告（地质部分）。
甘肃省地质局第一区域地质测量队，1972，9-48-(7)（合作）幅区域地质测量报告（地质部分）。
甘肃省地质局第一区域地质测量队，1971，10-47-(10)（肃南）幅区域地质测量报告（地质部分）。
甘肃省地质局第一区域地质测量队，1972，10-48-(33)（靖远）幅区域地质测量报告（地质部分）。
甘肃省地质局第一区域地质测量队，1968，10-48-(13)（河西堡）幅区域地质测量报告（地质部分）。
甘肃省地质局第一区域地质测量队，1971，10-47-(12)（山丹）幅区域地质测量报告（地质部分）。
甘肃省地质局第一区域地质测量队，1966，K-46-ⅩⅩⅩ（红柳园）幅区域地质测量报告（地质部分）。
甘肃省地质局第一区域地质测量队，1966，K-46-ⅩⅩⅣ（星星峡）幅区域地质测量报告（地质部分）。
甘肃省地质局第一区域地质测量队，1967，K-47-ⅩⅩⅤ（安北）幅区域地质测量报告（地质部分）。
甘肃省地质局第一区域地质测量队，1969，K-47-ⅩⅩⅩⅢ（归寺墩）幅、K-47-ⅩⅩⅩⅣ（天仓）幅区域地质测量报告。

甘肃省地质局第一区域地质测量队，1991，K-46-(30)(红柳园)幅区域地质调查报告(上册)。
甘肃省地质局区测二队，1974，J-47-Ⅳ(高台)幅、K-47-Ⅴ(平川)幅区域地质测量报告(上册)。
甘肃省地质局区测二队，1973，J-46-Ⅳ(多坝沟)幅区域地质测量报告(上册)。
甘肃省地质局区测二队，1974，K-46-ⅩⅩⅩⅤ(敦煌)幅区域地质调查报告(地质部分)。
甘肃省地质局区测二队，1974，10-47-(7)(盐池湾)幅区域地质调查报告(上册)。
甘肃省地质局区域地质测量队，1977，I-47-ⅩⅦ(欧拉)幅区域地质调查报告(地质部分)。
甘肃地质局区域地质测重队，1977，J-48-Ⅷ(西渠)幅区域地质调查报告(地质部分)
甘肃省地质局区域地质测量队，1977，J-48-Ⅶ(景泰)幅区域地质测量报告(地质部分)。
甘肃省地质局区域地质调查队，1988，I-48-ⅩⅤ(岷县)幅区域地质调查报告(地质部分)。
甘肃省地质局区域地质调查队，1989，I-48-27(文县)幅区域地质调查报告(地质部分)。
甘肃地质局区域地质调查队，1989，I-48-28(碧口)幅区域地质调查报告(地质部分)。
甘肃省地质局区域地质调查队，1979，I-48-Ⅺ(泾川)、I-49-Ⅰ(正宁)、J-48-Ⅵ(镇原)幅区域地质调查报告(地质部分)。
甘肃省地质局区域地质调查队，1988，J-46-(18)(鱼卡)、J-47-(13)(喀克土蒙克)、J-47-(14)(哈拉湖)、J-47-(15)(瓦乌斯多索卡)幅区域地质调查报告(科学考察)。
甘肃省地质局区域地质调查队，1977，J-48-ⅩⅩ(大靖)幅区域地质调查报告(地质部分)。
甘肃省地质局区域地质调查队，1977，J-48-ⅩⅪ(白墩子)幅区域地质调查报告(地质部分)。
甘肃省地质局区域地质调查队，1981，J-48-ⅩⅩⅩ(洪德城)、J-48-ⅩⅩⅩⅥ(庆阳)、J-49-ⅩⅩⅩⅠ(老合水)幅区域地质调查报告。
甘肃省地质局地质力学区域测量队，1976，J-46-Ⅴ(肃北)幅区域地质调查报告(地质部分)。
甘肃省地质局地质力学区域测量队，1978，K-47-ⅩⅤ(黑鹰山)幅区域地质调查报告(地质部分)。
甘肃省地质局地质力学区域测量队，1977，K-47-ⅩⅩⅦ(五道明)幅区域地质测量报告(地质部分)。
甘肃省地质矿产局区域地质调查队，1991，I-48-ⅩⅧ(成县)幅区域地质调查报告。
甘肃省革命委员会地质局第一区域地质测量队，1973，J-47-Ⅺ(张掖)幅区域地质测量报告(地质部分)。
甘肃省革命委员会地质局区测二队，1973，11-46-(29)(方山口)幅区域地质测量报告(地质部分)。
甘肃省革命委员会地质局区测二队，1973，10-47-(8)(硫磺山)幅区域地质测量报告(上册)。
甘肃省革命委员会地质局区测二队，1973，10-46-(6)(别盖)幅区域地质测量报告(上册)。
宁夏回族自治区地质局区域地质测量队，1976，J-48-ⅩⅩⅠ(巴伦别立)幅区域地质调查报告(地质部分)。
宁夏回族自治区地质矿产局区域地质调查队，1985，J-48-ⅩⅩⅠⅩ(下马关)幅区域地质调查报告(地质部分)。
宁夏回族自治区计委地质局区测队，1976，J-48-ⅩⅩⅡ(中卫)幅区域地质调查报告。
青海省第一区域地质测量队，1978，J-47-(25)(托索湖)幅区域地质测量报告(地质部分)。
青海省地质局，1959，J-47-ⅩⅦ(祁连)幅区域地质调查报告。
陕西省地质局区域地质测量队，1967，I-48-ⅩⅩⅡ(成县)幅地质图说明书。
陕西省地质局区域地质测量队，1968，I-48-ⅩⅩⅢ(凤县)幅地质图说明书。
陕西省地质局区域地质测量队，1968，I-48-ⅩⅩⅥ(天水)幅地质图说明书。
陕西省地质局区域地质测量队，1970，I-48-ⅠⅩ(陇西)幅地质图说明书。
陕西省地质局区域地质测量队，1970，I-48-ⅩⅪ(武都)幅地质图说明书。
陕西省地质局区域地质测量队，1967，I-48-Ⅺ(陇县)幅地质矿产图说明书。
陕西省地质局区域地质测量队，1967，I-48-ⅩⅦ(香泉)幅地质图说明书。
陕西省地质局区域地质测量队，1967，I-48-ⅩⅩⅧ(碧口)幅地质矿产图说明书。
陕西省地质局区域地质测量队，1970，I-48-ⅩⅤ(岷县)幅地质图说明书。
陕西省地质局区域地质测量队，1970，I-48-ⅩⅩⅦ(文县)幅地质矿产图说明书。
西北地质局宁夏综合地质队，1964，J-48-ⅩⅩⅩⅤ(固原)幅区域地质测量报告书(上册)。
新疆地质局、地质部地质研究所，1965，K-46(哈密)幅地质图说明书。
新疆维吾尔自治区地质局区域地质测量队，1966，K-46-ⅩⅩⅢ(沙泉子)幅地质图说明书。

附录 I 甘肃省地层数据库的建立及其功能简介

《全国地层多重划分对比研究·甘肃省岩石地层》(直科92-01专项)是地矿部"八五"重大基础地质研究项目。任务之一是在开展各省(市)、自治区地层多重划分对比研究的同时，建立省级地层数据库，通过联网构成全国性地层信息网络系统。

甘肃省地层研究工作，已有百余年历史，地层资料浩瀚。虽然，通过甘肃省两代地质图编制、《西北地区区域地层表·甘肃省分册》、"甘肃省地层断代总结"和《甘肃省区域地质志》等大型专题研究工作，比较全面、系统地搜集整理了甘肃省自有地质调查史以来的地层资料，但因历史条件及设备所限，未能建立起具有现代化水平的地层数据库管理系统。20世纪90年代，我国的电子工业蓬勃发展，微机管理广泛应用，建立各省(市)、自治区地层数据库的条件成熟。利用开展地层多重划分对比研究工作的大好时机，建立各省(市)、自治区岩石地层数据库，实现各省(市)、自治区及全国地层管理现代化、规范化，是一件前所未有的重大贡献。

甘肃省岩石地层数据库的筹组工作，始于1993年5月。机型为ASTPA486/33型微机，DPK——3600打印机。数据库设在甘肃区调队，负责人王峻，成员周玲琦。经过同年8、9两月调试，一次试录成功。经过1993年11月份人员培训，1994年2月投入工作性运行。截止1994年8月底录入了甘肃全部岩石地层卡片，包括：推荐使用的岩石地层单位218个(其中群级单位44个、组级单位168个、段级单位2个、杂岩1个、(岩)群1个、(岩)组2个)；废弃以及本省停用的单位258个。入库剖面总计972条，其中层型(正、副、选、新)151条，次层型剖面67条，参考剖面为754条。

《全国地层多重划分对比·甘肃省岩石地层》中绝大部分剖面是由微机数据库里提取的，一部份柱状对比图也是数据库自行成图。

1994年10月，在《全国地层多重划分对比·甘肃省岩石地层》评审验收前及其之后对已入库地层卡均进行了校对修改。

数据库的主要功能有：

(1)输出打印数据卡片的功能。包括岩石地层单位的综合信息卡、划分沿革卡、剖面位置分布图及单位的柱状对比图、地层剖面卡片、参考文献卡。

(2)地层信息的查询检索功能。可按照用户不同的要求(如经纬度、地层单位编号、地层单位代号等)提取岩石地层单位的相关资料。在编写本书时，我们提取了以汉字拼音为序所有推荐使用的岩石地层单位总汇及输入的停用的单位名称。可检索卡片所外用的所有参考文献目录。

(3)监控岩石地层单位的命名功能。在确定是否应新建岩石地层单位时，可按指令将其周围的有关剖面提取出来，并调出地层信息、进行综合对比、以便确定应否新建单位。

(4)可提供不同比例尺的省廓图，用来编制各类地理、地质图件等。本书中所用的省廓图有些是微机调出的。

附录 Ⅱ 甘肃省采用的岩石地层单位

附录 Ⅱ-1

序号	岩石地层单位名称 英文	岩石地层单位名称 汉文	编号	代号	地质时代	创名人	创建时间	所在省	在本书页数
1	Amunike Fm	阿木尼克组	62-0097	DCa	D_3-C_1	青海区测一队	1978	青海	144
2	Anding Fm	安定组	62-0206	Ja	J_{2-3}	CLapp 和 Fuller	1926	陕西	202
3	Angzanggou Fm	*肮脏沟组	62-0143	Sa	S_1	中科院祁连山地质队（中国科学院地质研究所等）	1958 (1963)	甘肃	101
4	Animaqingshan Ophiolite-Melange	*阿尼玛卿山蛇绿混杂岩	62-0179	PTa	$P-T$	青海省地质局地层清理组	1993	青海	256
5	Anjiacha Fm	安家岔组	62-0122	Da	D_{1-2}	甘肃冶金地质勘探公司	1981	甘肃	153
6	Aoyougou Fm	*熬油沟组	62-0005	Cha	Ch	甘肃区测二队	1974	甘肃	65
7	Atasi Fm	*阿塔寺组	62-0171	Ta	T_3	杨遵仪等	1983	青海	148
8	Badu Fm	*巴都组	62-0088	Cb	C_1	叶连俊、关士聪	1944	甘肃	151
9	Bailongjiang Gr	*白龙江群	62-0150	SB	S	叶连俊、关士聪	1944	甘肃	236
10	Baishan Fm	*白山组	62-0079	Cbs	C_1	甘肃区测二队	1969	甘肃	37
11	Baiyanggou Gr	*白杨沟群	62-0039	ZB	Z	甘肃区测二队	1977	甘肃	73
12	Baiyanghe Fm	*白杨河组	62-0263	Eb	E_3	孙健初	1942	甘肃	215
13	Baiyunshan Fm	*白云山组	62-0280	Ob	O_3	甘肃区测二队	1972	内蒙古	29
14	Balonggonggeer Gr	*巴龙贡噶尔组	62-0152	Sbl	S_1	青海省石油普查大队	1959	青海	106
15	Baoan Gr	保安群	62-0236	KB	K_1	潘钟祥	1934	陕西	205
16	Bayinhe Gr	*巴音河群	62-0068	PB	P_1	杨遵仪等	1962	青海	145
17	Bikou Gr.	*碧口(岩)群	62-0012	ChB	Ch	叶连俊、关士聪	1944	甘肃	228
18	Boluo Fm	*博罗组	62-0195	Jb	J_3	孙健初（中国地质学编委会）	1945 (1956)	甘肃	183
19	Caodaban Fm	草大坂组	62-0040	Zc	Z_2	甘肃地质力学队（甘肃地质局）	1981 (1989)	甘肃	83
20	Caoliangyi Fm	*草凉驿组	62-0089	Ccl	C_1-C_2	赵亚曾、黄汲清	1931	陕西	143
21	Caotangou Gr	*草滩沟群	62-0291	OCT	O	陕西区测队（陕西省地层表编写组）	1966 (1983)	陕西	103
22	Chedao Fm	*车道组	62-0277	Oc	O_2	林宝玉等	1975	甘肃	113
23	Chelungou Gr	*车轮沟群	62-0274	OCL	O_1	甘肃区测一队	1965	甘肃	93
24	Chijinpu Fm	*赤金堡组	62-0221	Kc	K_1	王尚文（中国地质学编委会等）	1951 (1956)	甘肃	58 184
25	Chouniugou Fm	*臭牛沟组	62-0086	Cc	C_1-2	袁复礼	1925	甘肃	133
26	Dacaotan Fm	*大草滩组	62-0116	DCd	D_3-C_1	黄振辉	1962	甘肃	150

注：① 创名人栏（ ）内为介绍人；创建时间栏（ ）内为介绍时间；
② * 表示查到原始文献。

附录 Ⅱ-2

序号	岩石地层单位名称 英文	岩石地层单位名称 汉文	编号	代号	地质时代	创名人	创建时间	所在省	在本书页数
27	Daguanshan Fm	大关山组	62-0071	$CPdg$	C_2—P_1	叶连俊、关士聪	1944	甘肃	157 252
28	Dahuanggou Fm	*大黄沟组	62-0065	Pd	P_1	孙健初	1936	甘肃	137
29	Dahuangshan Fm	大黄山组	62-0051	$\in d$	$\in_{2-3}$	甘肃区测一队	1967	甘肃	91
30	Dahuoluoshan Fm	*大豁落山组	62-0029	Qnd	Qn	甘肃区测二队	1968	甘肃	18
31	Dangduo Fm	*当多组	62-0126	Dd	D_{1-2}	张研	1961	甘肃	240
32	Danghenanshan Fm	党河南山组	62-0098	Cdh	C_1	刘广才等	1994	青海	144
33	Dapu Fm	*大堡组	62-0284	Od	O_3	朱正永	1986	甘肃	235
34	Daquan Fm	*大泉组	62-0067	Pdq	P_2	梁建德、杨祖才等（甘肃省地层表编写组）	1977 (1980)	甘肃	139
35	Dashankou Fm	*大山口组	62-0196	Jds	J_1	甘肃地质力学队（甘肃省地层表编写组）	1976 (1980)	甘肃	182
36	Daxigou Fm	*大西沟组	62-0205	Jd	J_1	李庆远、卢衍豪	1942	甘肃	187
37	Diebu Fm	*迭部组	62-0149	Sd	S_1	翟玉沛	1977	甘肃	236
38	Dieshan Fm	*迭山组	62-0077	$PTds$	P_2—T_1	史美良（甘肃省地层表编写组）	1976 (1980)	甘肃	254
39	Dingjiayao Fm	*丁家窑组	62-0165	Td	T_2	韩子芳、沈光隆	1978	甘肃	141
40	Donghe Gr	*东河群	62-0245	KD	K_1	赵亚曾、黄汲清	1931	陕西	275
41	Dongzhakou Fm	*东扎口组	62-0091	Cd	C_2	黄振辉	1962	甘肃	156
42	Dundunshan Gr	*墩墩山群	62-0112	DD	D_3	甘肃区测一队	1967	甘肃	36
43	Dunzigou Gr	*墩子沟群	62-0023	JxD	Jx	甘肃区测一队	1968	甘肃	81
44	Duosuoqu Fm	*多索曲组	62-0275	OSd	O_3—S	孙崇仁	1995	青海	105
45	Erduanjing Fm	*二断井组	62-0162	Ted	T_{1-2}	甘肃区测二队	1965	甘肃	50
46	Ermaying Fm	二马营组	62-0175	Te	T_2	刘鸿允等	1959	山西	163
47	Fangshankou Fm	*方山口组	62-0063	Pf	P_2	朱伟元、沈光隆	1977	甘肃	44
48	Fenfanghe Fm	芬芳河组	62-0199	Jff	J_3	陕西省186煤田地质勘探大队（陕西省地层表编写组）	1973 (1983)	陕西	204
49	Fuxian Fm	*富县组	62-0209	Jf	J_1	李德生（中国地质学编委会等）	1952 (1956)	陕西	198
50	Gahai Gr	尕海群	62-0094	CPG	C—P	甘肃区测一队	1973	甘肃	252
51	Gala Fm	*尕拉组	62-0127	Dgl	D_1	西北地研所、甘肃区测一队	1973	甘肃	240
52	Galedesi Fm	*尕勒得寺组	62-0172	Tg	T_3	杨遵仪等	1983	青海	148
53	Ganhegou Fm	干河沟组	62-0268	Ng	N_2	宁夏区调队	1976	宁夏	223
54	Ganquan Fm	*干泉组	62-0084	Cg	C_2	甘肃区测二队	1973	甘肃	41

附录 Ⅱ-3

序号	岩石地层单位名称 英文	岩石地层单位名称 汉文	编号	代号	地质时代	创名人	创建时间	所在省	在本书页数
55	Gansu Gr	*甘肃群	62-0267	NG	N	杨钟健、卞美年	1937	甘肃	220
56	Gaojiawan Fm	*高家湾组	62-0024	Jxg	Jx	屈占儒	1962	甘肃	77
57	Gongcha Gr	*巩岔群	62-0034	QnG	Qn	叶永正（钱家骐等）	1976(1986)	甘肃	70
58	Gongpoquan Gr	*公婆泉群	62-0145	SG	S_2	甘肃区测一队	1965	甘肃	30
59	Guanjiagou Fm	*关家沟组	62-0041	Zg	Z_1	甘肃省天水地质队	1961	甘肃	231
60	Gudaoling Fm	*古道岭组	62-0132	Dg	D_2	赵亚曾、黄汲清	1931	陕西	245
61	Gudongjing Gr	古硐井群	62-0001	ChG	Ch	地质部地质研究所修泽雷等	1964	内蒙古	14
62	Hanmushan Gr	*韩母山群	62-0043	ZH	Z	甘肃区测一队	1968	甘肃	82
63	Hanxia Fm	*旱峡组	62-0141	Sh	S_3	王尚文（中科院地质研究所）	1945(1963)	甘肃	102
64	Hashihaer Fm	*哈什哈尔组	62-0031	Qnh	Qn	钱家骐等	1986	甘肃	72
65	Heicigou Fm	*黑茨沟组	62-0054	ϵh	ϵ_2	甘肃区测一队	1965	甘肃	90
66	Heijianshan Fm	黑尖山组	62-0146	Shj	S_1	甘肃区测一队	1966	甘肃	30
67	Hekou Gr	*河口群	62-0231	KH	K_{1-2}	孟昭彝、王尚文等	1947	甘肃	194
68	Helanshan Gr	贺兰山群	62-0010	$ChJxH$	$Ch-Jx$	宁夏区测队	1978	宁夏	77
69	Heshanggou Fm	和尚沟组	62-0174	Th	T_1	刘鸿允等	1959	山西	162
70	Heshangpu Fm	和尚铺组	62-0238	Khs	K_1	银川石油勘探处125队（陕西区测队）	1959(1967)	宁夏	210
71	Honggou Fm	*红沟组	62-0200	Jh	J_2	孙键初	1936	甘肃	192
72	Honghuapu Fm	*红花铺组	62-0290	Oh	O_{1-2}	陕西省地质局第三地质队（杨志超等）	1978(1984)	陕西	103
73	Honglingshan Fm	*红岭山组	62-0120	Dhl	D_{2-3}	杜远生等	1988	甘肃	155
74	Hongliuyuan Fm	*红柳园组	62-0081	Ch	C_1	甘肃区测一队	1966	甘肃	39
75	Hongquan Fm	*红泉组	62-0066	Phq	P_{1-2}	梁建德、杨祖才（甘肃地层表编写组）	1977(1980)	甘肃	139
76	Hongyanjing Fm	*红岩井组	62-0064	Ph	P_2	甘肃区测二队	1968	甘肃	43
77	Huaerdi Fm	花儿地组	62-0022	Jxh	Jx	钱家骐等	1986	青海	70
78	Huangjiagou Fm	*黄家沟组	62-0121	Dh	D_2	杜远生等	1988	甘肃	154
79	Huangqikou Fm	黄旗口组	62-0011	$Chhq$	Ch	宁夏区测队	1978	宁夏	78
80	Huanhe Fm	环河组	62-0232	Kh	K_1	Fuller 和 Clapp	1927	甘肃	206
81	Huaniushan Gr	花牛山群	62-0283	OH	O_{1-2}	甘肃区测一队	1966	甘肃	29
82	Huari Fm	*华日组	62-0180	Thr	T	青海第一地质矿产勘察大队	1991	青海	158

附录 II-4

序号	岩石地层单位名称		编号	代号	地质时代	创名人	创建时间	所在省	在本书页数
	英文	汉文							
83	Huashugou Fm	*桦树沟组	62-0004	Chhs	Ch	修泽雷等（甘肃区测二队）	1956(1986)	甘肃	66
84	Huluhe Fm	*葫芦河组	62-0009	Chh	Ch	张庆昌、苗禧等	1963	甘肃	73
85	Huoshaogou Fm	*火烧沟组	62-0262	Eh	E_2	司徒愈旺、杜博民（中国地质学编委会等）	1948(1956)	甘肃	215
86	Hutian Mem	*湖田段	62-0095	Cb^h	C_2	关士聪等（丁培榛等）	1952(1961)	山东	158
87	Jianghe Fm	*江河组	62-0170	Tj	T_{1-2}	青海省地层表编写组	1980	青海	147
88	Jiangjiawan Fm	*姜家湾组	62-0276	Oj	O_3	杜德民	1984	甘肃	113
89	Jijigou Fm	芨芨沟组	62-0197	Jj	J_{1-2}	甘肃煤田勘探公司145队（徐福祥、沈winning）	1966(1976)	甘肃	51 178
90	Jijitaizi Fm	芨芨台子组	62-0083	Cj	C_{1-2}	中科院兰州地质研究所（甘肃区测二队）	1967(1971)	甘肃	40
91	Jingangquan Fm	金刚泉组	62-0226	Kjg	K_2	孟庆麟等（中国地质学编委会等）	1953(1956)	内蒙古	181
92	Jingchuan Fm	泾川组	62-0235	Kjc	K_1	张更、田在艺（中国地质学编委会等）	1952(1956)	甘肃	208
93	Jinta Fm	*金塔组	62-0062	Pj	P_1	甘肃地层表编写组	1980	内蒙古	43
94	Jishan Fm	*鸡山组	62-0246	Kj	K_1	叶连俊、关士聪	1944	甘肃	278
95	Junzihe Gr	郡子河群	62-0185	TJ	T_{1-2}	丁培榛	1963	青海	146
96	Kongdongshan Fm	*崆峒山组	62-0167	Tk	T_{2-3}	毕庆昌等（何春荪等）	1944(1948)	甘肃	165
97	Koumenzi Fm	扣门子组	62-0292	Ok	O_3-S_1	穆恩之（祁连山地质志）	1962(1963)	青海	101
98	Kuquan Fm	苦泉组	62-0261	Nk	N_2	张明书	1964	甘肃	61
99	Langmusi Fm	郎木寺组	62-0212	Jlm	J_{1-2}	四川省地质局第二普查大队（四川地层表编写组）	1970(1978)	甘肃	273
100	Laojunshan Fm	*老君山组	62-0115	Dl	D_{1-2}	黄汲清	1945	甘肃	128
101	Lengpuzi Fm	冷堡子组	62-0129	Dlp	D_2	张研	1961	甘肃	248
102	Linjiang Fm	临江组	62-0042	Zϵl	$Z_2-\epsilon_1$	甘肃省天水地质队	1961	甘肃	231
103	Liujiagou Fm	刘家沟组	62-0173	Tl	T_1	刘鸿允等	1959	山西	161
104	Liupanshan Gr	六盘山群	62-0242	KL	K_1	袁复礼	1925	宁夏 甘肃	209
105	Liwaxia Fm	李洼峡组	62-0239	Klw	K_1	银川石油勘探处125队（陕西区测队）	1959(1967)	宁夏	211
106	Longfengshan Fm	龙凤山组	62-0201	Jl	J_2	孙健初	1936	甘肃	189

序号	岩石地层单位名称 英文	岩石地层单位名称 汉文	编号	代号	地质时代	创名人	创建时间	所在省	在本书页数
107	Longjiagou Fm	*龙家沟组	62-0213	Jlj	J_2	叶连俊、关士聪	1944	甘肃	272
108	Longwuhe Gr	隆务河群	62-0177	TL	T_{1-2}	刘东生	1955	青海	255
109	Luohandong Fm	*罗汉洞组	62-0234	Klh	K_1	张更、田在艺（中国地质学编委会等）	1952(1956)	甘肃	207
110	Luohe Fm	*洛河组	62-0233	Kl	K_1	Clapp 和 Fuller	1926	陕西	205
111	Luoyachushan Fm	*罗雅楚山组	62-0282	Ol	O_{1-2}	甘肃区测一队	1966	甘肃	27
112	Lutiaoshan Fm	*绿条山组	62-0078	Cl	C_1	甘肃区测二队	1971	内蒙古	37
113	Madongshan Fm	*马东山组	62-0240	Kmd	K_1	银川石油勘探处125队（陕西区测队）	1959(1967)	宁夏	211
114	Majiagou Fm	*马家沟组	62-0279	Om	O_{1-2}	葛利普（Grabau A W）	1922	河北	112
115	Maliangou Fm	马莲沟组	62-0227	Kml	K_2	甘肃区测一队	1967	甘肃	186
116	Mantou Fm	馒头组	62-0057	ϵm	ϵ_{1-2}	维里斯（B Willis）等	1907	山东	109
117	Miaogou Fm	庙沟组	62-0225	Km	K_1	孟庆麟等（中国地质学编委会等）	1953(1956)	内蒙古	180
118	Minhe Fm	*岷河组	62-0093	Cm	C_{1-2}	黄振辉	1962	甘肃	251
119	Mole Gr	*默勒群	62-0184	TM	T_3	青海省煤田地质局105队（青海省地层表编写组）	1975(1980)	青海	147
120	Nanbaishuihe Fm	南白水河组	62-0007	Chn	Ch	钱家骐等	1986	青海	68
121	Nanshimenzi Fm	南石门子组	62-0293	On	O_3	祁连山地质志	1963	甘肃	100
122	Nanyinger Fm	*南营儿组	62-0163	Tn	T_3	李树勋（中国地质学编委会等）	1947(1956)	甘肃	143
123	Nuoyinhe Gr	诺音河群	62-0069	PN	P_2	杨遵仪等	1962	甘肃	145
124	Pingliang Fm	*平凉组	62-0278	Op	O_2	袁复礼	1925	甘肃	112
125	Pingtoushan Fm	*平头山组	62-0021	Jxp	Jx	甘肃区测二队	1968	甘肃	16
126	Pochengshan Fm	*破城山组	62-0047	ϵp	ϵ_1	范国琳	1989	甘肃	25
127	Pulai Mem	*蒲莱段	62-0125	Dx^p	D_{2-3}	曹宣铎、张研、周志强	1987	甘肃	244
128	Putonggou Fm	普通沟组	62-0133	Dp	D_1	西北地研所、甘肃区测一队	1973	甘肃	238
129	Qianheishan Fm	*前黑山组	62-0085	Cq	C_1	钱志铮	1976	甘肃	131
130	Qianluzigou Gr	铅炉子沟群	62-0002	ChQ	Ch	甘肃酒泉地调队	1991	甘肃	14
131	Qitadaban Fm	*其它大坂组	62-0032	Qnq	Qn	钱家骐等	1986	青海	70
132	Quannaogoushan Fm	*泉脑沟山组	62-0142	Sq	S_2	王尚文（中科院地质研究所）	1945(1963)	甘肃	102
133	Queershan Gr	雀儿山群	62-0111	DQ	D_{1-2}	地质部地质研究所修泽雷等	1964	甘肃	35

序号	岩石地层单位名称 英文	岩石地层单位名称 汉文	编号	代号	地质时代	创名人	创建时间	所在省	在本书页数
134	Sangejing Fm	三个井组	62-0113	Dsg	D_{1-2}	甘肃区测一队	1967	甘肃	36
135	Sanhekou Gr	*三河口群	62-0128	DSH	D_{1-2}	甘肃西秦岭地质队（陕西区测队）	1964(1967)	甘肃	249
136	Sanqiao Fm	三桥组	62-0237	Ks	K_1	银川石油勘探处125队（陕西区测队）	1959(1967)	陕西	209
137	Sanshanzi Fm	*三山子组	62-0055	ϵOs	$\epsilon_3 - O_1$	谢家荣	1932	江苏	111
138	Saozishan Fm	*扫子山组	62-0080	Cs	C_{1-2}	甘肃区测二队	1969	甘肃	38
139	Shaliushui Fm	*沙流水组	62-0114	$D\acute{s}$	D_3	甘肃地质局603队	1963	甘肃	130
140	Shanhujing Fm	珊瑚井组	62-0161	$T\acute{s}$	T_3	甘肃地层表编写组	1980	甘肃	51
141	Shanxi Fm	*山西组	62-0074	$P\acute{s}$	P_1	B Willis 等	1907	山西	159
142	Shaohuotonggou Fm	*烧火筒沟组	62-0038	$Z\acute{s}$	Z_1	赵祥生等	1980	内蒙古	83
143	Shazaohe Fm	沙枣河组	62-0191	Jsz	J_3	孟庆麟等（中国地质学编委会）	1953(1956)	内蒙古	58 180
144	Shibanshan Fm	*石板山组	62-0082	$C\acute{s}b$	C_{1-2}	甘肃区测二队	1973	甘肃	39
145	Shifang Gr	*石坊群	62-0130	$D\acute{S}$	D_1	甘肃天水地质队	1961	甘肃	247
146	Shiguan Fm	*石关组	62-0072	$P\hat{S}g$	P_2	黄振辉	1959	甘肃	157
147	Shihezi Fm	石盒子组	62-0075	Psh	P_{1-2}	E Norin	1922	山西	160
148	Shilidun Fm	*十里墩组	62-0073	$Ps\acute{l}$	P_{1-2}	叶连俊、关士聪	1944	甘肃	254
149	Shiqianfeng Gr	石千峰群	62-0183	$PT\acute{S}$	$P_2 - T_1$	那琳（E Norin）	1922	山西	160
150	Shuanglanggou Fm	*双狼沟组	62-0119	$Ds\acute{l}$	D_3	杜远生等	1988	甘肃	156
151	Shuangputang Fm	双堡塘组	62-0061	Psp	P_1	地质部地质研究所 修泽雷等	1964	甘肃	42
152	Shuangyingshan Fm	*双鹰山组	62-0048	$\epsilon\acute{s}$	ϵ_1	地质部地质研究所 修泽雷等	1964	甘肃	25
153	Shuixigou Gr	*水西沟群	62-0192	$J\acute{S}$	J_{1-2}	袁复礼	1932	新疆	52
154	Shujiaba Gr	舒家坝群	62-0117	$D\acute{S}J$	D_{1-2}	陕西区测队	1968	甘肃	149
155	Shulehe Fm	*疏勒河组	62-0264	Ns	N	孙健初	1942	甘肃	217
156	Sijiagou Fm	*斯家沟组	62-0298	Os	O_3	穆恩之等	1964	甘肃	95
157	Suishishan Fm	*碎石山组	62-0144	Ss	S_3	甘肃地质力学队	1977	内蒙古	30
158	Sunjiagou Fm	孙家沟组	62-0076	Psj	P_2	刘鸿允等	1959	山西	161
159	Taiyuan Fm	太原组	62-0096	Ct	C_2	翁文灏等	1922	山西	159
160	Tandonggou Fm	*炭洞沟组	62-0204	Jtd	J_1	苗祥庆（罗中舒）	1954(1959)	甘肃	187
161	Tanheli Fm	*炭和里组	62-0210	Jth	J_1	徐福祥	1975	甘肃	188

附录 II-7

序号	岩石地层单位名称 英文	岩石地层单位名称 汉文	编号	代号	地质时代	创名人	创建时间	所在省	在本书页数
162	Tianjiaba Fm	田家坝组	62-0243	Kt	K_1	齐骅等（甘肃地层表编写组）	1975(1980)	甘肃	276
163	Tianzhu Fm	*天祝组	62-0299	Ot	O_{2-3}	穆恩之等	1964	甘肃	94
164	Tieshan Fm	*铁山组	62-0123	Dt	D_{2-3}	叶连俊、关士聪	1944	甘肃	246
165	Toutunhe Fm	头屯河组	62-0193	Jt	J_2	范成龙	1956	新疆	54
166	Tuolainanshan Gr	托来南山群	62-0006	$ChJxT$	$Ch-Jx$	甘肃区测二队	1974	青海	68
167	Wangquankou Fm	王全口组	62-0025	Jxw	Jx	宁夏区测队	1978	宁夏	79
168	Wanxiu Fm	万秀组	62-0211	Jw	J_{2-3}	青海省地层表编写组	1980	青海	275
169	Wufosi Fm	*五佛寺组	62-0166	Tw	T_{1-2}	王德旭（蔡凯蒂）	1983(1993)	甘肃	140
170	Wugeshan Fm	五个山组	62-0033	Qnw	Qn	钱家骐等	1986	青海	71
171	Wujiashan Fm	*吴家山组	62-0151	Sw	S_3	甘肃冶金地质勘探公司（甘肃地矿局）	1980(1989)	甘肃	106
172	Wuligou Gr	吾力沟群	62-0286	OWL	O_{1-2}	甘肃区测二队（甘肃地矿局）	1974(1989)	甘肃	104
173	Wusushan Gr	雾宿山群	62-0287	OW	O_3	甘肃区测一队	1965	甘肃	104
174	Xiagou Fm	下沟组	62-0222	Kx	K_1	甘肃地质力学队（甘肃省地层表编写组）	1976(1980)	甘肃	58 185
175	Xiahuancang Fm	*下环仓组	62-0169	Txh	T_{1-2}	青海省地层表编写组	1980	青海	146
176	Xiajialing Fm	*下加岭组	62-0090	Cx	C_{1-2}	甘肃区测一队	1971	甘肃	152
177	Xiangmaoshan Fm	香毛山组	62-0050	$\in xm$	$\in_3$	甘肃省地层表编写组	1980	甘肃	92
178	Xiangtang Fm	*享堂组	62-0202	Jx	J_{2-3}	苗祥庆（罗中舒）	1954(1959)	青海	193
179	Xiawuna Fm	*下吾那组	62-0124	Dx	D_{2-3}	张研	1961	甘肃	242
180	Xicangjing Gr	*洗肠井群	62-0037	ZX	Z	余以生、汤光中、赵文杰	1984	内蒙古	19
181	Xidagou Fm	*西大沟组	62-0164	Tx	T_3	孙健初	1936	甘肃	142
182	Xiehao Fm	*斜壕组	62-0297	OSx	O_3-S_1	穆恩之等	1964	甘肃	96
183	Xihanshui Gr	*西汉水群	62-0118	DX	D_{2-3}	叶连俊、关士聪	1944	甘肃	152
184	Xikang Gr	*西康群	62-0182	TX	T	李春昱、谭锡畴	1930	四川	257
185	Xilinkebo Fm	锡林柯博组	62-0281	Oxl	O_{2-3}	高振家等（甘肃区测二队）	1966(1968)	甘肃	28
186	Xiliugou Fm	西柳沟组	62-0265	Ex	E_2	甘肃区调队	1984	甘肃	218
187	Xinghongpu Fm	*星红铺组	62-0131	Dxh	D_2	陕西秦岭区测队（陕西区测队）	1960(1968)	陕西	246
188	Xinglongshan Gr	兴隆山群	62-0008	ChX	Ch	屈占儒	1962	甘肃	75
189	Xinhe Fm	新河组	62-0198	Jxh	J_2	甘肃区测一队	1967	甘肃	191
190	Xinminpu Gr	*新民堡群	62-0224	KX	K_{1-2}	王尚文	1949	甘肃	58 184

302

附录 II-8

序号	岩石地层单位名称 英文	岩石地层单位名称 汉文	编号	代号	地质时代	创名人	创建时间	所在省	在本书页数
191	Xishuangyingshan Fm	*西双鹰山组	62-0049	ϵx	ϵ_{2-3}	甘肃区测二队	1968	甘肃	26
192	Yanan Fm	延安组	62-0208	Jya	J_2	Clapp 和 Fuller	1927	陕西	199
193	Yanchang Fm	延长组	62-0176	Ty	T_{2-3}	Fuller 和 Clapp	1927	陕西	164
194	Yanchiwan Fm	盐池湾组	62-0285	Oyc	O_{2-3}	甘肃区测二队	1974	甘肃	105
195	Yangba Fm.	*阳坝(岩)组	62-014	Chy	Ch	甘肃西秦岭队（甘肃地层表编写组）	1963 (1980)	甘肃	228
196	Yanghugou Fm	*羊虎沟组	62-0087	Cy	$C_1—P_1$	葛利普(Grabau AW)	1924	甘肃	134
197	Yangtianba Fm.	*秧田坝(岩)组	62-0013	$Chyt$	Ch	甘肃西秦岭队（甘肃地层表编写组）	1963 (1980)	甘肃	229
198	Yaodonggou Fm	*窑洞沟组	62-0030	Qny	Qn	钱家骐等	1986	甘肃	72
199	Yaogou Gr	窑沟群	62-0168	PTY	$P_2—T_2$	袁复礼	1925	甘肃	138
200	Yaojie Fm	窑街组	62-0203	Jy	J_2	孙健初	1936	甘肃	190
201	Yaomoshan Fm	*妖魔山组	62-0294	Oy	O_{2-3}	王尚文（中科院地质研究所）	1945 (1963)	甘肃	99
202	Yehucheng Fm	*野狐城组	62-0266	Ey	E_3	甘肃区调队	1984	甘肃	219
203	Yemajie Fm	*野马街组	62-0028	$Qnym$	Qn	范国琳	1994	甘肃	18
204	Yingou Gr	*阴沟群	62-0296	OY	O_1	解广轰、汪缉安	1939	甘肃	96
205	Yiwagou Fm	*益哇沟组	62-0092	$DCyw$	$D_3—C_1$	甘肃区测一队	1973	甘肃	250
206	Yuanzaoshan Gr	*圆藻山群	62-0026	$JxQnY$	$J_x—Qn$	地质部地质研究所 修泽雷等	1964	内蒙古	16
207	Yutaishan Fm	*雨台山组	62-0059	ϵy	ϵ_1	徐嘉纬	1958	安徽	107
208	Zhangjiazhuang Fm	*张家庄组	62-0289	Oz	O_2	陕西地质局第三地质队（杨志超等）	1978 (1984)	陕西	103
209	Zhangxia Fm	张夏组	62-0056	ϵz	ϵ_2	维里斯(B Willis)等	1907	山东	110
210	Zhiluo Fm	直罗组	62-0207	Jz	J_2	前石油局陕北地质大队（中国地质学编委会等）	1952 (1956)	陕西	201
211	Zhonggou Fm	中沟组	62-0223	Kz	K_1	甘肃地质力学队（甘肃省地层表编写组）	1976 (1980)	甘肃	58
212	Zhongjiangou Fm	中间沟组	62-0194	Jzj	J_2	甘肃煤田地质勘探公司145队（甘肃省区域地质志）	1981 (1989)	甘肃	182
213	Zhongpu Gr	中堡群	62-0295	OZ	O_{1-2}	屈占儒、叶永正等（甘肃区测一队）	1963 (1969)	甘肃	98 186
214	Zhoujiawan Fm	*周家湾组	62-0244	Kzj	K_1	齐骅（甘肃地层编写组）	1975 (1980)	甘肃	277
215	Zhouqu Fm	*舟曲组	62-0148	Sz	S_2	翟玉沛	1977	甘肃	237
216	Zhulongguan Gr	朱龙关群	62-0003	ChZ	Ch	甘肃区测二队	1970	甘肃	65
217	Zhuowukuo Fm	卓乌阔组	62-0147	Szw	S_3	闵永明等	1992	四川	237
218	Zhushadong Fm	朱砂洞组	62-0058	ϵzs	ϵ_{1-2}	冯景兰、张伯声	1952	河南	108

附录Ⅲ 甘肃省不采用的地层名称

附录Ⅲ-1

序号	地层单位 英文	地层单位 汉文	编号	地质时代	创名人	创建时间	所在省	不采用的理由
1	Aganzhen Gr	阿干镇群	62-1428	J_2	袁复礼	1925	甘肃	龙凤山组的同物异名
2	Anmenkou Fm	岸门口组	62-1017	Qn	陶洪祥 王全庆等	1988	甘肃	归于碧口(岩)群
3	Annanba Gr	安南坝群	62-1020	Jx	王树洗	1988	甘肃	与南白水河组地层相当
4	Anxigou Fm	安溪沟组	62-1223	D_1	陆贤群	1984	甘肃	归并安家岔组
5	Anzigou Fm	安子沟组	62-1292	S_1	翟玉沛等	1977	甘肃	迭部组一部分
6	Baihu Gr	白湖群	62-1001	Z_1	甘肃区测二队	1968	甘肃	恢复古硐井群
7	Baipozi Fm	白坡子组	62-1337	O_{2-3}	甘肃区测队	1962	甘肃	归属肮脏沟组、扣门子组
8	Baishan Fm	白山组	62-1138	C_1	中科院兰州地质研究所	1967	甘肃	归红柳园组,与白山组为同名异物
9	Baishuijie Fm	白水街组	62-1019	1 876 Ma	陶洪祥 王全庆等	1988	四川	阳坝(岩)组一部分
10	Baishuijie System	白水街系	62-1163	Pz_2	赵亚曾 黄汲清	1931	甘肃	阳坝(岩)组的同物异名
11	Baishuijiang Limestone Mem	白水江灰岩段	62-1259	D_2	张组圻	1978	甘肃	归下吾那组
12	Baituwan Fm	白土湾组	62-1023	Qn	甘肃区测二队	1977	甘肃	归五个山组
13	Baiyang Fm	白杨组	62-1014	Z	甘肃区测一队	1980	甘肃	阳坝(岩)组的一部分
14	Baiyanggou Fm	百洋沟组	62-1041	ϵ_1	甘肃区测二队	1971	甘肃	相当雨台山组与朱砂洞组
15	Baiyinchang Volcanic Rock Fm	白银厂火山岩组	62-1042	ϵ_2	宋叔和	1959	甘肃	黑茨沟组的同物异名
16	Banjiegou Fm	半截沟组	62-1285	S_1	甘肃区测二队	1969	甘肃	肮脏沟组的一部分
17	Bansaiershan Fm	斑赛尔山组	62-1024	Qn	甘肃区测二队	1977	甘肃	归并五个山组
18	Baoshekou Fm	包舍口组	62-1171	C_1	秦锋 甘一研	1976	甘肃	巴都组的同物异名
19	Beipoziquan Gr	北坡子泉群	62-1132	C_2	甘肃区测一队、(甘肃区测二队)	1965 (1969)	甘肃	相当扫子山组
20	Beishan Fm	北山组	62-1026	Z	赵祥生等	1980	甘肃	洗肠井群的同物异名
21	Beishan Fm	北山组	62-1102	P_1	甘肃区测二队、兰州大学地质系	1975	甘肃	归双堡塘组
22	Bianmagou Fm	扁麻沟组	62-1031	Z	钱家骐等	1986	甘肃	熬油沟组的一部分
23	Boyuhe Fm	博峪河组	62-1422	T	陕西区测队	1970	甘肃	相当隆务河群

序号	地层单位 英文	地层单位 汉文	编号	地质时代	创名人	创建时间	所在省	不采用的理由
24	Cakuohe Fm	擦阔合组	62-1241	D_3	西北地研所、甘肃区测一队	1973	甘肃	归并下吾那组
25	Caoheba Fm	草河坝组	62-1013	Qn	陶洪祥 王全庆等	1988	甘肃	秧田坝（岩）组的一部分
26	Chaganbuergasi Fm	查干布尔嘎斯组	62-1032	Z	钱家骐等	1986	甘肃	桦树沟组的一部分
27	Changchuanzi Sy	长川子系	62-1508	N	杨钟健 卞美年	1937	甘肃	河口群的一部分
28	Chijinqiao Fm	赤金桥组	62-1437	J_3	马其鸿等（介绍）	(1984)	甘肃	归属赤金堡组
29	Chijinxia Fm	赤金峡组	62-1435	J_3	地质部地质研究所	1964	甘肃	归赤金堡组
30	Chuankou Sy	川口系	62-1147	C	袁复礼	1925	甘肃	无人使用
31	Ciba Fm	茨坝组	62-1215	D_2	甘综大队西秦岭队	1964	甘肃	西汉水群的一部分
32	Dacaotanling Gr	大草滩岭群	62-1206	D_3	李星学	1963	甘肃	大草滩组的同物异名
33	Daheba Fm	大河坝组	62-1411	T_3	李永军	1990	甘肃	隆务河群的一部分
34	Dahedian Fm	大河店组	62-1165	C_1	叶连俊 关士聪	1944	甘肃	属卓乌阔组的一部分
35	Dahedian Fm	大河店组	62-1291	S_{2-3}	陕西区测队	1968	甘肃	属卓乌阔组一部分
36	Dahulu Fm	大葫芦组	62-1037	$\in_1$	陈立章 刘光复等	1966	甘肃	系大豁落之笔误 现归西双鹰山组
37	Dahuoluojing Fm	大豁落井组	62-1035	$\in_2$	俞伯达	1986	甘肃	相当西双鹰山组
38	Dalinggou Fm	大岭沟组	62-1432	J_2	徐福祥 沈光隆	1975	甘肃	和龙家沟组相当
39	Daliuba Mem	大柳坝段	62-1263	D_1	张建云	1984	甘肃	划归吴家山群
40	Daliugou Gr	大柳沟群	62-1022	Qn	甘肃区测二队	1977	甘肃	归龚岔群
41	Dangduogou Fm	当多沟组	62-1243	D_2	甘肃区测一队	1973	甘肃	据生物划分不宜建组
42	Danghe Gr	党河群	62-1003	Ch	甘肃地层表编写组（介绍）	(1980)	甘肃	已解体，部分归南白水河组，部分归花儿地组。
43	Daolengshan Fm	刀楞山组	62-1427	J_1	刘子进	1982	甘肃	归芨芨沟组
44	Dataizi Fm	大台子组	62-1040	$\in_3$	甘肃区测二队	1971	甘肃	相当三山子组
45	Dengdengqiao Fm	邓邓桥组	62-1410	T_3	殷鸿福等	1992	甘肃	隆务河群的一部分
46	Dengjiagou Fm	邓家沟组	62-1233	D_2	朱伟元	1988	甘肃	划归黄家沟组

注：Sy——System 的缩写

附录Ⅲ-3

序号	地层单位 英文	地层单位 汉文	编号	地质时代	创名人	创建时间	所在省	不采用的理由
47	Diwopu Fm	低窝铺组	62-1433	J_3-K_1	甘肃力学区测队	1976	甘肃	相当下沟组
48	Dongdagou Gr	东大沟群	62-1204	D_3	周文昭	1964	甘肃	与沙流水组相当
49	Dongfenggou Quartzite Mem	东风沟石英岩段	62-1255	D_2	中科院兰州地质所	1968	甘肃	划归冷堡子组
50	Donggou Fm	东沟组	62-1222	D_2	陆贤群	1984	甘肃	归并安家岔组
51	Donggou Fm (Qigu Fm)	东沟组(=七固组)	62-1262	D_3	曹宣铎（介绍）	(1990)	甘肃	相当红岭山组
52	Dongshan Fm	洞山组	62-1221	D_3	中国有色甘肃地勘公司	1984	甘肃	相当红岭山组
53	Dongxiang Bed	东乡层	62-1514	N_1	谢骏义	1991	甘肃	甘肃群的一部分
54	Douba Gr	豆坝群	62-1016	Qn	陶洪祥 王全庆等	1988	甘肃	碧口(岩)群的同物异名
55	Doushishan Fm	陡石山组	62-1240	D_3	西北地研所、甘肃区测一队	1973	甘肃	大体相当益哇沟组
56	Dujiahe Fm	杜家河组	62-1211	D_2	兰大地质地理系	1962	甘肃	归西汉水群上部
57	Duoruonuoer Gr	多若诺尔群	62-1029	Z	钱家骐	1975	甘肃	朱龙关群的一部分
58	Erdaogou Fm	二道沟组	62-1038	ϵ_3	甘肃区测二队	1970	甘肃	香毛山组的同物异名
59	Fanjiamen Bed	樊家门层	62-1167	C	路兆洽 李树勋	1945	甘肃	年代不清延伸不广
60	Ganchaigou Fm	干柴沟组	62-1401	T_3	徐福祥	1976	甘肃	与南营儿组地层相当
61	Ganyouquan Bed	干油泉层	62-1504	E_3	甘肃区调队（介绍）	(1984)	甘肃	白杨河组的一部分
62	Gaojiaba Gr	高家坝群	62-1260	D_1	中科院兰州地质所	1968	甘肃	归三河口群
63	Geermo Fm	格尔莫组	62-1039	ϵ_2	项礼文等	1981	甘肃	并入香毛山组
64	Getanggou Bed	胳塘沟层	62-1506	N	甘肃区调队（介绍）	(1984)	甘肃	疏勒河组的一部分
65	Gezi Fm	各子组	62-1287	S_1	西安地矿所	1981	甘肃	相当迭部组
66	Gongxingshan Bed	弓形山层	62-1505	N	甘肃区调队（介绍）	(1984)	甘肃	疏勒河组的一部分
67	Guanggaishan Fm	光盖山组	62-1403	T_{2-3}	殷鸿福等	1992	甘肃	隆务河群的一部分
68	Guangjinba Fm	广金坝组	62-1224	D_2	陆贤群	1984	甘肃	归西汉水群中、下部
69	Guanting Gr	官厅群	62-1402	T_{2-3}	黄振辉	1962	甘肃	隆务河群的一部分
70	Guanyinsi System	观音寺系	62-1510	N	杨钟健 卞美年	1937	甘肃	甘肃群的一部分

附录 Ⅲ-4

序号	地层单位 英文	地层单位 汉文	编号	地质时代	创名人	创建时间	所在省	不采用的理由
71	Gulang System	古浪系	62-1332	S—D	孙健初	1936	甘肃	妖魔山组的同物异名
72	Gulangxia Fm	古浪峡组	62-1005	Ch	汤光中	1983	甘肃	桦树沟组的同物异名
73	Haidianshan Gr	海巅山群	62-1172	C_3	李星学	1963	甘肃	归东扎口组
74	Haidianxia Gr (Haidianxia Sy)	海巅峡群（黑巅峡系）	62-1168	C_3	黄振辉	1959	甘肃	归东扎口组
75	Haijiushan Mem	海酒山段	62-1225	D_1	陆贤群	1984	甘肃	归于吴家山组
76	Halanuoer Fm	哈拉诺尔组	62-1131	C_3	新疆地质局地质科学院	1965	甘肃	相当干泉群
77	Halunwusu Gr	哈仑乌苏群	62-1413	T_3	甘肃区测二队	1974	青海	相当默勒群
78	Haozidian Fm	蒿子店组	62-1034	Z_2	刘鸿允等	1991	甘肃	临江组的一部分
79	Heishan Conglomerate	黑山砾岩	62-1155	C_1	王建章	1962	甘肃	为臭牛沟组之底部层位
80	Hengdan Gr	横丹群	62-1011	Qn	陶洪祥 王全庆	1988	甘肃	秧田坝（岩）组的同物异名
81	Hengliang Gr	横梁群	62-1284	S_2	甘肃区测一队	1975	甘肃	层型不完整
82	Honggeda Fm	红疙瘩组	62-1333	O_{1-3}	赵凤游（介绍）	(1978)	甘肃	已解体
83	Hongliuxia Gr	红柳峡群	62-1104	P_2	冯学才 张淑节	1966	甘肃	相当方山口群
84	Hongshankou Gr	红山口群	62-1028	Z	赵祥生等	1984	内蒙古	洗肠井群的同物异名
85	Hongshanyao Fm	红山窑组	62-1140	C_2	袁复礼	1925	甘肃	羊虎沟组的一部分
86	Hongshuigou Fm	红水沟组	62-1288	S_3	傅力浦等（介绍）	(1983)	甘肃	卓乌阔组的一部分
87	Hongtuwa Fm	红土洼组	62-1162	C_2	吴秀元等	1987	甘肃	按生物划分不宜建组
88	Hongtuwan Fm	红土湾组	62-1331	O_3	甘肃区调队	1977	甘肃	并入斜壕组
89	Houlangmiao Coal Measure	后郎庙煤系	62-1419	T_3—J_1	叶连俊 关士聪	1944	甘肃	上部归炭和里组，下部归南营儿组。
90	Houlaomiao Gr	后老庙群	62-1420	T_3	甘肃地矿局（介绍）	(1989)	甘肃	归南营儿组
91	Huachi Fm	华池组	62-1438	K_1	Fuller M L	1927	甘肃	归并环河组
92	Huameishan Fm	画眉山组	62-1227	D_1	朱伟元	1988	甘肃	划归安家岔组
93	Huangjiayao Coal Measure	黄家窑煤系	62-1151	C_3	何春荪	1946	甘肃	范围局限无人使用
94	Huaniushan Gr	花牛山群	62-1134	C_2	甘综大队区测一队	1965	甘肃	相当石板山组

序号	地层单位 英文	地层单位 汉文	编号	地质时代	创名人	创建时间	所在省	不采用的理由
95	Huashiguan Fm	滑石关组	62-1409	T_2	李永军	1990	甘肃	隆务河群的一部分
96	Huashishan Gr	花石山群	62-1044	Jx	青海区测队	1964	青海	高家湾组的同物异名
97	Huating Gr	华亭群	62-1430	T_3-J_1	刘增韩等（介绍）	(1944)	甘肃	归延安组
98	Huaya Fm	化垭组	62-1439	K_1	齐骅等	1979	甘肃	鸡山组的同物异名
99	Huixian Sy	徽县系	62-1515	E_2	赵亚曾 黄汲清	1931	甘肃	无人采用
100	Jingyuan Fm	靖远组	62-1157	C_2	李星学等	1974	甘肃	生物地层单位，现归臭牛沟组
101	Jiannigou Fm	尖尼沟组	62-1289	S_1	翟玉沛等	1977	甘肃	迭部组的一部分
102	Jianquanzi Bed	间泉子层	62-1502	E_3	甘肃区调队	1984	甘肃	白杨河组的一部分
103	Jianshan Fm	尖山组	62-1161	C_2	刘洪筹等	1980	甘肃	归羊虎沟组
104	Jianshantai Fm	尖山台组	62-1283	S_2	甘肃区测一队	1965	甘肃	层型不完整
105	Jiaozigou Fm	椒子沟组	62-1513	N_1	邱占祥等	1990	甘肃	甘肃群的一部分
106	Jiapigou Fm	夹皮沟组	62-1025	Qn	甘肃区测二队	1977	甘肃	归于五个山组
107	Jiayuguan Fm	嘉峪关组	62-1106	P_2	王德旭	1986	甘肃	按生物划分，不宜建组
108	Jingtieshan Gr	镜铁山群	62-1027	Ch	甘肃区测二队	1974	甘肃	桦树沟组的同物异名
109	Jishishan Fm	积石山组	62-1111	P_1	甘肃区测队	1976	甘肃	阿尼玛卿山蛇绿混杂岩之同物异名
110	Jiugeqingyang Fm	九个青羊组	62-1009	Ch	甘肃区测二队	1974	甘肃	相当桦树沟组
111	Julang Fm	咀朗组	62-1404	T_3	殷鸿福等	1992	甘肃	隆务河群的一部分
112	Jushitan Fm	菊石滩组	62-1103	P_1	朱伟元等	1976	甘肃	相当双堡塘组的上部
113	Jutai Fm	咀台组	62-1294	S	甘综大队西秦岭队	1964	甘肃	解体后部分归秧田坝（岩）组
114	Kache Fm	卡车组	62-1406	T_3	殷鸿福等	1992	甘肃	隆务河群的一部分
115	Kongjiagou Fm	孔家沟组	62-1247	D_2	何志超	1964	甘肃	未被广泛使用
116	Kongqueliang Fm	孔雀梁组	62-1139	C_2	甘肃酒泉地调队	1988	甘肃	归石板山组
117	Kuquan Fm	苦泉组	62-1137	C_1	中科院兰州地质所	1967	甘肃	相当白山组，现称苦泉组的同名异物

附录 Ⅲ-6

序号	地层单位 英文	地层单位 汉文	编号	地质时代	创名人	创建时间	所在省	不采用的理由
118	Kushuixia Fm	苦水峡组	62-1426	J_3	甘肃省地层表编写组	1980	甘肃	相当安定组
119	Laojunmiao Gr	老君庙群	62-1501	E	陈贲	1945	甘肃	白杨河组的一部分
120	Laoshuwo Fm	老树窝组	62-1434	J_3	地质部地质研究所	1964	甘肃	相当下沟组
121	Laoshuwo Gr	老树窝群	62-1440	K_1	宋杰己（介绍）	(1993)	内蒙古	相当下沟组
122	Lazigou Fm	腊子沟组	62-1245	D_1	孙光义	1980	甘肃	划归当多组
123	Lebaquan Gr	勒巴泉群	62-1281	S_2	甘肃区测二队	1968	甘肃	归并公婆泉组
124	Leijiaba Fm	雷家坝组	62-1218	D_2	西北地研所	1974	甘肃	该组层序不清
125	Liangchisi Coal Measure	亮池寺煤系	62-1431	C—P	叶连俊 关士聪	1944	甘肃	窑沟群之同物异名
126	Lijiahe Fm	李家河组	62-1341	O_3	张明书	1974	甘肃	归入扣门子组
127	Lijiaquan Bed	李家泉层	62-1146	C_2	袁复礼	1925	甘肃	无人使用
128	Linkou Mem	林口段	62-1264	D_1	张建云	1984	甘肃	划归吴家山群
129	Linxia Fm	临夏组	62-1512	N_2	甘肃区测一队	1965	甘肃	甘肃群的一部分
130	Liushajing Gr	流砂井群	62-1295	S_{2-3}	西北地研所	1964	甘肃	相当公婆泉群
131	Liuyuan Fm	柳园组	62-1136	C_1	中科院兰州地质所	1967	甘肃	红柳园组的同物异名
132	Longjiagou Coal Measure	龙家沟煤系	62-1103	P_1	叶连俊 关士聪	1944	甘肃	龙家沟组的同物异名
133	Longkong Fm	龙孔组	62-1006	Ch	汤光中	1977	甘肃	桦树沟组的同物异名
134	Longlinqiao Mem	龙林桥段	62-1220	D_2	西北地研所	1974	甘肃	已解体
135	Lubagou Fm	录坝沟组	62-1244	D_2	曹宣铎等（介绍）	(1990)	甘肃	划归当多组
136	Lubanqiao Quartzite	鲁班桥石英岩	62-1248	C_1	叶连俊 关士聪	1944	甘肃	相当冷堡子组
137	Lucaotan Fm	芦草滩组	62-1202	D_2	甘肃省地层表编写组	1980	甘肃	属三个井组的一部分
138	Luotang Fm	洛塘组	62-1012	Qn	陶洪祥 王全庆	1988	甘肃	秩田坝(岩)组的一部分
139	Lure Fm	鲁热组	62-1242	D_2	西北地研所甘肃区测一队	1973	甘肃	归入下吾那组
140	Lushu Fm	禄述组	62-1152	C_3	刘鸿允	1962	甘肃	羊虎沟组的一部分
141	Machuan Fm	麻川组	62-1354	O_1	林宝玉等	1975	甘肃	马家沟组的一部分

序号	地层单位 英文	地层单位 汉文	编号	地质时代	创名人	创建时间	所在省	不采用的理由
142	Malianjing Fm	马莲井组	62-1101	P_2	张明书	1964	甘肃	相当红岩井组
143	Maoerchuan Fm	猫儿川组	62-1246	D_2	何志超	1964	甘肃	划归星红铺组
144	Mapoli Fm	麻坡里组	62-1235	D_3	朱伟元	1988	甘肃	划归双狼沟组
145	Maxiakou Sy	马峡口系	62-1010	Ch—Z	田在艺	1951	甘肃	贺兰山群的同物异名
146	Mayanhe Fm	麻沿河组	62-1209	D_2	兰州大学地质地理系	1962	甘肃	归西汉水群下部
147	Mayashan Limestone Fm	马牙山灰岩组	62-1336	O_{1-2}	甘肃区测队	1962	甘肃	已解体，上部归中堡群，下部归车轮沟群
148	Mayinggou Gr	马营沟群	62-1282	S_1	甘肃省地层表编写组	1980	甘肃	归于肮脏沟组
149	Mazongshan Gr	马鬃山群	62-1036	$\epsilon_2-\epsilon_3$	陈立泉 刘光复等	1966	甘肃	西双鹰山组的同物异名
150	Miaoerchuan Bed	庙儿川层	62-1238	D_2	Grabau A. W.	1931	甘肃	归下吾那组
151	Miaogou Fm	庙沟组	62-1290	S_2	傅力浦等（介绍）	(1983)	甘肃	舟曲组的一部分
152	Minpugou Stage	岷堡沟阶	62-1250	D_2	甘肃天水地质队	1961	甘肃	归当多组
153	Mogou Sy	墨沟系	62-1144	C_2	袁复礼	1925	甘肃	羊虎沟组的一部分
154	Moshigou Fm (1)	磨石沟组(1)	62-1153	C_1	王建章	1962	甘肃	归臭牛沟组
155	Moshigou Fm (2)	磨石沟组(2)	62-1154	C_3	刘鸿允等	1962	甘肃	羊虎沟组的一部分
156	Moyugou Fm	磨峪沟组	62-1208	D_3	兰州大学地质地理系	1962	甘肃	大草滩组的一部分
157	Muzhailing Fm	木寨岭组	62-1169	C_2	黄振辉	1962	甘肃	巴都组的一部分
158	Nalu Fm	纳鲁组	62-1405	T_3	殷鸿福等	1992	甘肃	隆务河群的一部分
159	Nankoumenzi Fm	南扣门子组	62-1342	O_3	甘肃区测一队	1971	甘肃	扣门子组的一部分
160	Nannigou Fm	南泥沟组	62-1334	S_1	甘肃区测一队	1965	甘肃	扣门子组的一部分
161	Nanpoziquan Gr	南坡子泉群	62-1130	C_1	地质部地质研究所	1964	甘肃	归白山组
162	Nanshan Sandstone	南山砂岩	62-1344	Pt	洛采	1893	甘肃	已解体，现称下古生界
163	Nanshimengou Fm	南石门沟组	62-1293	S_3	傅力浦等（介绍）	(1983)	甘肃	卓乌阔组的一部分
164	Nanwading Fm	南洼顶组	62-1159	C_1	刘洪筹等	1980	甘肃	相当臭牛沟组

附录Ⅲ-8

序号	地层单位 英文	地层单位 汉文	编号	地质时代	创名人	创建时间	所在省	不采用的理由
165	Nanzhuangzi Fm	南庄子组	62-1351	O_2	林宝玉 赖才根等	1975	甘肃	归入车道组
166	Ningyuanpu Sy	宁远堡系	62-1424	K	孙健初	1942	甘肃	后被改名，未广泛使用
167	Niugetao Bed	牛胳套层	62-1507	N	甘肃区调队（介绍）	(1984)	甘肃	疏勒河组的一部分
168	Oujiaba Stage	欧家坝阶	62-1251	D_2	甘肃天水队	1961	甘肃	归下吾那组
169	Pangjiamo Limestone	庞家磨石灰岩	62-1109	P	叶连俊 关士聪	1941	甘肃	一直未被使用，早已停用
170	Pingpo Gr	平坡群	62-1421	T_{1-2}	甘肃区测一队（介绍）	(1977)	甘肃	大致相当五佛寺组
171	Pingtou Fm	坪头组	62-1214	D_2	甘综大队西秦岭队	1964	甘肃	层型层序不清
172	Pipasi Fm	琵琶寺组	62-1015	Qn	陶洪祥 王全庆等	1988	甘肃	阳坝岩组的同物异名
173	Qiaotouzi Gr	桥头子群	62-1004	AnCh	钱家骐	1975	甘肃	相当南白水河组
174	Qilianshan Sy	祁连山系	62-1340	Pz_1	孙健初	1942	甘肃	已解体，部分归桦树沟组
175	Qingshiling Sy	青石岭系	62-1339	D	孙健初	1935	青海	已解体
176	Qingshuigou Fm	清水沟组	62-1226	D_1	甘冶地勘公司	1989	甘肃	归于吴家山组
177	Qingtujing Gr	青土井群	62-1423	J_2	中国地质学编委会（介绍）	(1956)	甘肃	同龙凤山组
178	Qinyu Fm	秦峪组	62-1408	T_2	殷鸿福等	1992	甘肃	隆务河群的一部分
179	Renjiagou Fm	任家沟组	62-1416	T_1	陕西区测队	1968	甘肃	即任家湾组，为隆务河群的一部分
180	Renjiawan Fm	任家湾组	62-1415	T_1	姜春发等	1979	甘肃	属留凤关群，为隆务河群的一部分
181	Sanchahe Fm	三岔河组	62-1160	C_2	刘洪筹等	1980	甘肃	相当臭牛沟组
182	Sandaogou Fm	三道沟组	62-1352	O_1	甘肃区测二队	1972	甘肃	相当马家沟组
183	Sandushui Fm	三渡水组	62-1417	T_1	陕西区测队	1967	甘肃	亦名任家沟组，已归隆务河群
184	Shagoushan Gr	沙沟山群	62-1297	O_3-S_1	西北地研所	1964	甘肃	相当黑尖山组
185	Shajing Gr	砂井群	62-1346	O_1	甘肃区测二队	1968	甘肃	罗雅楚山组的同物异名
186	Shandan Gr	山丹群	62-1107	P_1	梁建德等	1976	甘肃	保安群的同物异名
187	Shangjiagou Stage	尚家沟阶	62-1249	D_2	甘肃天水地质队	1961	甘肃	归当多组
188	Shangjialing Fm	上加岭组	62-1170	C_3	甘肃区测一队	1971	甘肃	东扎口组的同物异名

311

附录Ⅲ-9

序号	地层单位 英文	地层单位 汉文	编号	地质时代	创名人	创建时间	所在省	不采用的理由
189	Shawan Mem	沙湾段	62-1257	D_2	中科院兰州地质所	1968	甘肃	划归冷堡子组
190	Shenluo Shale	神螺页岩	62-1145	C_2	袁复礼	1925	甘肃	无人使用
191	Shibandun Fm	石板墩组	62-1030	Z	钱家骐等	1986	甘肃	熬油沟组的一部分
192	Shibapan Quartzite Fm.	十八盘石英岩组	62-1207	D_3	兰州大学地质地理系	1962	甘肃	归大草滩组
193	Shichengzi Fm	石城子组	62-1330	S_1	王建中	1978	甘肃	并入斜壕组
194	Shijiajing Fm	石家井组	62-1436	J_3	地质部地质研究所	1964	甘肃	无人使用
195	Shimengou Fm	石门沟组	62-1335	O_3	甘肃区测一队	1965	甘肃	归入扣门子组
196	Shiyougou Bed	石油沟层	62-1503	E_3	甘肃区调队（介绍）	(1984)	甘肃	白杨河组的一部分
197	Shuiquanling Fm	水泉岭组	62-1353	O_1	甘肃区测二队	1972	甘肃	相当马家沟组的一部分
198	Songlinxia Fm	松林峡组	62-1216	D_2	甘综大队西秦岭队	1964	甘肃	相当双狼沟组、红岭山组的一部分
199	Songtaopo Coal Measure	松涛坡煤系	62-1166	C	路兆洽 李树勋	1945	甘肃	含义不清
200	Suli Fm	苏里组	62-1043	Ch	甘肃省地矿局	1989	青海	南白水河组的同物异名
201	Sunan Fm	肃南组	62-1105	P_2	刘洪筹等	1979	甘肃	大泉组的同物异名
202	Taergou Fm	塔儿沟组	62-1141	C_3	袁复礼	1925	甘肃	羊虎沟组的一部分
203	Tieyegou Gr	铁冶沟群	62-1429	J_{2-3}	王曰伦等	1948	甘肃	归享堂组
204	Tongchangkou Gr	通畅口群	62-1021	Qn	余以生等	1984	甘肃	归大豁落山组上部
205	Tongwei Fm	通渭组	62-1110	P_1	王德旭	1986	甘肃	羊虎沟组的一部分
206	Toufang Gr	透坊群	62-1261	S_{2-3}	甘综大队西秦岭队	1964	甘肃	即三河口组
207	Tuanbugou Fm	团布沟组	62-1252	D_2	张研	1961	甘肃	下吾那组的一部分
208	Wangjia Bed	王家层	62-1239	D_2	Grabau A W	1931	甘肃	下吾那组的一部分
209	Wangjiadian Fm	王家店组	62-1173	C_1	秦锋 甘一研	1976	甘肃	大草滩组的一部分
210	Wangjiagou Fm	王家沟组	62-1223	D_1	朱伟元	1988	甘肃	安家岔组的一部分
211	Wangjiashan Fm	王家山组	62-1425	J_2	厉宝贤（介绍）	(1982)	甘肃	为直罗组、安定组替代

序号	地层单位 英文	地层单位 汉文	编号	地质时代	创名人	创建时间	所在省	不采用的理由
212	Wujiaba Fm	毋家坝组	62-1230	D_2	朱伟元	1988	甘肃	归于黄家沟组的一部分
213	Wulabulage Fm	乌拉布拉格组	62-1300	S_1	甘肃省地层表编写组	1980	内蒙古	相当黑尖山组
214	Wulandawu Fm	乌兰达乌组	62-1007	Ch	钱家骐	1986	青海	南白水河组的同物异名
215	Xiamalong Fm	下马龙组	62-1412	T_2	李永军	1990	甘肃	隆务河群的一部分
216	Xianshuihe Sy	咸水河系	62-1509	N	杨仲健 卞美年	1937	甘肃	河口群的同物异名
217	Xianshuijing Gr	咸水井群	62-1002	Ch	甘肃酒泉地调队	1989	甘肃	归铅炉子沟群的下部
218	Xiaohe Fm	肖河组	62-1217	D_2	甘综大队西秦岭队	1964	甘肃	已解体
219	Xiaolianggou Fm	肖梁沟组	62-1212	D_2	甘综大队西秦岭队	1964	甘肃	未被使用
220	Xiaolianggou Fm	小梁沟组	62-1286	S_2	西安地矿所	1981	甘肃	相当舟曲组
221	Xiaolin Fm	小林组	62-1236	D_3	朱伟元	1988	甘肃	归于红岭山组
222	Xiaoliugou Fm	小柳沟组	62-1008	Ch	甘肃区测二队	1974	甘肃	含义混乱
223	Xiaoquan Fm	小泉组	62-1133	C_3	甘综大队区测一队	1965	甘肃	归千泉组
224	Xiaoshihugou Fm	小石户沟组	62-1298	S_1	青海区测队	1959	甘肃	归并肮脏沟组
225	Xigou Fm	西沟组	62-1253	D_1	中科院兰州地质所	1968	甘肃	划归当多组
226	Xigou Quartzose Sandstone Mem	西沟石英砂岩段	62-1256	D_2	张祖圻	1978	甘肃	归冷堡子组
227	Xinchengzi Sandstone Fm	新城子砂岩组	62-1156	C_1	王建章	1962	甘肃	相当臭牛沟组下段
228	Xingergou Gr	杏儿沟群	62-1033	Z	赵祥生等	1980	甘肃	白杨沟群的同物异名
229	Xinhe Limestone	新河石灰岩	62-1149	C_3	李四光	1926	甘肃	无人使用
230	Xinjizi Fm	新集子组	62-1210	D_2	兰州大学地质地理系	1962	甘肃	创名依据不足
231	Xipo Fm	西坡组	62-1414	T_1	陕西区测队	1968	甘肃	归留凤关群下部
232	Xuepingli Fm	雪坪里组	62-1237	D_3	朱伟元	1988	甘肃	归于双狼沟组
233	Xueshan Gr	雪山群	62-1205	D_{1-2}	李悦成 周文昭	1963	甘肃	相当老君山组
234	Yanglucao Fm	阳露槽组	62-1142	C_3	袁复礼	1925	甘肃	羊虎沟组的一部分

附录Ⅲ-11

序号	地层单位 英文	地层单位 汉文	编号	地质时代	创名人	创建时间	所在省	不采用的理由
235	Yangpoli Fm	阳坡里组	62-1231	D_2	朱伟元	1988	甘肃	划归黄家沟组
236	Yangshao Fm	杨稍组	62-1511	N_2^1	甘肃水文二队	1976	甘肃	甘肃群的一部分
237	Yanzhishan Sy	焉支山系（胭脂山系）	62-1150	C_2—C_3	黄汲清	1945	甘肃	羊虎沟组的同物异名
238	Yaodu Fm	姚渡组	62-1018	Jx	陶洪祥 王全庆	1988	甘肃	阳坝(岩)组的一部分
239	Yaogou Bed	窑沟层	62-1143	C_3	袁复礼	1925	甘肃	属窑沟群
240	Yaogou Limestone	窑沟石灰岩	62-1148	C_3	李四光	1926	甘肃	窑沟群的一部分
241	Yinaoxia Fm	音凹峡组	62-1135	C_2	甘肃区测一队	1967	甘肃	石板山组的同物异名
242	Yindonggou Fm	银峒沟组	62-1350	O_3	王德旭	1975	甘肃	相当背锅山组
243	Yiwanquan Limestone	一碗泉灰岩	62-1338	O_2	中科院地质所	1963	甘肃	妖魔山组的同物异名
244	Yonganpu Gr	永安堡群	62-1203	D_{1-2}	周文昭	1964	甘肃	相当老君山组
245	Yuanbaoshan Fm	圆包山组	62-1296	S_1	甘肃地质力学区调队	1978	甘肃	相当黑尖山组
246	Yuanganziba Fm	原杆子坝组	62-1234	D_3	朱伟元	1988	甘肃	划归双狼沟组
247	Yuanzhuishan Fm	圆锥山组	62-1201	D_2	甘肃区测二队	1971	甘肃	相当雀儿山群
248	Yuchiba Fm	鱼池坝组	62-1213	D_2	甘综大队西秦岭队	1964	甘肃	未被使用
249	Yuchipuzi Fm	鱼池堡子组	62-1229	D_{1-2}	朱伟元	1988	甘肃	划归黄家沟组
250	Yushuliang Fm	榆树梁组	62-1158	C_1	王德旭	1976	甘肃	生物划分不宜建组
251	Yushuping Fm	榆树坪组	62-1219	D_2	西北地研所	1974	甘肃	归舒家坝群
252	Zhangjiaba Fm	张家坝组	62-1254	D_2	中科院兰州地质所	1968	甘肃	归于当多组
253	Zhazigou Fm	扎子沟组	62-1343	O_1	甘肃区测二队	1974	甘肃	吾力沟群的同物异名
254	Zhifang Fm	纸坊组	62-1418	T_2	甘克文等	1957	陕西	相当二马营组
255	Zhongchuan Fm	中川组	62-1299	S_{2-3}	陕西区测队	1968	甘肃	卓乌阔组的一部分
256	Zhugesi Fm	诸葛寺组	62-1232	D_2	朱伟元	1988	甘肃	划归红岭山组
257	Zhujiagou Fm	朱家沟组	62-1258	D_2	甘肃省地层表编写组	1989	甘肃	归下吾那组
258	Zhuoni Fm	卓尼组	62-1407	T_3	殷鸿福等	1992	甘肃	隆务河群的一部分